非晶物质——常规物质第四态

（第一卷）

汪卫华　著

科学出版社

北京

内 容 简 介

本书分三卷，试图用科普的语言，以典型非晶物质如玻璃、非晶合金等为模型体系，系统阐述自然界中与气态、液态和固态并列的第四种常规物质——非晶物质的特征、性能、本质以及广泛和重要的应用，全面介绍了非晶物质科学中的新概念、新思想、新方法、新工艺、新材料、新问题、新模型和理论、奥秘、发展历史、研究概况和新进展，其中穿插了研究历史和精彩故事。本书力图把非晶物质放入一个更大的物质科学框架和图像中，放到材料研究和应用史中去介绍和讨论，让读者能从不同的角度和视野来全面了解非晶物质及其对科技发展和人类文明的影响。

国内目前关于非晶物质科学的书籍偏少，这与蓬勃发展的非晶物质科学和广泛的非晶材料应用形势不相适应。本书可作为学习和研究物质科学和材料的本科生、研究生、科研人员的参考读物，也可供从事非晶物理、非晶材料、玻璃材料研究和产业的科研工作者、工程技术人员、企业家、研究生以及玻璃爱好者参考。

图书在版编目（CIP）数据

非晶物质——常规物质第四态. 第一卷 / 汪卫华著. —北京：科学出版社，2023.6
ISBN 978-7-03-075634-3

Ⅰ. ①非… Ⅱ. ①汪… Ⅲ. ①非晶态–物理学 Ⅳ. ①O751

中国国家版本馆 CIP 数据核字（2023）第 097029 号

责任编辑：钱　俊　崔慧娴 / 责任校对：杨聪敏
责任印制：赵　博 / 封面设计：无极书装

科学出版社 出版
北京东黄城根北街 16 号
邮政编码：100717
http://www.sciencep.com

涿州市般润文化传播有限公司印刷
科学出版社发行　各地新华书店经销

*

2023 年 6 月第 一 版　开本：787×1092　1/16
2024 年 8 月第二次印刷　印张：33 1/4
字数：772 000

定价：298.00 元
（如有印装质量问题，我社负责调换）

前　言

　　非晶物质是物质世界中最平常、最普遍、最多样化的物质，也是人类应用最古老和最广泛的材料之一。非晶物质涉及我们生活的方方面面，如非晶玻璃曾经对人类的生活、科学的发展、社会的进步，甚至文化、艺术和宗教都产生了极大的影响，还在东西方文化和文明的差异与分歧中起到了至关重要的作用。此外，从科学的角度看，非晶物质也是最复杂和神秘的、最难认识和理解的物质之一，因此至今我们对于非晶物质的认识还非常肤浅。非晶物质甚至还没有科学和明确的定义，它的本质问题一直是一个科学难题和热门话题。

　　从物质角度看，非晶物质是自然界中最复杂的常规物质之一，可以被看作是与气态、液态和固态并列的第四种常规物质态。自然界中有大量的具有多样性、普遍性的非晶态物质，因为非晶物质有很多特征和特性，所以很难将其归类于晶体固体或者液体。它是复杂的多体相互作用体系，是远离平衡态的亚稳物质，其基本结构特征是微观原子结构长程无序，短程或局域有一定的序，宏观各向同性均匀，微观具有本征的非均匀性；它具有复杂的多重动力学弛豫行为，其物理、化学和力学性质、特征及结构都随时间不停地演化。不稳定、非均匀、非线性、随机性和不可逆是非晶物质的基本要素，自组织、复杂性和时间在非晶物质中起重要作用。非晶态物质的复杂性、多样性和时间相关性导致它的独特和奇异性质。非晶物质体系虽然比生命体系简单得多，但很多方面和生命物质有类似之处，它们都是复杂体系，能量相对很高，受熵的调控，是远离平衡的亚稳态，所以都会随着时间发生性能和结构衰变，通过环境的特定变化也可使得非晶物质体系暂时年轻化。非晶态物质还有类似生命物质的记忆效应、遗传特性、对外界能量反响的敏感性、可塑性及可通过训练来改进某种性能的特征。这使得非晶物质的研究非常重要，同时研究难度也很大。关于非晶物质和体系的解释和认识既丰富又有趣，但理论发展还不成熟。

　　非晶物质的复杂性、多样性、非线性、非平衡、无序性并没有阻挡住人们对它的兴趣和研究，现在人们把越来越多的目光从相对简单的有序物质体系转移到复杂的、动态的无序非晶体系。2021 年的诺贝尔物理学奖授予意大利科学家 G. Parisi，以表彰他对理解复杂无序系统的开创性贡献，也说明无序体系本身研究的重要科学意义和价值。对非晶物质的探寻，将帮助我们窥探物质的本质，了解物质的奥秘。非晶物质的研究是在混乱和无序中发现规律和序，在纷繁和复杂中寻求简单和美，引领了新的物质研究方向，导致很多新概念、新思想、新方法、新工艺、新材料、新模型、新理论，以及新物质观的产生。同时熵和序调控的理念催生了准晶、高熵材料、高熵金属玻璃、非晶基复合材料等新材料体系，颠覆了传统材料从成分和缺陷出发设计和制备的思路，把结构材料的强度、韧性、弹性、抗腐蚀、抗辐照等性能指标提升到前所未有的高度，促进了功能和结构特性的融合，对材料的研发理念、结构材料、绿色节能、磁性材料、催化、生物材料、能源材料、信息材料等领域产生深刻的影响，改变了材料领域的面貌。性能独特的非晶材料在日常生活和高新技术领域成为广泛使用的材料。另外，非晶物质(如金属、玻璃)作为相对简单的无序体系，为研究材料科学、凝聚态物理、复杂体系中的重要科学问题提供了理想、独特的模型体系，极大地推动了复杂无序体系的研究和发展，并成为凝聚态物理的一个重要和有挑战性的分支学科。遗憾的是国内关于非晶物质的书籍偏少，这和蓬勃发展的非晶物质科学和广泛的非晶材料应用形势不相适应。

本书试图用科普的语言，以典型非晶物质(如玻璃、非晶合金、过冷液体)为模型体系来全面介绍非晶物质在整个物质世界的位置，非晶材料的研发、发展和应用历史，以及对人类历史和社会、科学发展的重大作用，重点阐述非晶物质科学中的主要概念，非晶物质科学研究方法、理论模型、重要科学问题和难题，非晶物质形成机制、结构特征、表征方法和模型，非晶物质的本质、热力学和动力学特征，非晶物质和时间、维度的关系，非晶物质中的重要转变——玻璃转变，非晶物质的流变特征和断裂特征，非晶物质的重要物理和力学性能，以及非晶材料各种应用等方面的概况和最新的重要进展，其中穿插了非晶物理和材料的研究历史和精彩故事。

本书是在非晶物质前沿问题艰难探索过程中和如何解决非晶领域的难题与挑战的思考中完成的。书中回顾了非晶物质材料的研究和研发历程，分析了当前该领域的前沿科学问题、发展方向、重要进展、机遇和挑战及在高新技术领域的应用场景，并探讨了其发展前景。每个章节都介绍了与非晶物质相关的研究动态及趋势，试图回答什么是非晶物质的前沿并提出问题，并用一章节列出了非晶物质科学和技术领域重要的 100 个科学、技术和应用问题与难题。对于这些问题并不试图给出简单和明确的答案，而是希望能引起思考，启发读者能加入到这些问题的对话和研究中来。本书还介绍了有关非晶物质的很多最新的研究进展和新知识，这些新知识或许是浅薄的，但浅薄的新知识尽管是片断、粗浅、有缺陷和不完整的，却代表了本领域的创新。

本书希望把非晶物质研究相容地放入一个更大的物质科学框架和图像中，放入材料研究和应用史中，放入现实世界中去介绍和讨论，让读者能从不同的角度和视野全面了解非晶物质体系及其研究发展历程，以及对技术和科学发展、人类社会和生活的影响。相信读完本书后，读者会对第四类常规物质态非晶物质有更加立体、生动和深入的认知，能像欣赏名画和名曲那样发现非晶物质的美、价值、意义和奥妙。

本书可作为学习和研究非晶物质科学和材料的本科生、研究生的参考读物，也可供从事相关领域的科研工作者以及对玻璃有兴趣的读者参考。

目　　录

第0章　绪　论

非晶玻璃世界

0.1 本书的主要内容

常说人生如戏，非晶物质的研究和发展也可比作一台戏，其主角就是非晶物质。和很多重要的角色一样，它有多个名字，又叫无定形物质，也叫玻璃，冻结的液体，等等。这台戏的演员还有很多，他们是为非晶物质科学做出杰出贡献的科学家、工程师、企业家和研究生。本书中非晶物质的配角是晶体、液体、气体、准晶、高熵物质，还有原子、分子、原子团簇及非晶物质的近亲——过冷液体，等等。

任何一个角色都有其表演的舞台，非晶物质的舞台是空间和时间。非晶物质的空间跨度非常广袤，从原子/电子尺度($<10^{-9}$ m)到宏观米以上更大的尺度，横跨了十几个量级，几乎涉及各种宏观物质和微观分子/原子和电子。非晶物质的时间跨度也很大，从原子/电子的$\sim 10^{-18}$ s 时间尺度，到宏观非晶物质万年的尺度，跨度在二十几个量级。本书将在这个广袤、深邃的空间和时间大舞台上展现非晶物质的本质、形成、演化和运动、结构、特性、规律、衰变、稳定性、相互作用、应用、定位和历史，以及与社会、文化、科学之间关系的故事。天高地迥，觉宇宙之无穷；兴尽悲来，识盈虚之有数。希望你能从浩渺的时间和空间去探究、认识和体验非晶物质。

本书的主角非晶物质和我们有什么样的密切关系呢？禅宗里的一个故事能形象说明非晶物质和我们的关系。大海里一条小鱼问大鱼："我常听说海的事情，可是海是什么？"大鱼答道："你的周围就是海啊！"小鱼说："可是我怎么看不到啊？"大鱼说："海在你的里面，你也在海里面，你生于海，终归于海，海包围着你，就像你的身体一样。"非晶物质和我们的关系就类似鱼和海的关系。非晶物质充斥于自然界中，无处不在。实际上，我们和海中鱼一样，身处其中，生活在一个非晶物质的世界中，我们身体的组成部分很多就是非晶物质。但是我们对非晶物质，可以说是习而不察，对它的了解和认识也非常有限。正如庄子所说：鱼相忘于江湖，人相忘于道术。

令人难以想象的是，至今还很难给非晶物质一个科学的、明确的定义。它有一个通俗的名字叫玻璃，人们已经习惯用玻璃来代称非晶固体，因为玻璃是典型、古老、很早就被利用的非晶物质。对非晶物质定义的探寻，可以帮助我们了解非晶物质的本质，窥探非晶物质的奥秘。物质科学的发展，使得我们对物质的认识越来越深刻，物质的分类因此已经超出了高中物理课本里对物质的简单分类——固态、液态和气态。本书将用大量的例证，从不同的角度来证明本书的主角非晶物质实际上完全不同于固态、气态和液态这三类常规物质，所以不能将其简单归于固态、气态或者液态，它是常规物质世界中的独立、重要的成员，是和气态、液态、固态相并立的第四种常规物质状态。

我们的主角有什么与众不同呢？非晶物质是自然界中最基本、最普遍、最复杂、多样化的物质之一。阿波罗登月宇航员和中国嫦娥五号采回的月壤中非晶物质——玻璃多达 30% 以上。这些月球表面上的玻璃小球已经至少存在 15 亿年了。它见证过宇宙星辰波澜壮阔的演化历史。古老而稳定的玻璃是地球、月球、火星等行星的久远自然历史和时间的记录簿，它保存了这些星球远古时代地质、生物和环境的信息，使我们得以了解行星生物和地质的演化和奥秘。非晶物质和材料在人类发展历史上有杰出的表现和作为，有很多神奇隐藏在大自然讲述的许多故事中。非晶材料是人类利用最古老也是最广泛的材料之一。例如，典型非晶材料——玻璃的应用和制造历史源远流长，横贯人类整个文明，并对社会文明、科学、文化甚至艺术的方方面面产生了极大的影响。在西方，人们甚至把玻璃材料说成是上帝赐予人类的最佳礼物，是一个充满矛盾而又非常神奇的物质。它给人们带来了生活的喜悦和创作的灵感，艺术家利用它晶莹透亮、冷峻坚固，同时具有折光反射的特点，在艺术创作上达到了变幻莫测、美轮美奂的艺术效果。很多科学先贤曾用它穿透现实世界的迷雾，透视到无数重要的自然奥秘，极大地启迪了人类的智慧，促进了科学的发展和社会的进步。来自平常砂石的非晶玻璃纤维(光纤)也是传递佳音信息的最佳材料，助力人类进入信息时代。另外，古老而透明的非晶物质(如玻璃)时至今日仍然是最难看透的、最难认识的物质之一，对其本质的理解仍然是世界性难题，连很多伟大的科学家都曾感叹：看透玻璃很难。

研究非晶物质的学科是个交叉学科，其研究范式、方法和手段涉及数学、物理、化学、信息、工程和材料科学，这样的交叉和新兴领域充满激动人心的发现、机会和故事。本书就是围绕这类既常见和古老又深刻和神奇的角色——非晶物质来叙述其昨天、今天和明天的故事。全书分为19个部分来论述非晶物质的本质、结构、性质、特征、形成、流变、性能和应用，并介绍非晶物质科学相关研究的概况和最新进展及面临的问题，采用远焦和近焦不同镜头和角度来展开对主角非晶物质的描述、分析和记录。绪论、第1、2章主要采用远焦镜头，从几千年的时间历史和整个物质空间的大尺度角度为非晶物质取景，是非晶物质宏大主旋律下的乐章和故事；从第3章开始，采用近焦镜头，对非晶物质的方方面面逐一进行描述、分析和讨论。因为非晶物质的故事源远流长，是丰富的光谱镜头，它之前的历史悠远，应用极广，影响很大，它之后的故事、问题、成果很多，所以我们可能只能定格在它的主要片段上去观察、描述和分析它。

绪论部分主要是概述本书主角的特点，本书的内容纲要、布局、风格和目的。

第1章把非晶物质放到物质世界的大背景和空间中去介绍其重要的概念、思想、方法、研究思路和范式，与其他常规物质的异同。通过和其他物质的比较，阐述非晶物质归类为常规物质的第四态的原因。试图在整个物质世界的大背景下(空间角度)来看非晶物质所处的位置、范围，与其他物质的关系，以及非晶物质的研究意义、研究热点问题，旨在拓宽关于非晶物质研究的视野。

第2章从历史的角度(时间维度)较系统地考察、总结了非晶物质科学研究的发展、非晶材料制备和应用的历史，特别是古老的玻璃材料和最新非晶物质家族成员——非晶合金的研究和应用的历史。考察非晶材料与其他学科、文化、社会文明、艺术和科学发展的关联，特别是考察了玻璃和早期科学的密切关系，通过比较典型非晶材料——玻璃在东西方的发展和社会影响，讨论了非晶材料在东西方文化和文明差异中的作用，以及文化对非晶材料发展的影响和作用。从历史和重要应用的角度阐明非晶物质是不同于其他三种常规物态的第四态，论述非晶物质和材料研究和应用的重大意义。目前国内从事非晶物质和材料学习和研究的年轻学者和研究生可能不太了解非晶物质研究、利用和发展的历史，希望较系统的非晶物质的发展史能对读者特别是年轻学生认识和了解非晶物质有些帮助和启迪。

　　第 3 章详细描述了非晶物质的原子和电子结构特征、结构模型及非晶物质中的各种结构序，包括短程序、中程序、拓扑序、对称性等，介绍表征非晶结构的各类实验手段及其局限性，非晶物质结构研究的最新进展和困难，并从结构特征的角度证明非晶物质是不同于其他三种常规物态的第四态，说明复杂的非晶物质长程无序结构中存在序，在无序中可以发现序，无序的本质是其他方向的秩序，是暂未被认识的序。本章还探讨和反思了以微观结构作为出发点来研究、调控非晶物质特性和性能这个传统固体物理和材料科学研究的思维模式的作用，探讨了能否引入新的范式来研究复杂的非晶物质结构。

　　第 4 章主要讨论非晶物质是如何形成的，介绍制备非晶材料的基本原理和机制、判据、主要技术和工艺方法，以及熵和序在非晶物质形成中的作用，介绍不断涌现的新的非晶物质，如单质非晶、高熵非晶、超稳定非晶、纳米非晶、生物非晶等物质，也从制备原理和方法的角度证明非晶物质是不同于其他三种常规物态的第四态。本章还试图展示非晶材料的制备不仅是工艺和技术，同时也是一门科学和艺术。一项看似简单的非晶材料制备或加工技术的发明，甚至能完全改变社会、改变我们的生活方式，对社会和文明进步会带来意想不到的巨大促进作用。在 20 世纪，科学家们找到了构成物质世界的基本模块：组成所有物质的基本模块是分子、原子和基本粒子；组成生命的基本模块是细胞、蛋白质和基因。物质科学的一个趋势将是反过来探索用这些基本模块能够制造什么，因此本章也介绍了非晶物质和材料的制造这个重要方向和思路。

　　第 5 章过冷液体和玻璃转变主要围绕什么是非晶物质本质这个问题展开。非晶的本质问题一直是非晶物质领域的一个热门课题，关于非晶物质本质的解释和认识既丰富又有趣，这些解释和理论有多种形式。本章重点论述非晶物质及其母体过冷液体中最重要的问题——玻璃转变问题，以及玻璃转变研究的概况和意义，介绍关于玻璃转变的主要理论和模型，不同观点及争论，玻璃转变包括广义玻璃转变研究的意义及与其他学科的联系等，进一步证明非晶物质的本质和转变机制也完全不同于其他三种常规物态，它的形成不是通过相变，而是通过独特的玻璃转变。

　　第 6 章是关于非晶物质的重要特性，包括亚稳特性，稳定性，衰变和回复，记忆效应，遗传性，对外界影响的敏感性，局域流变和脆性，超塑性成形特性，非均匀特性，抗腐蚀等化学特性，以及极端条件下的特性，从非晶物质的非同寻常的物质特性来说明它是不同于其他三种常规物态的独特物态。

　　弹性是认识非晶物质的一把钥匙，所以本书将非晶物质的弹性单独列为一章。第 7 章系统地介绍非晶物质的弹性特征，提供了大量各类非晶材料的弹性模量的数据。通过大量实验证据证明非晶物质的弹性模量和其成分、结构、动力学、特性以及很多其他物理和力学性能的密切关联，证明弹性模量是认识非晶物质本质的关键物理参量，弹性模量能够把非晶物质的形成、结构特征、玻璃转变、物理力学性能密切关联在一起。本章还介绍非晶合金材料探索和性能调控的弹性模量判据，介绍从弹性模量角度来预测、调控非晶材料形成能力和性能的思路和方法。弹性模量和非晶物质性能的关联，是认识其本质问题、研发高性能非晶材料的钥匙。

　　第 8 章聚焦非晶物质的流变。非晶物质可视为流动极其缓慢的流体，其流变行为完全不同于常规流体，有很多独特、有趣且难以理解的特性。非晶物质黏性极大，流动是非均匀和局域的，在流变过程中会随温度或者压力的改变发生神奇的玻璃转变：从极长时间尺度的缓变随机过渡到极短时间尺度的骤变。非晶物质的这些流变现象在实验室时间尺度上很难观测研究，其流变导致了很多自然现象，也给流体力学带来一系列崭新的科学问题，是对人类智慧的挑战。本章将讨论非晶物质中原子等粒子在外力或者温度作用下如何流变，流变的时空复杂性，流变的物理本质，以及非晶物质流变、玻璃转变、弛豫之间的关系等重要问题，介绍了从弹性模量角度描述非晶物质的本质、流变和玻璃转变的统一流变模型——弹性模型，这个模型能给出非晶物质中流变的统一解释。

第 9 章聚焦讨论非晶物质流变和形变的微观结构起源和机制，讨论了非晶固体是否存在类似晶体的缺陷或流变单元，如何定义、发现、表征流变单元，以及建立非晶物质中流变单元与其性能、性质和特征的关系。本章还介绍了非晶物质和材料领域关于流变单元研究的最新进展、各种流变单元模型、质疑和争议。

不同于晶态固体、液态和气态，非晶物质有丰富的动力学模式，这是非晶态物质结构复杂和无序的反映，也是非晶物质区别于其他三种常规物态的重要标志。对于结构复杂的非晶物质，动力学也是理解其本质、复杂结构、特征、玻璃转变、形成机制、调制和设计非晶材料的性能的重要途径和窗口。第 10 章是从动力学角度来研究非晶物质，介绍复杂非晶物质的多种多样的动力学模式，以及它们的行为特征，它们之间的关联关系、结构起源和机制，介绍各种动力学模式和非晶物质结构、非均匀性、性能的关联关系，提出如何根据动力学和性能的关系来调制非晶材料的性能的思路和方法。

热力学是 100 多年前就基本建成的自然科学最辉煌的经典学科之一，如何将热力学应用到非平衡的非晶物质研究中是个挑战。第 11 章试图从热力学角度来认识非晶物质，包括非晶热力学特征，热力学玻璃转变，理想玻璃转变，熵在非晶物质形成、转化、动力学及稳定性中的作用，非晶物质及液态的比热问题，相分离，非晶物质的能量，如何从能量的维度表征非晶物质，以及非晶态到非晶态的相变等热力学行为和现象。从热力学上阐述非晶物质是第四种常规物态。

非晶物质的表述也需要一个观测者，这种时间相对性的作用给非晶物质科学涂上了主观色彩，引起了很多的争论。第 12 章试图从时间的角度来看常规物质第四态非晶物质，考察它和时间的关系，随时间的演化、衰变和回复及其规律，考察不同时间尺度(如超慢时间尺度和相对论时间尺度)非晶物质的行为，汇总非晶物质和时间相关的公式、规律、性能等，试图从时间角度理解非晶物质的行为特征、玻璃转变和非晶本质，并对非晶物质的时间相对性进行讨论。

第 13 章讨论非晶物质及过冷液态的晶化现象，即非晶态、晶体、固体、液体之间的互相转换，包括其形核、长大、结晶过程，介绍控制形核、长大的物理因素和条件，液态形核长大和非晶物质形核长大的异同，形核和长大的理论和模型，非晶物质抵抗晶化的稳定性机制，晶化相变材料，讨论非晶物质的热稳定性及其机制，介绍如何获得高热稳定的非晶材料，如何利用晶化调控优化非晶材料性能等。

非晶物质由于其长程无序的结构特点和脆性特性，其断裂现象和行为不同于晶体材料，其断裂机制更加复杂。第 14 章论述非晶物质的力学破坏和失稳过程，即非晶物质的断裂，包括断裂现象、断面的图案、结构起源、断裂准则、断裂机制等。非晶物质的断裂不仅是深刻的科学问题,有重要的工程应用,而且富有美感。在这一章不仅可以了解非晶物质的断裂知识,还能欣赏断裂之美。

维度也决定材料(包括非晶材料)的形成和性能。第 15 章是关于维度非晶物质的特征和行为,探讨低维非晶物质的制备、特性、动力学行为、进展和应用前景,介绍维度在非晶本质研究、影响非晶形成能力及性能调制方面的作用,探讨非晶、液体、气体和固体这四种常规物质状态在低维度下的简并。

物质和材料研究的最终目的是服务于人类。但是,把知识变成可以造福人类的技术和应用同样需要灵感、好的理念、创新和艰辛的努力。第 16 章讨论非晶物质科学研究的"无用"和"有用",主要介绍各类非晶材料的应用和潜在应用,特别介绍新型非晶合金材料应用研究和产业化的进展、经验教训、应用前景及面临的难题。本章也介绍了一些非晶材料从实验室走向应用的艰难历程,对非晶材料的应用前景进行了展望和讨论。

是否有深刻、高大上的科学问题在某种程度上决定了一个学科的未来。非晶物质作为常规物质的第四态,是一个相对新的学科,其天空飘着朵朵乌云。如果能够拨开非晶天空的乌云,找到合适、关键的科学和技术问题,就能引领非晶物质科学的发展和技术的重大突破。第 17 章试图整理非晶物质中蕴藏的 10 大科学奥秘,发掘、总结和归纳非晶物理、材料及应用方面今后发展面临的大大小小的 100 个问题,希望能引起年轻人学习和研究非晶物质的兴趣,为新的重要问题的提出起到参考和抛砖引玉的作用。

最后一章(第 18 章)是对全书的总结,总结与非晶物质相关的重要发现、进展、现象、理论、模型、研究范式、存在的科学和技术问题及非晶材料的重要应用等,梳理未来研究和发展的思路,凝练和聚焦关键的科学和技术难题;结合非晶物质的发展历史、形成、结构、特性、性能及非晶材料的应用,进一步阐明非晶物质是完全不同于其他三类常规物质的第四态。试图对非晶物质科学近百年研究的进展、经验、教训和问题提出一些自己的看法,并结合非晶物质科学发展过程及轨迹,讨论非晶物质学科对其他学科的影响及其发展给人们带来的变化和启示,另外对非晶物质学科的发展和故事的延续做一些展望和建议。

0.2 本书的特色和风格

第一个特色是科普性。本书希望能让刚刚进入该领域的研究生或者非本专业的科研人员快速了解非晶物质科学领域中的基本概念、科学问题及研究意义、发展历程、非晶材料的应用、最新的进展和发展前景。所以,本书试图用科普的语言,希望尽量能摆脱古板的专业术语,结合研究历史和故事来围炉夜话非晶物质科学的昨天、今天和明天。本书尽量避免繁难和冗长的数学公式推导,而是重在基本概念,科学思想和思路,重要性质和特征,本领域里程碑式的重要工作及其科学意义的论述,重在重要理论和方法的描述、解释,理解实验事实,尽量用易于理解的语言来表达出重要观念、概念、思想、模型、理论、成果,以及这些成果自身的优美和重要性、来龙去脉、缺陷、存在的问题及关于它们的争论和质疑。书中还试图将迄今只存在于专业文献中的思想、思路、重要方法、概念细致通俗地介绍出来,但又不失其精髓。本书力求做到深入浅出,采用一些浅显易懂的比喻来帮助理解重要的概念和理论。在科学著作中,生动的比喻不仅能帮助我们理解问题和知识,更能为创造力的思维火花、深邃的概念和理论添加燃料。戴森在《从爱神到盖娅》一书的序言中说:"我所有的作品,其目的都是打开一扇窗,让高居科学庙堂之内的专家望一望外面的世界,让身处学术象牙塔之外的普通大众瞄一瞄里面的天地。"本书也希望能使这些枯燥、专业、很容易被扼杀在少数专家手里的非晶物质科学知识获得一些人性的光辉,让更多的人感兴趣,能欣赏非晶物质的作用、奥秘和美。

非晶物质的百年研究,尤其是近年来的快速发展,产生了大量的数据、材料、现象、模型、概念、信息、问题、争论、文章、专利和应用。这使得人们,特别是初学者很容易淹没在这些繁缛的细节信息和知识中,急需简单的框架将大量的细节知识组织起来,给出一个总体的图像。所以,本书的第一个特色是试图给出非晶物质科学知识、研究的前沿和状况的全貌和框架。从事科学研究需要尽早知道研究领域的全貌。不了解全貌,就难以选择合适的课题,做出重要的科研工作。本书试图做到,只要学过大学基本物理和材料知识的学生,看完本书就可以大致地了解非晶物质科学研究领域的基本图像和问题,就有能力去阅读和理解当前发表在《科学》(Science)、《自然》(Nature)、《物理评论》系列、Adv. Mater.等一流科学杂志上的关于非晶物质方面的前沿研究工作。当然你或许不能懂得其中的每个细节,但是你能得到一个研究概观,理解其工作的意义和重要性,能够从中探寻到有意义的成果和重要的研究方向、问题。

俗话说隔行如隔山。现代科学的飞速发展,使得领域分得很细,每个领域的专业知识、语言、概念差别很大。非晶物质科学的发展也带来很多分支,如非晶态物理、非晶材料、玻璃、软物质、颗粒物质、非晶高分子化学及生物学。学科细分带来的语言、概念、观点和兴趣上的差别,使得各学科分支之间似乎有些脱节。科研上,可以得到最大收获的领域是各种已经建立起来的学科之间的被忽视的无人区。正是这些科学的边缘区域,给有修养的研究者提供了丰富的机会。学科交叉使得每一个简单的概念和问题可以得到不同角度的解释、研究和理解,因此,本书第三个特色是希望在非晶物质各分支学科之间架起桥梁,注意它和不同学科的交融和联系。注重非晶物质学科和不同学科的交叉和融合,使得从事其他不同专业的研究者也可从本书中获得启迪。

作者曾参加过 Santa Barbara 卡弗里理论物理研究所的一个为期 3 个月的"非晶物理前沿问题"研讨班。该研究所是一个现代科学乌托邦和物理圣地。所里固定人员很少,多是客座人员。不论是客座研究员,还是终身教授,大家不需要向谁负责、向谁汇报。不同学者可以到此养精蓄锐,既没有工作压力,又没有日常琐事。客座研究员研究结束时,甚至连一份工作总结都不用写,直接收拾行囊,交还研究所的茶杯,然后离开这座知识的伊甸园。Santa Barbara 卡弗里理论物理研究所的真正鼻祖和精神导师是古希腊哲学家柏拉图。柏拉图在雅典城郊创办了世界上第一所高等研修院——柏拉图学园。学园吸引了学者、研究者及各派理论家咸集于此,探究世界的奥秘,阐释万物之理,将平常的所见所闻概括为一个由抽象概念和原则构成的集合。Santa Barbara 卡弗里理论物理研究所继承了柏拉图的衣钵,吸引了世界各地不同领域的科学家聚集于此,不制造产品,不做实验,终极目标就是要思考和明晰自然和物质的本质,仅此而已。这次非晶物理前沿问题研讨班的学者不仅有物理学家、材料学家和非晶学者,还有地质学家、生物学家、化学家、数学家和工程师等，这些不同领域的人聚集在美丽的太平洋之滨的 Santa Barbara，相互学习和讨论。参加这次研讨会的多是成就卓著的科学家，经典论文甚至课本里的很多东西就是他们亲自做出来或者提出来的。他们能把每个我们在书本里见到的科学发现和成果讲得像历史故事一样引人入胜，会让人觉得原来做科学这么有意思！通过讨论、沟通，大家发现这些不同学科的差别和如此激动人心的研讨相比，就显得无关紧要了。虽然各个学科都有实验和理论方面浩繁的专业知识细节、不同的概念和专业术语，但是，如果你追根求源就会发现，这些知识河流的源头其实都是一些简单、普遍的原理，而且它们都是来自同一个源泉。也就是说只要具备很少的一些原理，我们就有能力去理解大量的不同的前沿研究。

第四个特色是在每个章节都列出相关的重要科学问题，并给出与之关联的物理思想要点和讨论。苏格拉底说过：只用眼睛看的人是瞎子。希望读者能带着自己的问题、思考和批判来阅读本书的每一章节。本书还注重讨论本领域一些重要理论、模型和观点的局限性，注重展示和评论这个正在快速发展领域的各种观点的碰撞，希望以此来拓展读者的批判和质疑能力。特别希望能对提高学生提出和凝练科学问题的能力有所帮助，能引起他们对非晶物质科学基本问题的更多的讨论、质疑和批判。知识是可以拓展和怀疑的，也是用来超越的。一个充满问题和争议的领域才是有活力的领域。作者在 Santa Barbara 卡弗里理论物理研究所研讨会期间，看见来自世界各地的科学家在各自的办公室研读文献，讨论、争论问题，很多时候，晚上 11 点了，讨论和争论还在进行，那种淡定从容、简单执着让人感动。教科书里那些高贵冷艳的知识原来就是身边的这些貌似随和的老先生和老太太这样创造的。正是这些不同领域科学家的参与，这些不同学科之间的交叉和张力，各种盲人摸象式的观点的争论，使得科研探索工作卓有成效。同时，这也是科学研究的魅力所在。

在北京，我们组织了一个非晶物质科学的沙龙，参加者大都是北京一些高校和研究所的青年科学家，大家每月一次聚在中国科学院物理研究所 D 楼圆桌会议室讨论。每次沙龙中的一员，或者是一位邀请来的客人，介绍他人或自己有意思的结果、想法或者观点。交流是活泼的、毫无拘束的，这里不是一处任何人可能摆架子的地方，报告人必须经受一通尖锐批评的夹击，批评是善意但是毫不客气的。这些沙龙的常客都感到了这种方式的意义，这个沙龙实际上对非晶物质科学在国内的发展起到一定的作用。本书也想传递这种非晶沙龙精神，注意介绍非晶领域不同观点的争论和碰撞。了解相对年轻的非晶科学的不同理论、概念和观点是非常必要的，因为科学研究是一个积累的过程，科学的成就都是在前人、别人的工作基础上才有所突破的，对待别人和前人的工作，应该是尊重和批判相结合。科研成果只有经过科学界同行的批评、吸收、发展，才能经得起时间的考验。相信非晶领域的未来一定属于那些对不同观点和思路都驾轻就熟的人。

第五个特色是介绍了很多模型、理论和重要结果的发展、发现的过程和历史。目的是想还原一些重要新非晶材料的发现，理论和成果的产生的来龙去脉，展示和还原许多本领域大家熟知的科学家和大师们是如何面对群山一般的困难，开山架桥，为我们开辟了可以前进的道路，使得非晶物质研究发展到今天的。同时，希望读者能认识到非晶物质领域的工作和成果大多不是什么天才的工作，而是具有耐心的平凡人通过艰苦努力、持续的工作做出的杰出成就。其实，任何一项科研成果和发现何尝不是如此，都是对科学家意志和耐心的巨大考验。希望读者通过对这些艰辛努力和历程的了解，能为这个正在发展的领域感叹和激动，提高他们的信心和兴趣，并能吸引更多的优秀年轻人加入到这个富有挑战性的交叉研究领域。希望非晶物质科学能成为各种各样的人都可以涉足的王国，并希望传递给年轻读者这样的信息：在这个领域里，如果他们能做到，你也能！实际上，我们学习的过程就是在回顾科学史的创造，当我们进了实验室，自己就变成了知识的创造者、科学史的建设者。我们追求的目标应该是发现非晶物质世界的奥秘，在非晶物质科学研究史上留下自己的印迹。

第六个特色是从不同的视角来看非晶物质。非晶学科的发展需要新的、更宽的视角。除了从结构和动力学等传统的角度来描述和认识非晶物质，本书还试图从熵、能量、时间、序、维度等视角来认识非晶物质。我们知道有序和无序是自然界普遍存在的两种对立统一状态，这两种状态可以相互转化，并且两种状态之间存在一个临界点，在其临界点附近有丰富有趣的临界现象。例如，玻璃转变，铁磁材料从顺磁态到铁磁态的转变，物质从无序到有序的转变，超导体从正常态到超导态的转变，水以及许多液体材料的临界点的液态-气态共存，生物体中 DNA 的折叠、病毒的传播，人工智能体系的计算，都存在着有序和无序的相变和临界现象。非晶物质是受熵或者序控制的亚稳材料，是熵和能量竞争的产物，与时间、无序、不稳定、随机性和复杂性密切关联。传统固体物理则强调稳定、有序、线性、均匀和平衡，在封闭系统中，小的输入总是产生微扰。非晶物质研究会带来新的更接近现实世界的物质世界观，如无序、亚稳、非均匀、非平衡、非线性，对时间高度敏感，微扰造成大的变化等。非晶物质作为独特的常规物质态，其研究需要新视角、范式、概念、理论和新思想，需要新的物质观。当然这些想法和视角并不一定成熟或正确，或许是面临困境的研究者给自己壮胆的口哨。但是为之付出的努力是值得的，这些新的视角或许能为理解非晶物质的本质提供新的启发。

第七个特色是提供了很多最新的实验和模拟的数据和结果。这些实验数据不一定很漂亮，但是这些真实的、前沿的东西能帮助你了解最新进展，还原重要结果的发现过程，拓展你的批判能力。有些理论、模型不像教科书和报告中听到并相信的那样好用，有些经验模型虽然简单，但却能很好地解释现象，支持很强的结论。这些能帮助你训练从大量数据中发现线索、鉴别重要结果的能力。

第八个特色是反思，即对自己几十年从事非晶研究工作的反思。北京是研究非晶物质科学最佳的地方之一。作者曾与国际同行在北京郊外十渡山中漫步，边走边聊非晶物质的结构、形变和断裂问题。那高悬的瀑布，被层层岩石截成一段段，犹如锯齿般的流动(类似非晶物质中的锯齿流变)；岩石中随处可见裂缝(crack)和剪切带(shear bands)；奇特地貌山体的形成类似于非晶物质流变的结果；时而碰上狭窄的山路和拥堵的人群(jamming，阻塞效应)，类似玻璃转变效应；周围的花鱼鸟虫、草木山石都是非晶物质，让人感觉仿佛置身于非晶世界中。这位科学家说：我们是在活的非晶世界中徜徉。遗憾的是在非晶物质和材料科学历史戏台上，曾经辉煌的主流理论和成果少有是源自中国的贡献，各种非晶新材料的发明很少出自中国的贡献。在这台戏中，我们中国学者以前只是在台下的观众，在更早的时候，我们甚至只是离戏台很远地方的观众。非晶戏台以前一直没有我们中国学者站立的地方。通过半个世纪的努力，一部分中国学者拿到了可以去非晶场剧的门票，但是舞台上的"请保持安静"标语，依然让作为观众的我们感到憋屈。今天是我们要准备登上戏台的时候了。中国的科技经济能力，已经可以支撑我们去思考、研究重大的非晶物质科学问题，进行最前沿的探索。因此，要反思我们在非晶大戏中的角色、行为和责任，革除以前以跟踪性研究为主的习惯，摒弃以为国外主流学者抬轿子为荣的思路，努力探索原创性的理论、材料、方法、技术和应用。另外，在信息时代，计算机技术高速发展，计算模拟已经成为和实验、理论并列的科学发现三大途径之一；网络的发展和电子期刊的出现，使得研究结果的发表、资料获取更加快捷；同时，各学科和领域也都在快速发展，不断融合交叉，新的实验表征手段及新的理论、方法不断涌现；非晶物质研究成果也大量涌现，并在不断和其他学科交叉拓展。这同时带来深刻的问题，非晶物质科学下一步如何发展？寻求引领非晶科学和技术发展的"罗盘"是当务之急，到了对目前非晶研究方向、方式、问题、范式冷静反思、再评价和评估的时候了。

总之，希望本书有特色并与众不同。但要实现上述风格、特色和目的，需要广博的知识和知识驾驭能力。对于作者来说，由于水平和能力所限，本书可能达不到预期的目的。

0.3　为什么要写这本书

作者在 1987 年春做本科毕业论文的时候开始进入非晶物理和材料这个领域。此后，硕士、博士、博士后都是从事非晶材料和物理研究。1998 年在中国科学院物理研究所组建自己的非晶研究团队，开始独立的非晶物质研究。一眨眼，已经在非晶世界学习、工作三十多年了。对只有百年研究历史的非晶科学领域，作者算得上是一名老兵。小时候听人说某种职业需要 5 年、8 年甚至 10 年的专业学习和工作经验，总是感到很惊讶：什么东西还需要这么长时间的学习和经验？在学习、尝试研究非晶的硕士、博士阶段，也时常觉得非晶研究做够了，没什么可做了。后来现实教育了我，10 年、20 年甚至 30 年不算长，学习、研究非晶已经变成我一生的日常，一生的修炼，一生的事业。本人的成长年代与新型非晶物质——非晶合金的研究和发展几乎同在一个时期，本人的职业生涯也只和非晶研究相关。典型非晶材料玻璃，在中国古代又叫"水晶"。机缘巧合，作者出生、长大的地方是安徽宁国市一个叫水晶坞的地方。古人提倡"荷道以躬，舆之以言"，即一边努力做事，一边写文章，介绍自己的经验和智慧。父母在世的时候，经常问我的一句话是："你读了这么多年的书，怎么没有写出一本书来？"这让我很不堪。读了几十年书，研究非晶物质几十年，确实欠了很多文债。书籍是一位学者给社会、同行的回馈方式，是人类传承知识和经验的必然环节。Edward Bulwer Lytton 说过："Laws die, books never."如果能通过一本书来记录非晶物质学科的发展历史和成果，留下这一代非晶人曾经的所思、所想、所做，为非晶物质知识的江河贡献点滴，也是一种贡献和慈悲。秀才人情书一本，借写书来表达对非晶科学和非晶材料探索做出重大贡献的、默默无闻贡献的、熟悉和不熟悉的同行致以深深的谢意，也算完成了我个人的一个夙愿，因为是他们给我们建立了安身立命的非晶科学大厦，给我们带来了知识、收获、智慧和深刻的快乐。

对非晶物质科学的热爱也是推动我写作本书的动力。物质是什么？这是人类永恒的课题。这个问题在历史上很早就被提及，很多先哲、科学家思考和研究过这个问题。随着科学的发展，"物质是什么"这个问题曾被无数次提及，并激发了人类对自然探索的兴趣，也成为科学的最高使命之一。对物质是什么的回答也在不断地进步，但答案一直没有令人满意过。丰富多彩的非晶物质占自然界常规物质的很大部分，我们环顾四周，看到的大多是非晶态物质，正如本书要全面论述的，非晶物质可以视为完全不同于晶体固态、液态和气态的常规物质的第四态。"非晶物质本质是什么"是"物质是什么"这个问题的核心内容之一，也是凝聚态物理乃至科学的难题之一，激发了几代科学家为之竞折腰。目前对物质的研究还没超越两千年前人们最初追问物质是什么时的基本思路——还原论，即将物质不断地拆解，直至追根溯源到那恒定不变的、第一性的"基本粒子"。对非晶物质研究的主线也是试图遵循这个基本思路：从微观结构来理解其特性和本质。非晶物质的研究已经跋涉了接近一个世纪，我们对"非晶物质是什么"这个问题有了更多的见解。但是越向前接近真相，就越发觉悟到我们了解的非晶物质不过是物质汪洋中泛起的一朵浪花，茫茫无涯的物质世界里没有厘清的问题和奥秘还有很多很多。人类，也不过是自然造物，原子的聚合形成的非晶体系而已，最神奇的是这个非晶体系却有能力去认识非晶物质体系，甚至能理解、改造我们的宇宙，发现至理。其中无穷奥秘值得我们为之穷生奋斗。为了探寻非晶物质的奥秘，值得做一个勇敢的非晶世界的旅行者，向着未来航行。未来是否繁花似锦，源自我们当下之努力。本书也是这种努力的微小部分。本书将结合非晶物质科学的最新进展，对非晶物质本质问题展开较全面的讨论，希望能起到抛砖引玉的作用，吸引更多的人进入这个领域，为这个领域的发展做贡献。

相比气态和固态物质，非晶物质更加复杂、多样性。自然界中这些物质的存在往往被科学家绕开，被大众忽视，回避从大自然提出的问题和挑战。这激励着我们去探索和研究那些被晶体固体物理搁置在一边，被认为是"无定形"的物质，去把非晶物质和材料在人类发展历史上的杰出表现、影响和故事讲出来。非晶领域科学家 T. Egami 曾说过："非晶领域是一个还没有教科书的领域，有抱负的年轻人应该积极投身到还没有教科书的研究领域中去。"诺奖获得者 P. G. de Gennes 也说过"在成熟的理论框架下研究纯粹是浪费纳税人的钱"。非晶物质科学是值得年轻人努力的领域，因此，写本书的一个重要目的是，希望能引起大家尤其是年轻学生对非晶物质科学研究的兴趣。

写本书的另一个更实际的目的是，让刚刚进入该领域的研究生或者非本专业的科研人员更快地了解非晶物质科学领域中的基本概念、各类理论、科学问题、发展历程、应用价值、最新的进展和发展前景，也试图对非晶物理和材料的研究和进展进行一些梳理，希望整理出主线和主要进展，能给正在从事非晶物质研究的人勾画研究的全貌、现状和前景，为对非晶物质感兴趣的人提供了解的快速途径。费曼(Richard P. Feynman)曾说过："我所讲的这些并不是想帮助你们去复习考试，也不能帮助你们解决工业和军事上的问题，我是想告诉你们，物理是如何看待世界，同时从物理的角度看世界又是多么奇妙。"希望本书能帮你了解非晶物质世界的奇妙，欣赏非晶物质世界的美丽风景。

非晶物质学科发展得很快，非晶材料的应用也很广泛，大量关于非晶材料的新体系和关于非晶物质的数据、现象和细节被报道，还提出了很多模型、理论、猜想。初学者很容易被淹没在这些细节和海量数据中。虽然非晶物质研究发展很快，关于非晶物理和材料的中文书籍却很少，非晶物理和材料的专业教材也不多。很多研究生开始进实验室做研究，找课题，急需尽早了解非晶物质领域的历史、科学问题、概况和全貌，非晶物理和材料与其他学科的关系和联系，以及非晶材料的应用背景。本书以论述非晶物质是独立于气体、液体、晶体(固体)的第四类常规物质为主线，系统全面地介绍了非晶物质的方方面面，尽量不过多涉及专业的概念、实验、理论和计算的浩繁的知识细节，更注重讨论更普遍的原理、知识及联系，因为这些普遍的原理、知识有着共同的物理源泉。更专业的概念、实验、计算技巧和细节则留待将来更专业的书籍进行介绍。阅读本书的研究生将会及早知道非晶物理和材料领域的概貌，便于阅读专业杂志上的文章，寻找合适的课题和方向。

即使不是从事非晶领域的研究生、科研人员，在科研工作中有时也需要对非晶物质科学知识有所了解。本书期望能给愿意扩大知识面的其他领域的研究生展示一个容易理解的非晶物理和材料的图像，介绍非晶物质学科和其他学科的密切联系，特别系统地介绍非晶合金(又称液态金属，或金属玻璃)这个非晶材料领域的新家族的进展和应用，因此具有一定的参考价值。

作者曾听说一个故事，一位照管海岛灯塔的人，由于孤独的长夜无事可做，就专门在书中寻找错误。在本书写作过程中，作者常常会想到类似这样的传奇人物，还有很多同行、同事可能会读这本书，始终觉得有三个"人"会一直在背后观望：第一位是非晶领域的外行，所以本书尽全力把复杂、艰涩的非晶专业知识通俗化，要做到这点很难，希望能做到不失其精髓和思想；第二位是同行，同行之间是苛刻的，因此作者尽力做到细心地揣摩他们的意见和看法，尽力做到严谨，希望减少他们的微词；第三位是将从外行转内行的学生，他们读这本书的目的是希望能尽快了解学科全貌和前沿，以及学科关键科学和技术问题，所以本书力求把非晶物质学科当作一个整体来介绍，希望做到趣味性和学术性并存，帮助他们尽快了解非晶物质及对人类社会的重要作用，引发思考，激发兴趣和激情，并使他们尽快从外行变成内行。

本书写作的过程非常艰辛，写写停停，写了删，删了再写，时而觉得很有信心，时而觉得很沮丧和焦虑，难以为继。写作过程中的种种纠结和折磨不亚于科研中的磨难，有时还更甚，其中滋味唯作者自知：写书真是一场个人意志的修行，是对一个人意志力的考验。但是写书也有很多好处，写书是最好的学习过程，为了写清楚，需要查阅大量书籍和国内外相关资料。一本书写得是否用心，看看它列出的参考文献数量和质量就能判断得差不多了。写书最大的益处就是能让人忘记现实生活中很多烦恼。相信每个喜欢写作的人多少会有这样的感觉：每当你开始写作，就会进入忘我的境界，在写作过程中，内心充满宁静和喜悦。在那个空间可以摆脱一切束缚，享受自己的世界。现实再残酷，只要有写作的欲望、动力和能力，就可以微笑面对一切。每一个愿意写作的人，都有一个属于自己的精彩世界。写书更是一个人的思想狂欢。深夜时分文如泉涌的曼妙，半夜梦中灵感激发的兴奋，凌晨披衣而起诉于文字的欣喜，都是一种美妙的回馈和恩赐。金圣叹评《水浒传》的序言在某种程度上也表达了一个作者的心情。该序言写到：是《水浒传》七十一卷,则吾友散后,灯下戏墨为多;风雨甚,无人来之时半之。然而经营于心,久而成习,不必伸纸执笔,然后发挥。盖薄莫篱落之下,五更卧被之中,垂首拈带,睓目观物之际,皆有所遇矣。或若问:言既已未尝集为一书,云何独有此传?则岂非此传成之无名,不成无损,一;心闲试弄,舒卷自恣,二;无贤无愚,无不能读,三;文章得失,小不足悔,四也。呜呼哀哉!吾生有涯,吾乌乎知后人之读吾书者谓何?但取今日以示吾友,吾友读之而乐,斯亦足耳。且未知吾之后身读之谓何,亦未知吾之后身得读此书者乎?吾又安所用其眷念哉!

作者经历了非晶物质科学发展的起伏跌宕的时期,本书也是作者在非晶物质研究一个很激动人心的时代中的旅程的记录,一些感受、经验、体验和喜悦的分享,同时,也是一个参与者记下的非晶发展历史。作为一位非晶"老兵",作者愿意作为导游,和读者一起到非晶物质领域一游,给你讲述非晶物质研究是如何导致新概念、新理论、新思想和新材料,以及新物质观的产生,讲述非晶物质中一些重要问题的解决是如何给凝聚态物理和新材料之梦插上飞翔的翅膀的,是如何改变人类社会和文明的。在本书写作过程中,作者也经历了很多震撼人心的感悟和激动,希望通过本书能够把这种激动和感悟传递给读者。不期待有很多人读它,只要有几个人喜欢它就知足了,因为这是为志同道合者而写的书。

爱因斯坦认为世界是简单、有序和和谐的。但是自然界的至美往往存在于她所呈现的复杂的一面,自然界的序往往存在于表面上纷繁杂乱的无序之中。复杂的生命体就是自然界造就的最复杂也是最美、最成功的一类物质。非晶物质是一种常见但复杂、多样而又神奇和有用的物质,其中不仅隐藏着很多深刻而有趣的科学问题和规律,也有美和序等待人们去发现、认识和利用。发现某种"序"或"秩序"的愿望,是一种强大的动力。所有物理和天文专业的学生今天都会学习开普勒的行星运动三大定律,但是开普勒为揭示这些定律而付出的近乎狂热的长年努力,遭受的艰辛和痛苦常被人们忽略。他之所以能坚持几十年辛苦工作,从中寻找规律,是因为他坚信太阳系的行星每天的位置隐藏着神秘的序和壮美。希望非晶物质中隐藏的序和美也能激发有才能的年轻人去为之奋斗,懂得欣赏非晶物质中那些司空见惯的"无序"和"缺陷",也便懂得了非晶物质的美和序。非晶物质研究史就是从混乱和无序中寻求规律和秩序,在纷繁和复杂中发现简单和美的历史。

下面,就让我们一起把目光聚焦到非晶物质,凝神非晶之美,沉思它的奇妙,一起品读非晶物质世界的空间和时间、历史和未来。相信这会给你带来很多的知识、美、惊奇和启迪。第一幕,我们的起点是,在空间这个大舞台来了解非晶物质在物质世界中的位置、作用和特性。请继续往下看……

第 1 章　物质世界中的非晶物质：常规物质第四态

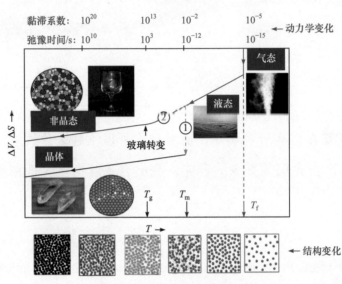

常规物质的四种状态

每个角色、每种物质都有其存在和表演的舞台，非晶物质亦然。非晶物质的舞台是空间和时间。我们首先在空间这个大舞台来了解非晶物质在物质世界中的位置、作用和特性。

这个世界是物质的，物质又是千变万化、丰富多彩、各种各样、互相联系的。为了在林林总总的物质世界中对非晶物质、非晶物理和材料学科有个总体概括的了解，让我们首先在物质世界这个大背景下鸟瞰非晶物质，遥看非晶物质在多层次、丰富多彩物质世界中所属的层次、位置及特性，在物质世界的大背景下讨论非晶物质的定义、概念和范畴，论述为什么要把非晶物质归类为常规物质的第四态，以及非晶物理和材料与固体物理、凝聚态物理学、材料科学的关系，介绍非晶物理和材料科学的研究范围和概观。

1.1 层次化的物质世界

众所周知，世界是由物质组成的，物质世界是有层次的。科学研究向我们展示了一个大到总星系、星系团、银河系、太阳系、地球，中到山川河流、动植物，小到分子、原子、原子核、基本粒子的物质结构层次。从空间尺度上看，已知的物质世界在以米为单位的尺度上，至少跨越了 42 个数量级($10^{-16}\sim10^{26}$ m)。从时间尺度来看，物质时间尺度的数量级从 Z^0 粒子寿命的 10^{-25} s 到宇宙年龄的 10^{18} s，跨越了 43 个量级。以质量为尺度看，物质的静质量尺度从目前已知的最小基本粒子的 10^{-34} kg 到目前所观测到的宇宙质量 10^{53} kg，数量级的跨度是 87 个数量级。这样大的跨时间、空间和质量尺度导致不同的物质层次和丰富多彩的物质世界，这些不同层次物质之间是密切关联的。

图 1.1 是著名理论物理学家 S. L. 格拉肖(S. L. Glashow)绘制的一幅咬着自己尾巴的巨蟒图，该图生动形象地描述了我们的物质世界[1]。图中巨蟒是古埃及和古希腊传说中的神话动物——沃洛波罗斯(Ouroboros)。它是一条咬着自己尾巴的神话巨蟒，象征着轮回和重生，既是开始也是结束，永无止境。古希腊人认为沃洛波罗斯是宇宙中第一个生灵，是永生的，它不需要任何器官。它咬住了自己的尾巴，把自己 "吃" 下去的同时也重生了自己，如此不断循环往复。这幅巨蟒图把 "大爆炸" 之后形成的当今物质世界比作一条巨大的沃洛波罗斯蟒蛇。图中咬着尾巴、蜷成圆环的蛇身，从最小的普朗克尺度，依次按时钟刻度加大到宇宙尺度，相应分布着宇宙爆炸极早期未知粒子、基本粒子、原子核、原子、DNA 双螺旋、细菌、人、山、月、太阳系、最近的恒星、星系及遥远的宇宙等不同物质层次。当今我们所知宇宙的尺度在 10^{27} m，被称为哈勃半径，组成宇宙的是各种星系和星系团及它们之间的暗物质和暗能量。星系由无数颗恒星及其环绕恒星运动的行星等天体组成，地球是其中极其普通的行星之一，它上面有山川、河流、海洋和空气，孕育了无数个生命，包括具有智慧的人类；组成生命的个体是细胞，构成各种物质(包括生命)的是分子和原子；原子的内部由原子核和核外电子组成，原子核又由质子和中子构成，质子和中子内部是夸克。总之，林林总总的物质世界都可以由有限种类的基本粒子组成，物质是有层次的。在不同尺度，物质表现出不同的特质和性能。有趣和令人惊异的是，几乎所有这些基本粒子都是在浩渺宇宙诞生那一刻形成的。即在蛇首吞尾

之处，浩渺无边、宏大的宇宙在爆炸的一瞬间和各种极其微小的粒子同时生成。物质的宏大、最大的宇观尺度和物质世界最小的微观尺度紧密联系在一起，如同一条沃洛波罗斯巨蟒，用硕大的脑袋咬住了自己细小的尾巴。

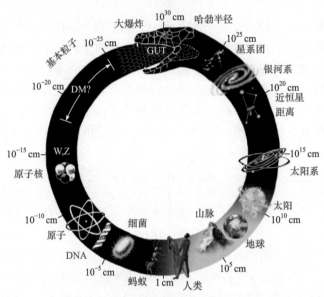

图 1.1　物质世界的不同层次和关系[1]

那么什么是物质？或者物质的本质是什么呢？这是科学要回答的最重要的问题之一。现代科学认为物质的本质是能量的沉淀。质量就是能量，能量就是质量。宇宙最初就是能量，当温度降到一定程度的时候，才诞生了常规的物质，如气态、液态和固态物质。物质的本质就是能量，物质是能量的另一种表现形式，能量和物质的本质相同，这体现在爱因斯坦的质能关系中。描述"物质"必须使用"能量"和"空间"；描述"能量"必须使用"物质"和"空间"；描述"空间"必须使用"物质"和"能量"。

探索物质的本质一般从逻辑、理论预测、方法设计和实验验证这几个层次来入手。借助于逻辑和数学等理论，即常说的"形而上"，由此产生的结论是否正确与物质世界是无关的，其正确性是不需要实验证明的，用逻辑本身就可以证明。也有人认为物质是什么可能是超越人类能力及智慧范围的问题，因为我们自身也是普通物质组成的，是物质的一部分。另外，所有的人都可以提出自己的物质模型，因为物质是什么是一个超问题，提出的种种模型是否正确就看其是否可以合理解释和预测出更多、更普遍的物质客观现象。模型合理解释的能力可以让人享受到"恍然大悟"的愉悦感，但预测能力的价值则更重要。

本书的主角非晶物质是物质世界众多层次中的一个重要层次，非晶物质是凝聚的产物，因此是凝聚态物质中的重要一部分。大量小小原子的凝聚，造就了伟大而久远的非晶故事。为了较全面地认识非晶物质，需要对凝聚、凝聚态物质有所了解，另外，对非晶物质本质的认识对认识物质的本质这一终极问题也具重要意义。非晶物理和材料学的基础是凝聚态物理，但是需要注意澄清固体物理学和非晶物理在概念体系上的共同点和差异之处。下面章节对凝聚态物质的本质作简短的概述，并着重讨论非晶物质在物质世界中所处的位置和地位，讨论非晶物质为什么是独立的常规物质第四态。

1.2　凝聚与凝聚态物质

1.2.1　凝聚

物质科学、凝聚态物理是建立在原子论基础上的。原子论在古希腊时代就提出，直到 20 世纪初法国物理学家佩兰的实验和爱因斯坦关于布朗运动理论的建立才最终被广泛接受。原子论是现代物理和化学最重要的模型和理论。费曼曾这样评价原子论的重要性："假如在一次浩劫中所有的科学知识都被摧毁，只剩下一句话留给未来世界，什么样的语句可用最少的词汇包含最多的信息呢？我相信，这就是原子假说。"[2]

原子、基本粒子在基本作用力的作用下有凝聚的特性。物质是大量原子通过凝聚形成的，而原子又是由更微小的基本粒子凝聚组成的。凝聚现象是我们熟知的日常物理现象：如气体凝结成液体(如云凝成雨)，液体凝固成固体(如水结成冰)。图 1.2 是大爆炸之后的物质凝聚过程的想象图。现代科学已有很多证据表明，宇宙大爆炸之后，形成的基本粒子在引力、电磁力、弱力和强力四种基本相互作用力的作用下凝聚成原子，原子再结合成分子，分子再聚合成长链(聚合物)、大分子有机物……随着时间的延伸，这个物质世界的凝聚、聚合事件是如此地干劲十足，这些基本粒子不断凝聚成越来越复杂的、千姿百态的、变化多样的不同层次的物质形态，以至于凝聚和聚合成最高级的生命物质。图 1.3 是美国航天飞机拍摄的还正在不断凝聚的、壮观的、距离地球 5500 光年①的巨蛇座方向的 M16 星云，俗称鹰状星云，以及正在凝聚的著名的猎户座马头状星云。图 1.4 是北爱尔兰巨人堤，冰岛石柱，这些大量的玄武岩石柱排列在一起，形成壮观的石柱林，都是地球岩浆自然凝固的杰作。

图 1.2　大爆炸之后的物质凝聚过程的想象图

不同人类文化在其起源时期都意识到物质是由很小的单元凝聚而来的。中国古代哲学

---

① 1 光年= 9.46053×10^{15} 米。

也有朴素的关于物质产生的思想，如"道生一，一生二，二生三，三生万物"是老子的宇宙生成论；庄子认为：聚则为生，散则为死。古代印度的自然哲学学派，特别是胜论学派，也发展了一种极微学说。按照胜论的观点，物质有最小的单位(极微)，极微是永恒的，没有开端，也没有终极。土、水、火、气及世界的一切事物都是由这些极微构成的。

(a)   (b)

图 1.3   美国航天飞机拍摄的正在不断凝聚的、壮观的星云：(a) 巨蛇座方向距离地球 5500 光年的 M16，
俗称鹰状星云；(b) 猎户座马头状星云

根据统计物理的观点，凝聚现象的本质是相空间的分厢化(compartmentalization)[3]。凝聚态物质在物理上可以看作是相空间中的凝聚体，而相空间可划分为位形空间和动量空间。凝聚会导致自由表面的出现，将位形空间一分为二。表面附近存在势垒，阻止热平衡条件下粒子越过表面，保持表面两侧的密度差。液体凝固时，分厢化进一步发展，形成大量的原胞(存在于晶体中)或者团簇(存在于非晶物质中)，这些粒子被囚禁在这些原胞或团簇中，即牢笼(cage)效应。分厢化也可以在动量空间实现，对应于粒子在动量空间的凝聚：对应于波动性的量子系统，如 Bose-Einstein 凝聚(BEC)。所以，凝聚态物质包括在位形空间和动量空间中的凝聚态，具有非常丰富的种类和物理内涵[3]。

根据热力学的观点，一个平衡物态对应于 Gibbs 自由能 $G = U - TS$ 极小的态。这里 U 是内能，粒子间强相互作用导致内能 U 下降，体系倾向有序化。对于原子体系，有序化主要体现为粒子的位置序；但是后一项温度 T 和熵 S 倾向无序化。对于封闭系统中的运动，总是从有序到无序，熵总是不断增加，所以凝聚从热力学的观点来说是有序和无序竞争，或者说是能量和熵竞争的平衡结果。因此，在外界条件的调制下，凝聚过程会产生丰富多彩的凝聚态物相[3-7]。

简而言之，可以说凝聚造就了宇宙、地球、地球上的物质，造就了物质的多样性，造就了人类。物质世界众多层次中的一部分是常规的和我们生活息息相关的凝聚态物质。常规凝聚态物质是通过大量原子的凝聚形成的。通常，人们把常规物质粗略地分成气、

(a)

(b)

(c)

图 1.4　地球岩浆自然凝固的杰作——石柱

液、固三大类。如图 1.5 所示，常见的物质状态即物相有气态、液态和固态三个，在高温下则有等离子体态(图最上面)，而在低温状态下，物质会呈现出量子凝聚，得到很多奇异量子态，图最下面显示的是量子凝聚态。在微观结构分析手段(如 X 射线衍射、中子衍射、电子显微镜)发明之前，人们还不能区分不同固体结构，只能根据物质的外观明显的性质不同，粗略地把常规物质分成气、液、固三大类。20 世纪，随着先进的微观结构仪器的发明和不断进步，固体物理和凝聚态物理等物质科学飞跃发展，研究发现，同样是固体物质，其结构特征却完全不同。比如晶体、非晶态、准晶态，其内部微观结构特征和宏观特性都完全不同于晶态固体。此外，在液态中也发现了不同的物相。这说明早期关于常规物质种类的划分过于粗略。本书的一个重要使命就是提供大量的实验和理论证据，从不同角度证明早期物质的分类不尽合理，本书的主角非晶物质是独立于气态、液态和固态并与之并列的第四类常规物质状态。非晶物质是物质世界众多层次中的一个重要层次和部分。

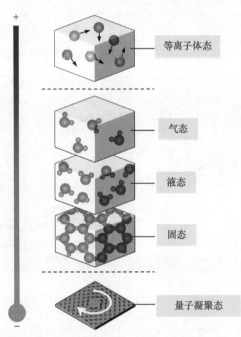

图 1.5　常见物质有气态、液态和固态。此外，在高温下有等离子体态，在低温状态下，物质会呈现出量子凝聚态(图片来源：Johan Jarnestad 提供)

1.2.2　凝聚态物质

　　凝聚态物质是巨量粒子通过强相互作用凝聚形成的，非晶物质是凝聚态物质的一部分。凝聚态涉及的粒子数目巨大，所以，常用摩尔数来描述凝聚态物质。我们知道 1 mol 物质的原子数为阿伏伽德罗常量，即 6.023×10^{23}。这是个巨大的数目。如果不比较、不比喻，很难感受这个数有多大！这个数相当于铺在中国国土上 14 km 厚的爆米花的数量！或者是太平洋海水的杯数！如果用同样数目的人民币 1 分币，分给每个地球人，足以使每个人成为亿万富翁。这么大数目的粒子间还有很强的、复杂的相互作用，可以想象凝聚态物质体系多复杂！

　　电磁力是凝聚态物质中各种现象唯一起作用的基本作用力。大量微观粒子在特定温度和压力下通过电磁力集聚，经过能量和熵的竞争，达到某种平衡，构成一定的稳定结构，即物质的一种状态(又简称物态)，这就是凝聚态。一种凝聚态物质在不同温度、压力及外场(如引力场、电场、磁场等)影响下会呈现不同的物态，甚至可能有几种不同物态同时存在。在一定条件下，物质的各种凝聚态可以相互转化。物质中具有相同化学成分和晶体结构的部分被称为相。相与相之间的转变叫相变[3-7]。

通过凝聚和相变，自然界中产生了各种各样的凝聚态物质，它们组成了这个世界，涉及我们日常生活、科研的方方面面。现实的物质世界中凝聚态物质的尺度从几埃到宇宙尺度，时间尺度从亿万年到飞秒，能量从几千度到纳开，粒子数目为 $10^{27} \sim 10^{21}$ [3-7]。它能为人类感官直接感知，其中结构细节可以通过人类发明的各类显微镜和衍射手段观测到。凝聚及各种耦合产生了很多复杂、多样化的凝聚态物质和现象，包括近年发现的超导体、热电材料、铁磁体、超流体、光子晶体、半导体、石墨烯、C60 分子、有机导体、拓扑材料、拓扑绝缘体等物质和现象，凝聚态物质是蕴藏着大量等待被发现的巨大科学宝库。

研究发现，我们无法根据少数粒子的性质做简单外推来认识大量且复杂的基本粒子集合体，即凝聚态的行为。因为在任何不同的复杂性层级下，物质会出现全新的性质，这种现象称作突现性[8]。统计物理和量子力学应用于描述凝聚态物质，奠定了凝聚态物理的基础。其中量子力学在凝聚态物理发展中起到关键作用，但是经典物理仍占有重要地位。两种理论都有它们的应用范围。小质量粒子和低温将显示量子效应。对于处于热平衡态的粒子系统(质量 m，平均速度 v，波长 λ)，粒子平均间距为 a，则量子简并温度为：$T_0 = h^2/3mk_Ba^2$，这里，h 是普朗克常量，k_B 是玻尔兹曼常量。当 $T \gg T_0$ 时，粒子体系中的波动性可以忽略不计，可以采用经典物理来研究该体系的问题；当 $T \ll T_0$ 时，粒子的波动性起主导作用，就必须采用量子力学的方法来处理该物质体系中的问题。一般的凝聚态物质，如晶体固体和液体，如果有价电子，可以模型化为由电子系统和离子系统组成，两者电性中和，保持平衡。对于电子系统，电子质量 $m_e \sim 1.6 \times 10^{-30}$ kg，非常轻，其简并温度 $T_0 \sim 10^5$ K，这么高的简并温度使得常温下总能满足量子简并条件，故电子系统总是需要用量子物理来处理问题。对于离子或原子(原子量为 A)系统，其简并温度 $T_0 \sim (50/A)$ K。因此，只有到很低的温度，原子系统才表现量子特性。所以，除了少数轻原子(如氢)，一般可采用经典物理理论进行处理[3]。

晶体固体物理始于 20 世纪 30 年代，到 20 世纪 40 年代基本建成了完整的理论体系[3-9]。到 20 世纪 80 年代，由于研究对象、现象和范围不断扩大，固体物理逐渐过渡到凝聚态物理，大量新概念和新理论产生。下面简要介绍固体物理及凝聚态物理的研究范式(paradigm)和思路[3]。

1.2.3　凝聚态研究范式

库恩(T. S. Kuhn)在他的《科学革命的结构》一书中定义科学范式为：按既定的用法，范式就是一种公认的模式或模型。如图 1.6 所示，有科学以来，已经历了四种科学研究范式：人类最早的科学探索，如在古希腊时代，主要以了解和记录自然现象为特征，科学理论被认为是对自然真实、客观的"镜像"反映。在这种科学范式下，科学是通过观察、假设、实验和归纳去寻找物质世界的因果联系。伽利略、哥白尼、开普勒等以科学观察为研究方法开创了经验主义科学范式。17 世纪以后，科学家开始尝试简化实验模型，通过逻辑、数学的方法进行演算和归纳，主要通过演绎法，以理论总结和理性概括的方式进行科学研究。牛顿经典力学、麦克斯韦电磁学、爱因斯坦相对论是代表性的理论推演的科学范式。20世纪以来，计算机仿真和模拟技术被广泛地用于各个学科领域(包括物质科学领域)的数据模型构建、计算模拟、定量分析，以解决科学问题，形成新的科学范式。21世纪以来，随着信息技术的进步，数据成为重要的知识资源并且呈爆炸性的增长态势。科学研究打破探求因果关系的传统方法，创立了新的科学范式，即通过对海量数据的研究计算，采用数据挖掘、机器学习等方法来寻找相关关系和规律。

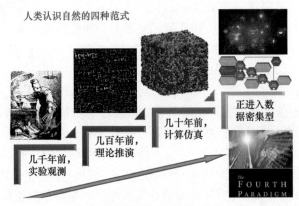

图 1.6   科学研究经历的四种范式

1. 物质科学研究范式

物质科学研究有两种范式：一种范式叫还原论(reductionism，也称为建构论——constructionism)；另一种范式叫演生论(emergence)或者突现论。还原论的核心思想和理念是将研究体系还原成多个组成部分及个体。它基于对个体的深入研究，从而掌握和理解研究体系整体的性质与行为。还原论范式认为自然界的一切都是由最基本的单元组成，并存在一些最基本的规律决定了自然界的各种现象，如果能够知道物质的基本结构和规律，就能认识自然界的一切物质和规律。还原论范式的目的就是要探索物质世界的基本结构单元，发现支配物质运动的基本相互作用及基本规律。还原论认为这个复杂多变的物质世界只是被几个基本规律支配着的。还原论的数学表达形式就是微积分。还原论思想起源于古希腊时期。哲学家毕达哥拉斯认为世界万物由数及几何点构成；德谟克利特认为世界由原子与虚空构成，万物由原子演化而来。

图1.7示意研究物质世界的还原论。在空间尺度上，每一尺度的物质及其运动由下一尺度的物质及其运动决定；在时间尺度上，图中给出从宇宙大爆炸开始，到四种基本作用力的形成尺度及对应的对称性破缺。经典物理、原子物理、核物理、粒子物理的研究范式都是还原论范式。长久以来，还原论范式一直是物理学等学科的主导。物理学家主要按照还原论的范式，寻找组成世界的那些最基本的粒子及它们遵循的规律，并取得了辉煌的成就。18~19世纪，牛顿力学的盛行使得还原论达到了一个高峰。20世纪四五十年代，以原子结构模型建立及微观粒子的探索为标志，还原论范式科学研究达到顶峰，大统一理论、量子理论、场论、各种基本粒子的发现都是这个范式的成果。

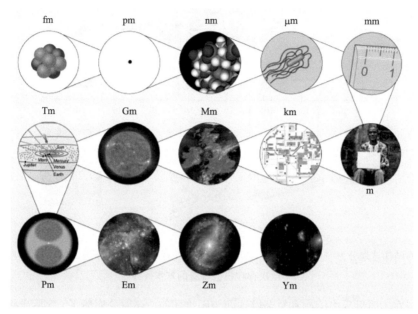

图 1.7　物质世界的还原论。在空间尺度上，每一尺度的物质及其运动由下一尺度的物质及其运动决定；在时间尺度上，从宇宙大爆炸开始，到四种基本作用力的形成尺度及对应的对称性破缺[10]

材料科学也是以还原论为主导发展起来的。材料科学以经验为主，以元素周期表为基础，对材料进行一定的设计，形成了研究材料的成分-结构-性能研究范式。材料科学基于还原论建立的理论包括强度理论、衍射理论、结构理论、能带理论等。基于还原论发展的新材料有半导体材料、高温合金、非线性光学晶体，还提升了钢铁、陶瓷、高分子等传统材料的性能。材料科学也在尝试新的研究范式，如在现有材料研究范式下借助人工智能和大数据，大幅度缩短材料的研究周期，提出功能基元及序构新范式等。还原论如此成功，以至于早期有人认为物质科学和凝聚态物理中很少或者根本就没有什么基本的问题，一切都是外延的研究。

问题是还原论就能帮助我们认识一切吗？知道基本粒子和基本相互作用就能理解和描述自然界一切的现象吗？我们知道世界万物都是由 100 多种原子组成的，原子组成分子，性质完全变化了。比如水由两个氢原子和一个氧原子组成，水分子完全不同于氢和氧，大量水分子组成水，大量的水的性质完全不同于单个水分子；水和其他物质又能组成细胞，大量的细胞可以组成器官、动植物、人类等，人类又能产生意识，大量人类组成社会，产生复杂社会现象等等。如图 1.8 所示，物质结构被划分为一系列的层次，各层次有其组成的"基本"粒子及其特征长度和特征能量，重要的是每个层次都存在自己特有的基本规律[10]，即把大量的组元放在一起，形成一个系统以后，就会呈现出不同组元的性质和规律。原子最终形成种种不同物质形态。不同的形态，有自己的运动规律和运动形式。原子、电子、水分子可以由量子力学描述，但是宏观的水、细胞、动植物、人、意识、社会等复杂系统就不能用还原论的范式来解释。

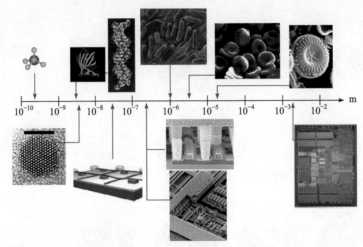

图 1.8   物质结构被划分为一系列的层次，各层次有其组成的"基本"粒子及其特征长度和特征能量，
每个层次存在自己特有的基本规律[10]

总之，在物质世界中层次和复杂性这两个困难面前，还原论崩溃了。实际上还原论并不能替代演生论：可将世间万物归结为简单的基本原理这一能力，并不就意味着能够由基本原理出发来建构整个宇宙。实际上，随着对基本粒子的基本规律的逐步深入认识，人们发现这些规律似乎越来越显得和其他科学领域中的实际问题不再相关。物理学家杨振宁多次在公开场合说高能物理"盛宴已过"，表面上看是反对中国建设对撞机，但实际上是对"基础粒子研究"即物理学最前沿或者还原论失去信心。基础粒子研究也是物理学终极理论、还原论的希望之所在，顶尖物理学家对当代最前沿的物理学研究方向不再有信心，这是还原论的忧伤。

20 世纪中期，一些有远见的物理学家开始把目光从传统的还原论主导的物理学移向更复杂的、有层次的物质世界。20 世纪 80 年代初，包括诺贝尔物理学奖获得者盖尔曼(M. Gell-Mann)在内的一批不同领域的杰出科学家在美国新墨西哥州成立了从事跨学科研究的圣塔菲研究所(Santa Fe Institute)，该研究所聚集了一批从事物理、经济、生物和计算机科学的研究人员，他们合作开展跨学科的复杂性科学研究，目的是希望能够带来自然科学的变革，弥补人类对自己所处宏观尺度科学规律认识的不足。研究发现，如果所研究的体系仅包含很少的粒子，理论计算预测的结果可以与实验一致。由于数值计算的困难程度随着体系尺度的增大而呈指数增加，以至于无法从理论上准确预测大量粒子组成体系的性质。此外，物质世界一系列的层次都有其组成的"基本"粒子或"单元"及其特征尺度和特征能量，各物质层次之间除了一定程度的耦合外，每个层次还存在自己特有的基本规律，这些独有规律并不能由上一个物质层次的规律逻辑推出，即各物质层次之间具有脱耦性质。各层次之间的脱耦性质使得从简单构筑复杂并不像设想的那么简单。

为什么大量粒子放到一起，组成一个非常复杂的系统之后，会呈现出不同的性质和规律呢？例如，大量原子组成人以后，为什么会产生生命？产生意识？美国凝聚态理论物理学家安德森(Philip W. Anderson)是对物质科学研究范式转变产生重大影响的代表性科学家。安德森年轻时血气方刚，曾经因为所从事的凝聚态物理研究被某些还原论链条顶端的科学家瞧不上受到刺激。他对过分强调还原论的思想方法提出挑战，在《科学》

杂志上发表了一篇题目为"*More is different*"的著名论文[11]。这篇文章为凝聚态物理、演生论的意义和价值辩护。"More is different"成为名言，给了今天凝聚态物理人研究的动力和信条，催生了凝聚态之外很多新的学科发展与交叉，对丰富物质科学内涵、升华物质科学品位和意义起到重要作用。在安德森等很多物理学大师的引导下，从 20 世纪中叶开始，演生论范式也因此逐渐从一个配角变成现代物理学研究的主导，在物理研究中发挥越来越大的作用。演生论领域(如凝聚态物理等)贴近日常生活，其价值判断标准大多采用相对经济、易实现的桌面实验系统，以及可操作的即时证实。

那么什么是演生论或者突现论范式呢？演生论就是研究大量组元聚集在一起的时候所呈现的性质和规律。首先演生论认为客观世界的变化无穷无尽，是分层次的，每个层次都有自己的独特规律。如图 1.9 所示，随着特征能量尺度和温度不断下降，凝聚态体系不断呈现出新奇的量子现象[10]。一是突现性并不存在于任何单个要素中，二是系统在低层次构成高层次时才出现，即系统表现出"整体大于部分之和"，或者说"整体大于部分之和"是突现论的本质。突现性是系统各组元之间非线性相互作用的结果。

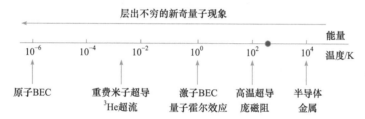

图 1.9　随着特征能量尺度和温度不断下降，凝聚态体系不断呈现出新奇的量子现象(BEC 是 Bose-Einstein 凝聚简称)[10]

安德森对物质科学中演生论的论述是：由基本粒子构成的、巨大和复杂的集聚体物质的行为不是依据少数粒子的性质做简单外推就能理解。相反，在复杂系统的每一个层次，都会呈现出全新的规律。相变和临界现象是演生现象最具代表性的例子。以水为例，一个水分子是一个简单模型，大量水滴系统中会出现合作演生现象：水在正常的大气压下被加温到 100℃时，就变成蒸汽，蒸汽升高到天空中形成彩云。同样，水在正常的大气压下降温到 0℃的时候会结成冰。单个的水分子结构没有改变，相互作用也不变，为什么 10^{20} 个水分子会集体地、不约而同地从一个相变到另外一个相？新的相在老的相中是如何孕育、如何形成的？为什么 10^{20} 个水分子可以那么集体地、不约而同地、很默契地做同样一件事情[10]？图 1.10 是成千上万只欧椋鸟高速而同步地飞行，在夕阳下像云彩一样在空中默契地幻化成一个巨鸟的图案，从而避免被攻击。但是单个欧椋鸟显然并不清楚自己组成了一只"大鸟"图案，它们也无法理解或具有这种集体的智能行为。另一个例子是自然界有一类活性物质(active matter)，例如自然界中的微泳体，如精子、大肠杆菌(推动泳体)、衣藻(划动泳体)、草履虫(中性泳体)等，这些物质可以通过消耗自身能量或从周围环境获取能量并转化为动能(很多情况下是动植物)。这些活性物质形成的如此神奇的形态与动力学，无法从下一层次的物质组合来推演和还原。

因此，L. P. Kadanoff 指出，"在自然世界中观察到结构的丰富性并不是物理定律复杂性的结果，而是由极其简单的定律多次重复应用而产生的"。这些复杂化、新层次导致的

图 1.10　集体运动的欧椋鸟自组织成巨鸟图案来驱赶侵害它们的鸟类

(张何朋等，物理，2022，51：217-227)

新行为和现象，就其研究基础性和重要性而言，与其他研究相比毫不逊色。即不同物质层次里有它自身的规律，而且各物质层次的重要性都是平等的。目前，凝聚态物理、热力学、统计物理是研究多粒子系统的演生规律的三门主要物理学科，其主要研究范式是演生论。热力学、统计物理实际上是从 19 世纪就发展起来的学科。在 20 世纪又发展了量子统计理论，并极大地丰富了统计物理的内涵。20 世纪发展起来的、研究固体和液体等复杂体系中丰富多彩现象和规律的凝聚态物理已经成为现代物理学最大的一个分支学科。英国理论物理学家霍金在 2000 年曾表示"21 世纪是复杂性科学的世纪"。

物质层次的划分可以有空间层次、时间层次和关联层次。空间层次是根据组元和空间尺度的大小划分的，如原子层次、分子层次、细胞层次，地球层次、太阳系层次等；时间层次是根据时间尺度划分的，如电子时间尺度、分子时间尺度、动物寿命时间尺度、物种时间尺度、地质时间尺度、恒星时间尺度等；关联层次就是组成粒子之间有相互作用，相互作用会导致一些新的关联效应。简单说就是：一加一不等于二。把两个或更多合在一起后，它的行为会发生巨大的、质的变化。比如超导、超流、玻璃转变都是强关联所导致的新奇物理现象。这些现象都不能只用量子力学的规律来解释，而必须由量子力学或统计物理，甚至更新的知识结合起来，才能得到很好的理解。

为什么把大量的粒子，或把非常复杂的一个系统放到一起后，它会呈现出完全不同的性质和规律呢？从物理学的角度讲，至少有三个原因：首先，物质系统可能会通过相变形成不同的形态。比如水可以是气态、液态、固态、非晶态。另外，大量粒子在一起会产生非常强的非线性效应，甚至混沌效应。给它一个非常小的扰动，会使系统变化到全新的状态(如蝴蝶效应)。在复杂的多粒子系统中，这种自组织的临界现象是典型的效应；此外，量子粒子系统中的粒子之间还会发生量子纠缠：这些粒子之间非常强地关联在一起。任何一个粒子的一点点扰动或者变化，其他的粒子都会感受到。

演生论范式是凝聚态物理学科、非晶物质科学的重要研究范式。

2. 固体物理的范式和思路

晶体固体物理研究对象是一类具有长程周期性原子结构特征的晶体凝聚态物质。1912 年，劳厄等用 X 射线证实晶体中原子的周期性排列结构，20 世纪初量子力学建立，德布罗意提出物质波的概念，薛定谔提出薛定谔波动方程：$-\dfrac{h^2}{2\mu}\nabla^2\Psi + U\Psi = E\Psi$。20 世纪 40 年代，布里渊(Brillouin)在其《周期结构中波的传播》一书中建立了固体物理的范式，即周期结构中波的传播是描述固体物理基本问题的范式[12]。这个范式通过引入平移对称性(或称周期性)来简化问题，采用 Bloch 的表示方法和波矢倒空间，把晶格振动问题简化为弹性波或格波在周期结构中的传播问题，并由 Born 等建立起晶格动力学。各种短波电磁波在晶体中散射问题简化为电磁波在周期结构中的传播问题。电子结构问题简化为德布罗意波(电子)在周期结构中的传播，并由 Bloch、Brillouin 等发展成电子能带理论。电子自旋问题可以模型化为自旋波在磁晶格中的传播。在固体物理范式的基础上，针对具体问题(比如杂质的影响)，可对该范式进行修正和推广。

对于固体物理这样复杂的多体问题，涉及的是大量、相互作用的粒子、电子系统，模型化在研究中发挥了重要的作用。不采用模型来简化问题，就无从下手解决具体问题。固体物理研究的通常做法是先采用模型简化问题，然后再根据具体问题作修正[3]。例如，点阵模型、基于单电子近似的能带理论都是模型化成功范例。固体物理范式不足之处是对粒子间相互作用考虑不够，过分简化；相关材料研究范式的局限性是材料组成受限于周期表的有限元素，材料结构受限于周期性，这些都限制了按需设计具有独特性能的新材料。

3. 凝聚态物理的范式和思路

随着固体物理研究对象越来越复杂和多样化，新的现象(如巨磁阻、高温超导等)和理论(如缺陷理论)不断出现，固体物理范式对粒子间相互作用的忽视这个不足之处变得更加明显，需要描述凝聚态物理的新的范式。朗道(Landau)和安德森(Anderson)在凝聚态物理范式建立过程中发挥了决定性的作用，为建造凝聚态物理大厦奠定了基础。他们提出了对称破缺、序参量、元激发、基态、广义刚度、拓扑缺陷、重正化群等既重要又基本的概念[5]。在这些概念基础上建立了凝聚态物理新范式：强调多体效应，对称破缺是其范式的核心。朗道提出的对称破缺概念为[3]：在某特定物态中，对称相中某一对称元素的突然丧失或获得对应于相变，导致低对称相或高对称相的产生即物相，是对称性破缺或者对称恢复的产物。对称破缺意味着出现有序相，即对称性发生破缺时会产生某种序。为了描述这种序的变化，朗道又提出了序参量的重要概念。什么是序参量呢？序参量为某一物理量的平均值，是描述与物质性质有关的有序化程度和伴随的对称性质的物理参量。如在铁磁-顺磁转变中，磁化强度可作为序参量；在液体-气体转变中，其密度差可作为序参量。它在高温、高对称相中为零，在低温、低对称相中是一个有限值。在临界点附近，序参量是个小量。序参量可用来定性描述低对称相和原对称相的偏离，可表征系统对称性的变化。序参量可能是矢量、标量或张量。

朗道的这些概念给连续相变提供了一个统一的描述:连续相变的特征是物质的有序程度的改变,或者物质结构的对称性的改变,这种从高对称到低对称的相变叫做"对称破缺"。相应地,反过来的相变则意味着"对称恢复"。气-液转变的例子可以说明对称破缺概念的重要作用:气态物质各向同性,不具有突出的物性,具有完全的平移和旋转对称性。固态有刚度,具有多彩的物性,但是晶体固体仅有格矢平移对称性,完全的平移和旋转对称性已破缺。对称破缺的变化和物性的变化也联系在一起[3]。凝聚态物质的多种多样都体现在对称性减少,即对称破缺。元激发和拓扑缺陷都倾向于恢复破缺的对称性,所以对相变会产生影响,会使有些相变的模式变软(软化行为)。

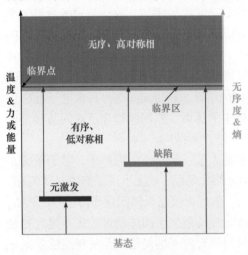

图 1.11   凝聚态物理的范式

图 1.11 简要示意凝聚态物理的范式:对称破缺概念是核心,基态是理想有序态,激发态是一种恢复原本对称性的倾向。存在各式各样的元激发和拓扑缺陷,这是恢复原本对称性倾向造成的。对称性越高,无序程度越高,对称破缺导致有序相。在临界区,区域涨落的关联长度达到宏观尺度,到临界点,有序相和无序相简并[3]。

根据物质的对称性及其破缺的方式来研究相和相变的方法被称为"朗道范式"。朗道范式促进了固体物理向凝聚态物理的转变。物理学家越来越认识到,分别单独地研究固体或液体,都远远满足不了实际情况的需要。随着低温物理的发展,发现大量粒子构成的各种体系中的粒子具有很强的相互作用,在各种物理条件下,不仅仅表现为固态、液态,还有非晶态、液晶态、等离子体态、超流态、超导态,以及各种新的量子态。因为在高压下会发生液态到液态的相变等,所以仅仅粗略地用气态、液态和固态区分常规物质过于简单,需要对常规物质进行更科学的划分。

4. 非晶物理的范式

在非晶物质这种复杂物质体系中,很多转变和对称破缺无关,如气体到液体的气-液转变,液体到非晶态的玻璃转变,自旋玻璃转变,金属-非金属转变等。玻尔兹曼(Boltzmann)提出的各态历经概念(和时间相关的概念)是理解非晶态、玻璃、液体及玻璃转变等现象的重要概念。过冷液体、玻璃和自旋玻璃在物理上都可看作位形空间各态历经破缺的产物。另外,在远离平衡态的系统中,很多类似相变的现象(如自组织临界现象、湍流、耗散结构等)不能完全用对称破缺概念解释。这些都是物质科学研究中的挑战问题。

非晶态物质更加丰富、庞杂、混乱,存在大量令人着迷的原理性问题,用凝聚态物理的范式难以描述。这些问题的解决或许会有助于揭示和描述更复杂的物质性质。

目前非晶物理主要研究范式有两类。一是修正和发展固体物理范式。例如，安德森针对无序、非周期结构的系统，引入强无序导致的德布罗意波定域化的概念；莫特(N. F. Mott)对定域化概念提出物理解释，并成功解释非晶半导体中无序导致的金属-绝缘体转变[5,9]。根据固体物理的结构研究范式，非晶物质的研究者试图发现和表征其中的结构序，如短程序、中程序或拓扑序，从而建立结构和性能的关系。二是引入包含对称破缺概念的一个更加广泛的概念——各态历经概念，可以帮助理解非晶物质中重要的玻璃转变。另外，人们还试图在更高维度空间来研究非晶物质，因为均匀的非晶结构可以模型化为 4 维弯曲空间中的周期结构的投影，这样对非周期非晶结构的研究就成为固体物理范式的推广。

但是，这些都没有形成系统的非晶物质科学的研究范式。非晶物质因为其独特和复杂性，使得凝聚态物理目前的研究范式不适用于此类在自然界中广泛存在的物质形态，至今还没有有效的实验表征手段和理论研究方法。20 世纪伴随复杂性科学的发展，出现了很多具有重大影响力的流派和理论，如普利高津的耗散结构理论、托姆的突变论、哈肯的协同学、巴克的自组织临界理论等，复杂系统的一些突出特征，如非线性、不确定性、自组织性、涌现性等也获得了较广泛的认可。但是，由于复杂性科学主要处理的对象是社会、经济、生命等复杂异质系统，难以如物理一样发现简洁而又可以通过实验验证的"基本原理"，更没有形成类似基础数学中的公理和定理。目前，复杂性科学的主流理论也显得式微，难以全面应用到非晶物质科学领域。

1.3　非晶物质在物质世界中的位置

非晶物质和物质世界的关系是什么呢？和其他常规物质有什么不同？在这个世界上，无论你往哪看，看到的大多是结构无序的非晶物质。美国阿波罗登月宇航员和中国嫦娥五号在月球不同地点采回的月壤中，玻璃质成分多达 30% 以上。如果从结构上来划分，凝聚态物质可分为两大类：微观结构长程有序的晶体固体和结构长程无序的物质。结构长程无序的凝聚态物质包括无序固体、液体、软物质、颗粒物质等，都可归类为广义非晶态物质。非晶物质是凝聚态物质的重要组成部分，具有多样性，其种类繁多、千姿百态。其中玻璃是最典型、传统的非晶固体，以致人们习惯用玻璃来代称非晶固体。本书中，经常用玻璃代称非晶物质，两者经常混用。完美的晶体，即有序的固体只是物质的特例和幻象。

图 1.12 示意非晶物质在常规凝聚态物质中的位置。非晶物质曾被简单地归类为固态或者液态物质，例如非晶合金又被称作液态金属，非晶物质在常规物质中没有明确的独立位置。近年来，大量实验和理论研究发现非晶物质在制备方法、形成机制、热力学及动力学行为、物理及力学性质、结构特征、稳定性、研究范式、适合的理论框架等诸多方面越来越不适合被归类于一般的固态或者液态物质[13,14]。非晶物质完全可以被归类为独立的并列于气态、液态和固态的第四类常规物态，如图 1.13 所示，是介于液态和晶体固态之间的常规物态，是常规物质四种状态之一。图 1.14 中包括非晶物质的四种常规物态之间的关系和转化，可以看出这四种常规物态之间可以互相转化。

液态和气态物质都可以采用快速凝固的方法，通过玻璃转变形成非晶物质；非晶物质可以通过升华或者熔化转化成气态或液态；非晶物质可以通过晶化转变成晶态固体；晶态物质可以通过各种非晶化方法转化成非晶固体。值得说明的是，还有介于非晶和晶体之间的准晶体。如图 1.15 所示，准晶体具有五次对称的有序结构，但是没有长程周期性。非晶、准晶体和晶体之间也可以转化。1.4 节将从各个角度来说明非晶物质为什么可以定位为第四态常规物质。

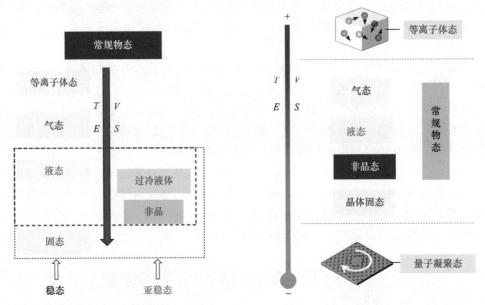

图 1.12　非晶物质在常规凝聚态物质中的位置。虚线黑框内是常规凝聚态物质，红框内都是广义的非晶物质。图中 T、V、E、S 分别代表温度、体积、能量和熵

图 1.13　非晶态物质是不同于气态、液态、晶体固态的第四种常规物态

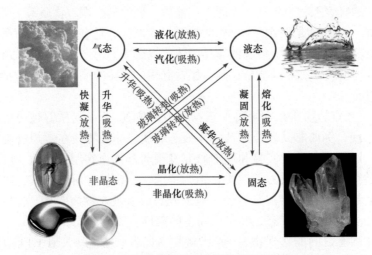

图 1.14　四种常规物态之间的关系和转化

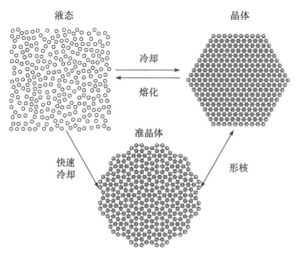

图 1.15　介于非晶和晶体之间的准晶体

1.4　非晶物质是四大常规物态之一

1.4.1　非晶物质是第四类常规物态

　　非晶物质为什么能归为独立的常规物态呢？首先，从物质种类来说，非晶物质是原子、分子强无序关联体，原子、分子的强关联导致非晶固体物质的多样性，其材料家族种类繁多，性质奇异和丰富，是和晶体固体同样丰富、更复杂的一类物质。实际上，我们就生活在由非晶物质充斥的世界，我们的生命和生活也离不开非晶物质，比如生物体中含有大量非晶物质，非晶物质的其中一种——玻璃和我们的生活密切相关[14]。从图 1.16 可以生动地看出玻璃材料在我们生活中方方面面的重要作用，我们平时对玻璃等非晶材料已经习焉不察，对于非晶物质的本质了解更是非常有限。此外，非晶物质在外形(如典型的玻璃材料、琥珀)上和晶体固体也有明显差别。因此，有必要把非晶物质和固体的特例——晶体固体区分开来，因为非晶固体和晶体固体实际上是有物理本质区别的两大类固体物质。

　　其次，从物质形成机制上看，非晶物质的形成机制完全不同于晶体固体、液体、气体这三类常规物态。非晶物质及其形成过程和机制不能采用朗道相变理论来描述。现代凝聚态物理学量子多体理论有几个核心的支柱，其中关于相变与临界现象的支柱就是朗道-金兹伯格-威尔逊理论框架(Landau-Ginzburg-Wilson paradigm，LGW)[15,16]，其基本的思想是物理系统的相都是由对应的序参量来刻画的，而系统发生相变的过程就是由序参量写成的作用量，在重正化群的流动(renomalization group flow)中到达不同的不动点(fixed point)的过程。在不同的不动点上，作用量中有的项会变得相关，或者说变得重要，其他的项会变得不重要。作用量中不同的相关项会对应不同形式的对称性自发破缺，一旦某种对称性发生了自发破缺，其对应的序参量就是有限值。序参量从零到有限值的过程如果是连续的，则为连续相变；如果从零到有限值的过程是一个跳变，则为一级相变[3,15,16]。在朗道-金兹伯格-威尔逊的框架之下，系统可能发生的对称性自发破缺都在作用量(或者微观哈密顿量)的控制之下，不会有高于哈密顿量的对称性，不会有超越该理论框架的

图 1.16   人生的四大杯具都和非晶玻璃材料有关[14]

相变。比如，两种对称性自发破缺的序，在只调节一个参数的时候，不会在一个连续相变点相遇，此时的相变要么是一级，要么在两个序中间还有一个中间相。然而，非晶物质及其形成的玻璃转变都不能用朗道相变理论描述。从理论框架看，非晶物质的形成规律需要用全新的、不同于描述其他常规物态的理论框架来描述，因此，应把非晶物质归类为独立的不同于固体、液体、气体的常规物态。

从物质的微观结构上看，非晶物质具有独特的分子、原子及电子结构特征。非晶物质中组成粒子的排列混乱，没有长程序和周期性结构，和液体类似，完全不同于晶体固体；另外，非晶物质又不像气体那样粒子完全随机无序，它有纳米尺度的短程序和中程序，但是其短程序也不同于常规液态物质。此外，非晶中还存在局域对称性等序。微观结构是现代物理学和材料科学区别、划分物质材料的重要科学依据。所以，从微观结构来划分，非晶物质是介于晶体固态和液态之间的一种独立常规物态。

非晶物质具有完全不同于晶体固体和液体的动力学行为。如图 1.17 所示，相比晶体固态和液态物质，非晶物质具有不同和丰富的动力学行为和运动模式。截然不同的复杂动力学行为和运动模式也证明非晶物质可以归类为独立于液态和晶体固态的常规物态。

在热力学上，非晶物质是一种远离平衡态的物质，在能量上处于亚稳态，没有熔点，其形成过程是通过玻璃化转变，而不是传统的相变。这些都不同于处于平衡态的液态和晶体固态物质。热力学上也有必要把非晶物质区别于液态和晶体物质。

非晶物质具有很多独特的结构和外形特征，还有独特的物理、力学、化学和生物特性。从性能上，非晶物质可归类为和气态、液态、固态相并列的完全不同的一种常规物质状态。

从非晶物质的形成看，如图 1.18 所示，非晶物质通常是通过非平衡玻璃转变形成的，是非平衡态转变的产物，而气态、液态和晶体固态都是通过平衡态的一级相变形成的。完全不同的形成过程也证明非晶物质可以归为独立的常规物态。

大量实验及模拟研究表明，非晶物质是原子、分子凝聚时，作用力、熵、序和能量共同作用的结果，是凝聚过程中能量、熵、序平衡和妥协的必然结果。近年来的实验表

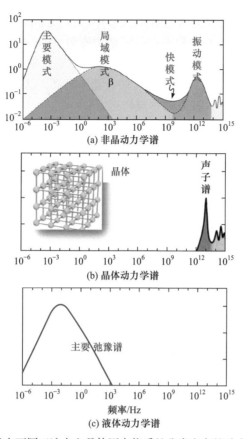

图 1.17　非晶物质具有不同于液态和晶体固态物质的非常丰富的动力学行为和运动模式

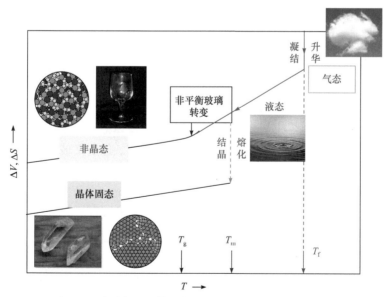

图 1.18　非晶态、晶体固态、液态、气态的形成转变比较

明，一些稳定单质金属元素(最难非晶化的元素)都能实现非晶化，而且能够在室温条件下稳定存在。这表明理想的非晶物质态很可能是物质形态的一种基态[17-19]，即非晶物质的基态也不同于其他常规物质。这个证据也支持非晶物质是常规物质四种状态之一。

1.4.2 节，我们来较系统讨论非晶物质的概念和定义，从非晶物质的概念的内涵和外延进一步说明非晶物质是四大独立的常规物态之一。

1.4.2 非晶物质的定义和范畴

我们将从非晶物质的定义和范畴的角度进一步说明它是独立的第四态常规物质。

1. 非晶物质的定义

非晶物质是由原子或者较大颗粒无序堆积而成，但是具有刚性。非晶物质的组成单元可以是原子、分子、高分子、胶体粒子等。玻璃、非晶合金、水泥、压实的沙粒、橡胶、塑料，甚至酸奶或者巧克力等都是非晶物质的典型例子。非晶物质从微观上看像液体微观结构的快照，但宏观上行为表现像固体。可以认为非晶物质是困在固体中的液体，那囚禁液态的笼子就是组成它们的粒子自己，即每个原子/分子都是囚禁其他原子/分子的牢笼，同时也被其他原子/分子囚禁。初看去这些多样性的非晶物质好像没有共同点。实际上，它们具有许多共同的结构、热力学和动力学特征，类似的物理、力学性能。科学家多年来一直在探索用统一的概念和理论来定义、理解和标定非晶物质，并试图从它们的微结构角度或者其他角度来预测和调控其性质。但事实上，给非晶物质下个严格的定义是非常困难的。

那么，科学上是如何定义林林总总的非晶物质的呢？或者说什么是非晶物质？非晶物质和我们常见的玻璃有什么区别？非晶金属玻璃和液态金属是一种什么材料？它和其他的玻璃有什么不同？这是初学者和非专业人士首先面临的问题。虽然非晶物质充斥着现实世界，非晶物质和我们生命、生活、工作和文化密切相关，并且非晶态是物质的存在基本状态之一，但实际上，到目前为止，这些非晶领域最基本和首先碰到的术语和名词还很含糊。非晶物质到现在还没有像晶体那样的严格定义，或者说对"非晶"一词没有公认的精确定义。老子说：名可名，非常名。非晶物质难以定义也说明其博大精深。

非晶物质的定义是从定义玻璃开始的。根据文献报道[20]，哥廷根大学的 Gustav Tammann 首先给出玻璃(glass)的定义如下：玻璃是通过过冷液体凝固得到的固体(undercooled solidified melts)[21]。Simon 进一步扩展了非晶玻璃的定义，他定义玻璃是一种热力学非平衡刚体物质，是动力学上冻结的过冷液体(Glass is a rigid material obtained from freezing-in a supercooled liquid in a narrow temperature range)[22,23]。Morey 关于玻璃的定义是：玻璃是无机物质，它是连续的和类液体的物质。但是，从熔融态冷却的结果使之具有高黏滞性，成为实际上的刚体(A glass is an inorganic substance which is continuous with, and analogous to, the liquid state of that substance but which as a result of having been cooled from a fused condition, has attained so high a degree of viscosity as to be for all practical purposes rigid)[24]。Yonezawa 把非晶定义为从熔体淬火得到的一类特殊固体[25]。Tammann、Simon 和 Morey 等对非晶的定义起源于传统制备玻璃材料的方法和工艺条件，即急冷和冷却速率，他们认定非晶物质是完全冻结住的液体。后来实验证明非晶物质也可以通过非凝固的方法获得，

如固相反应方法、高压方法、离子注入法等。因此，这些传统的非晶物质的定义有局限性。另外，微观结构长程无序是非晶物质的本质特征之一，Tammann 的非晶定义没有涉及"序"或者结构，这和当时还不了解物质的原子结构有关。后来，Weaire 建议将非晶定义为"在任何有效尺度都没有结晶"(not crystalline on any sigruficant scale)[26]。

至今，关于非晶玻璃的定义仍有很大的争议，还没有严格、公认的非晶态的定义[27]。不同的科学家对"非晶物质"的定义和理解不一样。有人指出，与其说"非晶物质是什么"，不如说"非晶物质不是什么"。按照"非晶物质"的字面定义，它应该是原子、分子完全无序、混乱组合的固体，但是实际上完全无序的非晶物质很难存在。有人曾建议把非晶定义为在任何有效尺度都没有结晶的固态物质，是一种连续的和类液体状态的物质，但是实际上很多非晶固体是刚体。

最近，人们尝试给非晶物质新的定义。Zanotto 和 Mauro[28]给出非晶物质的一个科普定义如下：非晶物质是非平衡态，不同于晶体的物质，在短时间尺度看是固体，但是它始终不停地在向液态弛豫(For the general public and non-experts in the field: "Glass is a nonequilibrium, non-crystalline state of matter that appears solid on a short time scale but continuously relaxes towards the liquid state")。他们还给出更专业精确的定义如下：非晶玻璃是非平衡态，不同于晶体的通过玻璃转变形成的凝聚态物质。非晶玻璃的结构和其母体过冷液体类似，它会自发地向过冷液态弛豫。其最终命运是固化，即晶化，形成晶体(Definition for advanced students and professionals in the field: "Glass is a nonequilibrium, non-crystalline condensed state of matter that exhibits a glass transition. The structure of glasses is similar to that of their parent supercooled liquids (SCL), and they spontaneously relax toward the SCL state. Their ultimate fate is to solidify, i.e., crystallize")。图 1.19 用卡通示意非晶玻璃的定义：非晶物质和与过冷液体结构类似的玻璃会始终自发地在弛豫、流变、形变。最终，经过无限长的时间，在 $T > 0$ 温度下，非晶和玻璃都会晶化，最终命运是固化，即形成晶体。

到目前为止，还很难准确无疑义地回答：什么是非晶？什么是玻璃？(What is glass？)这起源于非晶定义的困难，也从一个侧面反映了这个研究领域的年轻及非晶物质的复杂和多样化。非晶物质没有严格科学的定义、非晶物质科学概念还没有建立的原因是：①非晶物质具有多样性，分布广泛，形态众多，性能迥异，它包含各类玻璃、非晶合金、胶体、液体等众多的非晶态材料及颗粒物质等，是我们认识的自然界中的主要物质形态，是凝聚态物质的主体，但其在外观上没有统一的特征；②其基本特征是组成单元不存在空间排列的长程有序性，其微观结构没有突出的特征，其组成单元尺寸跨度很大，从原子分子尺度的液体和玻璃，微纳米尺度的胶体，到毫米以上的颗粒物质；③在能量上是亚稳态，非晶的结构、特征和性能会随时间不停地发生不可逆的变化；④非晶体系是复杂多体相互作用体系。这些使得很难找到表征其主要特征的定义。

非晶物质的主要特征可以帮助我们理解其概念、给出较明确定义。非晶物质具有如下不同于其他常规物质的特征。一是，非晶物质是亚稳态，具有较高的能量和熵。在温度或压力作用下，或者随时间，非晶会发生向平衡态的结构弛豫或流变，其物理、力学性质也会发生改变(老化，aging)。当温度或者压力达到一定值时，或者足够长的时间以后，非晶态会晶化成晶态，非晶态到晶态的转变有明显的放热现象(可很方便地用差热分析仪器(DSC)

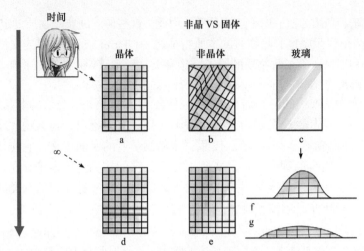

图 1.19   非晶物质、玻璃在人类时间尺度和无限长时间尺度的卡通示意。在无限长时间, 它们都会弛豫
成晶体固体[27]

测量到明显的放热峰和晶化热熔[29-31], 是否具有明显的晶化峰成为判断一种物质是否是非晶态的重要实验判据之一)。二是, 非晶物质的物理性质是各向同性的。晶体有晶轴取向, 从而具有各向异性; 非晶没有晶格, 因而没有晶轴取向, 在宏观上各种物理、力学性质表现为各向同性。日常生活中就能碰到一些例子, 如打碎的非晶玻璃碎片外形无一定的规则, 而晶体破碎会沿着某个方向发生。图 1.20 所示是一个典型的可以反映非晶物质各向同性的实验。在很薄的云母片上涂上一层石蜡, 然后在云母片的反面用烧热的针尖加热, 可以看到在晶态云母片上, 石蜡以针尖接触点 O 为中心逐渐熔化, 熔区是个椭圆, 而在非晶玻璃片上, 石蜡以针尖接触点 O 为中心的熔化区是个圆。这个演示实验表明, 晶态云母导热是各向异性的, 而非晶导热是各向同性的。此外, 从结构对称角度来说, 晶体具有较低的对称性, 而非晶具有较高的对称性。三是, 非晶物质没有确切的熔点。晶体在常温常压下都有确定的熔点, 非晶没有确切的熔点, 这是非晶物质具有类液性的表象。如塑料、玻璃加热后都是逐渐软化, 软化程度随温度的升高增大, 直到完全变成熔体, 非晶物质没有明确的固液界限。严格地说, 非晶物质不是固体。四是, 非晶物质一般具有玻璃转变温度点, 即 T_g, 在玻璃转变温度下非晶物质转化成过冷液态。非晶物质 T_g 值受到动力学和其形成工艺和历史的影响。五是, 非晶物质具有多样性。非晶物质具有不同的价键, 无机物质、金属合金、高分子等物质都可以以非晶态的形式存在。

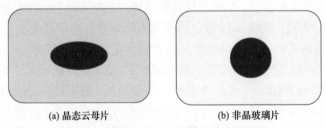

(a) 晶态云母片   (b) 非晶玻璃片
图 1.20   石蜡在非晶和晶体上熔化的比较

根据非晶物质的特点, 人们曾经试图从结构、时间、性能、能量等不同的方面或角

度来定义非晶物质。从能量的角度来看，非晶物质相比其同成分的晶态相能量更高，所以非晶态相比晶态是亚稳。如图 1.21 所示，非晶态系统的自由能要高于其同成分的晶体，处于能量上不稳定状态。打个比喻，非晶物质犹如图中沙子堆起的城堡，随着时间延长，或者在升温和加压的条件下，非晶物质一般会弛豫、晶化成能量更低的晶态物质(沙堡会随时间失稳崩塌)，所以有人把非晶物质定义为亚稳物质，但是很多非晶物质极其稳定，如琥珀可以在严酷的自然中保持几千万年，月壤中的非晶硅化物玻璃存在了亿万年，这样的关于稳定非晶物质的例子还有很多。所以，从能量角度以亚稳态来定义非晶物质不适用。

　　从微观结构角度看，目前学术界主要是根据凝聚态物质中微观粒子的排列方式将自然界中种类繁多的固体、液体、软物质等分成两大类：粒子排列十分规则的晶态物质(其粒子就好比士兵排成的方阵那样整齐，这个特点被称为长程有序)和粒子排列不具有长程有序性的非晶物质，并根据微观结构是否长程有序来定义非晶物质：非晶物质的原子或粒子排列长程混乱无序，不具有微观结构长程周期性，只在几个原子间距的范围内保持着某些有序特征(也称为短程序)的一类物质称为非晶物质[30,31]，即这里的"有序"和"无序"是相对于微观层次上原子或分子的排列是否具有长程平移对称性或旋转对称性而言的。一般认为，非晶物质的最重要的特征是微观结构长程无序，没有平移对称性。图 1.22 是根据微观结构来定义不同的固体物质，如晶体、准晶、纳米晶及非晶物质。这些固体物质的局域结构很类似，都具有高度局域关联性，即短程序，但是有序的尺度完全不同，非晶物质的有序尺度一般小于 1 nm，波矢 k 不再是一个描述运动状态的好量子数。图 1.23 直观地给出原子有序排列的晶态 Si 和原子无序排列的非晶态 Si 的结构对比图。

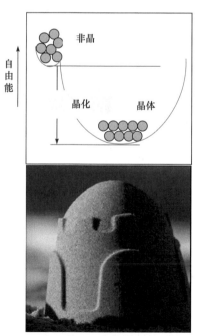

图 1.21　非晶和晶体的自由能对比图。非晶态类似图中的沙堡，处于能量亚稳定态

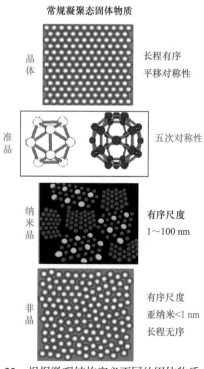

图 1.22　根据微观结构定义不同的固体物质：晶体、准晶、纳米晶及非晶

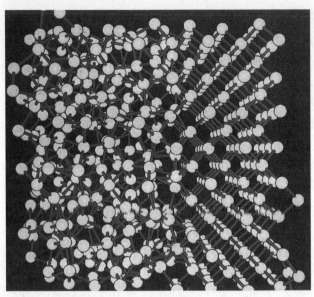

图 1.23　晶态 Si 和非晶态 Si 原子结构的对比图，左边是无序的非晶态 Si 结构，右边是有序的单晶态 Si 结构[32]

广义的非晶物质甚至把液体包括在内，因为液态也具有和非晶固体类似的长程无序结构，非晶科学研究往往是把液体和非晶固体放在一起考虑。但是，液态的原子是非定域的，即其原子能不停地作长程扩散或迁移，而组成非晶固体的原子或离子只能在其位置作振动，很难作长程扩散或迁移。为了方便对比，表 1.1 给出晶体、液体和非晶体这三大类凝聚态物质在空间结构上的异同。

表 1.1　三大类凝聚态物质晶体、液体和非晶体在空间结构上的异同

凝聚态物质	长程结构序	定域性	对称性
晶体	有	定域	低对称性；各向异性
液体	无	非定域	高对称性；各向同性
非晶体	无	定域	高对称性；各向同性

更广义的非晶态对应着某种物理量的长程无序分布。当原子排列呈长程无序状态时，我们就得到了非晶物质，如氧化物玻璃、金属玻璃等；而当长程无序分布的是某种序参量(如磁矩、电极化或晶格应变)时，我们还可以得到相应的物性玻璃，如自旋玻璃(序参量为磁矩)、弛豫铁电体(序参量为电极化)或者应变玻璃(序参量为晶格应变)等。

可以看出非晶物质的共同特征和关键词是"无序"。非晶物质的定义应该和"无序"关联，所以非晶物质也被称为无定形物质(amorphous matter)。非晶物质的 X 射线衍射图和透射电子显微镜衍射图样是弥散的晕环，没有任何表征周期性结构的斑点和明锐条纹，这是判断一种物质是否为非晶态的最重要的必要的实验判据。但是，仅从微观结构上也不能完整、严格地定义非晶态，比如准晶没有平移周期性，但是它不是非晶态；液态和非晶有类似的结构特征，但不是非晶态固体。无序和有序是现实物质世界中的一对矛盾体。有序代表稳定的因果关系，表现出规则和重复性，如时间上的周期性及空间上的对

称性和周期性；与之相对立的无序则显现多样性和独立性，表现为时间上的随机性和空间上的无规律、随机偶然堆砌和不稳定性。非晶虽然是个复杂无序体系，但是也不是完全无序，而是在无序中包含、隐藏有序的因素(如非晶中的短程序、拓扑序等)，所以，非晶物质是有序和无序的有机统一的矛盾体。非晶物质科学的任务之一就是透过无序的表象去发现非晶物质有序的本质，寻求有效描述和调控非晶物质的方法和理论。

玻璃是最典型的，或许是最早被人类制造、利用的非晶物质。通常情况下，非晶物质另一个俗称是玻璃态物质(glassy materials)，"非晶态"与"玻璃"这两个术语经常通用、混用，但是，它们有着不同的适用范围，内涵和外延都有不同。玻璃这个术语一般常指由熔体淬火，经过玻璃转变得到的非晶物质，而非晶物质既可以由熔融(液态)的物质在冷却过程中不发生结晶而形成，也可以直接由原子或分子通过气相沉积、粒子束混合、机械合金化、互扩散与固相反应、吸氢、强变形、激光、高压制备等方法而得到，不一定要经过玻璃转变过程。"非晶态"与"玻璃"的关系如图 1.24 所示，非晶物质在概念外延上包含玻璃态物质，玻璃是一类典型的非晶体，是非晶物质的俗称。但是大部分

图 1.24　非晶物质和玻璃态物质的异同

情况下两者在本研究领域内包括本书常不加区别地使用，玻璃就代表非晶物质。此外，文献中关于非晶物质的其他英文名称还有 non-crystalline solid、vitreous solid、amorphous matter、supercooled liquid 等。

综合非晶物质研究史上的成果和各类争议，我们试图给出非晶物质定义如下：非晶物质是一种热力学非平衡物质，其微观结构没有长程序、存在本征的结构和动力学非均匀性，其亚稳特性导致始终伴随着自发的宏观弛豫和微观流变。从非晶物质的定义以及定义难题也可看出，非晶物质是独立的常规物态。

非晶合金(amorphous alloy)又称金属玻璃(metallic glass)，或者液态金属(liquid metals)，是非晶物质家族中的新成员。它是人工合成的在自然条件下并不存在的新型非晶物质。非晶合金也是相对简单的非晶物质，它可以被看成是原子堆积而成的，即可以看成是硬球无序堆积而成的物质，最接近非晶结构的硬球模型。因此，非晶合金也是研究非晶物理和材料的模型体系，可以较方便地采用计算机模拟研究其结构、结构和性能的关系等问题。所以本书经常以非晶合金为例来阐述、研究、介绍非晶物质科学中的重要概念和问题。

什么是非晶合金或者金属玻璃呢？好莱坞科幻电影《终结者》中由液态金属制成的未来战士被击碎后，仍能够像液体一样，通过自然流动修复成原来的样子。这位未来战士的神奇特性在现实生活中有对应的材料，那就是非晶合金，或者液态金属。一般来说，液态和气态可以通过快速流动自修复，即所谓"抽刀断水水更流"。未来战士就是利用金属液体的流动性质来实现自修复功能的。但是一般的金属或合金熔化成液态的温度很高，

而非晶合金作为冻结的液态,只需加热到其熔化温度 T_m 的 1/2～2/3,就可转化为黏稠的液态。因此,非晶合金态更容易实现自愈合。

　　非晶合金是近几十年采用现代快速凝固冶金技术合成的,兼有金属和玻璃性能的新型金属材料[33-38]。这种材料的外观与一般金属一样具有光泽,从表面上看不出明显区别。非晶合金虽然被称为金属玻璃,但不是因为它像玻璃那样脆而透明,而是因为其内部原子排列结构像玻璃一样是长程无序的。快速凝固技术可以阻止金属熔体凝固过程中晶体相的形核和长大,使金属原子来不及形成有序排列的晶体结构相,金属熔体无序状态就被冻结下来。所以,在微观结构上,非晶合金更像是非常黏稠的液体,这是非晶合金又被称作被冻结的熔体、冻结在固体中的液体或者液态金属的原因。图 1.25 是金属玻璃的合成示意及合成的金属玻璃零件照片。非晶合金具有很多不同于传统玻璃、金属材料的独特的性质,并持有金属材料的很多最高纪录。比如,非晶合金是迄今为止最强的(屈服强度和断裂韧性最高)金属材料和最软的(屈服强度最低)金属材料之一。炼钢技术的进步及成本的大幅下降,使得钢可以被广泛用于工厂、汽车、铁路、桥梁、高楼大厦的建造中,为现代工业革命奠定了基础。热塑性塑料的发明,使得用一个模子就能生产出许多个同样的部件,尽管它的强度只有钢的几十分之一,但易塑性使塑料更廉价,因此获得了极为广泛的应用,从而改变着我们的生活。非晶合金的强度是不锈钢或钛的两倍,易塑性堪比塑料,兼具了钢铁和塑料的优势,随着制备工艺改善与成本降低,相信金属玻璃材料的出现和大规模应用也将给人们生活带来革命性的变化[14, 33-38]。

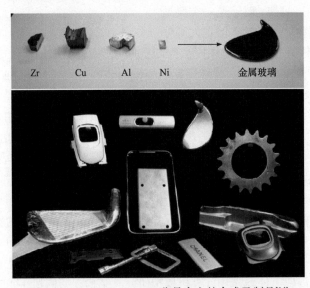

图 1.25　Zr、Cu、Al、Ni 非晶合金的合成及制品[14]

　　这里需要强调的是,每个领域、每个学科都有很多不同的名词、术语、概念。有的名词、术语和概念适用于整个领域,有的只涵盖本领域的部分。作为一个新兴学科,非晶物质学科中很多概念、定义和术语有待建立。像非晶这样的新学科往往会借用其他领域的一些名词、术语、定义和概念,这往往引起很多争议和矛盾。比如,非晶学科就借用晶体材料中的塑性、缺陷等术语和概念,这引起很多的疑义、争议和非议。其实,有些分支学科可在一起很好地合作，但总有一些学科之间互相猜疑，这些例子在各学科发展史上都有很多。所以，英国剑桥著名材料学家 R. Cahn 曾引用莎士比亚的话 "名字就那么重要吗？我们唤作玫瑰的花朵，叫另一个名字也同样芬芳" (What's in a name? That which we call a rose by any other name would smell as sweet)来劝导学者、科学家在对待名词、术语、概念使用上能更加宽容一些，因为莎翁的话总是最恰如其分的[39]。这句话是《罗密欧与朱丽叶》剧中，朱丽叶深为人们对家族姓氏的过分偏见而苦恼时说的一句名言。

另外，还需要说明一点：虽然认为非晶物质是亚稳态，晶态是稳态，但是现实情况是，在远低于其玻璃转变温度条件下，非晶物质尤其是玻璃是超乎寻常稳定的。亚稳态的概念最早是德国物理化学家 Wilhelm Ostwald 提出的[40]，泛指 Gibbs 自由能高于其基态相的物相。图 1.26 显示物态的稳定性是由 Gibbs 自由能和其势垒共同决定的。非晶物质虽然有相对较高的 Gibbs 自由能，但向其基态晶态弛豫和晶化的势垒可以很高，是一般动力学难以逾越的能垒，或者其弛豫需要的时间超长，因此也会很稳定。可以打一个比喻：两个人中的一个在高山顶上的一个大坑中，另一个在山脚下的冰面上行走，高山上的那个人虽然自由能很高，但是移动的能垒很大，可以非常稳定；而山脚下的人虽然自由能很低，但是移动能垒很小，因此很不稳定而容易滑倒。

从动力学角度看，很多情形是有利于亚稳相形成的。这也是自然界存在大量非晶物质的原因

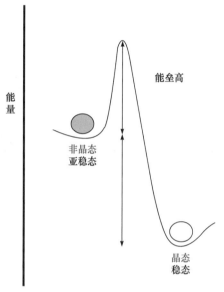

图 1.26　非晶弛豫、晶化到其晶态所需克服的势垒示意图

之一。实际上，玻璃物质是最稳定的物质之一。我们说非晶是亚稳态，这是相对其基态晶态在能量上的区别，往往不具有实际意义。这类似于亚稳的金刚石相对于稳定的石墨，在常规条件下同样非常稳定。

2. 非晶物质的范畴

明晰非晶物质的范畴，也有利于对非晶态定义的理解和确定。非晶物质具有多样性，典型的非晶物质包括玻璃、非晶固体(如非晶半导体、非晶合金等)、非晶高分子(塑料、橡胶、琥珀等)、胶体和颗粒体物质等。软物质、过冷液体有时也包括在非晶的研究范畴。可以大致把这些非晶物质分成两大类：热非晶体系和冷非晶体系。其中非晶玻璃及非晶固体是典型的热体系，其基本单元主要受温度驱动，对温度敏感，会在某个特定温度下形成、弛豫、老化或者晶化；另一类冷非晶物质体系，如颗粒物质，其基本单元主要为力驱动，对力很敏感，热影响可忽略不计；胶体则介于上述两类体系之间，即受温度驱动的同时，也受到力的影响。

非晶物质的种类很多。为了留下非晶物质多样性的印象，下面列举一些典型的非晶体系。图 1.27 是天然的非晶石英。图 1.28 列出一些典型的非晶固体，包括自然界中许多

天然的非晶态固体物质,如火山灰、琥珀、树脂、松香、矿物、胶脂、某些种类石头(如黑曜石)、沥青、生物体(软物质)等物质,也包括常见的人工合成氧化物玻璃(如硫化物、氟化物等)、塑料、非晶态半导体,以及新近迅速发展的非晶态电解质、非晶态离子导体、非晶态超导体和非晶态合金等新型非晶物质[41]。人类的许多食物、药物其实也是非晶物质。生物体(如动物、植物)也大多是由非晶态软物质所组成。对量子力学做出卓越贡献的著名科学家薛定谔在他的名著《生命是什么》开篇中就说道:"非晶物质是生命的物质载体,细胞中最重要的物质染色体就是非晶态。"宇宙中大部分水也是以非晶态的形式存在的[42,43]。

图 1.27   天然非晶石英

图 1.28   (a) 常见的非晶物质:上面依次是火山玻璃、琥珀、天然橡胶;下面依次是塑料、普通玻璃、非晶合金[41]。(b)左上是原子非晶(非晶合金)的原子力显微镜像;右上是胶体玻璃结构;左下是非晶泡沫体系;右下是非晶颗粒体系[18]

非晶物质家族中的新成员——非晶合金完全是人工合成的非晶物质。1959 年,美国加州理工大学 Duwez 在研究晶体结构和化合价完全不同的两个元素能否形成固溶体时,偶然发现了 Au-Si 非晶合金[33]。非晶合金经过几十年的发展,已经成为今天航天、航空、军事等高技术和手机、手提电脑等争相选用的时尚材料。金属玻璃的发明也成为材料史上重要的大事件之一。

　　颗粒体系可以归类于广义的非晶物质体系。图 1.29 中压实的沙粒、巧克力和混凝土都是非晶固体，即力学上结实而结构无序的材料都可以被看成广义的非晶体系[44]。广义的非晶体系的基本单元可以相差很大。图 1.30 给出由不同尺度基本单元组成的非晶态系统：从微米级小球单元组成的胶体非晶，到由细胞单元组成的非晶态，再到由一群蚂蚁单元组成的蚁群都表现出非晶态特征[45]。图 1.31 展示出非晶世界林林总总的各种非晶态物质。几乎所有不同价键的物质都能形成非晶态。非晶态还能和晶体等组成复合物质。

(a)　　　　　　　　　(b)　　　　　　　　　(c)

图 1.29　压实的沙粒(a)、巧克力(b)和混凝土(c)都是非晶固体[44]

(a)　　　　　　　　　(b)　　　　　　　　　(c)

尺度增加方向

图 1.30　由不同尺度基本单元组成的非晶态系统：从微米级小球单元组成的胶体非晶(a)，到由细胞单元组成的非晶态(b)，再到由一群蚂蚁单元组成的蚁群(c)都表现出非晶态特征[45]

　　相比种类繁多的非晶物质，传统固体物理研究的对象晶态物质只不过是凝聚态物质中的特例。如图 1.32 表示，大多数自然界的固体物质是非晶物质。可以说除了晶体和少量准晶物质外，自然界中的常规物质都是非晶物质。

　　在日常生活中，非晶材料被广泛应用。新材料产业涉及非晶材料的有四大类：非晶合金、无机非金属新材料、高分子材料和高性能复合材料。传统非晶塑料和玻璃材料是与钢材、水泥、木材并列的基础材料；铁基非晶合金具有良好的软磁性能，能够替代传统的硅钢以制作变压器铁芯。玻璃复合纤维制成的光纤是现代通信的关键材料等。

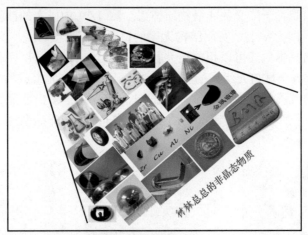

图 1.31 自古至今发现和发明的林林总总的各种非晶态物质

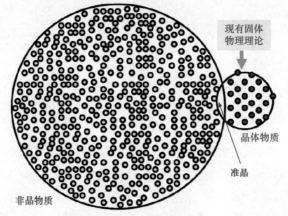

图 1.32 自然界中非晶物质、晶体固体物质所占的比例的比较

世界各地还有专门展示非晶物质玻璃之美的博物馆，例如美国康宁(Corning)公司的玻璃博物馆和丹麦的玻璃博物馆。美国康宁公司是世界上最大的非晶玻璃材料公司，他们创造并生产出了众多高科技非晶玻璃产品，被广泛应用于高科技电子、航天、航空、电信和生命科学等领域设备的关键组成部分。康宁公司所在的小城因玻璃业的发展而被称为 "水晶城市"(crystal city)。该公司专门建立了一个世界上玻璃收藏数量最多的非晶玻璃博物馆来介绍非晶玻璃的历史、制作和未来发展(其玻璃博物馆网址 http://www.cmog.org/)。丹麦哥本哈根也有座地下现代玻璃艺术博物馆。这个深邃空旷的地下玻璃艺术馆是由为哥本哈根供应饮用水的地下储水水库改造而成的。两个玻璃金字塔伫立在 Søndermarken 公园的绿色草坪上。人工照明为 50 件玻璃艺术品创造出独特的饱和色，未打磨的花岗岩墙壁和湿润的空气与玻璃形成强烈的对比。玻璃彩绘都来自知名艺术家创作(图 1.33)。所有参观过该博物馆的人都会留下深刻印象。

总之，从非晶物质的范畴看，从其林林总总、种类繁多地充斥整个世界看，非晶物质应该被归类为独立于液态、晶体固态、气态的常规物态。那么，如此繁多、复杂的非晶物质有哪些共性和特征呢？1.4.3 节将系统介绍非晶物质的 13 个主要特征,即第四态常规物质的主要共性和特点。

图 1.33　丹麦地下现代非晶玻璃艺术馆

1.4.3　非晶物质特征概览

为了便于读者看看非晶物质的快照，先对非晶物质的特征做一个梗概介绍。非晶物质有如下不同于其他三类常规物质的共同特征。

1. 微观结构长程无序是非晶物质主要的特征

时空是由秩序构成的，万物以时空为物态，是一个由秩序构成的巨大的自组织系统。古代道家强调乱中有序，不要无生命的有秩序，而是要有生命的无秩序。非晶物质是很复杂的原子或粒子等基本单元无序堆积形成的凝聚态物质，是组成粒子或单元长程排列无序、没有长程周期性、多体强相互作用体系。非晶物质往往还是多化学组元和多种类型结合键并存[46]，如非晶合金中可能有金属键和类共价键同时存在。不同非晶物质的无序度、无序类型也不尽相同。如图 1.34 所示，非晶合金、共价键氧化物玻璃、高分子和液体有完全不同的无序微观结构。这是因为非晶物质有其基本的微观结构单元,不同的非晶物质,其结构单元不同。如非晶合金的结构单元是团簇,高分子非晶塑料的结构单元是长链,氧化物玻璃的结构单元是原子组成的网格等。这些不同的结构单元造成非晶物质有千变万化的各种物质形态。

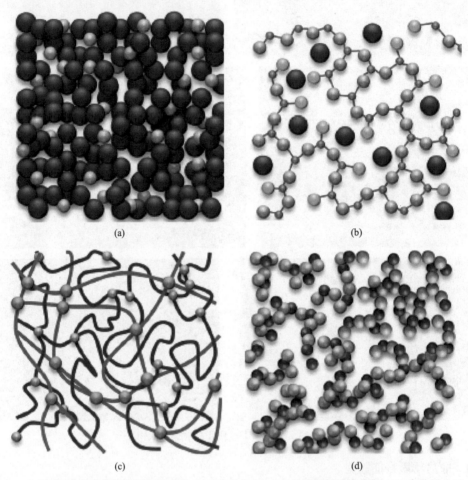

(a)   (b)

(c)   (d)

图 1.34   几种不同非晶物质微观结构示意图: (a) 非晶合金; (b) 共价键氧化物玻璃; (c) 高分子; (d) 液体

非晶物质的长程无序的结构特点使得表征其结构、建立其结构与性能相关性,从基本理论到实验手段都极其困难。实际上,非晶物质的各种射线散射强度相对较弱,目前只能用统计分析的方法根据衍射结果来研究其结构,描述的非晶物质微观组织结构过于简单化,还不能建立原子尺度上的无序性和其化学与物理性能的对应关系。

2. 非晶物质是普遍、广泛存在的凝聚态物质

非晶物质在自然界中无处不在。图 1.35 是玉兔二号月球车在月球背面发现的厘米级直径的透明玻璃球和嫦娥五号采回的月壤中发现的微米级玻璃球,玻璃记录了月球上重要的撞击过程和撞击历史的信息,是未来月球探测任务的理想采样目标。有证据表明火星上也有玻璃。很多陨石中也有玻璃相。其他行星的火山口处都存在各种岩浆

快速凝固形成的火山玻璃。实际上，具有原子周期排列的晶态物质只不过是总体凝聚态物质中的特例。非晶材料家族成员丰富，种类繁多。对非晶物质的认知是认识凝聚态的重要基石之一。非晶问题的解决对其他学科研究和技术领域也非常有意义。例如，玻璃转变问题的解决对包括材料科学、生物学、制药、食品工业等都有极大的帮助。非晶物质稳定性问题对于地震、泥石流等地质灾害，以及水利大坝等的工程安全等有重要的指导作用。

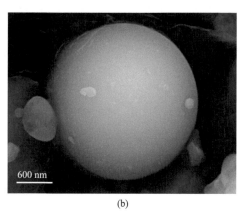

(a)　　　　　　　　　　　　　　　　　(b)

图 1.35　玉兔二号月球车在月球背面发现的厘米级直径的透明玻璃球(a)和嫦娥五号采回的月壤中发现的微米级玻璃球(b)

3. 非晶物质的多样性

无机非金属、金属合金、高分子、生物物质都可以是非晶态。非晶物质可以具有不同的价键，也可以是不同价键的混合，因此表现出不同颜色，不同形状，不同性质，有的透明，有的不透明。

4. 非晶物质的结构、特征和性能与时间相关

晶体的结构和性能与时间无关。非晶物质是亚稳态，弛豫在非晶中无时无处不在[46-48]，弛豫和老化是非晶的本征特性之一。非晶形成体系随温度不同，弛豫时间涵盖 12～14 个数量级的巨大时间尺度差异(时间跨度 10^{-14}～10^{6} s)，非晶弛豫频率涉及 10^{14}～10^{-5} Hz(注：非晶物质中如此之宽泛的动力学时间和频率窗口是非晶科学研究的挑战之一，实验上需要多种仪器结合起来才能研究)。非晶弛豫时间不符合指数关系，而是扩展的指数方程：$\phi(t)$ = $\exp[-(t/\tau)^n]$，其中，$0 < n < 1$。这就是著名的 Kohlrausch-Williams-Watts 方程(这个现象最初是由德国哥廷根大学 R. Kohlrausch 在 1854 年发现的[49])，简称 KWW 方程[46,50]。之后大量研究证实该方程广泛适用于众多复杂的、多体相互作用的非晶体系的弛豫动力学行为，但是该方程的物理意义仍缺乏统一的解释。爱因斯坦曾关注过颗粒之间相距较远、关联作用很弱的布朗扩散运动这样的单体问题(其关联函数是简单的时间指数方程$\phi(t)$ = $\exp[-(t/\tau)]$)，并解决布朗扩散问题。但遗憾或者幸运的是，更为复杂、重要的无序、多体相互作用体系的弛豫和扩散现象爱因斯坦没有关注。

非晶的结构和性能从其形成那一刻起就会随时间不停地发生演化，不同的非晶态的

本征弛豫时间尺度不同。图 1.36 中非晶玻璃杯和其中的水都是非晶态，只是这两者之间动力学时间尺度相差 20 多个量级，因此造成两者之间性能的巨大差异。固体玻璃跟液体(水)一样具有无序的微观结构，但玻璃跟晶体一样表现出固体的刚性。凝聚态物理理论告诉我们，晶体的刚性起源于晶格周期性结构导致的自发对称破缺。非晶固体结构无序，显然不能通过这一机制获得刚性。如此不同乃至相互矛盾的两种特性如何在非晶物质中达到统一的呢？是非晶物质中组成粒子的弛豫时间的长短导致非晶物质是刚性还是流动的特性。因此，研究非晶物质需要在包含时间的四维空间中。总之，时间和非晶物质的特性密不可分。所以，丹麦非晶物理学家 J. Dyre 领导的研究中心的名称就叫"玻璃和时间"[51]，非晶体系时空关联性是他们的重要研究方向。

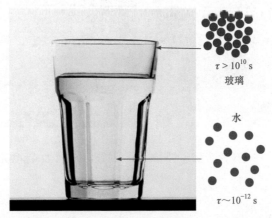

图 1.36　非晶玻璃杯及其中的水都是非晶物质，其差别在于它们的动力学时间尺度相差很大

非晶的物理性能随结构弛豫也发生变化，而且是不可逆的，如非晶塑料和橡胶会老化，非晶合金会晶化。但是有些非晶物质，如松香、玻璃可以在严酷的自然环境中稳定存在千万年。所以，一方面，非晶稳定性研究对非晶材料应用服役十分必要，也很有趣；另一方面，在非晶复杂相互作用系统中，这种随时间不可逆的物理及化学过程是使系统微扰和耗散得以进行的必要条件，是维持平衡和进一步演化的前提。

5. 非晶物质中存在局域的序

非晶物质中存在局域的序有短程序(short range order，SRO)和中程序(medium range order，MRO)[52-62]。即非晶物质(包括液体)中原子在近邻和次近邻之间的键合(包括配位数、键角、键长)有一定的规律性，表现出很强的局域关联性和相互作用。例如，非晶合金中存在小于 1 nm 的团簇，即短程序。非晶物质中甚至有 1 nm 左右的中程序[61,62]。例如，在非晶合金中，在 1 nm 范围内，其原子排列成多面体的结构，每个原子就占据了多面体的棱柱的交点上；但是，在大于 1 nm 的范围看，原子成为各种无规则的堆积，没有形成有规则的几何图形排列。短程序一般又可分为化学短程序(chemical short-range order，CSRO)和拓扑短程序(topological short-range order，TSRO)。化学短程序是由原子间的化学相互作用决定的，具体参数如电负性、混合熵；拓扑短程序是由原子刚性半径决定的，即几何构形。

对短程序的描述必须包括如下要点：①直接近邻原子的数目及其类型；②近邻原子与参考原子的距离；③这些近邻原子的角分布；④动力学行为。目前还没有一个统一的理论来描述非晶物质的有序度。固体物理中的键合概念对非晶物质仍然适用，配位数仍是描述短程序的重要参数。在非晶领域还经常用 Voronoi 多面体来表征短程序。从每个原子的中心作与邻近原子中心的连线，这些连线的中分平面可形成一系列多面体，这些多面体就是 Voronoi 多面体。Voronoi 多面体的面数等于原子的配位数 z。图 1.37 是很多非晶和晶体等物质中都包含的 5 种柏拉图多面体和 13 种阿基米德多面体的短程序[63]，这些多面体可以用来描述非晶物质特别是非晶合金中的短程序。

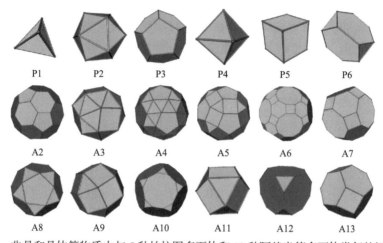

图 1.37　非晶和晶体等物质中与 5 种柏拉图多面体和 13 种阿基米德多面体类似的短程序[63]

6. 结构和动力学不均匀性是非晶物质的本质特征

非晶物质在宏观上均匀和各向同性，相对晶体有较高的对称性。晶体材料在宏观上呈现出的各向异性，即在不同的晶带轴方向上晶体的物理性质不同。非晶物质不同的方向上物理性质相同，这是由于没有长程有序性的结果。但是，大量实验和计算机模拟证明：在纳米甚至到 μm 的尺度上，非晶物质在结构和动力学上是不均匀的[64-68]，结构和动力学上的非均匀性甚至被认为是非晶物质的一个本征特性[64]。非晶物质非均匀性也被认为是其弛豫、局域流变、不同动力学模式、玻璃转变等基本特征的原因，也是非晶结构无序特征的反映。

7. 原子和纳米尺度局域特性的重要性

晶体中，只有原胞中局域环境才不同，每个原胞都是一样的。非晶物质中，存在本质的原子和纳米尺度的结构及动力学的不均匀性，不同区域差别很大。几乎每个原子周围局域环境都不一样，含有的杂质、成分、自由体积缺陷的分布也和其他区域不同。这种局域特性影响甚至决定非晶固体的性质，如力学性质。另外，在晶体中，无论是晶格振动的格波还是电子的 Bloch 波，都可在整个晶体中传播，是一种延展态[3,4]。而在非晶物质中，由于结构无序，则出现一种局域的本征态——局域态，即某一位置原子振动的振幅会随着距离很快衰减为零，也就是原子的振动态只存在于体系局域的范围内，产生局域模。很多非晶固体中电子也只出现在有限的局域范围内,Anderson[5]提出无序导致的电子定域化的概念。这种本征局域特征对非晶的很多性能(如输运特性、力学性能、热学性质)有重要影响。所以,局域特性的研究是非晶物质科学的重要内容。

8. 形成能力是非晶物质的特性

晶态金属形成的大小没有尺寸的限制。晶态物质没有形成能力的概念,但是非晶物质形成需要一定的热力学、动力学和化学条件,即非晶形成能力。这就是说一个物质体系能否转变成较稳定的非晶物质决定于热力学、动力学和化学条件[69-71]。一般来说,不同价键的物质非晶形成能力相差很大,共价键物质(如氧化硅)的非晶形成能力很强,而金属键物质(如金属和合金非晶)形成能力最弱。即使对于金属和合金,其非晶形成能力也可以相差十几个量级。非晶形成能力也决定了非晶物质的稳定性。人们一直在试图理解非晶形成能力的物理本质,期望找到非晶形成能力的有效判据。

9. 非晶物质没有确切的熔点,但有玻璃转变点

一般的物质,当温度或者压力达到某一确切值的时候会突然转变成液态,即熔化。这些物质的熔化有确切的熔化温度或压力点。非晶物质一个明显的特征是没有确切的熔点,但是有软化点。即非晶物质特别是玻璃,在温度或者压力升高到一个特定值的时候,非晶物质会发生软化,变成过冷液体。非晶物质在过冷液体状态可以进行加工和成型,这导致非晶玻璃材料具有完全不同的加工、成型工艺和方法[72]。玻璃转变稳定点 T_g 是非晶物质的一个本征特性,和其很多特征及性能密切关联。

10. 很多非晶物质是通过一种特殊的转变——玻璃转变形成的[73-77]

相变是很多凝聚态物质形成的重要途径[78]。玻璃转变的机制和物理本质完全不同于传统的相变。图 1.38 是固液相变和玻璃转变的比较图。可以看出,玻璃转变不是传统意义的相变,固液相变是体积、熵或者焓的突变,而玻璃转变是一种连续的非平衡转变。形成的非晶玻璃是一种远离平衡态的相。玻璃转变的机制和物理本质是本书后面章节重点讨论和经常涉及的内容。图 1.38 是直观理解玻璃转变的重要图示,本书后面章节会经常使用类似的图来形象讨论非晶物质中的重要问题和现象。对学习非晶物质科学和材料的读者,理解这张图可以帮助理解很多非晶中的现象和原理。

11. 非晶物质会发生晶化

从图 1.38 可以看出非晶物质相对其同成分的晶体自由能更高,非晶是能量上的亚稳态。所以,在温度或者压力的作用下,非晶物质会发生向晶态的转化,并且转化会在一个特定的温度发生,这个温度点称作晶化温度 T_x。T_x 是衡量非晶物质稳定性的重要温度参数,T_x 越高,非晶物质相对越稳定。

12. 非晶物质受压,体积会发生膨胀

一般物质受压力作用会收缩。非晶物质受压力后,会造成非晶物质局域形变,体积

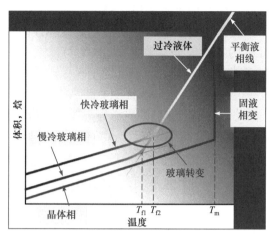

图 1.38　固液相变和玻璃转变的比较图

会发生膨胀(俗称剪胀效应)。这是应力使得非晶物质内粒子发生运动，从而使粒子间间隙增大所致。如果你走在海边的沙滩上，不妨验证一下无序堆积的颗粒物质在压力作用下发生的膨胀现象。当你踩在有水的沙滩上，脚印中的水会消失，这是因为你脚下的沙子在你的压力作用下体积膨胀吸水。你还可以做另外一个小实验来验证这个非晶物质的特征：拿两块岩石互相摩擦，你会发现摩擦会使得岩石的体积膨胀(专业术语：剪胀效应)[79]。图 1.39 是有趣的非晶颗粒物质剪胀效应的演示实验。按压装满湿沙子的橡胶球的时候，塑料芯管里面的红颜色的水位反而下降，这形象地显示了应力造成的膨胀效应，因为应力的作用会在非晶物质中产生大量的自由体积和流变单元[79,80]。非晶物质在应力作用下，其流变主要发生在局域的流变区或剪切带中[81-83]。

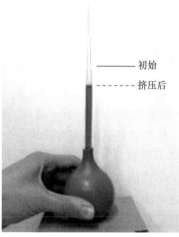

图 1.39　非晶颗粒物质剪胀效应的演示实验：管中红色水柱在按压橡胶球中沙子的时候反而下降，因为按压的应力使得胶囊中沙子的体积增大了

13. 外界微扰能引起非晶物质大的状态变化

外界微小的作用，如微量掺杂、应力和温度的微小变化等，往往能使非晶物质发生

很大甚至巨大的状态变化。生活中可见到很多例子：如一滴卤水能使一锅豆浆凝结成豆腐；天然橡胶汁中加少量的硫就会使橡胶从液汁变成弹性固体；非晶合金的形成能力和力学性能对微量元素的掺杂也极其敏感[70]；应力可以造成非晶合金很大的电阻变化等[84]。这种敏感反应和非晶物质处在亚稳状态有关。

以上非晶物质的这些独特特性，进一步证明非晶物质是不同于气体、液态和晶体固体的第四种常规物态。因此，本书把非晶物质作为不同常规物态，把非晶物理和材料作为一个独立和独特的体系来系统介绍和讨论。1.5 节概要介绍非晶物质科学这门学科。

1.5 什么是非晶物质科学

1.5.1 非晶物质科学

非晶物质科学是以非晶物质为研究对象，涉及凝聚态物理、材料科学、化学、工程甚至生物学的交叉学科，目的是认识非晶体系的本质和特性，探索非晶物质的形成规律和稳定性机制，获得非晶体系在不同时空尺度上的结构特征、远离平衡态热力学及弛豫与临界失稳动力学特性的一般规律的认识，拓展物质科学的范畴，丰富现有凝聚态物理的基础理论体系，开发新型非晶态材料和新的特性，促进非晶材料更广泛和关键的应用，推动社会文明和发展。

非晶物质科学研究的主要内容包括：非晶物质的形成机制和判据，新型非晶材料的研发及相关技术和工艺，非晶物质的本质和特征，玻璃转变，非晶物质在不同时空尺度上的微观结构特征和数学、物理描述方法，非晶物质结构中的隐藏序，非晶物质原子和电子结构和性能的关系，非晶远离平衡态热力学，非晶物质的动力学弛豫特征及描述方法，非晶物质的稳定性，非晶物质的形变和断裂及临界失稳动力学和结构特性，晶化行为，非晶物质在外力、温度作用下的流变规律，非晶材料的独特物理、力学、化学和生物性能，与其他学科的关系和交叉，非晶物质在极端条件下的行为、性能和特征变化，非晶材料的应用研究等。

研究非晶物质的学科有非晶态物理、高分子材料、非晶态材料、非晶半导体、颗粒物质、胶体、软物质、非晶合金(金属玻璃或液态金属)、玻璃科学与技术等。非晶物理(包括液体物理、软物质)是凝聚态物理的一个重要分支，主要研究非晶物质的原子结构、电子态结构、热力学和动力学及相关的各种物理性质。非晶材料是研究非晶材料的形成规律、物理和力学性能及结构和性能关系，探索新型高性能非晶材料，发展非晶材料制备新技术和工艺，改进和优化非晶材料的某些性能，解决非晶材料在应用中的技术问题。高分子材料和非晶相关的部分主要是研究高分子化合物(包括非晶橡胶、塑料、纤维、涂料、胶黏剂)和高分子基复合材料高分子的合成、结构和性能的关系等。非晶半导体主要研究具有连续的共价键无规网络结构的非晶硅、非晶锗等非晶半导体的结构、电学和光学性质。非晶态半导体可以部分实现连续的物性控制，当连续改变非晶态半导体的化学组分时，其比重、相变温度、电导率、禁带宽度等随之连续变化，在技术上能够产生新材料和新器件，而且对于认识固体理论中的许多基本问题也会产生影响。玻璃科学和技术主要研发新型高性能玻璃材料，包括光学玻璃、光纤及相关的科学问题，开发相关的工艺技术。

非晶物质科学研究的现状如何呢？作为一个新兴学科，非晶物质科学的研究相当于固体物理 20 世纪 30 年代的水平。由于非晶物质具有复杂、多样性、非平衡、多体的特点，有待解决的科学问题很多，在方法论和范式上还有待突破，非晶物质科学研究面临很多挑战。以非晶物质家族新成员非晶合金为例，图 1.40 是非晶合金物理和材料领域主要科学问题和材料难题一览图。其科学问题包括[53-55,85-89]：①玻璃转变的机制，即合金熔体是如何凝聚成结构无序、能量上亚稳的非晶态的；②非晶合金的微观形变或流变机制，即结构无序合金体系是如何耗散外力作用或外部施加的能量的，是如何发生形变、流变的；③非晶合金的结构特征表征，即建立非晶结构的模型、研究和描述方法；④非晶合金结构和性能、玻璃转变、形变之间的关系。可以看出，长期以来，非晶合金中这些最基本的问题都没有解决，而且进展缓慢。非晶物质中很多关于结构、相变和流变、动力学和热力学的定义和概念有待建立，非晶物理和材料科学还没有成熟的理论框架。非晶研究的模式还在勉强利用固体物理的一些基本概念、范式，其研究思路也没有突破晶体固体物理的框架。对于复杂的非晶物质，一些老的概念和方法(如键合理论、定域理论)确实仍然适用。但是，以晶体为研究对象的固体物理和材料科学的许多基本概念和理论都是与晶体结构平移对称性和周期性相联系的。点阵、原胞、空间群等概念可以完美地描述和分类晶体结构；倒易点阵可以方便地解释晶体的衍射特征。布里渊区、色散关系可以很好地描述电子和声子的能态。可是这些概念、理论和模型都不适用于非晶体，不能有效解释非晶中的上述问题。图 1.41 简单图示常规物质形态及非晶物质基本理论框架建立状况。19 世纪统计物理的建立和完善，使得气体的基本问题已经解决，建立了基本的理论框架。20 世纪量子物理和各类衍射理论、方法的建立使得晶体固体的基本问题基本解决，并建立了基本理论框架。而介于气体和晶体固体之间的一大类非晶物质(包括液体)还没有理论框架和广泛接受的理论。

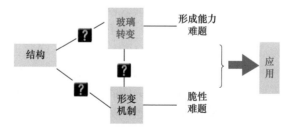

图 1.40　非晶合金物理和材料领域主要科学问题和材料难题一览图

要研究非晶，必须不依赖于基于晶态固体平移周期性的数学定理和物理原理，如格波、布里渊区、布洛赫态、群论等。这意味着非晶物质研究需要引入新的概念(如短程序、局域对称性)、理论和实验方法(用结构描述方法和结构模型，如定域理论、自组织临界现象、分形、逾渗、混沌来处理问题)及新思路。目前非晶物质科学的研究对很多基本问题和概念的认识还存在激烈的争论和不确定性，这些挑战既是困难，也是难得的机遇。非

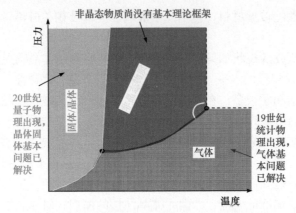

图 1.41　简单图示常规物质形态及非晶物质基本理论框架建立状况

晶物质科学魅力之处就是：如何不依靠传统晶态固体物理周期性的数学定理(如布里渊区、点阵、Bloch 波、倒易空间等)达到认识物质的科学本质的目的。

　　一个值得重视的问题是：对非晶物质的研究被分离成非晶态物理和非晶材料(非晶材料又分成非晶合金材料、传统氧化物玻璃、离子玻璃、胶体等)，颗粒物质物理，软物质，高分子化学和材料，非晶半导体等不同学科。各学科的交叉、融合还远远不够。需要从一个全局的角度来审视非晶物质科学的已有成果、理论、模型，建立这些学科之间的联系，探索共性，发展基本的理论框架。可以肯定的是，不远的将来，非晶物质科学研究必将促进新概念、新理论、新方法和新思想及新的物质观的产生，这将极大地拓展和丰富物质科学的发展。随着越来越多的不同性能的非晶物质被研究、被发现，非晶物质科学必将继续造福人类社会，促进文明和文化的发展。

1.5.2　非晶物质研究意义

　　很多人心中的基础物理和物质科学，要么是研究极其微小的、高能的基本粒子，要么是放眼宇宙尺度，研究黑洞、超新星这样的天体。但是，在美国众议院科学、空间和技术委员会议上，美国凝聚态物理大师菲利普·沃伦·安德森曾陈述重视物质科学的四大理由，其中一条是安德森的核心理由，即与日常相关的科学问题也同样很基础、很神秘有趣、很重要。例如研究雪花的形成、材料的断裂、人的思维、经济规律这些日常行为也同样基础、深刻和重要，而且更加实用。例如固体物理学就催生了半导体、个人电脑、手机、电视机、照相机、互联网、硬盘、处理器、闪存、照明技术、太阳能电池等的发明，是 IT(互联网技术)浪潮的奠基石。1991 年诺贝尔物理学奖获得者德热纳(P. G. de Gennes)也说：现代物理研究沿着物质的尺寸越来越微小的微观理论方向发展的时候，宏观理论研究仍不失其重要意义，特别是在复杂的物理系统方面。

　　从物质涉及的范围来说，非晶物质占据常规凝聚态物质的重要部分，世界上绝大部分物质是无序的、非稳定的、非平衡的、充满变化的。对非晶物质认知的缺失和不足，就是物质科学的缺失和不足。如果没有建立非晶物质的理论框架，凝聚态物理的理论框架就不完善。从图 1.41 可以看出常规物质的三大块，唯独非晶物质还没有成熟、公认的理论框架。因此，非晶物质认知的缺失是凝聚态物质科学的短板。

针对晶体的固体物理理论框架强调的是：稳定，平衡，对称，有序和均匀。而非晶物质科学涉及不可逆，对称和非对称，随机性，亚稳定，无序，弛豫，复杂性，非线性，多样性，暂时性，对时间流的高度敏感性等范畴。体系一旦复杂就会出现不同于简单体系的新现象和新物理，越复杂可能出现更新奇的现象和行为，类似生命的进化。正如亚里士多德的十字箴言所说：The whole is more than the sum of its part。安德森也说：More is different。非晶物质是介于最简单的晶态物质和最复杂、最高级的生命物质之间的。对复杂非晶物质的研究是从认识简单有序晶体物质，到认识复杂生命物质的过渡。复杂体系研究是物理学的主要方向之一。因为非晶物质在复杂性、特性、普遍性等方面完全不同于晶体固体和气体，对非晶物质的研究必将导致新概念、新的研究思路、新材料、新理论和新观点的产生。诺贝尔物理学奖获得者安德森(图 1.42(a))和莫特对非晶物质研究情有独钟。安德森曾在 Science 杂志撰文指出，"如何看透玻璃"是凝聚态物理中最富挑战性的问题。莫特把"什么是非晶的本质"作为一个重要问题留给后人。他们把非晶玻璃的本质问题研究推到凝聚态物理的前沿[90]。几十年以来，安德森和莫特关于非晶研究重要性的言论引无数科技工作者为理解非晶物质的本质竞折腰。非晶物质科学问题也引起了公众的注意。例如，纽约时报最近刊登了题为"玻璃本质仍不清楚"的文章[91]，强调非晶玻璃本质研究的重要性，认为"认识玻璃(非晶)不仅可以解决一个长期基本的问题(值得获诺贝尔奖)，且能帮助获得更好的玻璃材料，还可能对制药业有帮助。因为非晶态的药更容易被身体吸收，从而使很多药物可以避免用注射方法，而是直接口服。玻璃研究的手段和技术也能促进其他领域(如生物、材料学等)问题的解决"。2005 年 7 月 Science 周刊为纪念创刊 125 周年，邀请众多当今世界上各个领域最具影响力的科学家提出 21 世纪最重要的 125 个科学问题，其中包括 10 个重要的物理问题，玻璃转变和非晶的本质被列为 10 个物理问题之一[92]。2021 年的诺贝尔物理学奖授予意大利科学家乔治·帕里西(G. Parisi)，以表彰他对理解复杂无序物理系统的开创性贡献，这也说明非晶无序体系研究的重要科学意义和价值。他发展出来的理论广泛适用于非晶物质(如结构玻璃)，还可以推广至阻塞系统、恒星运动等各种无序体系[93]。此外，每年 Nature、Science 和 Phys. Rev. Lett. 等重要科学期刊都有很多关于非晶物理和材料问题研究的最新进展报道，这些都从一个侧面反映了非晶物质研究在科学的前沿位置。

非晶物质研究的重要性还可从该领域研究群体看出。非晶研究虽然只有 50 多年的历史，但这是一个大师云集的领域！迄今为止，已经有 5 位科学家因从事和非晶相关的工作而获得诺贝尔奖，他们是：P. W. Anderson，N. F. Mott，P. J. Flory，高锟，以及 G. Parisi (见图 1.42(b))。以色列科学家达尼埃尔·谢赫特曼(D. Shechtman)也是因用制备非晶合金的急冷方法发现准晶而获得 2011 年诺贝尔化学奖的。非晶物质也是不同领域科学家积聚、不同学科交叉和碰撞，各类学术观点激烈争论的领域，这使得该领域的研究探索工作独具魅力。

从非晶材料发展史看，典型非晶材料(如透明玻璃、塑料、橡胶、非晶合金)为科学、艺术和文化发展、人类生活的改善、文明进步做出了极大的贡献。非晶态玻璃被誉为最美的物质之一，是上帝赐予人类的礼物。图 1.43 是德国人手工吹制的美轮美奂的各类玻璃工艺品。意大利文艺复兴时期诗人 Antonio Neri 曾这样赞美玻璃：在现在这个时代，

你能轻松看透玻璃吗?

The deepest and most interesting unsolved problem in solid state theory is probably the theory of the nature of glass and glass transition… The solution of the more important and puzzling glass transition may also have a substantial intellectual spin-off whether it will help make better glass is questionable

非晶本质和玻璃转变是凝聚态物理最深刻和有趣的问题之一! Science 267，1615(1995)

(a)

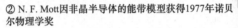
与非晶物理和材料工作相关的五项诺贝尔奖

②

④

① P. W. Anderson因发现非晶电子"定域"的特性获1977年诺贝尔物理学奖

② N. F. Mott因非晶半导体的能带模型获得1977年诺贝尔物理学奖

③ 高锟因发明高纯玻璃光纤获2009年诺贝尔物理学奖

④ P. J. Flory因提出高分子非晶结构的无规线团模型，获1974年诺贝尔化学奖

⑤ G.Parisi因发现了从原子到行星尺度的物理系统中无序和波动的相互作用，获2021年诺贝尔物理学奖

①

③

⑤

(b)

图 1.42　(a) 安德森因对无序固体系统的电子结构的基础研究获 1977 年诺贝尔物理学奖；(b) 5 位因从事和非晶相关的工作而获得诺贝尔奖的科学家及其贡献

玻璃比任何一种金属和材料都要高雅、高贵，让人愉悦(Glass…is much more gentile, graceful and noble than any metal, …it is more delightful, polite and slightly than any other materials at this day known to the world)。透明的玻璃曾被称为能窥探上帝秘密的材料(可制成望远镜和显微镜，发现新天体和微生物)，能提升人类最重要的感觉-视觉(玻璃可制成眼镜、望远镜、放大镜、三棱镜、显微镜)，能激发人们的艺术灵感(透视法、玻璃艺术品、玻璃建筑等)。非晶材料是古老的学科，但是探究非晶物质总能导致新型的非晶材料的产生(如现代塑料、橡胶、金属玻璃、光纤和新型玻璃的发明)，新非晶物相的出现既有理论意义，还可能具有实用价值，有时还能导致意想不到的思想上的突破，甚至引发物理及数学理论上的革命，极大改善人类生活。非晶物质是复杂的物质，同时具有很多独特的个性，充满了美和序。非晶物质科学的研究就是从无序中发现有序，在纷繁和复杂中寻求简单和美，同时将促进新概念、新范式、新材料及新物质观的产生。非晶物质中的重要科学问题使得非晶物质研究魅力无穷。

图 1.43　德国人手工吹制的美轮美奂、琳琅满目的各类玻璃工艺品(摄自德国科隆玻璃博物馆)

　　非晶物质科学的发展和实验技术的进步紧密相关，所以非晶物质科学研究应该充分利用最先进的科学装置、工具和制备技术。非晶材料和物理的发展与其制备方法和工艺的不断进步是分不开的。例如非晶合金领域，从用急冷法制备出非晶合金条带，到用助熔剂方法首先获得大块 Pd 基非晶合金，再到用铜模浇注、多组元成分设计制备出块体非晶合金，每一次非晶合金材料的突破都是制备方法的发展引起的，而每次非晶材料的突破都会带来非晶物理的进展。另外，非晶材料难题的解决必须依靠基础研究和材料工艺的有机结合，需要在玻璃转变、玻璃形成能力等基本物理问题认识上取得突破。近年来，非晶材料中的基本科学问题受到物理和材料学家越来越多的关注，非晶领域科学和技术的有机结合更加紧密，这将大大促进非晶物质科学领域的发展和深入。从材料的角度来说，近年来一系列具有很强非晶形成能力的非晶合金被研制出来，这类非晶合金的熔体具有很稳定的过冷液相区，这为研究非晶物质提供了理想的模型体系。新的表征材料从微米、纳米到原子微观尺度的结构及其和性能相关性的独特的实验技术被不断发展出来。比如，利用消球差电子显微技术开发出了埃①尺度相干电子衍射方法(coherent angstrom beam electron diffraction)，可在真实空间探测到非晶材料原子近邻及次近邻结构；通过改进动态原子力显微技术 (dynamic atomic force microscopy)实现了直接测量纳米尺度非晶材料结构；超声显微镜可以分辨非晶纳米尺度的模量不均匀性；隧道扫描显微镜可以观察到单个原子的迁移和缺陷，甚至化学键。这些新工具的产生正孕育着非晶物质结构表

————————————

① $1 \text{ Å} = 10^{-10} \text{ m}$。

征的重大的突破。固体核磁共振测量高温合金形成液态及非晶态的结构和动力学特性的技术,使得从原子和电子层次研究非晶结构和性能关系、动力学特征成为可能[94-96];动态模量分析技术,内耗方法可有效研究非晶和过冷液体弛豫特征,非晶基本流变单元激发过程等;现代大型计算机、高通量方法为非晶结构的模拟提供了强有力的技术和手段。这些新的跨尺度结构表征和性能研究的实验技术,为系统地研究非晶物质中的基本科学问题,为非晶新材料的开发和性能的改善,提供了前所未有的实验条件、方法和研究手段。

　　非晶物质是交叉学科,和其他学科联系密切。非晶物质研究是能够并值得把各个学科融合在一起的。实际上,非晶领域很多重要工作都是不同领域科学家合作的产物,非晶物质研究的发展曾推动很多其他领域的进步。非晶学科的新特征是领域前沿不断拓展,学科间交叉、融合、会聚频繁,涉猎更广泛的新问题不断涌现。研究组织模式也有变化,正在充分利用网络和信息技术提供的强大的工具和平台。非晶科学研究中基础研究、高技术研发与应用研发结合更加紧密,产学研合作加强。所以,学习非晶物质科学需要宽阔的知识基础,其研究需要不同领域的科学家密切合作。

1.6　小　结

　　关于非晶物质在物质世界中的特点和位置总结如下。

　　(1) 非晶物质具有独特的性质和性能、结构、特征和形成规律,是常规物质中和气体、液体、固体并列的第四态,如图1.44所示。这4类常规物质可以互相转化,也可以互相复合,共同组成了宏观的物质世界。

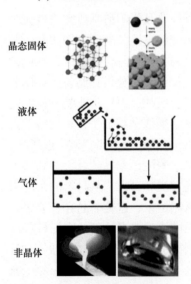

图1.44　四种常规物态示意图

　　(2) 非晶物质是物质世界的重要组成部分,在自然界普遍存在,物质世界大部分固体物质是非晶态。非晶物质具有多样性、复杂性、普遍性,种类繁多,性能各异奇特,丰富多彩,我们人类就生活在非晶物质的海洋中。

　　(3) 非晶材料广泛使用,是人类最早利用的材料之一,是最早的人工制备的材料之一。非晶材料对人们日常生活,社会、文化和艺术的进步,科学的启蒙和发展发挥了巨大的作用。

　　(4) 非晶物质的最基本特征是微观结构长程无序、短程有序,具有复杂的动力学和热力学行为,是通过熵调控和玻璃转变形成的远离平衡态的亚稳复杂物质,在宏观上是兼具固体、液态性质的物质。

　　(5) 广义的非晶体系包括非晶物质、颗粒物质、胶体、活性物质等,存在于从宏观到微观的各个尺度。非晶物质的研究是研究更复杂的活性物质、生命物质的前驱,是深入认识生命物质的必由之路。

(6) 非晶物质的研究还没有自己的范式和统一的理论框架, 对非晶物质的研究将促进新概念、新理论、新思想和新材料, 以及新的物质观的产生。

作者认为, 如果你是从事非晶研究的研究生, 毕业后不再从事与非晶领域有关的工作, 也许你会忘记所学的和非晶相关的概念、原理、现象、模型、公式和理论, 但是有一个概念你不应当忘记, 那就是: 非晶物质是不同于其他常规物质的第四态。

我们每个人日常都在使用非晶材料, 可以说我们生活在非晶物质世界中, 但是很少有人了解人类利用和研究非晶物质的历史, 很少有人了解非晶材料一直在推动我们社会和文明的进步, 在改变我们的生活。人类利用非晶物质的历史几乎伴随人类的文明史, 我们研究非晶物质科学的历史也有 100 多年。一门学科的历史是其最宝贵的一部分, 因为它不但能给我们知识, 还能给我们智慧和启迪。非晶物质利用和研究的历史充满奇迹、壮丽、精彩和令人击节长叹的故事。第 2 章, 就让我们一起打开非晶物质的历史长卷, 从时间这个舞台, 从时间域来欣赏非晶大师们的登峰造极、追随他们的足迹, 领略非晶物质及材料对人类文明、生活、艺术和科学的巨大贡献, 感悟非晶物质科学和技术发展的崎岖和智慧……

参 考 文 献

[1] http://cos.cumt.edu.cn/jpkc/dxwl/Web_kj/Reading/R_wutai/wutai0.htm.

[2] Feynman R P. The Feynman Lectures on Physics: The New Millennium Edition.

[3] 冯端, 金国钧. 凝聚态物理学. 北京: 高等教育出版社, 2003.

[4] Kittle C. Introduction to Solid State Physics. New York: John Wiley, 1995.

[5] Anderson P W. Basic Notions of Condensed Matter Physics. Menlo Park: Benjamin, 1984.

[6] Seitz F. Modern Theory of Solids. New York: McGraw-Hill, 1940.

[7] 冯端, 冯少彤. 熵的世界. 北京: 科学出版社, 2016.

[8] Price D J S. Little Science, Big Science. New York: Columbia Univ. Press, 1963.

[9] Mott N F, Jones H. The Thoery of the Proeprties of Metals and Alloys. Oxford: Clarendon Press, 1936.

[10] 张广铭, 于渌. 物理学中的演生现象. 物理, 2010, 39: 543-549.

[11] Anderson P W. More is different. Science, 1972, 177: 393-396.

[12] Brillouin L. Wave Propagation in Periodic Structures. New York: John Wiley, 1946.

[13] Dyre J. Colloquium: The glass transition and elastic models of glass-forming liquids. Rev. Mod. Phys. , 2006, 78: 953-972.

[14] 汪卫华. 非晶态物质的本质和特性. 物理学进展, 2013, 33: 177-351.

[15] Landau L D, Lifshitz E M. Statistical Physics I. Oxford: Pergomon Press, 1980.

[16] Toledano J C, Toledano P. The Landau Theory of Phase Transitions. Singapore: World Scientific, 1987.

[17] Kauzmann W. The nature of the glassy state and the behavior of liquids at low temperatures. Chem. Rev. , 1948, 43: 219-256.

[18] Berthier L, Biroli G. Theoretical perspective on the glass transition and amorphous materials. Rev. Mod. Phys. , 2011, 83: 587-645.

[19] Swallen S F, Kearns K L, Mapes M K, et al. Organic glasses with exceptional thermodynamic and kinetic stability. Science, 2007, 315: 353-356.

[20] Gutzow S I, Schmelzer J W P. The Vitreous State: Thermodynamics, Structure, Rheology, and

Crystallization. 2nd ed. Heidelberg: Springer, 2013.

[21] Tammann G. Der Glaszustand (The Vitreous State). Leipzig: Leopold Voss Verlag, 1933.

[22] Simon F. Fünfundzwanzig jahre nernstscher wärmesatz (twenty-five years of nernst's heat theorem). Ergebnisse der Exakten Naturwiss, 1930, 9: 222-274.

[23] Simon F. Über den zustand der unterkühlten flüssigkeiten und gläser (On the state of undercooled liquids and glasses). Z. Anorg. Allg. Chem. , 1931, 203: 219-227.

[24] Morey G E. The Properties of Glass. New York: Reinhold, 1938.

[25] Yonezawa F. Glass transition and relaxation of disordered structures. Solid State Phys., 1991, 45: 179-254.

[26] Weaire D. Structure of amorphous solids. Contemp. Phys. , 1976, 17: 173-191.

[27] Schmelzer J W P, Tropin T V. Glass transition, crystallization of glass-forming melts, and entropy. Entropy, 2018, 20: 103.

[28] Zanotto E D, Mauro J C. The glassy state of matter: Its definition and ultimate fate. J. Non-Cryst. Solids., 2017, 471: 490-495.

[29] 郭贻诚, 王震西. 非晶态物理学. 北京: 科学出版社, 1984.

[30] 郑兆勃. 非晶固态材料引论. 北京: 科学出版社, 1987.

[31] Zallen R. The Physics of Amorphous Solids. A Wiley-interscience Publication, 1983.

[32] Wooten F, Weaire D. A computer-generated model of the crystalline/amorphous interface in silicon. J. Non-Cryst. Solids., 1989, 114: 681-683.

[33] Klement W, Willens R, Duwez P. Non-crystalline structure in solidified gold-Silicon alloys. Nature, 1960, 187: 869-870.

[34] Wang W H, Dong C, Shek C H. Bulk metallic glass. Mater. Sci. Eng. R, 2004, 44: 45-89.

[35] Greer A L. Metallic glasses. Science, 1995, 267: 1947-1953.

[36] 汪卫华. 金属玻璃简史. 物理, 2011, 40: 701-709.

[37] Johnson W L. Bulk glass-forming metallic alloys: Science and technology. MRS Bull. , 1999, 24: 42.

[38] Inoue A. High strength bulk amorphous alloys with low critical cooling rates. Mater. Trans. JIM, 1995, 36 : 866-875.

[39] Brown L M, Pais A, Pippard S B. Twentieth Century Physics. Bristol and Philadelphia: Institute of Physics Publishing, 1995.

[40] Cahn R W, Haasen P. Physical Metallurgy. 4th ed. Elsevier Science BV, 1996.

[41] 高萌, 刘诗彤, 王峥, 等. 奇妙而未知的非晶世界. 现代物理知识, 2012, 24: 35-44.

[42] Langer J. Glass transition. Phys. Today, 2007, 60: 8-9.

[43] Torquato S. Glass transition. Nature, 2000, 405: 52-53.

[44] 朱星. 构建非晶态固体的理论体系. 物理, 2018, 47: 737.

[45] Berthier L, Ediger M D. Facts of glass physics. Phys. Today, 2016, 69: 41-46.

[46] Ngai K L. Relaxation and Diffusion in Complex Systems. New York: Springer, 2011.

[47] Donth E. The Glass Transition: Relaxation Dynamics in Liquids and Disordered Material. Berlin: Spring-Verlag , 2001.

[48] Wang W H. Correlation between relaxations and plastic deformation, and elastic model of flow in metallic glasses and glass-forming liquids. J. Appl. Phys. , 2011, 110: 053521.

[49] Kohlrausch R. Theorie des elektrischen rückstandes in der leidener flasche. Pogg. Ann. Phys. Chem. , 1854, 91: 179.

[50] Debenedetti P G, Stillinger F H. Supercooled liquid and the glass transition. Nature, 2001, 410: 259-267.

[51] Dyre J. 非晶研究中心网址: http: //glass. ruc. dk/.

[52] Miracle D B. A structural model for metallic glasses. Nature Mater. , 2004, 3: 697-702.

[53] Cheng Y Q, Ma E. Atomic-level structure and structure–property relationship in metallic glasses. Prog. Mater. Sci. , 2011, 56: 379-473.

[54] Hirata A, Chen M W, Inoue A. Direct observation of local atomic order in a metallic glass. Nature Mater. , 2011, 10: 28-33.

[55] Wang W H. The elastic properties, elastic models and elastic perspectives of metallic glasses. Prog. Mater. Sci. , 2012, 57: 487-656.

[56] Wang W H. Metallic glasses: Family traits. Nature Mater. , 2012, 11: 275-276.

[57] Bernal J D. A geometrical approach to the structure of liquids. Nature, 1959, 183: 141-147.

[58] Waseda Y. The Structure of the Non-crystalline Materials, Liquid and Amorphous Solids. New York: McGraw-Hill, 1980.

[59] Wang R. Short-range structure for amorphous intertransition metal alloys. Nature, 1979, 278: 700-704.

[60] Holland-Moritz D, Herlach D M, Urban K. Observation of the undercoolability of quasicrystal-forming alloys by electromagnetic levitation. Phys. Rev. Lett. , 1993, 71: 1196-1199.

[61] Sheng H W, Luo W K, Alamgir F M, et al. Atomic packing and short-to-medium-range order in metallic glasses. Nature, 2006, 439: 419-425.

[62] Hirata A, Kang L J, Fujita T, et al. Geometric frustration of icosahedron in metallic glasses. Science, 2013, 341: 376-379.

[63] Torquato S, Jiao Y. Dense packings of the platonic and archimedean solids. Nature, 2009, 460: 876-879.

[64] Ediger M D, Harrowell P. Perspective: Supercooled liquids and glasses. J. Chem. Phys., 2012, 137: 080901.

[65] Wagner H, Zhang B, Samwer K. Local elastic properties of a metallic glass. Nature Mater. , 2011, 10: 439-443.

[66] Ye J C, Lu J, Liu C T, et al. Atomistic free-volume zones and inelastic deformation of metallic glasses. Nature Mater. , 2010, 9: 619-623.

[67] Dmowski W, Iwashita T, Chuang C P, et al. Elastic heterogeneity in metallic glasses. Phys. Rev. Lett. , 2010, 105: 205502.

[68] Liu S T, Wang W H. A quasi-phase perspective on flow units of glass transition and plastic flow in metallic glasses. J. Non-Cryst. Solids. , 2013, 376: 76-80.

[69] Turnbull D. Under what conditions can a glass be formed? Contemp. Phys. , 1969, 10: 473-488.

[70] Wang W H. Role of minor addition in the formation and proprieties of bulk metallic glasses. Prog. Mater. Sci. , 2007, 52: 540-596.

[71] Wang W H. Bulk metallic glasses with functional physical properties. Adv. Mater. , 2009, 21: 4524-4544.

[72] Kumar G, Tang X H , Schroers J. Nanomoulding with amorphous metals. Nature, 2009, 457: 868-872.

[73] Angell C A. Formation of glasses from liquids and biopolymers. Science, 1995, 267: 1924-1935.

[74] Greer A L. Metallic glasses. Science, 1995, 267: 1947-1953.

[75] Brüning R, Samwer K. Glass transition on long time scales. Phys. Rev. B, 1992, 46: 318-322.

[76] Ediger M D, Angell C A, Nagel S R. Supercooled liquids and glasses. J. Phys. Chem. , 1996, 100: 13200-13212.

[77] Angell C A, Ngai K L, McKenna G B, et al. Relaxation in glass-forming liquids and amorphous solids. J. Appl. Phys. , 2000, 88: 3113-3157.

[78] Toledano J C, Toledano P. The Landau Theory of Phase Transitions. Singapore: World Scientific, 1987.

[79] Spaepen F. Must shear bands be hot? Nat. Mater. , 2006, 5: 7-8.

[80] Wang Z, Wen P, Huo L S, et al. Signature of viscous flow units in apparent elastic regime of metallic

glasses. Appl. Phys. Lett. , 2012, 101: 121906.

[81] Peng H L, Li M Z, Wang W H. Structural signature of plastic deformation in metallic glasses. Phys. Rev. Lett. , 2011, 106: 135503.

[82] Xi X K, Zhao D Q, Pan M X, et al. Fracture of brittle metallic glasses: Brittleness or plasticity. Phys. Rev. Lett. , 2005, 94: 125510.

[83] Greer A L, Cheng Y Q, Ma E. Shear bands in metallic glasses. Mater. Sci. Eng. R, 2013, 74: 71-132.

[84] Yi J, Bai H Y, Zhao D Q, et al. Piezoresistance effect of metallic glassy fibers. Appl. Phys. Lett. , 2011, 98: 241917.

[85] Spapen F. A microscopic mechanism for steady state inhomogeneous flow in metallic glasses. Acta Metall. , 1977, 25(25): 407-415.

[86] Yu H B, Wang Z, Wang W H, et al. Tensile plasticity in metallic glasses with pronounced beta relaxations. Phys. Rev. Lett. , 2012, 108: 015504.

[87] Johnson W L, Samwer K. A universal criterion for plastic yielding of metallic glasses with a $(T/T_g)2/3$ temperature dependence. Phys. Rev. Lett. , 2005, 95: 195501.

[88] Guan B F, Chen M W, Egami T. Stress-temperature scaling for steady-state flow in metallic glasses. Phys. Rev. Lett. , 2010, 104: 205701.

[89] Argon A S. Plastic deformation in metallic glasses. Acta Metall. , 1979, 27: 47-58.

[90] Anderson P W. Through a glass lightly. Science, 1995, 267: 1615.

[91] Chang K. The nature of glass remains anything but clear. The New York Times, 2008, 7: 29.

[92] Couzin J. What is the nature of glassy state. Science, 2005, 309: 83.

[93] Mydosh J A. Spin Glasses: An Experimental Introduction. London: Taylor & Francis, 1993.

[94] Tang X P, Wu Y. Diffusion mechanisms in metallic supercooled liquids and glasses. Nature, 1999, 402: 160-162.

[95] Xi X K, Wang W H, Wu Y. Correlation of atomic cluster symmetry and glass-forming ability of metallic glass. Phys. Rev. Lett. , 2007, 99: 095501.

[96] Yuan C C, Xi X K, Wang W H. NMR signature of evolution of ductile to brittle transition in bulk metallic glasses. Phys. Rev. Lett. , 2011, 107: 236403.

第 2 章　非晶物质研究和应用史概观：改变历史的材料

古埃及新王国时期的玻璃瓶(大英博物馆藏)及越王剑上的玻璃装饰

2.1　引　　言

科学的目的是要揭示远比人类自身古老的整个宇宙的奥秘，物质的奥秘，以及我们自身的奥秘。这是人类用秒的瞬间去体悟昼夜的漫长，并用大脑和双手去创造更绚丽的、理性的、非自然的世界的梦想。其中非晶物质研究的历史只是人类认识自然历程动人史诗中的一个小小片段，但是这个片段的史诗中也同样充满了奇迹及壮丽和精彩的故事。本章我们将在时间这个大舞台，从时间域来了解非晶物质，了解人类发现非晶物质、利用非晶物质、制备非晶物质、研究非晶物质、理解认识非晶物质、创造性地利用非晶物质改变世界和自我的波澜壮阔的轨迹和历史。

人猿相揖别是以人类开始使用工具为标志的。早期的人类工具只是利用天然的材料，如石块，木头、骨头，还不会制备材料。随着经验积累和进化，人类从使用天然材料过渡到制备材料。人类使用工具和材料、制造工具和材料的进步促进了文明的发展和社会的进步。因此，认识、制备和使用材料的历史是与人类文明的进步与繁荣的历史紧密联系在一起的。所以，材料的发展被当作社会文明的标志之一。人类早期历史和文明甚至以当时大量使用的材料来表征和划分，如新旧石器时代、陶器文明、青铜时代、铁器时代和钢铁时代等。古代人类时常把当时最先进的材料带到坟墓中，从最早的陶器、金银、青铜器、铁铸宝剑到玻璃、玉石和宝石等，这些也都说明了自古人类就对材料非常重视。当今，材料仍然是时代的标志之一，人们还常说塑料时代、硅时代等。实际上，陶瓷、青铜、钢铁、塑料、玻璃、半导体和非晶合金这些材料丰富、改变了我们的生活，也改变了我们对这个世界的认知，促进了社会的文明和发展。所以，社会发展、文明和科学对于高性能材料的追求是永无止境的，因为人类的文明进步是无止境的。

非晶材料的利用、制备、研究和发展几乎伴随着人类文明发展的整个进程。非晶材料是人类最早利用的材料之一，早期人类利用的石器、木头、骨器、丝绸、药材、部分食物其实都是非晶物质。食物和制作工艺与非晶物质及非晶学科有密切的关系。人类利用、发明、合成到大规模制备和研究非晶物质的历史是漫长和艰辛的，非晶材料的应用和研究史是认识自然历程、社会文明进程中动人史诗中的一个重要篇章。但是，令人不解的是非晶物质和材料的发展史很少获得人们甚至非晶研究者的关注和认真研究。非晶物质因为非常实用、普遍和易于获取，容易让人习而不察，所以很少受到人们的重视。非晶物质科学的系统发展也是 20 世纪才开始的。

但是，要学好非晶物质科学，应该了解其发展历史。以史为镜可以知兴亡。了解和发掘一个学科的历史，就是寻求发展的"罗盘"来引领学科的方向，这对于进入非晶领域，了解非晶领域，研究理解和应用非晶物质至关重要。信息时代每门科学都在飞速发展，科研成果和信息大量涌现，相互交融，同时带来了更多、更深刻的问题和挑战，关于非晶物质研究下一步如何发展？如何突破？有哪些关键科学和技术问题？沿哪些方向发展？要回答这些问题，需要参考非晶物质学科的发展历史，对未来的研究方向、方式、范式、知识、理论、问题、瓶颈、技术、应用冷静地再评价，确定保留学科领域行之有效的，抛弃不合时宜的方向和研究范式。总之，了解历史能使学科的发展具有更新、更宽、更高、更远的视角。而对一个从事非晶物质科学和材料工作的研究生来说，了解非晶物质利用、制备、研究和发展的历史，对其选题、选方向，尽快了解领域的全貌，完成学业，取得科研成果无疑会有重要的帮助和指导作用。对于从事其他专业和领域的人来说，他山之石，可以攻玉，了解非晶物质利用和发展的悠久历史，一定会有启迪和借鉴作用。

非晶物质也是一类和时间密切相关的物态，时间在非晶物质的稳定性、结构特征、性能演化、形成规律、流变规律及应用的方方面面扮演了重要角色，所以从时间域和历史的角度看非晶物质的发展也具有特殊意义。

因此，本章将系统介绍非晶物质利用、制备和研究的历史过程，讨论和关注非晶物质和材料对人类文明、文化、科学、艺术、宗教、社会和日常生活的独特作用。考察非晶物质的昨天、今天和明天(非晶物质科学的前沿和方向)，你将看到，非晶物质和材料对人类社会、科学、文化和文明的巨大推动作用，看到一种典型非晶材料——透明玻璃材料在东西方文化、社会和文明的差异、分歧中扮演的至关重要的角色。你会惊奇地意识到，中国古代没有产生科学和非晶材料不发达的关联，你将深切地体会到非晶物质及材料对人类文明的重要意义。你将会意识到一种材料的诞生和应用，有时可以决定一个国家的经济和文化实力、科学的发展乃至文明进步。从陶瓷、纸、木、竹到丝绸、合金、火药，我国自古以来就在材料的发明及使用上领先世界，并且享有盛誉。但是你会发现有一种非晶材料的制造和应用，在我国虽然至今已有千年的历史，但却一直不受重视，一直落后于西方国家，并且影响了科技甚至文化在中国的发展，那就是玻璃材料。

很多重要的发明和梦想早就有设想，但是要实现设想取决于重要材料的发明。例如，人类很早就希望窥探星辰的奥秘，直到望远镜的发明才实现，这是因为望远镜的关键部件是玻璃透镜；移动电话概念早在 1908 年就提出，直到 1973 年才实现，这是因为介质谐振器和微波介质陶瓷材料的发明才使得这个概念实现。你将会看到非晶材料也是这样的关键材料。

下面，就让我们一起来翻开人类非晶物质利用和研究发展的壮阔历史画卷吧……

2.2　非晶物质利用和研究简史

人类的发展历史是从食物的采集、狩猎，进化到食物的种植和饲养，进而形成农业。农业文明的发展产生了丰富、多样化的食物种类，促进了人类的进化和社会的进步[1]。人类利用非晶物质，制备、研究和发展非晶材料的漫长历史也遵从这样的轨迹：从利用天然非晶物质开始，到非晶材料(如玻璃、陶)的简单制备，再到非晶材料的研究和发明，再到不断创制新型高性能非晶材料，非晶材料的大规模制备和应用[2,3]。非晶物质的应用、制备、研究和发展贯穿了整个人类文明史，直至今日，并对整个文明历史的发展起到极其重要的作用。

　　为了介绍非晶物质的发展史，我们从最典型的非晶物质——玻璃谈起。古希腊人用"流动、融化的石头"和"透明、澄澈"来描述玻璃。玻璃在中国古代称作琉璃。日语中以汉字"硝子"代表玻璃。正如前文提到，因为玻璃是一种典型的非晶材料，现在人们习惯上用玻璃来指称非晶态固体。

　　我们常见的玻璃材料是人类历史上最偶然的材料发明之一，也是人类使用最古老、最广泛的材料之一。玻璃材料的历史源远流长，横贯远古文明、古巴比伦文明、古希腊文明、罗马文明、文艺复兴、欧洲启蒙运动、工业革命等历史时期，直至当代，对人类社会和文明的方方面面都产生了极其深远的影响[2-5]。例如，因为平板玻璃材料的发明，才有了玻璃窗户，才能利用温室效应，有了玻璃窗户，寒冷的北方才适合于居住和文明化；如果没有玻璃，我们的先辈就难以进行星体运动的观测、日心说的构造、光物理本质的研究，难以进行物质微观结构的研究，难以进行化学、生物实验，更难以了解微生物世界的奥秘。在西方，玻璃材料被认为是上帝赐予人类的最佳礼物之一。玻璃还给人们带来了生活的喜悦，精美艺术品和创作的灵感，促进了近代科学和艺术的发展。但是，玻璃的制备和研究的历史也是很漫长和艰辛的，是人类利用和认识非晶物质史诗中的最重要部分。

2.2.1　早期天然非晶材料的利用

　　天然玻璃可以由火山喷出的酸性岩冷却凝固而形成，如黑曜石(obsidian)就是典型的火山形成的玻璃，也可以由陨石撞击地球熔融地表物质冷却凝固而形成，还可以由闪电轰击沙漠熔融沙子冷却凝固而形成。图 2.1 中黑曜石是呈黑色的二氧化硅天然玻璃，它是火山熔岩迅速地冷却凝结形成的，它至少在 4000 万年前就存在了[4]。因为熔岩流外围冷却的速度最快，所以黑曜石通常都是在熔岩流外围发现。因具备玻璃的特性，黑曜石被敲碎后断面呈贝壳状断口，十分锋利(图 2.1)，类似刀具，可以用于切割。

　　人类利用天然非晶物质的历史最早可以追溯到史前时代。新旧石器时代，我们远古祖先就大量使用天然非晶态材料，如天然石器、木器、动物骨头等。原始人曾利用天然火山玻璃——黑曜石的锋利断口(玻璃碴)来宰杀动物，裁制兽皮衣服；利用玻璃黑曜石的断口制作箭头、斧头等工具和武器(图 2.1)[6]。图 2.2 是约 50 万年前周口店北京猿人使用的各种非晶玻璃——石英石器。图 2.3 是公元前 7000 年天然玻璃制成的锋利工具。大约8000 年前，安纳托利亚人(生活的地理位置在现今的土耳其)用磨光的黑曜石制造出世界

绿色
玻璃

自然形成的玻璃——黑曜石

(a)

(b)

图 2.1　(a)自然形成的玻璃——黑曜石的照片[6]；(b)原始人利用天然玻璃的断口来宰杀动物，制作狩猎动物的武器

上最早的镜子。黑曜石也被当作一种黑色宝石。如佛教中黑曜石自古以来一直被认为是七宝之一，被当作辟邪物、护身符使用。图 2.4 是用黑曜石磨成的佛珠。黑曜石也被古印第安人称为"阿帕契之泪"，来纪念他们的英雄(图 2.4)。

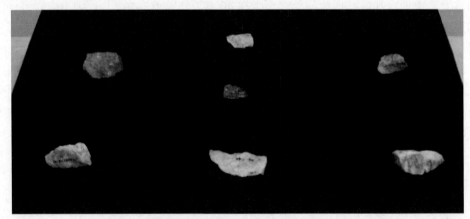

图 2.2　约 50 万年前，周口店北京猿人使用的非晶石英片(摄自周口店北京猿人博物馆)

行星或者陨石撞击地球时巨大的能量形成高温、高压，造成岩石熔化，熔融的岩石被撞击力抛到高空，快速冷却后也形成玻璃[7]。图 2.5 是在埃及西部沙漠陨石坑中发现的玻璃。能发现玻璃残留物，也是地质学上证明某地发生陨石撞击事件的证据之一，玻璃中还会包含当时的环境信息。图 2.6 是小行星或彗星撞击地球形成的一种名为 Austral-asian Tektite 的天然玻璃珠。约 12000 年前，古埃及人曾用这些天然玻璃珠子作装饰品[8]。

图 2.3　公元前 7000 年用天然玻璃制成的锋利工具(图片来自 The American Cereamic Society)

(a)　　　　　　　　　　　　　　　　(b)

图 2.4　(a) 用黑曜石磨成的佛珠；(b) 镶嵌在岩石中的黑曜石，被古印第安人称为"阿帕契之泪" [6]

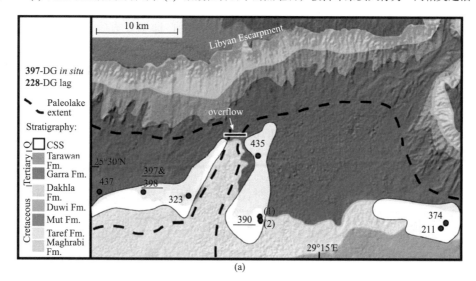

(a)

图 2.5　(a) 埃及西部沙漠陨石坑中发现玻璃的地图；(b)、(c) 发现被称为 Dakhleh 的玻璃及具体地点[7]

图 2.6　小行星或彗星撞击地球形成的玻璃珠[6]

　　火山灰也是一种非晶物质，火山灰中还含有很多微小玻璃珠。火山灰类似现代的水泥，古罗马人很早就用火山灰作建筑材料。

　　植物产生的天然橡胶也是非晶物质。早在 2500 年前，印第安人就知道利用天然橡胶，他们把白色的橡胶树乳汁涂在脚上，利用空气中氧化作用，20 min 后树乳汁经过玻璃转变，能凝固成为一双非晶态的橡胶靴子[9]。松香、蜡也是一种树木分泌的树脂凝固后形成的糖玻璃，人类很早就利用松香和蜡来照明。

　　生命物质中很多都是非晶物质，我们本身就是由很多非晶物质组成的。昆虫产生的丝(如蚕丝)和蜡也是非晶态物质，我们的祖先很早就利用蚕丝织成丝绸，做服装了。丝绸是中华民族的伟大发明创造，对人类的文明、文化做出了重大贡献。在古代人们还普遍使用生物非晶物质，如用贝壳、琥珀作为装饰和货币。这样的例子还有很多。这里列举的一些零星的例子足以证明人类从远古时代就开始使用天然非晶材料。时至当代，各类非晶材料仍时刻伴随着我们的日常生活和工作。

　　总结一下，天然非晶物质的来源有以下几种途径：一是火山爆发后岩浆冷却形成的，硅化物熔体从地球内部通过火山爆发喷出，通过冷却形成非晶玻璃；二是行星或者陨石撞击地球形成的，行星或者陨石撞击地球，巨大的能量熔融岩石，熔岩冷却后形成玻璃；三是硅化物胶体沉积层经过长期风干，加上压力作用也可以形成非晶物质[4]；四是生物生成非晶物质。植物产生的橡胶，海洋生物玻璃海绵，昆虫产生的丝，软体动物的骨骼和贝壳，树脂、松香、蜡等都是来自生物的非晶物质[4]。

天然非晶物质的一个重要特征是稳定性极高，抗腐蚀能力极强。天然非晶物质，如硅化物玻璃、琥珀可以在严酷的自然环境中稳定存在千万年。对这些非晶物质的稳定性研究具有重要的应用和理论价值。

2.2.2　早期玻璃材料的制备与工艺

玻璃可能是人类最早制造出的人工材料之一。玻璃的制备工艺的整个发展过程非常漫长[2,3]。至于人类什么时候制造、发明出玻璃已经很难精确地考证。目前知道的最早的纯玻璃是约公元前 7000 年前古埃及的一种用模子铸成的金石色的玻璃护身符[8]。另一种说法是，世界上第一块人造玻璃可追溯到距今 5000 年前，是由伊朗西北部的古巴比伦人制造出来的[10]。还有一种传说，认为玻璃是公元前 5000 年欧洲腓尼基人最早偶然合成了玻璃[11]。传说四五千年前，一艘欧洲腓尼基人的商船，满载着晶体矿物"天然苏打"，航行在地中海沿岸的贝鲁斯河上。由于海水落潮，商船搁浅了，于是船员们纷纷登上沙滩。有的船员还抬来大锅，搬来木柴，并用几块"天然苏打"作为大锅的支架，在沙滩上做起饭来。他们撤退时偶然发现锅下面的沙地上有一些晶莹明亮、闪闪发光的东西。这些闪光的东西就是玻璃！这些人工玻璃是他们做饭时用来支撑锅的天然苏打(相当于催化剂，是一种名为"天然苏打"(一说硝石)的矿物)在火焰的作用下，与沙滩上的石英砂发生化学反应而产生的非晶物质。善于经商的腓尼基人抓住潜在的商业机遇，他们利用这一化学反应工艺生产了大量的粗制砂石苏打烧制融合的玻璃珠并四处售卖，在获取大量利益的同时促进了玻璃在世界上的第一次流行，使众多与腓尼基人有贸易往来的国家第一次接触到了美丽的玻璃。

有历史考证的史料证明，大约公元前 3500 年，美索不达米亚(Mesopotamia)和埃及分别制造出了简单的玻璃制品。古巴比伦人已经可以在简单的作坊里制作玻璃。图 2.7 是一块公元前 2050 年(4000 年前)著名的古老的玻璃。这块蓝色原始玻璃发现于现今伊拉克境内。埃及也许是世界上最早制造玻璃的国家。埃及发掘出的最古老的玻璃制品是公元前 3400 年"前王朝时期"的制品。另外，埃及尼罗河两岸盛产石英砂，埃及湖畔盛产天然碱，古埃及人很容易利用这些原材料偶然烧出玻璃。假如陶工把方解石和天然碱掺入黏土、石英砂粉中在窑中烧制，就会产生釉滴，冷却后就是玻璃珠。这种玻璃的基本成分是 Na_2O-CaO-Si_2O(钙钠玻璃)。约公元前 16 世纪，古埃及出现了人工玻璃珠和玻璃镶嵌片。

公元前 1500 年左右，在两河流域的古巴比伦和古埃及都出现了玻璃器皿。公元前 16 世纪，埃及匠人发明了制造玻璃容器的方法。他们将石英与适当的氧化物熔剂一起熔化，制造出传统的硅酸盐玻璃，并制成玻璃装饰品和简单玻璃器具。图 2.8(a)为考古学家在位于埃及尼罗河三角洲出土的有色玻璃器皿[12]。约在公元前 1200 前，埃及建立了第一个

图 2.7　发现于现今伊拉克境内的，公元前 2050 年的蓝色原始玻璃，这是著名的古老的玻璃

玻璃工厂。大约公元前 4 世纪，埃及又发明了玻璃铸模工艺，玻璃车花、镌刻和镀金工艺。今天，玻璃随处可见，是再普通不过的东西。但在早期，玻璃很珍贵，只为君王权贵所有，古埃及的法老们甚至在死后都要用玻璃器物给自己陪葬，随葬面罩上也镶嵌着蓝金相间的玻璃，作为国王的面饰物，这为考古学家们留下了不少令人惊叹的历史标本。出土于现代埃及的阿马尔奈遗址楔形文字的泥版中就提到了玻璃。其中的一封给迦南统治者 Yidya 的信件中，有一条就是对法老玻璃订单的评论："国王，我的主，他已经订购了一些玻璃制品，我谨将 30 块玻璃呈给国王，我的主"。这些都证明玻璃在当时珍贵的程度。图 2.9(a)图是古埃及的玻璃料金珐琅胸针，出土自 3300 多年前的图坦卡蒙陵墓，(b)是古埃及图坦卡蒙国王陵墓出土的实心玻璃头枕。这类玻璃物品是用碎玻璃填充模具制成的，展示了古埃及玻璃工匠的高超技艺。可以看出那时玻璃的制备质量已经很高。

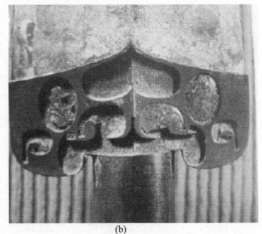

(a)　　　(b)

(c)

图 2.8　(a) 出土于埃及尼罗河三角洲东部宽蒂尔-皮拉米西斯的 1200 年前的有色玻璃器皿[12]；

(b)、(c) 越王剑上的玻璃装饰[2]

图 2.10 是古埃及新王国时期的双色玻璃瓶和彩色玻璃鱼工艺品。从图中可以看出，那时的玻璃只是表面比较光亮，不像现代玻璃那样纯净透明。大约同一时期，地中海地区发明了制备玻璃的"胚芯成型"技术，即将一根棍子涂上黏土，然后浸入玻璃熔体中，使之涂上一层玻璃熔体，用石块抹平棍上的玻璃，待冷却后，拔出棍子，刮去黏土，就得到一根空心玻璃管[13]。那个时代是青铜时代晚期，材料更注重实用性，玻璃多为蓝、紫、青绿、黄、红和白等五光十色的材料，闪耀着类似宝石引人注目的色彩。按照当时的材料等级排名，玻璃只略次于金银，其价值与宝石类似。

(a)

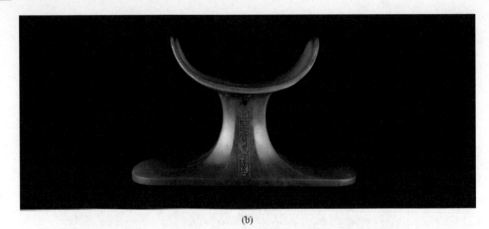

(b)

图 2.9　(a) 玻璃料金珐琅胸针，出土自 3300 多年前的图坦卡蒙陵墓；(b) 古埃及图坦卡蒙国王陵墓
　　　　出土的实心玻璃头枕(图来自 CH. ECKMANN，RGZM)

(a)

(b)

图 2.10　古埃及新王国时期的(a)玻璃瓶和(b)彩色玻璃鱼(大英博物馆藏)

　　早在青铜时代，玻璃就已经是重要的交易商品，玻璃材料及玻璃制造工艺在古代就在各文明间遍布和流传。图 2.11 是青铜器时代地中海附近玻璃制造和交易的地图[2]。可以看到玻璃在古巴比伦、古埃及及地中海地区广泛交易。但是需要说明的是，在远古时代玻璃并没有大规模使用，主要是作为工艺品、装饰品和宗教用具，甚至起货币的作用，也少量用作容器。

　　史料表明，古埃及和古希腊人对玻璃制造都有贡献，但是到底是谁最先发明了玻璃可能永远无法考证，这其实也不重要。这只能说明玻璃的发明一定是很偶然的。但是，无论是谁发明了玻璃，玻璃的发明无疑是人类材料史上的伟大发明。美国金属学会的《金属杂志》(*Journal of Metals*，*JOM*)将玻璃材料的发明评为材料史上 10 个"最伟大材料事件"之一[10]。玻璃材料是继陶瓷之后第二种最重要的非金属工程材料。无论是谁当初发

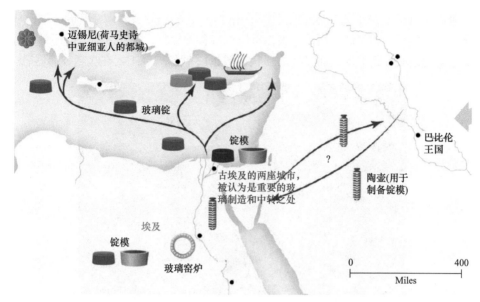

图 2.11　青铜器时代地中海附近玻璃制造和交易的示意图[2]

明了玻璃，当他们第一次看到由沙子通过高温融成粗糙不平、晦黯不明的非晶玻璃物质时，不会想到这种物质潜藏着巨大的生活便利和福祉，更想不到它能促进人类智慧和文明的发展，能使人类更好地享受和利用阳光，能使科学的道路变得坦荡和快捷，使学者能借此冥想和了解自然奥秘，使艺术家能得到灵感和有用工具，使农业能利用它大量增产粮食和蔬菜，使人类能延长眼睛的工作时间，可通过玻璃镜子欣赏自己。

2.2.3　玻璃材料简史

真正让玻璃材料大规模应用，进入寻常百姓家的是古罗马人。古罗马人发明了一种"助溶剂"新技术。他们发现将泡碱(一种天然的碳酸钠)加入制作玻璃的原料后，可以使制造玻璃的原料熔化温度大大降低。这样可以使得原料充分熔化混合，不但能得到成分均匀、透明的玻璃，还使得透明非晶玻璃制造成本大大降低，制造工艺大大简化，可以大量制造，最终使得玻璃材料成为普通百姓日常生活中可以用得起的物品。大量的玻璃产量也促使古罗马人发明了各种有创意的玻璃使用方式。例如，玻璃窗户就是古罗马人发明的。之前，窗户是敞开的，用透明玻璃做窗户是当时前所未有的创举。不过古罗马的恩波利窗户还很小，因为当时能制作的板状玻璃面积还很小。但是这开启了人类把玻璃材料用于建筑的热潮，这个热潮至今未减，现代建筑方方面面都应用到玻璃材料。

公元前 1 世纪之前，玻璃制品是采用类似金属的成型工艺，把玻璃熔液灌注到磨具中成型的。这种成型方法因为模具的限制，很难制造精细、精密、表面光洁的玻璃器具，如现代造型复杂的玻璃酒杯很难用这种工艺制备。随着材料技术和工艺的进步，人们发现了玻璃不同于陶瓷(陶瓷是远古时代广泛使用的另一种非金属材料，陶瓷烧结会硬化，从而通过烧制可以制成各种陶瓷容器和器具)的重要特性，即在适当的温度下玻璃会软化，冷却下来后，玻璃又可以恢复原来的性质，因而可以采用各种方法利用其软化的特性使之成型。公元前 1 世纪左右，地中海东部地区叙利亚人利用玻璃升温软化的特性发明了革命性的玻璃吹制工艺和成型技术。即用 1 m 长的铁管或者陶瓷管的一端,从熔化的玻璃熔体中蘸出一团熔体,用铁钳夹住可以拉成各种形状,在其冷却之前还可以将其吹成一个完美的泡或者其他复杂而光滑的形状。图 2.12 就是玻璃工人在吹制玻璃器皿。

图 2.12　吹制玻璃技术

　　古罗马人从地中海东部地区学到玻璃吹制这项关键技术以后,将这项技术发扬光大,相继发明了模具吹制等方法,图 2.13 是公元 1 世纪古罗马人吹制的玻璃瓶。罗马帝国发明的玻璃工艺还有吹制、吹模、切割、雕刻、镂刻、缠丝、镀金等。这些技术开始了批量、低成本玻璃器皿生产。到了公元 1 世纪,罗马成为玻璃制造业的中心。图 2.14 是公元 1~2 世纪罗马时代盛放软膏和药膏的玻璃器皿,可以看出玻璃制品当时已经进入平常百姓的日常生活,被广泛使用了。从藏于大英博物馆的古罗马玻璃花瓶(图 2.15),可见当时玻璃制作工艺的高超水平。玻璃产业的发展也使得古罗马人非常喜欢玻璃,古罗马造就了玻璃材料的第一次辉煌,也引起欧洲人对玻璃材料的高度重视和喜爱。

图 2.13　公元 1 世纪古罗马人吹制的玻璃瓶(藏于大英博物馆)

图 2.14　公元 1～2 世纪的盛放软膏和药膏的玻璃器皿，属古罗马文明，约 1900 年出土

图 2.15　古罗马玻璃制品波特兰花瓶(藏于大英博物馆)

　　需要强调的是玻璃吹制工艺和技术的发明和发展并不是轻而易举的，而是建立在对玻璃材料特性深入了解的基础之上的。本书后面将详细阐述玻璃的软化过程及物理本质，实际上玻璃的软化是玻璃态到过冷液态的转变。玻璃转变的机制是当代悬而未解的科学

难题。吹制工艺和成型技术是玻璃材料史上最重要的技术发明之一。该技术的发明和发展可以将玻璃熔体随心所欲地吹成各种形态的器皿,还可以把玻璃制成薄而透明的容器和各种复杂形状。正是这项技术的发明,才有了后来的玻璃酒杯、精美的花瓶、各种复杂、美观的玻璃瓶和玻璃器皿、电灯泡、试管、光纤等,并大大拓展了玻璃材料的用途。

一个很好的例子是酒杯。在玻璃材料大量使用之前,酒杯是用不透明的金属或者陶瓷制成的,缺乏了视觉效应。就心理学来说,视觉效应能使食物和饮料更美味。玻璃酒杯和茶杯发明之后,如图 2.16 所示,饮料的色泽、透明度和亮度变得重要起来,饮料也有了视觉的享受。古罗马酒杯是当时人类技术、文化和文明之顶峰。玻璃酒杯在西方风行一时,造成西方人对玻璃材料情有独钟,始终带有一份尊重和欣赏,最终导致玻璃对西方文化和科学具有极大影响和推动作用。

图 2.16　美观精致的玻璃酒杯和茶杯增加了饮料的视觉效应，使食物和饮料更美味

在古罗马时代，既洁净又美观、精致的玻璃制品成为富有和高贵的象征，深受人们喜爱。因此，古代欧洲玻璃材料的成功影响了陶瓷在欧洲的发展，正如古代中国陶瓷材料的兴盛极大限制和影响了玻璃在中国的发展和普及一样。更为重要的是，直到古罗马时代，西方人们才真正意识到玻璃材料是名副其实的重要材料，才引起对玻璃材料的广泛重视。实际上，当时欧洲、亚洲大陆的东西两端都产生玻璃了，但是从古罗马时代开始，东西方产生了对玻璃材料态度、重视度和使用广泛性的分水岭。我们将看到，正是这种看上去很偶然的对玻璃材料态度的差异，造成东西方科学技术和文化史巨大的不同。这从某种程度上也说明了非晶材料的极端重要性。

可以说古罗马人在玻璃发展史上发挥了重要作用，占据重要的地位。但是，随着罗马帝国的崩溃，5～12 世纪以后罗马玻璃工艺逐渐衰退。例如在 8 世纪，除了教堂的彩色玻璃镶嵌工艺之外，欧洲的玻璃工艺和技术在本地几乎绝传。但是，古罗马的玻璃制造技术流传到了中东。7～12 世纪这段时期，玻璃工艺和技术在中东地区得到了大发展。如叙利亚工匠把银盐注入玻璃熔液中，炼出了有金属光泽的玻璃。大马士革、君士坦丁堡和开罗等这些中东名城都是 9～14 世纪的玻璃生产中心。罗马的玻璃技术还扩散到英国、德国和法国，玻璃的中心也渐渐移向西北欧洲。在中世纪，欧洲的教士们发现玻璃可以用来荣耀上帝，在暗淡的教堂里装上彩色、高大的玻璃竖窗，让柔和的光线透过高高的彩色玻璃照射进来，犹如光芒从天而降，照射在圣坛上，形成了教堂"神圣"的幻觉和庄严的氛围，从图 2.17 你或许可以感受到这种氛围，这种氛围能使教徒更加虔诚和笃信。所以，这在客观上促进了玻璃材料的进一步发展，很多教会和修道院投入大量资金，生产、研制和开发玻璃材料和相关工艺技术，这实际上在罗马衰落后传承了玻璃制造技术。

到了公元 12 世纪，随着贸易的发展，威尼斯逐渐成为世界玻璃制造业的中心，玻璃开始成为工业材料，并出现了商品玻璃。16 世纪，威尼斯人发明了玻璃镀膜技术。玻璃工匠达尔卡罗兄弟俩，将锡箔贴在玻璃面上，再倒上水银。水银是液态金属，能够很好地溶解锡，将其变成一种黏稠的银白色液体——锡汞剂。这种锡汞剂能够紧紧地黏附在玻璃上，这样就在玻璃的背面涂上一层锡和汞的混合物，玻璃有了镀层后能够高效反射光线，产生一个光亮耀眼的高度反光面，即研制成功非常实用的玻璃镜子，也就是平面

图 2.17　通过教堂玻璃高窗透过的、从天而降的光线，形成了教堂"神圣"的幻觉和庄严的氛围，使人更加虔诚和笃信

镜诞生了。镜子是人们日常生活中必不可少的用品。在玻璃出现之前，镜子都是用金属抛光制成的，反光率不高。玻璃镜子的发明成为当时的高技术商品，很快传遍了整个西欧，成为欧洲皇亲贵戚争相购买的高档时尚品。1600 年法国王后玛丽·德·美第奇举行婚礼，威尼斯国王将一面小玻璃镜作为贺礼赠送给她，其价值多达 15 万法郎。可见那时的玻璃镜是多么昂贵。

威尼斯政府为了赚钱，把玻璃及玻璃镜制造技术列为绝密的"高技术"。他们专门制定了法律，泄露玻璃镜制造技术秘密的人，一律立即处以死刑。为了垄断玻璃及玻璃镜制造技术，威尼斯政府将所有的玻璃制造工匠都集中到威尼斯附近一个与世隔绝的孤岛——穆拉诺岛上生产玻璃，他们一生都不能离开这座孤岛，也不准任何不相关的人进出该岛。这样，威尼斯垄断了世界上镜子的生产，金钱源源不断地流入威尼斯。威尼斯玻璃生产的鼎盛时期是 15～16 世纪，产品几乎独占欧洲市场。16 世纪以后，法国人费尽心机，几经周折，最后终于用重金收买了 4 个制镜的工匠，并且将他们偷渡出境到法国。从此，水银玻璃镜的制造奥秘被公布于世，玻璃制造技术也逐渐传播开来，散布到世界各地。1666 年，在诺曼底建造了第一座制造玻璃镜子的工厂，玻璃镜子的身价从此一落千丈，一般老百姓也能够买得起，水银玻璃镜子的使用也就普遍流行起来。然而，制造水银玻璃镜子的过程很费事、费时，而且水银又有毒性，镜面也不够光亮。于是，人们对它又进行了改进。1835 年德国化学家利比格发明了镀银的玻璃镜，这项技术一直沿用至今。玻璃镜子如此神奇和有用，以至于很快被应用到神圣的仪式中。如在朝圣的路上，家境宽裕的信徒会随身携带一面镜子，参观圣者遗骨时，它们会调整姿势，以便通过镜子的反射看清圣者的头骨。之后镜子又作为一种工具，成了画家的无价之宝[13]。

　　到了文艺复兴时期，玻璃制造技术已经非常发达，玻璃的制造和使用达到鼎盛。图 2.18 是中世纪欧洲生产玻璃的作坊。中世纪之前，玻璃制造技术被严格保密，玻璃一直被推崇为奢侈品。1688 年，纳夫发明了大批量制作大块玻璃的工艺，从此，玻璃成了普通、广泛使用的材料和物品。玻璃材料的普及最终促进了科学、艺术、社会文明的巨大变革[13]。

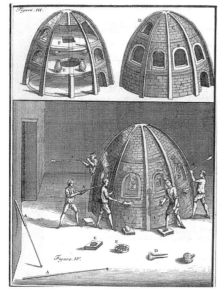

图 2.18　中世纪欧洲烧制玻璃的炉子和玻璃作坊

(图片来自：http://en.wikipedia.org/wiki/File:Antonio-Neri-L-Arte-Vetraria)

　　13～15 世纪的哥特时代，欧洲玻璃技术和工艺的另一个中心是波西米亚和德国。这一带生产一种墨绿色的玻璃，被称为"森林玻璃"，这种玻璃制品和工艺保留至今。17 世纪，欧洲的玻璃工业发展迅速，法国已经用铸造法生产大面积的玻璃镜和平板玻璃。

　　由于技术条件的限制，炉子熔炼温度低，原材料不能充分熔化混合，早期的玻璃都是有颜色、不够透明。17 世纪英国人发明了两项最重要的技术。第一项重要技术是 Ravenscrof 发明了高质量、透明度很高的铅玻璃，这种玻璃原料为钾、氧化铅和煅燧石。Ravenscroft 发现在玻璃原料中加 PbO(也是一种助溶剂)后，能大大降低玻璃的黏度和熔化温度，这种玻璃更易于熔化和成型，而且玻璃光泽度增加，更通透、清澈和明亮，并容易刻磨。图 2.19 就是铅玻璃杯，可以看出铅玻璃晶莹剔透。铅玻璃的另一个重要特性是折光特性，因此是优质的光学玻璃，这为日后高倍望远镜、显微镜、三棱镜的发明提供了优质的玻璃材料。值得一提的是，Ravenscroft 还第一次详细描述和记录了玻璃制

图 2.19   晶莹剔透的铅玻璃杯

造的工艺，使得玻璃技术得以流传。第二项重要技术发明是熔化技术的革新。熔化玻璃原材料用的燃料由原来的木材变为煤炭，并且使用了闭口坩埚，这样既提高了温度，又降低了成本。英国因此成为当时世界上最先进的玻璃产地。瑞士人狄南还发明用搅拌法制造光学玻璃，为熔制高均匀度的玻璃开创了新技术。

但是铅玻璃有毒性。有考证证明铅玻璃和古罗马灭亡有密切的关系。据史书记载，公元 410 年，哥特人首领阿拉里克率领日耳曼蛮族大军轻松攻占了有"永恒之城"之称的罗马城，西罗马帝国逐步走向灭亡。考证说明这次事件并不是西罗马帝国灭亡的真正原因，而铅中毒才是罗马灭亡的真正原因。近年在挖掘出的一座公元 4 世纪末 5 世纪初的罗马人的墓群里，发现多数骸骨中的含铅量是正常人的 80 倍之多，儿童骸骨铅含量更高。古罗马人喜欢用铅玻璃杯喝水喝酒，用铅玻璃锅煮食，吃下大量的铅，会造成全身无力。铅的另一个更糟糕的恶果就是使人丧失生育能力。即使吸收微量的铅，对生殖能力也有影响，所以罗马人很可能因为经常喝含铅的酒和水而致使身体素质严重下降，最后导致帝国覆亡。这也是材料改变历史的例子之一。

到了 18 世纪后期，产业革命对玻璃制造业的发展起了极大的推动作用，这一时期制备出了更高质量的透明光学玻璃。1873 年，比利时人发明了批量制备平板玻璃的技术，这是玻璃材料史上具有划时代意义的发明。因为平板玻璃的发明和量产，平民的住宅才能使用平板玻璃窗户，代替了原来的油纸或木板窗。有了玻璃窗户，就可以大大提高室内的采光，还可以充分利用温室效应，使得住宅更加舒适和明亮。实际上，平板玻璃窗户大量使用以后，才使得寒冷的北欧适合居住和文明化，这对欧洲的历史、社会、发展和文明产生了至关重要的作用。高质量平板玻璃也更适合于各类建筑、商店橱窗等。

同时，玻璃制备工艺也在不断地发展。1887 年，物理学家 Charles Vernon Boys 在实验室里造了一座石弓，并为之制作了轻巧的箭矢。他把封蜡的玻璃棒的一端系在一根弩箭上，加热玻璃直至软化，然后发射弩箭，飞逝的弩箭从黏附在石弓上的熔化玻璃拖出一条纤维长尾巴。他因此得到了一根将近 90 英尺[①]长的玻璃线，即玻璃纤维。不可思议的是，这种纤维异常坚固，与同样规格的钢绳相比也不逊色。这个技术为以后支撑信息网络时代的光纤的发明打下了基础。

在玻璃材料史上，玻璃与建筑的关系很密切。欧洲建筑特别是教堂，大量使用各类玻璃，建筑业的需求也大大促进了玻璃技术的发展。彩色玻璃被广泛应用到教堂的装饰中，在哥特式风格的教堂建筑中尤为显著。哥特建筑师们利用玻璃来营造教堂的氛围：阳光透过彩色玻璃侧窗洒落进来，光柱照射在暗淡的教堂中的圣坛部分，如从天而降，

---

① 1 英尺=0.3048 米。

赋予教堂"神圣"的幻觉和庄严的氛围(图 2.17)。文艺复兴时期的建筑师们认为高大的竖窗是地球上的天堂，窗户上的七彩玻璃改变了光线，形成了一种飘忽的氛围，能唤起心灵的回应和升华。中世纪的建筑师曾梦想完全用玻璃造成美轮美奂的玻璃房子，玻璃房也确实体现在很多西方的童话中，但是当时玻璃太脆，难以做成实用的建筑。

1833 年，世界上第一座完全以铁架和玻璃建成的建筑物——巴黎植物园温室(jardin des plantes)问世了。有别于石质建筑的厚重感，玻璃建筑能够带来清亮、纯洁的感受，一时间得到人们的推崇。更鲜明的例子是 1851 年帕克斯顿主持建造的伦敦世界博览会会场(又称"水晶宫")，这座会场可以被称作玻璃的圣殿。

到了 20 世纪，钢铁桁梁框架才有了进一步的发展，通过表面处理，玻璃的韧性也大大提高，虽然建筑更高，玻璃使用面积更大，但是大规模使用玻璃的高楼大厦在现代城市中比比皆是。古人关于透明建筑、童话中玻璃房子的梦想终于变成现实。

阅读本书的读者很可能是戴着眼镜的，不知是否曾意识到，是非晶玻璃材料延长了人类重要器官——眼睛的使用寿命。在古代，人过中年以后，眼睛老化，使阅读变得非常困难，导致生活质量严重下降。欧洲古代修道士们在昏暗的教堂、烛光照明的房间里苦读、抄录经书需要好的眼睛。12~13 世纪的老年修道士们眼睛退化以后，他们使用一种弧形玻璃块来辅助阅读，这种弧形玻璃块就是早期笨重的放大镜，又叫"阅读石"，使用时放在纸上，便可以放大拉丁语经文的内容，如图 2.20 所示。图 2.21 是历史上第一张用玻璃眼镜读书的绘画作品，从图中可以想象"阅读石"使用起来很不方便。

图 2.20　早期帮助阅读的放大镜被称为"阅读石"

大约 400 年以前，荷兰有位打磨眼镜片的技师，他的孩子偶然在一个废弃的铜管两端各放了一块眼镜片，用这个带有两块玻璃镜片的铜管看书，发现书上的逗号特别大，这就是今天的老花镜雏形。之后，在意大利北部的某个地方，玻璃制造商发现将玻璃做成中央突起的小圆片，给每块圆片镶上框，然后在顶部将两个镶框连接起来，这样就制造出了世界上第一副眼镜，早期被称为 roidi da ogli，意为"眼镜用的圆片"，见图 2.22。到了近代，眼镜在欧洲越来越普及，但是在中国情形完全不同。图 2.23 是 19 世纪西方传教士留下的一张当时中国学生的照片，这张照片从一个侧面反映了没有普及玻璃材料的中国，生活相对西方的不便：没有玻璃窗户，室内光线差，学生近视严重，没有眼镜的学生读写都很费力甚至痛苦。总之，玻璃眼镜大大改善了人们的生活、学习和工作条件。

图 2.24 是戴眼镜的修道士和戴眼镜的中国近代老人。玻璃眼镜延长了人们的工作生命，大大提高了人们的生活质量。

图 2.21　历史上第一张用玻璃眼镜读书的绘画作品(Tommaso da Modena 画)

图 2.22　早期的眼镜

图 2.23　19 世纪西方传教士留下的一张照片说明：没有玻璃窗户，室内光线差，学生近视严重；复杂汉字的学习耗费孩子的精力

(a)　　　　　　　　　　　　　　　　(b)

图 2.24　(a) 戴眼镜的修道士的最早图像，绘制于 1342 年；(b)戴眼镜的中国近代老人

透明的玻璃的发展和广泛应用在科学发展史上起到重大作用，特别是 1500 年左右高品质透明光学玻璃的发明，大大促进了西方近代科学革命的发生。因为由玻璃制成的各种科学仪器(如望远镜、显微镜、棱镜及各类玻璃试管等容器)是物理、天文、化学及生物发展的必须设备。例如，伽利略利用玻璃做成望远镜观察到月亮的环形山、太阳的黑子，使得人类第一次发现天体不是完美的，这颠覆了宗教的天国；他还用望远镜发现了一系列重大的天文现象(如土星环、木星的卫星等)，大大促进了近代科学的发展；牛顿用玻璃三棱镜发现了光的色散原理，破解了光的奥秘。玻璃为什么透明也激发了人们对固体物质的研究兴趣。后来显微镜的发明，一系列玻璃器皿的制造，大大促进了化学、生物、医学和工程学的发展(图 2.25)。玻璃通过镜子、透镜、三棱镜和眼镜等形式发展成为人类思想、研究和文明的工具[13]。

1650 年，在玻璃材料和科学史上发生了一个重大事件。在荷兰的密特尔堡小镇，眼镜制造商 Hans Janssen 和 Zacharias Janssen 父子俩将两个镜片叠合起来，结果发现看到的物体被放大了，从而发明了显微镜。70 年后，英国科学家胡克(R. Hooke)出版了《显微制图》(*Micrographia*)，再现了通过他的显微镜看到的各种事物，包括跳蚤(图 2.26)、木头、树叶，更重要的是他通过显微镜发现了"细胞"，被恩格斯誉为 18 世纪最重要的三大发现之一。不久，显微镜揭示了很多肉眼看不见的细菌和病毒群体，打开了微生物世界的大门，并导致了现代疫苗和抗生素的发现，促成了现代医学的发展[13]。

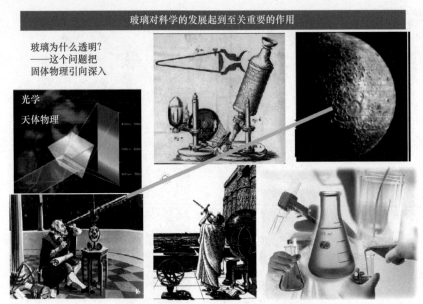

图 2.25 举例说明玻璃在科学史上的重要作用

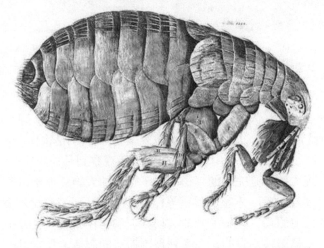

图 2.26 显微镜下的跳蚤(来自罗伯特·胡克的《显微制图》)

望远镜引发的变革更为迅速和重要。显微镜发明 20 年后，17 世纪初的一天，荷兰密特尔堡镇一家眼镜店的主人科比斯赫，为了检查磨制出来的透镜质量，把一块凸透镜和一块凹镜排成一条线，通过透镜看过去，发现远处的教堂的塔好像变大而且拉近了，这在无意中发现了望远镜原理。1608 年他为自己制作的望远镜申请专利，并制造了第一个双筒望远镜。望远镜发明的消息很快在欧洲各国流传开，伽利略得知这个消息之后，就自制了一个，他制作的第一架望远镜只能把物体放大 3 倍。一个月之后，他制作的第二架望远镜可以放大 8 倍，第三架望远镜可以放大 20 倍。1609 年 10 月他做出了能放大 30 倍的望远镜。伽利略用自制的望远镜观察夜空，第一次发现了月球表面高低不平，覆盖着山脉，并有火山口的裂痕。此后又发现了木星的 4 个卫星，还观察到卫星围绕木星旋转，对亚里士多德地心说提出了真正的挑战。他还首先看到太阳的黑子运动，并给出了太阳在转动的结论。几乎同时，德国的天文学家开普勒也开始研究望远镜，他在《屈光学》里提出了另一种天文望远镜，这种望远镜由两个凸透镜组成，比伽利略望远镜视野宽阔。沙伊纳于 1613～1617 年间首次制作出了开普勒望远镜，还制造了有第三个凸透镜的望远镜，把两个凸透镜做的望远镜的倒像变成了正像。为了打消当时人们质疑黑子可能是透镜上的尘埃引起的错觉，证明黑子确实是观察到的真实存在，沙伊纳做了 8 台望远镜，他用每一台望远镜观察太阳，无论哪一台都能看到相同形状的太阳黑子。在观察太阳时，沙伊纳在望远镜上装上特殊遮光玻璃，而伽利略则没有加此保护装置，结果伤了眼睛，最后几乎失明。

　　荷兰的惠更斯为了提高望远镜的精度，在 1665 年做了一台筒长近 6 m 的望远镜，来探查土星的光环，后来又做了一台将近 41 m 长的望远镜。使用物镜和目镜的望远镜称为折射望远镜，但是即使加长镜筒，精密加工透镜，也不能消除色像差。1668 年英国科学家发明的反射式望远镜，解决了色像差的问题。第一台反射式望远镜非常小，望远镜内的反射镜口径只有 2.5 cm，但是已经能清楚地看到木星的卫星、金星的盈亏等现象。1672 年牛顿做了一台更大的反射式望远镜，送给了英国皇家学会，至今还保存在皇家学会的图书馆里。1733 年英国人哈尔制成一台消色差折射望远镜。1758 年伦敦的宝兰德也制成同样的望远镜，他采用了折射率不同的玻璃分别制造凸透镜和凹透镜，使得透镜各自形成的有色边缘相互抵消。

　　反射式望远镜在天文观测中发展很快，1793 年英国赫歇尔制作了大型反射式望远镜，直径为 1.30 m。1845 年英国的洛斯制造的反射式望远镜直径为 1.82 m。1913 年在威尔逊山天文台的反射式望远镜直径为 2.54 m。1950 年在帕洛玛山上安装了一台直径为 5.08 m 的反射式望远镜。1969 年在苏联高加索北部的帕斯土霍夫山上装设了直径为 6 m 的反射镜，是当时世界上最大的反射式望远镜，现在大型天文台大都使用反射式望远镜。

　　1603 年伽利略发明了玻璃温度计(图 2.27)。伽利略在一次演讲时展示了能够测量温度的仪器：玻璃管一端开口，另一端是玻璃泡，把开口的一端插进水里，加热上方玻璃泡，冷却时水就在玻璃管里上升。玻璃管上可能还标有刻度，因为伽利略在《关于托勒密与哥白尼两大世界体系的对话》一书中已经使用了"热 6 度"[①]、"热 9 度"之类的概念。温度的精确和可重复测定，极大地促进实验科学热力学的发展。

　　总之，玻璃窗户改善了人们的居住和工作的环境，眼镜延长了人们的工作生命，彩色玻璃增加了光的魅力和神秘性，诱发了人们对光研究的好奇心，玻璃镜头引导人类进入太空、了解宇宙，使得人类能深入到微观世界，能探究生物、生命的奥秘，各类复杂的玻璃器皿如试管促进了化学和现代医学的发展。

　　近代欧洲玻璃研究和应用越来越盛行，玻璃制品越来越丰富，也非常有用和有趣。鲁珀特之泪玻璃就是个例子。17 世纪的时候，莱茵河的鲁珀特亲王从欧洲带着一些蝌蚪状的玻璃泪滴送给了英格兰国王查理二世。国王被这些玻璃泪滴的性质深深吸引，这些玻璃泪滴也获得了如诗般的名字：鲁珀特之泪(Prince Rupert's drop)，见图 2.28。国王还将它们送往皇家学会进行研究。图 2.29 是皇家学会胡克在其 1665 年出版的著作《显微图谱》中描述了"鲁珀特之泪"的形成和冷却的过程。鲁珀特之泪最奇妙的地方在于它们

---

　　① 指的是摄氏度。

有着非常奇妙的物理特性：玻璃泪滴的头部可以经受住锤子的敲击，但只要对其纤细的尾巴稍微施力，整颗玻璃泪滴在几微秒间爆裂四溅、彻底粉碎，非常有趣。

图 2.27　伽利略发明玻璃温度计

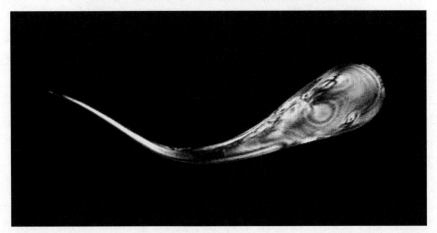

图 2.28　鲁珀特之泪，头部的直径范围通常为 5～15 mm，而尾部则为 0.5～3 mm

到 19 世纪中后期，玻璃的种类和用途开始迅速扩大，一系列特种玻璃材料相继问世，玻璃工业成了极具创新力和拥有广阔应用前景的工业新领域，而促成这一重要变化则主要归功于当时德国的一位科学家和企业家，正是他开创了用现代科学方法来研究和开发新型玻璃，从而赋予这个具有数千年使用史的传统材料以无与伦比的活力，他就是现代

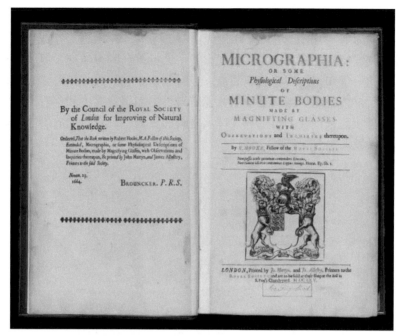

图 2.29 皇家学会胡克在著作《显微图谱》中描述"鲁珀特之泪"的形成和冷却的过程

玻璃材料科学之父——奥托·肖特(Otto Schott)[14]。图 2.30
是肖特的照片。肖特最大的贡献是开创了用现代科学方法
来研究和开发新型玻璃。

肖特年轻时游学法国期间结识了一位玻璃工程师，了
解熟悉熔炉制造厂和制镜厂。回到德国后，肖特在哈根附
近的一家生产酸碱盐的化工厂工作，并在那里学习到化学
定性和定量分析的知识和技术。后来，肖特又到莱比锡大
学，在化学家克诺普(W. Knop)的实验室从事玻璃方面的研
究，并于 1874 年 6 月向莱比锡大学哲学系提交了关于玻
璃制造的博士论文。由于他论文的主题不是当时化学的主
流，被主审人柯尔贝(H. Kolbe)(柯尔贝是当时著名的化学
家，首次合成出醋酸，并首次在化学中提出"合成"概念)
和施托曼(F. Stohmann)等学者否定，肖特的能力也受到质

图 2.30 现代玻璃材料科学之父
——奥托·肖特(1851～1935)

疑[14]。因此，肖特的博士论文没有通过。但他没有就此失去信心，停止脚步或是转向其
他领域，而是凭借对玻璃材料的热爱与执着，在无正式职位且未来没有任何确定性的情
况下仍坚持走自己的道路。他在自己家中继续进行玻璃研究，坚持在玻璃制造领域进行
着前人未曾做过的科学探索[14]。最终，肖特于 1875 年 1 月将论文递交给耶拿大学哲学系，
通过审核团 12 名成员的评议与审核，并顺利通过答辩，当天即获得了博士证书[14]。

肖特的博士论文题为《论玻璃制造的理论与实践》。图 2.31 是他博士论文中的插图。
其引言的第一句是"玻璃制造一直缺乏科学研究"，一针见血地指出当时该领域存在的
问题。事实上，在肖特之前玻璃制造是一个纯技术领域，其生产工艺大都以传统经验为

基础，玻璃工匠和技术工人从未想过用科学方法来认识玻璃形成机制、开发新型玻璃或改进玻璃性能和加工。当时(19 世纪 70 年代)，物理和化学学科已经很成熟，德国也在自然科学的许多领域超越英国和法国，涌现出了一大批著名的科学家，但他们当中却很少有人将所掌握的科学知识运用于玻璃制造。当时制造玻璃的人不懂科学，懂科学的人不问津玻璃制造。肖特看到了问题之所在，凭借自己的知识、能力和执着，将两个原先毫不相干的领域搭接起来，开创出了一片玻璃材料的新天地。肖特的故事非常值得非晶物质科学和工程领域人学习和深思。

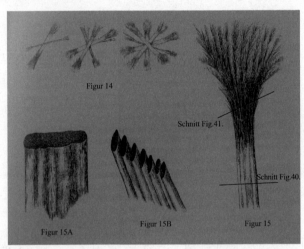

图 2.31   肖特博士论文中描述玻璃结晶的插图摘选(图片来源：Jürgen Hendrich，Otto Schotts Dissertation Jena 1875，Jena: Verlag Dr. Bussert & Stadeler，2001)

肖特还积极推广自己的科研成果，主动将样品寄给耶拿大学的物理学家阿贝(E. Abbe)。他通过调研认为按阿贝当时的工作领域和职位身份，尤其是阿贝跟蔡司公司的关系，应该会对新型玻璃产生兴趣。果然不出其所料，肖特得到阿贝和蔡司的重用。蔡司公司是当今世界上赫赫有名的光学仪器和精密机械制造商，以其创立者蔡司(C. Zeiss)命名。1882 年 1 月，肖特移居耶拿，开始了与阿贝、蔡司公司的深度合作。肖特很快帮助蔡司公司解决了当时的一个棘手技术问题——温度计零点误差。他发现，如果玻璃中同时含有钾和钠，就会产生零点误差。肖特通过改变配方，成功制造出温度计标准玻璃，大大提高了温度计的精确度。1885 年 7 月 23 日，肖特、阿贝和蔡司父子在耶拿正式成立了玻璃技术实验室。蔡司、阿贝和肖特之间相互合作、相互信任，不畏艰难，开辟了玻璃材料新领域，造就了科学史、非晶材料史和企业史上的一段佳话[14]。

肖特另一项重要贡献是对玻璃镜片工艺的革新。他发明了急冷快降处理工艺，即加热玻璃至软化状态，急速冷却玻璃表面，使之产生内应力，这样使得玻璃的强度提高到普通玻璃的 5 倍以上。镜头的灵魂是光学玻璃，如果说 19 世纪的镜头制造进展缓慢的话，最重要的原因是缺少肖特这样的天才化学家。肖特研制的 100 余种秘密配方的光学玻璃，被镜头生产商广泛采用，使许多经典的光学设计得到完美再现。可以说，玻璃科学家肖特是蔡司这个光学巨人的柱石。各种各样的镜片在 19 世纪和 20 世纪的媒体中扮演着关键的角色。摄影师首次利用它将光线聚焦于经过特殊处理的能捕捉图像的纸上；电影摄制者首次利用它记录及随后放映活动的画面。从 20 世纪 40 年代开始，通过给玻璃涂上一层荧光粉，支撑荧光屏，然后向其发射电子，产生了令人着迷的电视图像。所有的转变都以这样或那样的方式依赖于肖特发明的玻璃传送、处理光的独特能力。肖特公司至今已有 120 年的光辉历史，它在光学玻璃制造方面的绝对领先，为德国镜头称雄世界提供了最有力的保障。现在的肖特集团涉猎范围包括光学玻璃、照明玻璃、玻璃镀膜、玻璃实验器材、建筑玻璃、医药包装玻璃、家电玻璃、光纤、玻璃管等众多领域[14]。

为了纪念肖特在玻璃材料领域的重大贡献，德国耶拿市以肖特的名字命名街道，耶拿大学也设有以肖特的名字命名的材料研究所。当年的老肖特厂依然作为肖特股份公司的一部分矗立在耶拿市内，与蔡司公司相隔不远。肖特作为耶拿科技史上的三杰之一(图 2.32)，获得了这座城市对他的感激与尊敬。从肖特的故事中你也可以感受到玻璃材料对社会、经济的重要作用，感受到非晶物质科学家的自豪。

20 世纪，随着玻璃生产的工业化和规模化，各种用途和各种性能的玻璃相继问世。玻璃不仅应用于建筑、交通运输、包装和照明等日常生产生活中，还是光学、电子学、光电子学等科学技术领域不可或缺的重要材料。例如，图 2.33 是康宁公司为爱迪生白炽灯制作的玻璃灯泡。玻璃白炽灯开启了人类照明的新时代。

图 2.32　耶拿玻璃三杰：上为蔡司，左下为阿贝，右下为肖特[14]

图 2.33　康宁公司为爱迪生白炽灯制作的玻璃灯泡

1959 年，英国的皮尔金顿兄弟发明了世界上最先进的平板玻璃成型生产工艺：浮法玻璃生产工艺，这是对原来的有槽引上成型工艺的一次重要技术变革，被誉为世界玻璃史上的一次革命。它是在高温下将熔化的玻璃液流在低熔点金属液面上漂浮抛光。在重力和表面张力的作用下，玻璃液在锡液面上铺开、摊平，形成上下表面平整、硬化、冷却后被引上过渡辊台。辊台的辊子转动，把玻璃带拉出锡槽进入退火窑，经退火、切裁，就得到浮法玻璃产品。这种工艺易于实现全线机械化、自动化，生产效率高，连续作业周期可长达几年，可稳定地生产，因此浮法热流技术迅速席卷世界。许多国家不惜巨资争购皮尔金顿专利，但皮尔金顿却对中国进行了技术封锁。20 世纪 70 年代，洛阳玻璃厂联合全国力量，发明了"洛阳浮法玻璃工艺"，并成为世界玻璃工业中与英国皮尔金顿浮法、美国匹兹堡浮法并驾齐驱的世界三大浮法工艺之一，这也是中国人对玻璃材料的一项杰出贡献。

此外，玻璃材料在东西方文化、文明、艺术、科学和社会的差异、分歧中扮演了至关重要的角色。在西方，人们常把玻璃材料说成是上帝赐予人类的最佳礼物。他们认为玻璃能拉近梦想与现实的距离，"玻璃能够制造一切"。确实，玻璃除了给人们带来了生活的享受，也促进了科学技术的大发展，还给人们以艺术创作的灵感，促进了近代艺术的发展。如西方绘画的透视法，就得益于玻璃透镜和玻璃镜。而在东方，玻璃几乎被忽视，所以东方绘画没有透视的方法。关于玻璃材料在东西方文化、科技、社会、文明和艺术的差异、分歧中的作用将在下一节详细介绍。我们将看到非晶材料应用偶然的分殊对东方文化、科学、艺术和思想的方方面面造成何等巨大的影响！

玻璃在现代的一个重要发展是玻璃光纤用于通信。1966 年华人科学家高锟通过对玻璃纤维进行理论和实用方面的研究，提出了利用极高纯度的玻璃纤维传送光波和信息的基础理论。高锟和 Hockham 预言，在一维光纤中，只要把过渡金属离子的浓度降至 1 ppm，光传输 500 m 后还有 10% 的剩余能量。他们还提出利用玻璃纤维传送激光脉冲以代替用金属电缆输出电脉冲的通信方法。图 2.34 是高锟第一篇关于利用极高纯度的玻璃纤维传送光波和信息的基础理论文章和光纤。经过多年努力，高锟等终于制备出了足够纯净的玻璃纤维。今天，这种低损耗性的光纤构成了支撑我们信息社会的环路系统，推动了诸如互联网等全球宽带通信系统的发展，细小如线的玻璃丝携带着各种信息数据、如文本、音乐、图片和视频，能在全球瞬间传递。古老的玻璃材料又一次推陈出新，掀起了一场革命——通信和信息的革命，并极大地改变了人类的生活方式。高锟也因此获得诺贝尔物理学奖。这也是华人在非晶玻璃材料领域做出的又一项杰出贡献。

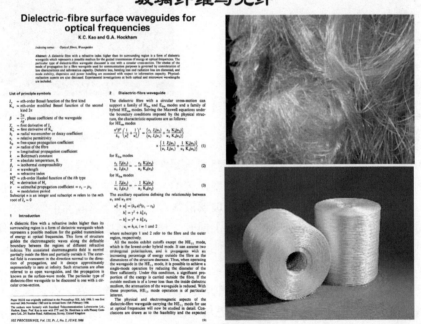

图 2.34　高锟第一篇关于利用极高纯度的玻璃纤维传送光波和信息的基础理论文章和光纤

虽然玻璃已成为随处可见、不可或缺的材料，然而，我们对玻璃的感情却始终又爱又恨，因为玻璃一摔就碎。玻璃刚性且易碎的缺点，总让我们感到些许遗憾。那么，有没有更加结实可靠的玻璃呢？21 世纪初，美国康宁公司生产出环保型铝硅钢化玻璃，即所谓的大猩猩玻璃(gorilla glass)，主要应用于防刮划性能要求高的高端智能手机屏幕。苹果公司创始人乔布斯在 2006 年的某天拜访康宁公司，提出想要一种十分清澈、结实且耐刮擦的玻璃，用作苹果最新设计的 iPhone 的屏幕盖板。康宁研究中心的科学家从公司过去玻璃研究数据库中发现了 20 世纪 60 年代一个研发工业用途的强化轻质玻璃的项目。当时康宁小批量生产了这款新型玻璃，但不受欢迎，接着就被放弃了。为了制造出适用于触摸屏的坚固而纤薄的玻璃，康宁修改了该款玻璃的配方，还为它起了新名字，这样，"大猩猩玻璃"便诞生了(图 2.35)。大猩猩玻璃的特点在于它被制成薄片后仍然结实，其薄的程度要能保护如今日益纤巧的移动设备的触摸屏表面，同时又不会影响触摸屏的功能。触摸屏的功能就是让屏幕内的电路能够确定屏幕上手指的位置。在很多便携式设备中，该功能的实现是通过检测屏幕上手指触碰点所产生的细微电荷变化。如果屏幕太厚，变化就很难检测出来。目前，康宁已经研究出厚度不超过 1 mm 的第五代大猩猩玻璃屏，这种玻璃屏从 1.6 m 的高度正面朝下掉落到粗糙表面时，完好率达到 80%。因此，如今全世界电子产品公司生产的大约 50 亿台智能手机、平板电脑、笔记本电脑及其他设备都使用了大猩猩玻璃。

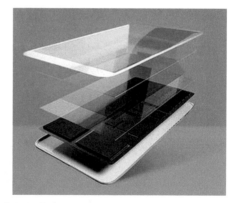

图 2.35　大猩猩玻璃

大猩猩玻璃的制备方法源于两个秘诀。其一是它的制备工艺：原材料经熔化后，再采用康宁首创的"熔融拉制"工艺将其拉制成玻璃片。该制备过程是将熔融态的玻璃倒入一个 V 形槽中，任其沿槽的外侧溢出，紧贴着槽的外壁流下，就像糖浆会紧贴着碗的外侧流下一样。当两道玻璃流在 V 形槽的底部汇合时，它们的内表面融为一体，形成一张玻璃薄片。由于每道玻璃流的外表面在生产过程中并未与其他表面接触，因此没有受到任何污染或其他破坏，形成的玻璃平整而无瑕疵。我们知道材料通常都是在其缺陷处破损，而一块玻璃的缺陷往往就是一丝杂质，一道裂缝，或表面上的一条划痕。熔融拉制过程消除了这样的弱点。其二是改进玻璃的构成，以赋予整块玻璃以强度。该玻璃的原材料是硅、氧化铝(一种标准的增强剂)和氧化钠的混合物。将形成的玻璃浸入高温的熔融状钾盐中，发生离子交换，将玻璃中体积小的钠离子"挤出"，置换成盐浴溶液中大体积的钾离子(钾离子的体积大约为钠离子的 2.5 倍)。钠和钾化学性质相近，因此能够实现离子交换。玻璃冷却后，增加的离子体积就会在玻璃内部形成压缩应力(图 2.36)。这样，玻璃就会更耐敲击和刮擦。图 2.37 是高强度、高韧性、超薄(和 A4 纸的厚度相当)玻璃材料。

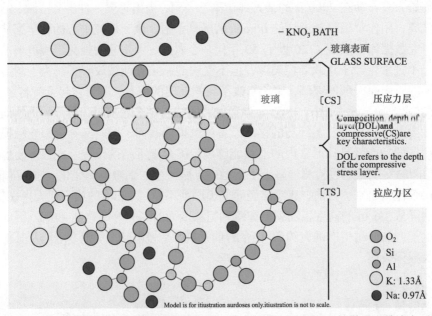

图 2.36　制备大猩猩玻璃的离子交换强化原理：KNO₃ 盐浴过程中更大的 K⁺ 扩散进入玻璃表面替换原有的 Na⁺，形成表面压应力层，得到比其他玻璃更好的强韧性

图 2.37　可以弯曲 180° 的高强度、高韧性、超薄玻璃材料

非晶材料发展的另一次重大革命性进展是塑料的发明[15]。天然塑料——树脂的使用可以追溯到古代，但现代塑料工业形成于 1930 年，近 40 年来获得了飞速的发展。由于天然树脂的产量小、质量差，人们试图寻求天然树脂的代用品，1869 年美国人 J.W.海厄特发现在硝酸纤维素中加入樟脑和少量酒精可制成一种可塑性物质，热压下可成型为塑料制品。20 世纪初，化学家在实验室里合成了多种非晶聚合物。1909 年美国人 L.H.贝克

兰的研究有了突破性的进展，他用苯酚和甲醛来合成树脂，并在酚醛树脂中加入填料后，热压制成模压制品。这是第一个完全合成的塑料。1920 年以后德国化学家 H.施陶丁格提出高分子链是由结构相同的重复单元以共价键连接而成的理论和不溶性热固性树脂的交联网状结构理论，1929 年美国化学家 W.H.卡罗瑟斯提出了缩聚理论，为高分子化学和塑料工业的发展奠定了基础。随着人类对塑料材料需求的增长和科学技术水平的提高，人们开发出了比天然树脂用途广泛得多的合成树脂。第一个合成树脂品种为热固性酚醛树脂，它是由苯酚和甲醛在催化剂作用下制得的。1931 年，美国罗姆-哈斯公司用本体法生产聚甲基丙烯酸甲酯，制造出有机玻璃。同年，意大利人 G.纳塔发明了聚丙烯。1931年还开始了第一个热塑性树脂聚氯乙烯树脂的工业生产。1941 年，美国开发了悬浮法生产聚氯乙烯的技术，聚氯乙烯成为重要的塑料品种。此后，合成高分子工业发展迅速，目前有工业生产的约 30 大类树脂。1995 年世界合成树脂塑料产量达 1.2 亿吨。非晶塑料的广泛使用，又一次改变了人类的生活和生活方式[15]。

从非晶材料的历史可以看出，每隔一段时间，非晶材料就会有一个大发展，就会有一批杰出的人物因为在非晶材料领域的贡献而伟大。在现代，华人也对玻璃材料做出了杰出贡献。非晶材料的发展历史给我们的启示是：人人都使用非晶材料、都知道玻璃，但很少有人知道非晶材料有无限的可能。非晶材料作为一种了不起的材料，一直在推动我们社会和文明的进步，在改变我们的社会和生活！

2.2.4　中国古代玻璃材料简史

玻璃材料在中国的发展历史研究具有深刻的历史意义和现实意义。由于文化和文明习惯等原因，非晶玻璃材料始终没有在中国发展起来，并深刻影响了中国古代科技的发展轨迹。

在中国的古代典籍中很早就有关于玻璃材料的记载。国内最早有关玻璃的记载始见于《尚书·禹贡》。书中称冶炼青铜时所形成的类似于玉的玻璃副产品为"缪琳"。这说明青铜等金属的冶炼和利用使得中国很早就无意中制备出了玻璃材料。在较早的史籍中，玻璃的名称繁多，如"陆离""琉璃""水精"等。但是中国玻璃制品出现的时间总体上要晚于西方玻璃出现的时间。研究发现，我国境内最早的玻璃制品出现于新疆地区。最为普遍的观点是我国玻璃最早进口于西亚，是作为一种奢侈品出现于我国境内。我国自制玻璃应当出现于战国晚期，该论断源于出土于我国湖南、湖北等战国晚期墓葬中的玻璃器[2,5]。

我国古代玻璃制品是制作陶瓷、青铜的副产品。玻璃一词在魏晋南北朝时期随着印度的佛经的汉译而出现。玻璃这个词其实是梵语音，又作颇黎，也译作颇置迦、娑颇致迦、塞波致迦等，相当于水精(晶)，又译作水晶。当时的玻璃有紫、白、红、碧四色。古代书籍《玄应音义》中记载："颇黎，西国宝名也，此云水玉，或云白珠。"《大论》记载的对玻璃的描述："此宝出山石窟中，过千年，冰化为颇黎珠。"《慧苑音义》关于玻璃的描述是："形如水精，光莹精妙於水精，有黄、碧、紫、白四色差别。"明代李时珍《本草纲目》中关于玻璃写到："玻璃，本作颇黎。颇黎国名也。其莹如水，其坚如玉，故名水玉。与水精同名。"

在古代，中华民族在材料领域(包括非晶材料领域)为人类文明做出过杰出贡献。从丝绸、陶瓷到青铜、铁器，我们的祖先都有原创性贡献。在玻璃领域，早在3100多年前的西周时期，我们的祖先就已经掌握了玻璃制造技术[5]。玻璃在我国最初是由陶瓷表面的釉层生产演变而来，是在制造陶瓷的过程中发现了玻璃物质——琉璃。当时制造出无色玻璃，又称作琉璃，是制作陶瓷的副产品。在公元前3～4世纪我国就有了琉璃珠。如图2.38所示西周时期的石英珠，在很多地方都有出土，但是这种物质在严格意义上还不是玻璃。到了春秋战国时期，中国出现了最早的含玻璃成分的制品，如春秋时期著名的越王剑上就镶嵌有玻璃装饰(见图2.8(c))。中国春秋墓葬里也出土了一些蜻蜓眼玻璃，其成分和今天的"玻璃"没有太大的区别。图2.39就是河南淅川徐家岭出土的中国最早的蜻蜓眼玻璃珠，但是这些玻璃很可能是从国外传入的。图2.40是1988年山西太原市金胜村赵卿墓出土的蜻蜓眼，成分为钠钙玻璃，可能为西域舶来品。

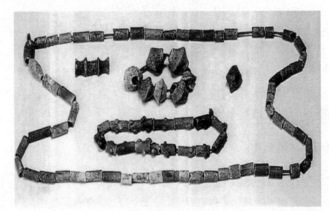

图2.38　陕西扶风县出土的西周原始玻璃珠。珠子直径为8～10 mm，管子长18 mm，直径为4 mm。珠子有瓷白色、天蓝色和麦绿色三种，呈圆珠、橄榄和管状，是迄今最早的中国古代铅钡琉璃(来自周原博物馆藏)

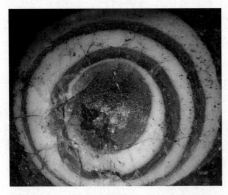

图2.39　河南淅川徐家岭出土的中国最早的蜻蜓眼玻璃珠

图2.40　1988年山西太原市金胜村赵卿墓出土的蜻蜓眼。大者直径1.2 cm，长2.21 cm；小者直径0.6 cm，长0.9 cm，共13枚。成分为钠钙玻璃，可能为西域舶来品

严格来说，玻璃技术及其应用在中国古代并没有真正建立和发展起来。考古学家发现我国的远古玻璃品，只有少量以镶嵌形式作为器物装饰，几乎没有玻璃的器具。战国时期，罗马人制造的玻璃经由印度传入中国。古代地中海地区制造玻璃的技术大约在汉代也传到中国。后期外国玻璃制品通过丝绸之路进口到我国，但都是少量贵族才能拥有的精致摆件、工艺品，非晶玻璃材料在古代始终没有普及到普通民众的日常生活中。中国的玻璃技术实际上也自成体系，玻璃制造和零星应用至少也有两千多年的历史[2]。但是因为陶瓷业在中国历史上很发达，陶瓷在很多方面可以替代玻璃材料，所以历史上中国对玻璃技术和玻璃材料没有重视，春秋至西汉时期，中国古代玻璃是作为仿玉器出现的，这是受中国玉文化的影响。因此，我国古代对玻璃材料基本没有什么贡献，玻璃的应用在历史上始终没有普及。

玻璃的原料石英砂即二氧化硅的熔点为 1700℃，古代的冶炼技术很难达到这么高的温度。因此，在古代采用助熔剂以降低其熔点。在西方，采用的助熔剂是纯碱(碳酸钠)或草木灰(主要成分是碳酸钾)，所以西方的玻璃以钠钙玻璃为特征。中国的玻璃制造时以氧化铅为助熔剂，因此，中国的玻璃以铅钡玻璃和高铅玻璃为特征。中国早期的玻璃含有氧化铅和氧化钡，所以含氧化钡成为中国玻璃制品的最显著的特征。

近年来，在中原地带和湖南省古墓中发掘出大量战国、两汉时期的玻璃[2]，这些玻璃主要是用于礼器和装饰。图 2.41 是战国时期的玻璃水晶杯。图 2.42 是战国时期的楚国琉璃壁。这些玻璃是一类用氧化铅做助溶剂的玻璃，主要成分是 $PbO-BaO-Si_2O$ 或者 $PbO-Si_2O$。成分和古埃及的玻璃不同，是含铅的独特玻璃体系[5]。据推测，这些铅基玻璃的发明不是陶瓷的副产品，而是源于冶金的经验。因为湖南一带盛产铅，有大量的方铅矿，这类方铅矿和重晶石共生，所以在炼铅时，在容器壁上很容易形成铅釉。这会启示人们利用铅矿混入黏土、石英砂熔炼制成玻璃。这些发现说明当时中国玻璃制备水平达到相当的水平，遗憾的是玻璃技术没有得到重视、传承和持续发展。

图 2.41　战国时期的玻璃水晶杯，杭州博物馆镇馆之宝

图 2.42　战国时期的楚国琉璃壁

　　王充在《论衡》中记载在东汉时期能制造一种透明玻璃叫"阳燧"，可在日光下聚光取火。这表明我国汉代就已开始制备和使用玻璃透镜了。图 2.43 是汉代玻璃蝉。可以看到当时玻璃材料的制备和成型工艺都达到了相当高的水准。到隋代，西方玻璃制品通过丝绸之路作为贵重商品传入中国。《隋书·何稠传》曾记载如下：波斯尝献金绵锦袍，组织殊丽。上命稠为之。稠锦既成，逾所献者，上甚悦。时中国久绝琉璃之作，匠人无敢厝意，稠以绿瓷为之，与真不异。

图 2.43　汉代玻璃蝉

魏晋南北朝及隋唐时期，中国生产的玻璃仍以高铅为特征，同时也已经开始生产钠钙玻璃。随着玻璃工艺水平的提高，氧化铅中一般不再含有氧化钡。同时，玻璃从材料到加工也都达到了很高的水平。图 2.44 和图 2.45 分别是隋朝时期、唐代的玻璃制品。可以看到，那时玻璃已经透明，造型也很复杂了。宋代以后继承了隋唐高铅玻璃的传统，制备出折射率好、颜色光鲜的玻璃，但是因为没有退火，玻璃制品质地脆，易破碎。

图 2.44　绿琉璃瓶，隋朝时期玻璃制品(现藏于中国国家博物馆)

图 2.45　唐代佛教蓝色玻璃五供器

需要说明的是，虽然大量异域玻璃器皿传入中国，但中国古代玻璃器和国外玻璃器依然存在显著的区别。除样式不同之外，中国古代玻璃器更大的不同在于玻璃的成分。当时西亚的玻璃主要成分为钠钙硅酸盐类物质，而我国则采用氧化钾(从草木灰中提取)作为助熔剂，这是我国古代玻璃与西方玻璃在材质上的显著区别。

　　7 世纪初，在中国，陶瓷与玻璃这两种工艺接近但截然不同的材料，在特定历史时间，特定文化、审美诉求下进行了最完美的融合。玻璃和陶瓷工艺融合，形成一种玻璃陶瓷材料——白瓷：陶瓷若玻璃，玻璃似陶瓷。图 2.46 是隋朝的透影白瓷，也称为脱胎白瓷。这种瓷就是当时技术与文化、玻璃和陶瓷融合的产物。遗憾的是，此种极特殊的类玻璃陶瓷制品，只在 7 世纪出现，宛如朝露，昙花一现。无疑这种融合是当时中外文化交融，材料技术探索的结晶。遗憾的是这种技术没有得到持续发展和拓展。

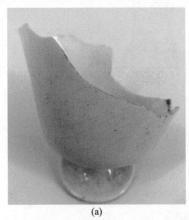
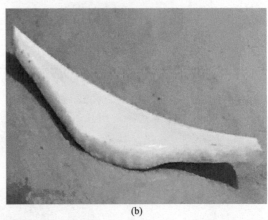

(a)　　　　　　　　　　　　　　　　　　(b)

图 2.46　隋朝白瓷杯(玻璃态)，其断口有明显的玻璃特征。隋大业三年(607 年)，张綝墓出土，西安市文物保护考古研究院藏

　　材料会影响人类文化、科技、艺术和生活，反过来，文化也会影响材料的发展和应用。中国古代拥有制瓷、青铜的高超技术，也应该能发展出制备玻璃的系统技术。据考古资料研究，在隋朝，中国就把玻璃技术用于制备陶瓷。中国古代特有的玻璃品种是"铅钡玻璃"，完全不同于西方的"钠钙玻璃"。中国烧造的铅钡玻璃，其成分与玉接近。这说明我国古代的玻璃制备从起源时就开始有仿玉的倾向，这和中国人喜欢玉及玉文化有密切关系。玉晶莹剔透但不透明，符合中国的哲学文化含蓄、不喜欢、不追求完全透明(玻璃几乎完全透明)。而西方文化追求直白、透明，西方人对瓷的要求也是透，和中国人的要求不尽相同。所以仿制玉几乎贯穿了整个中国古代玻璃史。这也形成了中国古玻璃制作工艺的独有特色。其烧成温度较低，绚丽多彩、晶莹璀璨，但易碎、不耐高温、透明度差，因而当时只适合加工成各种装饰品、礼器和随葬品等。有相当数量的饰品、带钩、印章、容器、礼器、用具、葬器等存世。东汉王充《论衡·率性篇》就有"道人消烁五石，作五色之玉，比之真玉，光不殊别"的论述。早在战国时期，就特别流行"食金饮玉"可以长生的说法，炼丹术兴起后试炼珠玉(即玻璃)也就成为炼丹家们的重要活动之一。在我国古代，玻璃工艺始终延续战国时期铅钡玻璃的发展，以仿玉为主题，没有更多的创新和发展。

　　此外，最初人们误认为国外的玻璃是极其珍贵的天然宝石，后由东晋著名炼丹家葛洪发现玻璃为人造品，他在《抱朴子内篇——论仙》中说："外国作水精①碗，实是合五种灰以作之。"由于中国人对于"纯天然"的追求和道法自然的欣赏品位，当人们知道

---

① 指玻璃。

了玻璃都是人造的，玻璃的身价因此一落千丈。在唐宋代以后，人们对玻璃材料的看法和重视程度发生了很大的改变。玻璃失去了神秘面纱，并逐渐从中国人的生活中消失，我们更加青睐结实耐用的瓷器，更加重视陶瓷的技术发展。因此，宋元明三朝，玻璃的制造和发展有了很大的退步。玻璃材料在中国失去了进一步发展的机会[2,5]。

到了明末，博山成为中国玻璃制造业的中心，和世界水平相比，工艺水平并不低，但是产品种类少，生产工艺比较简单，主要生产一些玻璃珠、玻璃球之类的民间用品。博山玻璃一般不含铅，或少铅，而氧化钾却超过 10%，氧化铝和氟的比例高。其中氟是乳浊剂，钾铅做着色剂，利用硼砂提高耐冷热骤性。到清朝，由于官家的喜爱，以博山玻璃为代表的中国玻璃才又一次崛起，但仅限于宫廷使用，玻璃只是达官贵人的玩物，没有普及到百姓的日常生活中。

到了清代末期，由于和西方人交流的扩大，特别是西方强国的入侵，中国沦为半殖民地以后，玻璃材料和制品大量传入中国。在故宫博物院，有 4000 多件古代玻璃制品传世。

可以说中国玻璃制造史可以追溯到西周时期，集大成于清朝。但总的来说，中国古代玻璃材料发展非常滞缓，而且应用不普及、不广泛，严重忽视了玻璃的应用价值。在中国古代，玻璃完全不同于陶瓷，与技术、文明、宗教和文化联系也很少。玻璃在古代中国主要用作装饰品，我们几乎没有玻璃窗、透镜、平面镜、眼镜，玻璃也没有和宗教联系起来。在中国寺庙里几乎看不到玻璃。玻璃制品也没有受到达官贵族、文人雅士、士族和富商的关注和青睐，没有登大雅之堂的机会。其主要原因可能是当时高度发达的制造陶瓷技术抑制了玻璃材料的发展。在古代中国，瓷器、陶器的烧制、成型和加工比较容易，原料主要是土壤，便宜、丰富，便于大量生产。同时瓷陶器强度比玻璃大，不易破碎，不至于骤热破裂。廉价的陶器和瓷器及上等的铜器使得古代中国人对玻璃材料几乎没有需求和兴趣。

我们不妨比较一下中国和西方古代对待和使用玻璃材料的模式。西方的模式是：玻璃身价高，深受宗教、皇族、贵族、技术人员的青睐，玻璃技工受尊重，社会、官方和宗教对玻璃材料需求大，对玻璃制造技术投入很多，所以玻璃材料在西方得到不断发展，越来越发达。古代中国的模式和西方正好相反：玻璃最初被用来仿造玉、宝石和瓷器，对社会各阶层，特别是贵族、士族根本没有吸引力。这导致西方和中国在材料使用上处于完全不同的路径。可以认为，不透明的陶瓷材料，而不是透明的玻璃材料在古代中国的盛行，是造成科学没有在中国产生的原因之一。因为依赖于高质量透明玻璃材料的望远镜、显微镜、三棱镜、玻璃器皿等是早期科学发展至关重要的科学仪器。下一节将详细介绍玻璃材料在中西方文明、社会、科学、文化艺术中境遇的差异、分歧和后果。希望通过对比中西方非晶玻璃扮演的不同角色，我们对中国科学的历史观、非晶材料和研究的意义有所改观。

中国现代玻璃工业起源于洋务运动。中国现代的平板玻璃工业起源于 20 世纪初，与水泥等工业一样，先后走过了"从无到有，从小到大"的发展历程。1904 年洋务运动中，从德国购买了"机械吹筒摊平法"成套设备，小规模生产平板玻璃。1922 年比利时人在秦皇岛建立了中国第一个现代平板玻璃工厂。1937 年，沈阳、大连等地相继建立了平板玻璃工厂。

玻璃工业的大发展是在新中国成立以后。1949 年玻璃研究、制备和加工机构及高等院校玻璃专业相继建立。1971 年新中国第一条浮法玻璃生产线在中国建材集团所属洛阳玻璃厂建成投产，生产出第一块浮法玻璃，填补了中国科学技术和工业生产上的一项空白。之后中国玻璃工业和工艺研究有了很大的进步。1980 年，洛阳玻璃厂联合秦皇岛玻璃研究所、杭州新型建筑材料设计院、株洲玻璃厂、中国建筑材料研究院、秦皇岛玻璃设计院发明了"洛阳浮法玻璃工艺"，成为新中国成立后和万吨轮、万吨水压机齐名的重大工业发明项目。洛阳浮法玻璃工艺最终成为世界玻璃工业中与英国皮尔金顿浮法、美国匹兹堡浮法并驾齐驱的世界三大浮法工艺之一。这是中国人在非晶玻璃史上的光辉篇章。1989 年至今，我国平板玻璃产量持续保持世界第一，2016 年产量 3780 万吨，占全球 60% 以上。2006 年洛阳玻璃厂成功生产出 0.55 mm 超薄浮法玻璃；2011 中国建材集团所属蚌埠院建成国内第 一条 TFT-LCD 稳定量产的生产线；2016 年国内首片 0.2 mm TFT-LCD 玻璃基板下线，并成功拉引 0.15 mm 超薄浮法玻璃；2017 年开发出超薄信息显示玻璃工业化制备技术及成套装备，并建成国内第一条触摸屏用玻璃生产线，打破国外对电子信息显示行业原材料的长期垄断。玻璃材料的发展在现代中国进入了快车道。

2.2.5 非晶物质科学简史

非晶材料的应用、工艺开发的历史几乎和人类有记录的文明史一样悠久。但是非晶科学研究直到 19 世纪末、20 世纪初才开始的，这和非晶物质的复杂和寻常有关。

早期的非晶科学主要是对工艺和成分的科学研究，如肖特的重要工作。非晶物质科学的理论研究开始于 20 世纪初[16]。哥廷根大学的化学家、金属物理学家 G. Tammann(1861—1938)(图 2.47)是非晶物质科学研究的先驱之一。他首先给出非晶玻璃的科学定义[17]，指出玻璃为过冷的液体。Tammann 在晶核生成和晶体的生成方面曾发表过系统的论述，并确定晶核数目和晶核生长速度及与过冷度之间的关系。Tammann 还对非晶体系熔体黏滞系数随温度的变化规律研究(特别是在 T_g 附近)有重要贡献。关于非晶体系黏度随温度变化的著名经验公式，即 Vogel-Fulcher-Tammann(VFT)公式中的 T 就是 Tammann。这些都是非晶形成理论的奠基性工作。此外，他对合金的相平衡及溶液的蒸气压等方面也作了深入的研究，还在无机化学、物理化学和金属学等方面都有成就。Tammann 不仅有很高的学术水平，还具有非凡的工作能力和执着的科研精神，他每天在实验室工作 10 个小时以上。为了纪念 Tammann 的贡献，哥廷根大学物理系新物理楼前的广场被命名为 Tammann 广场。

F. Simon 进一步扩展了非晶玻璃的定义，他认为玻璃是动力学上冻结的热力学非平衡体系(Glass is a rigid material obtained from freezing-in a supercooled liquid in a narrow temperature range)[18]。但是，Tammann 和 Simon 对非晶物质的定义都依赖于传统制备玻璃材料的工艺条件即急冷和冷却速率，认定非晶物质是完全冻结住的液体，因此，其定义有一定的局限性，因为非晶物质也可以通过急冷之外的方法获得。

1925 年非晶物质科学领域发表了一篇著名的论文[19]，这是非晶领域一篇鸿文巨作，作者是 Gordon Scott Fulcher。这篇文章给出了著名的物质黏度随温度变化的方程，即非晶科学领域广泛使用的 VFT 方程：

$$\log \eta (T) = A + B/(T-T_0) \tag{2.1}$$

G. S. Fulcher (1884—1971)(图 2.48)也是非晶物质科学领域的重要先驱，传奇性科学家。他在美国西北大学获得物理学学士和硕士学位，在克拉克(Clark) 大学获得博士学位，之后加入康宁公司。他又被称作玻璃英雄，非晶玻璃科学的复兴者(glass hero and renaissance man of glass science)[20]。我们知道玻璃材料随着温度的变化，其性能和外观变化很大，很复杂，因此很难控制，更难预测。是 Fulcher 在康宁公司工作期间提出的黏度和温度的关系方程改变了这个状况。玻璃工业根据他的公式制定了工业测量温度如何影响熔体、形成玻璃的标准，这使得玻璃工业能够理解玻璃材料并能更有效地加工玻璃。VFT 公式成为非晶物质科学领域最重要的公式之一，对理解玻璃转变、动力学、非晶形成机制也起到重要作用。

图 2.47　非晶物质科学研究的先驱，哥廷根大学的　　图 2.48　G.S.Fulcher(1884—1971)是非晶物质科学
　　　　　G. Tammann 教授(1861—1938)　　　　　　　　　领域的先驱，传奇性科学家

W. H. Zachariasen 是非晶物质微观结构研究的鼻祖，1932 年，他发表了第一篇关于非晶结构的文章，题目是：玻璃中的原子排列(the atomic arrangement in glass)[21]。文中他提出非晶物质结构研究的重要性和紧迫性，并呼吁：“我们必须坦率地承认我们实际上对玻璃中原子排列结构几乎一无所知”(It must be frankly admitted that we know practically nothing about the atomic arrangement in glasses)。这篇文章开启了非晶结构研究的先河，是非晶物质科学领域最有影响力的文章之一，对玻璃工业的作用也很巨大。令人吃惊的是，Zachariasen 发表这篇著名文章时才 26 岁，这也是他在玻璃科学领域唯一的一篇文章[21]。更令人吃惊的是，非晶物质科学领域的早前先驱者往往都只有 1~2 篇文章！

剑桥大学 J.D. Bernal 首先尝试建立非晶物质结构模型[22,23]，1933 年，他提出了简单液体结构的硬球体模型。Bernal 硬球模型是随后发展起来的其他模型的最初起源，目前非晶结构研究工作都是建立在 Bernal 硬球模型这个基础之上。Bernal 是非晶结构研究的先驱和最杰出的科学家之一[23-26]。

A.Q.Tool 在 1931 年引入虚拟温度(fictive temperature)的概念，用 T_f 表示。T_f 比 T_g 能更有物理意义地表达玻璃转变。Tool 的这篇文章 *Variations caused in the heating curves of glass by heat treatment*[27]也是非晶科学领域的经典之作。值得一提的是 Tool 在非晶物质科学领域也只有寥寥几篇文章。

1948 年，W.Kauzmann 在他的经典论文 *The nature of the glassy state and the behavior of liquids at low temperatures*[28]中引入理想玻璃转变温度 T_K、熵悖论、极限过冷等重要概念。这些概念和问题几十年来一直是非晶物质科学的研究难题和热点。著名材料学家，剑桥大学教授 R.W.Cahn 发文为这篇文章感慨道[29]："一篇科技文献发表几十年以后仍然是关注的中心确实非常罕见"，"有大量物理学家不断回过头来研究 Kauzmann 和他的著名悖论"("It is rare indeed for a scientific paper to remain central to current concerns several decades after its publication…" and "…an increasing number of physicists…keep coming back to Kauzmann and his eponymous paradox…")。Kauzmann 的工作充分说明在一个领域提出重要问题的重要作用和意义。和其他早期著名非晶科学研究者情况很类似，Kauzmann 在非晶玻璃领域也只有一篇文章[28,29]。

早期著名非晶科学研究者文章稀少，可能是两个原因：一是非晶科学并不是当时的热点学科，这些科学家在非晶领域有所发现后，很快转移到其他领域，如 G Fulcher 和 J.D. Bernal 等；二是那时非晶物质科学还没有成系统，研究者很少，实验工作很少，研究工作很难立即引起共鸣；三是他们当时的工作和想法太超前，这导致早期研究者很难继续系统深入研究非晶物质中的这些想法和问题。

到了 20 世纪 50 年代，哈佛大学 D. Turnbull(1915—2007)(图 2.49)在非晶科学领域做出了很多系统性、奠基性工作。他培养了大批非晶物理和材料的优秀人才(当今很多优秀的非晶物质科学领域的科学家都是他培养出来的)，并推动了非晶物质科学的蓬勃发展。Turnbull 因此被誉为非晶物质科学的一代宗师。Turnbull 的工作特点是能够构想出简单、但非常关键性实验来解决重要的科学问题[30]，这和他坚实的物理基础有关。他建立了非晶物质形成、结构的物理理论基础，还设计了很多简单、但是非常漂亮、巧妙的实验来验证或解决非晶物质中的关键问题[31-34]。他曾说过："当不能依靠设备和仪器达到目标时，我们可以用智慧来实现"。当时，人们早就发现水可以被过冷，但是金属熔体能否过冷、金属合金能否形成非晶态是个百年科学和技术难题。当时科学家普遍认为金属液体不可能被过冷，因为金属液体和固体局域结构的密度相差很小。Turnbull[35]在 1952 年设计了一个巧妙的实验，解决了这个百年难题。他把金属液体汞(Hg)分散成微米级小颗粒，并使这些孤立的小熔滴充分分散。这样，当熔滴小到一定尺寸时，就可以使单个熔滴内仅含有少量异质核或者"杂质"。他惊奇地发现，这时金属熔体可以被过冷。进一步实验发现很多纯液态金属都可以被过冷，有的可以被过冷至其熔点温度的 20%。纯金属能够被过冷的实验充分证明均质形核需要克服很大的势垒，这增强了人们探索非晶金属合金的信心。因为金属熔体能过冷意味着，如果冷却速率足够快，冷却过程中就完全有可能将液态金属冷却成为玻璃态。此外，金属熔体过冷实验还表明简单熔体在结构上不同于简单晶体，这导致了金属液态的短程序结构，即二十面体团簇概念的提出[36]。团簇的概念为多面体作为认识非晶合金和液态结构的理论奠定了基础。

(a)　　　　　　　　　　　　　　　(b)

图 2.49　(a) D. Turnbull(1915—2007)，美国哈佛大学教授。他认识到，如果冷却速率足够快，冷却过程中黏度的升高足够剧烈，有可能将液态金属冻结成为非晶态，因此提出非晶合金形成理论，并得到广泛接受。(b)2005 年，90 岁高龄的 Turnbull 在韩国济州岛召开的"第 12 届急冷与亚稳态材料国际会议(RQ12)"上听报告。虽然他那时已经不能说话与表达，但仍专心听报告(照片来自中国科学院金属研究所徐坚教授)

　　关于金属液体的过冷发现还有个真实、有趣的故事[31]。当时，Turnbull 的同事 J. Fisher 在纽约州 Schenectady 的一家意大利餐馆组织了一个金属科学俱乐部，每月他们有一次聚会，吸引了附近很多对金属科学感兴趣的科学家们参加讨论。当 Turnbull 在俱乐部上首次报告在纯液态金属中获得了大过冷度时，他的同事 D. Harker 根本不相信这个结果，并打赌说："如果你能够将熔融的铜过冷到它的熔点以下几摄氏度，我就把我的帽子吃了。"会后 Turnbull 很快就用实验证明熔融的铜、银、金及许多其他金属的小熔滴都能够被大过冷至远远低于它们的熔点温度。Harker 是个很认真的人，他愉快地承认了金属过冷的结果，并在下一次的聚会上吃掉了一顶用奶酪做成的帽子。

　　Turnbull 在剑桥大学卡文迪许实验室做学术访问的时候，与当时来自芝加哥大学的 M. Cohen 共享一个办公室。这使得他们能一起发展自由体积模型和非晶形成理论[32-33,38-40]。非晶形成理论为非晶合金的发明和开发起到巨大的指导和促进作用。此外，Turnbull 还证明液体冷却速度、过冷度、晶核密度是决定液体能否形成非晶的主要因素。根据经典形核和长大理论及相变动力学理论，Turnbull 建立了可定性评估非晶形成能力的理论和估算最小冷却速率的方法，提出了非晶物质的形成判据，预测有深共晶的合金最有可能形成非晶合金：合金之所以能形成非晶相，与合金成分是热力学平衡共晶点有关，这有利于熔体稳定地冷却到某一温度，在这一温度下，熔体的黏度非常高，熔体内的原子扩散变得非常困难，从而不太容易结晶。这不仅为寻找非晶合金提供了理论指导，而且提供了探索方法。直到今天，深共晶点及和熔点有关的约化玻璃转变温度仍是人们寻找非晶体系的有效方法之一。他们的工作为非晶材料及物理的发展奠定了基础，揭开了非晶物理和材料研究的序幕。加州理工学院的 W. L. Johnson 教授非常尊重 Turnbull 的工作，他 2002年访问中国科学院物理研究所期间，在和物理所非晶团队的老师和同学座谈时说过，Turnbull 的每篇文章他都读过十遍以上。实际上，从 Johnson 工作中不难看出 Turnbull 的影响，比如形核研究始终是 Johnson 工作的一条主线，Turnbull 的形核理论帮助他开发出很多非晶形成能力优异的合金体系、解释了很多非晶合金中发现的重要现象。

Uhlmann[40,41]等在 Turnbull 工作的基础之上又进一步发展、完善了非晶形成的动力学理论。

20 世纪 50 年代另一项重大进展是关于非晶物质的电子理论研究。Anderson[42]和 Mott[43]等发现非晶物质中电子"定域"特性，加深了对玻璃转变过程中电子结构变化问题的理解，并因此获得 1977 年诺贝尔物理学奖。能带理论在凝聚态物理中具有统治地位，但是一些目光敏锐的物理学家如 Anderson 和 Mott 等根据实验事实向能带论提出了挑战。能带理论强调电子能态的延展性，用布洛赫波描述电子行为，这是由晶体结构平移对称性决定的。而 Anderson 和 Mott 强调非晶物质能态的定域性，这是由其无序结构决定的[42,43]。Anderson 于 1958 年发表了题为《扩散在无规点阵中消失》的论文，首先在无序体系中把无规势场和电子波函数定域化联系起来。在紧束缚近似的基础上，他证明当势场无序足够大时，薛定谔方程的解在三维无序系统空间是局域化的，并给出了发生局域化的定量判据，还具体描述了定域态电子和扩展态电子的行为，为建立非晶物质的电子理论奠定了重要的理论基础。在 Anderson 局域化理论的基础上，N.F. Mott、M.H. Cohen、H. Fritzsche 和 S.R. Ovshinsky 等又提出了非晶态半导体的能带模型，认为非晶态半导体中的势场因为结构长程无序是无规变化的，但并没有达到安德森局域化的临界值，因此电子态是部分局域化的，即非晶态半导体能带中的电子态可分为两类：扩展态和局域态；同时还提出迁移率边、最小金属化电导率等新概念。这个模型为建立非晶态半导体电子理论奠定了基础，对说明非晶态半导体的电学和光学性质发挥了重要作用。1972 年，莫特进一步提出，禁带中央的态是来自缺陷中心，也就是来自悬挂键，它们既能作为深施主，又能作为深受主，把费米能级"钉扎"在禁带中央。在此理论工作的基础上，W.E. Spear[44]在硅烷(SiH_4)辉光放电中引入硼烷(B_2H_4)和磷烷(PH_3)，制备出了 p 型和 n 型非晶硅，在非晶态掺杂问题上取得了重要突破。这一突破使得非晶半导体材料被制成各种具有独特性能的半导体器件。

2.2.6 非晶半导体简史

非晶半导体是一类特殊的非晶物质。同晶体材料相比较，非晶半导体材料具有以下突出的特点：第一，在结构上，非晶半导体的组成原子没有长程有序性，但由于原子之间的键合力类似于晶体，通常仍保持着几个晶格常数范围内的短程序；第二，对于大多数非晶半导体，其组成原子都是由共价键结合在一起的，形成了一种连续的共价键无规网络，所有的价电子都束缚在键内，满足键的饱和性，其物理性质是各向同性的；第三，当连续改变非晶半导体的化学组分时，其玻璃转变温度、电导率、禁带宽度等物性都会随之连续变化且可控。用于产业的非晶半导体主要是薄膜，制备比较简单，非晶半导体器件的制作成本也比较低廉，容易实现大面积和高容量，因此，在信息和能源领域有重要应用，如在太阳电池、传感器及薄膜晶体管、摄像元件、光存储器等方面，非晶半导体的应用也取得了很大进展[45,46]。非晶半导体物理也是凝聚态物理的一个新领域，自 20 世纪 50 年代以来，已经取得了很大的进展，对认识固体理论中的许多基本问题产生了重要的影响，并成为非晶理论的组成部分。

苏联物理学家 B. T. Kolomiets 等在 20 世纪 50 年代发现含有硫族元素的非晶态化合物(后来称为硫系非晶半导体)呈现半导体特性，这是非晶半导体的研究起点[47]。P. K. Weimer 和 W. E. Spear 制备、研究了非晶硒的导电特性；之后，利用非晶 Se 的光导特性，发展了新的静电复印技术[48]。根据 P. W. Anderson 无序体系中电子的定域化概念，非晶半导体中电子态是局域态，局域态中的电子只有在声子的合作下才能参加导电，这使得非晶半导体的输运性质具有新颖的特点。1960 年，Ioffe 等提出了只要半导体材料的短程有序不变(晶格原子配位数不变)半导体特性就永远保持的经验定则。1968 年，S. R. Ovshinsky 在硫系非晶半导体中发现了开关和存储效应，这一发现成为非晶半导体发展史上一个重要的里程碑。几乎同时，Mott 和 Cohen 等在实验和理论分析的基础上，提出了著名的 Mott-CFO 能带模型，明确了非晶导体能带中迁移率边和带尾定域态的概念，从基础理论方面大大促进了对非晶半导体的研究。1972 年，Anderson 提出了在跳跃传导过程中电声子相互作用的模型，发展了在无序体系中电子的跳跃式输运特性。随后，Emin 还提出了无序体系的小极化子理论[45,46]。

1975 年，Spear 等利用硅烷(SiH$_4$)的直流辉光放电技术，首先实现了非晶 Si 的掺杂效应，并且制备出了 pn 结，发明了非晶硅太阳能转换技术[49]。这是非晶半导体发展史上又一划时代的大事，引发了以太阳能利用为背景的非晶 Si 的全球研究热潮。时隔一年，1976 年，美国物理学家 D. E. Carlson 等开创性地制成了 p 型和肖特基势垒型的非晶 Si 太阳电池，转换效率达 5.5%。制造太阳能电池的非晶硅氢也成为研究得最多的非晶半导体材料[45]。同时，硫系非晶半导体理论方面的研究也取得了较大的进展。Mott 和 Adler 等提出了负电子有效相关能的概念，M. Kastner 等提出了换价对缺陷态理论。1978～1980 年，非晶 Si 太阳电池的转换效率提高到 7%；P. G. LeComler 等研制出非晶 Si 场效应集成电路；D. L. Staebler 和 C. R. Wronskim 发现了非晶 Si 薄膜的可逆光致结构变化(Staebler-Wronski 效应)；E. Abrahams 等提出了非晶物质的标度理论；G. Pfister 等和 T. Tiedje 等分别提出了非晶 Si 的弥散性传导理论和多重俘获传输理论。到 1982 年，非晶 Si 太阳电池的转换效率已突破 10%，并且在日本大阪市首次建成一座太阳电池发电站，发电量达 4 kW。现在非晶硅已成为制备高效率太阳能电池的重要材料(图 2.50)。硫系非晶半导体开关和存储效应的发现及非晶 Si 膜的可控性掺杂的实现是非晶半导体发展史上两个最重大的进展，刺激了固体物理学工作者对非晶半导体的兴趣，而非晶 Si 可控掺杂的实现及非晶 Si 太阳电池的出现，更进一步引起了世界各国对发展非晶半导体的重视。现在有一种说法，太阳能的事业就是玻璃的事业。很多国家都已经建成了发电玻璃的生产线。

2.2.7　非晶合金(金属玻璃)简史

1. 非晶合金简史

非晶合金或称金属玻璃或称液态金属，是非晶物质家族新的成员。非晶合金研究历史是非晶物质研究历史的重要组成部分。

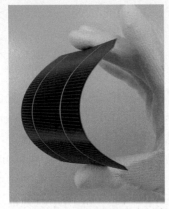

图 2.50　非晶硅太阳能电池成本低廉，制备简单，甚至具有良好的柔韧性，可置于弯曲表面，可生产廉价、清洁能源，太阳能发电站涉及大量、各类非晶玻璃材料。因此，有一种说法，太阳能的事业就是玻璃的事业

　　金属材料如青铜、铁、铅、金、银等也是人类长期、大量使用的古老材料。制备金属材料的冶金技术具有悠久的发展历史。从石器时代到随后的青铜器时代，再到近代钢铁冶炼的大规模发展，人类发展的历史也融合了冶金的发展史。冶金是从新石器时代晚期的采石和烧陶发展起来的。采石时不断发现各种金属矿石，烧陶窑为金属的冶铸提供了高温炉和在炉内还原条件下冶炼矿石的技术。作为非晶材料家族的新贵，非晶合金也是现代冶金技术发展的产物，是金属和玻璃两大类材料的完美结合。

　　研究证明具有共价、离子、氢键、范德瓦耳斯键型的物质几乎都能在自然条件下形成非晶态。在自然界能找到自然形成的具有这些键型的非晶物质。但是在人类广泛使用金属材料 8000 年历史的长河中，所使用的金属材料几乎都是晶态。金属和合金由于其独特的金属键结构，极难形成非晶态，其原因至今还是未解之谜[50]。因此，迄今为止，自然界还没有发现天然的非晶金属玻璃。20 世纪初的科学家推测，如果能把金属或合金转变成非晶态玻璃，由于独特的无序结构，那么非晶合金一定会具有独特优异的物理、力学和化学性能。但是，用当时常规的凝固技术或冶金技术制备不出非晶合金。那时，对于能否合成出非晶合金，是不是所有的物质都可以玻璃化或非晶化存在很大的争议和疑问。能否制备出非晶合金是近代金属材料科学和固体物理着重解决的难题和重要研究方向之一[51]。为了制备出非晶合金，各国的科学家们进行了长期艰苦的理论和实验探索[52-54]。

　　迄今，非晶合金的研究只有不到百年的历史，其发展可大致分为 4 个时期。

　　1920～1960 年为非晶合金材料探索及相关理论发展期，是非晶合金发展的第一个时期。这个时期可以称为非晶合金发展的孕育期。这个时期人们关注的核心问题是：能否制备出非晶态合金。当时，人们曾尝试各种人工制备非晶合金的方法和途径，但是由于当时实验条件的限制，几乎没有制备出稳定的非晶合金体系。因此，当时的主流观点认为金属或者合金不可能被制成非晶玻璃，因为金属熔体很难被过冷，金属及合金熔体在冷却凝固过程中非常容易结晶，在技术上很难在凝固过程中保持金属熔体的无序结构[53]。

　　根据凝固实验和理论预计，如果熔体凝固冷却速率足够快，晶态相来不及形核长大，合金液态相可能被冻结为非晶态。经过不断的努力，德国哥廷根大学的科学家 J. Krammer 于 1934

年报道制备出非晶合金[55]。他采用气相沉积方法，把金属蒸气冷凝到低温衬垫上，首次制得非晶合金膜。1950 年 Brenner 等[56, 57]采用了完全不同的方法，即所谓化学电沉积法，制备出了 Ni-P 非晶合金。很快，Ni-P 非晶镀层被应用于表面涂层防护金属表面。这也是非晶合金最早的工业应用。由于化学电沉积非晶合金工艺具有镀液稳定、可进行监控及再生等优点，其应用领域不断扩大，到 20 世纪 80 年代进入鼎盛时期。1954 年，德国哥廷根大学的 Buckel 和 Hilsch 用气相沉积法[58]，将纯金属 Bi、Ga 和 Sn 及 Sn-Cu 合金的混合蒸汽快速冷凝到温度为 2 K 的冷板上，也获得了非晶合金薄膜。开始他们认为这些制备出的薄膜具有超细晶粒结构，不久，才认识到原来以为是超细晶粒结构的薄膜实际上是非晶态。早期德国哥廷根大学是非晶材料探索和相关理论研究的中心，推动了非晶合金材料的研制及理论发展。Turnbull 在这个时期的非晶形成机制研究及形核和长大研究为非晶合金的发明奠定了理论基础[32, 33]。

1960～1980 年是非晶合金发展的第二个时期。这个时期最重要的事件是非晶合金的诞生，也是非晶合金发展的第一个高潮期。如图 2.51 所示，非晶合金的发明距离人类开始使用金属时代已经有约 4200 年了。在人类利用材料的历史上，非晶合金是新的材料，是非晶物质家族的新成员，也是金属家族的新成员，是玻璃和金属两大家族融合的产物。有趣的是，非晶合金诞生于金属作为结构材料在材料领域影响最低谷的时期(图 2.51)。非晶合金等新材料的出现，使得结构材料的重要性得到极大的提升。非晶合金等非晶新贵的出现，使得非晶物理和材料从此也成为凝聚态物理和材料科学的一个重要分支。

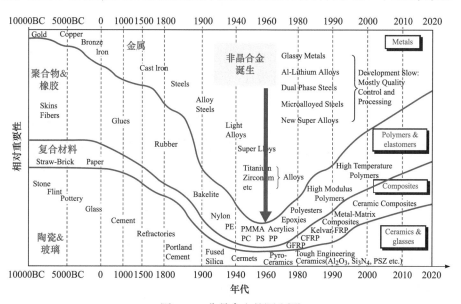

图 2.51 非晶合金的诞生[59]

有意思的是非晶合金的诞生是和一项重要的冶金工艺技术、一位著名的科学家杜威兹(P.Duwez，1907—1984 年)、以及一个偶然的实验分不开的。杜威兹(图 2.52)是加州理工学院的资深教授，是一位非常有创造性的美籍比利时物理冶金学家[60]。他被公认为液相急冷技术和非晶合金的发明人。但是，杜威兹在偶然发明非晶合金之前并不是从事非晶材料研究的，他实际上也不是液相急冷方法的鼻祖。在材料领域这样的例子很多，很多新材料都是其他不太相关领域的人发现的。但是，需要说明的一点是，杜威兹是第一个从科学研究的角度来应用液相急冷技术的人。当时，杜威兹正专注于一件被认为应该是物理学家做的事情：他想知道为什么有些元素(如 Cu 和 Au，Au 和 Ag)能够以任意比例组分完全互溶，而另一些金属元素(如 Cu 和 Ag)却不能？他仔细考察了 Cu 和 Ag 的共晶型相图和 Gibbs 自由能，认为有可能强迫 Cu 和 Ag 在 50/50 等成分点形成一个亚稳的共溶固溶体。为了实现过饱和合金固溶，在考察了各种各样提高冷却速率的方法后，杜威兹想到了用快速凝固冷冻熔体的方法，并非常着迷地对这项热合金快速淬火技术进行研究。实际上，热合金快速淬火技术最初是一位资深的冶金学家发明的，当时，这项技术只是被用于固体的快速淬火，旨在室温下保留合金的非平衡亚稳微结构，特别是钢中硬的“马氏体”相。杜威兹在这项技术的基础上着于发展熔体快速淬火的方法。为了实现更高的冷却速率，即急冷，他将熔融的金属小液滴喷射出去(应该是受 Turnbull 分散金属液滴，实现过冷的启示)，快速与冷铜基板接触，熔融的金属散成薄膜，并很快凝固，这个方法的冷却速率可达到 10^6 K/s 的量级。此外，他还发明了活塞-砧装置。该装置可以快速将熔融的金属小液滴砸成薄片，从而实现快冷。利用这些快淬技术，他成功地合成出成分连续的系列 Cu-Ag 等过饱和固溶体。一天，在他试图用快速凝固方法合成 Au-Si 固溶体时，由于超高速度冷却熔体，金属熔体中无序的原子来不及重排，于是很偶然地得到了大约 20 μm 厚的 $Au_{75}Si_{25}$(at.%)非晶合金，即不透明的金属玻璃[61]。至此，真正意义上的非晶金属玻璃诞生了。谁都想不到，科学之神竟以这种让人不经意的方式把非晶合金这类人造非晶新材料介绍到这个世界上来！实际上，很多重大的科学发现往往是偶然的，有时候还需要运气。原始创新思想，不是靠智者们的指南规划出来，更不是靠金钱烧出来，它或许是平凡者长期专注和积累而导致的神来之笔。“精彩源于专注”“精诚所至，金石为开”“上帝垂青那些有准备的头脑”，这些名言才能合理解释非晶合金及其相关急冷技术的发明。

(a)　　　　　　　　　　　　　　　　　(b)

图 2.52　美国加州理工学院之杜威兹(P. Duwez，1907—1984)教授(a)和他发明的快速凝固制备非晶合金的方法及制备的非晶合金条带(b)

几乎和杜威兹同时，苏联的 Miroshnichenko 和 Salli 报道了类似的制备非晶合金的装置。这种技术被称为“喷溅冷却”(Splat-quenching)。1963 年，P. Pietrokowsky 发明了活塞砧座法，用以制备非晶金属箔片。1970 年在南斯拉夫的布莱拉召开了第一届急冷金属国际会议(RQ conference)，以后每隔 3 年召开一次。现在这个会议已经成为非晶合金领域最重要的系列国际会议。1973 年，陈鹤寿等进一步发展了可连续浇铸和连续制备非晶合金的双辊急冷轧制法和单滚筒离心急冷法。1973 年，美国联合化学公司的 J.J. Gilman 等实现了以每分钟 2 km 的高速度连续生产金属玻璃薄带的装备技术，并以商品出售。从此，一个庞大的、应用广泛的技术新领域——合金快速凝固技术产生了。快速凝固技术的发明很快导致了很多新的合金如金属间化合物的合成，如高饱和固溶体、非晶合金、工具钢和轻型航空合金等。合金快速凝固技术因此被美国金属学会的《金属杂志》(*Journal of Metals*，*JOM*)评为材料史上 100 个"最伟大材料事件"之一[10]。

图 2.53 就是当时第一条非晶 Au-Si 合金的 X 射线衍射曲线，从现在的观点看这是一条很粗糙的非晶合金 X 射线衍射曲线，现在根据它来判定合金是否是非晶几乎没有说服力。实际上，杜威兹当时自己也十分怀疑得到的 Au-Si 合金是否是真正的非晶态，他并没有打算很快发表结果，而是希望获得进一步的充分证据后再发表。但是在他两个博士研究生的催促下，杜威兹最后同意用含糊婉转的论文标题 "*Non-crystalline structure in solidified gold-Silicon alloys*"，并没有使用 "amorphous" 或者 "metallic glass"，在 *Nature* 上发表了这项具有历史意义的结果[16,61]。

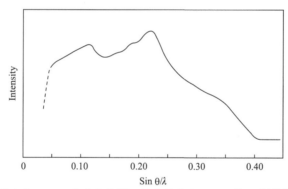

图 2.53　发表在 *Nature* 杂志上的第一条非晶合金(Au-Si)的 X 射线衍射曲线[61]

快速凝固技术和非晶合金的发明，是一项既偶然又必然的成果，是制备非晶物质工艺上的重要突破。它还催生了新的物理基础研究领域和新的材料。准晶的发现就是基于快速凝固技术的一个例子。1982 年，两位主要从事航空用高强度铝合金研究的以色列科学家 Shechtman 和 Blech 尤意中(又是偶然事件)在急冷的 Al_6Mn 合金中发现五次对称衍射图(图 2.54)。图 2.55 分别是三十面体准晶和十二面体准晶。这种合金材料具有的奇特的五次对称结构，颠覆了晶体学已建立的概念，引发了 20

图 2.54　急冷 Al6Mn 合金中发现五次对称衍射图[62]

世纪 80 年代全球性的准晶热[62]。以色列科学家 D. Shechtman 也因发现准晶体而独享了 2011 年诺贝尔化学奖。

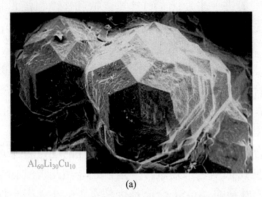

Al₆₀Li₃₀Cu₁₀

(a)

Zn₅₆.₈Mg₃₄.₆Ho₈.₇

1 mm

(b)

图 2.55   (a) 三十面体准晶；(b) 十二面体准晶

快速凝固技术还催生了非晶合金软磁新材料, 软磁非晶合金 Fe-Si-B 等材料被广泛应用于变压器的迭片结构及其他领域。因为铁基非晶合金具有优异的软磁特性, 即在外加磁场的作用下铁基非晶合金会被很快磁化, 并具有较强的磁性；但是当外磁场去除后, 非晶的磁场又能很快消失, 且非晶的电阻相对较大, 磁阻小, 在这种快速磁化-消磁的过程中产生的涡流损耗小。所以铁基非晶合金材料因为具有优良的软磁特性, 被广泛用于变压器、发电机、磁头等材料中。非晶合金还具有零甚至负电阻温度系数, 可被用来制作电子元器件。

这里值得特别强调一下, 比杜威兹更早就有研究者使用快速凝固合金的方法, 但只是作为制备某些特殊形状合金的便宜手段而已, 因而没有产生任何具有科学意义的结果。是杜威兹使得这项看似平常的技术在优秀和重要的科学家中引起广泛的关注,使之成为绝技。快速凝固技术这一看上去很平常的冶金工艺从此登上大雅之堂, 被严肃、认真地视为在科学和技术上都能带来报偿的重要科学方法。这和色心和液晶的发现一样, 它们都是偶然发现的, 最后导致重要应用, 有兴趣的读者可以看看相关的冶金物理历史[60]。这是典型的、经过大师之手推陈出新的范例。非晶合金的发现也再一次证明, 是科学上的见识和洞察力, 而不是粗浅的经验和运气导致了科学和技术上的突破。合金凝固是最重要的液态到固态的相变, 也是一项非常古老的冶金技术。这个古老的领域因为物理冶金学家 Duwez 的工作完全改变了面貌。这就是大师的作用! 非晶合金的发现给我们的启示是多方面的。

特别值得一提的是, 并非所有重要科学发现和发明的意义和价值都能够在短期内被人们所认识和领悟的。一个新生事物的出现往往要受到抵制和嘲弄。杜威兹发明的非晶合金就曾被人称作"愚蠢合金", 快速凝固技术开始也被很多科学家忽视和不屑。的确, 最初实验室制备非晶合金急冷方法还很原始, 使用不方便, 能制备非晶合金的种类非常有限, 非晶合金在当时是很昂贵的样品。1973 年, Pond、Maddin[63]和陈鹤寿(H. S. Chen)[64]等进一步发展了可连续浇铸和连续制备非晶态合金的双辊急冷轧制法和单滚筒离心急冷法(如图 2.52(b)所示), 这种方法能够连续制备非晶合金薄带或非晶丝, 使得非晶合金能够廉价地大量生产。大规模非晶制备技术的突破, 使得非晶合金应用成为可能, 也带动了对非晶合金各种性能的研究。20 世纪 70 年代，非晶合金的研究在学术上和应用上都是非常活跃的领域。很多不同体系和种类的非晶合金(主要是二元合金体系)，如临界冷却速率较低的 Zr 基、Pd 基，具有很高强度的 Al 基等被合成出来。

非晶合金条带最成功的体系是铁基等磁性非晶合金。Gubanov[65]根据晶态固体转变成液态时，其电子能带结构基本不变的实验事实，在理论分析的基础上预测非晶固体将保留铁磁性，并指出非晶铁磁材料在很多实际应用中具有晶态铁磁材料所没有的优越性能。这一预测首次由 Mader 等在沉积 Co-Au 非晶合金中予以证实[66]，这意味电子能带结构依赖于短程序而不是长程序。Simpson 等还预计没有磁畴、各向异性的非晶合金应具有很低的矫顽力[67]。进一步研究确实发现非晶软磁合金比晶态软磁合金具有更优异的软磁性能和更重要的使用价值。铁基等非晶合金不仅具有优良的软磁性能、高有效磁导率，而且电阻率远比晶态合金高，如 Fe-Si-Nb-B-Cu 非晶合金就是一种典型的软磁材料，其矫顽力小于 1 A/m，而饱和磁感应强度则将近 1.3 T，比普通的硅钢片磁性材料高 10 倍以上，能够高效地进行电磁能量转化，因此可大大降低变压器的损耗和重量，尤其是在高频率下使用，损耗更低，大大提高了使用频率。很快多种铁基非晶态合金的薄带和细丝实现了批量生产，并正式命名为"金属玻璃"(metglas™)，这在世界上引起很大反响。铁基非晶合金的发明使得非晶合金在工业应用上开始崭露头角。目前，利用非晶软磁合金制作的各类磁头已进入大批量的商品生产。Fe 基非晶合金的软磁特性已经在电力转换(如变压器、高频电机)等领域得到广泛应用。直到这时，人们才逐渐认识到非晶合金材料的重要性，并逐渐形成了非晶合金研究和发展的第一个高潮期。目前，非晶合金的年产量已达到每年几十万吨，图 2.56 是商品化的软磁非晶合金条带。我国已是继日本之后，世界上第二个拥有非晶变压器原材料量产的国家，已经形成了近 1000 亿元的非晶铁芯高端制造产业集群，取得了可观的经济效益。

图 2.56　软磁非晶合金条带商品。优良的软磁特性，使得非晶条带比现有的硅钢铁芯具有更低的铁损，更轻的重量，可以使变压器更加节能

非晶合金材料上的发展也促进了其力学性能及热学、磁性、超导电性、催化等物理、化学性能的研究。这一时期非晶合金材料在科学和工程方面都积累了大量数据，进一步促进了该材料在更多领域得到应用。

在非晶材料科学方面，Turnbull 做出突出贡献。Turnbull 等[68]总结出一些非晶合金形成的经验规律,并给出定量评估非晶形成能力的方法。他采用玻璃转变温度 T_g 与合金熔化温度 T_m 的比值 $T_{rg} = T_g/T_m$,即约化的玻璃转变温度来描述合金系的玻璃形成能力。如果 $T_{rg} >$ 2/3,合金形成非晶相所需的临界冷却速率就会变得很低,因而将具有很强的玻璃形成能力。后来又有人提出很多其他非晶合金形成的判据[54, 69-71],但实践证明 T_{rg} 判据最简便实用,对探索新非晶合金系起到了重要指导作用,至今 T_{rg} 判据仍在帮助非晶合金材料的探索。

这个时期,非晶态物理也逐渐成为凝聚态物理的一个重要分支。从安德森 1958 年关于无序体系电子态的开创性工作到 1976 年莫特和戴维斯合写的《非晶固体中的电子过程》一书问世;从杜威兹 1960 年用喷枪法制备出非晶合金到 1976 年 D.E. Carlson 制造出第一个非晶硅太阳能电池,短短十几年的时间非晶态物理在理论和实验方面的研究已取得了巨大的进展。

1980~1990 年是非晶合金研究的第三个重要时期,称为大块非晶合金的孕育期[72,73]。20 世纪 90 年代以前的非晶合金制备方法的基本原理和思路都是把熔态或气态合金快速冷却下来,用冷却速率来控制和避免晶态相的形核和长大,以保持熔体的无序结构,得到非晶合金。用这类快速凝固方法制备非晶合金有很多技术限制。由于需要大于 10^6 K/s 的冷却速率,形成的非晶合金呈很薄的条带或细丝状(微米量级),因而严重限制了这类材料的应用范围。在如此高速冷却的情况下,很难有效地控制工艺,实现材料的均一性,同时也影响了对非晶合金的形成规律、许多性能的系统、精确的研究。此外,进一步提高冷却速率不仅在技术上有很大的难度,也大大提高了非晶合金的成本。

因此,在 20 世纪 80 年代到 90 年代,如何发展新的思路和途径,获得大块非晶合金一直是非晶物理和材料领域科学家们追求的目标,各国科学家为寻求具有很强玻璃形成能力的非晶体系、探索非晶合金制备新工艺进行了艰苦的探索,并发展出一系列新的制备原理和急冷法,以及完全不同的制备非晶合金的新方法[71,72],如 Schwarz 和 Johnson 发展的多层膜界面固相反应方法[73],加州理工大学的 W. L. Johnson 也因此成名;C. C. Koch 发明的机械合金化法(又称球磨方法)[74],反熔化非晶形成方法[75],离子束混合和电子辐照法[76],氢化法[77],压致非晶化方法等[78]。但这些方法都没能从根本上解决制备大块非晶合金这一难题。非晶合金材料制备的困难造成非晶材料和物理的研究在 20 世纪 80 年代曾一度从热门研究课题变成冷门。不过这些新方法提供了制备非晶合金材料的新途径,加深了对非晶合金形成机制的认识。

20 世纪 90 年代后大块非晶合金的发现和发展,是非晶合金发展的第二个高潮期。自从成功制备出非晶合金以后,探索非晶形成能力强、大块状非晶合金体系一直是非晶材料领域的目标。20 世纪 70 年代,陈鹤寿及合作者用简单的水淬方法,即把样品封装在石英管中熔化,然后把石英管淬入水中冷却样品,在相当低的冷速(<10^3 K/s 范围内)下制备出 1~3 mm 直径的 Pd-Cu-Si 块体非晶合金棒,并系统研究了这种块体非晶合金的各种性能[79]。20 世纪 80 年代初,Turnbull 和他的学生翟显荣(W. H. Kui)找到了一种适合于 Pd 基、Pt 基和 Fe 基的助熔剂(B_2O_3)。低熔点、高沸点的 B_2O_3 助熔剂包裹合金熔体,在凝固过程中液态的 B_2O_3 把熔融的合金和晶态坩埚器壁隔离开来,有效地隔离了非均匀形核影响,同时 B_2O_3 熔液还能吸附样品中的杂质,纯化合金。这种在硅化物玻璃制备中常用的助熔剂古老办法(fluxing 方法),可大大提高样品的过冷度和非晶形成能力。他们采用这种方法成功制

备出厘米级的 PdNiP 及 Pt 基块体非晶合金[80]。但是这种方法只对有限的合金体系如 Pd、Pt、Fe 基样品有效，对一般合金很难找到合适的助溶剂。由于 Pd 和 Pt 都很昂贵，加上制备工艺复杂，难以工业化推广，Pd、Pt 基非晶合金也只能用于非晶物理的基础研究。但是，Pd 基非晶合金的发现具有重要意义，这项工作不仅证明在合金中可以存在非晶形成能力强、可获得大块非晶合金材料的成分，而且证明可以通过调整成分，不仅仅是靠改变凝固工艺就可以获得本征非晶形成能力大的合金体系。这为探索新型块体非晶合金提出了新的思路和信心。至今，Pd 非晶合金还是研究非晶基本问题的最佳模型体系之一。

　　一个学科的发展与卓越的科学大师的出现、引领和推动作用是分不开的。非晶合金领域在经过十多年的沉寂后，终于在 20 世纪 80 年代末迎来两位新的大师：日本东北大学金属研究所的井上明久(A. Inoue)[81]和美国加州理工学院的 W. L. Johnson[82,83]。他们改变了过去重点关注从改进工艺条件来提高非晶形成能力的方法和思路，另辟蹊径，提出从合金成分设计的角度，通过多个金属元素混合来提高多组元合金系本身的复杂性和熔体黏度，从而提高非晶形成能力的新思路和研发途径。这样设计的复杂合金可以通过铜模浇铸(metal mold casting)等常规冷却凝固的方法获得块体非晶合金，得到的大块非晶合金或者块体金属玻璃(bulk metallic glass，BMGs)是由常用金属组成，直径为 1～10 mm 的棒、条状，如 La-Al-Ni-Cu[81]、Mg-Y-Ni-Cu、Zr-Al-Ni-Cu、Cu-Ti-Zr 和 Zr-Ti-Cu-Ni-Be[83]等新型块体非晶合金体系。这是非晶领域的又一次重大突破，不仅颠覆了原来非晶合金探索的途径和思路，还得到一系列非晶形成能力很强的合金体系，彻底改变了非晶合金领域的面貌。图 2.57 是中国科学院物理研究所(以下可简称"中科院物理所")研制的 Zr 基块体非晶合金体系的照片。可以看出非晶合金可以直接铜模凝固成不同的块体零件。

图 2.57　中国科学院物理研究所非晶团队研制的 Zr 基块体非晶合金体系的照片[55]

　　大师的创新性工作带动了非晶合金领域的快速发展，一系列新型块体非晶合金如雨后春笋般被开发出来，这些体系包括 Ti 基、Cu 基、Fe 基、Ni 基、Hf 基、Co 基、Ca 基、Au 基等体系[71,84]，中科院物理所也研制出一系列稀土基[85,86]、CuZr 二元体系[86]、Ta 基[87]、Sr 基[88]、Zn 基[89]、非晶合金微纳米纤维[90]等新体系，这些新型块体非晶合金形成能力接近传统氧化物玻璃，尺寸最大可达 8 cm 直径，最低临界冷却速率低于 0.1 K/s。因此，其制备工艺更加简单，合金系种类也更多，性能更多样化，同时具有更高的热稳定性和优异的力学、物理性能，更大应用潜力。Johnson 等在发现 ZrTiCuNiBe 大块非晶合金系列后，很快组建了"液态金属公司"(Liquidmetal Technologies)来开发应用非晶合金。图 2.58 是液态金属公司用块体非晶制备的各种器件和工具。非晶合金很快在高尔夫球杆、滑雪、棒球、网球拍、自行车和潜水装置等许多体育用品，以及医疗器具、航天、军工等高技术中得到广泛应用[91]。例如，工业机器人的一个关键核心部件是谐波减速器，而非晶合金接近理论极限的高强度、高弹性，优异的耐磨和抗疲劳性能使其成为谐波减速器的理想材料。松山湖材料实验室非晶研究团队采用压铸技术，优化工艺和材料体系，成功制备出了高性能金属玻璃柔性齿轮，助力我国产业界打破该领域的外国技术垄断。

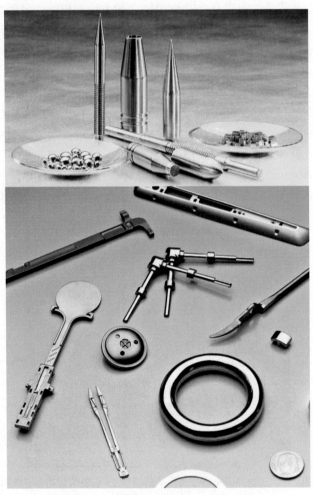

图 2.58   块体非晶制备的各种器件和工具(引自网络：http://liquidmetal.com/)

值得一提的是，科学的成就与突破及大师的产生，往往和科学的传承和人脉有密切的关系。A.Inoue 是 H. S.Chen 和增本键的学生；W. L. Johnson、R. B. Schwarz 和 S. J. Poon 是 Duwez 的学生；A. L. Greer、F. Spapen、H. S. Chen、J. H. Perepezko、D. Herlach、K. Kelton、

王文魁和 A.Yavari 等都是 Turnbull 的学生；K. Samwer、J. Eckert、R. Busch、E. Ma 等都是 Johnson 的学生。他们都是继承导师的事业持续开展非晶合金的研究。长期、持续的研究和积淀使得他们能够取得重要的突破。笔者 2004 年在剑桥大学访问的时候，曾听著名的 R. Cahn 教授说过：研究非晶材料和物理应该去的几个地方有美国哈佛大学和加州理工学院、英国剑桥大学、德国哥廷根大学，以及日本仙台的东北大学，这几个地方是非晶材料或物理的研究中心，具有深厚的科学文化背景，非晶大师层出不穷。

中国从 20 世纪末就开始块体非晶的研究。在国家自然科学基金委员会支持下，在中科院物理所在 2001 年春召开了第一届块体非晶合金材料学术研讨会，图 2.59 是参会代表合影，其中的很多人都成为非晶合金材料研究的骨干。目前，国内具有最大的非晶合金研究团队，涌现出一批杰出的非晶合金研究和应用的人才。在材料探索、性能研究、块体非晶合金的应用等方面已经达到国际一流的水准，成为国际上非晶合金研究的主力军，促进了这个领域的发展。

图 2.59　2001 年在中国科学院物理研究所召开的第一届块体非晶合金材料学术研讨会参会代表合影照

块体非晶合金有一个类似传统玻璃的重要特性：明显的玻璃转变及很宽的过冷液态温区。在过冷液区内，非晶合金可像橡皮泥一样黏滞流动，很容易变形。利用这个特性，非晶合金也可以像玻璃一样，被吹制成具有很好表面光泽的各种容器，可以模铸加工成精密器件，尤其重要的是非晶合金可在其过冷液区进行微纳米级精密加工，这是一般合金材料难以实现的。中科院物理所 2005 年研制出了新型非晶合金(又称金属塑料)[84]。金属塑料在很低的温度表现出类似塑料的超塑性，比如，它可以在开水中变软，可以容易地对该材料进行成型、弯曲、拉伸、压缩和复印等形变，形成各类不同的形状；当温度恢复到室温时，它又恢复了一般非晶合金所具有的高强度等优良的力学和导电性能。图 2.60 是铈基非晶金属塑料在开水中压印成的中科院物理所所徽。这项工作曾被评选为 "2005 年中国科学十大进展"[92]。2009 年耶鲁大学的 Schroers 等[93]利用非晶金属塑料，采用模压方法，在较低的温度下实现非晶合金微纳米加工和制造，这是一般晶态合金材料无法实现的。这将使非晶合金在很多领域有更广泛的应用。

图 2.60　铈基非晶金属塑料在开水中压印成的中国科学院物理研究所的所徽图案，直径为 20 mm

非晶合金是一种高性能材料，同时也具有脆性这一玻璃材料的共同"缺陷"。实际上，如何克服玻璃材料的脆性古往今来一直是玻璃材料学家面临的难题。传说有人献给古罗马皇帝 Tiberius(公元前 42 年—前 37)一只摔不碎的高脚玻璃酒杯，杯子的制作者宣称他独自拥有制作这种玻璃的秘密。皇帝担心这种玻璃技艺要是传开来，金子和银子将要变得同粪土一样毫无价值，就下令处死这位工匠，让这个秘密随着这个工匠一起长眠地下。这个传说故事说明提高玻璃材料韧性的重要性。近十多年来，为提高非晶合金的塑性和韧性，人们进行了艰苦的努力和探索。

2005 年，作者有幸到剑桥大学 A. L.Greer 研究组做学术访问，和来自美国凯斯西储大学的 J. Lewandowski 共享一个办公室。Lewandowski 是材料力学专家，他当时研究测试了很多块体非晶合金的断裂韧性，有很多块体非晶和其他非晶材料断裂韧性的数据。中科院物理所非晶研究团队当时系统测量了很多块体非晶合金体系的弹性模量、泊松比，有大量非晶合金系和其他非晶材料的泊松比数据，通过和 A. L.Greer 一起分析讨论大量非晶合金包括其他非晶材料的模量和力学性能数据，发现非晶合金泊松比和韧性(塑性)之间有着直接的关联关系[94]:即一个非晶合金体系的泊松比越大，其室温韧性或塑性也就越大。同时，Johnson 研究组也发现 Pt 基非晶合金因为具有大的泊松比而具有 8%的压塑塑性[95]。泊松比和韧性(塑性)直接关联关系的发现为探索塑性非晶合金提供了有效的指南[96]。在该经验判据的指导下，很多研究组都独立地发现了很多具有大塑性的非晶合金体系和成分。2005年德国德累斯顿材料研究所与中科院物理所合作在普通金属组成的非晶合金 $Cu_{47.5}Zr_{47.5}Al_5$ 中发现了大压缩塑性和在塑性变形过程中表现出的"加工硬化"现象[97]。2007年中科院物理所根据泊松比判据，通过对 ZrCuNiAl 非晶合金成分的微调整发现了一系列超大压缩塑性非晶合金，并被评为"2007年中国科学十大进展"[98]。2011年 Johnson 等又发现 Pd 基和 $Zr_{64}Cu_{26}Al_{10}$ 非晶合金具有远大于一般金属合金的断裂韧性，使得非晶合金的力学性能达到结构材料的最高端[99]，吸引了众多力学及物理学家对非晶合金的关注和兴趣。

另一个增强、增韧非晶合金的办法和途径是在非晶相中复合第二相。如果第二相的尺寸和剪切带相匹配，就可以抑制非晶中剪切带的扩展，达到增韧的效果。2000 年 Johnson 等率先在 Zr 基非晶合金中通过内生原位复合枝晶相，有效提高了非晶合金的压缩塑性[100]。2009 年 Johnson 等通过在非晶合金中复合晶体相，研制出了具有拉伸塑性、断裂韧性超过所有金属材料的非晶合金复合材料[101]。2011 年 Eckert、魏炳成、吕昭平等研究组通过在非晶合金中内生复合马氏体 B2 相，在非晶合金中实现了拉伸塑性和加工硬化[102,103]。这些工作改变了脆性是非晶合金本征特性的传统观点，大大促进了非晶合金材料的研究和应用。随着非晶合金批量生产工艺的不断改进、成本的降低，块体非晶合金作为力学性能优异的结构材料会在越来越多的领域得到应用。

非晶合金材料的发展也促进了非晶物理的研究。块体非晶合金体系具有稳定的过冷液态，为研究过冷熔体、玻璃转变等基本问题提供了理想的模型体系。非晶物理研究因此取得了令人瞩目的进展。例如，把玻璃转变和形变这两个表面上看似完全不同的问题联系起来，非晶合金中的玻璃转变和形变实际上都是非晶对外加能量(温度和力)的反映，都是外加能量造成的非晶态和液态之间的转变或者流变。外加的力有方向性，所以力的作用导致局域在剪切形变区和剪切带中的非晶态和液态的转变，而温度可以造成大范围的非晶态和液态之间的转变。在此基础上，提出了统一理解非晶合金形成、形变、弛豫等问题的弹性模型。该模型认为非晶合金形成、形变及玻璃转变可用流变的物理图像加以描述，其流变的势垒由弹性模量控制，和弹性模量成正比，揭示出弹性模量是控制非晶合金形成、性能和稳定性的关键物理因素[104-107]。

2. 华人对非晶合金研究和研发的贡献

在非晶合金研究和应用的近百年潮起潮落、曲折前进的过程中，不同国家几代科学家不断努力，接力传承，其中包括华人科学家的身影，并且华人科学家在该领域内发挥的作用越来越大，逐渐从跟随到向引领迈进。在非晶合金发现和研究的早期就有多位华人科学家为其发展做出了不可磨灭的贡献，几个突出的代表是美国贝尔实验室的陈鹤寿、哈佛大学的翟显荣(H. W. Kui)、日本东北大学的张涛，中国科学院物理研究所的王文魁、董远达和意大利比萨大学的倪嘉陵(K.L.Ngai)等。

华人科学家陈鹤寿来自中国台湾，在早期非晶合金的各个领域中都做出了开拓性的工作。Duwez 首次制备出 Au-Si 非晶合金后，迎来很多争议，其中最大的争议就是制备的合金是不是真正的玻璃态[61]。因为当时快淬 AuSi 合金只有 X 射线衍射结果显示没有晶体相存在。Duwez 本人都不敢完全相信确实得到了非晶态合金。的确，他们得到的非晶合金薄片很不稳定，3 h 之内就已经发生了晶化，在室温存放 24 h，就完全转变为晶体相。其 *Nature* 论文的标题写成了含糊婉转的 “*Non-crystalline structure in solidified gold-silicon alloys*”，没有使用“amorphous”这个词。因为只有这样的 X 射线衍射花样，至少不能排除可能是由一种非晶相与一种或者几种微晶相组成的混合物。陈鹤寿和 D. Turnbull 在 *Appl. Phys. Lett.* 上发表了题为 “*Thermal evidence of a glass transition in gold-silicon-germanium alloy*”的文章[108]，他们通过差示扫描量热(DSC)研究了非晶合金 $Au_{76.9}Ge_{13.65}Si_{9.45}$ 的热力学行为，证实非晶合金经过玻璃转变形成过冷液的热信号，确定存在玻璃转变和玻璃转变温度(T_g)以及晶化现象。这项工作首次令人信服地证明了熔体通

过快速凝固的方法制备出的非晶合金是真正的玻璃态，而不是他人所认为的
"non-crystalline"，非晶合金因此被完全承认[108]。随后，陈鹤寿和其合作者通过 DSC 在
一系列二元和三元(Pd-Si 基)非晶合金中观察到玻璃化转变 [109]。陈鹤寿还在 Pd-Ni-P 非晶
合金系发现异常的 T_g 变化和异常的 放热峰 [110]。直到今天，晶化峰之前出现的异常放热
峰仍吸引了很多研究者关注和讨论。陈鹤寿还以 Pd-基非晶合金为模型体系，开启了结构
弛豫研究，并研究了结构弛豫对非晶合金硬度等性能的影响[111]，还研究了冷轧、剪切带
对弛豫谱的影响，并讨论了弛豫对非晶合金结构和流动的影响[112]。这些早期弛豫谱的研
究为后来发现块体非晶合金，形成非晶合金动力学新方向打下了基础。陈鹤寿在制备技术
方面也做出了重要贡献。1970 年，陈鹤寿和其合作者发展了双辊急冷轧制技术(图 2.61) 。
该技术的冷却速率可以达到 $10^5\,K/s^1$，可以制备出均匀的非晶合金固体[64]，相比之前的溅
射技术和其他制备技术，其优点是制备的条带是厚度均匀的，内部应力低；不仅适合制
备脆的半导体材料，也适用于制备延展性好的材料；更重要的是可以制备出连续带状的
非晶合金材料，为非晶合金工业大规模应用奠定了技术基础。

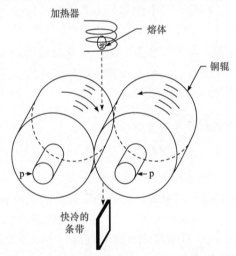

图 2.61　陈鹤寿等设计的双辊急冷轧制设备的示意图[64]。两个轮子的尺寸是 5 cm 直径×5 cm 宽度，两
个轮子由于压力接触在一起，压力的范围是 20~90 kg。轮子的转速范围是 100~5000 rpm①

　　陈鹤寿也是世界上第一个制备出大块非晶合金的科学家。1974 年陈鹤寿在 *Acta
Metallurgica* 期刊上发表了名为 "*Thermodynamic considerations on the formation and
stability of metallic glasses*"的文章[113]，他发现不同原子尺寸的金属元素混合和强的原子
相互作用可以降低合金的熔点，提高玻璃转变温度，从而提高玻璃形成能力。他通过将
Pd-Si 基三元合金封装在石英细管中熔化，然后利用水淬方法冷却，制备出了世界上第一
个块体非晶合金棒(直径为 1~3 mm，长度为几厘米)。

　　值得一提的是，陈鹤寿在人才的培养和科学的传承方面也做出了重要贡献。他培养
的博士后 A. Inoue 日后成为非晶合金领域的大师，率先开发了一系列大块非晶合金。而
现在北京航空航天大学的张涛作为 A. Inoue 的学生，在块体非晶合金的发现工作中也做

---

① rpm=1 r/min。

出了重要的贡献。1989 年，张涛在日本东北大学协助 A. Inoue 等利用水淬方法制备出直径为 1.2 mm 的 $La_{55}Al_{25}Ni_{20}$ 大块非晶合金棒[114]。这是第一次利用水淬法在非贵金属体系中制备出大块非晶合金，证明在常用金属元素中也可以制备出大块非晶合金。此外，张涛和其合作者还首次利用铜模铸造的方法制备出 $La_{55}Al_{25}Ni_{20}$ 大块非晶合金[115]，以及开发了一系列大块非晶合金体系，如 Zr-Al-Ni、优异磁性的大块非晶合金体系[116]。

翟显荣的主要贡献是将玻璃制备中常用的助熔剂法引入到非晶合金中，并制备出了厘米级别的大块非晶合金[80]。翟显荣和他的导师 D. Turnbull 用低熔点、高沸点的 B_2O_3 作为助溶剂包裹合金熔体，有效降低了非均匀形核的影响，同时起到净化作用，从而提高了样品的过冷度和玻璃形成能力。这种方法操作简单，证明了在合金中可以获得大块非晶合金材料。

王文魁是我国改革开放以后最早去日本东北大学留学的学者。当时，他和岩琦博(Iwasaki)合作，发展了用高压方法控制晶化，制备非晶合金的新技术和方法[78, 117]。20 世纪 80 年代回到中科院物理所后，王文魁主要采用高压方法、微重力方法，对非晶合金的形成规律及制备方法等做了大量的研究和探索，深入系统地研究了非晶合金的形成规律。他提出了利用极端条件暴露常规条件下难以稳定存在的亚稳相，截获新型亚稳材料的学术思想；并利用极端条件如高压凝固技术制备了 Pd、Zr 基块体非晶合金[118]；利用我国返回式卫星、神舟飞船开展非晶合金形成机制研究，并在太空中制备 Pd 基非晶合金[119]。这些工作和学术思想拓展了非晶合金的研究思路，促进了大块非晶合金研究在国内的发展。王文魁团队还开启了非晶合金体系的超导研究[120]，系统研究了非晶合金的超导现象。

中国科学院固体物理研究所(以下可简称"中科院固体所")董远达作为改革开放后的第一批留学人员，在英国和 R. Cahn、M. G. Scott 研究非晶合金的晶化和稳定性[121]，归国后率先在国内开展用球磨研制非晶合金的工作[122,123]，合成系列二元非晶合金新体系，结合高压方法合成厘米级 Al-Fe 二元块体非晶合金[123]，并把球磨方法拓展到制备纳米晶[123-125]。

倪嘉陵先生曾在麻省理工学院、美国海军研究实验室等地工作，2010 年退休后仍然在意大利比萨大学坚持进行学术研究。他从 1978 年开始一直致力于玻璃材料的动力学研究，在玻璃材料的扩散和弛豫方面取得了一系列基础研究成果，适用于非晶合金、分子玻璃、高分子、离子液体等诸多复杂体系[126]。倪嘉陵教授很早就意识到玻璃转变和玻璃弛豫行为的多体本质，提出的著名的耦合模型(coupling model)，建立了玻璃物质中不同动力学模式之间的关联[126-128]。这一模型后来也被应用于非晶合金的 β 弛豫的研究，通过脆度、扩展的指数因子等参量将 β 弛豫和玻璃转变建立了联系[128]。这些研究加深了人们对玻璃转变、非晶物质动力学这些重大基础科学问题的认识。倪嘉陵教授这种咬定青山不放松、瞄准一个重大问题进行长达四十多年不懈努力的科学精神，是值得后辈学习的。

2.2.8　非晶物质研究和发展史上大事记

以上章节简要介绍了非晶物质科学和玻璃材料的发展历史和状况。为了记忆的便利，我们在表 2.1 中列举了非晶物质科学研究和玻璃材料发展史大事记。需要指出的是，科学史在解释人类的发明创造和科学突破时，研究经常表现出一种强烈的倾向，即试图将这些发明创造和科学的突破贴上个人的标签，将这些人英雄化，目的可能是为了记忆、便利或者故事化，但这往往导致误解和误导。实际上，很多重大创造和突破其实是数十人，甚至成千上万的人长期综合、协同努力的结果。非晶物质科学领域也是如此。

表 2.1   非晶物质科学研究和玻璃材料发展史大事记一览表

非晶事件	年代和地点	用途和意义
黑曜石	约 75000 年前，旧石器时代	箭头，削切刀
人工制造玻璃	5000~9000 年前，埃及，巴比伦	装饰品，护身符
第一个玻璃工厂建立	约公元前 1200 年前，埃及	生产空心玻璃管，有色玻璃器皿，玻璃成为商品
发现玻璃升温软化特性，发明玻璃吹制工艺和成型技术	约公元前 1 世纪，叙利亚人	生产出酒杯、器皿等形状复杂的用具，大大拓展了玻璃的用途
发明玻璃制备助熔剂	古罗马	大大降低了玻璃制备原料的熔点，导致更纯净透明玻璃的大量生产
罗马成为玻璃制造业的中心，玻璃材料使用普及	公元 1 世纪，罗马	东西方对玻璃材料的态度，使用普及的分水岭
窗户玻璃的发明	1400 年，欧洲	人类聚居区域大大北移
教会介入玻璃生产	9~14 世纪，大马士革、君士坦丁堡和开罗	教堂的高窗玻璃；导致玻璃技术和工艺不断改进
高质量铅玻璃(光学)	1500 年，英国	显微镜的发明 (惠更斯)导致生物学革命；望远镜的发明(伽利略)、三棱镜(牛顿)导致天文学、光学和近代科学革命
温度计玻璃发明	1603 年，伽利略	温度的精确和可重复测定，促进实验科学热力学的发展
实验室玻璃器皿	1800 年代，英国法拉第	促进化学革命
科学研究引入玻璃领域	19 世纪末，肖特	促进大量新型玻璃材料的发明
非晶热塑性塑料	20 世纪 40 年代，德国，美国	改变生活方式
非晶形成理论的建立	20 世纪 50 年代，D.Turnbull	促进新的非晶材料的发明
非晶结构模型的提出	20 世纪 60 年代，英国 Bernal，美国 P. J. Flory	加深对非晶物质结构和性能关系认识，促进非晶物理学科的形成
非晶合金的发明	1960 年，美国 Duwez	新的磁性、能源材料
非晶电子结构的研究	20 世纪 60~70 年代，Anderson，Mott	非晶半导体，非晶硅太阳能电池
软磁非晶合金	20 世纪 70 年代，日本，增本键	高效能源转换材料
非晶合金带材短流程，连续喷铸大规模制备工艺	20 世纪 70 年代，陈鹤寿等	铁芯，5G 通信，新能源汽车，高速电机等
超纯 SiO_2 光纤	20 世纪 70 年代，英国，高锟，日本	导致通信、网络、信息革命
固相反应非晶化方法的发明	美国 C.C. Koch，W. L. Johnson	非晶涂层、粉末的应用
高性能块体非晶合金	20 世纪 90 年代，日本 A.Inoue，美国 W. L. Johnson	非晶合金在高技术领域广泛应用
高熵合金，高熵非晶合金	2000 年代，中国台湾，中科院物理所	新材料设计理念，高技术领域应用

2.3　非晶材料和文明、文化及科学发展关系探讨

非晶材料也在东西方文化、文明和艺术的差异、分歧中扮演了重要角色，起到至关重要的作用并产生重要影响。科学没有产生于东方的原因和非晶玻璃材料的关系，非晶玻璃材料对东西方社会生活的影响是值得探讨的课题。在科学和材料史上，非晶材料的至关重要的影响和作用几乎被人忽视，这些讨论能改变我们对非晶物质和材料，以及非晶物质和我们世界、社会和文明关系的看法、观点和态度，并能从中获得启迪和智慧。我们首先探讨典型非晶材料——玻璃和科学发展的密切关系。

2.3.1　玻璃和科学的关系

爱因斯坦曾概括科学的特点为：希腊几何加实验方法。近代科学的兴起是和实验分不开的，绝大多数重大发现来源于实验研究。只是对自然理性的追求是不能产生近代科学的。作为典型的非晶物质，玻璃材料为 16 世纪末由弗朗西斯.培根(F. Bacon，他首先意识到科学及其方法论的历史意义，以及它在人类生活中可能扮演的角色，他是整个现代实验科学的真正始祖)和伽利略开启的近代科学奠定了材料基础，起到关键性的预备作用。

在培根和伽利略时代之前，近代科学高潮的来临已经具备了两个重要基础。一是人们对自然知识和规律追求的意愿。当时欧洲人已经产生了信仰和信心：在林林总总世界的表象之下深藏着某些简单的规律，发现这些规律是人类义不容辞的责任，因为利用这些规律能够理解这个世界，能造福人类。二是实验法。当时已经存在一些技术，有了实验室，而实验室中主要是各类由玻璃制造的关键性工具和仪器，如镜子、透镜、棱镜、实验瓶、试管、玻璃壶、曲颈瓶、长颈瓶、望远镜、温度计、气压计等[129]。图 2.62 是描述中世纪欧洲实验室工作场景的油画，可以看出，那时的实验室充斥着各种玻璃器皿[130]。

图 2.62　中世纪欧洲实验室工作场景的油画，其中充斥着各种玻璃器皿[130]

在古希腊神话传说里，当一个神做了有功的事情之后，为了奖励他，众神之王宙斯就会把他带到神殿里，打开一扇窗户，让他看一眼宇宙的奥秘，这就是对神的奖励。作为普通人，能用凡人之心、凡人之眼去窥探到这个世界的奥秘，算是上帝对人类莫大的奖赏。牛顿、麦克斯韦、达尔文、爱因斯坦、伽利略、哥白尼、开普勒等都是窥探到上帝秘密的凡人。牛顿被认为是人类历史上最伟大的科学家。为了颂扬他对开启人类智慧的巨大功勋，英国诗人亚历山大·波普(Alexander Pope)仿照圣经的第一句写到(图 2.63)："自然和自然法则隐藏在黑夜中；上帝说，'让牛顿来吧！'于是世界一片光明"(Nature and nature's law lay hid in night; God said'Let Newton be!'and all light)。主要由玻璃组成的望远镜和三棱镜是牛顿进行科学研究的重要工具，这些玻璃工具帮助他窥探到自然的奥秘。下面我们列举更多的例子证明非晶物质是帮助科学家窥探自然奥秘、保存自然奥秘的关键材料，在科学发展过程中功不可没。

图 2.63   牛顿在威斯敏斯特教堂的墓地，以及诗人亚历山大·波普为牛顿写的墓志铭："自然和自然法则隐藏在黑夜中；上帝说，'让牛顿来吧！'于是世界一片光明。"主要由玻璃组成的望远镜和三棱镜帮助牛顿窥探到自然的奥秘，获得了凡人能得到的最高奖赏

1. 玻璃是窥探自然奥秘的关键材料

透明非晶玻璃是早期实验室重要工具和仪器的关键组成部分，因为透明玻璃物质有几个独特的性质：首先它是透明的，便于科学家观察实验过程和现象；其次，玻璃是惰性材料，不与大多数物质发生化学反应，从而保证在实验过程中玻璃器皿保持不变，能长久保存，同时玻璃本身不会影响研究的物质的实验结果；再者，玻璃可以超塑性加工成型，可以容易地制备成各种复杂的器皿和管道，既足够坚固，又便于密封，真空玻璃管还能经受住大气压；此外，玻璃表面光滑，非常便于清洁，能耐高温、防水、隔热等；最后，玻璃也是比较便宜的材料。因此，玻璃是非常合适的制造实验仪器的材料。

玻璃材料改善了人类最重要的、认知世界的知觉——视觉，延伸了视觉这一最强大的人类知觉器官，从而大大提高了大脑对自然的探究能力。人类单凭裸眼和大脑是很难探究深藏在复杂、纷乱、遥远、微小事物表象下的现象和因果规律的。通过制造工具来认识自然和改造自然是人类区别于其他动物的标志。9～12 世纪，大量欧洲学者开始用玻璃器具，借助来自印度和希腊的数学和逻辑工具，进行旨在探索自然规律的实验研究。如分解、放大、望远、折射、测量、聚焦光的实验与玻璃镜、透镜、试管、玻璃器皿等可改变视觉的玻璃材料分不开。玻璃镜是光学研究的必备工具，玻璃极大地促进了光学、天文学等的发展。例如，罗杰·培根(Roger Bacon，1214—1294)在这方面做出了巨大贡献，像亚里士多德违背他的老师柏拉图“不许观察、实验”的规定在科学上做出重大贡献一样，培根用数学方法和科学实验为科学发展做出巨大贡献。他用玻璃制作各种玻璃镜，并研究了光的性质、玻璃折射、反射、凸凹镜成像原理，提出望远镜的设计方案。他的全部研究工作依靠的实验工具几乎都是玻璃制造的。

玻璃具有惰性，即具有极强的抗腐蚀、氧化、耐高温能力，被广泛用于制备化学实验的容器和烧杯，透明玻璃容器也适合用来混合化学物质和观察化学反应。化学玻璃仪器的种类和质量在中世纪也不断完善，使得化学家可以制成复杂的各种玻璃试管和器具，帮助他们观察反应结果、收集反应气体和形成的物质、控制熔液、萃取物质等。特别是有了高温玻璃，促进化学成为系统的学科。实际上，中世纪欧洲实验室和炼金术工场充满了各种玻璃仪器。

但是，在世界其他地方，如阿拉伯国家、中国、印度、日本都没有充满玻璃器具的实验室。近代实验科学奠基人弗朗西斯·培根也充分认识到玻璃在科学实验和在认知、探索自然过程中的作用。他的名著《新大西岛》记述了很多探索者、发明家和玻璃材料的关系。该著作描写的大量科学实验都是以“取一片玻璃”开头。因此，近代科学的起源是和玻璃材料分不开的。玻璃在欧洲被誉为可以窥探上帝秘密的材料。可以说是依靠玻璃仪器的帮助，近代科学实验才得以诞生。透明非晶玻璃是以实验为基础的近代科学发展的关键、必要条件之一。

玻璃器皿也促进了现代医学的发展。在中国医生是悬壶济世，身上和药铺门前总要挂个壶，悬不透明的壶(葫芦或者不透明的陶瓷药罐，不知葫芦里卖的是什么药)是古代中医的标志。中世纪至文艺复兴之后的欧洲各地，玻璃尿瓶子是医生的身份标识，因此盛尿液的玻璃烧瓶几乎成了医生的“标配”。图 2.64 是莱顿的医书《医生真谛》中玻璃瓶尿样的插图，说明玻璃广泛应用于当时的医学领域。描绘医生验尿场景的版画在古代欧洲医学的书籍中屡见不鲜。医生查看尿液也是很多画家喜爱的题材之一，如图 2.65 画中医生正高举尿瓶观察[131]。玻璃制品在医学上的大量应用，促进了医生对病理的细致和科学分析。

玻璃也是一种思想的工具。透镜、平面镜、显微镜及望远镜能汇聚人的视野，集中和聚焦人的思想，能把人的思想和兴趣导向于自然界的某一细节，并进行关注、放大、深思，从而导致新的发现。玻璃促进了古代西方人对自然知识和规律追求的意愿。在此仅举一个我们熟悉的例子——玻璃窗户来证明这一点。在玻璃窗出现以前，寒冷黑暗的北部欧洲人只能用羊皮纸做窗户，窗口很小，采光非常有限，室内暗淡阴冷。玻璃窗非常有效地改善了生活和工作环境，它既能遮挡风雪，又能让温暖明媚的阳光照进屋内，使得居住环境变得明亮、温暖和舒适。居住环境采光好，在北方非常重要，北方地区向阳面的住房比朝北向的要贵很多。更重要的是，窗户能潜移默化地改变人的思维。玻璃窗户可以和透镜、平面镜、显微镜、望远镜一样，改变人类的视角和视野，促进人们对自然的深思和关注。大家都有凭窗眺望的情

图 2.64 《医生真谛》(莱顿，1516)中玻璃瓶尿样的插图

(a)   (b)

(c)　　　　　　　　　　　　　(d)

图 2.65　(a)《医生来访》出自莱顿画派成员雅可布·托伦弗利特(Jacob Toorenvliet，1635—1719)；(b) 德奥《医生》(c.1660-5)现藏哥本哈根丹麦国家艺术博物馆；(c) 德奥《医生》(1653)现藏维也纳艺术史博物馆；(d) 慕舍尔《工作室里的医生》(1668)

怀，不同的窗户给人完全不同的感受。图 2.66 是中国古代徽派建筑的窄小窗户和宽敞明亮的法式玻璃窗户的比较。可以想象生活在这两种截然不同的窗户内的人的境界、思想和情趣会多么的不同。在温暖舒适的房间，透过宽敞明亮的玻璃眺望大自然，会激励人们沉思外部的世界。中世纪西方的科学家和哲人都是教会人士，他们都强烈地关注光学和相关的问题。他们的思想和兴趣极可能受到从教堂庄严、美轮美奂的彩色玻璃高窗射进的光线的影响[13]。古代西方人比东方人更关注和思考自然，有玻璃可能是原因之一。因为玻璃能把人和自然、光和知识、真和美结合在一起。下面关于爱因斯坦的例子可以很好地证明这一点。

(a)　　　　　　　　　　　　　(b)

图 2.66　中国古代徽派古民居的窄小窗户(a)和法式玻璃窗户(b)的对比

爱因斯坦在欧洲长大，玻璃对他有潜移默化的深刻影响。据说爱因斯坦很喜欢他在普林斯顿高等研究院的 115 号办公室：每当黄昏时分太阳快下山的时候，霞光透过大玻璃窗照进来，几道光柱直射屋内，把整个房间映得金碧辉煌，连平常最暗的犄角旮旯都照亮了。(有兴趣的读者可阅读书籍：Ed Regis. Who Got Einstein's office? Eccentricity and Genius at the Institute for Advanced Study. Addison-Wesley，1988)。光是爱因斯坦的至爱和专属领域，他 16 岁时就着迷光的问题，想象如果能乘着光波旅行，那世界会是怎样一番景象？1905 年他创立了狭义相对论，将光速确定为物理世界中的一个绝对的不变量，提出光量子理论，解释光电效应。1911 年，他预言引力场可以使光线弯曲。1917 年，他又提出光子说，将光子定义为一种基本的、无质量的、点状的、由能量和动量构成的粒子。爱因斯坦为了探知光的本质这个自然的最大奥秘之一，比任何一位物理学家研究得都要深。直到暮年，他依然孜孜钻研，期望把光和引力这两种现象统一到单一的、全面的理论体系即统一场论中。这和玻璃对爱因斯坦的影响应该是分不开的。

玻璃还有另外一个很容易被忽视的重要作用，那就是玻璃使得古代西方人从对心灵权威、现有知识权威的遵从和迷信，转移到对观察者眼睛和感知的认可，即对实验事实乃至科学的认可。在中世纪，欧洲教会、王朝造成的封闭思想体系使当时已有的知识系统宗教化、神圣化、官僚化和绝对化，使一切知识都完全丧失活力。文艺复兴时期，在玻璃材料的帮助下，西方人把对权威、典籍知识的迷信转移到对外在视觉证据的重视[13]，使实证方法和质疑代替了迷信。人们越来越相信，眼睛从可重复的实验中看到的东西比权威的典籍和知识所断言的东西更重要和值得相信。文艺复兴之后，实证和质疑在欧洲盛行，眼睛的观察作用至关重要，当时每当研究的观察技术前进一步，实验方法就增加一分权威和影响力[13]。而那个时期人类视觉技术的进步主要和透明玻璃相关，因为拓展人类视力的平面镜、眼镜、透视镜、三棱镜、显微镜和望远镜中玻璃材料是关键。近代科学是建立在打破中世纪黑暗时期的基础上的，如果没有玻璃大大拓展人类的视觉功能，发现确凿实验证据，在当时那样迷信、封闭黑暗的社会和氛围中，筚路蓝缕的近代科学发展任务是不可能完成的。因此可以说，是玻璃把人类从中世纪迷信、封闭和停滞不前的思想氛围中解脱出来，玻璃是形成以实验法和实证为基础的近代科学的必要条件之一。玻璃推动了人们对自然及物质世界的探求，开启了人们的眼睛和心灵，让人们看到新的更宽广深刻的世界，并使西方文明阐述、解释和理解世界的方法由听觉模式转为视觉模式，最终帮助科学家窥探到自然的真正奥秘，帮助普通人解放了思想、开阔了眼界、发展了科学、增加了知识，也改善了生活。

随着玻璃材料的发展，更透明、更结实、功能更强大的玻璃材料被发明出来，科学目的更明确的棱镜、平面镜、显微镜、望远镜、气压计、温度计、真空室、真空管、蒸馏瓶、试管等各类玻璃器皿被制造出来[13,129]。在 17~19 世纪，很多伟大的科学家都是出色的磨制玻璃镜片的高手。如斯宾诺莎(Spinoza，1632—1677)、笛卡儿(Descartes，1596—1650)、哈维(Harvey，1578—1657)、胡克(Hooke，1635—1703)、惠更斯(Huygens，1629—1695)、牛顿、列文虎克(van Leeuwenhoek，1632—1723)都自己研磨玻璃镜片，并用于制造实验仪器。研磨玻璃来制造仪器是当时最精细的工艺和技术，他们都曾潜心利用玻璃仪器从事科研工作。

　　近代很多西方科学巨匠都用玻璃做设备的关键部件，并导致重大发现。玻璃仪器如棱镜、望远镜、显微镜、温度计、气压计、曲颈瓶等的发展帮助科学巨匠伽利略、哥白尼、开普勒、牛顿、笛卡儿、哈维等看到了自然的奥秘，做出了巨大的科学贡献。例如，哥白尼用自制的望远镜观察到行星围绕太阳运转的事实，建立了日心说，颠覆了地心说。图 2.67 是哥白尼用自制的望远镜观察天体运动，可以说是非晶玻璃帮助他发现了行星围绕太阳转动的秘密。图 2.68 是开普勒和开普勒望远镜。开普勒用他发明的开普勒望远镜发现了天体运行三大规律，被称为是为天空立法的人。图 2.69 是常伴随牛顿的两种玻璃实验仪器：三棱镜和望远镜。牛顿用玻璃三棱镜发现了光的性质，用望远镜认识了天体的运动规律。图 2.70 是哈勃在用望远镜观察天体，他发现大多数星系都存在红移的现象，建立了哈勃定律，为宇宙膨胀、宇宙大爆炸理论提供了有力证据。这些都是自然的奥秘。

图 2.67　哥白尼用自制的望远镜建立了日心说

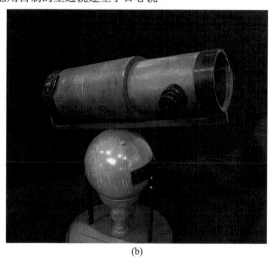

(a)　　　　　　　　　　　(b)

图 2.68　开普勒和开普勒望远镜，他用望远镜发现了天体运行三大规律

图 2.69　牛顿常用的两种玻璃实验仪器：三棱镜和望远镜

(图片来自网络：http://blog.sciencenet.cn/u/Penrose)

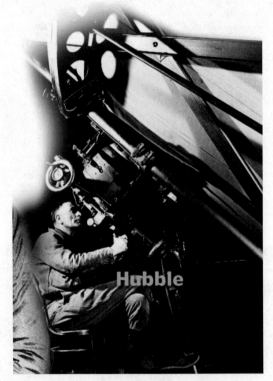

图 2.70　哈勃在用望远镜观察天体

　　用玻璃作为关键设备导致开启新的学科领域。例如，显微镜帮助科学家发现微观世界的奥秘。图 2.71 是荷兰列文虎克发明的显微镜及用显微镜观察到的细菌。列文虎克用玻璃镜片制备出高倍显微镜，首次看到了细菌，揭开了肉眼看不到的微生物世界，引发了生物学和医学的革命，最终导致 19 世纪人类对传染病的认知和部分征服。英国的罗伯特·胡克曾记述显微镜的制造过程，他使用组合显微镜发现了细胞，为人类揭示了生命的奥秘。图 2.72 是罗伯特·胡克使用的组合显微镜，他用这台显微镜发现了细胞(细胞的发现是 19 世纪的三大发现之一)。哈维用显微镜、放大镜发现血液循环。法国微生物学家巴斯德(Pasteurize，1822—1895)用显微镜研究病菌理论，使用鹅颈玻璃容器开展著名的生命起源实验，用有力的证据驳倒当时盛行的生命起源的"自然发生说"。Miller 用玻璃装置模拟由星际小分子自然合成氨基酸实验，并合成出氨基酸，证明死的有机小分子到活的有机大分子的自然转变，加深对生命起源的认识。因此，没有玻璃，就不会有显微镜，没有显微镜，胡克、列文虎克、巴斯德和科赫就无法为人类做出贡献，人类就不可能知道细菌、病毒、细胞等，细菌理论、细胞学说将不会出现，人们对传染病的认识将止步不前，而后来的医学革命也就无从谈起，对生命奥秘的理解和认识不可能深入。

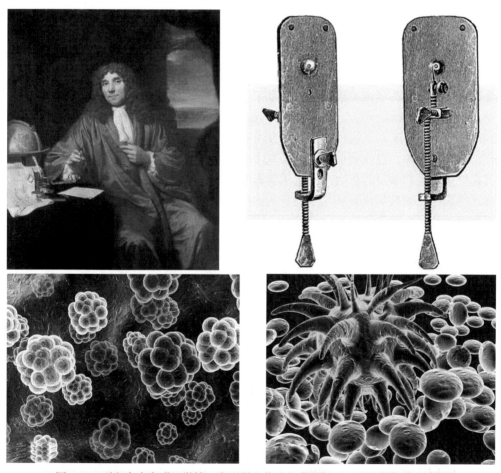

图 2.71　列文虎克发明显微镜，发现微生物和细菌，揭示了微生物世界的奥秘

使用玻璃仪器作为关键设备探究自然奥秘、发展自然科学的例子还有很多。下面列举夫琅禾费(Joseph von Fraunhofer，1787—1826)的例子来进一步说明欧洲早期科学家和玻璃的关系。

夫琅禾费发明了色差望远镜、光谱仪，对光学有重大贡献。图 2.73 是夫琅禾费的照

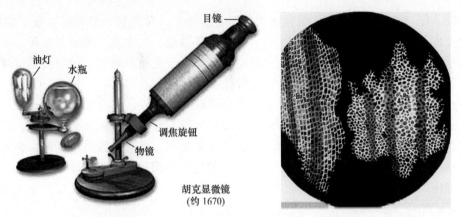

目镜

油灯

水瓶

调焦旋钮

物镜

胡克显微镜
(约 1670)

图 2.72　罗伯特·胡克使用的组合显微镜，他用这台显微镜发现了细胞，揭示了生命的奥秘

片及他在利用玻璃棱镜发明的光谱仪观察星体光谱的画。天体分光学就是建立在色差望远镜、光谱仪的基础之上的，并大大促进了现代天文学的发展。夫琅禾费的一生和玻璃及光学紧密联系在一起。他是一位天才的玻璃工艺师，出身于玻璃世家。他祖父和父亲都是高级玻璃匠人，母亲家族也是玻璃世家。由于生活穷苦，他的家庭没有能力支持他求学，他很小就开始在父亲工作的玻璃作坊里工作了。他在 11 岁成为孤儿后，为了谋生就到玻璃制造厂当工人。他边工作边学习光学知识和打磨玻璃的技艺。1801 年，这家玻璃作坊的房子倒塌，巴伐利亚选帝侯马克西米利安一世亲自带人将他从废墟中救起，并为其提供了书籍和学习的机会。夫琅禾费非常珍惜这来之不易的机会，不仅学习刻苦，同时还热衷于精密玻璃仪器和光学设备的制造。当时的玻璃技术极其机密，他自己摸索出很多玻璃技术，制备出分光计等精密光学仪器。

(a)

(b)

图 2.73　夫琅禾费的照片(a)及他在观察光谱线的画(b)

他曾发明了一种绝对平的平面玻璃，可用来检验望远镜镜面的平整性和同轴性，以改进和琢磨望远镜。经他制作的光学设备的表面质量大大优于其他工厂的产品，他因此

声名鹊起。1809 年，瑞士高级玻璃工匠 Guinand 教给夫琅禾费制作玻璃的熔制秘密，他进一步改进熔制玻璃的器皿容积，寻找高质量的玻璃制作原料，研制出了高质量、可重复的玻璃制备工艺，从而得到了高质量玻璃品种，为大型、高质量的光学设备制作及发展大型天文望远镜和测日仪等大型设备奠定了基础。

夫琅禾费也热衷科学研究，他用自己的仪器做了大量的实验，发现了太阳光中的暗线。据说他本来是对着蜡烛聚焦来看镜头的优劣，后来有一次对着太阳聚焦，就发现了一些暗线。为了研究这些谱线，他发明了光谱仪，经过细致的研究，他绘制了 574 条线的位置，并给予编号，至今这种标记法仍在使用。他指出线的位置不因太阳光直射还是月球或其他行星反射而变化，但其他恒星的光与太阳则不同。他还用这种设备检测多种元素的发射光谱，发现不同的元素会沿着光谱在不同位置呈现谱线。经过大量实验，他详尽记录下太阳的所有发射谱线，并做了报告。在研究谱线的同时，他还研制了光栅和棱镜来分光(图 2.74)，这样光谱就能被分得更开，从而更利于研究分析。

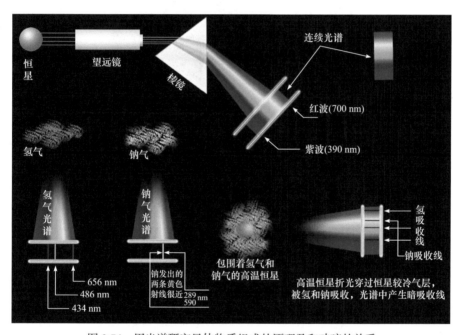

图 2.74　用光谱研究星体物质组成的原理及和玻璃的关系

夫琅禾费的发现和工作当时并没有引起重视，这可能和他工匠出身，从来不发表任何文章有关。尽管他被授予骑士，但一直不被学术界承认，甚至也不邀请他做演讲或者参加学术会议。尽管他对现代光学贡献良多，也颇有声名，但他活着时一直被学术界看不起。直到 1859 年，他的发现才被 Kirchhoff 和 Bunsen 证实，并被命名为夫琅禾费线，工作才被承认。这时，他已经去世 20 多年了。夫琅禾费对外界的看法并不在意，一直持续做着玻璃研究，但他对自己的手艺和技术看得很重，也很少有人被允许进入他的实验室。他因为长期从事吹制玻璃工艺工作，得了重金属污染导致的肺病，年仅 39 岁就去世了，终身未婚。但是他留下的科研成果和仪器及以他命名的夫琅禾费线协会，至今仍然深刻地影响着科学的发展。

X射线、金相显微镜、各类电子显微镜等物质微观结构探究的实验手段，物质提纯、萃取的实验装置都离不开玻璃。玻璃能帮助人类不断深入了解物质的结构、本质和奥秘。下面是一些典型的玻璃帮助人们认识物质结构的例子。图2.75是阴极射线管。这个简单的装置主要由非晶透明玻璃管和电极组成，是封闭在玻璃管中的一对金属平行板。阴极射线管装置产生了一批诺贝尔物理学奖成果，包括发现光电效应，发现X射线，发现电子等。阴极射线管也是电视屏幕等的前生。各类电子显微镜是研究物质结构的重要手段，玻璃也是电子显微镜的关键组成部分。合成各种材料和物质的真空设备也都离不开玻璃(如玻璃窗口等)。

图2.76是居里夫人在实验室的照片。她和居里发现、分离镭的实验主要使用的是玻

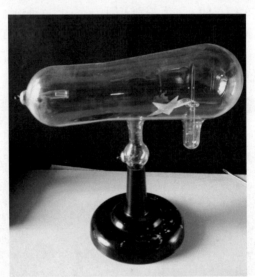

图 2.75   阴极射线管主要由非晶透明玻璃管和电极组成

图 2.76   居里夫人发现、分离镭的实验主要使用的是玻璃器皿

璃器皿。实际上，很多重要新元素的早期发现和分离使用的主要工具都是玻璃器皿，原子论的确立，玻璃功不可没。近百年来，在玻璃的协助下，人类对物质包括非晶玻璃本身的本质和结构的认识有了极大的进步。

重大发明和科学发现都有一个长长的因果链，如果缺少一个环节，因果链就无法完成。玻璃材料就是发现自然奥秘因果链中的重要一环，如果没有玻璃材料，很多重大科学发现和发明就无法完成。举例来说，没有高清晰度透明的玻璃，我们就发现不了气体定律，蒸汽机、内燃机、电力、电灯、照相机和电视机也就都成了泡影[13]；没有玻璃温度计精确测量温度，就不会有热力学。

借助玻璃，欧洲人还发明了测经纬度的六分仪、准确耐用的计时器、望远镜、灯塔、信号灯，大大促进了欧洲的航海发展，导致美洲大陆的发现。借助玻璃，欧洲的化学家才了解到氮的化学性质，发明了制氨技术，从而研发出生产氮肥的技术，这对现代农业是关键的一步。如果没有玻璃，我们就无法了解太阳系的结构，无法测度恒星的视差。玻璃仪器更新了我们对宇宙的认识，彻底改变了我们的宇宙哲学。如果没有玻璃，我们就不能了解细胞的分裂行为，不能在遗传学上取得进步，更发现不了 DNA。没有玻璃的帮助，天文学、物理学、矿物学、工程学、古生物学、火山学、地质学及广义上的生物学的发展速度都会大大减慢，发展的过程也将大相径庭。

牛津大学科学史家罗姆·哈尔在其著作《伟大的科学实验：改变我们世界观的二十个实验》(1981 年出版)中对 20 个伟大实验做例证分析，得出结论："其中的十六个不使用玻璃设备将无法进行。"表 2.2 列举出一些改变世界的著名实验，你会发现这些重要科学实验每个都离不了玻璃仪器。

表 2.2 典型非晶物质——玻璃材料和改变世界的 24 个重要科学实验关系一览表

实验名称和意义	玻璃的作用
伽利略发现月球环形山、太阳黑子，颠覆了宗教的天国	望远镜是其主要观测仪器
玻意耳测量空气体积和压强关系，建立了气体状态方程	采用 U 形长玻璃管，一段封闭
巴斯德用生命起源实验，推翻了生命自然发生说	在实验中使用很多鹅颈形玻璃烧瓶
牛顿用棱镜分解阳光的实验，得到光谱，认识光的本质	使用玻璃三棱镜
哈维发现血液循环	利用放大镜、显微镜
列文虎克通过细菌实验，发现了微生物世界，开启了微生物学和医学的革命	显微镜
法拉第的电磁实验，发现磁可转变成电，开启了电的时代	使用玻璃、琥珀摩擦生电；用玻璃制成的电储存装置——莱顿瓶
托里拆利测定大气压实验	使用均匀玻璃长管
开普勒发现行星三大定律	使用望远镜
夫琅禾费观察恒星，建立天体分光学	色差望远镜，分光镜
汤姆孙发现电子的实验	玻璃制成的密封的有稀薄气体的管子——阴极射线管前身

续表

实验名称和意义	玻璃的作用
拉瓦锡制备氧的实验	实验在玻璃广口瓶中进行，每步都使用玻璃仪器
戴维分离钾、钠等元素的实验	在玻璃容器中进行
法拉第液化气体实验	在玻璃容器中实现 Cl、CO_2 等的液化
罗蒙诺索夫发现物质不灭定律	燃烧实验室是在封闭的玻璃烧瓶中进行的
卢瑟福 20 世纪初元素人工转化实验	主要实验设备是玻璃制造的盛装气体的容器
放射性镭元素的发现	居里夫人发现、分离镭的实验主要使用玻璃器皿
光纤	网络通过高纯玻璃光纤连接
迈克耳孙和莫雷测定光速的实验	实验设备是高精度玻璃光学仪器，多种透镜和镜子是用玻璃制造的
热力学的发展	精确的玻璃温度计是必备工具
伦琴发现 X 射线实验	玻璃制成的阴极射线管是发现 X 射线的关键器件
发现电子的实验	发现电子的阴极射线管主要由非晶透明玻璃管组成
光电效应	封闭在玻璃管中的一对金属平行板是发现光电效应的关键器件
S.L. Miller 模拟由星际小分子自然合成氨基酸实验，合成氨基酸，证明死的有机小分子到活的有机大分子的自然转变，加深了对生命起源的认识	把星际小分子氢、甲烷、氨、水封闭在玻璃管中，通过真空放电合成氨基酸。玻璃管是关键仪器

　　我们上面提及的科学家就是典型的利用玻璃材料有幸窥探到上帝奥秘的人。玻璃材料帮助他们得到了上帝的最高奖赏。玻璃是窥探自然奥秘的材料。有趣的是那些有幸窥探上帝奥秘的人的心情是怎样的呢？开普勒在《开普勒全集》中有一段文字，记载了他当时的心情，他是这样写的："It is not eighteen months since I first caught a glimpse of the light, three months since the down, very few days since the unveiled Sun, most admirable to gaze upon, burst upon me. Nothing can restraint me; I shall indulge in my scared fury; I shall triumph over mankind by the honest confession that I have stolen the golden vases of the Egyptians to build up a tabernacle for me God far from the confines of the Egypt. If you forgive me, I rejoice; if you are angry, I can bear it; the die is cast, the book is written, to be read either now or by posterity, I care not which; it may well wait a century for a reader, as God himself has waited six thousand years for someone to behold his work。"（十八个月前我第一次瞥到一丝亮光，三个月前我看到了曙光，几天前，太阳，这最值得以敬仰之情仔细观察的太阳沐浴了我。没有任何力量能阻止我，我要纵情享受我神圣的狂喜，我在人类众生中出类拔萃，坦然宣称我盗取了埃及人的金瓶，为我的神在远离埃及的地方建立了神龛。如果你原谅我，我会快乐，如果你生气，我能理解。大事告成，书已写出来了，可能当代就有人读它，也可能后世才有人读，甚至

可能要等待一个世纪才会有读者能读懂它，就像上帝等了 6000 年才有信奉者一样，这我就管不着了。) 一个伟大的人，他的书，他的探索可能只是为了少数几位能理解他的人而为之的。这少数几位能理解他的人或许要等待很多年才出现。知我者，二三子。因为这二三子的存在，就足以激励一个人朴拙勤谨，埋首任事，不走捷径，不求虚名。杨振宁推测 1862 年麦克斯韦从理论上推导出光是一种电磁波的时候是什么样的心情时，曾写道："麦克斯韦是位极为虔诚的教徒，我很好奇，在做出如此巨大的发现后，麦克斯韦是否曾在祷告的时候因为窥探了造物主的最高机密之一而请求宽恕。"(Maxwell was a religious person. I wonder whether he had in his prayers asked for God's forgiveness for revealing one of his greatest secrets)(麦克斯韦方程和规范理论的概念起源，Physics Today，Nov. 12，2014，pp 45-51)。

还需指出的是，玻璃不仅帮助人类完成很多重大发明和发现，也使人类增强了认知自然的信心，在黑暗、压抑的中世纪这尤为重要。玻璃促进人们破除迷信、神和传统观念的精神枷锁，认定人类将能发现更深、更广的真理和自然规律，同时，还大大增强了人类对自然奥秘的兴趣。

总之，人们会不经意地对玻璃的重要作用不以为然，不以为意。多数人差不多都忘记了玻璃的作用，正如人们很容易忽视随处可得的空气和阳光的重要作用一样。但是只要我们愿意静下来思索一下，玻璃的作用会突显无遗。没有高清晰度透明的玻璃，就没有电灯、照相机和电视机；没有透明玻璃，就没有望远镜，天文学就无法发展，就没有新的宇宙观；没有玻璃，就不会有显微镜，人们就无法了解微观细菌世界；没有玻璃，我们就不能了解细胞，不能在遗传学上取得进步；没有玻璃制备的各种器皿，化学就难以发展；没有玻璃仪器，近代大规模航海就会变得非常困难；早期的医疗器械也主要依靠玻璃器皿，如针管、体温计、药瓶、消毒器具等。没有玻璃的帮助，天文学、物理学、矿物学、工程学、古生物学、火山学、地质学及广义上的生物学的发展将仅仅是想象。玻璃是改变人类视觉和认知的伟大材料，促进大量科学知识的产生，这些新知识催生了新产品，新产品的规模化又为人们探求新知识提供了动力。

人们常常问：为什么过去 500 年中科学革命发生在西欧而不是别的地方？原因当然是多方面的，但是如果从材料上找原因，可以认为是玻璃制造技术和玻璃材料没有在中国、印度、日本和伊斯兰世界发展起来[13,132]。在欧亚大陆的两端，西方是玻璃文明，东方是陶瓷文明。这种偶然的材料使用和重视差别竟对科学的产生和发展有如此巨大的影响！古罗马帝国灭亡后，玻璃制造中心一度曾回移到玻璃最初的发源地中东伊斯兰地区。8～14 世纪，伊斯兰地区玻璃制造业曾世界领先，同时期中东伊斯兰地区的医学、化学、数学和光学领域也领先世界。这也在某种程度上印证了玻璃和科学的密切关系。之后，可能是蒙古人的入侵，毁灭了中东玻璃制造业的繁荣。而当时欧洲玻璃制造业开始复兴，玻璃、透镜、镜子、眼镜等玻璃制品作为思想的工具受到高度重视，促使科学产生。人类在智力和本性上的不同是很小的，东西方科学、文化、文明、艺术在近代的巨大差距实际上可能就隐藏在这偶然的材料差别之中。这充分印证了非晶玻璃材料在探索自然奥秘，在人类文明历史进程中的重要作用。

印度人在公元前几千年就了解和制造玻璃，由于印度和中东的地缘关系，他们早就掌握了一切玻璃制造和成型技术。但是，和欧洲完全不同的是，玻璃在印度，类似中国古代，从没有被广泛应用，印度文明、文化和玻璃的联系很少。玻璃在印度主要用作装饰品。印度几乎没有玻璃窗、透镜、平面镜、眼镜，玻璃也没有和宗教联系起来，不像西方的教堂里玻璃制品很醒目，在印度庙宇中很难找到玻璃的影子。玻璃工在印度地位低下，玻璃制品不受达官贵族欣赏，也不能吸引士族和富商的关注，不登大雅之堂。西方的模式是：玻璃身价高，深受宗教、贵族、皇族的青睐，玻璃工受尊重，对玻璃材料需求大，对玻璃制造技术投入很多，所以玻璃在欧洲越来越发达。印度模式正好相反，玻璃被当作二流材料用来仿造宝石和瓷器，根本没有影响力。这和印度有廉价的陶器、上等的黄铜(可以制镜)及温暖的气候(不需要玻璃窗和温室)、玻璃容器有关。所以在印度这个发明零和数字的古老文明国度，需要玻璃作为物质基础的光学、天文学、几何学、微生物学、化学等近代科学没有得到发展就可以理解了。

古代中国也是技术高度发达的国家，如著名的四大发明、精湛的制陶和瓷器工艺，但是在玻璃材料领域几乎毫无建树。实际上，中国在汉代就完全掌握了玻璃制备和成型技术[132]，在12世纪就发现了玻璃的折射及放大特性，但是，和印度类似，玻璃产业在中国始终没有大规模发展起来，也没有发展玻璃技术。我国在玻璃工艺上始终是在仿玉，追求玻璃的"不透明性"，文化差异使得人们对同样的一种材料的追求走向了两个截然不同的方向，进而影响了整个科学史和文明史。

玻璃和各类镜子的制造业只在西欧得到了真正的发展。这一事实恰好与中世纪欧洲人对光学和数学的高涨兴趣相吻合。玻璃材料在中国没有发展起来主要原因有如下两点。第一，是陶瓷在中国的发达。从实用的角度看，陶瓷比玻璃更便宜，更隔热、耐用。中国碰巧拥有贮量丰富的高品质的瓷土。饮茶的茶具用陶瓷比烫手、易碎、昂贵的玻璃杯更有优势。中国温暖湿润的气候没有大的用玻璃窗户的压力。所以，玻璃在古代中国只是用作贵重宝石等的替代品，是可有可无的材料。第二，也是更重要的一点，是对玻璃的看法和态度。中国人远没有看到玻璃作为思想工具的价值，古代中国人对自然奥秘探求的兴趣和愿望不强烈，没有认识到玻璃材料在探索自然奥秘中的重要作用。想想看，在绝大多数中国人潜意识里，玻璃是次于陶瓷的材料。玻璃没有引起中国古代达官贵人、士大夫和富商的兴趣，他们对陶瓷制品的喜爱和收藏远胜于玻璃。即使在当今，大多数人也没有意识到玻璃材料的重要性，这大大制约了作为思想工具和科学发展必要物质条件的玻璃在中国的发展。这些现象与科学没有产生在技术高度发达、历史悠久的中国不无关系。

遗憾的是，在整个近代科学发展、探索自然、玻璃发明和应用历史中，很难看到中国人的身影。尽管中国神话传说早有"千里眼"之天神和"嫦娥奔月"的传说，尽管《易经》等已经对这个宇宙的运行规律做了思索，尽管我们有千年的观天象的历史，然而，当我们面临神秘莫测的天空时，还是胆怯了，在面对大自然的各种奥秘和功名利禄的时候，我们更世俗了。没有人敢触怒天威，一窥玉皇大帝之秘密，这让中国古代的科学始终停留在了哲学思辨的层次。中国要想在科学(包括非晶物质科学)领域崛起，就需要像伽利略等西方科学家一样，敢于并善于偷窥上帝的秘密，追求真理。

2. 非晶物质保存了很多自然秘密

非晶物质帮助保存了很多远古地质、大气、生物和生命演化的秘密。例子很多，例如，琥珀是典型的非晶物质——糖玻璃。图 2.77 是完整保存有恐龙时代壁虎和变色龙的琥珀。这些小动物在非晶树脂作用下变成化石，被保存在 4000 万年前波罗的海的非晶琥珀中，千万年来一直没有发生变化。非晶玻璃凝固了千万年前的时空，保存了千万年前的奥秘，使得我们能够知晓千万年前的动物世界。

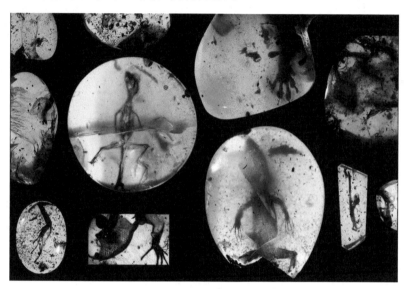

图 2.77　恐龙时代的壁虎和变色龙被完整保存在琥珀中

费曼也说过：非晶玻璃是地球上岩石的净化产物，从它的成分中我们可以发现地球的年龄和星体演化的秘密[133]。岩石中的玻璃物质可能是遥远地质年代火山喷发形成的，玻璃中可能会凝固封存有当时的大气和土壤成分，通过对这些远古玻璃成分的分析，可以了解古地质年代的大气及环境[134,135]。可以说玻璃是地质、古生物及生命演化研究的化石。

闪电击中沙漠会产生几千摄氏度的高温，瞬间熔化沙子，快速冷却导致形成玻璃柱，又称闪电熔岩(图 2.78)。这由于最先熔化的沙子高温蒸发，形成中空的闪电熔岩(图 2.78)。闪电熔岩在形成的过程中会锁住空气，形成气泡。这使得远古的闪电熔岩中可能包含有远古的空气。形成的玻璃完好地保存了这些远古大气成分。闪电熔岩中的这些气泡，为大气科学家研究地球大气变化提供了难得的材料[136]。

薛定谔在其著作《生命是什么》中说，生命的信息载体 DNA 是无序态物质，非晶态的 DNA 是很稳定的物质。生命体死亡很多年后，其 DNA 仍然能被完整保存，并能保存生命的信息。非晶物质和生命的奥秘密切相关。

非晶玻璃也是目前最好的传递信息(光纤)和保存信息(玻璃光盘)的材料。科学家已经用玻璃制造出高密度、高寿命的玻璃数据储存盘。可利用玻璃中的微型纳米结构去编码信息，其存储容量可达 360 TB。由于玻璃是一种坚固的材料，玻璃光碟可以在温度高达 190℃的环境中维持长达亿年[137]。

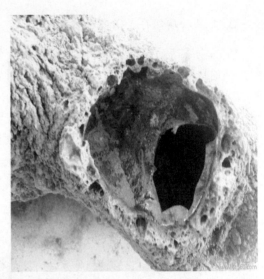

图 2.78   闪电在沙漠里形成的玻璃柱[136]

2.3.2   非晶材料和文化及艺术的关系

非晶材料和文化及艺术也有密切的关系。我们还是以典型的非晶材料玻璃为例。玻璃不仅和早期科学的发展密切相关，而且与文明、文化、艺术和宗教有密切关系。我们以绘画为例进行说明。如果没有威尼斯人发明的高品质玻璃及玻璃镜，东、西方艺术体系就不会在 1300～1500 年欧洲文艺复兴间发生分化。在文艺复兴以前，东西方的绘画没有很大的区别。当时东西方的绘画虽然细节能做到栩栩如生，但是图像是平面的、没有阴影，缺乏精确的透视和画面空间。图 2.79 是古代中国画，可以看出这些画没有透视手法，因此没有立体感。西方在文艺复兴之前，透视画法也没有普及。中国古代绘画的目的不是纯粹模拟自然，而是抒发情怀和言志，过分写实为学者型画家所不齿。伊斯兰传统甚至禁止用写实的美术技法来描述自然，认为这种模仿亵渎了造物主的杰作。欧洲文

图 2.79 古代中国画没有透视手法，因此没有立体感

艺复兴的 200 年间，人类视觉和表现形式发生了一场革命。这场变革主要发生在绘画和艺术领域。文艺复兴引入绘画空间和透视规则等一批新绘画技法[138]。绘画"透视"(perspective)，源于拉丁文 perspclre(看透)，指在平面或曲面上描绘物体的空间关系的方法或技术。透视法是在二维平面图上展现三维的深度，通过它可以制造空间幻象的能力，它是人类大脑为了还原客观真实的一个原理与法则。但透视并非与生俱来的，和玻璃材料、玻璃镜的作用有很大的关系。

如果你去参观欧洲著名的美术馆，那个时期的美术作品会给你巨大的视觉冲击，这时西方人对大自然和外在世界突然有了清晰、更细节和镜子般精确的认识，作用信息量剧增，绘画目的不再是启示和象征，而是像透过高倍透镜看世界一样，画幅显示的世界变得更加清晰和富丽明亮。是什么原因使得仅仅在意大利这个区域画家会首先精确地看见并能表现出现实世界呢？又是什么将透视和现实主义表现手法变成一个波澜壮阔的运动，以此改变人类的视觉观念呢？在答案的很多因果链中，有一个重要而且容易被忽视的原因就是玻璃的作用，是透明玻璃为人类视觉的变革提供了强大的技术支持[13]。

如图 2.80 所示，透视方法的形成和光学、光线、玻璃镜有密切的关系。人类很早就意识到透视，儿童都能自然地用透视画法来写实周遭世界。早期中国和西方绘画就有透视绘画的萌芽。但是，这种初级能力要转变成绘画法则是相当困难的。玻璃促成透视法这种变革的主要证据有如下几点：其一，当时在意大利地区高品质镜子和玻璃窗户的出现，使得人们扩充了看自然世界的视觉经验，使得他们更能接受替他们把某块局域世界捕捉到一片玻璃上的画家，广大的受众是透视画法流行的基础；其二，透视画法是建立在精确、可复制的规则基础之上的，如图 2.80 所示，绘画可看成是一块切断视线的玻璃板，使得其技法可以从画家手中传播给常人，即可以普及，这对中国和印度绘画是很难做到的；其三，透视画法的规则是建立在对空间和光学特性深刻理解的基础之上的，依赖于中世纪由玻璃推波助澜产生的几何学和光学的繁荣。另外，镜子也给当时的画家提供了看世界的新视角。正如 15 世纪意大利艺术家 Filarete 所说："假如你想用更简单的方法描述某样东西,取来一面镜子,往镜子看你要描绘的东西,你就会更容易地看见那样东西的轮廓,不论远景和近物,在你眼中都会发生透视缩短"。当人们把绘画看成是一块切断视线的玻璃板之后,透视法才发展起来(图 2.80)。玻璃镜子被认为是文艺复兴绘画透视法之母[139]。那时很多画家如乔托(Giotto 1267—1337)、达·芬奇、丢勒(Duerer,1471—1528)等都曾在镜子帮助下作画。镜子甚至被称作画家的老师。图 2.81 就是丢勒的木版画,描述了西方画家如何用透视法画画,另一个是反映欧洲文艺复兴时期画家如何利用玻璃镜子,用透视法作画。图 2.82 显示了欧洲著名油画的透视、立体效果。

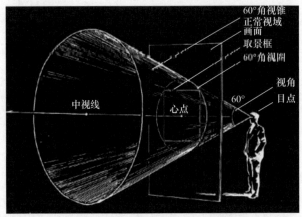

图 2.80   透视和玻璃的关系图

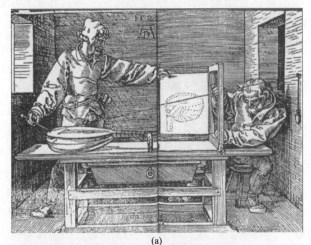

(a)

(b)

图 2.81   (a) 丢勒的木版画描述西方画家如何用透视法画画;(b) 欧洲文艺复兴时期画家在用透视法作画

图 2.82　西方油画的透视、立体效果

　　此外，如果没有玻璃，摄影、电影和电视就很难被发明。教堂、宫殿和城堡及住宅的主要装潢和设施，其中很多和玻璃材料有关。非晶玻璃通过窗户改变建筑的品位和美观，玻璃不断为艺术提供新的工具，如手表、手机、相机、温度计、灯泡等。如果你有机会观看欧洲玻璃大师加工各种玻璃制品，就会发现玻璃加工过程也是一种精湛的艺术和技术。如果你有机会参观玻璃博物馆，就会感受到，玻璃制品本身也是艺术品。因此，西方童话故事中美轮美奂的场景、场合与玻璃相关，玻璃房是西方童话世界的重要场景。玻璃制品极大地丰富了人类的艺术宝库。图 2.83 仅作为一个例子来展示玻璃加工艺术和玻璃艺术品。

图 2.83　玻璃的加工艺术和玻璃艺术品

总之，在从蒙昧走向文明的伟大历史剧中，非晶物质和材料始终扮演着重要的角色。例如，玻璃通过促进光学、几何学对透视艺术、美术发生影响，玻璃镜子、窗户和平板玻璃促进美术技法的改变；通过玻璃平面镜子，人们还改变了认识自我的方式[13]。没有玻璃镜子、透镜，文艺复兴时期的种种辉煌就只会是空中楼阁。只有在各种玻璃仪器的帮助下，人们才对光学原理有了新的认识。达·芬奇、丢勒及同时期其他巨匠，通过镜子在绘画上达到更高的精度和辉煌。高质量玻璃和现实主义美术之间的关系，可以从文艺复兴这个人类史上的伟大变革为什么发生在玻璃工业高度发达的意大利得到见证。镀银玻璃平面镜发明后，在整个西欧很盛行，但在伊斯兰世界、印度、中国和日本却难觅踪影。因而，在东方玻璃材料不发达的中国、印度和伊斯兰世界，传统美术也因此千年不变，一直是二维、符号式和写意式的美术，这些都彰显了玻璃在艺术中的作用。

有人认为，世界上不同地区对非晶玻璃截然不同的利用方式和态度，很大程度上归因于偶然的气候条件、饮食习惯、对材料的使用喜好、审美情趣和文化宗教等许多因素共同作用的结果，个人的意愿、才能及天才的奇思妙想对玻璃的发展影响甚微。但是这样的偶然却造就了西欧社会、文化和文明的巨大、超越式的发展。玻璃材料质量和工艺的改进及精密玻璃仪器的出现使人们对艺术、自然、物质世界、人类自身及自我有了更准确的认识，新知识又反过来促进了玻璃制造工艺的改进和玻璃质量的提高，进一步促进了艺术的发展。

2.3.3　非晶材料在东西方文化和文明差异中的作用

比较玻璃材料在东西方的发展对文明的影响具有深刻的历史意义和现实意义。玻璃是继陶瓷之后第二种重要的非金属材料。正如陶瓷材料贯穿中华文明和文化一样，玻璃材料自约公元前 3000 年被古巴比伦人发明以来，横贯西方各个文明阶段，对西方文化、文明、科学的万象产生了极大的影响。陶瓷和玻璃这两种最广泛使用的古老材料在中西方是并行发展的。中国陶瓷获得的成就举世公认，玻璃材料的发展是西方的贡献。陶瓷和玻璃在东西方文化和文明的差异、分歧中扮演了至关重要的角色，同时也留下了有很多值得思考的问题和启迪。由于文化和文明习惯等原因，中国在非晶玻璃材料发展史上失去了很多机会，并深刻影响中国古代科技的发展轨迹。对玻璃在中国发展历史的深度比较探究，可能会让人们透过一种材料的发展史获得更多关于文化、文明、科技和社会历史进程演化的信息和启示。

非晶材料在人类文明早期对文化和文明有巨大的影响，直到现今，非晶材料仍然影响着人类社会的发展和文明进程。另外，文化和社会也影响非晶材料的发展。我们还是以典型非晶物质——玻璃来说明。我国古代先民约在商代晚期就制造出了原始瓷器，而玻璃的出现早于瓷器约 2000 年。我国的玻璃最早进口于西亚，自己制造的玻璃应当出现于战国晚期。但是我国古代玻璃一直以仿玉为主，主要用于制作装饰品。在制造玻璃过程中，采用氧化钡改变玻璃的颜色，使其最终呈现出类似玉的乳白色。这说明我国古代的玻璃发展和中国玉文化有密切关系。中国的哲学和文化的特点是含蓄，追求不完全透明，偏爱自然的东西。而西方文化追求直白和透明，崇尚创造出的新物质。这些文化特色反映到材料选择上的不同是，西方人对瓷的要求是透，和中国人对瓷的要求不尽相同；东方对玻璃材料也不追求透明，而是类似玉的半透明，了解到玻璃出自沙土并且为非天然之物之后，对其制造和使用的兴趣锐减。这些文化、哲学理念都影响、制约了玻璃材料在中国乃至东方的发展和广泛应用。

此外，社会、官僚及精英阶层追求和目标的不同也导致对材料的应用的取向。中国古代社会和精英的最高追求是"平天下"和官本位，所以玻璃材料当时应用的方向主流是提升和炫耀地位的装饰品，而西方精英的最高追求是认识自然的奥秘。在西方，玻璃成为探索和理解自然的重要工具，成为思想的工具。玻璃使西方文明阐述、解释和理解世界的方法由听觉模式转为视觉模式，最终帮助科学家窥探到自然的真正奥秘，也帮助普通人解放了思想、开阔了眼界、增加了知识，当然最终也极大改善了生活。

另外，非晶材料会影响社会和文明的发展。非晶玻璃的发展不仅成为西方科学发展的必要条件之一，也不只是思想与认知的工具，实际上它对社会文明、文化进步及改善日常生活居功至伟。13～19 世纪，玻璃带给欧洲社会和日常生活许多方方面面的变化，玻璃不仅促进了科学的滥觞和蓬勃发展，也使许多人的生活水平得到了提高。例如，透明平板玻璃导致了窗户革命。窗户革命延长了工厂一天的工作时间，并改善了工人的工作条件，也改善了居住条件。坚硬的玻璃不仅具有较强的保护作用，同时，光线可透过玻璃射入室内，房间里的尘土变得清晰可见，而且易于清洁。玻璃窗户不仅改变了住宅的面貌，还被用作商店的玻璃橱窗和玻璃柜台，从而改变了商业的面貌。因此，玻璃窗一直使用至今。可是，直到 20 世纪，玻璃窗基本上只见于欧亚大陆西部，主要是在阿尔卑斯山以北，在东方的中国、日本等亚洲和阿拉伯国家则鲜有出现。此外，玻璃还被广泛用于餐具(如酒杯、茶杯、碗盖、各类瓶罐等)。因为易清洗。玻璃还被用于制作药瓶、香水瓶、饮料瓶，人们的卫生、生活条件和健康状况因此也得到了大大改善。

玻璃改变日常生活的另一个例子是眼镜。眼镜也极大地改变了人类的生活质量。年近五十，人的视力会衰退，以致很多人不戴眼镜就无法阅读。在 15 世纪以前，很多精通文牍和算术的人年过五十就难以继续工作。玻璃制造的透镜和棱镜，可以用来生产眼镜，以改善视力。意大利在 13 世纪发明了老花眼镜，并很快流传。到 15 世纪，眼镜在欧洲已经是普通人普通的生活用品了[13]。眼镜的发明和普及大大延缓了人类眼睛的衰退，使得知识分子的智力创造活动和工作年限至少延长 15～20 年。这对靠脑力劳动的科学和艺术，以及依靠眼睛的精细技术等的发展非常重要。眼镜加上印刷术的发展，大大促进了阅读和知识传播，反过来也促进了出版业的发展和知识的普及。中国、日本等东方汉字阅读区域近视率很高，可能和没有明亮的玻璃窗、室内采光不好有关。在东方，直到 19 世纪眼镜还没有普及。中国迟迟未能发展用于眼镜的透镜来克服视力的疾患，重要的原因是玻璃材料在中国不发达。照明对生活不可或缺。玻璃的广泛使用，使得各种玻璃灯具包括防风灯、路灯、煤气灯、电灯等成为可能，极大地延长了人类一天生活和娱乐的时间，玻璃让人类欣赏到亘古未有的美丽夜景和夜生活。

玻璃也促进了农业的发展。古罗马人就已经懂得用玻璃温室来催熟作物，并用玻璃大棚来保护葡萄植株，种植花卉和蔬果。随着玻璃生产成本的下降，尤其是平板玻璃质量的改进，人们又赋予了玻璃许多新的用途。园艺用钟形玻璃盖和玻璃温室提高了蔬果和粮食的种植水平，为人们提供了更为健康和丰富的膳食。到了 19 世纪，玻璃使得欧洲人可以从世界各地引种植物，欧洲的农场、花园和植物园因此有了更为丰富的内容。如今另一种非晶材料——塑料制成的塑料大棚，使世界上寒冷、干旱的北方能利用太阳能，不受气候影响地种出丰富多样的各类蔬菜、水果等食物，完全改变了这些地方的食物供应方式[140-142]。15 世纪以后，玻璃在其他很多方面得到了应用，比如封闭马车、观察镜、灯塔和温度计、气压计。航海用的六分仪需要玻璃，精确的计时器也离不了玻璃，而精确计时器的出现使得人们可以在海上测量精度，玻璃对航海事业的贡献由此可见。玻璃瓶的作用也很重要，它的出现使饮料、食品(如罐头)乃至机械的运输和储藏方式发生了巨大的变化。

可以说，玻璃的各种用途彼此相关、互相促进。玻璃窗改善了工作条件，玻璃灯具、眼镜延长了人们的工作寿命，玻璃容器和温室影响了人们的饮食健康，灯塔室、各种观察室、照相机、电视机及其他各式各样的玻璃制品无不是造福人类的玻璃制造。在近代欧洲，非晶玻璃成了一种令人着迷、举足轻重的材料，成了改变世界的重要因素，使得现代世界充斥在玻璃材料的海洋中[140]。

非晶玻璃来自普通的沙与尘，但是玻璃之中潜藏着科学、艺术和文明，以及巨大的生活便利和福祉。它能接纳阳光而抵挡风寒；它能弥补人类视力的衰退，延长人的智力创造生命；它帮助驱逐黑暗，迎来光明，改变了人对于光的认识、利用和欣赏方式；它能极大地延伸人的视觉功能，把视觉功能提升到听觉和记忆之上，从而改变了人和自然的关系；它能聚焦和深邃艺人和哲人的眼光，引发无穷的创造；它使人类能清晰地审视和欣赏自己，从而改变了人关于自我和本体的认识。是玻璃提供给人类更精准的新视野，这种新视野动摇了传统智慧和宗教信念，促成近代科学的产生，并使科学的路径变得坦荡，也为欧洲文明和文化在以后几个世纪称雄世界奠定了基础[140-142]。

今天更多的非晶物质和材料被发现、制造出来，如塑料、橡胶、非晶合金、水泥、非晶半导体等。这些材料对科学、文明、社会、生活的作用正在日益显现，它们对社会、科学、文明、文化和艺术的作用也不可估量。我们应该从非晶玻璃的发展历史中吸取教训和启迪，重视这些相关非晶材料的研究、发展和应用，重视文化、文明和社会环境对材料的影响，充分发挥非晶材料在中国现代化进程中的作用。

2.4　非晶物质科学的今天和明天

典型非晶材料玻璃已有近 6000 年的制备和应用历史，是人类史上最伟大的发明之一。玻璃开启了人类探索世界和认识自我的大门。有了玻璃，人类才认识了宏观世界、天体宇宙、微观世界及物质结构。非晶物质科学和材料今天和明天又是什么状况呢？本节将对非晶物质和材料领域的今天和明天，即非晶材料的发展和应用，非晶物质科学和材料研究关注的前沿和发展现状及方向做一个概要介绍，以便读者能在一定的高度更好地了解和理解非晶物质和材料的重要性，认识非晶物质科学的发展和未来，重要性、关联性和意义。

今天，塑料、橡胶、玻璃、非晶合金等各类非晶材料在高技术、信息、能源、建筑等各个领域发挥着类似玻璃的作用，正在不断改变世界、改变我们的生活，非晶材料起着越来越重要的作用。非晶材料已成为世界科技进步与经济发展的关键结构和功能材料。以传统的典型玻璃材料为例，如图 2.84 所示，玻璃在今天广泛应用于信息显示、新能源、航空航天、国防军工等几乎所有现代高技术领域。现代交通更是离不开橡胶、塑料等非晶材料。

(a) 信息显示玻璃　　　　(b) 新能源玻璃　　　　(c) 节能安全玻璃　　　　(d) 特种玻璃

图 2.84　今天传统玻璃材料的关键应用

建立系统的理论体系是非晶领域明天的重要使命。作为自然界第四大类常规凝聚态物质，非晶物质具有与晶体固体、液态、气态不同的特性和规律。非晶物质呈现出复杂的非线性力响应，结构随时间变化特性，亚稳特性，由无序到有序、流动到非晶化等结构与动力学相变过程。其许多性能明显优于传统晶态材料，特别是新型非晶合金被认为是解决现代人类在能源、环境、信息、医疗等领域所面临诸多问题的新型关键材料之一。但是，正如在肖特之前玻璃领域没有引入科学一样，非晶物质这一大类物质体系一直没有形成系统的科学和理论体系。目前人们对晶态物质的认识较深入，对复杂非晶物质的认识还处在非常初级的水平。物理学家 de Gennes 认为"对其认识相当于 30 年代固体物理水平"[9]。无论在微观结构、宏观特性、结构和性能的关系、基础理论、形成规律、新材料和工艺探索方面，非晶物质科学研究都有大量的问题有待解决和研究。关于非晶物质科学甚至还没有经典的专著和教材。

不过，人的认识总是从简单到复杂，从低级到高级这样发展。晶体、气体这两大类常规物质已经形成了比较成熟的理论框架和体系。很自然，人们开始面向更加贴近实际的非晶态、液体和软物质这样一些复杂体系。2013 诺贝尔化学奖颁给美国三位因"为复杂化学系统创立了多尺度模型"的科学家，2021 年诺贝尔物理奖颁给了 3 位从事复杂体系理论研究的物理学家。这都是信号：我们也必须面对复杂物质体系。实际上，非晶物质等复杂体系正逐渐成为很多实验室和科学家关注的中心。复杂的非晶物质作为理想经典体系来研究复杂体系的集合行为是美国科学院提出的未来凝聚态物理重大挑战问题之一[143]。从应用角度来说，对于复杂非晶体系的动力学，稳定性研究有助于防治很多难以预测的地质灾害(如地震、泥石流、雪崩等)，提高大型工程(如堆石坝、路基和药物)的长期稳定性；对非晶形成机制的认识有助于开发新的高质量、高性能的非晶材料(非晶玻璃光纤、非晶合金是典型的例子)，改进传统非晶材料的品质；另外，生物就是最复杂的物质体系，而生物体就是主要由液态和非晶物质所组成的，研究非晶体是迈向更复杂和广阔生物世界的起步。同时，复杂非晶体系的认知对于了解人类社会活动的稳定机制、城市交通等社会问题也有重要的参考意义[144]。非晶物质中还隐藏着很多等待我们去发现的意外惊喜。关于非晶物质的科学研究能发现隐藏在无序中的序，以及隐藏在复杂中的简单规律。非晶物质的利用，甚至常见非晶材料的新应用，都可能带来时代的变革，正如古老的玻璃材料，总是不断给社会带来变革性效应，如平板玻璃、大猩猩玻璃、光纤等。下面试图从不同角度来概括介绍目前非晶物质科学领域研究和应用的前沿。

从物理的角度来说，非晶物质科学中最重要、最有趣而且最深刻的未解决的核心问题是关于液态和非晶态之间转变的物理本质，即玻璃转变。或者说非晶物质的形成机制是什么是非晶物质科学的核心问题。玻璃转变简单来说就是液态和非晶(玻璃)态之间转变的过程，它是各种玻璃制造中几乎都要涉及的一个不可缺少的过程。非晶物质的形成是远离非平衡态下，时空上物质的再组织过程。图 2.85 表示原子组成的物质体系随温度降低凝聚成固态的路径，或者其体积或熵随温度的变化曲线。如图所示，从气体到液态只有一种路径，在沸腾温度 T_f，气体凝结成液体，体积 V 和熵 S 发生突变。而液体可以通过如图 2.85 所示的两种方式固化，路径 1 是不连续地凝固成晶体，这是大家司空见惯的结晶凝固方式，如炼钢、铸铜就是这种凝固方式；路径 2 是连续地、非平衡凝固成非晶固态或者玻璃态，这也是自然界中广泛存在的一种物质凝固方式，但是这种凝固路径一直被忽视，直到近几十年才被关注和研究。对于路径 2，液体将偏离其平衡态，在温度低于某个特定值，原子在有限的时间内将很难改变位置形成新的构型，此时可以认为液体的结构在实验室的时间尺度上被冻结住，从而形成了非晶玻璃态。这个转变发生在一个比较窄的温度区间，此时体系中原子的弛豫时间大于 10^3 s，体系的体积或熵随温度的变化率会产生较大但连续的变化，而该变化的结束点常被定义为玻璃转变温度(T_g)，该温度远低于熔点 T_m，大约等于 $2T_m/3$[69]。由于玻璃转变过程中体系的结构并没有发生明显改变(严格地说，是目前所具有的微观结构实验仪器还观测不到玻璃转变过程中明显的结构变化)，因此它和传统定义中的相变有本质的差别[145,146]。

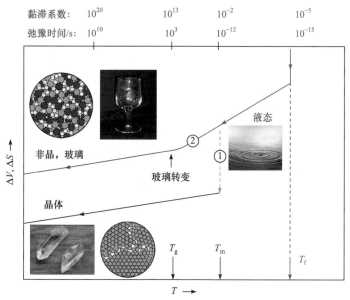

图 2.85　玻璃转变的过程图——原子体系的体积或熵随温度的变化关系。其中 T_m 为熔点，T_g 为玻璃转变温度。两种凝固路径得到的固体结构和性质完全不同

　　为了形象地理解玻璃转变点附近的极其巨大的黏度，我们可以根据黏度的原始定义[107]来估算、比较一下此时倒出一杯如此大黏度的液体所需的时间(倒出一杯水的时间大约是 1 s)：当液体放在两块面积为 A 的平行板之间，且两块平行板以相对速度 v 运动，那么维持该运动所需的力为 $F = \eta v A/d$，其中 d 为两块板间的距离。对于非晶形成液体而言，在 T_g 附近其黏度的典型值为 10^{12} Pa·s。假设 $v\sim l/t$，$F\sim 10$ N，$A/d\sim 1\sim 0.1$ m，可得时间 $t\sim 10^9$ s (约为 300 年)。这就是说，要把一杯在 T_g 点温度附近的液体倒出需要 300 年！这时的液体表现行为跟固体没有什么区别。但是根据严格的定义，只要液体仍然处于热平衡状态，那么它还是液体[145 148]。

　　80 多年前，澳大利亚昆士兰大学一位名叫托马斯·帕内尔的物理学家为了向学生们证明"沥青是液体而不是固体"(在室温附近，沥青的黏滞系数为~10^{10} Pa·s)，设计了沥青滴落实验(图 2.86)。他将沥青加热，倒入一个封口的玻璃漏斗，然后将漏斗的下端切开，开始记录每一滴沥青滴落的时间。实验证明第一滴沥青滴落耗费了 8 年。直到帕内尔去世那年，他只看到了 3 滴滴落的沥青。接管实验的另一位物理学家约翰·梅因斯通，

用 50 多年的时间，也只看到了 5 滴滴落的沥青。该实验已持续近 90 年，被评为"世界上最长的实验室实验"，不过，实验还远远没到完结。据梅因斯通估计，实验完成至少还需要 100 年。2005 年，梅因斯通因为这个漫长的实验获得了哈佛大学的搞笑诺贝尔奖。渐渐地，这个实验广为人知，甚至成为当地的旅游景点。

图 2.86   澳大利亚昆士兰大学帕内尔沥青滴落实验

(图片来自：http://en.wikipedia.org/wiki/Pitch_drop_experiment)

玻璃转变过程看似很简单、普通的一个过程，为什么这个问题如此重要和受关注呢？作者最初看到 Anderson、Angell 等关于玻璃转变和玻璃本质重要性论述时，有哗众取宠的感觉，在经过多年的学习和认识之后，才慢慢体会到这个问题的重要性和意义。玻璃转变问题实际上远远超越了非晶形成的范畴，玻璃转变是物质凝聚的重要路径，本质上完全不同于相变，但玻璃化转变过程的物理描述非常困难，无法用经典的凝聚态物理理论描述。玻璃转变比相变更普遍，涉及自然界的很多现象，广泛存在于物理、化学、生物、生命甚至社会发展过程中。玻璃转变给有生命的与无生命的物质带来许多奇妙的现象和结果。例如，生活在海洋里的缓步动物门动物和沙漠里的一些植物，它们可以在非常恶劣(干燥，低温)的环境下生存，并因此被认为是生命力最顽强的动物，其实就是借助了玻璃转变的保护作用。虽然玻璃转变这个凝聚过程和无序化带来丰富多彩的物理现象，但还没有令人满意的玻璃转变理论，凝聚态物理现有的相变理论完全不适用于玻璃转变。玻璃转变的物理机制和条件还远远不清楚。

此外，玻璃转变的研究比相变研究更具挑战性。这是因为玻璃转变既伴随着十分明显的动力学特征变化，又伴随着热力学特征变化，它到底是热力学还是动力学过程还有很大的争议。非晶体系是凝聚态物质中最庞大的体系，涉及很广泛的领域和范围，其玻璃转变过程中的弛豫和扩散涉及的时间跨越 $10^{-14} \sim 10^6$ s 的巨大尺度，频率尺度跨越 $10^{14} \sim 10^{-5}$ Hz。其转变的载体又是复杂多体相互作用体系。从液体到玻璃态的过程中虽然结构没有明显的可观察的变化，但是其动力学特征、原子扩散规律、弛豫等发生了很大的变化。如图 2.87

所示，液态随温度凝聚成玻璃态过程中，原子的动力学过程经历了类似布朗运动的自由扩散区、能量势阱限制区、能量势阱控制区，直到形成玻璃的定域特征。我们对这些变化过程中结构的变化知之甚少。

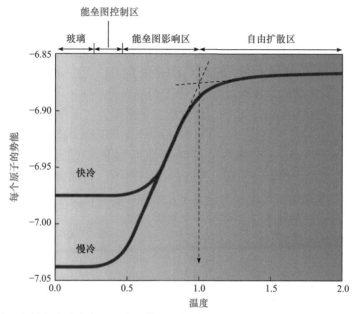

图 2.87　液态随温度凝聚成玻璃态过程中，其原子的动力学过程经历了类似布朗运动的自由扩散区、能量势阱限制区、能量势阱控制区，直到形成玻璃的定域特征[146]

伴随玻璃转变的电子结构发生从扩展态到定域态的转变，涉及粒子从局限于原子尺度的空间域变化到每个粒子可以达到宏观扩展的空间态。如果粒子是电子，在转变过程中，电子波函数发生从扩展态到定域态的转变，即安德森转变。安德森解决了这个问题，并因此获诺贝尔物理学奖。如果涉及的粒子是原子或者分子，就是玻璃转变。玻璃转变也是一个可以获诺贝尔奖的难题。解决该问题的难点和重点是对非晶玻璃形成的过冷液体弛豫的规律的认识。Anderson 曾预言玻璃转变问题是 21 世纪面临的热点科学问题[149,150]。目前，非晶物质学科关注的玻璃转变的主要问题有：为什么非晶形成液体存在多种弛豫模式？为什么弛豫远远偏离线性规律，是扩展指数形式？液体动力学在玻璃转变温度附近突然被冻结的结构原因和物理机制？玻璃转变过程中动力学行为和微观结构的关系是什么？玻璃形成液体动力学不均匀性的起源是什么？玻璃转变是必然要发生的吗？是否存在流变单元？是否存在理想玻璃和理想玻璃转变？等等。玻璃转变问题的解决一方面将推动基础物理理论发展，同时也为制备出新型优质玻璃材料提供了坚实的理论基础。对玻璃转变的深入认识会导致对物质本质的深入理解，导致更多新的非晶材料的产生和性能的改进。玻璃转变是现代非晶科学研究的前沿。

非晶领域另外一个重要前沿是非晶物质结构的物理描述。非晶物质微观结构没有长程周期性，非常复杂。这使得很难用传统的结构模型化方法来描述非晶态物质。实验上，现有的各种手段只能给出建立在平均的一维衍射结构信息基础上的一种推测，不具有唯一确定性，无助于精细结构的了解，更无法支撑从结构到性能的理解。非晶结构研究热点聚焦在以下几个方面：非晶是否存在某种或某种程度的序？早期人们倾向于认为非晶是完全混乱、密堆、无序的[151-154]。随着研究的深入，人们发现看似无序的玻璃结构中隐含着一些很难观察到的类似晶体结构一样的短、中程有序度[154-160]，或存在局域对称性[161-163]，拓扑序[164,165]，分形序等[159]。但是这些序还不能被很好地表征和描述。例如，用核磁共振(NMR)的手段发现非晶物质和其相对应的晶态成分相比，它们有着非常相近的电场强度梯度，这表明非晶物质有着晶态材料中非常相近的局部对称性或者短程序，这是化学键对非晶物质仍然适用造成的[161-163]。然而，用 NMR 的办法无法分辨出非晶合金中 hcp 或者 fcc 结构和二十面体结构的对称性有何不同，但前者是晶体短程结构的主要特征，后者却是非晶态、液态的结构特征。非晶的结构远不是简单的"无序"一词能表达的，它有着非常复杂的多形态特征。最近，高分辨球差电镜的出现给非晶结构研究带来曙光。利用高分辨球差电镜对典型非晶物质结构、二维非晶(单层非晶膜)的精细微结构直接观察和表征，将有助于对非晶结构特征的深入理解和表征[166,167]。精细微结构解析并结合精密宏观性质测量，建立非晶结构模型和理论，建立结构和非晶物质性能的关系，以及实现从结构调控非晶物质的性能是未来研究的一个重要方向。

大量研究发现结构非均匀性是非晶物质的一个本质特性。直觉上很容易认为非晶物质的微观结构也是均匀的，这主要源于早期提出的一些微观结构模型。随着研究的深入和结构分析实验手段的不断改进，人们发现非晶的微观结构并不是均匀的，而是存在纳米尺度甚至更大尺度的结构非均匀性，即有些区域表现出类似液体的性质(liquid-like)，而有些区域则表现出固体的性质(solid-like)，其不均匀的尺度在 1～10 nm 的级别[168-171]。结构不均匀是非晶动力学不均匀性、弛豫、原子流变等问题的结构基础，所以是目前研究的热点和焦点之一。人们试图将现有的最现代化的手段用于非晶非均匀结构研究。

迄今为止，还没有一个比较准确的模型能够满意地描述非晶物质的无序结构的特征，还没有找到一个比较好的方法来描述出非晶的长程无序性和短程有序性。要像晶体中那样从合理的结构模型出发，描述出非晶结构及其和性能的关系，在非晶中还难以实现。具有不同价键的非晶态物质无序结构特征也有很大的不同，对于不同价键的非晶物质，有不同的模型，如适用于共价键玻璃的连续无规网络模型，适用于非晶合金的团簇密堆模型，适用于非晶有机高分子的无规线团模型等。目前非晶结构研究还没有突破传统的晶体结构研究思路，进展甚微。球差等先进电镜、大型计算机和先进算法的出现，有望在非晶结构方面取得突破。建立非晶结构模型始终是非晶研究的热点和重点。

微观流变机制是非晶物质的另一个研究前沿重大问题。这个问题又可以表述非晶物质微观粒子在外场(包括力场、温度场)及随时间的流变和演化规律。

晶态金属材料的塑性变形或流变可以通过位错的滑移来进行，由于原子的周期性排列和长程平移序，位错的滑移可以在较低的能量或应力状态下进行。非晶物质中虽然不存在位错，但其塑性变形也必然通过局域原子的重排来进行，只不过这种局域原子的重排要比位错需要更高的能量或应力。非晶物质在不同的温度、应力和应变速率下表现出不同的变形行为，但其内部微观机制却可能相同。在高温、低应力和低应变速率下，非晶物质的每一部分都参与变形，在宏观上表现为均匀的黏滞性流动，称为均匀变形。均匀变形区还可以分为牛顿变形区和非牛顿变形区。牛顿变形区一般出现在玻璃转变温度以上，应力和应变速率之间符合线性关系；而非牛顿变形区材料表现得更黏稠，应力和应变速率之间符合非线性关系。在低温、高应力和高应变速率下，非晶表现为非均匀变形，只有很小的局域部分参与变形，大部分形变高度集中在厚度只有 10～50 nm 的剪切带内[172]。近年来随着大块非晶合金材料的发现，其相对简单的原子结构使得人们越来越重视非晶形变机制的研究[172-180]。因为非晶的形变和其结构、原子的流动性、弛豫等密切相关，对形变的理解是认识非晶和玻璃本质的重要环节。目前主要关注的焦点是形变的微观结构机制是什么，以及非晶物质强度的物理本质和结构起源是什么。

目前对非晶形变机制的研究有两条主线。一条主线是详细考虑形变区域受到的长程弹性相互作用。每一个局部的剪切形变区受到基底给它的弹性形变场的同时，也会产生长程的弹性场。每一个剪切形变区都会改变它周围的弹性场，因此，一个发生塑性形变的非晶体系实际上是处于一个自身产生的动力学噪声中。由于这种过程非常复杂，而且需要考虑一些其他的因素，如热激发、局部结构、剪切形变区产生的时间等，这些都使得这类模型需要引入许多唯象的参数，而变得难以验证。另一条主线就是平均场理论的模型，比较具有代表性的是(剪切形变区)STZ 模型。其出发点是认为局部的流变区可以看作相互不关联，由所谓的有效温度来激发。这类模型的成功之处在于它完全把这种剪切形变事件看成一个动力学的生灭过程，而避免了处理这种繁杂的细节问题。然而，其缺点也是很明显的，那就是忽略了这些事件之间的相互作用，和实验事实不相符。非晶的变形制和模型还有待进一步的深入研究[172-180]，所以需要新的能够合理解释，并能成功预测非晶物质形变和强度本质的新模型。这是非晶领域的重要前沿。

玻璃转变、结构、非晶的形变这三大问题是密切联系在一起的。玻璃转变和形变有其共同的结构起源。玻璃转变和形变是非晶对外加温度和应力的不同反映。只有将这三个问题联系起来研究，建立起它们之间的关联，才能真正理解玻璃的本质。所以，非晶领域重要的热点之一是研究玻璃转变、结构、形变之间的关系。近几年来，玻璃转变、结构、形变之间的关系研究已经取得较大的进展[181-184]，人们期待明天能建立玻璃转变和形变的统一模型。从纯科学的角度来说，玻璃转变的机制、非晶形变和强度的本质、非晶结构及与性能关系的物理描述是非晶物理研究的终极问题之一。如果这些问题解决了，我认为纯非晶物质科学的理论体系就基本建成了。

从事非晶材料研究，特别是从事非晶材料探索的人非常关心非晶形成能力(GFA)问题，这是非晶材料研究的核心问题。虽然理论上，各类液态都能转变成非晶态，但是在现有制备条件下，大量体系难以形成非晶态。特别是具有金属键的合金材料，其非晶形成能力非常有限。只有为数很少的特殊合金系(如 Pd 基合金，Zr 基合金)和特殊的成分点(如 $Zr_{41}Ti_{14}Cu_{14.5}Ni_{10}Be_{22.5}$)能用现有的非晶制备方法合成出厘米级大块非晶合金。理解非晶形成能力的物理机制，寻求提高非晶形成能力的条件和方法，对发展非晶合金新材料尤为重要，是非晶材料领域的前沿问题。关于非晶形成能力，人们提出了许多判据，由于非晶形成能力和非晶形成液体和结构的关系，动力学和热力学机制都不甚清楚，这些都是经验性或半经验性的，还没有普适的、能预言非晶形成能力的判据。单纯依据目前的经验规则寻找新体系有相当的局限性。因此，探索新型非晶合金、提高合金非晶形成能力还处在盲目的"试错"阶段。显然，需要对非晶形成能力的物理机制、控制因素进行更深入、具体的研究，以更好地指导材料探索。

但是，非晶形成能力难题的真正理解和解决一定是建立在对玻璃转变深刻理解的基础之上的。

非晶物质是如何失稳的呢？其机制是什么？这是既古老又前沿的非晶物质科学问题。非晶物质主要表现为宏观脆性，其脆性断裂是一个非平衡断裂过程，和自然界中很多脆断现象类似，人们对这类脆断的能量耗散机制了解还很少，认识还很浅显[185-191]。例如，人们对某些非晶合金表现出较高的韧性，如 Pd 基等非晶缺口应力强度因子高达 200 MPa·m$^{1/2}$，但缺乏明显的塑性变形感到很困惑。另外，非晶材料断裂机制是本征脆性还是塑性，断面结构特征与性能，韧性和强度之间的关系，裂纹分叉机制问题，非晶态断裂面结构特征与断裂行为之间的关系，表面弹性波又称瑞利波与裂纹前端的相互作用问题[190,191]，非晶在高速变形时很容易发生绝热剪切并在动态断裂时产生光、声发射现象，断裂过程中的锯齿现象[176]，裂纹扩展速度与表面结构特性间的相关性等正引起人们的广泛兴趣。对这些问题的深入理解，不但对探索高性能非晶材料，也对理解认识诸如非晶本质、地震等自然失稳现象、工程安全性有重要意义。

开发新型非晶材料、制备技术、成型技术是非晶材料领域永恒的课题。如进一步提高玻璃制品的强度和韧性一直是工程师们面临的长期挑战，开发高强高韧的玻璃一直是材料领域的前沿。如向 SiO$_2$ 中添加稀土氧化物和氧化铝可以制备具有高弹性模量和高硬度的玻璃，折射率高达 1.94，杨氏模量和维氏硬度分别为 158.3 GPa 和 9.1 GPa(图 2.88 和图 2.89)[192,193]。这些致密且无瑕疵的氧化铝玻璃可以像金属一样快速变形且不会破碎，颠覆了人们对于玻璃的传统认知[193]。

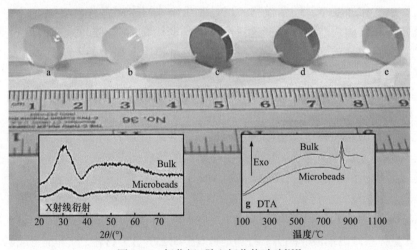

图 2.88 氧化铝-稀土氧化物玻璃[192]

非晶态 Al$_2$O$_3$ 是一种比传统认知的韧性大得多的材料，无须大量的热激活，在常温下(~300 K)就可以发生黏滞性蠕变，并在塑性应变期间能保持非晶态。随着应变速率的增加，非晶态 Al$_2$O$_3$ 的黏度显著降低，直到室温下，黏度可达 1 Pa·s，与甘油在 300 K 下的黏度相当。这种形变现象是通过键切换发生的，相邻化学键在拉伸和压缩过程中随应变的变化改变，键的交换和旋转，产生原子移位，使微观过程累积成宏观的流动性[194]。其裂纹扩展不会像传统的玻璃一样产生很大的应力集中，裂纹会随扩展钝化，从而导致了韧性[194]，如图 2.90 所示。

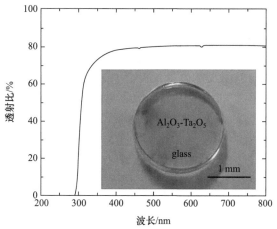

图 2.89　透明的、高塑性的 Al_2O_3-Ta_2O_5 玻璃[193]

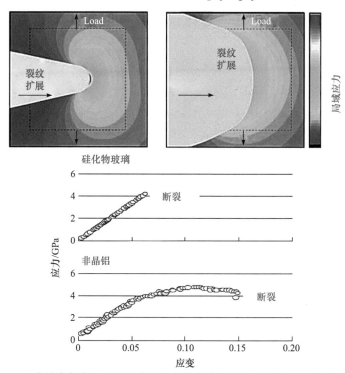

图 2.90　非晶态氧化铝的塑性应变及如何提高玻璃抗破坏能力的示意图[194]

　　明天，更多在极端条件下表现出特殊结构变化和特殊性能的非晶物质和材料将被开发出来，非晶物质在极端条件的行为及展现出的独特性能也是研究的前沿。例如，在 50 K 以下的热学、光学、声学及介电性质等表现出许多在相应晶体中观测不到的特性[195]。建立在连续介质假设基础上的德拜模型能很好地描述低温下比热实验结果，虽然非晶结构不同于晶体没有长程序，但在低温下非晶态固体同样可以看作连续的介质。所以从理论上来说，德拜模型在低温下应该同样适合非晶固体。但是实验发现，对非晶物质在 1 K 以下的低温比热和热导等热学特性明显不同于其对应的晶态物质，主要表现在它们的低温比热与温度成线性关系和热导与温度的平方成比例[196]。这种比热异常在几乎所有的非晶态材料中都观察到，并且几乎具有很接近的值。以前，几乎所有的固体物理学家都认为玻璃的比热和热导行为在 1 K 以下的表现和晶体没什么区别，因为声子的波长随着温度的降低而变长，这样非晶的结构无序就变得不重要了。实验事实说明，非晶中存在的局域无序导致了低温异常效应。研究发现，不仅比热在低于 1 K 下偏离德拜模型的 T^3 依赖关系而随着温度线性变化，当温度高于 1 K 时，非晶固体的比热对温度的依赖关系也会偏离线性，也不遵从德拜模型。如图 2.91 所示，对几乎所有的非晶物质，把其比热除以 T^3，会在 10 K 附近出现一个峰值，这个比热异常行为被称为"玻色峰"(boson peak)[197-201]。玻色峰是一种重要的弛豫模式，是非晶态物理中热点研究内容之一。

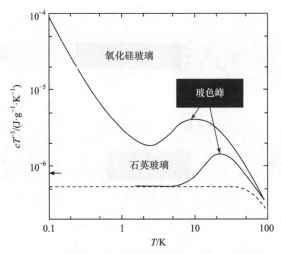

图 2.91   非晶物质在 1 K 下的比热反常和玻色峰[196]

非晶物质在高压下也表现出很多奇异的性质，高压可以制备新的非晶态物质。随着高压技术的发展，压力对材料的影响越来越受重视。高压对非晶的形成、晶化、相变有很大影响，压力可导致非晶化，可以促进非晶物质和液体发生相分离，实现多形转变，降低形核势垒，同时抑制原子的长程扩散，控制晶核长大。高压或者降温可以实现非晶相到另一种非晶相的相变。但是对压力是如何影响非晶的结构、相变、结晶，以及多形转变的机制有待深入研究。

现代化理念和现代大科学装置将带来非晶物质科学、非晶材料探索的突破。20 世纪以来，科学技术发展中出现了一个新的态势，即许多科学领域的进一步发展，或者说它们的研究前沿的突破，都离不开大科学装置。因此，世界各强国在以巨大的投入建立大科学装置。非晶物质和材料由于其结构的复杂性和性能的极端性，现有的物质和材料结构分析研究手段难以满足其结构、动力学、性能的探测和分析的需求。先进的科学大装置，如同步辐射装置、中子衍射装置、自由电子激光装置、超重力实验装置等在非晶材料和物质研究中将发挥越来越重要的作用，为材料微观结构特别是非晶物质的研究提供了强有力的先进手段。非晶物质科学研究和科学大装置结合解决关键问题是个大趋势。科学大装置和平台将在非晶物质的明天发挥越来越重要的作用。

2.5　小结和讨论

本章回顾了几千年来非晶材料应用和制备历史，介绍了非晶物质研究和研发近百年的历程和重要科学家，分析了当前非晶物质领域的前沿科学问题、发展方向、重要进展、机遇和挑战、在高新技术领域的应用和发展前景。从发展历史看，非晶物质科学和非晶材料虽然不引人瞩目，但对人类社会、科学和文明的贡献和影响巨大。非晶是可以改变历史和时代轨迹、改变人类对自然和自我认知的伟大材料。例如，有了非晶玻璃，人类才正确认识了天体宇宙，认识物质结构和本质，才能认识微生物和微观世界，认识生命和自我。

在 16~17 世纪，非晶材料——玻璃的大发展，改变了西方文明和社会的进程和轨迹，促进了科学的诞生和快速发展。在历史的各个时期，非晶材料都有重要影响，对社会、文明有重要促进作用。非晶材料的进一步发展还将继续改变未来。因此，第 75 届联合国大会第 66 次全会批准 2022 年为国际玻璃年，旨在推进全球玻璃研究和产业的可持续发展，缔造更为璀璨美好的玻璃世界。60 多年来，联合国大会通过宣布国际年的方式来表彰重要领域对社会做出的贡献，如曾批准了国际天文年(2009 年)、国际化学年(2011 年)及元素周期表国际年(2019 年)等。这一举措也说明国际上对玻璃材料的广泛重视。

非晶发展史也说明非晶材料的工艺革新，非晶材料的应用研究和应用的创新决定了非晶科学和非晶材料在一个国家的认可和关注，反过来非晶材料会影响一个国家的繁荣文明程度。例如，陶瓷和玻璃这两种广泛使用的古老材料在中西方并行发展。虽然中国在陶瓷材料上所获得的成就举世公认，但由于文化和文明习惯等原因，中国在非晶玻璃材料发展史上失去了很多机会，贡献很少，并深刻影响了中国古代科技发展的轨迹。对玻璃在中国发展历史的深度比较探究，可以让人们透过一种材料的发展史获得更多关于文化、文明、科技和社会历史进程演化的信息和启示。应该吸取历史的教训和启迪，改变对待各种非晶新材料的态度、应用创新和投入，抓住历史机遇，让非晶材料在古老的东方发扬光大，让中国智慧在非晶物质科学和材料留下烙印。

华人在玻璃材料发展史上做出了一定的贡献，如光纤的发明和应用，浮法技术，高熵合金的发明，未来中国在非晶物质科学和材料领域必将有更大的发展，做出更大的贡献。

非晶物质的历史也说明了引入科学对非晶材料发展的关键作用。建立系统的非晶物质科学的理论体系、研究范式和理念，探索新型非晶材料及其创新性应用是非晶物质领域明天的使命。学科交叉也是非晶物质领域发展的新途径。应该充分吸收、融合其他领域的发展成果，充分利用现代科学手段，研究交叉是非晶材料研究和应用的出路之一。

在初步了解非晶物质和材料波澜壮阔的发展历史之后，让我们一起跟随显微镜，进入非晶物质的微观世界，看看原子/分子是怎样凝聚成平凡而又神奇的非晶物质的，探究这些微小的粒子又是如何使得宏观非晶物质具有独特性能的，领略非晶物质微观世界的奇异风景和奥秘……

参 考 文 献

[1] Stavrianos L A. Global History: From Prehistory to the 21st Century . 7th ed. Prentice Hall, 1998.

[2] 干福熹. 丝绸之路上的古代玻璃研究. 上海: 复旦大学出版社, 2011.

[3] 汪卫华. 金属玻璃研究简史. 物理, 2011, 40: 701-709.

[4] Bourhis E L. Glass: Mechanics and Technology. Wiley-VCH Verlag GmbH & Co. Weinheim, 2008.

[5] 安家瑶. 玻璃器史话(A Brief History of Glasswares in China). 北京: 中国社会科学文献出版社, 2011.

[6] Osinski G R, Schwarcz H P, Smith J R, et al. Evidence for a～200-100 ka meteorite impact in the Western Desert of Egypt. Earth and Planetary Science Letters, 2007, 253: 378-388.

[7] Heide K, Heide G. Vitreous state in nature-origin and properties. Chemie der Erde, 2011, 71: 305-335.

[8] Petrie F. Glass found in Egypt. Trans. British Newcomen Soc., 1925, 5: 72-76.

[9] de Gennes P G, Badoz J. Fragile Objects: Soft Matter, Hard Science, and The Thrill of Discovery, Copernicus. New York: Springer-Verlag, 1996. 卢定伟等译. 软物质和硬科学. 长沙: 湖南教育出版社, 2000.

[10] http: //www. materialmoments. org.

[11] https: //ceramics. org/about/what-are-engineered-ceramics-and-glass/brief-history-of-ceramics-and-glass.

[12] Rehren T, Pusch E B. Late bronze age glass production at qantir-Piramesses, Egypt. Science, 2005, 308: 1756-1758.

[13] Macfarlane A, Martin G. The Glass Bathyscaphe. Andrew Nurnberg: Profile Books Ltd., 2002.

[14] 吴限. 现代玻璃材料科学之父——奥托·肖特. 现代物理学知识, 2018, 30: 65-70.

[15] Strobl G. The Physics of Polymer. Berlin: Springer-Verlag, 1996.

[16] Cahn R W. The Coming of Material Science. Amsterdam: Pergamon, 2001.

[17] Tammann, G. Der Glaszustand (The Vitreous State); Leopold Voss Verlag: Leipzig, Germany, 1933.

[18] Simon F. Fünfundzwanzig Jahre Nernstscher Wärmesatz (Twenty-five years of Nernst's heat theorem). Ergebnisse der exakten Naturwiss. 1930, 9: 222-274; Simon, F. Über den Zustand der unterkühlten Flüssigkeiten und Gläser (On the state of undercooled liquids and glasses). Z. Anorg. Allg. Chem. 1931, 203, 219-227.

[19] Fulcher G S. Analysis of recent measurements of the viscosity of glasses. J. Am. Ceram. Soc., 1925, 8: 339-355.

[20] Mauro J C. Gordon Scott Fulcher: Renaissance Man of Glass Science. Front. Mater., 2014, 1: 25.

[21] Zachariasen W H. The atomic arrangement in glass. J. Am. Chem. Soc., 1932, 54: 3841-3851.

[22] Bernal J D, Fowler R H. The Structure of Water. J. Chem. Phys., 1933, 1: 515-518.

[23] Bernal J D. Geometry of the structure of monatomic liquids. Nature, 1960, 185: 68-70.

[24] Bernal J D. A geometric approach to the structure of liquids. Nature, 1959, 183: 141-147.

[25] Bernal J D, Mason J. Coordination of randomly packed spheres. Nature, 1960, 187: 910-911.

[26] Finney J L. Bernal's road to random packing and the structure of liquids. Philos. Mag., 2013, 93: 31-33.

[27] Tool A Q, Eichlin C G. Variations caused in the heating curves of glass by heat treatment. J. Am. Ceram. Soc., 1931, 14: 276-308.

[28] Kauzmann W. The nature of the glassy state and the behavior of liquids at low temperatures. Chem. Rev., 1948, 43: 219-256.

[29] Cahn R W. Missing atoms and melting. Nature, 1992, 356: 108-109.

[30] Spaepen F, Aziz M. Obituary: David Turnbull (1915-2007). Nature, Mater., 2007, 6: 556.

[31] Cohen M H, Turnbull D. Molecular transport in liquids and glasses. J. Chem. Phys., 1959, 31: 1164-1169.

[32] Turnbull D, Cohen M H. Concerning reconstructive transformation and formation of glass. J. Chem. Phys., 1958, 29: 1049-1054.

[33] Turnbull D. Kinetics of heterogeneous nucleation. J. Chem. Phys., 1950, 18: 198-203.

[34] Turnbull D. Correlation of liquid-solid interfacial energies calculated from supercooling of small droplets. J. Chem. Phys., 1950, 18: 769.

[35] Turnbull D. Kinetics of solidification of supercooled liquid mercury droplets. J. Chem. Phys., 1950, 20: 411-424.

[36] Frank F C. Supercooling of liquids. Proc. R. Soc. Lond., 1952, 215: 43-46.

[37] Turnbull D, Cohen M H. Crystallization Kinetics and Glass Formation. Modern Aspects of the Vitreous State, London: Butterworth, 1960.

[38] Cohen M H, Turnbull D. Composition requirements for glass formation in metallic and ionic systems. Nature, 1961, 189: 131-132.

[39] Turnbull D, Cohen M H. Free-volume model of the amorphous phase: glass transition. J Chem. Phys., 1961, 34: 120-125.

[40] Uhlmann D R. Glass formation. J. Non-Cryst. Solids, 1977, 25: 42-85.

[41] 郭贻诚, 王震西. 非晶态物理学. 北京: 科学出版社, 1984.

[42] Anderson P W. Absence of diffusion in certain random lattices. Phys. Rev., 1958, 109: 1492-1505.

[43] Mott N F. Electrons in disordered structures. Adv. In Phys., 1967, 16: 49-144.

[44] Spear W E. Amorphous and Liquid Semiconductors. Centre for Industrial Consultancy and Liaison, 1977.

[45] 何宇亮等. 非晶态半导体物理学. 北京: 高等教育出版社, 1989.

[46] 刘思科. 半导体物理学. 北京: 国防工业出版社, 2010.

[47] Kolomiets B T. Vitreous semiconductors. Phys. Status Solidi, 1964, 7: 359-372.

[48] Chen I, Mrot J. Xerographic discharge characteristics of photoreceptors. J. Appl. Phys., 1972, 43: 1164-1170.

[49] Spear W E. Le Comber P G. Substitutional doping of amorphous silicon. Solid State Commun., 1975, 17: 1193-1196.

[50] Schmelzer J W P, Gutzow I S. Glasses and the Glass Transition. WILEY-VCH: Berlin-Weinheim, Germany, 2011.

[51] Duwez P. Metallic glass, a new class of mateials- their scitific and industrial importance. Trans Indian Inst. Metals., 1979, 32: 81-89.

[52] Luborsky F E. Amorphous Metallic Alloys. London: Butterworths, 1983.

[53] Zallen R. The physics of amorphous solids. A Wiley-interscience Publication, 1983.

[54] Wang W H, Dong C, Shek C H. Bulk metallic glass. Mater. Sci. Eng. R, 2004, 44: 45-89.

[55] Kramer J. Noconducting modification of metals. Annln. Phys., 1934, 19: 37-64.

[56] Brenner A. Riddell G. Deposition of nickel and cobalt by chemical reduction. J. Res. Nat. Bur. Stand., 1947, 39: 385-395.

[57] Brenner A, Couch D E, Williams E K. Electrodeposition of alloys of phosphorus with nickel or cobalt. J. Res. Nat. Bur. Stand., 1950, 44: 109-122.

[58] Buckel W, Hilsch R. Einfluss der kondensation bei tiefen temperaturen auf den elektrischen widerstand und die supraleitung fur verschiedene metalle. Z. Phys., 1954, 138: 109-120.

[59] Ashby M F. Materials Selection in Mechanical Design. 3rd ed. Amsterdam: Elsiver, 2005

[60] Brown L M, Pais A, Pippard S B. Twentieth Century Physics. Bristol and Philadelphia: Institute of Physics Publishing, 1995.

[61] Klement W, Willens R, Duwez P. Non-crystalline structure in solidified gold-Silicon alloys. Nature, 1960,

187: 869-870.

[62] Shechtman D, Blech I, Gratias D, et al. Metallic phase with long-range orientation order and no translational symmetry. Phys. Rev. Lett., 1984, 53: 1951-1953.

[63] Pond R, Maddin R. Method of producing rapidly solidified filamentary castings. TMS-AIME, 1969, 245: 2475-2476.

[64] Chen H S, Miller C E. A rapid quenching technique for the preparation of thin amorphous solids. Rev. Sci. Instru., 1970, 41: 1237-1238.

[65] Gubanov A I. On the theory of amorphous conductors. Soviet Phys. Solid State., 1960, 2: 605-608.

[66] Nowick A S, Mader S. Hard sphere model to simulate alloy thin films. IBM J. Vac. Soc. & Tchnol., 1965, 9: 358-374.

[67] Simpson A W, Brambley D R. Magnetic and structural properties of bulk amorphous and crystalline Co-P alloys. Phys. Status Solidi, 1971, 43: 291-300.

[68] Turnbull D. Under what conditions can a glass be formed. Contem. Phys., 1969, 10: 473-488.

[69] Greer A L. Metallic glasses. Science, 1995, 267: 1947-1953.

[70] Inoue A. Stabilization of metallic supercooled liquid and bulk amorphous alloys. Acta Mater, 2000, 48: 279-306.

[71] Johnson W L. Thermodynamic and kinetic aspects of the crystal to glass transformation in metallic materials. Prog. Mater. Sci., 1986, 30: 81-134.

[72] Suryanarayana C. Mechanical alloying and milling. Prog. Mater. Sci., 2001, 46: 1-184.

[73] Schwarz R B, Johnson W L. Formation of an amorphous alloy by solid-state reaction of the pure polycrystalline metals. Phys. Rev. Lett., 1983, 51: 415-418.

[74] Koch C C, Calvin D B, et al. Preparation of amorphous by mechanical alloying. Appl. Phys. Lett. , 1983, 43: 1017-1019.

[75] Bai H Y, Michaelsen C, Bormann R. Inverse melting in a system with positive heat of formation. Phy. Rev. B, 1997, 56: 11361-11364.

[76] Moine P, Jaouen C. Ion beam induced amorphization in the intermetallic compounds NiTi and NiAl. J. Alloy, and Comps., 1993, 194: 373-380.

[77] Xu G B, Okamoto P R, Rehn L E. Crystalline-amorphous transition of $NiZr_2$, NiZr and Ni_3Zr by electron irradiation. J. Alloy. Compd., 1993, 194: 401-405.

[78] Wang W K, Iwasaki H. Effect of high pressure on the crystallization of an amorphous Fe83B17 alloy. J. Mater. Sci., 1980, 15: 2701-2704.

[79] Chen H S, Haemmerle W H. Excess specific heat of a glassy $Pd_{0.775}Cu_{0.06}Si_{0.165}$ alloy at low temperature. J. Non-cryst. Solids, 1972, 11: 161-169.

[80] Kui H W, Greer A L, Turnbull D. Formation of bulk metallic glass by fluxing. Appl. Phys. Lett., 1984, 45: 615-616.

[81] Inoue A, Zhang T, Masumoto T. Al-La-Ni amorphous alloys with a wide supercooled liquid region. Mater Trans JIM, 1989, 30: 965-972.

[82] Johnson W L. Bulk Glass-Forming Metallic Alloys: Science and Technology. MRS Bull. 1999, 24: 42-56.

[83] Peker A. Johnson W L. A highly processable metallic glass: $Zr_{41.2}Ti_{13.8}Cu_{12.5}Ni_{10.0}Be_{22.5}$. Appl. Phys. Lett., 1993, 63: 2342-2344.

[84] Zhang B, Zhao D Q, Pan M X, et al. Amorphous metallic plastics. Phys Rev. Lett., 2005, 94: 205502.

[85] Luo Q, Wang W H. Rare earth based bulk metallic glasses. J. Non-cryst. Solids., 2009, 355: 759-775.

[86] Tang M B, Zhao D Q, Pan M X, et al. Binary Cu-Zr bulk metallic glasses. Chin. Phys. Lett., 2004, 21: 901-904.

[87] Meng D, Zhao D Q, Ding D W, et al. Tantalum based bulk metallic glasses. J. Non-Cryst. Solids., 2011, 357: 1787-1792.

[88] Zhao K, Zhao D Q, Pan M X, et al. Degradable Sr-based bulk metallic glasses. Scripta. Mater., 2009, 61: 1091-1094.

[89] Jiao W, Zhao K, Pan M X, et al. Zinc based bulk metallic glasses. J. Non-Cryst. Solids., 2010, 356: 1867-1871.

[90] Yi J, Bai H Y, Pan M X, et al. Micro and nano scale metallic glassy fibres. Adv. Eng. Mater., 2010, 12: 1117-1124.

[91] Inoue A, Nishiyama N. New bulk metallic glasses for applications as magnetic sensing, chemical, and structural materials. MRS Bull., 2007, 32: 651-658.

[92] https: //tech. sina. com. cn/d/2006-02-24/1148850855. shtml?from=wap.

[93] Kumar G, Schroers J. Nanomoulding with amorphous metals. Nature, 2009, 457: 868-872.

[94] Lewandowski L L, Wang W H, Greer A L. Intrinsic plasticity or brittleness of metallic glasses. Philo. Mag. Lett., 2005, 85(2): 77-87.

[95] Schroers J, Johnson W L. Ductile bulk metallic glass. Phys. Rev. Lett., 2004, 93: 255506.

[96] Wang W H. The correlation between the elastic constants and properties in bulk metallic glasses. J Appl. Phys., 2006, 99: 093506.

[97] Das J, Tang M B, Wang W H, et al. "Work-hardenable" ductile bulk metallic glass. Phys. Rev. Lett., 2005, 94: 205501.

[98] Liu Y H, Wang G, Pan M X, et al. Super plastic bulk metallic glasses at room temperature. Science, 2007, 315: 1385.

[99] Demetriou M D, Launey M E, Garrett G, et al. Ritchie R O. A damage-tolerant glass. Nature Mater., 2011, 10: 123-128.

[100] Hays C C, Kim C P, Johnson W L. Microstructure controlled shear band pattern formation and enhanced plasticity of bulk metallic glasses containing in situ formed ductile phase dendrite dispersions. Phys. Rev. Lett., 2000, 84: 2901-2904.

[101] Hofmann D C, Suh J Y, Wiest A, et al. Designing metallic glass matrix composites with high toughness and tensile ductility. Nature, 2008, 451: 1085-1090.

[102] Wu Y, Xiao Y H, Chen G L, et al. Bulk metallic glass composites with transformation- mediated work-hardening and ductility. Adv. Mater., 2010, 22: 2770-2773.

[103] Pauly S, Goorantla S, Wang G , et al. Transformation-mediated ductility in CuZr-based bulk metallic glasses. Nature Mater., 2010, 9: 437-441; Sun Y F, Wei B C, Wang Y R, et al. Plasticity-improved Zr-Cu-Al bulk metallic glass matrix composites containing martensite phase. Appl. Phys. Lett., 2005, 87: 051905.

[104] Wang W H. The elastic properties, elastic models and elastic perspectives of metallic glasses. Prog. Mater. Sci., 2012, 57: 487-656.

[105] Wang W H. Correlation between relaxations and plastic deformation, and elastic model of flow in metallic glasses and glass-forming liquids. J Appl. Phys., 2011, 110: 053521.

[106] Afonin G V, Mitrofanov Y P, Makarov A S, et al. Universal relationship between crystallization-induced changes of the shear modulus and heat release in metallic glasses. Acta Mater., 2016, 115: 204-209.

[107] Liu Z Q, Wang W H, Jiang M Q, et al. Intrinsic factor controlling the deformation and ductile-to-brittle transition of metallic glasses. Philos. Mag. Lett., 2014, 94: 658-668.

[108] Chen H S, Turnbull D. Thermal evidence of a glass transition in gold‐silicon‐germanium alloy. Appl. Phys. Lett., 1967, 10: 284-286.

[109] Chen H S, Turnbull D. Formation, stability and structure of palladium-silicon based alloy glasses. Acta Metall., 1969, 17: 1021-1031.

[110] Chen H S. Glass temperature, formation and stability of Fe, Co, Ni, Pd and Pt based glasses. Mater. Sci. Eng., 1976, 23: 151-154.

[111] Chen H S, Coleman E. Structure relaxation spectrum of metallic glasses. Applied Physics Letters, 1976, 28: 245-247.

[112] Chen H S. Stored energy in a cold‐rolled metallic glass. Applied Physics Letters, 1976, 29: 328-330.

[113] Chen H S. Thermodynamic considerations on the formation and stability of metallic glasses. Acta Metall., 1974, 22: 1505-1511.

[114] Inoue A, Kita K, Zhang T, et al. An amorphous $La_{55}Al_{25}Ni_{20}$ alloy prepared by water quenching. Mater. Trans. JIM, 1989, 30: 722-725.

[115] Inoue A, Zhang T, Masumoto T. Production of amorphous cylinder and sheet of $La_{55}Al_{25}Ni_{20}$ alloy by a metallic mold casting method. Materials Transactions, JIM, 1990, 31: 425-428.

[116] Inoue A, Zhang T, Masumoto T. Zr-Al-Ni amorphous alloys with high glass transition temperature and significant supercooled liquid region. Materials Transactions, JIM, 1990, 31: 177-183.

[117] Iwasaki H, Wang W K. Structural transitions of amorphous alloys under high pressure. Science Reports of the Research Institutes Tohoku University Series Physics Chemistry and Metallurgy, 1981, 29: 195-203.

[118] 毛自力, 陈红, 王文魁. 高压下 $Zr_{60}Ni_{20}Al_{20}$ 金属玻璃形成过程的研究. 高压物理学报, 1992, 3: 212-216.

[119] Liu R P, Wang W K. Evaluation of effective mass transport coefficients through comparison of solidification on the ground and on board a satellite. Appl. Phys. Lett., 1997, 71: 64-65.

[120] 黄新明, 何寿安, 王文魁. 非晶 $La_{80}Al_{20}$ 晶化相的超导电性. 高压物理学报, 1987, 2: 130-137.

[121] Dong Y D, Gregan G, Scott M G. Formation and stability of nickel-zirconium glasses. Journal of Non-Crystalline Solids, 1981, 43: 403-415.

[122] Dong Y D, He Y Z. Formation of amorphous $Cu_{60}Zr_{40}$ and $Ni_{50}Zr_{50}$ powders by mechanical alloying. Chinese Physics Letters, 1989, 6: 229-232.

[123] Dong Y D, Wang W H, et al. Structural investigation of a mechanically alloyed Al-Fe system. Materials Science and Engineering A, 1991, 134: 867-871.

[124] Dong Y D, Ma X M, Yang Y Z, et al. Mechanically driven alloying and structural evolution of nanocrystalline $Fe_{60}Cu_{40}$ powder. Journal of Materials Science & Technology, 1997, 13: 354-358.

[125] Yang Y Z, Dong Y D. Local structure of mechanically alloyed nanocrystalline bcc $Fe_{80}Cu_{20}$ solid solution. Physica B, 1997, 233: 119-124.

[126] Ngai K L. Relaxation and Diffusion in Complex Systems. New York, NY: Springer, 2011.

[127] Ngai K L. Universality of low-frequency fluctuation, dissipation and relaxation properties of condensed matter. Comment Solid State Phys., 1979, 9: 127-140.

[128] Yu H B, Wang W H, Bai H Y, et al. The β-relaxation in metallic glasses. Natl. Sci. Rev., 2014, 1 (2014).

[129] Bernal J D. Science in History. Cambridge, Mass.: MIT Press, 1971.

[130] Aromatico A. 炼金术. 李晓桦译. 上海: 上海世纪出版集团, 2002.

[131] 罗伊·波特等. 剑桥医学史. 张大庆等译. 长春: 吉林人民出版社, 2000.

[132] Needham J. Studies in the Social History of China. Cambridge: Cambridge University Press, 1970.

[133] The Feynman Lecture on Physics. Vol. 1. Beijing world publishing Co. 2011. Pp. 3-10.

[134] Self S, Blake S, Sharma K, et al. Sulfur and chlorine in late cretaceous deccan magmas and eruptive gas release. Science, 2008, 319: 1654-1657.

[135] Saal A E, Hauri E H, Cascio M L, et al. Volatile content of lunar volcanic glasses and the presence of water in the Moon's interior. Nature, 2008, 454: 192-195.

[136] Miodownnik M. Stuff Matters: The Strange Stories of the Marvelous Materials that Shape Our Man-Made World. Penguin Books Ltd, 2013.

[137] http: //www. ibtimes. co. uk/scientists-smash-data-storage-records-360tb-glass-device-that-saves-files-billions-years-1544226.

[138] Gombrich E H. Art and Illusion. London: Phaidon press, 1999.

[139] Edgerton S Y. The Renaissance Rediscovery of Linear Space. New York: Harper & Row, 1975.

[140] Macfarlane A, Martin G. A world of glass. Science, 2004, 305: 1407-1408.

[141] Zerwick C. A Short History of Glass. New York: Corning Museum, 1990.

[142] Tait H. Five Thousand Years of Glass. London: British Museum, 1995.

[143] Solid State Science Committee. Condensed-Matter and Materials Physics- The Science of the World Around Us. Washington D C: The National Academic Press, 2010.

[144] 陆坤权, 刘寄星. 软物质物理学导论. 北京: 北京大学出版社, 2006.

[145] Angell C A, Nagi K L, McKenna G B, et al. Relaxation in glassforming liquids and amorphous solids. J. Appl. Phys., 2000, 88: 3113-3157.

[146] Debenedetti P G, Stillinger F H. Supercolled liquid and glass transition. Nature, 2001, 410: 259-267.

[147] Munson B R, Young D F, Okiishi T H. Fundamentals of Fluid Mechanics. Berlin: John Wiley & Sons, Inc. , 2002.

[148] Lunkenheimer P, Schneider U, Brand R, et al. Glassy dynamics. Contem. Phys., 2000, 41: 15-36.

[149] Langer J. Glass transition. Phys. Today, 2007, 60: 8-9.

[150] Anderson P W. Through a glass lightly. Science, 1995, 267: 1609-1618.

[151] Bernal J D. Geometry of the structure of monatomic liquids. Nature, 1960, 185: 68-70.

[152] Bernal J D. A geometric approach to the structure of liquids. Nature, 1959, 183: 141-147.

[153] Bernal J D, Mason J. Coordination of randomly packed spheres. Nature, 1960, 187: 910-911.

[154] Waseda Y. The Structure of the Non-Crystalline Materials, Liquid and Amorphous Solids. New York: McGraw-Hill, 1980.

[155] Gaskell P H. A new structural model for transition metal-metalloid glasses. Nature, 1978, 276: 484-485.

[156] Wang R. Short-range structure for amorphous intertransition metal alloys. Nature (London), 1979, 278: 700-703.

[157] Miracle B D. A structural model for metallic glasses. Nature Mater., 2004, 3: 697-702.

[158] Sheng H W, Luo W K, Alamgir F M, et al. Atomic packing and short-to-medium range order in metallic glasses. Nature (London), 2006, 439: 419-425.

[159] Ma D, Stoica A D, Wang X L. Power law scaling and fractal nature of medium range order in metallic glasses. Nature Mater, 2009, 8: 30-33.

[160] Hirata A, Guan P F, Fujita T, et al. Direct observation of local atomic order in a metallic glass. Nature Mater., 2011, 10: 28-31.

[161] Stillinger F, Weber T. Hidden structure in liquids. Phys. Rev. A., 1982, 25: 978-989.

[162] Treacy M M J, Borisenko K B. The local structure of amorphous silicon. Science, 2012, 335: 950-953.

[163] Xi X K, Li L L, Zhang B, et al. Correlation of atomic cluster symmetry and glass-forming ability of metallic glass. Phys Rev. Lett., 2007, 99: 095501.

[164] Salmon P S, Martin R A, Mason P E, et al. Topological versus chemical ordering in network glasses at intermediate and extended length scales. Nature, 2005, 435: 75-78.

[165] Haines J, Levelut C, Isambert A, et al. Topologically ordered amorphous silica obtained from the

collapsed siliceous zeolite, silicalite-1-F: A step forward "perfect glasses". J. Am. Chem. Soc., 2009, 131: 12333.

[166] Huang P Y, Kurasch S, Alden J S, et al. Imaging atomic rearrangements in 2-dimensional silica glass: Watching silica's dance. Science, 2013, 342: 224-227.

[167] Heyde M. Structure and motion of a 2D glass. Science, 2013, 342: 201-202.

[168] Demkowicz M J, Argon A S. High-density liquidlike component facilitates plastic flow in model amorphous silicon system. Phys. Rev. Lett., 2004, 93: 025505.

[169] Ye J C, Lu J, Liu C T, et al. Atomistic free-volume zones and inelastic deformation of metallic glasses. Nature Mater., 2010, 9: 619-623.

[170] Huo L S, Ma J, Ke H B, et al. The deformation units in metallic glasses revealed by stress-induced localized glass transition. J Appl. Phys., 2012, 111: 113522.

[171] Ichitsubo T, Matsubara E, Yamamoto T, et al. Microstructure of fragile metallic glasses inferred from ultrasound-accelerated crystallization in Pd-based metallic glasses. Phys. Rev. Lett., 2005, 95: 245501.

[172] Schuh C A, Hufnag T C, Ramamurty U. Mechanical behavior of amorphous alloys. Acta Mater., 2007, 55: 4067-4109.

[173] Wang G, Zhao D Q, Bai H Y, et al. Nanoscale periodic morphologies on fracture surface of brittle metallic glasses. Phys. Rev. Lett., 2007, 98: 235501.

[174] Wang Z, Wen P, Huo L S, et al. Signature of viscous flow units in apparent elastic regime of metallic glasses. Appl. Phys. Lett., 2012, 101: 121906.

[175] Langer J S. Shear-transformation-zone theory of plastic deformation near the glass transition. Phys. Rev. E., 2008, 77: 021502.

[176] Sun B A, Yu H B, Wang W H. The plasticity of ductile metallic glasses: A self-organized critical state. Phys Rev. Lett., 2010, 105: 035501.

[177] Johnson W L, Samwer K. A universal criterion for plastic yielding of metallic glasses with a $(T/T_g)^{2/3}$ temperature dependence. Phys. Rev. Lett. 2005, 95: 195501.

[178] Dmowski W, Iwashita T, Chuang C P, et al. Elastic heterogeneity in metallic glasses. Phys. Rev. Lett., 2010, 105: 205502.

[179] Xi X K, Zhao D Q, Wang W H, et al. Fracture of brittle metallic glasses: brittleness or plasticity. Phys., Rev. Lett., 2005, 94: 125510.

[180] Sollich P. Rheological constitutive equation for model of soft glassy materials. Phys. Rev. E, 1998, 58: 738-759.

[181] Liu A J, Nagel S R. Nonlinear dynamics: Jamming is not just cool any more. Nature, 1998, 396: 21-22.

[182] Guan P, Chen M W, Egami T. Stress-temperature scaling for steady-state flow in metallic glasses. Phys Rev. Lett., 2010, 104: 205701.

[183] Liu Y H, Liu C T, Wang W H, et al. Thermodynamic origins of shear band formation and universal scaling law of metallic glass strength. Phys. Rev. Lett., 2009, 103: 065504.

[184] Liu S T, Jiao W, Sun B A, et al. A quasi-phase perspective on flow units of glass transition and plastic flow in metallic glasses. J. Non-cryst. Solids., 2013, 376: 76-80.

[185] Xia X X, Wang W H. Characterization and modeling of breaking induced spontaneous nanoscale periodic stripes in metallic glasses. Small, 2012, 8: 1197-1203.

[186] Wang G, Wang Y T, Liu Y H, et al. Evolution of nanoscale morphology on fracture surface of brittle metallic glass. Appl. Phys. Lett., 2006, 89: 121909.

[187] Zhang Z F, Wu F F, Gao W, et al. Wavy cleavage fracture of bulk metallic glass. Appl. Phys. Lett., 2006, 89: 251917.

[188] Wang Y T, Xi X K, Wang G, et al. Understanding of nanoscale periodic stripes on fracture surface of metallic glasses. J. Appl. Phys., 2009, 106: 113528.

[189] Braiman Y, Egami T. Nanoscale oscillatory fracture propagation in metallic glasses. Physica A, 2009, 388: 1978-1984.

[190] Fineberg J, Marder M. Instability in dynamic fracture. Phys. Rep., 1999, 313: 1-108.

[191] Sharon E, Cohen G, Fineberg J. Propagating solitary waves along a rapidly moving crack front. Nature, 2001, 410: 68-71.

[192] Rosenflanz A, Frey M, Endres B. Bulk glasses and ultrahard nanoceramics based on alumina and rare-earth oxides. Nature, 2004, 430: 761-764

[193] Rosales-Sosa G A. Masuno A, Higo Y. High elastic moduli of a $54Al_2O_3$-$46Ta_2O_5$ glass fabricated via containerless processing. Sci. Rep., 2015, 5: 15233.

[194] Wondraczek L. Overcoming glass brittleness. Science, 2019, 366: 804-805.

[195] Phillips W A. Amorphous Solids: Low Temperature Properties. Berlin: Springer-Verlag, 1981.

[196] Zeller R C, Pohl R O. Thermal conductivity and specific heat of noncrystalline solids. Phys. Rev. B, 1971, 4: 2029-2041.

[197] Sette F, Krisch M H, Masciovecchio C. Dynamics of glasses and glass-forming liquids studied by inelastic X-ray scattering. Science, 1998, 280: 1550-1555.

[198] Grigera T S, Martin-Mayer V, Parisl G. Phonon interpretation of the boson peak in supercooled liquids. Nature, 2003, 422: 289-292.

[199] Li Y, Bai H Y, Wang W H, et al. Low-temperature specific-heat anomalies associated with the boson peak in CuZr-based bulk metallic glasses. Phys Rev. B, 2006, 74: 052201.

[200] Tang M B, Bai H Y, Wang W H. Tunneling states and localized mode in binary bulk metallic glass. Phys. Rev. B, 2005, 72: 012202.

[201] Schroers J. Bulk metallic glasses. Phys Today, 2013, 66: 32-37.

第 3 章　非晶物质的微观结构：无序中的有序

玻璃结构

非晶结构研究：无序中发现有序

3.1　引　言

　　经历了约几十亿的演化, 今天的地球上, 包含着数以万亿计的物质和物种。现在我们知道, 世界上任何物质都是由巨量不同原子组成的。那么这些复杂又多样化的物种和物质是如何由原子组成的? 如此众多的原子是如何组成一种物质, 并形成独特的物理、化学性能是科学家研究的主要问题之一。按照物质科学的思路, 我们看不见的微观原子/分子结构发生变化, 那么在我们人能直观观测的尺度, 物质的性能就会跟着发生变化, 即所谓的结构决定性能。我们的祖先靠长期的摸索和经验积累(从石器时代就开始积累使用和制备材料的经验), 学会了一些调控铜、铁、陶瓷、玻璃、合金等材料的性能的方法, 如通过反复击打可以让铁更韧, 淬火可以让铁更硬, 微量掺杂会强化或者改变材料性能, 烧制工艺调控能得到优质的陶瓷, 温度的控制可以吹制精美的玻璃制品, 等等。但是古人没有微观结构的知识和分析手段, 他们并不知道他们的所作所为在材料内部微观结构上发生了什么, 也不知道为什么要这么做。这一方面说明他们的成就很了不起, 另一方面说明他们主要靠经验, 知其然不知其所以然。即使到了 19 世纪, 人们对天文、物理、化学有了精深的理解, 工业革命依赖的炼钢及其后的工艺处理还是全凭经验、直觉和运气。直到 20 世纪, 人们才真正有能力观测物质的原子、电子层次的微观结构, 有了量子理论才真正开始了解材料的微观结构及其和性能的关系。因此, 当代物质和材料科学发展的前提和基础是结构, 无论是物质科学理论的建立、微观结构的实验表征技术, 还是新材料的设计和研发, 都是建立在对微观结构精确表征的基础之上的。对微观结构的深刻认识是解决物质和材料科学问题的关键和前沿。

　　提起常规物质第四态非晶物质, 大家首先想到的问题会是: 原子/分子是如何组成非晶物质的? 非晶物质和其他物质在微观结构上究竟有什么本质的区别? 非晶玻璃为什么是透明的? 为什么不导电? 为什么玻璃材料往往很脆? 为什么金属玻璃不透明? 非晶物质的很多独特性质和性能与其原子\分子层次的特性有什么样的关系? 实际上, 对于非晶物质, 这些和结构相关的问题是当前凝聚态物理和材料科学领域尚未解决的重大科学问题, 严重制约了非晶物质科学和材料的发展。

　　非晶物质及材料和其他物质及材料甚至和人一样, 其特征和差异深藏在其表面之下的微观结构中。要真正了解非晶物质, 必须深入其内部的微观世界, 唯有进入其微观世界, 了解其微观的原子和分子堆垛、组合、连接和排列、以及相互作用方式, 才能更好地理解非晶物质为什么脆, 为什么透明, 为什么具有很高的强度等独特性质和性能, 才能了解原子、分子是如何组成性能如此独特的非晶物质的, 才能认识非晶物质的形成机制和奥秘, 才能证明非晶物质是和其他三种常规物质并列的常规物质。

　　我们已经知道, 非晶物质是由原子、分子或者较大颗粒无序堆积而成, 其微观粒子堆积方式与液体中的组成粒子类似, 但是具有刚性的结构。非晶合金、玻璃、水泥、压实的沙粒, 甚至酸奶、巧克力都是典型的非晶物质的例子。初看上去, 这些材料各不相同, 好像没有共同点, 然而, 如果深入到这些非晶物质的内部微观世界, 就能发现这些物质具有共同的微观粒子排列特点——长程无序。科学家多年来一直探索、寻找一种统一的微观结构理论模型来描述非晶物质，预测其物理、力学和化学性质。

事实证明，我们无法根据少数粒子的性质的简单外推，来理解大量且复杂的基本粒子集合体的行为。在任何不同的复杂性层级下，物质会出现全新的性质。非晶物质微观结构的物理描述和模型化、微观结构和性能的构效关系是凝聚态物理和材料科学领域最基本、最富有挑战性的问题之一，是物质科学中的奥秘之一，一直是物理和材料学家关注的前沿问题。蒂姆·哈福德(Tim Harford)在其《混乱—如何成为失控时代的掌控者》一书中说："混乱的本质是其他方向的秩序，只不过你没有理解那个秩序。总有一些秩序在我们视野之外，你没理解它所以觉得是混乱。有自己独特秩序的混乱，其实你根本消除不了，只能善加利用。同样的，在晶体这个有序的世界里，无序一直是一个不能避免的问题，如果我们换一种视角，不去消除它，而是把它看作一种可利用的创新资源，无序则很可能给我们带来无限惊喜。"结构序的研究是非晶物质的永恒的主题之一。所以，本书介绍了非晶物质的范畴和定义、发展历史及非晶材料与科学、文明的重要关系、研究的概况之后，首先关注、介绍并讨论非晶物质的微观结构、相关的挑战问题及研究进展。

本章将重点讨论的基本问题是：非晶物质的微观结构特征是什么？非晶微观结构如何表征？非晶物质结构中存在"序"吗？非晶物质有微观结构单元(building block)吗？如果存在结构单元，它们是如何堆砌、排列成长程无序的非晶物质的？非晶物质的电子结构特征是什么？如何表征？非晶物质中无序和有序的关联性是什么？非晶物质的结构是如何随时间、温度、成分和外力演化的？能够从物理上准确描述非晶物质的结构，并建立非晶结构和宏观性能的联系吗？当前人们研究非晶物质结构的思路、主要方法和主要进展是什么？

近代科学一些最伟大的发现和成功(如量子力学、原子模型、DNA及蛋白质结构、固体物理等)多是在微观原子/电子层次上。这些成功如此巨大，以至于现在很多科学研究的方法和目的已定式化为对客体的微观解剖和研究。量子力学的成功使得凝聚态物理和材料学家在思考和解决问题的时候习惯把微观结构作为出发点，把微观结构和性能关系的建立作为最重要的目的之一。20世纪初，M. Laue等发现X射线通过晶体发生衍射的现象，证实晶体中原子周期性有序排列结构。此后人们逐渐认识到凝聚态物质的各种物理和力学性能与其微观结构密切关联。对于传统的晶体固体物理来说，其长程有序微观结构确实是一个非常好的研究问题的出发点。比如，结构为原子间化学成键提供了重要信息：配位数 $z \leqslant 4$ 的结构信息提供了最近邻原子间是具有高度方向性共价键结合的证据；配位数 $z > 8$ 的密堆结构，说明原子间是离子键或者金属键，金属键往往具有最大配位数[1,2]。再如，结晶学家对晶体固体结构的研究发现晶体中原子具有三维周期性规则排列的长程有序性，晶体物质的周期性、平移对称性大大简化了对固体原子结构、电子态和振动态的理论研究、模型的建立和重要概念的提出，如晶格声子、能带概念[1]。20世纪固体物理的发展、各种衍射手段的发明(如X射线衍射、电子显微镜、中子衍射等)使人们能够认识到晶体物质的各种物理性质与其微观结构密切关系，为晶体固体原子结构提供了相当完整和细致的结构信息。同时，微观结构的研究使得人们对物质的很多物理性质有了更本质和深入的认识。这些都证明结构研究对认知物质本质特征和性能的重要意义。

但是，对于复杂、没有长程周期性原子排列序的非晶物质，依赖于长程、周期性结构序的传统固体物理理论和模型不再适用[3]。非晶物质的复杂性赋予我们与传统固体物理完全不同的物质观。在非晶物质中更强调局域特性、关联性、非均匀性、临界现象、亚稳性及与时间相关的演化性等。目前，非晶物质的结构表征还没有有效的实验方法，主要依赖于传统的衍射手段，如 X 射线衍射、电子显微镜、同步辐射、中子散射等。由于这些衍射方法重构出的三维原子结构只是基于一维的衍射信息，给出的只是统计和平均效果，非晶物质中单个原子结构的信息不能被准确地探测和定位[4-6]，因此，这些现有的结构的衍射实验手段分析非晶物质的结构信息量非常有限，难以精确分析出其结构细节。计算机模拟是目前常用的研究和模拟非晶物质结构的重要方法，但是限于当前计算机的计算能力，能模拟的原子和分子数目、时间尺度等非常有限，很难精确反映非晶结构的全貌和真实结构特征[6]。现有的关于非晶结构的各类观点和模型虽都有各自的实验证据，但是各自不相印证。因此，我们对非晶物质结构信息了解还很少，其结构模型和理论框架还不完善。非晶微观结构与非晶材料性能的相关性还没有建立，这些都制约了非晶材料的探索、设计、加工及工程应用。

近百年来，非晶物质结构的物理描述和模型化一直是凝聚态物理和材料科学领域最富挑战性的问题之一。人们对非晶物质结构的研究可以追溯到 20 世纪 30 年代，起源于典型结构长程无序体系——液体和玻璃结构的研究，因为液体和非晶物质的结构非常类似[7]。早期科学家把非晶结构研究的前景描述得很暗淡，认为非晶物质的微观结构是多体问题，它的表征几乎是不可能的[8]。Zachariasen 是最早研究非晶结构的人之一。他于 1932 年在 *J. Am. Chem. Soc.* 杂志上发表了第一篇关于玻璃结构的文章，题目是：*The Atomic arrangement in glass*[8]，这也是非晶领域最经典的文章之一。最早尝试建立非晶微观结构模型的是剑桥大学的 J. D. Bernal，他是英国近代最著名和最有争议的天才科学家，也是非晶结构研究的先驱和最杰出的科学家之一。1933 年，他和 R. H. Fowler 研究了水和离子溶液，并认为水的结构是类似于二氧化硅中的四面体结构的混合物，根据这个结构模型，Bernal 和 Fowler 估算出不同温度下水的 X 射线衍射结构因子，并发表了有关水微结构的经典工作[9]。他提出认识复杂液体和非晶物质之前必须以深入研究简单液体为前提，并提出了简单液体的硬球无序密堆模型，该模型和胶体实验及玻璃、液体散射的径向分布函数的结果一致。该模型还能够通过计算机模拟实现[10]，能与分子动力学等模拟方法有效衔接，因而能有效而便捷地和真实液体及非晶物质对比。无序硬球体堆垛模型还能够对液体流动、高熵、熔化的不连续性及汽化连续性给予定性解释。Bernal 之后关于非晶的结构研究工作都是以 Bernal 硬球模型为出发点，并建立在这个模型的基础之上[11-14]。

随后，人们对非晶物质结构的研究和认识不断深入，各国科学家提出很多非晶及液体的结构模型，但是 Bernal 硬球模型是之后发展起来的其他模型的基础和起源。1952 年，弗兰克提出了假设：单原子液体中普遍存在的原子序是二十面体。大量的实验、计算和理论研究提出了多四面体堆积模型，来解释单原子液体和非晶物质的三维(3D)原子结构，其中二十面体是一个关键特征。二十面体在金属玻璃和准晶体的结构中起着关键作用。

经过几十年的努力，发展了研究非晶跨尺度结构特征的一系列新方法，特别是现代衍射技术的发展，如消球差高分辨电子显微技术、动态原子力显微技术、高时空分辨的隧道扫描显微镜、大型计算机模拟手段，为非晶结构研究和表征、结构与性能的相关性、非晶动力学微观结构特征及时空关联提供了可能性和有利的条件，对非晶结构的认识，特别是对结构相对简单的非晶合金的认识有了较大的进展。图 3.1 是微观结构相对简单的、由原子组成的非晶合金的结构模型研究的进化过程:从原子无序密堆模型,到原子团簇模型,再到团簇密堆模型。

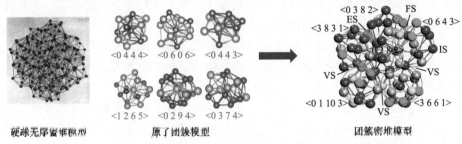

图 3.1   结构相对简单的、原子组成的非晶合金的结构模型研究的进化

但是,尽管有了这些进展,由于缺乏长程顺序,没有实验方法可以直接确定液体和非晶材料的三维原子堆积。非晶物质结构模型及理论仍不完备,提出的各种结构模型和理论不能有效描述非晶物质的真实结构特征,还不能有效指导非晶材料的研制及性能调控。以微观结构作为出发点来研究非晶物理和材料中问题是沿用传统固体物理研究的思维模式,这种研究模式或许值得反思。已经有一些非晶理论,如关于玻色峰起源的理论[15,16]、动力学理论[17,18]就不是从结构的角度,而是从动力学的视角来研究和理解非晶物质。研究证明也可以从动力学等不同的角度来认识和调控非晶的性能。

发现某种“序”或“秩序”的愿望,是一种强大的动力。开普勒之所以能几十年辛苦工作寻找规律,是因为他坚信太阳系的行星每天的位置隐藏着神秘的序。期待发现非晶物质微观结构世界中隐藏的序,也能激发更多的年轻人去努力。本章将介绍非晶物质微观结构的主要特征,非晶物质中存在的各种“序”,非晶物质微观结构研究关注的科学问题,介绍非晶结构的主要实验和理论方法及模型和理论,讨论非晶物质微观结构研究的最新进展,特别是相对简单的原子非晶合金原子和电子结构研究的重要进展。

3.2   非晶物质微观结构的特征和表征

3.2.1   非晶物质微观结构的特征

非晶物质千变万化、种类繁多,表现出丰富多彩的物理和化学性能,例如透明玻璃、橡胶、金属玻璃、琥珀、沥青等在外观、性能上差别很大,但是这些非晶物质在微观上都有如下共同的结构特征。

(1) 原子(分子)排列长程无序。非晶物质的微观结构的最主要的特点是其组成粒子排列长程无序,即没有晶体的长程周期性。图 3.2 是晶体和非晶的二维原子结构示意图的比较。图中的小球代表原子,可以看到晶体中原子有规则排列,而组成非晶的原子或分子是杂乱排列的。图 3.3 是各种不同非晶物质的微观原子或分子结构的二维示意图[19]。可以看到各种非晶物质微观结构的共同、明显特点就是组成粒子长程(1 nm 以上)无序。是怎样通过实验发现非晶物质是长程无序的呢?如果我们用 X 射线或者电子显微镜观察非晶物质,就会发现非晶结构的衍射花样不像晶体那样有明锐的衍射峰或明亮斑点，而是较宽的晕和弥散的环。图 3.4 就是典型的非晶物质(非晶合金)的电子衍射花样：一些弥散的晕环和模糊的月晕类似。这说明非晶物质在微观上没有周期晶格结构。图 3.5 是非晶合金和晶态金属高分辨透射电子显微镜照片对比。可以清楚地看到非晶合金的无序原子结构和普通金属中的原子晶格的高分辨衍射像完全不同，晶体具有整齐排列的原子晶格像，非晶物质的原子像是混乱无规的。

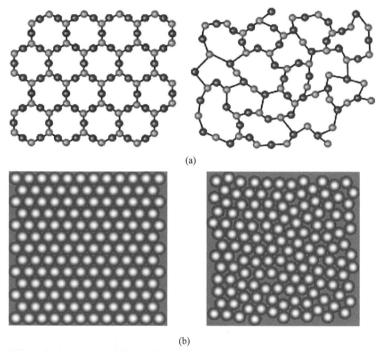

(a)

(b)

图 3.2　晶体和非晶二维原子结构的比较：(a) 氧化硅晶体和非晶结构比较(图片来自网络：http://www.bnc.hu/?q=node/24)；(b) 金属晶态和非晶态结构比较

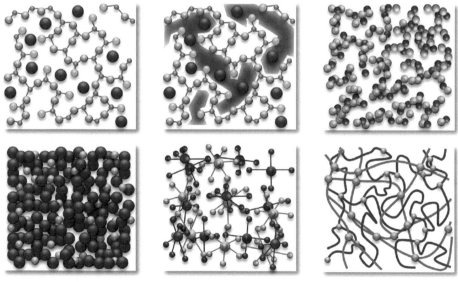

图 3.3　不同非晶物质的微观原子或分子结构二维示意图[19]

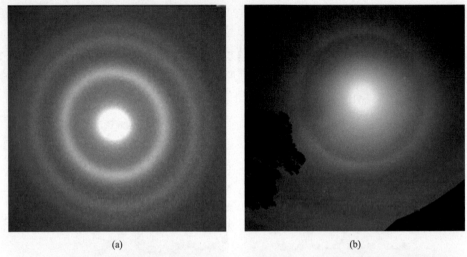

(a)　　　　　　　　　　　　　　　　　　(b)

图 3.4　非晶合金的电子衍射环(a)和月晕(b)很类似，没有晶体的明锐衍射环

图 3.5　非晶合金(a)和晶态金属(b)高分辨透射电子显微镜照片对比

(2) 短程有序性及结构单元。大多数非晶物质的微观结构也不是像气体那样处于完全无序的状态。通过对同样成分的晶态和非晶物质的密度和导电性等与近邻原子密切相关的性质进行研究，发现两者并没有太大的差别[20-22]，这说明这两类物质的原子与其近邻原子之间的关系是相类似的，也就是说原子的近邻或次近邻原子间的键合(如配位数、原子间距、键角、键长等)具有一定的相似性。由此可见，非晶物质与传统意义上气体完全无序是有本质差别的。非晶物质的这些特点就是由于其存在短程有序性。其实，按照统计物理的观点，物质凝聚现象的本质在于相空间的分厢化(compartmentalization)[23]；即固体具有自发地形成封闭几何多面体的特性，称为固体的自限性。当液体凝固成晶体后，位形分厢化导致粒子被囚禁于原胞中，同样，非晶固体是从液体凝固下来的，也会在局域区域形成封闭几何多面体，这就是非晶物质的短程序，即非晶物质的短程序与其对应的晶体很类似，但可能存在畸变。非晶有短程序也意味着非晶物质存在结构单元，并且结构单元或者短程序具有多样性[20,21]。由于非晶的结构单元的排列和序构没有规则，造成其长程结构无序。需要特别说明的是，有证据表明在非晶物质的前驱体过冷液体中，

也存在大量短程有序结构即团簇，和非晶类似。只是这些短程结构的稳定性比非晶中的低，它们的存在是瞬态的。为什么在非晶物质甚至过冷液体中会存在短程序，并且有相当的稳定性？这是化学键、激活能、热能、堆垛共同作用的结果。这个问题会在本章下面章节讨论。

(3) 结构复杂性。相比晶体，非晶物质原子排列无周期性，多种价键并存，多种结构单元并存，结构在纳米尺度是不均匀的，不同组成原子的动力学行为和环境完全不同。因此，若结构复杂，就难以模型化，难以进行数学、物理描述。

(4) 结构遗传性。非晶物质又被称作冻结的液体，所以非晶的结构和特征与液态结构密切相关。它们之间结构关系类似生物母系和子系之间的遗传性。实验研究也证实非晶的结构确实和其液态结构特征很相似，都具有短程序，而且短程序很类似。这类特性被称为结构遗传性。液态金属非晶化过程的分子动力学(MD)模拟与跟踪分析也发现，部分液态金属团簇结构能遗传给非晶态[24]；这种结构遗传性还会导致某些性能的遗传[25,26]。

(5) 宏观均匀和各向同性。宏观上，非晶物质是均匀的，不同的方向上物理、力学和化学性质相同，即各向同性，这不同于一般晶体材料所呈现出的各向异性，即晶体在不同的带轴方向上的物理性质不同。非晶物质宏观上的均匀性、各向同性正是由于非晶没有长程有序性、没有取向性的结果。但是，非晶物质宏观上均匀和各向同性很容易造成非晶在微观上也是均匀的直觉印象。

(6) 微观非均匀性。随着各种先进微观表征手段被应用到非晶物质的结构研究，越来越多的实验证据表明在纳米甚至到 1 μm 微米的尺度上，非晶物质在结构和动力学上是不均匀的。这种微观结构和动力学非均匀性甚至被认为是非晶物质的本征特性[27-36]。非晶物质非均匀特性逐渐被非晶领域公认，这是非晶结构研究近年来的一个重要进展。研究发现一些非晶形成能力非常强、宏观性能很均匀的非晶合金体系如 Pd、Zr 非晶都存在纳米尺度的结构不均匀性。图 3.6 是非晶 PdAuSi 体系和其晶化后表面的超声显微镜观察结果。可以看出这个形成能力很强，宏观非常均匀的非晶体系的结构在 100 nm×100 nm 范围内弹性模量有 20 GPa(或者 30%)的差别；而同成分的晶态相没有这样的不均匀性[27]。这些弹性模量比较小的区域被认为是非晶中的流变单元，在受力或温度作用时会首先被激发，类似晶体中的位错[27,37,38]。动态原子力显微镜也观察到 Zr 基非晶合金有结构不均匀性：存在尺度约为 2.5 nm 的软区，这和剪切形变区(shear transformation zone，STZ)的尺度相近(图 3.7)，这些纳米软区的黏滞系数比其他区域小 12%[28]。日本京都大学的 Ichitsubo 等[34]设计了一个巧妙的实验，他们利用超声振动，配合温度(远低于该体系晶化温度)来激发 $Pd_{42.5}Ni_{7.5}Cu_{30}P_{20}$ 非晶合金。他们发现在合适的超声和温度下，该体系中的某些区域(他们定义为原子弱链接的区域，该区内原子激活能低，密度、强度低，原子容易被激活)的原子更容易被激发，发生重排和晶化。这样，他们能够用高分辨电镜清楚地分辨出非晶的硬区和软区，如图 3.8 所示。这是证明非晶不均匀性的有力证据[34]。在具有大塑性的 Zr、La 基非晶合金中也都观察到非晶的不均匀性(图 3.9)[36,39]，而且非晶合金的结构不均匀性被实验证明对增强非晶合金的塑性起到关键作用[36,39-42]，因为非晶中的软区在受力条件下更容易被激活，成为剪切带的核。大量的软区意味着大量、高密度剪切带的产生，从而导致非晶材料的塑性。更多的实验和模拟证据表明非晶本征不均匀性是非晶材料塑性形变和弛豫的结构起源[36]。结构不均匀性意味着非晶物质在纳米尺度上的能量分布是不均匀的, 如图 3.10 给出的非晶物质中不同纳米区域 3D 能量分布图所示。该图直观地反映了非晶态的不均匀性。计算机模拟、机器学习等方法证实非晶硅存在本征的结构非均匀性。如图 3.11 所示, 非晶 Si 中存在高密度区和低密度区, 而且非均匀结构影响非晶 Si 的晶化及非晶-非晶相变等现象[43]。因此, 在不同非晶物质中都观察到结构不均匀性, 而且结构不均匀和其动力学不均匀性密切关联。

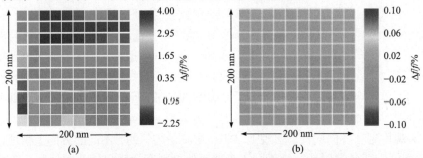

(a)

(b)

图 3.6 非晶 PdAuSi 体系和其晶化后表面的超声显微镜像[27]($\Delta f/f$: 弹性模量相对变化)

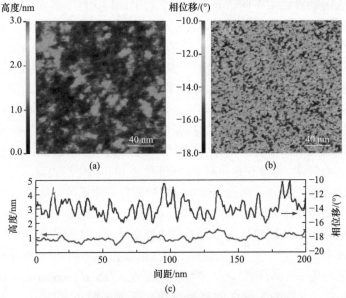

(a)

(b)

(c)

图 3.7 Zr 基非晶合金的原子力显微镜观察到的表面纳米尺度的不均匀性[28]

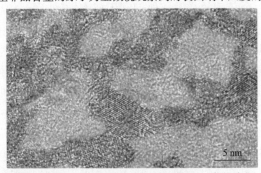

图 3.8 高分辨电镜观察到的 $Pd_{42.5}Ni_{7.5}Cu_{30}P_{20}$ 非晶的硬区和软区。在超声振动的作用下, 软区被晶化, 使得高分辨电镜能够分辨非晶的硬区和软区[34]

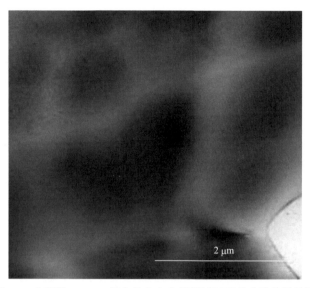

图 3.9　大塑性 Zr、La 基非晶合金电镜照片显示其非均匀结构[36]

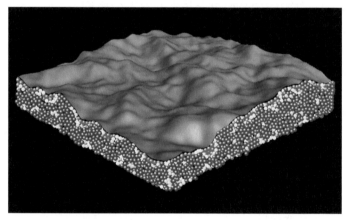

图 3.10　非晶物质中不同纳米区域 3D 能量分布示意图(陈明伟组提供)

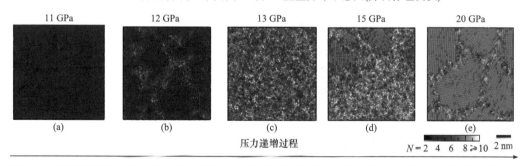

图 3.11　模拟得到的非晶 Si 的非均匀结构。在高压条件下非均匀结构对非晶–非晶相变及晶化有影响[43]

(7) 缺陷。理想晶体的主要特征是其中原子/分子的完美周期性排列，但实际晶体中粒子的排列总是或多或少地偏离了严格的周期性，这就是晶体中的缺陷。晶体中缺陷的种类很多，并影响着晶体的物理、力学和化学性质。非晶物质中有没有缺陷？

Cohen 和 Egami 等都认为在非晶合金中存在类似液体的纳米点[44-46]。这些类液点被认为是非晶形变和玻璃转变的结构起源，但是还没有直接的实验证据。最近，Yang 等[32]及中科院物理所[33,35,37,39,47-49]通过实验间接地发现非晶合金中存在类液点的实验证据，这些类液点尺寸在 1～5 nm，其黏滞系数和合金的过冷液体接近。同时，实验还给出这些缺陷的分布和激活能的大小[33,49]。在胶体玻璃中也观察到了等效于"结构缺陷"的类液点[50,51]。这些类液点是非晶结构非均匀性的原因，是非晶物质形变和局域弛豫(又称β弛豫，本书第 10 章将详细介绍)的结构起源，可以被称作非晶物质的流变单元(flow units)。流变单元可以被看成是非晶物质的性能或者动力学缺陷，不同于晶体中的结构缺陷[37]。根据实验和模拟结果，可以把流变单元产生的区域看成是不同于弹性基底(类固相)的类液相[33,47]。非晶合金可模型化为弹性的理想非晶物质和流变单元的组合[37]:

$$非晶合金=理想非晶物质+流变单元 \qquad (3.1)$$

即非晶的弹性基底可以看成是准固态相，流变单元可以看成是准液态项。固态相可储存弹性能，液态流变单元相可耗散弹性能。这样，从热力学上看，流变单元的激发、演化等过程可以看成是类液的流变单元相在基底上的形核、长大过程[47]。这一唯象模型可以预测、解释形变、流变和玻璃转变等很多现象，比如流变单元能够预测和解释屈服、玻璃转变等临界现象，并和实验观察符合。需要说明的是，这个模型还需要通过实验进一步证实。因为虽然已经有了具有原子分辨能力的现代化结构表征手段，还需要更多的实验证据证明非晶物质中形变单元的普遍存在[43]。非晶物质中到底是否存在"缺陷"、结构非均匀性和流变单元还有争议。但是，无论最终发现存在还是不存在流变单元都将是非晶领域的重要进展。流变单元的研究是今后非晶物理和材料领域的重要研究方向。

(8) 局域特性。晶体中所有原胞都是一样的，只有其原胞中局域环境不同。对非晶物质而言，不同区域差别很大，几乎每个原子周围局域环境都不一样，其局部的成分、配位数、价键、自由体积缺陷也和其他区域不同。非晶物质往往是多种化学键并存，其化学键的组成取决于其成分、形成历史等。这种局域特性影响甚至决定非晶物质的物理、力学和化学性质。另外，晶体中无论是晶格振动的格波还是电子的 Bloch 波都是一种延展态。而在非晶中，其振动方程不再具有格波形式，则出现一种局域的本征态——局域态。即某一位置原子的振动的振幅会随着距离很快衰减为零，即原子的振动态只存在于体系局域的范围内[52]；非晶物质中还存在高频局域模或软模，其电子也是局域态，这种本征态对非晶的很多性能(如输运特性、热学性质)有重要影响[52]。所以，对于非晶固体，原子和纳米尺度的局域特性很重要。

(9) 时间相关性。晶体的结构不随时间发生变化，除非在外界作用下发生相变。但是非晶物质的结构和时间相关，即非晶物质的结构始终伴随着结构弛豫，这是其亚稳和无序结构所决定的。研究非晶的结构不能忽视其时间效应，即动力学行为。图 3.12 是利用高分辨球差电镜得到二维非晶 SiO_2 的照片及其原子随时间(74 s)变化的轨迹图[30]。由图可以看出非晶 SiO_2 中存在非均匀性：区域 1～4 的动力学行为不同，区域 1 的原子在 74 s内只是在固定位置振动，没有移动，而区域 2、4 中原子有很大的移动，如图中原子轨迹所示；区域 2、4 和区域 3 的原子动力学程度也不一样；另外，可以看出非晶中的原子位置是随时间变化的。从单层 SiO_2 非晶膜高分辨球差电镜照片中红色箭头所指的区域对应区域 2、3、4 中的原子随时间的轨迹可知，其原子在不停地做平移运动，其轨迹类似无规行走路线。

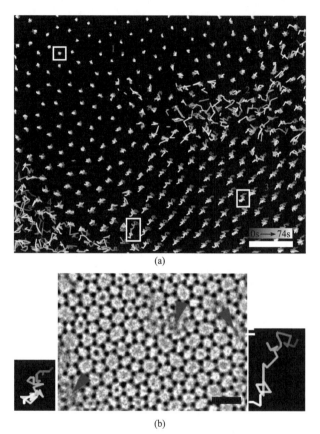

图 3.12　(a) 利用高分辨球差电镜得到的非晶 SiO_2 中原子随时间(74 s)变化的轨迹；(b) 对应的高分辨球差电镜得到的单层非晶 SiO_2 照片，红色箭头所指的区域对应(a)中的区域 2,3,4。(b)中左右两边的图是(a)中 3,4 区域方框对应单个原子随时间的轨迹放大图[30]

　　总之，结构复杂的非晶物质，长程无序、各种短程序、价键非均匀交织在一起。图 3.13 是通过计算机模拟构建的过冷液体(非晶固体和其类似)的各种短程序和局域结构示意图[53]。可以看出，非晶甚至过冷液体中包含大量有序团簇，既有二十面体团簇，也有和晶体类似的团簇。这些短程序结构对非晶形成能力、动力学和结构非均匀性及力学和物理性质都有重要的影响。这些团簇或短程序的稳定性随温度而变，在液体中这些序是瞬态的[54]。

　　非晶物质的微观结构特点可概述为：长程无序，短程有序，宏观均匀，各向同性，短程不均匀，亚稳性和动力学非均匀。非晶物质的微观结构是其区分于其他三种常规物质最重要的特征，也是非晶物质可以被单独列为第四类常规物质的重要实验和物理依据。

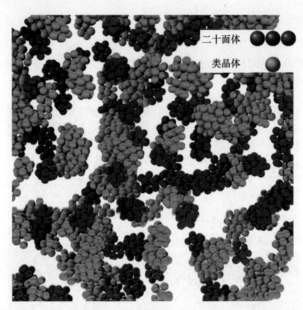

图 3.13   通过计算机模拟构建的过冷液体(非晶固体和其类似)的各种短程序和局域结构。其中具有很多
          团簇，既有二十面体团簇，也有和晶体类似的团簇，空白处为完全无序、动力学很慢的原子[53]

随着研究的深入，对非晶物质的结构认识会越来越深刻。例如，最近通过强场 Zn-67 固态核磁共振谱仪直接发现有些非晶物质，如沸石咪唑酯骨架(zeolitic imidazolate framework，ZIF)玻璃，甚至没有短程序，是完全无序的[55]。

3.2.2   非晶物质微观结构的描述和表征

微观粒子无序的排列、堆垛方式使得同一成分非晶物质有几乎无限多的无序排列方式和状态，而且这些无序态会随外场(如温度、压力)等发生弛豫和转变。这种"无序性"和不确定性给非晶物质态的描述、检测、表征和控制带来极大的困难和挑战，这也使得在非晶物质中建立结构-性能构效关系极其困难。要测量、研究非晶固体的长程无序的三维结构也非常困难。这是因为用于研究晶体周期性有序结构的实验手段在研究非晶物质时会在一定程度上失效，很难清楚地探知非晶物质内部的结构到底是怎样的。目前测定非晶物质结构的常用方法有 X 射线衍射、中子散射、电子显微镜、X 射线吸收限精细结构方法(EXAFS)、小角度散射、核磁共振、拉曼散射等。对于这些一般的 X 射线、中子和电子衍射手段，由于重构的三维原子结构只是基于一维的衍射信息，所以不具有唯一性。即这些手段不能唯一地、精确地得出非晶物质中原子的三维排布状况，结构的信息不能够被准确地探测到[4]。实验发现无规排列所得到的径向分布函数也可以通过含有立方对称性的局部非均匀类晶体结构得出[4]。如图 3.14 所示，非晶 Si 的四种不同局域结构对应的径向分布函数 $G(r)$(从衍射得到)是完全一样的[4]。这种基于一维衍射信息的三维原子结构的不唯一性可用图 3.15 形象地表示出，即同样的影像对应的实体可以完全不一样，即手影表演和狗可以有同样的影像。

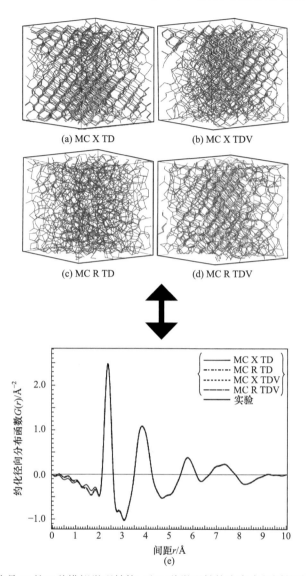

图 3.14 (a)～(b) 是非晶 Si 的四种模拟微观结构，这四种微观结构有完全相同的约化径向分布函数[4](e)

因此，非晶结构研究的困难是如何在实验上找出反映非晶结构本质特征的信息。目前研究非晶物质的微观结构，主要依靠建立原子结构模型并与具体的衍射实验结果对比的方法，来推测非晶物质的可能的原子结构图像。现有的结构分析和实验技术远不能满足非晶物质研究的需要，非晶结构的研究理论和实验方法都处在发展之中。目前面临的非晶描述和表征问题包括：如何用实验或者计算机模拟的方法构建真实的三维非晶结构；如何建立合适的结构序参数来有效表征非晶结构和结构特征，并建立结构和性能及特性的关系；如何表征非晶的短程序和其他序、纳米尺度的非均匀结构；如何根据短程序来构建三维非晶结构；如何考虑非晶原子或分子结构的动力学因素及时间因素；如何发展新型结构分析手段；非晶物质电子结构的特征是什么等。

图 3.15　完全不一样的真实实体手影表演和狗可以有同样的影像

　　但是，也不是完全无法对非晶物质中粒子的无规则排列进行任何物理描述的。对于完全混乱无序的热运动，统计物理能很好地描述。同样，对于非晶物质，统计物理的方法(如分布函数、无规行走方法等)也发挥着重要作用。实际上，目前对非晶物质结构的研究理论描述主要沿用统计物理的方法。此外，还采用基于统计规律的模型化方法(如硬球堆垛方法、计算机模拟等)来描述。实验方法主要采用各类衍射分析技术，包括先进的同步辐射衍射、中子衍射、球差高分辨电镜、原子力显微镜等。下面对这些方法和模型做简单介绍，其详细的原理和方法可以参照有关文献和书籍[21,52,56-59]。

　　1. 统计物理的方法

　　哪怕是一小块宏观物质中所包括的原子数目也是惊人巨大的。英国的开尔文爵士曾给出宏观凝聚态物质中原子的巨大数目一个生动、令人印象深刻的比喻：假如你能给一杯水(非晶态液体物质)中的每个分子都作上标记，再把这杯水倒进海洋，然后使得这杯水中的分子能和世界上所有海洋的海水充分、均匀地混合；这样，你从世界上任何地方的海洋里舀出一杯水，就会发现在这杯水中有大约 100 个你标记的分子！阿伏伽德罗发现每摩尔物质的粒子个数是 6.023×10^{23}，这相当于在全中国国土上铺上 14 km 厚的爆米花的数目，或者太平洋海水的杯数；如果做成这个数目的一分钱硬币，平均分给全世界每个人，则每个人都会成为亿万富翁！所以，对于一块含有如此巨大的数目(N)原子的非晶物质，需要 $3N$ 个坐标来确定其结构，即使实验上能够做到这种描述，如此庞大的数据绝对不是描述结构的有效方法。好在玻尔兹曼、吉布斯等人为我们建立了统计物理，使得我们可以用于研究和理解非晶物质的微观结构。

　　路德维希·玻尔兹曼(Ludwig Edward Boltzmann, 1844—1906，见图 3.16)是奥地利物理学家，热力学和统计物理学的奠基人之一。他最伟大的贡献是发展了通过原子的性质来解释和预测物质的物理性质(如黏性、热传导、扩散等)的统计物理。顺便提一下，玻尔

兹曼的离世和无序有关。如果把玻尔兹曼的精
神世界比作一个系统的话，那是一个隔离系
统，并且遵循熵增加原理，即孤立系统的熵总
在无情地朝着其极大值增长。也就是说，其混
乱程度在朝极大值方向发展。玻尔兹曼精神世
界的混乱的不可逆的过程，使得他最后只好选
择用自杀的方式来结束其"混乱程度"不断增
加的精神生活[60]。

　　目前，主要采用统计物理学中的分布函数
来描述非晶物质的微观结构。为了简化问题，
该方法分布函数中只考虑了成对原子的相互作
用，并假设：①非晶物质是各向同性的；②非
晶物质是均匀的。统计物理的分布函数方法是
建立在非晶各向同性和均匀性这两个基本假
设基础上的(实际上，非晶物质并不严格符合

图 3.16　奥地利物理学家路德维希·玻尔兹曼
(Ludwig Edward Boltzmann，1844—1906)

这两个假设，尤其在纳米尺度)。由这两个假设可知，在非晶物质中任一点为圆心，足够
大的径向长度 r 处发现原子的概率相等。在此假设条件下，以任一原子为原点，非晶物
质中原子的分布只与径向长度 r 的大小有关。该方法用平均径向分布函数(radial
distribution function，RDF) $g(r)$ 来表示非晶结构信息，其物理意义是与原点原子相距 r 处
单位体积的原子密度数。因此，$g(r)\mathrm{d}r$ 给出距离在 r 到 $r+\mathrm{d}r$ 之间找到原子的概率。图 3.17
给出径向分布函数和径向距离的关系及原子二维分布的关系[61]。图 3.18 更清晰、直观地
给出径向分布函数的物理意义和图像，即从图中中心原子出发，以 r 为半径 $r+\mathrm{d}r$ 球壳内
的平均原子数就是 $g(r)=4\pi r^2\mathrm{d}r$。显然，第一个峰对应的是中心原子的第一近邻，峰的面

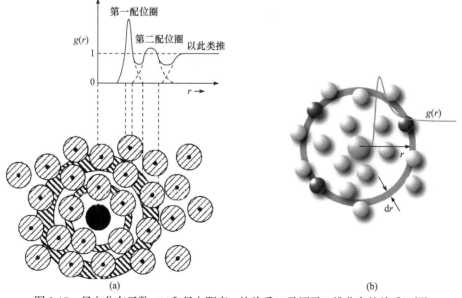

图 3.17　径向分布函数 $g(r)$ 和径向距离 r 的关系(a)及原子二维分布的关系(b)[61]

积对应第一近邻原子个数；第二个峰对应的是中心原子的次近邻，峰的面积大致对应次近邻原子个数，这意味着非晶物质有短程序。随着 r 的增加，径向分布函数的峰也迅速衰减，这表示非晶结构的长程序消失。得到的径向分布函数可以和实验数据、计算机模拟比较，从而获得非晶的结构信息，如第一近邻原子数、短程序尺度、中程序等结构信息。

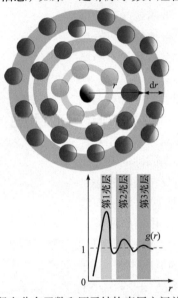

图 3.18　径向分布函数和原子结构壳层之间关系示意图

为了清晰地比较非晶和晶体、液体及气体 RDF 和结构的不同，图 3.19 给出它们的衍射和 RDF 的比较。其中，图 3.19(a)是晶态固体、非晶物质、液体和气体的 X 射线衍射图的比较[62]；图 3.19(b)~(d)是晶态固体、非晶物质、液体和气体的径向分布函数示意图的对比。对于空间分布完全无序的理想气体，其 RDF 为 $g(r) = N/V = \rho_0$(称作平均密度)(图 3.19(a))，这里 N 为体系总原子数，V 是体积。对于晶体，其 RDF 是 δ 函数之和，即 $g(r) = \sum_i z_i(r)\delta(r-r_i)$，每一项对应一个确定的配位层(图 3.19(b))。对液体或非晶体，根据各向同性和均匀性的假设，当 r 足够大时，非晶结构因为表现为长程无序，发现原子的概率相等，即 $\rho(r) = \rho_0$，这表征出非晶结构的长程无序。由于非晶的短程序，即有确定的最近邻及次近邻配位层，可以看到非晶 RDF 曲线有清晰的第一峰和第二峰。峰值大大高于 ρ_0，随着 r 的增加，$\rho(r)$ 围绕 ρ_0 振荡很快衰减，在第三近邻以后几乎没有可分辨的峰，$\rho(r)$ 趋向定值 ρ_0(图 3.19(c)所示)，这表征非晶没有长程程序。RDF 第一峰的面积等于配位数 z，即第一近邻原子数。这也证明非晶存在短程序的物理原因是粒子间键合作用。峰宽对应于最近邻间距的分散度(晶体中这种分散度很低)。径向分布函能够较精确地表征出非晶短程序的差别。图 3.20 是非晶和其液态的径向分布函数的对比图[63]。非晶和液体虽然在结构上很相似，但是它们的 RDF 可以反映出其短程结构的不同。可以看出非晶和液体的 RDF 曲线有两个主要差别：一是非晶第一峰更高些，非晶的 $\rho(r)$ 围绕 ρ_0 振荡的衰减慢一些，即峰更多，振幅更大些；二是非晶 RDF 的第二峰常出现分裂，这些都表明非晶固体的短程有序度要比液态高一些，这也符合实验结果。

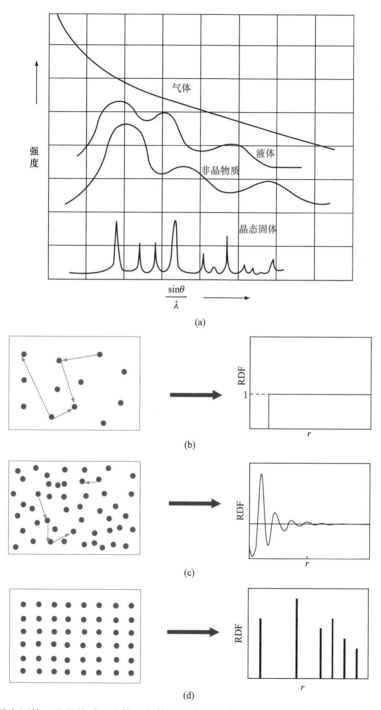

图 3.19 (a) 晶态固体、非晶物质、液体和气体的 X 射线衍射曲线的比较(θ是衍射角，λ是 X 射线的波长)[62]，(b)气体、(c)非晶物质和液体及(d)晶态固体的径向分布函数示意图

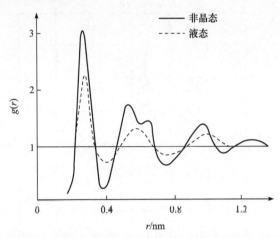

图 3.20　非晶物质和其液态的径向分布函数($g(r)$)区别[63]

径向分布函数是目前表征非晶物质和液体结构的主要方法，被广泛地用于表征各类非晶和液态的结构，其优点在于 RDF 可以从各类衍射实验的结果通过傅里叶变换得到。通过以具有确定波长 λ 的电子、X 射线或中子为射线束，测量得到散射相干函数或者结构因子(structure factor) $S(k)$，k 是散射波矢，它与观察的散射角 2θ 的关系为 $k = (4\pi/\lambda)\sin\theta$，这样 $\rho(r)$ 可通过 $S(k)$ 实空间的变换得到。在具体应用该方法的过程中包含许多技术上的困难。比如，测量散射相干函数 $S(k)$ 的误差，有限范围的 k 产生的"截止误差"，以及不同组元非晶的复杂性等。经过多年努力，特别是现代同步辐射衍射技术的发展，这些问题已经很好解决，可以通过实验得到精确的 RDF，从中可得到大量非晶结构及其随温度、压力变化的信息。

大量研究都证明 RDF 是表征非晶结构有价值的方法，它可以反映非晶材料微观结构的一些主要特征，给出了非晶最重要的短程序、中程序信息，同时可以对不同非晶结构模型进行关键性检验，可大大缩小可能的结构范围。但是，RDF 是在各向同性和均匀性的假设条件下给出了原子排布的一维统计描述，因此，它不能给出非晶材料中原子分布的精确图像。一个给定的、观察到的 RDF 并不能和一个确定的结构模型唯一地相对应。即对同一种特定的非晶物质，人们可以提出在拓扑上有很大区别的结构模型，这些模型都给出相同的且与实验一致的 RDF。另外，RDF 仅能描述非晶物质中一个平均原子的周围信息，对于由不同原子组成的非晶物质(实际上，绝大多数非晶物质是由多元素组成的，单质组员的非晶物质极少)，这种平均的结果会遗漏非晶结构中有关化学关联和原子键合等的重要信息。所以，RDF 可以在一定程度上统计描述非晶结构，但不是精确解，仍不能解开非晶微观结构之谜。因而，研究非晶的微结构还需要配合模型化等其他方法。

2. 无规行走的统计方法

"无规行走"是另一种独特的统计物理方法，又称"醉鬼走路"。这种方法和非晶高分子随机几何性质有关，Flory 基于无规行走的统计方法提出非晶聚合物的无规线团结构模型，并因此获得诺贝尔化学奖。无规行走的统计方法在其他很多领域都有重要应用。很多不同领域的科学家在研究工作中使用无规行走统计方法，这些人中包括瑞利、爱因斯坦、Flory、皮兰、Mott 五位诺贝尔奖获得者。因此我们特别介绍无规行走方法。

K. Pearson 提出了无规行走问题："一个人从 O 点出发，沿直线走 l 码，然后他转任意角度后又沿第二条直线走 l 码，这个过程重复 n 次，此人 n 次过程后位于起始 O 点为 r 至 $r + \mathrm{d}r$ 距离内的概率。"法国物理学家 Louis Bachelier 为理解股市波动，创立了随机行走学说。匈牙利数学家波利亚(George Polya，1887—1985)对随机行走问题有重要贡献。他关注到随机行走问题的过程具有传奇色彩。波利亚的住处有片林地，他平时经常在这片林地里散步，他住处附近的学生也常来这片林地散步。一天，波利亚散步时遇到一位认识的学生及其女友，相遇后各自沿不同的方向随机走开。令波利亚吃惊的是，尽管他们都规避，但还是在不同地点相遇几次，双方都有点尴尬。这促使他思考如下问题：在给定的道路网格中，两个人不经意相遇的概率是多大？1921 年他引入随机性质概念，并发表第一篇论文。他证明：在二维道路网格上随机行走的醉汉，经过足够长的时间有可能路过他喝酒的酒馆。

伽莫夫(George Gamow)也用醉鬼的例子来形象说明无规行走统计方法[64]。在某个广场，有一个醉鬼从广场某个灯柱旁开始随意无规律走动。他先朝一个方向走上几步，然后歪歪倒倒换个方向再走上几步，如此这般，每走几步就随意换个方向(图 3.21)。那么，这位醉鬼这样弯弯折折地走了一段时间，比如折了 100 次以后，他离灯柱有多远呢？乍看起来，由于醉鬼每一次拐弯都是随意的，没有事先预计，这个问题似乎是无法解答的。然而，仔细思考就会发现，尽管不能说出这个醉鬼在走完一定路程后肯定位于何处，但是我们能够答出他在走完了相当多的路程后，距离灯柱的最可能的距离有多远。

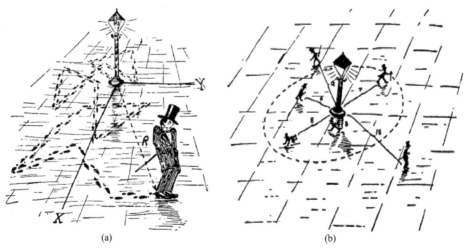

(a)　　　　　　　　　　(b)

图 3.21　醉鬼行走(a)和多名醉鬼行走(b)的统计分布情况(这两幅卡通画是伽莫夫 1961 年绘制的)[64]

设广场上的灯柱为原点，R 表示醉鬼走过 N 个转折后与灯柱的距离。若 X_n 和 Y_n 分别表示醉鬼所走路径的第 N 个分段在相应 X 轴和 Y 轴指向上的投影，由勾股定理显然可得出

$$R^2 = (X_1 + X_2 + X_3 + \cdots + X_n)^2 + (Y_1 + Y_2 + Y_3 + \cdots + Y_n)^2$$

把上式展开，即把括号中的每一项都与自己这一括号中的所有各项(包括自己在内)相乘。这样，

$$(X_1 + X_2 + X_3 + \cdots + X_n)^2$$
$$= X_1^2 + X_1X_2 + X_1X_3 + \cdots + X_2^2 + X_1X_2 + \cdots + X_n^2$$

式中包括了 X 的所有平方项(X_1^2，X_2^2，$\cdots$，X_n^2)和所谓"混合积"，如 X_1X_2，X_2X_3 等。这里的 X 和 Y 可为正数，也可为负数，由醉鬼是离开还是接近灯柱而定。根据统计学观点，因为醉鬼的运动是完全无序的，所以他朝灯柱走和背着灯柱走的可能性相等，在 X 和 Y 的取值中，正数和负数的个数在很长时间之后应该差不多相等。因为 X 的各个取值中正负会各占一半，所以在那些"混合积"里总是可以找出数值相等、符号相反的一对对可以互相抵消的数对来；N 的数目越大，这种抵消就越彻底。只有那些平方项永远是正数，能够保留下来。这样，总的结果就变成

$$(X_1 + X_2 + X_3 + \cdots + X_n)^2 = X_1^2 + X_2^2 + \cdots + X_n^2 = NX^2$$

$$R^2 = NX^2 + NY^2 = N(X^2 + Y^2) = Nl$$

即 $R = \sqrt{Nl}$。

这里，l 是醉鬼的平均步长，即醉鬼在走了许多段不规则的曲折路程后距灯柱的最可能距离为各段路径的平均长度乘以路径段数的平方根[64]。

由伽莫夫举的这个生动例子可以看出统计规律的本质：统计给出的并不是每一种场合下的精确距离，而是最可能的距离。如果醉鬼非常罕见地偏偏能够笔直走路不拐弯，他就会沿直线离开灯柱。要是有另一个醉鬼每次都转 180° 的弯，他就会离开灯柱又折回去。但是，如果有一大群醉鬼都从同一根灯柱开始互不干扰地曲曲折折走自己的路，那么，经过足够长的时间后，我们会发现他们会按上述规律分布在灯柱四周的广场上。如图 3.21 画出的六个醉鬼无规则走动时的分布情况，醉鬼越多，不规则弯折的次数越多，上述规律也就越精确。统计物理的出发点是：尽管无法知道任何一次的测量结果，但是将能给出大量随机测量的总体分布。即仅仅知道概率信息时，统计物理有时就可以做出惊人准确的预言。这是玻尔兹曼和吉布斯统计理论对物理学的巨大贡献。

爱因斯坦用无规行走统计理论解决了布朗运动的难题，确立了分子、原子的存在，为当时声名狼藉的原子论找到了出路，使玻尔兹曼统计理论基础的疑云烟消云散，同时也为他后续关于光具有相同的粒子性质埋下伏笔。所以，爱因斯坦关于布朗运动、悬浮液体黏滞性的论文至今仍是最常被引用的工作。20 世纪初，当人们还在声学等问题上消磨时间时，爱因斯坦已经敏锐地认识到原子、分子的真实性，认识到麦克斯韦理论的基础问题及统计物理在黑体辐射研究中的失效是最迫切和最核心的科学问题。他 1905 年包括解释布朗运动的 3 篇文章奠定了 20 世纪甚至更远的物理学的基础。这正是爱因斯坦的过人和伟大之处！

无规行走统计方法也是研究非晶物质微观结构的重要工具。例如，我们后面要介绍的非晶高分子无规线团模型就是 Flory 根据无规行走统计方法建立起来的。此外，从随机行走理论出发，考虑非晶物质短程有序、长程无序的特点，把长程无序、短程有序体系中的热传导问题看成是一个特定网络结构的热随机行走问题，可以建立计算非晶物质热导率的统一公式[65]。

3. 模型化方法

研究非晶物质和液体微观结构的具体细节和图像目前尚没有可利用的有效实验设备和技术，模型化方法是常用的方法之一。非晶模型化方法主要是靠建立静态结构模型来理解非晶物质的微观结构图像。其主要思路是从原子间的相互作用和其他约束条件出发，确定一种可能的原子排布，然后将从模型得到的各种性质(如径向分布函数、密度、配位数等)和实验比较，从而判断模型的可靠性。如模型的性质与实验结果基本一致，则模型可能反映结构的某些特征。最常用的性质是 RDF 和密度。模型的径向分布函数 RDF 与实验测得的 RDF 一致是模型成立的必要条件。本章 3.3 节将详细介绍非晶结构模型，特别是非晶合金结构的主要模型及其作用和不足，介绍在模型化方面的主要进展。

4. 计算机模拟方法

在对非晶物质结构研究、建模的过程中，计算机模拟也是常采用的方法。近年来，大型计算机和高通量计算方法的出现，为非晶物质模型化方法提供了强有力的工具。常用的计算机模拟方法包括：经典分子动力学方法，分子动力学方法(MD)，第一性原理方法(ab initial MD)，反蒙特卡罗方法(RMC)等。随着计算机技术的不断发展，计算机模拟在非晶结构和其他研究中的作用会越来越大，为解决和研究非晶物质的原子结构提供了非常实用有效的研究方法和途径。它不仅可以对非晶物质中的原子结构进行简单明了的三维可视化，并且还能系统深入地研究原子的结构与微观动力学行为、性能之间的对应关系。即使在某些情况下计算机模拟会受到时间和空间上的限制，但只要所选取的研究对象合理，并确保数值模拟结果不受时间或尺寸效应的影响，那么依据所得到的模拟数据，仍可以对诸多科学问题做出合理有效的讨论。

分子动力学模拟是非晶物质结构模拟最常用的方法，其基本原理是基于经典牛顿力学来预测体系中各个粒子在未来时刻的运动轨迹。在任意时刻 t，当系统中各个粒子的位置和速度信息给定后，如果可以计算出作用在每个粒子上的力，那么就可以运用牛顿方程来得到在 $t + \Delta t$ 时刻时各个粒子的位置、速度和加速度信息。如果把这个过程随着时间的演化一直重复下去，就能得到系统中各个粒子的运动轨迹。在这个过程中，如温度、压强一类的物理量可以通过统计力学方法由所有粒子的具体位置和速度信息计算得出平衡态物理假设下这些物理量的时间平均值等价于其系综平均值。分子动力学模拟中每个粒子的受力分析至关重要，所以其计算结果的可靠性和准确性依赖于所选取的描述体系中粒子之间相互作用的势(potential)函数。在非晶合金体系的模拟中，嵌入原子势(EAM potential)应用得最多，它可以相当好地描述和刻画非晶合金的结构及其系统内部的各个微观动力学过程。如图 3.22 所示，计算机模拟得到非晶 $Cu_{50}Zr_{50}$ 合金在 1000 K 下的静态结构因子 $S(q)$ 和实验结果基本符合[66]。

5. 复杂网络与图论分析

复杂网络与图论(graph theory)广泛应用于处理复杂网络系统的问题[67]。网络在数学上称为图(graph)，是由一些基本元素所构成的集合，其中一般包含顶点(或称节点)及它们之间的连接关系，如图 3.23 所示。数学上，图 G 由一个非空的有限顶点集合 V 和伴随的一个集合 E 组成，其中集合 E 由集合 V 的二元子集构成。集合 V 中的元素称为顶点，集

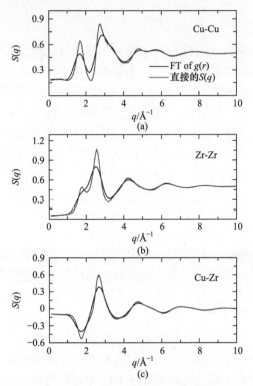

图 3.22　计算机模拟得到的非晶 $Cu_{50}Zr_{50}$ 合金在 1000 K 下的静态结构因子 $S(q)$ 和不同计算方式得到的结果对比[66]

合 E 中的元素成为边。图 G 的势(cardinality of G)定义为集合 V 中的元素个数；某个节点 V_i 的度(degree of V_i)定义为与节点 V_i 有边相连的其他节点的总个数。由定义可知，可以用图的势来刻画具体问题中的某个团簇的尺寸大小，而节点的度可以用来描述体系中一个粒子周围的特征的环境信息。例如，如图 3.23 所示的一张简单的图，它的势为 5，其中节点 V_1 的度为 2，相应的公式表达为 $Card(G) = 5$，$Deg(V_1) = 2$。当一张图很简单时(图 3.23)，就可以通过观察来获取许多重要信息，比如节点个数、连接情况及各个节点的度等。但当处理的网络涉及成千上万个节点及错综复杂的连接关系时，就必须借助于某些数学上的统计方法，并借助于计算机来处理如此庞大的数据。因此，需要将图转化为计算机更易处理的矩阵表示。图 3.23 中的矩阵表示称为图的邻接矩阵(adjacency matrix)，邻接矩阵 A 的构造非常简单，对于无向无权图，A 的元素 A_{ij}，当节点 i 和 j 之间有连接时为 1，无连接时为 0，且有 $A_{ij} = A_{ji}$。由于不考节点自身与自身之间的连接，所以总有 $A_{jj} = 0$。

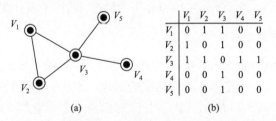

图 3.23　图或网络的示例(a)及它的邻接矩阵(b)[71]

图论也可以用来描述和表征非晶物质的原子结构，处理其中局域原子团簇的连接、空间堆积及动力学的问题[68]。对于非晶物质，相应网络的邻接矩阵 A 总是主对角线元素为 0 的对称矩阵。从图的邻接矩阵表示中可以得到关于节点的一些重要信息。比如，对邻接矩阵的第 i 列或 j 行的元素进行求和，可以得到相应节点的度 Deg(i)或 Deg(j)[68-71]。基于图论可以得到原子局域连接度(local connectivity)的结构序参量，新的结构序参量从过去侧重于关注局域原子团簇的种类和分布，转移到更加关注某一类具有特殊对称性的原子的空间连接情况，因此可从原子中程序的角度来建立非晶物质中的构效关系。局域连接度可与非晶物质中原子的短时或长时动力学行为、输运方式及振动模式等一系列物理性质建立联系[71]。图 3.24 是局域连接度 k 定义的示意图。对于非晶 $Cu_{50}Zr_{50}$ 中一类最近邻具有二十面体特殊配位的原子(icosahedrally coordinated atoms，IC 原子)，其局域连接度 k 的定义为：与指定 IC 原子有直接"连接"关系的其他 IC 原子的个数，这里的"连接"规定为两个 IC 原子互为最近邻。原子的连接度其实是一种非绝对局域(包含部分中程原子结构信息)，并具有拓扑属性的结构序参量[71]。研究表明，原子连接度的变化会相应地伴随有局域原子团簇体积的变化和团簇对称性的变化，是一种可以同时反映出原子结构在长度和角度上的变化的序参量。例如，图 3.25 给出了非晶 $Cu_{50}Zr_{50}$ IC 原子的局域连接度的分布。可以看出，1000 K 时局域连接度为 $k=0$ 和 1 的粒子的数目最多，同时对比不同温度下的数据可以发现，局域连接度的分布具有温度依赖性，一定程度上反映出体系的原子结构随温度变化的演化[71]。非晶粒子振动频率 w 与局域连接度 k 也存在正相关关系，也就是说，局域连接度 k 值越大的 IC 原子将同时具有更高的短时振动频率[71]。此外，k 也和非晶物质的长时间尺度的低温弛豫行为有关联。这些都说明图论方法可能是描述非晶物质结构的有效新方法[71]。

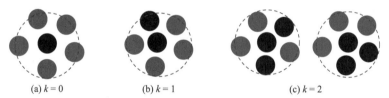

(a) $k = 0$　　　(b) $k = 1$　　　(c) $k = 2$

图 3.24　局域连接度 k 定义的示意图。指定原子的最近邻原子中，与指定原子具有相同局域对称性(用相同的颜色表示)的原子的总数即为指定原子的连接度[69-71]

6. 实验研究方法

非晶物质的结构测定主要采用衍射分析方法。实验方法的原理是用波长 λ 和非晶物质中原子间距可相比的光子、电子、中子等探测射线照射样品，实验测定其弹性散射波的动量分布即衍射图。对测量到的动量分布谱进行傅里叶变换，得到以平均径向分布函数 RDF(r) $= 4\pi r^2 \rho(r)$ 来表示的结构信息，$\rho(r)$ 是距给定原子 r 处原子数密度

$$\mathrm{RDF}(r) = 4\pi r^2 n_0 + \frac{2r}{\pi}\int_0^\infty k[S(k)-1]\sin(kr)\mathrm{d}k$$

n_0 是单位体积内的平均原子数。根据 $S(k)$ 的精确测定，可得到足够精确的 RDF，从而给出结构信息。另外，许多固体物理实验方法也被广泛用来研究非晶物质的结构，如 EXAFS 分析法、球差电镜、小角散射、电子显微镜、Mossbauer 效应、拉曼光谱、核磁共振等，这里不能一一介绍，读者想详细了解，可参阅有关书籍。

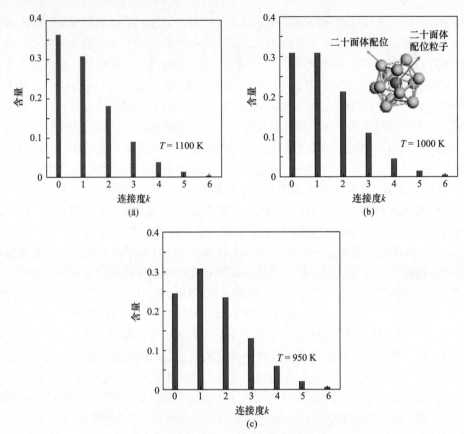

图 3.25 不同温度下二十面体中心原子(非晶 $Cu_{50}Zr_{50}IC$ 原子)的连接度的分布: (a) $T = 1100$ K; (b) $T = 1000$ K; (c) $T = 950$ K[71]

一些新的概念和方法被不断发展出来, 用以表征非晶结构, 对认识非晶物质的结构起到一定的作用。表 3.1 归纳出常用的描述非晶物质结构的重要结构参数。下面对其中有些关键参量进行介绍。

表 3.1　常用的描述非晶物质结构的重要结构参数

结构参数	符号	定义和说明
短程序	SRO	非晶物质中原子与其近邻原子之间的关系与晶体相类似, 非晶原子的紧邻原子间键合的有序性称作短程序
中程序	MRO	非晶物质中由短程序的团簇形成几个纳米尺度的序称作中程序。它是描述局域结构单元(短程序)是如何相互连接、排布充满整个三维空间的
配位数	z	原子在固体中的平衡位置, 排列采取尽可能紧密的方式, 对应于结合能最低的位置, 配位数被用来描述固体中粒子排列的紧密程度
化学键		原子间的一种静电吸引力。通过化学键, 粒子可组成多原子的物质
结构因子	$S(k)$	结构因子是一个固体结构对散射振幅的贡献, 其数值是由物质中原子的种类、数目和分数坐标决定的。根据 $S(k)$ 可以通过傅里叶转变得到 RDF

续表

结构参数	符号	定义和说明
径向分布函数	RDF	与中心原子相距 r 处单位体积的原子密度数
键角分布	BAD	描述近邻原子空间相关性的参量
键取向序	BOO	描述中心原子键取向对称性的参量
自由体积	V_f	非晶中原子能够自由活动的区域，它是原子实际占有的体积减去其固有体积的差，即过剩体积
团簇	Cluster	原子组成的有序团，具有与晶态材料中非常相近的局部对称性，如 20 面体团簇、四面体团簇等
Voronoi 多面体	VT	某一原子的 Voronoi 多面体定义为该原子与其近邻各原子间连线的垂直平分平面所围成的包含该原子的具有最小体积的多面体
局部五次对称性[38]	LFFS	LFFS 为 Voronoi 多面体中五边形的面所占的百分比，即 $d_5 = n_5 / \sum_i n_i$，其中 n_i 代表 Voronoi 多面体中 i 边形的数目
共有近邻键对(common neighbor analysis)	CNA	最近邻键对用三个指数来表示：第一个指数为 1 表示这两个原子是 Voronoi 最近邻，即根原子对；第二个指数表示这两个根原子对所共有的最近邻原子数目；第三个指数表示这些共有的最近邻原子之间成键的数目。如指数 155 代表共有的最近邻原子之间形成了一个五次对称的环，而且它们之间都是成键的，154 或者 153 表示这个五次对称的环之间有一个或者两个键对被打破

化学键的概念在非晶物质研究中仍然适用，因为化学键只适用于原子间短程相互作用，化学键的长度只有 0.1～0.3 nm，大约只是人类头发宽度的 50 万分之一，所以化学键概念对研究短程序和电子结构很重要。原子在固体(包括在非晶物质)中的排列，采取尽可能紧密的方式，对应于结合能最低的位置，所以配位数可以被用来描述非晶物质中原子排列的紧密程度、化学键的信息及与短程序密切联系。能给出非晶短程序最简单的一个数字参数就是配位数 Z。由于实验和模型化方法只能给出非晶的统计结果，所以不同于晶体的配位数是整数，得到的非晶物质的配位数往往是分数，它给出的是密堆的统计信息。

多面体被广泛用来描述表征非晶物质的结构。一个多面体能否、怎样能砌满整个空间，及其最大平移堆积密度是个古老的数学难题。1900 年，德国数学家希尔伯特在法国巴黎召开的第二届国际数学家大会上作了一次演讲，提出了二十世纪数学家应当努力解决的 23 个数学问题，包括著名的费马猜想、哥德巴赫猜想等。希尔伯特基于亚里士多德对多面体堆垛和开普勒关于堆球的猜想，把"确定一个给定几何体(例如球或者正四面体)的最大堆积(或定向堆积)密度"列为第十八个问题。数学家常用 Voronoi 多面体来构建密堆结构[20]。Voronoi 多面体是以俄国科学家 G. F. Voronoi (1868–1908)名字命名的多面体，类似固体物理学家提出的威格纳-赛兹原胞(Wigner-Seitz cell)。某一原子的 Voronoi 多面体定义为该原子与其近邻各原子间连线的垂直平分面(三维)、垂直平分线(二维)所围成的包含该原子的具有最小体积的多面体。可以用 Voronoi 指数(Voronoi index)，即多面体中具有 i ($i=3$，4，5，6，$\cdots$)边的面数 n_i 来表征一个 Voronoi 多面体。例如，fcc 是四边的菱形 12 面体，Voronoi 指数是<0, 12, 0, 0>；bcc 结构是由 6 个四边正方形和 8 个六边形组成的 14 面体, Voronoi 指数是<0, 6, 0, 8>; 一个二十面体的 Voronoi 指数是<0, 0, 12, 0>。如图 3.26(a)所示的 Voronoi 多面体由 3 个四边形面和 6 个 5 边形面组成, 其 Voronoi 指数是<0, 3, 6, 0>。根据 Voronoi 多面体的分布, 可以从拓扑上较好地描述非晶物质中的原子密堆结构[20, 72-80]。

计算机模拟表明非晶合金的三维结构(图 3.26(b))可以用 Voronoi 多面体拼砌成。图 3.27 给出 NiP 非晶合金中各种可能的 Voronoi 多面体[20]。可以看出, 即使比较简单的二元非晶合金的局部结构都可用"复杂多样"来形容。图 3.28 显示在 CuZr 非晶合金中 Voronoi 多面体分布的情况[79]。统计结果表明, 占有比率超过 1%的多面体就有十多种, 占有比率超过 0.1%的多面体多达上百种, 由此可见非晶合金结构的复杂性, 而非晶合金又是相对简单的非晶物质, 所以我们可以想象非晶物质微观结构的复杂程度。

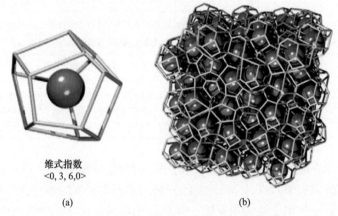

维式指数
<0, 3, 6,0>

(a)   (b)

图 3.26 (a) Voronoi 多面体, 它由 3 个四边形面和 6 个 5 边形面组成, 其 Voronoi 指数是<0, 3, 6, 0>; (b)用 Voronoi 多面体拼砌成的非晶的三维结构[20]

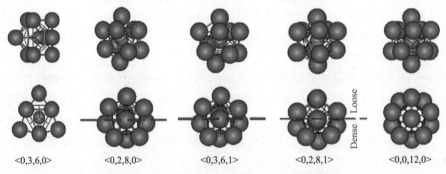

<0,3,6,0>   <0,2,8,0>   <0,3,6,1>   <0,2,8,1>   <0,0,12,0>

图 3.27 NiP 非晶合金中各种 Voronoi 多面体[20]

原子团簇(如二十面体团簇)在金属熔体的过冷、非晶及准晶形成中起着很重要的作用。研究表明非晶合金广泛存在二十面体团簇, 这些团簇在非晶合金形成中同样起着很重要的作用, 可以用二十面体作为一个重要的结构参数来描述非晶物质的结构特征[72-79]。早在 1952 年, Frank 就提出[82]把十二个硬球紧密接触地排列在另一个硬球的周围, 如果这些排列方式之间不能通过离开中心硬球进行移动而相互转化, 则只有 3 种方式, 即常见的 fcc、

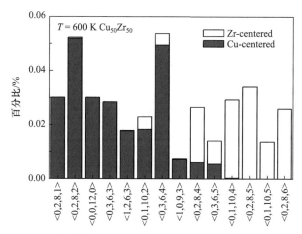

图 3.28 CuZr 非晶合金中所含多面体百分比大于 1%的各种多面体[79]

hcp 堆积和二十面体结构。二十面体结构拥有完美的五次对称结构(图 3.29)，因而不具有平移对称性，这和 fcc 和 hcp 结构完全相反。模拟研究发现二十面体团簇的数目在非晶合金玻璃转变的时候会急剧地变化，即二十面体结构和体系的非晶形成能力、玻璃转变，力学行为密切相关(如含有二十面体含量多的组分表现出更高的屈服强度)[72-79]。关于二十面体团簇在非晶合金形成、形变和玻璃转变中的作用，下面章节会详细提及。

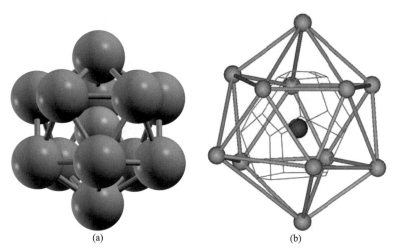

(a)   (b)

图 3.29 二十面体结构示意图。(b)中间红色的多面体表示 Voronoi 多面体[20]

使用原子电子断层(AET)扫描实验可以确定单原子非晶物质，例如非晶 Ta 薄膜和两个非晶态 Pd 纳米颗粒的三维原子位置。实验观察到五角双锥体是这些非晶材料中最丰富的原子图案，而不是形成二十面体。大部分的五角双锥排列成中等量级的五角双锥网络。分子动力学模拟进一步揭示了五角双锥网络普遍存在于单原子金属液体中，在液体到玻璃态的快速凝固过程中，其体积迅速增长并形成更多的二十面体[80]。

需要指出的是，虽然大量的研究试图用原子短程序(原子团簇)来理解非晶和液体的微观结构及性能关系，然而，原子团簇的种类繁多，不同非晶合金或液体中的短程序种类和含量也各不相同，用原子短程序描述其微观结构及性能关系缺乏统一性和普适性，无法给出简单、清晰的物理图像。

前面的讨论表明,非晶物质的微观结构虽然没有长程序,但绝不是完全无序,如何在混乱中发现或建立秩序和规则是非晶研究的方向。下面介绍已经发现的非晶物质中的各类序。

3.3　非晶物质中的序

非晶物质是大量粒子混乱堆积而成的,长程无序性是非晶物质最本质的特征。无序的堆垛方式使得同一成分的非晶物质有几乎无限多的"无序"排列方式和能量状态,这种"无序性"给非晶物质态的描述、检测和控制带来极大的挑战,也挑战了晶体中结构决定性能的规则。同时,序控制着熵,并控制着自由能,通过外场如温度、压力等可以对无序度进行调控,能产生很多奇异的物态和特性,即序为材料的性能调控提供了一个新途径。越来越多的实验和模拟证据表明,在长程排列无序的非晶物质中存在各种各样的"隐藏"的序[72-94]。如图 3.30 所示,非晶结构就像鉴定色盲的图案一样,色盲人看似杂乱无章(图 3.30(a)),但是非晶结构的理论或者实验分析研究能发现非晶物质中隐含着序,就如同图 3.30(b)所示。

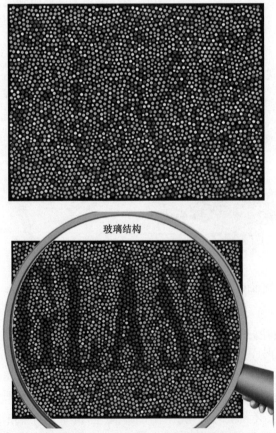

图 3.30   (a) 长程排列无序的非晶物质粒子排列示意图,像鉴定色盲的图案一样,色盲人看似杂乱无章;

(b) 非晶结构的理论或者实验分析能发现其中的序(中科院物理所陈科提供)

因此, 对非晶物质看似"杂乱无章"的无序结构进行更加细致精确的描述和刻画, 将有助于我们从无序中发现有序, 加深对非晶物质本征结构特征的认识, 找到揭开不同非晶结构本质差别的线索。为了介绍非晶中的隐藏序, 我们先对"序"和"无序"及其本质进行介绍和讨论。

3.3.1　序和无序

什么是序? 什么是无序? 无序和序互为否定概念。序是关于规则性的笼统概念, 而无序是关于无规则性的笼统概念。系统在时空之间或功能方面高度对称、无法区分的形态, 称为无序。无序有时指事物的无规则性, 即这种事物只有在给出全部信息时才能确定; 有时指事物的随机性, 即这种事物从局部看来无规律, 但整体具有统计规律性。无序所指的无规则也可以既是时间序列上的又是空间分布上的。时间序列上的无序例子有噪声、温度的涨落过程等; 空间分布上的无序, 如布朗运动中粒子的轨迹等。非晶物质的无序是指原子空间分布上的无序。有序和无序在概念上有时难以区分。有些分形不是严格的自相似, 但在统计上又是自相似, 所以统计上又是"有序"的。无序的湍流具有大范围的相干结构, 这说明它在另一意义上又是有序的, 相干结构又称拟序结构。无序的系统通过与环境进行物质和能量的交换可演化成有序结构, 即耗散结构。熵是用来描述一个系统无序的量度。

序是重要的物理概念, 序控制着能量何时能做有用功, 但不守恒。根据统计物理和热力学第二定律, 一切自发过程, 总是从概率小的状态向概率大的状态变化, 从有序向无序变化。用"熵"可以来量度一个系统中粒子的无序程度及序的演化, 熵 S 与无序度 Ω(即某一个客观状态对应微观态数目, 或者说是宏观态出现的概率)之间的关系为

$$S = k \ln\Omega \tag{3.2}$$

这就是著名的玻尔兹曼公式, 其中常数 k_{B}=1.38 × 10^{-23} J/K 是玻尔兹曼常数。

按照热力学第二定律, 无序是一切事物的命运(disorder is the fate of everything)。

序和信息、能量、熵密切关联。

先讨论能量和序的关系: 我们都知道能量不能产生, 也不会消失, 能量是守恒的。那么现实中我们为什么要提倡不"浪费"能量呢? 这是因为能量和承载能量的物质组织程度或者序相关, 即能量是有品质的。能量的品质高低和物质的序有关, 高品质的能量是指包含高级序的物质态, 为了表征能量的品质, 或者说为了表征一个物质系统有用的能量, 即一个系统能对外做功的能量, Gibbs 提出了自由能 G 的概念:

$$G = E - TS \tag{3.3}$$

式中, E 是系统的总能量; 自由能 G 是系统有用的能量, 可以对外做功的能量; G 和 E 的差值和物质的无序性(熵)有关, 是物质系统内耗的部分。自由能也反映了熵(序)和能量的竞争。G 的变化, 如对外做功而减小, 可以是能量 E 的减少, 也可以是熵 S 即无序度的增加。例如, 石油燃烧对外做功而开动汽车就是通过减少石油自身的序。如果物质的无序度很小, TS 远小于 E, 则 $G \approx E$, 就可以说这个物质的能量品质很高, 含能很高。但是, G 不能等于 E, 因为这样就意味着能量可以 100% 做功, 这违反了热力学第二定律。

一个非晶体系的形成是有序和无序，熵(趋向无序)和能量(趋向有序)竞争的结果。非晶系统的粒子数和系统总能量都是由边界条件确定的，在序向无序转变的过程中释放出能量，如图 3.31 所示。根据自由能公式，在低温下，晶态的熵 S 小，能量占优势；在高温下，是非晶态，熵占控制地位。

序增加，熵减少，能量E控制系统

晶体

非晶体系

无序度增加，熵S控制系统

图 3.31　物质中能量、无序、熵的关系，它们之间的竞争导致非晶态的形成

能量流过一个系统可以使之有序性增加，即能量流增加有序。这也是生命的诀窍。生物捕捉营养，实际上并不是消耗能量，能量是守恒的，不会被消耗，生命是在处理能量，捕捉有序，消耗有序。生命等过程都是一个在利用有序到无序的过程。可见在一个物质系统中，序控制着能量何时能做有用功，序是不守恒的。

下面再讨论信息和序及熵的密切联系。

先看两个例子，例如将一枚硬币掷 100 次，得到一个序列：正正反正反反反正……这个序列具有极高的无序，难以简要地描述，用计算机储存这个序列需要 100 比特，你无法压缩它。另一个例子是一天的每半小时的天气统计，记录一天的天气状况，得到一个比特流：雨晴雨雨雨晴雨雨雨雨雨晴……这个序列比掷硬币有更低的无序，因为根据经验等信息，今天的天气和昨天比较相似，可以改变编码；令 0=和昨天同，1=和昨天不同，这样信息流变成：10010001000110……，一个不是完全不可预测的序列或信息流，因为序列中 0 比 1 多。这样可以交替记录每种天气持续长度来压缩这个序列，即天气序列比掷硬币序列具有更高的序。也就是说，无序程度反映了可预测性，高无序度意味着低可预测性，因此序和信息关联。

1948 年，香农(C. E. Shannon)提出了"信息熵"的概念，解决了对信息的量化度量问题。香农在 1948 年发表的论文"通信的数学理论"(A mathematical theory of communication)中指出，任何信息都存在冗余，冗余大小与信息中每个符号(数字、字母或单词)的出现概率或者说不确定性有关。香农借鉴了热力学的概念，把信息中排除了冗余后的平均信息量称为"信息熵"，并给出了计算信息熵的数学表达式：

$$S = -\log_2(P) \tag{3.4}$$

式中，S 表示信息熵，P 表示某种信息出现的概率。由于用的是二进制，因而信息熵的单位是比特(BIT，即二进制的 0 和 1)。香农的信息熵本质上是对我们司空见惯的"不确定现象"的数学化度量。

反过来信息也可以产生序。麦克斯韦妖(Maxwell's demon)理想实验证明，只要知道分子的信息，小妖就可以产生序。麦克斯韦妖是著名物理假想的妖，是 1871 年英国物理学家詹姆斯·麦克斯韦为了说明违反热力学第二定律的可能性而设想的思想实验。实验如图 3.32 所示。一个绝热容器被分成相等的两格，中间是由"妖"控制的一扇小"门"，容器中的空气分子做无规则热运动时会向门上撞击，"门"可以选择性地将速度较快的分子放入另一格，而较慢的分子放入另一格，这样，其中的一格就会比另外一格温度高，即小妖可以从无序中，不需要能量，只利用信息(知道哪个分子能量高哪个能量低)就可以产生有序。按照这个实验，可以利用信息产生的温差，驱动热机做功，或者说可以用信息加热咖啡，给城市供电，不需要能量。这是第二类永动机的一个范例。麦克斯韦这个思想实验和问题，120 多年来引起无数思考和辩论、研究。

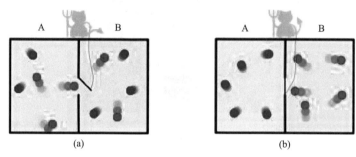

图 3.32　麦克斯韦妖的图

我们再回到非晶物质体系。传统固体物理中把晶体的稳定结构确定为唯一可以预言，且可以重新生成的物理秩序，把平衡态看作唯一能从物理基本定律导出的变化过程。实际上，一张纸可以写诗，空气分子可以传播音乐，光子可以做画笔，世上的一切物质都可以用它创造美、结构和序。非晶体系实际也是能量、熵、序达到某种平衡的状态，非晶物质应该存在某种不同于长程周期晶格序的序。其无序性中隐藏着某种序，也正是无序性和隐藏的序造就了非晶物质的复杂性和奇异特性，序也决定了非晶物质的特性和性能，所以说在无序中寻求有序是非晶研究的使命之一。在复杂非晶物质中发现有序和序参量是当前非晶研究的前沿和难点。下面就介绍非晶物质中的各种序及研究进展。

3.3.2　短程序

非晶物质中原子/分子具有高度局域的关联性，这是由凝聚态物质普遍存在的粒子之间短程电磁相互作用所决定的。非晶物质和晶体的共同点是具有高度的短程有序性。非晶物质的短程序的结构图像和晶体很类似。大量模拟和实验证实，非晶物质的短程序有序尺度范围在 1 nm 尺度，短程序可以被看成是非晶物质的结构单元。衍射实验得到的径向分布函数、核磁共振、红外吸收谱等实验手段都表明非晶物质在几个原子的范围内具有规律性。这是因为非晶物质中对应晶态的原子近邻排布仍然被较好地保留，这些结构单元具有确定的配位数和结构，即短程序。如非晶 SiO_2 中的有序结构单元或短程序是硅氧四面体结构，如图 3.33 所示。非晶态和晶态 SiO_2 的短程序或结构单元非常类似，只是非晶物质结构单元可能有些畸变。大量结构单元堆砌结果的不同，或者说序构的不同，造成不同的物态，主要表现在其链接键角的变化。图 3.34 给出结构单元的链接，以及硅氧四面体键角在晶态和非晶态中的分布的比较。可以看到非晶 SiO_2 中有很宽的链接键角分布，这是造成非晶 SiO_2 长程无序的原因[95]。

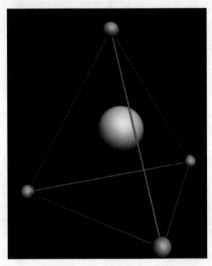

图 3.33　硅氧四面体结构的原子结构示意图，它是非晶 SiO_2 中的短程序

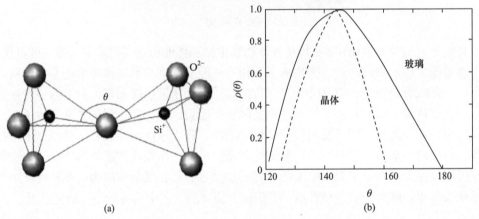

图 3.34　(a) 硅氧四面体的链接结构；(b) 在 SiO 非晶和晶态中硅氧四面体键角(θ)分布的不同。非晶态具有更宽的键角分布$\rho(\theta)$[95]

实际上，很多复杂的物质体系都可以视为由有序的结构单元或短程序通过自组装堆砌而成的。计算机模拟证明可以用 145 种不同的多面体(短程序)模拟出各种物质，包括晶体、非晶、液体、液晶等，这些多面体是很多物质共同的结构单元，不同的是序构方式[93]。图 3.35 所示是这些短程序多面体，以及这些短程序多面体是如何自组装成各种物质的模拟图[93]；图 3.36 是这些短程序的多面体自组装成的各种物质及其衍射图案，和实验符合得很好[93]。

美国空军实验室的 D. Miracle 用塑料小球密排来考察非晶合金的局域有序结构和密排规律[74]。他发现非晶金属不是原子的无规密堆，而是由很多原子团簇密堆而成的，这些团簇就是非晶的短程序。他发现硬球密排的非晶合金结构中存在许多稳定的以 fcc 或者

hcp 的方式排列的团簇，团簇的中心原子是溶质原子[74]。他的工作使得非晶合金模型化向前进了一步，是非晶结构模型化方面里程碑式的工作。值得一提的是，他研究非晶结构的主要工具是塑料小球和相机，是用简单的实验和手段做出重要工作的又一范例。图 3.37 是他用小球构建的非晶合金短程序团簇的照片。图 3.38 是 Miracle 构建的描述非晶合金短程序的以溶质原子为中心的各种短程序团簇[94]。

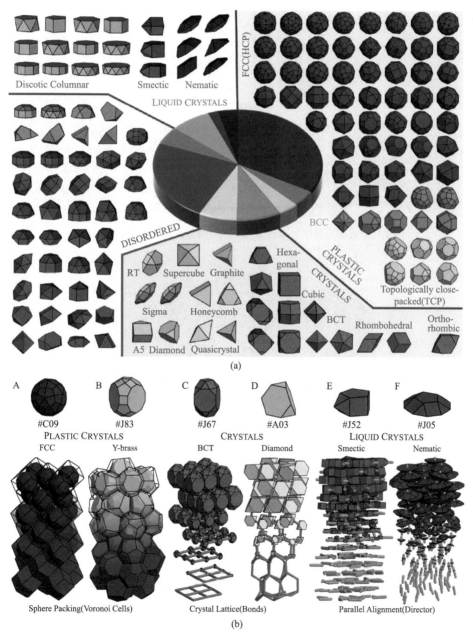

图 3.35　(a) 计算机模拟证明各种具有短程序的多面体是很多物质的结构单元；(b) 多面体自组装各种物质的过程[93]

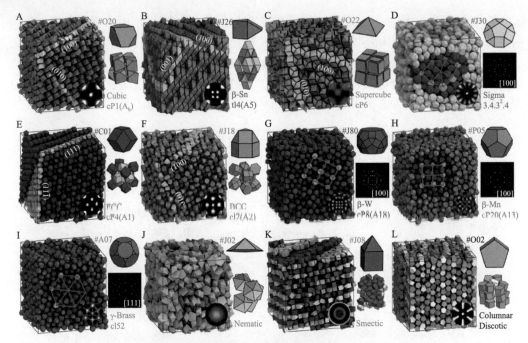

图 3.36 这些短程序的多面体自组装成的各种物质及其衍射图案[93]

图 3.37 用小球构建的非晶合金短程序团簇的照片, 红球代表溶剂原子, 蓝色球代表溶质原子[74]

　　非晶物质及液体中为什么会存在较稳定的短程序团簇呢? 根据统计物理和热力学, 原子个数少的团簇不稳定。但是非晶中短程序或者团簇的原子数一般少于 100 个, 这种微小程度足以使精确的统计物理规律失效, 热运动可使它们非常不稳定。但是, 实际情况是非晶合金中存在这些稳定短程序团簇, 并且这些团簇在非晶晶化、玻璃转变、弛豫、形变及性能中起重要作用。非晶中的短程序团簇和生物体的基因一样, 基因的原子数也不到 100 个甚至更少, 但是生物的基因至少可以在常温下保持几千年, 基因能把持久不变的性能和信息有规律地表现出来。这个现在看来简单的问题曾让薛定谔很困惑, 他曾对体积微小的基因(原子团簇)能有近乎完美的稳定性和保真度感到震惊[96]。现在我们知道, 较稳定团簇的存在是短程序中原子之间化学键维持的结果。要打断原子之间的化学

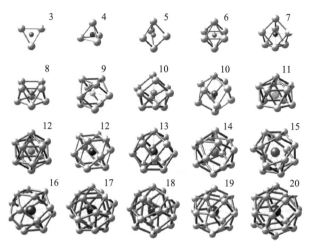

图 3.38　以溶质原子为中心的各种短程序团簇[20,94]

键，必须瞬间克服原子间的激活能，而化学键的能量约为典型热能的 60 倍，所以在不太高的温度下，原子团簇可通过化学键、较高的激活能而稳定地存在。随着温度的升高，如在液体中，团簇的化学键减弱、激活能降低，稳定性变差，团簇只能瞬态存在。但是形成短程有序团簇的趋势一直存在于凝聚态物质中。

　　由于缺乏长程序，很难用一般的衍射手段得到短程序的信息和图像。理论研究短程序主要采用模型和计算机模拟方法，其中高通量模拟计算是研究短程序的最有效方法。例如，可以根据一种物质的短程序，通过高通量模拟计算预计很多材料的力学等性能，如强度、塑性等。实验上目前一般用同步辐射衍射手段得到短程序的信息和图像。利用消球差电子显微技术、核磁共振可得到短程序的种类、结构等信息。利用消球差电子显微技术可实现埃尺度相干电子衍射方法(coherent angstrom beam electron diffraction)，可在真实空间探测到非晶合金原子近邻及次近邻结构，即直接观察到非晶的短程序，如图 3.39所示[77,92]。这种方法可用直径为 3.5 Å 的聚焦相干电子束以 1 Å 的步长做两维扫描。通过确定每一区域(1 Å × 1 Å)原子结构，从而构筑非晶合金从短程(3～5 Å)到中程(10～20 nm)的原子结构。非晶物质中因为存在短程序，所以存在局域对称性[88]。用核磁共振(NMR)可探测非晶局域对称性的变化。因为 NMR 能够探测到非晶中原子团簇电四极矩的分布，这种变化能精确反映原子团簇对称性的变化。根据非晶局域对称性的变化可从原子和电子层次得到非晶结构和性能关系及动力学特征[88]。图 3.40 是用 NMR 探测到的 LaNiAl非晶合金局域对称性在应力弛豫条件下的变化。从图中可看出非晶合金的原子团簇在应力作用下有畸变，在小于屈服应力长时间作用下，非晶的原子团簇局域对称性变高[97]。非晶结构的精确图像很难表征，但是可以观察其结构的变化。NMR 可有效探测非晶合金局域结构及其随外加条件(如退火、应力弛豫、压力等)的变化，从而为了解非晶短程序的变化及对非晶性能的影响提供了有效实验手段。

　　研究短程序的组装规律和过程，实验精确确定短程序，理解短程序如何组装成宏观物质是凝聚态物理的挑战。短程序研究中的重要科学问题包括：如何在实验上精确确定非晶物质短程序的结构；复杂体系短程序的表征；非晶材料短程序和强度的关系；和其他力学性能的关系；短程序组装和缺陷的关系；非晶材料中短程序是如何排列、组装成长程有序或者无序结构的。

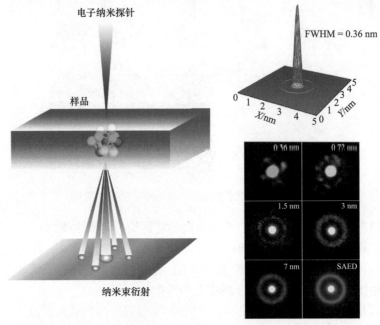

图 3.39　埃尺度扫描相干电子衍射实验原理示意图和非晶合金原子近邻及次近邻结构像[77]

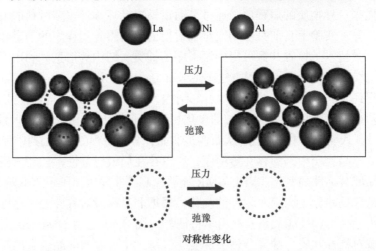

图 3.40　NMR 探测 LaNiAl 非晶合金原子团簇对称性在弹性范围内应力作用下的变化[97]

3.3.3　中程序

为了理解和解释非晶物质短程有序结构和其长程无序结构的关系，即认识局域有序结构单元是如何相互连接、排布充满整个三维空间、形成长程无序结构特征的，人们提出了中程序(medium range order，MRO)的概念。中程序是短程有序和长程无序结构之间的过渡。具体地讲，也就是在短程序之外的非晶物质结构是如何组织的。Elliott[98]最先将液体及非晶物质中的结构划分为三类：短程序(SRO)，尺寸范围为<0.5 nm；中程序

(MRO)，尺寸范围为 0.5～2 nm；长程无序。为了描述中程序结构特征，Miracle 提出了非晶合金的团簇密堆模型[74]。他采用塑料小球组成的团簇密排来考察非晶合金的结构特征，发现非晶合金的结构可由中心是溶质原子的面心 fcc 或者密排六方 hcp 团簇无序密堆而成，这些团簇是用溶剂原子黏连在一起的。几个团簇用溶剂原子连接在一起就构成了中程序[74]。Ma 等根据 Miracle 的模型又提出了准团簇密堆模型，认为构成非晶的基本单元是各种各样的 Voronoi 多面体形成的团簇，但是二十面体团簇或类二十面体团簇占主导，这些团簇以共点、共面或者共边的方式连接成类二十面体堆积的结构，即非晶物质中的所谓中程序[20,75]。图 3.41 是 NiB 非晶合金中的中程序示意图及计算机模拟构建的典型的非晶合金 3 维原子结构示意图[20]。

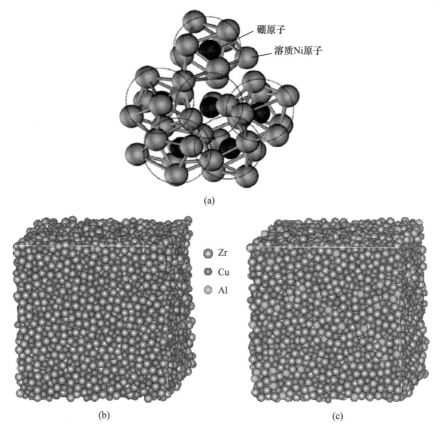

图 3.41　(a) NiB 非晶合金中的中程序示意图[20]；计算机模拟构建的(b)CuZr 和(c)CuZrAl 非晶合金 3 维原子结构示意图[20]

在含有类金属的非晶合金体系局域结构中存在类共价键，并对原子局域环境有重要影响，类金属原子周围电荷密度分布具有方向性，金属-类金属多元非晶合金中两类局域团簇——金属键主导的密排团簇和类共价键主导的"类共价"团簇共存，且分别以密堆积模式和"立体化学"模式连接，遵循杂化堆垛，这些团簇构建了多元金属-类金属非晶合金中程序的团簇堆垛模型。如图 3.42 所示，该堆垛方式有效地阻碍了结晶形核，有益于非晶合金的形成[99]。

实验手段还很难表征、探测非晶物质中的中程序,中程有序的主要衍射特征是其结构因子在低波矢 q 值处出现预峰。一般认为预峰的形成与体系强烈的化合物形成倾向或体系中存在某些原子团簇有关。在衍射图 3.43 中(结构因子和波矢关系图中)低 q 值(第一个峰)给出 MRO 的信息,高 q 值部分的其他衍射峰给出 SRO 的信息[100]。

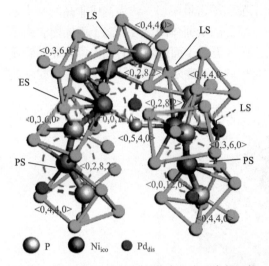

图 3.42   多元金属-类金属非晶合金中程序的团簇堆垛模型[99]

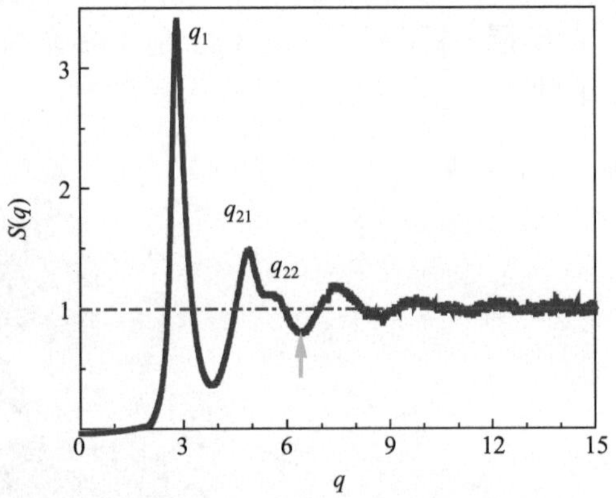

图 3.43   非晶合金衍射图。$S(q)$ 是结构因子,q 是波矢。低 q 值(第一个峰)给出 MRO 的信息,高 q 值部分的其他衍射峰给出 SRO 的信息[100]

研究发现中程序广泛存在于液体及各类非晶物质中[20]。非晶的结构因子或对关联函数这类实验衍射数据中往往隐含有重要的微观结构信息。例如,通过对大量非晶合金的总体对关联函数的特征峰位的分析表明,如图 3.44 所示的那样,非晶合金中原子整体的堆垛方式包含了中程的球周期序和局域平移对称性两种基本特征[101]。这些都是非晶中存在中程序的证据。

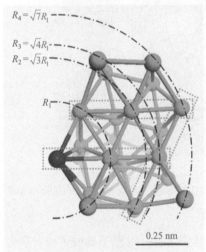

图 3.44   非晶合金中的中程球周期序和局域平移对称序[101]

非晶物质中存在中程有序得到了普遍认可。但是,需要说明的是,对中程序的描述和定义还很模糊,很多关于非晶中程序的观点和模型虽然都有各自的实验证据,但是这些模型并不都能互相印证,因为这些模型都只能描述中程序的某些结构特征。中程序也没有完全解决非晶长程无序结构是如何堆砌、排列的问题。短程有序结构式如何堆砌成非晶长程结构仍是非晶物质研究中的一个难题。

3.3.4   分形序

20 世纪下半叶以来,人们开始注意研究自然界和社会科学中一些非线性、远离平衡态的复杂系统，如天气的变化、股票价格的变化、地震的产生、海岸线的形成、湍流及生物体的形成和进化等，并逐渐诞生了混沌、分形、自组织临界性等一系列重要的概念和理论[102]。大量实验和观察研究发现，在看似复杂、无序、远离平衡态的系统的背后，同样有其内在规律性和序。采用这些理论方法来研究材料科学和凝聚态物理领域的一些复杂问题也引起了人们的广泛关注和重视。很多物质和材料体系表面看似复杂，但它们有内在的规律性和有序性，这种规律性和有序性通常表现在其相空间结构因子的自相似性，即表现出分形结构。

分形(fractal)概念是本华·曼德勃罗(Benoît B. Mandelbrot，1924—2010)于 1975 年创造出来的[103]。所谓分形，通俗地说就是粗糙、不规则或零碎的几何形状可以分成很多部分，且每一部分都大概是整体缩小尺寸的形状。几何对象的一个局部放大后与其整体相似，这种性质就叫做自相似性。部分以某种形式与整体相似的形状就叫做分形。Mandelbrot擅长于形象的、空间的思维，具有把复杂问题化为简单的、生动的甚至彩色的像的本领。他为了给自己的研究对象，即那些极不规则、破碎不堪、不光滑的东西命名，创立了分形的概念和分形理论，出版了一系列奠定分形学说的著作。

曼德勃罗是美国数学家(图 3.45)，出生于波兰的立陶宛犹太家庭，12 岁时就随全家移居巴黎，之后的大半生都在美国度过。他幼年时喜爱数学，迷恋几何，后来，他的研究范围非常广泛，研究过棉花价格、股票涨落、语言中词汇分布等，从物理、天文、地理到经济学、生理学……都有所涉及。他一直在 IBM 做研究，又曾在哈佛大学教经济，在耶鲁大学教工程，在爱因斯坦医学院教生理学。也许正是这些似乎风马牛不相干、看起来没有交集的多个领域的研究经验，使他创立了跨学科的分形几何。1975 年夏天的一个寂静的夜晚，曼德勃罗正在思考他在宇宙学研究领域中碰到的一种统计现象。这种貌似杂乱无章、破碎不堪的统计分布现象一直困惑着他。在人口分布、生物进化、天象地

图 3.45　本华·曼德勃罗(Benoît B. Mandelbrot，
1924—2010)，美国数学家

貌、金融股票中，都有它的影子。曼德勃罗曾针对宇宙中的恒星分布如康托尘埃提出了一种数学模型，用这种模型可以解释奥伯斯佯谬，而不必依赖大爆炸理论。可是，这种新的分布模型却还没有一个适合的名字。曼德勃罗一边冥思苦想，一边随手翻阅着儿子的拉丁文字典。突然，一个醒目的拉丁词跃入他的眼中：fractus。字典上对这个词汇的解释与曼德勃罗脑海中的想法不谋而合"分离的、无规则的碎片"。这样，"分形"这个名词就此诞生了。

分形是以非整数维形式充填空间的形态特征。分形具有五个基本特征或性质：①形态的不规则性；②结构的精细性；③局部与整体的自相似性；④维数的非整数性；⑤生成的迭代性。分形现象广泛存在于自然界中。分形理论能够用数学描述这些现实世界中

更常见的、表面上看似没有规律的粗糙形状和事物。因此，分形理论和概念很快在各学科中得到广泛应用，与其他非线性、复杂性理论一起成为各学科的利器。正如 Mandelbrot 所说：柏拉图称人类的感知包括轻重、大小、冷热、颜色、音调和粗糙度，除了粗糙度之外，对其他各种感知的研究都曾经掀开物理学的新篇章，而分形恰恰补上了这一缺环[103]。从图 3.46 可以欣赏一下曼德勃罗的各种美丽的分形图案。

图 3.46　曼德勃罗的各种美丽的分形图案

　　曼德勃罗的在其代表著作《大自然的分形几何学》中说[103]："为什么几何学常常被说成是'冷酷无情'和'枯燥乏味'的呢？原因之一在于它无力描写云彩、山岭、海岸线或树木的形状。云彩不是球体，山岭不是锥体，海岸线不是圆周，树皮并不光滑，闪电更不是沿着直线传播的。自然界的许多图样是如此不规则和支离破碎，以致和欧几里得几何学相比，自然界不只具有较高程度的复杂性，而且拥有完全不同层次上的复杂度。自然界图样的长度，在不同标度下的数目，在所有实际情况下都是无限的。这些图样的存在，激励着我们去探索那些被欧几里得搁置在一边，被认为是'无形状可言的'形状，去研究'无定形'的形态学。然而数学家蔑视这种挑战，他们想出种种与我们看得见或感觉到的任何东西都无关的理论，却回避从大自然提出的问题。"这些话意味深长，对非晶物质的基础研究极具启发性和鼓舞。实际上，自然界中广泛存在的非晶物质一直被科学家所忽视。非晶物质基础研究的使命和 Mandelbrot 分形研究的使命非常一致：在看似无序的系统中寻求有序，在复杂和纷繁中探索简单和美。

　　分形特性通常可以用相关作用函数维数在一定范围内表现的标度不变性(即不管我

们对结构怎样放大或缩小，结构看上去仍然是相同的)来表征，即在一定范围内有确定的相关作用维数[104]。欧几里得维数是最简单的标度指数，维数可以为分数，表明维度可以是个连续变量。不规则形状的维度是分数维度。标度指数是关系式 $Y=X^{\alpha}$ 中的指数 α，在临界现象中称为临界指数，也就是维度，被用来描述临界点附近的临界行为和物理性质的发散性。

　　分形也是一种序。在非晶物质的相变、断裂和玻璃转变现象中会出现类似的幂律规律，具有相似性，即存在分形序。如图 3.47 所示的就是非晶聚合物玻璃在高压放电时产生的具有分形特征和自相似性的击穿花样。再如，非晶高分子分子链的线团结构也具有分形的规律[105]，其链状维度是 5/3。实际上，链的形状确实介于一维的直线和两维的平面之间。非晶物质的短程序和长程构型存在很大的差别；非晶物质是如何从有序过渡到无序的？王循理等[100]将分形理论应用于不同非晶合金体系微观结构的分析，发现非晶合金中原子团簇的堆积至少在中程序尺度上满足一种自相似的分形行为，具有分形特征。其质量 M 和体积的关系是：$M\sim r^{D}$，式中 D 是维度。对于晶体，$D=3$，对不同的非晶合金，$D\sim 2.5$。这表明非晶物质的结构图像是：其短程序是由不同大小的团簇组成，这些团簇以分形的形式组织起来，构成了整个非晶物质[100]。图 3.48 显示不同非晶合金衍射最近邻峰与原子平均体积遵循幂律关系，非晶的径向分布函数可以用幂律相关函数来描述，即非晶合金的团簇密排具有分形的特征。这和准晶中的结构排列非常相似，但是维度有很大的差别，非晶中维度 D 大约为 2.31，小于准晶中的维度 2.72[100]。这主要是因为非晶合金由于化学或拓扑无序的存在使得团簇填充空间要比准晶困难得多，更加不规则。分形团簇堆积模型认为原子团簇是通过具有一定分形维数的分形网络所连接起来的。原子团簇之间区域是空的或是被没有形成团簇的单个原子所填充。为了形象地呈现非晶合金的分形网络结构模型，在图 3.49(a)中用不同颜色、不同尺寸的小球分别表示不同类型的团簇，最小的小球表示没有形成团簇的单个原子。这个模型非常类似于宇宙中由于星体之间的相互作用所导致的星体在星空中的分形分布，如图 3.49(b)所示，因为宇宙也是一个非平衡系统。

图 3.47　非晶聚合物玻璃在高压放电时产生的分形击穿花样。放电产生的裂纹在材料中以分形方式扩展

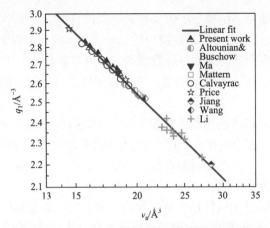

图 3.48　各种非晶合金衍射最近邻峰与原子平均体积遵循幂律关系[100]

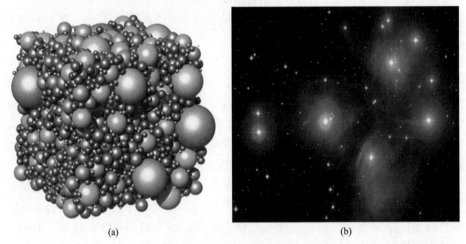

(a)　　　　　　　　　　　　　(b)

图 3.49　(a) 非晶合金的分形团簇堆积模型示意图[100]；(b) 宇宙中呈分形分布的恒星

　　通过X射线衍射和全场纳米尺度透射X射线显微镜可以研究非晶合金短程结构的分形特征及随尺度、压力和温度的变化。图 3.50 是 $Cu_{46}Zr_{46}Al_5Be_3$ 和 $La_{62}Al_{14}Cu_{11.7}Ag_{2.3}Ni_5Co_5$ 非晶合金由原位透射 X 射线显微镜在常压下得到的衍射数据对衍射矢量 q_1 和 q_2 的标度。如图所示，对于短程序范围内，其维度 $D < 3$，超出短程序 $r > r_1$ 以后，$D = 3$。图 3.51 是模拟得到的维度 D 随径向尺度的变化。对 $Cu_{46}Zr_{54}$，D 从 r_1 和 r_2 的 ~2.5 变成 r_3 时的 3；对 $Ni_{80}Al_{20}$，D 从 $D < r_1$ 的时 ~2.5 到 $D > r_2$ 时的 3。图 3.52 是模拟短程序范围($r < r_1$)的维度 D 随着过冷的变化：D 从高温的 3 变到 T_g 以下的低温的 2.5(T_g~763 K)。插图对应两个温度的原子快照。这些结果都证明，非晶合金中原子团簇的堆积至少在短程序尺度其随温度压力的变化满足一种自相似的分形行为，具有分形特征[106]。原子团簇的堆积具有分形行为的结论为理解非晶物质的结构和其中的序提供了新的思路。分形比较说明非平衡系统大到整个宇宙，小到非晶这样的物质，都遵从着相似的分形分布规律。

　　非晶物质的形变、断裂过程中的某些特性也表现出分形特征。具有一定塑性形变能力、韧性较高的非晶合金在塑性变形中会产生大量剪切带。这些剪切带之间的相互作用，

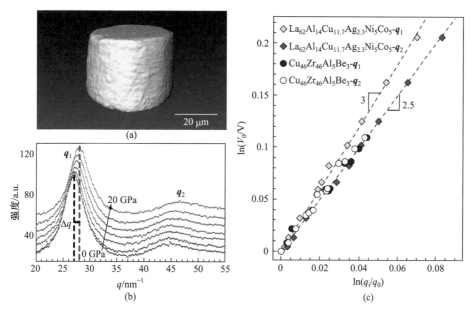

图 3.50　(a) 根据原位透射 X 射线显微镜在常压下数据 3D 重构非晶合金样品；(b) 随着压力增加的非晶合金原位 X 射线衍射数据；(c) $Cu_{46}Zr_{46}Al_5Be_3$ 和 $La_{62}Al_{14}Cu_{11.7}Ag_{2.3}Ni_5Co_5$ 非晶合金相对体积(V_0/V)对衍射矢量 $\boldsymbol{q}_1$ 和 $\boldsymbol{q}_2$ 的标度[106]

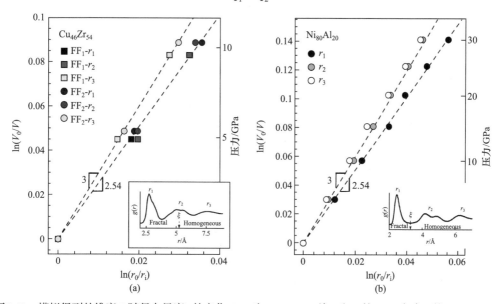

图 3.51　模拟得到的维度 D 随径向尺度 r 的变化：(a) 对 $Cu_{46}Zr_{54}$，D 从 r_1 和 r_2 的～2.5 变成 r_3 的 3；(b) $Ni_{80}Al_{20}$ 的 D 从 r_1 的～2.5 到 r_2 的 3[106]。V_0/V：相对体积

也可以演化到自组织临界状态，产生分形[107]。研究发现，塑性非晶合金的塑性变形在时间上表现为幂律分布[107]，而在空间上表现为分形结构[108]。非晶合金在发生大塑性应变时，如图 3.53 所示，剪切带数量增多，分布并不均匀，剪切带图案比较复杂[108]。通过数盒子和统计剪切带之间空隙分布的分布函数的方法，发现这些剪切带呈现出分形结构特

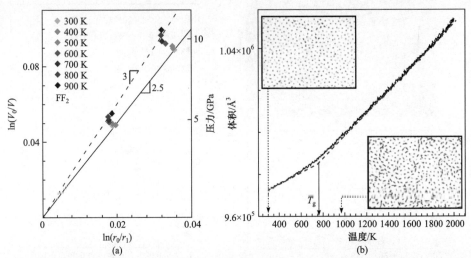

图 3.52 (a) 模拟短程序范围 r_1 对应的维度 D 随着过冷的变化：r_1 对应的维度从高温的 3 变到低温的 2.5；

(b) 体积随温度的变化，$T_g \sim 763$ K。插图对应两个温度的原子快照[106]

征；分形维数为 1.5～1.6，如图 3.54 所示。剪切带是非晶合金塑性变形的主要载体，而剪切带又是由剪切转变区域(STZ)或者形变单元的集合体，形变单元是激活的原子团簇运动区，形变单元的激活、转变的概率和非晶物质的结构密切有关[109]，因此，剪切带在其相互作用下呈现出分形结构也反映了非晶结构序的信息[108,110,111]。

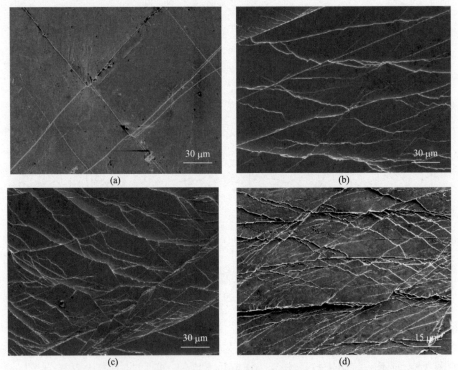

图 3.53 非晶合金剪切带在不同塑性变形 ε_p 下的形貌特征；(a) $\varepsilon_p = 2.5\%$；(b) $\varepsilon_p = 10\%$；

(c) $\varepsilon_p = 40\%$；(d) $\varepsilon_p = 60\%$[108]

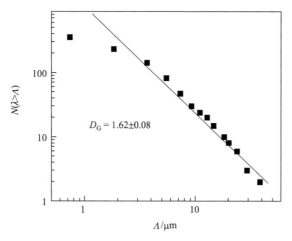

图 3.54　非晶合金剪切带围成的胞状结构大小的累积分布函数 $N(\lambda > \Lambda)$ 呈幂律分布(Λ 是数盒子方法中盒子的边长)，说明剪切带呈现出分形结构特征，分形维数为 1.6[108]

　　非晶合金发生断裂以后，其断面上会留下断面花样，主要是微、纳米尺度的韧窝(dimple)结构。这些微纳米结构的形成和断裂瞬间裂纹尖端塑性区密切相关，而裂纹尖端塑性区的大小和非晶合金的微观结构及性能密切相关[112,113]。如图 3.55 所示，在裂纹前端高应力的作用下，一系列形变单元被激活，并在裂纹尖端附近形成一个类似于液态一样的黏流区域，即裂纹尖端塑性区。塑性区决定了非晶合金的韧窝结构及形貌[114]。图 3.56 是具有不同断裂韧性(K_C)的非晶合金的断面韧窝形貌图。这些非晶合金的断裂韧性 K_C 分布很宽，其值从 Dy 基非晶的 1.26 MPa·m$^{1/2}$ 到 Pd 基非晶的 200 MPa·m$^{1/2}$。图 3.57 是通过数盒子和统计空隙分布函数的方法得到的 $Dy_{40}Y_{16}Al_{24}Co_{20}$ 基非晶合金韧窝结构的累积分布函数，可以看出其分布呈幂律分布，分形维数在 1.7 左右。图 3.58 是力学性能迥然不同的非晶合金的韧窝结构分形维数

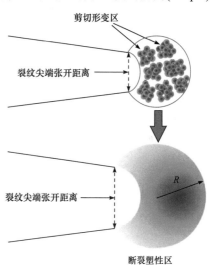

图 3.55　裂纹尖端塑性区及其和形变单元(或者 STZs)的关系示意图[114]

的比较图，可以看出它们的分形维数都在 1.7 左右。这表明这些力学性能迥然不同的非晶合金韧窝都呈现出类似的分形结构特征[114]。非晶断面的其他类型的形貌图案(如纳米周期结构等)也表现出类似的分形特征。进一步分析证明这些类似的分形特征是因为韧窝的形成和形变单元的激活、转变的概率与非晶无组织的结构密切有关，因此，非晶韧窝呈现出分形结构也反映了非晶结构的序的信息。以上例子说明非晶物质的某些结构和特性都表现出分形的特征即分形序。

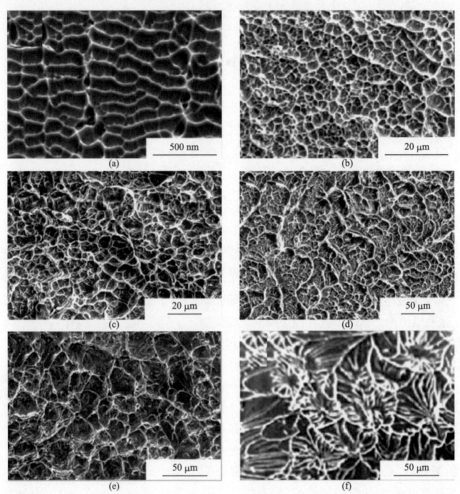

图 3.56　具有不同断裂韧性(K_C 值的范围为 $1.26 \sim 200$ MPa $\cdot$ m$^{1/2}$)的非晶合金的断面韧窝形貌图。
(a) Dy$_{40}$Y$_{16}$Al$_{24}$Co$_{20}$；(b) Ce$_{60}$Al$_{20}$Ni$_{10}$Cu$_{10}$；(c) Zr$_{57}$Nb$_5$Cu$_{15.4}$Ni$_{12.6}$Al$_{10}$；(d) Zr$_{61}$Ni$_{12.8}$Al$_{7.9}$Cu$_{18.3}$；
(e) Zr$_{57}$Ti$_5$Cu$_{20}$Ni$_8$Al$_{10}$；(f) Pd$_{79}$Ag$_{3.5}$P$_6$Si$_{9.5}$Ge$_2$[114]

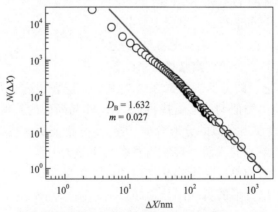

图 3.57　Dy$_{40}$Y$_{16}$Al$_{24}$Co$_{20}$ 基非晶合金韧窝结构的累积分布函数 N 呈幂律分布(ΔX：数盒子方法中盒子的
边长)，说明韧窝呈现出分形结构特征[114]

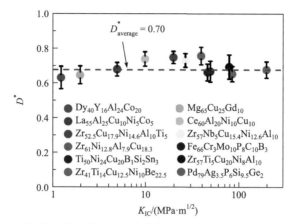

图 3.58　力学性能迥然不同的各种非晶合金韧窝结构的分形维数比较图(分形维数都在 1.7 左右)[114]

3.3.5　拓扑序

19 世纪末，法国大数学家庞加莱提出了一个初看上去似乎很简单的问题：怎样才能把一个苹果和一个甜甜圈区分开来？该问题催生了数学中最迷人的领域之一——拓扑学。拓扑学以深刻而基本的方式展现了物质形体之间的关联。庞加莱问题成为数学领域著名的庞加莱猜想。庞加莱猜想是 2000 年初美国克雷数学研究所公开向世界征求的七大数学难题之一。庞加莱猜想的完全解决将帮助人们了解物质的空间几何结构的存在形式，并将对半导体等电子器件的设计和制造、万维网的设计、交通运输规划、动画设计甚至对大脑神经元的结构有革命性的作用。

拓扑学是数学几何学中的一个分支，它研究几何图形在连续变形下(所谓连续变形，就是允许伸缩和扭曲等变形)保持不变的性质，只考虑物体间的位置关系而不考虑它们的距离和大小。著名数学家欧拉(L. Euler，1707—1783)，见图 3.59，是拓扑学的鼻祖。他在 1736 年传奇性地解决了哥尼斯堡七桥问题。哥尼斯堡七桥问题是数学史上有名问题，如图 3.60 所示，东普鲁士哥尼斯堡(今属立陶宛共和国)的一条河中有两个小岛，全城被大河分割成四块，河上架有七座桥，把四块陆地连起来。当时许多市民都在思索一个问题，一个散步者能否从某一陆地出发，不重复地经过每座桥一次，最后回到原来的出发地。这个问题似乎不难解决，所以吸引了许多人来尝试，但是日复一日谁也得不出肯定的答案。于是有人便写信求教欧拉。欧拉没有去重复人们已失败了多次的试验，而是产生了一种直觉的猜想，认为人们千百次的失败，也许意味着这样的走法根本就不存在。于是欧拉把七桥问题进行了数学抽象：用四个点表示四块陆地，用两点间的一条线表示连接两块陆地之间的一座桥，这样就得到如图 3.60 所示的一个由四个点和七条线组成的图形。若一个点处的连线为偶数，这样的点称为偶顶点，连有奇数条线的点称为奇顶点。这样，七桥问题就转化为一个抽象图形是否可以"一笔画"的问题：笔不离开纸，一笔画成整个图形，每一条线只许画一次，不得重复。其特点是定性的几何学，区分于被以定量关系对待的一般几何学。定量与定性的区别是连续变换下的不变性，忽略细节，而考虑整体的等价性。欧拉证明，只有奇顶点数量不大于 2 个时，每条线只经过一次的遍历才能实现。由于哥尼斯堡七桥问题中存在 4 个奇顶点，它无法实现符合题意的遍历。因此，欧拉严格证明了这样的图形不能一笔画，并进一步提出一个关于二维平面网络的基本公式，就是 $\chi = V - E + F = 2$，式中 V 是区域个数，F 是顶点个数，E 是边界个数，χ 是欧拉数。这个问题开启了数学新分支图论和拓扑学。

图 3.59　数学家欧拉(L. Euler，1707—1783)

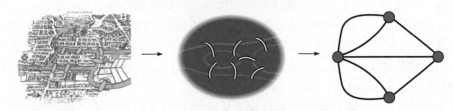

图 3.60　从哥尼斯堡七桥问题到拓扑

　　在通常的平面几何里，把平面上的一个图形搬到另一个图形上，如果完全重合，那么这两个图形叫做全等形。但是，在拓扑学里没有两个图形全等的概念，只有拓扑等价的概念。按照拓扑的观点，在一个面上任选一些点用不相交的线把它们连接起来，这样这个面就被这些线分成许多块。在拓扑变换下，点、线、块的数目仍和原来的数目一样，这就是拓扑等价。对于任意形状的曲面，只要不把曲面撕裂或割破，其变换就是拓扑变换，就存在拓扑等价。比如，尽管圆和方形、三角形的形状、大小不同，但是所有多边形和圆周在拓扑意义下是等价的，因为多边形可以通过连续变形变成圆周。即在拓扑变换下，它们都是等价图形，从拓扑学的角度看，它们是完全一样的。举个例子，在拓扑学看来图 3.61 中的 5 个环是一样的。

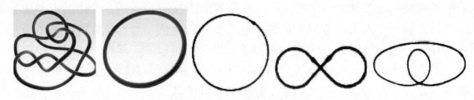

图 3.61　拓扑等价的各种环

　　如图 3.62 所示是另外一个例子，按照拓扑学，水杯和面包圈是等价的，因为它们之间可以通过连续变化得到，而球则不同。一个物体上面有多少洞(是指贯穿前后的洞，不是坑)，这个洞的数目，即"洞数"的学名是"欧拉数"，就是在连续形变下的一个不变量。一个有把的茶杯可以连续地变成一个面包圈，但不能连续地变成一个球，如图 3.62 所示；因此茶杯和面包圈在拓扑上是相同的，和球则不同。

图 3.62　从拓扑的角度看，水杯和圈是相同的，它们之间可以通过连续变化得到，和球则不同

20 世纪 80 年代，在量子霍尔效应态的研究中，人们认识到，就像几何形体一样，固体中电子的波函数也具有这样的"拓扑不变量"，称为"陈数"(因数学家陈省身得名)。对于量子霍尔效应态，陈数直接对应了量子化的霍尔电导。在无穷维的希尔伯特空间，电子的波函数和陈数之间有一些共性。首先，它们都是分立取值的，因为我们无法想象有 1.5 个洞的形状，也不存在陈数为分数的电子波函数；再者，它们在连续形变下都是不变的：量子化的霍尔电导对外界的扰动是如此稳定，以至于可以用它来校准欧姆这个国际单位。因此，拓扑旋涡成对与否可以作为序参量来表征二维超流中的相变，如图 3.63 所示。电子波函数中的拓扑的认识在 2005 年前后出现飞跃。理论研究发现，除了陈数之外，对称性可以带来新的拓扑不变量。具有这些新的拓扑不变量的绝缘体，被称为"拓扑绝缘体"。拿几何形状做类比，如果简单绝缘体是一个球的话(无洞)，拓扑绝缘体就是有一个洞的面包圈。这个新的拓扑不变量的对称性是时间反演不变性(时间反演不变性等同于要求体系没有磁性，也没有外加磁场)。拓扑绝缘体的发现使人们意识到，对于几乎任何常见的对称性，比如晶体中的平移、镜面反射、旋转等都有可能存在其对应的新的拓扑不变量。寻找自然界中新的拓扑不变量，以及具备了这些拓扑不变量的材料，成为凝聚态物理研究中的热点问题。拓扑相变的概念引入电子结构的研究引发了凝聚态物理的革命[115,116]。

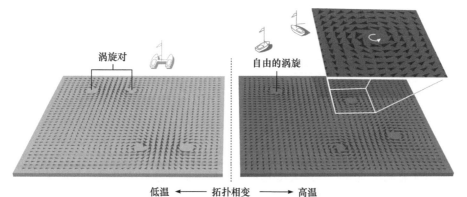

图 3.63　拓扑相变，20 世纪凝聚态物理最重要的发现之一。低温是旋涡对，高温是自由的旋涡(Topological phase transitions and topological phases of matter，Royal Swedish Academy of Science，2016)

非晶物质具有和晶体类似的短程序，其短程序在原子的间距和键角上有些畸变，但

是从拓扑上来说，非晶的短程序和晶体的短程序是同样的[117]。液体在凝固过程中，无论形成晶态还是非晶态，可能保持其短程拓扑序，即非晶、液体和晶体的短程拓扑序等价。最近发现有些共价键非晶物质可以具有长程的拓扑序，即无规网络结构中隐藏着拓扑序和化学序。如图 3.64 表示的是一种晶态硅质岩沸石的拓扑有序晶态结构及其通过高压得到的非晶态硅质岩沸石的结构[118]，可以看出非晶态硅质岩沸石保持了晶态的环状结构(原子间键和连接没有变化)，虽然环的键角和面积相比其有序晶态结构环有很大的变化。根据拓扑的观点，这种非晶态硅质岩沸石保持了其晶态的长程拓扑序。图 3.65 用渔网来给具有网络状结构的非晶的长程拓扑序一个形象的类比解释。如图所示，张开的渔网每个网孔(类似晶体的原胞)都一样，并有序排列，类似晶体有长程序。但是堆积在一起的渔网每个网孔都发生了几何形状的畸变(类似非晶)，可是从拓扑上来说，每个网孔拓扑结构没有变，整个网的拓扑序也没有变(因为每个网孔及其连接没有变)，即整个看似混乱堆积在一起的渔网仍具有长程拓扑序。图 3.66 更形象地说明了拓扑序[119]，跳伞运动员按照一些特定的规律手手相连形成图中的形状，任何一个人改变手臂伸缩的长度都会破坏掉初始的完美结构，形成无序，但它们之间的拓扑联系依然存在(只要手的连接没有断开)。类似的情况在具有很强的共价键网状非晶玻璃体系(如 SiO 玻璃)中也同样存在。表面上的长程周期平移对称性的破缺可能并不会改变其背后隐含的拓扑有序结构，而局部的化学有序就像图 3.66 中跳伞运动员的手一样决定了结构的特性。在具有类共价键结构的 CeAl 非晶合金中也观察到长程拓扑序[120]，在非晶合金动力学空间也存在类似的拓扑涡旋结构，这些拓扑结构可能对寻找非晶合金中的本征缺陷、探索形变机制至关重要[74]。这些工作都表明看似杂乱无章的非晶物质结构背后可能隐藏着拓扑序。

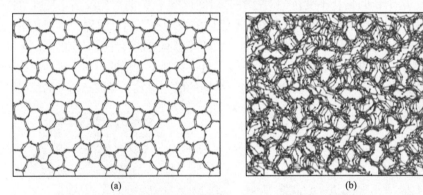

(a)   (b)

图 3.64   (a) 一种晶态硅质岩沸石的拓扑有序晶态结构；(b) 通过高压得到的非晶态硅质岩沸石的结构。非晶态硅质岩沸石保持了晶态的环状结构。虽然环的键角、面积相比其有序晶态结构环有很大的变化，根据拓扑的观点，这种非晶态硅质岩沸石保持了其晶态的长程拓扑序[118]

目前描述非晶物质的序参量大多是只基于局域原子结构或者最近邻原子的几何特征给出的，缺乏具有高度概括性的拓扑不变性，因此这些序参量在描述非晶物质结构和其特征关系的时候不具有良好的一一对应性。现在人们逐渐认识到，在无序系统定义出具有更高对称不变性且易于表达的拓扑类型的序参量，可能会大大简化对非晶结构及结构、动力学和性能关系的描述。这种拓扑性质的序参量要包含原子中程结构信息，还要具有

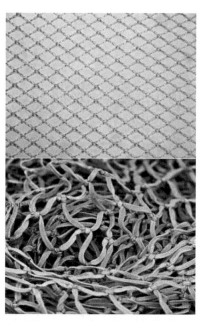

图 3.65　张开的渔网(对应于晶体)和混乱堆积在一起的渔网(对应于非晶)的长程拓扑序不变

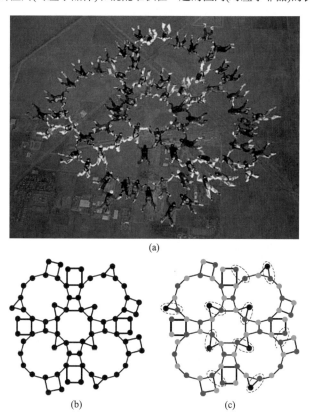

图 3.66　跳伞运动员按照一些特定的规律，手手相连形成图中的形状，任何一个人改变手臂伸缩的长度都会破坏掉初始的完美结构，形成无序，但他们之间的拓扑联系依然存在[119]

更广义的不变性来统一复杂多变的局域原子结构。因此，在非晶物质结构研究中尝试引入具有拓扑性质的结构参量，基于变换不变性的拓扑参量分析，可能为从无序中寻找有序提供了可行的方法。

以非晶合金为例，非晶合金结构的探索历程是将描述其结构的参量从成千上万的原子简化到成百上千的原子团簇，借助计算模拟的引入，进一步将其简化到了百数量级。但是，基于团簇结构的堆垛模型正面临着巨大挑战并停滞不前，需要引入新方法和新思路解决非晶合金复杂结构问题。将拓扑思想和方法引入无序结构研究中，通过寻找合适的具有特殊拓扑属性的参量来分类表征相应的原子集合，可望将其结构参量简化到个位数，进一步简化对非晶结构的描述，从而构建非晶合金图论、网络模型，从全新的视角认识和理解非晶结构，建立更加简洁、有效的结构性能关系。图 3.67 是如何在团簇模型的基础上引入拓扑的示意图。研究表明，非晶合金在构型空间和动力学空间都存在非平庸的拓扑结构，这些拓扑结构可能与非晶合金中的本征缺陷密切相关。将拓扑引入非晶合金微观结构的表征，需要探究非晶合金的拓扑结构，包括构型空间拓扑和动力学空间拓扑，定义拓扑序参量，发展表征非晶合金拓扑序的理论方法。根据拓扑结构，建立构型空间拓扑序与性能的关联，构建结构拓扑序和动力学空间拓扑结构的关联，以及空间拓扑结构与物性的关联。

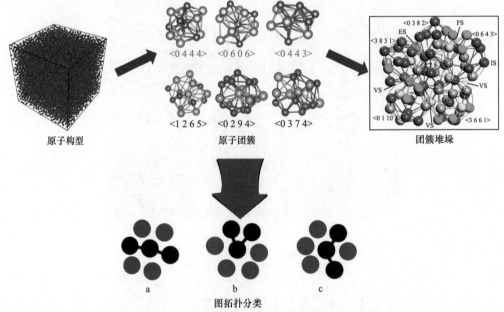

图 3.67　基于原子构型、团簇模型、团簇堆垛及键价和局域对称性，引入拓扑模型的可能方案之一
(李茂枝，管鹏飞，武振伟提供)

3.3.6　局域对称性

自然界中的许多物质，如雪花、各类晶体、植物的叶和花，包括动物和人体都具有惊人的结构对称性。图 3.68 所示是随手拈来的具有完美对称结构的例子。中国建筑也很讲究对称性。图 3.69 是故宫建筑的对称性，这只是一个例子。对称性(symmetry)是现代

物理学中尤其是凝聚态物理中最核心的概念之一[121]。如果说物理学就是关于对称性的研究的话，那也只是略微有些夸张而已。

　　杨振宁在他一篇关于爱因斯坦的文章中说：*Symmetry dictates interaction*，即对称支配力量，就是说宇宙中所有力的来源都与对称性有密切的关系[122]。引入对称也是解决关键科学问题的方法。古希腊时期人们就非常重视对称，他们认为世界上的一切都是由对称性统治的。希腊人的观念也可以看作是一个古代哲学版本的"对称支配力量"，而现代人用精确的数学语言重新描述了它。

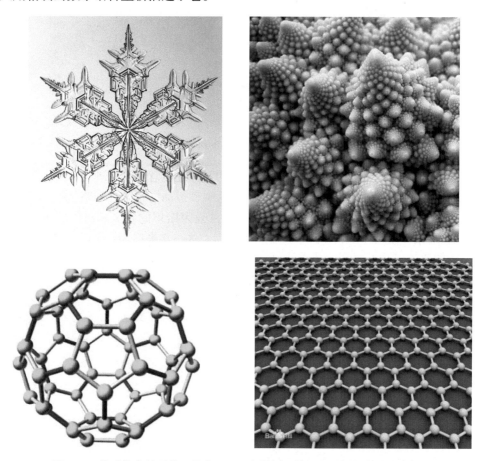

图 3.68　信手拈来的雪花、花菜、C60 富勒烯和单层石墨烯的完美对称结构

　　对称性意味着从一些不同的角度看，系统具有相同的性质。牛顿可能是第一个展示了对称性概念威力的人，他问自己这样一个问题：地球上的东西是否和天上的物体遵循着同样的规律，也就是说，空间和物质是否是均匀而各向同性的，从而发现了万有引力。

　　对称性泛指规范对称性(gauge symmetry)。对称性分类丰富多彩，有分立与连续对称性，或局域对称性(local symmetry)和整体对称性(global symmetry)等。对称性的定义是：一个理论的拉格朗日量或运动方程在某些变数的变化下的不变性。对称性的精确数学定义涉及不变性的概念：如果一个几何图形在某些操作下保持不变，我们就说这个图形在这些操作之下具有某种不变性。如果这些变数随时空变化，这个不变性被称为局

图 3.69   故宫建筑的对称性

域对称性，反之则称为整体对称性。物理定律的对称性也意味着物理定律在各种变换条件下的不变性。物理学中最简单的对称性例子是牛顿运动方程的伽利略变换不变性和麦克斯韦方程的洛伦兹变换不变性和相位不变性。爱因斯坦的狭义相对性原理之一就是"在惯性参考系变换操作下，物理规律保持不变"。进一步推广为：在任意参考系变换操作下，物理规律保持不变，就是广义相对性原理。

1918 年德国哥廷根大学的女数学家艾米·诺特(A.E.Noether，见图 3.70)提出了著名

图 3.70   艾米·诺特(A.E.Noether，1882—1935)

诺特定理(Noether theorem)：作用量的每一种对称性都对应一个守恒定律，有一个守恒量。诺特定理将对称和守恒性这两个概念紧密地联系在一起，即由物理定律的不变性，可以得到一种不变的物理量，叫守恒量或不变量。比如空间旋转对称，它的角动量必定是守恒的；空间平移对称对应于动量守恒，电荷共轭对称对应于电量守恒；等等。能量守恒对应的对称性叫时间平移不变性。时间平移不变性通俗地说就是：今天做实验跟明天做实验遵循同样的物理定律。诺特定理使得物理学家们已经形成一种思维定式：只要发现了一种新的对称性，就要去寻找相应的守恒定律；反之，只要发现了一条守恒定律，也总要把相应的对称性找出来。

诺特善于凭借透彻的洞察建立优雅的抽象概念，然后将之漂亮地数学形式化。她慷慨地允许学者们无条件地使用她的工作成果，也因此被人们尊称为"当代数学文章的合著者"。她的贡献打开了 20 世纪理论物理研究的新局面。爱因斯坦曾在《纽约时报》撰

文说："诺特女士是自妇女受到高等教育以来最重要的最富于创造性的天才。"[123]

　　物质都是由原子组成的，描写原子运动的物理规律具有各种各样完美的对称性。这意味着原子所组成的物质也都有这些对称性。原子可以组成各种各样千变万化的物质。这些千变万化的物质形态到底是从哪里来的？答案是和对称性有深刻的联系。和物理定律不同，具有最高对称性的物态反而简单，如简单的气体具有最高的对称性。物态之美、多样化和复杂是来源于对称的破缺。朗道提出了关于物态及其相变的对称性破缺理论。对称性破缺分直接对称性破缺，即 Hamiltonian 对称性破缺；自发对称性破缺是哈密顿量没有破缺，但是波函数对称性破缺。他把物态结构起源于对称破缺的观念提升到普适的高度。他提出千变万化的物质态，其本质就是来源于不同的对称性破缺。两个对称性完全相同的物态，总可以平滑连续地变成对方，属于同一个相。对称性破缺对应物质状态改变，相变伴随着对称性破缺：如铁磁态的磁化强度 $M(r)$ 的出现破坏了旋转对称性；对称性破缺导致有序态：如从液体凝固成晶体，对称性降低、破缺，但是导致的物相更有序。因此，物态可以用局域序参量来描写，如铁磁态的磁化强度 $M(r)$、密度等。

　　实现物质对称性的调控是研究凝聚态物理和创造新奇现象、新物态的重要基础。物理学家安德森半个世纪以前就在 *More is different* (Science 177；393(1972)) 一文中提到凝聚态物质的研究即是对称性的研究。朗道的唯象理论也特别指出物质相变的发生必然伴随着对称性的破缺。譬如，铁电相变伴随着空间反演对称性的破缺；磁相变伴随着时间反演对称性的破缺等。理论和实验研究发现，同时打破空间和时间反演对称性将有望带来诸多新奇的量子现象。但对于传统材料，由于受限于自身的固有结构，所以难以改变或控制其对称性。找到全新的手段，精确操控材料的对称性及序参量，进而人工设计全新的量子现象和衍生功能是物质和材料科学的前沿方向。

　　物理学大师费曼曾经说过，如果让选择一句话来概括现代科学最重要的发现，他会选"世界是原子组成的"。许多当代最著名的物理学家们认为，如果有机会再选一句，那么将是"对称性是宇宙规律的基础"。朗道的对称性破缺理论描写了所有的物态和所有物态之间的相变。很多人因此觉得凝聚态的基础理论已经很完美了，到了顶峰，没有进一步发展的空间了，做凝聚态基础理论的物理学家应该在别的方向找工作了。直到近年拓扑物态的发现，人们才意识到朗道理论的不完备性。具有拓扑性质的"量子态"不能用局域序参量描写，而要用全局拓扑不变量描写，相变过程并不一定伴随对称性破缺。这使凝聚态物理迎来了第二个激动人心的春天。

　　局域结构在非晶物质的形成、流变和性能等中扮演着非常重要的角色。除了局域结构的拓扑短程序，局域原子对称性是另一个重要性质。非晶结构的对称性是关于其原子结构几何形状的对称性，是最初、狭义意义上的对称性。由于非晶物质中存在短程序，所以非晶物质存在局域的结构对称性[124]。Frank 从 13 个原子密堆形成的短程序结构出发，猜想二十面体可能是简单液体中的结构单元[82]。由于二十面体短程序具有五次对称性，研究人员一直试图从实验和理论方面证明简单液体中存在二十面体结构单元，从而证明五次对称性的存在。Steinhardt 等[125]首先从局域结构的对称性出发，提出了键向序 (bond-orientational order，BOO) 参数，系统分析了面心立方、六角密堆和正二十面体结构单元的不同 BOO 所对应的数值。对于一个中心原子和其近邻原子组成的结构单元，中心

原子 i 与近邻原子 j 形成的键可以用球谐函数 $Y_{lm}(\theta,\phi)$ 表示如下:

$$Q_{lm} \equiv \frac{1}{Z}\sum_{j=1}^{Z} Y_{lm}\left(\theta(\boldsymbol{r}_{ij}),\phi(\boldsymbol{r}_{ij})\right) \qquad (3.5)$$

这里, $\boldsymbol{r}_{ij} = \boldsymbol{r}_j - \boldsymbol{r}_i$, Z 代表中心原子 i 的近邻数或配位数。由于 Q_{lm} 对于特定的 l, 不同的 m 相应的 Q_{lm} 变化较大, 通常考虑旋转不变性组合, BOO 参数可以表示为

$$Q_l = \left(\frac{4\pi}{2l+1}\sum_{m=-l}^{l}|Q_{lm}|^2\right)^{1/2} \qquad (3.6)$$

相应的三阶不变量可以表示为

$$W_i = \sum_{\substack{m_1,m_2,m_3\\ m_1+m_2+m_3=0}} \begin{pmatrix} l & l & l \\ m_1 & m_2 & m_3 \end{pmatrix} Q_{lm_1}Q_{lm_2}Q_{lm_3} \qquad (3.7)$$

其中 $\begin{pmatrix} l & l & l \\ m_1 & m_2 & m_3 \end{pmatrix}$ 为 Wigner 3-j 符号。归一化的三阶不变量为

$$\widehat{W}_l = \frac{W_l}{\left[\sum_{l=-m}^{m}|Q_l|\right]^{3/2}} \qquad (3.8)$$

这样, 可以计算不同结构的 BOO 参数, 从而表征这些结构单元的对称性。图 3.71 给出了二十面体、面心立方、六角密排和体心立方结构单元的 Q_l, 可以看出不同结构单元的 Q_l 不尽相同, 原则上可通过 Q_l 值对这些结构单元加以区分[124]。

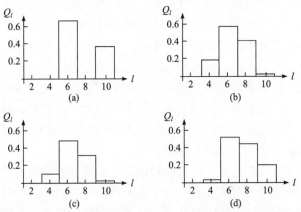

图 3.71　二十面体(a)、面心立方(b)、六角密排(c)和体心立方(d)结构单元的 Q_l 值, 其中 $l = 2, 4, 6, 8, 10$[125]

对于 fcc、bcc、hcp 和二十面体团簇, $\widehat{W}_6$ 值分别为 -0.01316、0.01316、-0.01244 和 -0.16975。可以看出, BOO 参数 $\widehat{W}_6$ 可以将五次对称性与晶体对称性完全区分开。因此, 该参数被广泛用来分析非晶合金和液体中原子短程序的局域对称性。利用 BOO 参量 $\widehat{W}_6$ 分析 Lennard-Jones 过冷液体的键向序, 发现当温度低于熔点温度 10% 左右时, 长程键向序涨落出现, 且以二十面体键向序为主导, 这证明了过冷液体中二十面体的存在。1987

年，Honeycutt 和 Andersen 提出 Honeycutt-Anderson(HA)指数[126]来描述两个键对原子及其共同近邻原子之间的多体关联，表征非晶合金和液体中原子的堆积方式、特征、微观结构的演化及玻璃转变机制等。通常用 $ijkl$ 四个指标表征堆垛方式。i 表示该键对原子对是否为最近邻原子，$i=1$ 表示近邻，$i=2$ 表示非近邻，通常只考虑两个键对原子为近邻的情况；j 表示两个键对原子共有的最近邻原子数；k 表示 j 个共有近邻原子中所形成的键对数目；l 则用来区分 ijk 指标相同但所形成的键对方式不同的拓扑结构。为了简单起见，通常的分析中不区分 l 这个指标，也就是用 ijk 三个指标来表征。因此，155 指数代表了这两个键对原子的 5 个共同最近邻原子形成一个五边形的环，而 154 或者 153 指数表示在这 5 个共同最近邻原子其中两个或三个原子之间没有成键。HA 指数 166、165、144、142 分别代表了晶体中的面心立方、体心立方和六角密堆的键对特征。HA 指数研究 Lennard-Jones 液体在玻璃转变过程中微观结构的演化，发现随着温度的降低，局域五次对称性变得越来越多，并且通过相互贯穿或面连接的方式发生逾渗，表明了结构局域五次对称性的演化与玻璃转变的关联性[127]。

新的实验技术研究也验证了非晶物质结构中的局域五次对称性的存在，验证了 Frank 的猜想。H. Reichert 等[128]发展了对固液界面上液体结构敏感的全内反射 X 射线(totally internally reflected X-ray)技术，通过研究 Si(111)表面上 Pb 液滴的结构，观测到了 Pb 液体中的局域五次对称性。P. Wochner 等[129]发展了新的 X 射线交叉关联技术，分辨出非晶物质中隐含的局域结构序。在这些局域对称性中，分布最多的就是局域五次对称性。观察研究表明在胶体玻璃中存在局域五次对称性。K. F. Kelton 等[130]采用 X 射线技术研究静电悬浮的金属液体，发现在降温过程中晶化的形核势垒与增长的二十面体短程序之间存在紧密关联。在 TiZrNi 合金过冷液体中证实局域结构是二十面体短程序。2013 年陈明伟研究组发展埃尺度电子束衍射技术并结合计算机模拟，观测到非晶合金中的二十面体及其他类型的原子短程序，发现所观测到的二十面体短程序都发生了扭曲，从实验上给出了二十面体在非晶合金中存在的直接证据[77]。他们还发现这些扭曲的二十面体短程序不仅包含五次对称性，还包含部分的 fcc 晶体对称，其他类型的原子短程序也具有类似的结构特征。这些理论和实验结构都直接或者间接地表明在非晶合金和合金液体中存在二十面体短程序或者五次对称性。但是二十面体团簇并不是在所有非晶合金中都存在，在某些非晶中二十面体团簇不存在或者所占比例非常低[83]，因此将二十面体作为一个普适的结构参数来描述所有非晶体系的结构特征并不总是很恰当。Voronoi 多面体指数反映了该类原子短程序的局域对称性信息，但是一般更多地从几何构型特征和短程序的角度出发去研究 Voronoi 多面体的分布及其对动力学、力学等性质的影响，而忽略了 Voronoi 多面体的局域对称性。

另外，二十面体表达的结构特征——五次对称性(即非平移对称性)普遍存在于各种多面体团簇中。尽管非晶合金微观结构包含了多种多样的原子短程序，但是不同短程序有着共同的特征，那就是都具有局域五次对称性，只是不同原子短程序中的局域五次对称性的程度不同。除二十面体以外的短程序中的局域五次对称性也应该考虑。实际上，在非晶合金和合金液体中，$\bar{W}_6$ 有着非常宽的分布[124,131,132]，从–0.17 到 0.15，表明更多的原子短程序既不是完全的晶体对称，也不是完全的五次对称，而是兼而有之。因此，局域五次对称性是非晶合金和液体微观结构的本征特性，是普遍存在的。构型多种多样的非晶合金的共同的特征是五次对称性。研究证明，可以采用局域五次对称性作为一个更广泛、普适的参量来描述非晶的结构特征。

局部五次对称性(LFFS)是最近提出的描述非晶合金结构和性能的新结构参量[78,79,83,124,133]。我们知道，Voronoi 多面体可以采用其含有的三边形、四边形、五边形和六边形面的个数来表征。其中五边形的面可以认为代表着五次对称，而其他面则可以粗略地认为具有部分晶体对称。对于每一种多面体，其中五边形面的含量可以用来表征该原子短程序中的五次对称性。这样，可以对原子短程序的局域五次对称性进行定量表征。Voronoi 多面体中各种面的含量为[78,133]

$$f_i^k = n_i^k \big/ \sum_{k=3,4,5,6} n_i^k \tag{3.9}$$

这里，i 代表原子，n_i^k $(k=3,4,5,6)$ 表示原子 i 的多面体中 k 边形面的个数。LFFS 被定义为 Voronoi 多面体中五边形的面所占的百分比，即

$$d_5 = n_5 \big/ \sum_i n_i \tag{3.10}$$

其中，n_i 代表 Voronoi 多面体中 i 边形的数目。根据上式，各种类型原子短程序中的五次对称性的含量就可以定量计算。对于晶体中 fcc、bcc 结构，其 Voronoi 指数分别为<0, 12, 0, 0>、<0, 6, 0, 8>，因此，局域五次对称性含量的值都为 0；而二十面体<0, 0, 12, 0>的局域五次对称性含量的值为 1；非晶中 Voronoi 指数为<0, 2, 8, 2>的多面体，其局域五次对称性含量的值为 0.67。因此，可以从原子短程序的局域对称性特征上将非晶合金和液体中多种多样的原子短程序统一描述出来。

非晶合金和液体结构的平均五次对称性 W 可以表示为

$$W = \sum_i f_i^k \times P_i \tag{3.11}$$

这里，P_i 表示 Voronoi 多面体 i 的含量。虽然以上对局域五次对称性的定义较简单和粗糙，但是基本反映了局域原子短程序中的所含有的五次对称的程度。

图 3.72 是模型体系 CuZr 非晶合金中 LFFS 的分布[83]。LFFS 参数是从拓扑结构上来描述非晶的局部结构特征的，反映了非晶短程序的局域对称性的存在。LFFS 越高的区域，其结构的五次对称性就越强，越倾向于二十面体结构；反之，LFFS 越低的区域，其结构的局域平移对称性就越好，越倾向于晶体结构。因此，LFFS 参数与自由体积、局域应力和原子势能相比，能够从局域对称性的角度比较清晰地表达结构特征[83,124]。从图 3.72 可以看出这些多面体团簇不是随机地分布在空间中的，LFFS 高的团簇倾向于连接在一起，因此 LFFS 在空间中的分布实际上是不均匀的，这在某种程度上说明局域对称性也能描述非晶结构的不均匀性特征。研究表明 LFFS 作为非晶合金中的一个结构参量，还能描述非晶合金某些性能对应的结构特征[83,124]。LFFS 值的大小能够表征出局部区域是以晶体结构特征的平移对称性为主，还是以非晶体结构特征的五次对称性为主。在 CuZr 非晶合金中，LFFS 对称性比较强的二十面体团簇(如<0, 0, 12, 0>, <0, 1, 10, 2>)能够通过和它们自身，以及一些比较大的 Zr 原子团簇相互连接，降低了整个体系的动力学行为，从而增加了体系的玻璃形成能力。另外，以 Zr 原子为中心具有比较高的 LFFS 的团簇(如<0, 1,

10, 4>, <0, 1, 10, 5>, <0, 2, 8, 6>等)能够把二十面体结构和其他多面体团簇聚在一起形成链，从而密排满整个空间，起着稳定整个非晶系统的作用[83,124]。

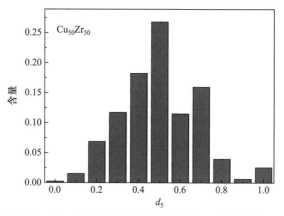

图 3.72　$Cu_{50}Zr_{50}$ 非晶合金中五次对称性分布图，其形状类似于高斯分布[83](d_5：局部五次对称性)

结构局域对称性的参量 LFFS 能反映非晶体系结构和性能的关系，可以从局部五次对称性这个普适的结构参量出发建立非晶合金结构与性能的关联性。下面是几个例子。首先看 LFFS 结构参量和非晶体系塑性形变的关系。图 3.73 显示的是表征形变的参量 D^2 和 LFFS(d_5)的关系[78]。可以看出，当局部的三边形、四边形或者六边形增加时，其非仿射形变量的 D^2 值也增加，这和五边形面所占百分比相反，即随着 D^2 值的减少，LFFS 值在增加，这说明 LFFS 强度低的区域易发生形变，塑性形变在 LFFS 强度高的局部区域很难产生。非晶合金塑性形变倾向于发生在局部平移对称性比较高的区域，也就是五次对称性比较低的区域。二十面体是五次对称性最强的团簇，它发生塑性形变的概率也是最小的。塑性形变倾向于发生在 LFFS 比较低的区域，是因为这些区域拥有较高的平移对称性和比较低的势垒，它们能够容纳比较多的塑性形变；反之，在 LFFS 比较高的区域，它们拥有比较高的稳定性，塑性形变在此区域相对难以产生。塑性形变首先在 LFFS 比

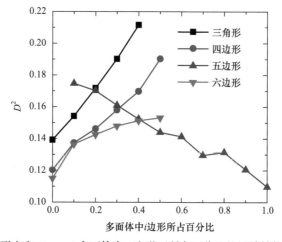

图 3.73　形变和 Voronoi 多面体中 i 边形面所占百分比的局域结构的关联[78]

较低的区域里产生，当该区域所容纳的塑性形变量达到一个饱和值以后，它开始向 LFFS 比较高的区域扩展[78]。

另外，合金熔体的平均五次对称性和玻璃转变关联。不同合金液体在过冷液区的平均五次对称性随温度的演化行为很类似，W 在玻璃转变过程迅速增强。但是在玻璃转变之后的非晶态，不同体系中的平均局域五次对称性是不同的。合金液体的黏度\结构弛豫时间与平均五次对称性之间有定量关系[133]：

$$\eta = \eta_0 \exp\frac{D}{(1-W)^\delta} , \qquad \tau_\alpha = \tau_0 \exp\frac{D}{(1-W)^\delta} \tag{3.12}$$

该方程与 Vogel-Tammann-Fulcher (VTF)方程在形式上一致，所不同的是该方程包含了一个描述五次对称性的结构参量 W。从图 3.74 中可以看出方程(3.12)可以很好地描述不同合金液体的结构弛豫时间与平均五次对称性行为的关系，表明局域五次对称性参量反映了合金液体微观结构和动力学演化的本质，具有普遍性。Lagogianni 等将局域五次对称性与原子间相互作用势联系起来，从而发现合金液体的脆度和局域五次对称性的关系[134]。

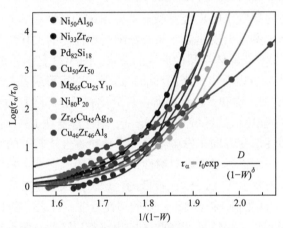

图 3.74   不同合金液体的结构弛豫时间(τ_α/τ_0)与平均五次对称性 W 的关系。散点为分子动力学模拟结果，实线为方程(3.12)的拟合结果[133]

根据 Adam-Gibbs 公式(过冷液体黏度 η 与构型熵 S_c 之间的关系 $\eta = A\exp(B/TS_c)$)和方程(3.12)，可以建立构型熵与合金液体平均五次对称性之间的关系如下[133]：

$$S_c \sim (1-W)^\delta / T \tag{3.13}$$

可以看出，当 $W \to 1$ 时，构型熵 S_c 将趋于 0，这意味着理想玻璃的形成，并且理想玻璃结构应该只具有五次对称性，其构型熵为 0。虽然该结果还有待进一步的实验验证，但该分析说明局域结构五次对称性参量为非晶物质的构型熵提供了清晰的物理图像和微观结构基础。

LFFS 结构参量还能反映非晶物质结构特征和结构转变的性质。通过分析非晶合金 LFFS 在应力作用下的变化发现，应力能促使非晶内部平均五次对称性降低，而更趋近于液体结构。当非晶物质受到足够大的外力时，其内部的局域结构能够发生从非晶态向类似于液体状态的转变，非常类似于由于温度升高而导致的结构的转变。软模对非晶合金体系中的力学行为具有很好的预测作用，在软模出现的局部区域，其结构往往很容易发生不可逆流变，而且，越是频率低的振动模，它和系统力学性能的关联就越强，这表明低频模表征的确实是非晶体系中"软区"结构。LFFS 结构分析表明，这些软模产生的区域往往具有比较低的五次对称性。因此，五次对称性强度低的局部结构具有比较低的结构稳定性，很容易参与到这种低频模的振动中去。所以，广泛存在于非晶体系中的局域对称性也可以作为结构参数来研究和描述非晶的结构及性能特征[83,124]。

　　此外，研究还表明局域五次对称性与合金熔体中存在的具有一级相变特征的"液体-液体相变"密切相关。通过高温核磁共振技术观测到 $La_{50}Al_{35}Ni_{15}$ 合金液体在熔点以上温度存在的具有一级相变特征的"液体-液体相变"[135]。计算机模拟确认了实验结果，并发现在相变过程中液体的密度并未发生突变，但局域结构五次对称性却发生了突变，表明该"液体-液体相变"是由局域结构五次对称性为序参量的一级相变[135]。H. Tanaka 提出了两序参量模型，认为要理解液体的动力学行为、液体-液体相变及玻璃转变机制等，除了密度以外，还需要一个包含局域结构对称性的序参量[136]。该两序参量模型中的局域结构对称性参量实际上与非晶的局域五次对称性相关[124]。

　　局域五次对称性还可以表征局域结构特征，与结构非均匀性特征、局域化塑性形变的结构起源、合金过冷液体的动力学非均匀性及 Stokes-Einstein 关系失效与微观结构演化的关联性等[78,83,137]。这是因为局域五次对称性较高或较低的原子短程序倾向于聚集在一起，产生空间关联，形成团簇，并且关联长度随温度降低而增大，从而影响合金液体和非晶合金的微观结构、动力学、力学等性质。图 3.75 所示为局域五次对称性相关的结构关联长度随温度的演化表现出的两个特征行为，对应的两个温度点 T_A 和 T_S 恰好与不同动力学转变温度相吻合。当温度降至 T_A 时，合金液体的微观结构开始产生空间关联。同时，结构弛豫时间由 Arrhenius 转变为 non-Arrhenius 行为；Stokes-Einstein 关系开始失效。当温度降至 T_S，微观结构的空间关联达到一个临界态，此时液体动力学开始表现出非均匀性，扩散系数和黏度的关系开始遵从分数 Stokes-Einstein 关系[137]。另外，局域五次对称性较高的短程序，与其相关的动力学相对较慢；相反，局域五次对称性较低的短程序的动力学却相对较快，导致合金液体的动力学在空间上的分布是非均匀的。这种非均匀性随着温度的降低而增强[133]。因此，根据局域五次对称性可以对合金液体的微观结构和复杂动力学行为、玻璃转变、非晶合金的微观结构、变形等给出统一的简洁明了的数学

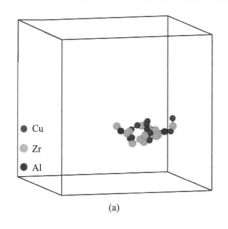
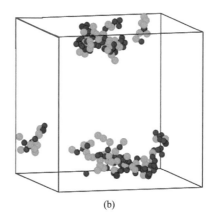

(a)　　　　　　　　　(b)

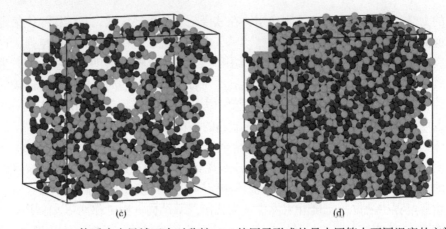

图 3.75　Cu$_{46}$Zr$_{46}$Al$_8$ 体系中由局域五次对称性≥0.6 的原子形成的最大团簇在不同温度的空间分布：(a) 2.5T_g, (b)2.0T_g, (c)1.5T_g, (d) 0.9T_g(T_g = 771 K)。团簇包含的原子数分别为 32、190、1726、5684[133]

描述和物理图像。图 3.76 总结了局域五次对称性与动力学的关联关系：不同非晶合金体系的过冷液体复杂的动力学特征可以从一个简单的结构参量局域五次对称性来描述，而且是基本普适的。这些结果也说明玻璃转变过程并不是一个纯粹的动力学过程，而是包含有复杂的微观结构演化。

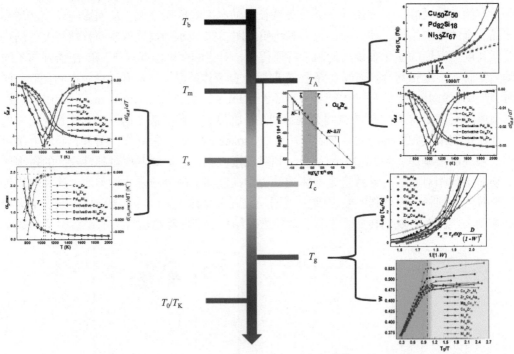

图 3.76　从局域五次对称性 W 的角度理解非晶合金过冷液体在超宽温区的动力学特征[138]

　　这里需要强调的是，虽然五次对称性可以是一个很好的结构参量来表征液体动力学，但是并不代表它就是结构起源。无序结构的表征取决于从何种角度观测结构，因此不排除可以从其他的角度观测到类似现象[138]。总之，在非晶合金中引入局域对称性可以大大简化非晶物质结构的描述。

物质中的对称性会随外界条件的变化发生转化、跃迁和缺失。比如具有完美对称性的雪花化成水后，其对称性随之消失。对称破缺(broken symmetry)导致序参量(order parameter)出现。序参量是这样一个物理量，它在高温时测不到，在低温时能测到[111]。物质中的相变与对称性变化密切相关。但是，在发生玻璃转变，液体转变成非晶时，并没有发生对称破缺。人们正以很大的热情从对称序的角度来研究非晶物质中的很多基本科学问题。

3.4　非晶物质的结构模型

因为很难用衍射实验设备和技术得到非晶物质的精确结构信息，所以模型化和计算机模拟是研究非晶固体的原子结构最主要的方法。实验和技术只能作为辅助手段来检验模型的可靠性。如果模型的性质与实验结果一致，则模型可能反映结构的某些特征。最常用的性质是径向分布函数(RDF)和密度。模型的径向分布函数与实验测得的 RDF 一致是目前模型成立的必要条件。

非晶结构模型化技术主要有两种：物理模型化技术和计算机模型化技术。非晶结构研究的物理模型中很多都是手工组合的。许多著名科学家都是采用物理模型来构建非晶物质的结构。例如，1970 年 Polk 提出的四面体结构的非晶半导体模型；Bell 和 Dean 提出的 SiO_2 玻璃的 "球和棍" 模型；1960 年 Bernal 提出的硬球密堆模型；2005 年 Miracle 提出的中程序和团簇密堆模型等。手工建立的模型物理图像清楚，但是原子数都不超过几百个。后来，计算机算法系统介入，非晶的结构概念被转化成一系列原子坐标，详细的坐标可通过物理模型的拓扑结构来计算。计算机模型化技术利用不同的算法(如分子动力学方法(MD 方法)、第一性原理方法等)来构造非晶的结构，考察原子的分布，计算径向分布函数。

经过几十年的不懈努力，建立了很多非晶物质的结构模型。目前，主要的非晶微观结构模型有适用于共价键非晶结构的连续无规网络模型，适用于聚合物非晶结构的无规线团模型，适用于金属非晶合金结构的无规密堆模型，适用于各种非晶材料的微晶模型等。除了这些常用的模型外，人们还提出了诸如长程拓扑结构及长程的分形网络拓扑结构模型等来描述各种非晶物质的结构。尽管这些模型是理想化的，但是它们给出了非晶物质在原子尺度上微观结构迄今为止最好的可用图像，这不仅加深了我们对于非晶态结构的理解，而且为开发性能优良的非晶态新型材料、深入研究非晶物质的本质提供了基础。但是至今还没有一种对每种非晶材料都适用的结构模型。下面分别介绍这几种模型的概况，将重点介绍关于非晶合金的密堆模型。

3.4.1　连续无规网络模型

Zachariasen 根据共价键非晶物质的结构特点，于 1932 年提出连续无规网络模型(random net model)[8]。他系统研究了共价键玻璃结构，如常见的氧化物、硫化物、氟化物玻璃，基于晶体化学理论，结合共价的非晶物质近邻原子间的关系(如键长、键角等)与晶态类似，即保持拓扑序的实验结果，提出非晶玻璃最近邻原子关系与晶态基本相似，原子排列具有缺乏对称性和周期性的三维空间扩展的网络特点。模型的主要内容是：非晶结构单元和晶体类似，都由多面体组成，多面体通过顶角连接成 3 维空间的网络结构。该模型要求最近邻原子间的键长、键角关系与晶态类似，允许在一定范围内的涨落，而长程无序性则表现在"键"的无规排列，包括键角的分布、键长变化的不规则[139]。图 3.77 是根据连续无规网络结构模型构建的晶态 A_2O_3 结构与典型非晶 A_2O_3 玻璃结构。从图中可以看出连续无规网络模型的特征可归纳如下：一是键角大小相比晶体明显分散；二是键长也有明显的涨落；三是没有空悬键，但也没有长程序。再如，非晶 As 的三个最近邻间距为 0.249 nm，比其晶态最近邻间距要小，每个原子三重配位，有不变的键长、分散的键角，没有空位键，没有长程序。对连续无规网络模型，它的最简单的拓扑特点可用键回线或环表示。从一个给定原子出发，经过每个原子一次，再返回初始原子，可以勾画出键和原子的闭合回路，即共价键非晶物质具有拓扑序。连续无规网络模型在模拟非晶半导体等材料方面比较成功，它反映了共价键非晶的两个最明显的特征，即配位和键长的无序。

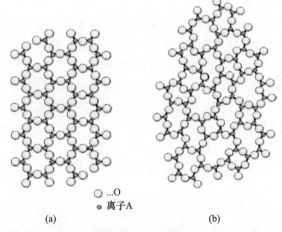

○ ...O
● 离子A

(a)　　　　　　　　　　(b)

图 3.77　原子网络结构模型：(a) 晶态 A_2O_3；(b) 非晶 A_2O_3[8]

连续无规网络模型利用径向分布函数作为证据被广泛用于解释非晶硅或非晶二氧化硅的结构，但是该模型缺乏直接的实验证据。最近二维材料及其合成技术的出现，在低维极限下合成出单层非晶碳及 SiO_2 材料，这样可以利用低电压球差电镜技术和样品的低维特性，直接测量非晶碳及 SiO_2 材料中的每一个原子的坐标位置，在原子尺度下准确测定单层非晶材料的原子结构，在实空间下计算出非晶材料长程无序性的径向分布函数[140]。图 3.78 是利用低电压球差矫正的高分辨透射电子显微技术直接在实空间中获取单层非晶碳的原子结构图像。大面积的高分辨电镜图像表明，在非晶碳中，五、六、七、八元环相互连接无序排列。非晶碳样品的键长和键角具有极其宽广的分布范围。在进一步放大的图片中可以清楚地看到，由严重扭曲、六元环组成的约 1 nm 尺寸的微晶嵌入到多种不规则元环构成的连续无规网络结构中，并且呈现出任意取向的状态，如图 3.78(b)所示，这不符合连续无规网络模型。图 3.79 是图 3.78 中红色选区的

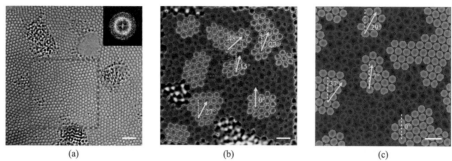

(a)　　　　　　　　　(b)　　　　　　　　　(c)

图 3.78　(a) 单层非晶碳在色差校正效果下的 HRTEM 图片，以及相应的傅里叶转换，展示出非晶材料独有的弥散衍射环。(b) 对应于(a)中红色选框区域的原子 mapping 的伪彩处理图片。五元环(红色)，七/八元环(蓝色)和扭曲的六元环(紫色/绿色)。微晶(绿色)由扭曲的六元环组成，并被大量非六圆环区域分隔。晶粒被定义为至少由被六个六元环围绕的六角形组成。(c) 根据(b)建立的理论模型[140]

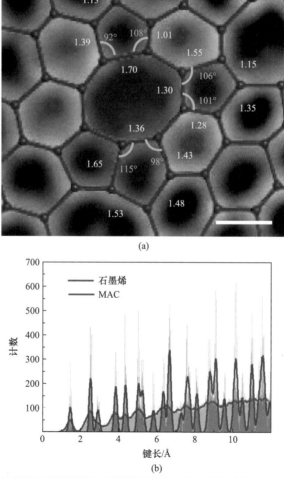

图 3.79　(a) 红色选区的键长键角测量图，证明微晶粒中存在巨大的应变；(b) 在实空间统计数据下，石墨烯和单层非晶碳的键长径向分布函数[140]

键长键角测量图,这证明微晶粒中存在巨大的应变(25%～30%)。石墨烯和单层非晶碳的键长径向分布函数说明非晶碳样品的键长和键角相比石墨烯具有极其宽广的分布范围,在具有长周期性的石墨烯晶体上的应变大于 25%时将会发生断裂,因此人们曾认为自支撑的单层非晶碳薄膜并不能稳定存在。这项工作证明单层非晶碳材料能单独稳定存在[140]。

3.4.2　无规线团模型

塑料、橡胶等有机高分子材料都是由高分子长链组成,高分子长链的键角很容易变化,即高分子长链具有很大的位形自由度,所以熔体冷却最容易形成非晶态的物质之一就是高分子聚合物。对于这类有机高分子非晶物质的结构,用其他非晶模型都不能描述。

无规线团模型(random coil model)是目前描述高分子非晶物质结构的最佳模型,这个模型和 P. J. Flory 名字(见图 3.80;Flory 因在高分子结构和物理性质方面的成就获 1974 年诺贝尔化学奖)紧密联系在一起[105,141]。1949 年,Flory[141]从高分子溶液理论出发,首先提出了非晶态聚合物的无规线团模型。该模型的主要思想是:非晶态中的高分子链,无论是处于非晶态、高弹态,还是处于熔融态,都像高分子溶液中的分子链一样呈无规线团的构象,高分子链之间可以相互贯穿,彼此缠结,而线团内的空间则被相邻的分子所占有,不存在局部有序的结构,整个非晶态固体呈均相结构,如图 3.80 所示。线团分子之间是无规缠结在一起的,有自由体积,并服从高斯分布,即假定高聚物在聚积态结构上是均相的,且单个分子链的构象统计具有无扰尺寸。因为高分子链具有很大的位形自由度,每个原子沿着链与下一个原子成键时有几个独立方向可供选择,致使长链在总长度上作多次急剧方向改变,类似于三维无规行走所描述的位形,线团之间彼此交织在一起组成非晶有机物质。无规线团统计理论的建立,极大地推动了高分子科学的发展,解决了高分子均方末端及高分子力、电性质等许多问题。有许多实验结果支持无规线团模型,一些成功的理论(如橡胶弹性理论)完全是建立在无规线团模型基础之上的。近年来的许多中子小角散射实验结果有力地支持了 Flory 的模型。无论是对非晶态高聚物本体和溶液中分子链旋转半径测定结果,还是不同分子量高聚物试样在本体和溶液中分子链旋转半径与分子量关系的测定结果,都证明非晶态高分子形态是无规线团。但人们又发现非晶高聚物具有局部有序的实验证据即球粒结构(granular structure),这是对无规线团模型的最大挑战。

无规线团模型和无规行走统计方法联系密切。Flory 就是用统计力学观点推导出"无规线团模型"的。其推导过程极为烦琐,对数学要求较多,有兴趣者可阅读教材《高分子统计》。无规线团模型的建立又一次证明了统计物理在非晶物质研究中的重要作用。

3.4.3　微晶模型

列别捷夫早在 1921 年就提出非晶物质结构的"晶子"模型[21,142]。他假定非晶是由很多微小的晶粒(晶子)组成的(图 3.81),其基本思想和微晶模型(micro-crystallite model)一

(a)　　　　　　　　　　　　　　(b)

图 3.80　P. J. Flory(a)和他提出的有机玻璃的无规线团模型结构示意图(b)。Flory 因提出高分子非晶结构的无规线团模型获 1974 年诺贝尔化学奖[141]

致。微晶模型最早是根据非晶衍射弥散环与某个晶态衍射环的衍射角相近的实验结果提出的。微晶模型的基本思想是：大多数原子与其最近邻原子的相对位置和晶体完全相同，这些原子组成 1 nm 至几纳米的晶粒。长程序的消失主要是这些微晶的取向混乱、无规造成的。微晶模型把非晶物质的长程无序特征、不均匀性归结为两个结构的不相同的区域，即微晶区和晶界区，但是随着高分辨实验手段(如高分辨电子显微镜)的发明，人们并没有在非晶材料中观察到微晶结构，微晶模型与实验不符。微晶模型的其他主要问题是无法处理微晶的晶界，不能回答晶界原子如何分布，对于非晶合金用微晶模型计算出的 RDF 与实验 RDF 也不符，所以支持和使用微晶模型的人已经极少。

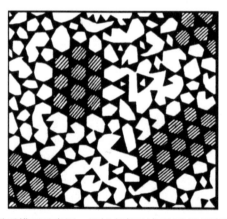

图 3.81　晶子模型示意图。局部有序区域(晶子)被无序区域包围[142]

但是，最近在非晶硅样品中发现 1~2 nm 尺寸的晶粒，比例达到 50%，因而提出微晶粒也可能广泛存在于非晶材料中[143,144]。在二维非晶碳中也发现了严重扭曲、六元环组成的约 1 nm 尺寸的微晶嵌入到多种不规则元环构成的连续无规网络结构中，并且呈现出任意取向的状态(图 3.78(b))，这些实验结果都证实了微晶模型的有效性。

最早提出纳米材料概念的德国科学家 Gleiter 提出纳米玻璃(nanoglass)的概念，并试图制备纳米非晶金属玻璃[145]；图 3.82 是 Gleiter 的纳米玻璃的模型。Gleiter 认为可能形成纳米级非晶团簇和其界面组成的纳米玻璃，其纳米玻璃概念非常类似微晶模型的图像，只不过"晶子"不是有序晶体而是相比界面更密堆的非晶纳米团。Gleiter 等还在某些体系中合成出纳米玻璃。但是，目前还很难从实验上广泛制备和确定这类纳米非晶。纳米玻璃更像非晶中硬软区模型，即非晶物质在性能和结构上存在纳米，甚至微米级的非均匀性[36,37]。

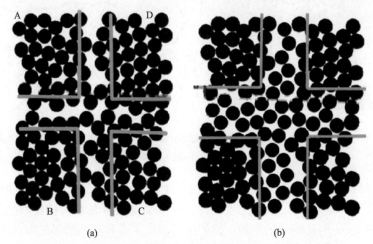

图 3.82　纳米玻璃示意图，绿线表示纳米非晶团的边界[145]

3.4.4　无规密堆模型

　　如何用小球密堆积和空间填充是非常古老的问题，经验的无规密堆早就引起人们的注意。比如，几千年来谷物的称量是用升、斗等容器，这实际上就是用体积量度的无序堆积问题。古代认为一个善良的生意人，在斗量谷物给人的时候，会摇紧和挤实，即密堆。开普勒最早研究如何密堆积和空间填充，并发现面心立方(fcc)结构(图 3.83(a))。无规密堆模型(random dense packing model)可能是最早提出的描述非晶物质的结构的模型，特别适用于描述由原子构成的非晶合金的结构(图 3.83(b))。

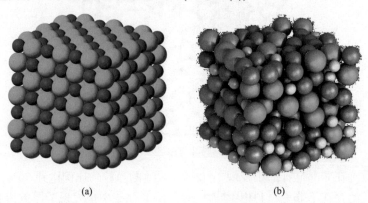

图 3.83　原子密堆结构模型：(a) 二元面心立方密堆晶格结构；(b) 三元连续无规密堆非晶结构[20]

　　剑桥大学的贝尔纳(Bernal)(图 3.84)在 1959 年提出了液体和非晶的硬球无规密堆模型[11-14]。图 3.85 是 Bernal 亲手绘制的水的 X 射线衍射谱和液态模型比较图[9]。Bernal 是英国著名科学天才和全才，他在结晶学、物理、分子生物学、科学社会学等方面都做出过重大贡献，有过许多天才的思想和创造的光芒。但他始终未能获得诺贝尔奖。公认的原因是：他总是喜欢提出一个题目，抛出一个思想，自己先涉足一番，然后，就留给他人去创造出最后的成果。全世界有许许多多的原始科学思想应归功于 Bernal 的论文，但都在别人的名下出版问世了，他一直由于缺乏"面壁十年"的恒心而蒙受了损失。后人甚至将这种现象称为 Bernal 效应[146]。他具有超人的想象力和深刻过人的洞察能力。据说，他在饭桌上的一席话所溅出的思想火花，就足够别人干一辈子的研究课题。在非晶结构领域也是如此。Bernal 在近 60 岁时候完成了他自己认为一生中最漂亮的工作——提出了液体和非晶结构的球体模型[147]。他的模型研究设备是个玻璃罐，透明的玻璃罐便于观察小球的堆积方式。这又一次验证玻璃在科研中的作用。

图 3.84　Bernal 在他办公室制作第一个液体模型的工作照片(a)和他的非晶硬球密堆模型研究设备(b)[14]

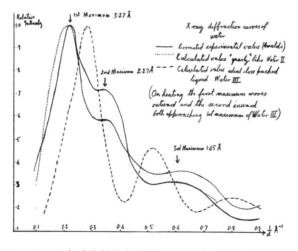

图 3.85　Bernal 亲手绘制的水的 X 射线衍射谱和液态模型比较图[9]

当时，人们还不知道液体、非晶物质的结构到底是什么样的。当时有两种主流观点：一是把液体看成是黏稠的气体，另一个是把液体看成是无序的固体。Bernal 很不喜欢这些观点，他因此提出了新的硬球无序密堆模型。Bernal 的模型是把原子看成等径的硬球，这些硬球如果不接触，相互作用为零，一接触势能则为无穷大，即不可压缩。该模型可把非晶态结构看作是一些均匀连续的、致密填充的、混乱无规的原子球的堆积集合(图 3.84)。其堆积密度达最大值，在模型中没有可以容纳一个硬球的空洞。该模型能详细描述液体中组成粒子的几何平均位置，得到的径向分布函数能很好地与实验中真实结构吻合。重要的是该模型能够通过计算机模拟实现，有效而便捷地把模型结果和真实液体和非晶对比，并与分子动力学模拟有效衔接。之后所有的非晶合金结构研究工作都是以此为出发点，并建立在这个模型的基础之上，根本思路从未改变过。J.M. Ziman 认为该模型既简单又漂亮，是定性或定量认识非晶物质本质的关键，远远优于其他唯象模型[9,147]。Bernal 的工作是又一个例子，表明非晶物质研究虽然只有几十年的历史，但是云集了很多的大师参与其中，从一个侧面说明非晶物质研究的重要性和魅力所在！

Bernal 是从 F. C. Frank 关于复杂合金结构的讲座中得到启发提出这个模型的。Frank 引入多面体来表征复杂合金的结构[148]。Bernal 从此想法中意识到无序的单原子液体结构也可以采用类似的几何分析方法[149]。因此想到采用多面体方法分析无规密堆模型的原子结构，并认为液体、非晶物质的性质都可以通过不规则多面体的堆积来认识和理解，而近邻多面体的无规性是非晶、液体区别于晶体的关键因素。Bernal 最初是利用橡胶球和辐条来构建了无规模型结构，辐条长度在 2.75~4 英寸[①]，尽可能地使构建的结构无规则，如图 3.86 所示[12]。后来，Bernal 在实验室构成无规密堆模型的方法是用等径钢球装入内壁不平(避免球有序排列)容器中，如图 3.84 所示；然后采用挤压、摇晃等方法使球占有

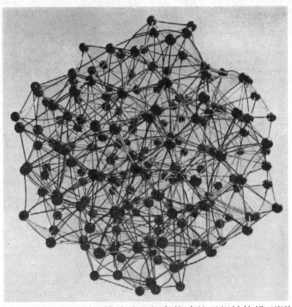

图 3.86　Bernal 利用橡胶球和辐条构建的无规结构模型[12]

---

① 1in = 2.54cm。

的体积最小，即达到密堆状态；再用注入蜡或胶把所有硬球固定，并测量球心的坐标，这样可得到一组无规密堆结构的原子组态。

无规密堆模型有以下主要特征：

(1) 无规密堆模型的几何特点是由五种多面体组成，这些多面体简称 Bernal 多面体(图 3.87)。多面体顶点为球心位置，各面是等边三角形。各多面体通过这些三角形连接。这些多面体分别是四面体(数量百分比占 73%，体积百分比为 48.4%)；八面体(数量百分比占 20.3%，体积百分比为 26.9%)；三角棱柱(数量百分比占 3.2%，体积百分比为 7.8%)；阿基米德反棱柱(数量百分比占 0.4%，体积百分比为 2.1%)；四角十二面体(数量百分比占 3.1%，体积百分比为 14.8%)。晶体密堆结构是由比例为 2∶1 正四面体和八面体构成。在无规密堆模型中，四面体结构占 73%。四面体多，八面体少是非晶无序结构的重要特征。这是因为四面体是一种短程的局域的密堆结构。

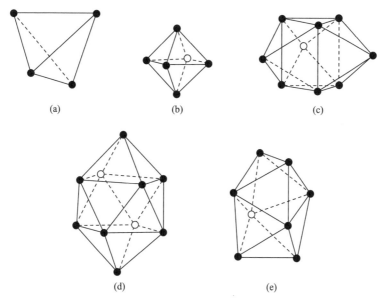

图 3.87　相同大小球体堆积形成的各种 Bernal 多面体。(a) 四面体；(b) 正八面体；(c) 三角棱柱；(d) 阿基米德反棱柱；(e) 四角十二面体[11-14]

(2) 在二维空间最紧密的排列是规则的排列，只有在三维空间才能得到无规密堆。因为二维空间的局域密堆是三角形，三角形密排的结构是六边形单元，形成晶体排列，而在三维空间局域密堆是四面体构成的，四面体是具有五次旋转对称的结构单元，不能形成长程晶体结构。

(3) 硬球无规密堆有明确的 0.6366 密度上限，比晶态密堆如 fcc 密堆、六方密堆的密度值 0.7405 要小 0.1039。这说明无规密堆不是真正的密堆，而是一种主要由四面体构成的局域密堆。图 3.88 是 Bernal 多面体对应的标准空隙图。但是，尽管是一种亚稳排列，但无规密堆在位形空间对应于局域的能量极小。图 3.89 显示的是典型的 CuZr 体系中不同密堆方式导致密度、非晶形成能力和成分的关系存在奇点[150]。实验和模拟还表明，通过密度连续增加从无规密堆过渡到晶态密堆是不可能的，必须先拆散原来的构形再重新排列，即从无规密堆到晶体面心结构的密排是一种重构，需要拓扑上的变化也就是相变来实现。这是非晶合金能稳定的微观结构上的原因。

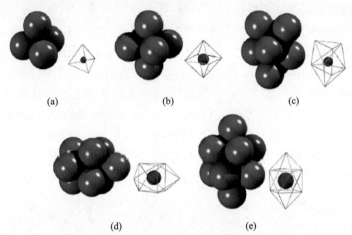

图 3.88　Bernal 孔洞：每个硬球密堆对面体右侧是对应的多面体中心的空洞，紫色球代表空洞的大小[20]

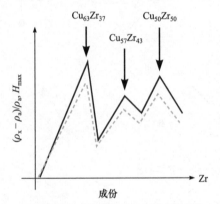

图 3.89　典型的 CuZr 体系，不同密堆方式导致密度、非晶形成能力和成分的关系存在奇点[150]

　　(4) 在无规密堆中可以用类似晶体中 Wigner-Seitz 原胞方法，即 Voronoi 多面体来分析无序结构。Voronoi 多面体的面数表示该原子的最近邻原子数。用这种方法得到无规密堆平均第一近邻数为 14.251。Voronoi 多面体外表面五边形占多数。当把 Voronoi 多面体每个顶点放上一个原子时，这些原子构成无规网络结构。所以，这种表示方法能将看上去差别很大的无规密度模型和无规网络模型联系起来。

　　硬球无规密堆模型的 RDF 可由测量出的每个原子中心位置坐标直接计算出。结果表明计算得到的 RDF 与实验 RDF 符合得很好，密度也是合理的。图 3.85 是 Bernal 亲手绘制的水的实验 RDF 和根据他的硬球模型得到的 RDF 的比较图。硬球无规密堆的原子组态与非晶基本相符，能够反映非晶合金和液体的主要结构特征。无规密堆模型几何图像具体，研究方便，虽然有工作量大等缺陷，但它目前仍是非晶金属结构最满意的模型。

3.4.5　非晶合金的结构及模型研究进展

　　新一代具有优异性能的块体非晶合金的发现，激起人们对非晶结构和非晶形成能力、性能的关系重新认识的热情和兴趣，从而给非晶合金结构研究带来机遇。非晶合金结构研究的最大问题仍然是：短程序结构特征？短程序是如何构建非晶固体的？能否建立结构和性能的关系？

早期建立的非晶合金结构模型所使用的主要准则是：无序和密堆，因此大多使用简单的硬球模型，包括 Bernal 的硬球无规密堆模型。无序密堆目前仍是描述非晶合金的最佳模型。但是无序密堆由于只考虑非晶几何结构上的特点，而完全忽略了原子之间的化学相互作用及动力学行为，因此其构建出来的结构和实际的非晶合金的结构存在一定的偏差。最近人们发现非晶的径向分布函数并不能完全表征出非晶的结构特征，例如，在 1～2 nm 内具有局部立方对称的不均匀的类晶体结构得到的径向分布函数居然能完全和无序密堆的非晶结构重合[3]。因此，无序密堆模型所表征的结构可能并不是实际体系中的结构，而只是非晶态结构多构型特征中的一类。

近年来，又提出了非晶合金中存在中程序。中程序概念是描述非晶中短程序是如何相互连接、排布充满整个三维空间的。为了表征非晶合金中程序的结构特征，2005 年 Miracle 采用传统的手工建立物理模型的方法，在 Bernal 的硬球无规密堆模型的基础上提出了团簇密堆模型[74]。他在准三维的盒子里面放入许多半径不同的硬球，用适当的外力摇动，使得盒子里面的硬球达到稳定的致密结构，通过拍照分析发现，里面存在着许多稳定的二十面体团簇，这些团簇以一类 fcc 的方式排列，示意图如 3.90 所示。原子团簇密堆模型认为：非晶合金中存在许多稳定的以 fcc 或者 hcp 的方式排列的团簇，这些团簇的中心原子是所谓的溶质原子(非晶中含量占少数的组元)，其他原子包括填充这些团簇间隙的是所谓的溶剂原子(非晶合金中占主要部分的基底原子)。这些填充原子与这些团簇无序"粘连"在一起，形成长程无序的非晶合金[74]。团簇密堆模型能较好地反映非晶合金的某些结构特征，也符合实验得到的径向分布函数，能解释块体非晶合金中一些现象。图 3.91 是团簇密堆模型中预测和实验得到的溶质-溶质原子部分径向分布函数的对比[149]，可以看出该模型得到的溶质-溶质原子的径向分布函数 RDF 和实验 RDF 符合

(a)　　　　　　　　　　　　(b)

图 3.90　Miracle 团簇密堆模型示意图。(a) 非晶合金的 2D 团簇密堆模型示意图；其中 α 位和 β 位代表溶质原子位，其他的红色圆代表溶剂原子位；(b) 非晶合金的团簇密堆模型立体示意图[74]

得很好。但是，该模型也同样存在一些问题，最大的问题是该模型得到的相关径向分布函数无法表征非晶结构随溶质原子成分的变化。当增加的溶质原子成分时，得到的径向分布函数还是和 fcc 晶体结构峰符合得很好，虽然这个时候溶质原子很多，以至于有些溶质已经不在 fcc 点阵位置上，也就是说衍射得到的径向分布函数只是选择性地反映了位于 fcc 位的溶质原子[151]。Cheng 和 Ma 根据 Miracle 的模型，采用模拟的方法又提出了准团簇密堆模型[20]，他们的模型认为构成非晶合金的基本单元是各种各样的 Voronoi 多面体形成的团簇，但是二十面体团簇或者类二十面体团簇占主导。这些团簇以共点、共边、共面的方式链接。Wang X L 等在统计大量非晶合金衍射数据的基础上，发现非晶中的中程序的排列呈现分形的特征，分形的维度大约为 2.31[76]。据此他们认为非晶合金是由不同大小的团簇组成短程序，以分形的形式组织起来，构成了整个非晶合金。但是这些模型都不能完全描述非晶的结构，也没有考虑非晶的动力学行为。

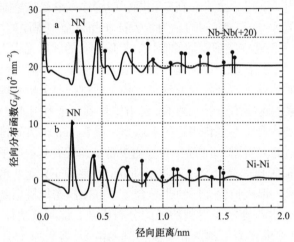

图 3.91　团簇密堆模型中预测和实验得到的溶质-溶质原子部分径向分布函数的对比。(a) $Ni_{63}Nb_{37}$ 成分中 Nb-Nb 溶质原子；(b) $Nb_{60}Ni_{40}$ 成分中 Ni-Ni 溶质原子[151]

利用原子分辨的多维电子重构成像技术可测量非晶物质的原子坐标，在单原子尺度定量分析体系的短程和中程有序结构中重构了一个非晶合金的纳米颗粒中接近 20000 个原子的三维排列，发现其中以溶质原子为中心的原子团簇之间通过类似晶体一样的排列方式形成了 1~3 nm 的中程有序结构(图 3.92)。结果部分印证了 Miracle 等的团簇密堆 (efficient cluster packing)的模型[152]。

局域对称性模型从不同的角度给出非晶合金的描述，并能解释玻璃转变、动力学行为、晶化过程中的结构演化[83,124]。当金属熔体由高温冷却下来时，晶化和玻璃转变这两个过程相互竞争。晶化时，五次对称性将消失。然而，如果晶化被抑制而发生玻璃转变，液体无序的结构将会保存下来，其中将含有五次对称性及部分类晶体结构特征。因此，晶化和玻璃转变两个过程可以看成是五次对称性和晶体对称性相互竞争的过程，如图 3.93 所示。尽管非晶合金体系具有不同的组分、结构和性质，但它们的结构与动力学行为的关联都可以通过五次对称性来很好地描述。由于具有较高五次对称性的原子具有较为紧密排列的近邻结构，而且与晶体对称性不相兼容，因此它会引起严重的阻挫，进

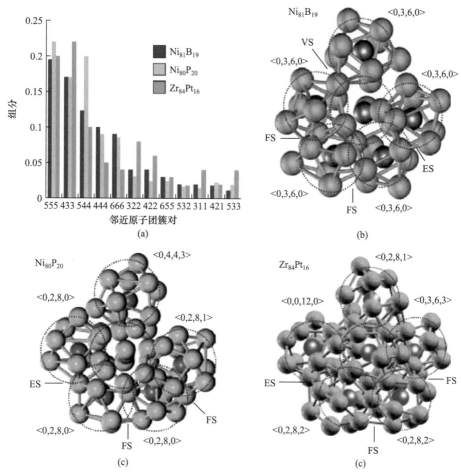

图 3.92　由以溶质原子为中心的二十面体团簇堆积成的非晶合金的中程序[20]

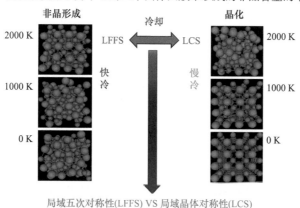

图 3.93　玻璃转变和晶化过程中的结构演化对比

而阻碍晶化。由于五次对称性程度较高的团簇比较稳定，它们的运动能力较弱。随着温度的降低，具有较高五次对称性的原子所占的比例增加，因此动力学就会变慢。除了单原子的运动能力变弱，它们的空间关联度在冷却过程中也逐渐增加，导致体系出现动力学不均匀性，结果表明平均五次对称性 $W \geqslant 0.6$ 的原子倾向于关联在一起形成团簇。这些团簇的尺寸随着温度的降低快速增加。因此，在 T_g 处结构可能发生逾渗形成网络状结构填满整个空间，从而形成非晶态。在热力学上，由于五次对称性结构的增加会降低体系的自由度，从而使构型熵降低。在接近玻璃转变时，体系的构型熵的变化主要由结构决定，所以 W 的变化速率的趋势与熵的变化速率也就是比热的变化趋势一致。因此，局域对称性能够较好地描述非晶合金的玻璃转变过程、非晶形成能力、动力学的变化，以及与结构之间的联系[83,124]。

到目前为止，关于最简单的非晶结构——非晶合金的结构都还没有一个非常完善、准确的模型，尤其是关于非晶合金中原子是以何种方式排满整个空间的，存在很多种不同的看法，这些不同的观点都有各自一方面的证据，却又有相互矛盾甚至相冲突的地力。

从整体上说非晶物质是均匀的、各向同性的。非晶中由多面体构成的骨架是连续的，在短程区域有序，但是这些有序区的排布不像晶体那样有周期性，这些有序区的长程排布是无序的、不连续的，从一个局域有序区到另一个局域有序区的过渡的化学成分肯定有所不同，因此在微观上又是不均匀的。所以，非晶物质是有序性和无定形性、连续性和不连续性、均匀和不均匀的矛盾统一体，并且矛盾的两个方面在一定的条件下可以互相转化，这些都说明了非晶结构的复杂性。要想彻底解决非晶的结构问题，需要有能够抓住其本质的新思维，需要突破晶体结构研究的定式，需要新型、更精确的结构分析设备的出现，以及严密的实验论证。

3.5 无序非晶体系的电子结构

关于原子无序对电子结构的影响，最初的理解受晶体中缺陷对电子散射观念的影响，认为无序会增加对电子的散射，缩短了电子的平均自由程，提高了电阻。Anderson 和 Mott 于 20 世纪 60 年代初，在非晶电子结构方面做出开创性的工作。Anderson 在 1958 年发表了题为《扩散在一定的无规点阵中消失》的论文，他发现当原子结构无序到一定程度时，固体中电子呈现"定域"的特性。晶体固体电子结构理论框架不适用于无序体系的电子结构行为。他们的工作使得非晶态物理、无序逐渐成为凝聚态物理的前沿课题。Anderson 和 Mott 也因对无序非晶体系电子结构的深刻认识和创造性贡献获得 1977 年度诺贝尔物理学奖。

在具有理想周期性结构的晶体中，电子的本征态是扩展态，是具有确定波矢的布洛赫波。单电子近似是分析晶体金属中电子结构和运动方式的理论基础[121,153]。它假设各个电子的运动相互独立，每个电子在具有晶格周期性的势场 $V(r)$ 中运动，其中 $V(r)$ 为包括原子实和其他电子的平均势场。理想晶体的势场是周期性函数，哈密顿量具有晶格的平移对称性，存在平移对称量子数，即简约波数 k。通常用能量本征值 $E_n(k)$ 来表示晶体的能带结构，其中 E 为 k 的函数。而在无序的非晶体系中 $V(r)$ 不是周期性函数，因而不存在好的量子数 k 和 $E_n(k)$，只能用基于单电子近似的能态密度函数 $g(E)$ 来描述非晶物质的能带结构。非晶虽然长程序无序，但是由于原子间的化学作用势，仍然存在化学短程序甚至是拓扑长程序，实验证据也表明非晶电子态与其晶体对应物在局域结构及电子性能是相似的，主要取决于元素间的化学作用及排列的紧密程度或相互作用距离，在计算中常用晶体化合物的 $g(E)$ 对相应成分的非晶电子态密度进行理论预测。

在无序体系中，电子的本征态波函数不再是布洛赫函数。由于不存在周期性势场，电子在各个位置出现的概率不再相同。1958 年，Anderdon 提出无序系统电子运动定域化概念(即 Anderdon 定域化)来解释无序体系的电子传导问题。当势的无序性足够强时，量子运输过程(例如自旋漫射或电子传导)会突然失效[153]。他指出在无序系统中电子的本征态分为两类：一是扩展态；二是定域态。扩展态波函数延伸到整个材料，与晶体中的共有化运动状态类似，而定域态局限在某一中心附近，随着与中心点的距离增大，函数呈指数衰减。Mott 自 20 世纪 60 年代起致力于发展无序体系及非晶物质的电子理论，他的工作有力地推进了非晶物质的研究，1971 年莫特和戴维斯(B.A. Davis)在合著的《非晶物质的电子过程》一书中总结了这门学科的发展。在 Anderdon 局域化理论的基础上，Mott 提出了迁移率边的概念，即在无序系统中，电子能态密度的带顶($E < E_C$)和带底($E > E_{C'}$)区域出现带尾，电子为局域态。带中($E_C < E < E_{C'}$)区域的电子为扩展态，它们之间的分界(E_C，$E_{C'}$)为迁移率边。M. F. Cohen、H. Fritzsche 和 S. R. Ovshinsky 对 Mott 的理论进一步修正，提出了 Mott-CFO 模型，用来解释半导体无序系统的电子传输性质。这个模型认为非晶态半导体中的势场是无规变化的，但是其无规起伏并没有达到 Anderdon 局域化的临界值，因此电子态是部分局域化的，即非晶态半导体能带中的电子态可分为两类：扩展态和局域态，并提出迁移率边、最小金属化电导率等概念。

图 3.94 是非晶态半导态和晶态半导体能带的比较。非晶态半导体的能带结构也包括价带和导带，所不同的是非晶态半导体的能态密度存在着尾部区(见图的阴影部分)。因为能带结构的物理含义就是表明电子的运动状态，所以导带和价带向两边扩展就表明了电子可以在整个晶态中运动；而在非晶态半导体中，电子则会表现出局域化的运动，这种局域化的运动在能带图上就表现为在导带和价带的尾部出现了一个小区域，即尾部区。在晶态半导体中，由于只存在少量的缺陷，这些缺陷可以通过其对电子状态所造成的影响(即电子的缺陷所导致的定域状态)来描述，但是非晶态半导体由于固有的整体结构无序，缺陷密度很大，因此就需要引入大量的缺陷定域态来描述结构缺陷，这些缺陷定域态对应的能量状态会形成很窄的能量区域，简称能带。这些不同于晶态半导体的特点反映了非晶态半导体的长程无序、短程有序的结构特点对其电子结构的影响。在电学性质方面，相对于晶体半导体中比较"自由"的电子运动，在非晶态半导体中电子由于非晶态结构上的无序性使其所受散射加剧，平均自由程大大减小，当平均自由程接近于原子间距的数量级时，在晶体半导体中所建立的电子漂移运动的图像就不再适用于非晶半导体了，此时电子就处于图 3.94(b)中尾部区所描述的局域态中。这样的电子状态使得非晶态半导体的电学性质表现为两个特点：①当电子处于局域态时，要想从一个局域态到另一个局域态，电子只能通过与晶格振动的相互作用来交换能量，从而进行跳跃式导电，与电子一般运动方式相比，这种运动方式难以实现，因此就使电子的迁移率变得很低，从而使非晶态半导体的电阻率变得很大；②在晶态半导体中可以通过掺杂来控制材料的导电类型和电导率，而非晶态半导体也能实现掺杂效应。Spear 等在 1975 年利用硅烷分解的硅烷放电技术在非晶硅中实现掺杂效应，成为非晶硅中的重要突破，为非晶硅的应

用奠定了重要基础。

该模型已成为非晶态半导体电子理论的基础,对说明非晶态半导体的电学和光学性质起着重要作用。金属的周期性势阱的能垒远小于半导体,因此金属无序系统的电子大部分仍处于巡游状态,虽然因为无序的原子结构导致了一部分电子处于局域态使非晶合金的电阻率高于相应的晶态化合物,但是大部分外层自由电子并没有受到周期性缺失的影响,因此,非晶合金仍是良好的热导体和电导体。

计算机模拟和声波模拟为 Anderson 模型提供了直观的证明。He 和 Maynard[154]设计了一个巧妙、简单的实验,演示和证实无序造成局域化的特征。他们设计了一个一维声学 Anderson 局域化实验装置:在一根绷紧的细钢丝上每隔 15 cm 固定一个小铅块,钢丝上总共固定 50 个这样的铅块。在钢丝的一端用横波激发钢丝,并进行扫频,在钢丝的另一端接受响应,这样可以得到类似能带的结构。图 3.95(a)和(b)是对两个许可态沿钢丝各点响应的测量结果。其振幅变化明显是扩展态,定性地和布洛赫波一致。如果随意无序地移动铅块位置,响应的测量结果如图 3.95(c)~(g)所示,可以看出明显的由无序导致的各种局域。

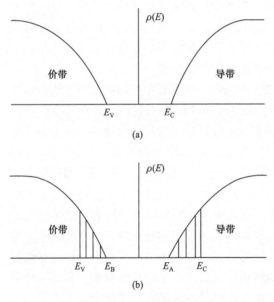

图 3.94   晶态和非晶态半导体能带结构比较: (a) 晶态半导体; (b) 非晶态半导体

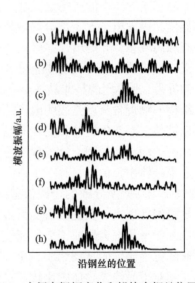

图 3.95   本征态振幅变化和铅块在钢丝位置的关系。(a)、(b) Bloch 波; (c)~(g) 有 2%无序加入后本征态振幅的变化; (h) 状态(c)和(d)的叠加[154]

非晶电子结构的理论已经相对比较完善,所以近20年来对非晶电子结构的研究很少,没有更大的进展。关于详细的非晶电子结构的模型和相关理论可参阅文献[121,153]。

3.6   科学大装置是非晶物质结构研究的机遇

由于非晶物质结构的复杂性和性能的极端性,现有的物质和材料结构分析研究手段难以满足其结构探测和分析的需求。非晶物质学科的发展一直受制于实验研究特别是微观结构实验研究的困难。先进的科学大装置(如同步辐射装置、中子衍射装置、自由电子激光装置)在材料研究中发挥着越来越最重要的作用，也为非晶物质的研究提供了强有力的先进手段。科学大装置和平台将在非晶物质的明天发挥越来越重要的作用。下面介绍几类当今先进的结构研究科学大装置和平台。

1. 同步辐射装置

同步辐射光源是指速度接近光速的电子或其他带电粒子在真空腔体中做曲线运动时，沿轨道切线方向发出的高能量辐射光源。第一代同步辐射源作为依附于高能物理实验的同步加速器(电子储存环)的副产物，是寄生于高能物理实验专用的高能对撞机的兼用机；第二代同步辐射源是建立于电子储存环的专门光源；第三代同步辐射源通过插入件(如扭摆器和波荡器等的使用)来获取强度更高的光源。近年发展的第四代同步辐射光源则是利用自由电子激光技术达到更高的光强。美国斯坦福大学的皮秒自由电子激光中心(Stanford picosecond FEL center)，德国 DESY 的 FLASH 和欧洲 X 射线自由电子(European XFEL)，日本大阪大学的自由电子激光研究所(Institute of free Electron laser，IFEL)等均为基于自由电子激光技术的第四代同步辐射光源。

同步辐射光源的光束具有辐射波段宽、波长和能量可调、光源亮度高、光束准直性好、光脉冲长度小、有偏振性、稳定性好、多用户同时使用等优势。新一代的同步辐射装置包括从硬 X 射线到红外波长的各种光波范围，既可以获得波长连续变化的光束，也可以通过单色器得到某一波长的单色光束。同时，采用不间断注入电子可以进一步保证光强的稳定性。第三代光源光脉冲长度最小可达 30 ps，第四代甚至达到飞秒数量级。在理论上，第四代光源的亮度高达 10^{22} ph · s^{-1} · mrad^{-2} · mm^{-2} · (0.1%BW)$^{-1}$，其发射角度更小(能量越高的光子，发射张角 φ (mrad) = 0.33/E (GeV)越小)，更容易聚焦，利于探测小尺寸的样品，如薄膜内的化学反应、病毒的原子尺度图像等。同步辐射光源作为大型仪器平台提供 X 射线形貌术、X 射线成像、X 射线衍射、X 射线小角散射、漫散射、X 射线荧光微分析、X 射线吸收精细结构、光电子能谱、软 X 射线刻度和计量、高压下结构原位研究、X 射线光刻等测试技术，为凝聚态物理、材料科学、生命科学、地球科学、环境科学、微电子、微机械加工、计量学等广泛学科的基础研究和应用基础研究提供强有力的实验研究手段。美国的 APS、德国的 DESY、法国的 ESRF、英国的 SRS、日本的 Spring-8 是当今世界上最先进、影响力最广泛的同步辐射装置。我国上海同步辐射光源(Shanghai synchrotron radiation facility，SSRF)为第三代光源。北京怀柔综合科学中心正在建设第四代同步辐射光源。

利用同步辐射装置在空间分辨、时间分辨上的优势，结合原位装置(如原位高压装置、非接触式悬浮加热装置、原位力学测试装置)可以促进和加快复杂的非晶物质结构研究，可在探测表征非晶物质的短程序、中程序及其他潜在序结构(如拓扑序、化学序等)建立非晶的局域序结构与宏观性能的内在关系，研究非晶的相变(如玻璃转变、相分离和非晶-非晶之间的相变)，研究非晶动力学行为(如声子谱反常行为(玻色峰)、弛豫)，以及认识这些行为与结构的关系诸方面发挥的重要作用，甚至取得的突破[155-158]。

2. 大型中子源装置

中子散射方法是研究物质的静态结构及物质的微观动力学性质的重要手段之一。由于中子不带电、穿透力强、非破坏性、可鉴别同位素、较之 X 射线对轻元素灵敏、具有磁矩，中子散射技术可从原子和分子尺度上研究物质结构、成像和动态特性，已成为物质科学研究和新材料研发的重要手段。例如，中子衍射可在复杂和集成的特殊样品环境下进行实验研究，中子与原子核的作用并不随原子序数的增加而有规律地增大，从而可以通过中子散射或成像技术更好地分辨轻元素，或者相邻的元素。中子具有内禀的自旋使之可以准确地揭示其他手段难以给出的微观磁结构信息。

中子散射源主要分为反应堆与散裂源两类。反应堆是利用原子核裂变产生大量中子。在反应堆的壁上开孔，即可把中子引出。所得的中子能量是连续分布的，很接近麦克斯韦分布，特点是热中子源很强，中子注量率大，能量谱形比较复杂。散裂源是由直线共振加速器产生高能离子束，打向钨靶，在靶上产生的脉冲散裂中子经由慢化器减速，再由中子导管引向光谱仪。与反应堆相比，散裂源具有核反应可控的优势，一旦发生事故，可以及时关闭。此外，通过质子撞击靶子，并以脉冲形式散裂出来的中子，其最大通量远远高于核反应堆，而质子散裂过程中所产生的热量又远远低于反应堆的核裂变，降低了对冷却系统的要求。

东莞中国散裂中子源(CSNS)是我国重点建设的大科学装置，是多学科应用的大型研究平台。图 3.96 是东莞中国散裂中子源大科学装置的鸟瞰及中子衍射谱仪装置示意图。该散裂中子源将为国内外科学家提供世界一流的中子科学综合试验装置，涵盖凝聚态物理、化学、材料等多学科领域应用的需要，同时兼顾生命科学、工业应用等领域研究的应用需求[159]。CSNS 和正在运行的美国、日本与英国散裂中子源一起，构成世界四大脉冲散裂中子源。中子散射技术结合电磁悬浮、静电悬浮技术可望在突破非晶和液态的结构、玻璃转变、动力学、非晶磁性、非晶材料中应力分布、形变机制、非晶到非晶的相变等难题方面起到至关重要的作用[160,161]。

此外，以胶体溶液为实验模型，可以帮助研究非晶物质结构测量的难题，研究结构和非晶形成及性能的关系。胶体粒子是直径为纳米到微米，分散在溶剂中的小粒子。这些小粒子有明显的热运动和各向同性的相互作用，因此可以被视为"巨原子"。当这些胶体粒子无序堆积到一定密度后会发生胶体玻璃化转变，形成胶体玻璃。驱动玻璃化转

(a)

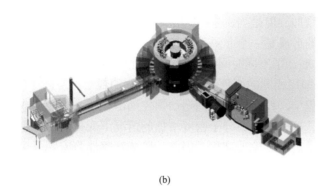

(b)

图 3.96　(a) 东莞中国散裂中子源大科学装置鸟瞰；(b) 中子衍射谱仪装置示意图

变通常通过增强胶体粒子的吸引势或增加体积分数 ϕ 来实现，即等效于原子系统中的降温(图 3.97)。利用现代光学显微和图像分析技术，可以非常精确地测量胶体玻璃中胶体粒子的位置和运动，达到 1/100 粒子直径的精度，从而得到详细的胶体玻璃的结构信息。同时，光学显微技术能够同时观测大量胶体粒子的运动，并且能够测量体系动力学及声子模式。因此，在胶体玻璃中能够在精确测量结构的同时提供大量的统计结果，是研究非晶物质中基本物理问题特别是结构问题的理想模型系统[162]。

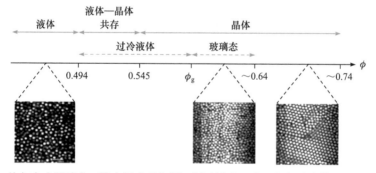

图 3.97　均匀大小硬球在三维空间中的相图。硬球没有温度，相行为由体积分数 ϕ 决定[162]

比如，利用胶体可以实验观察到玻璃转变过程中"笼"结构的形成[163]。通常认为物质发生玻璃化转变而变成固体，是一个"笼形成"(cage formation)的过程。当温度达到玻璃化转变温度时，组成玻璃物质的每个单个粒子，其运动都越来越被相邻粒子所限制，如同形成了"牢笼"一般，导致物质变硬。然而，这个"笼子"如何形成，其形成过程中有何种动力学细节，其中粒子如何扩散，仍然是未解之谜。以二维胶体悬浮液为研究对象，使用聚焦激光束在分子水平上扰动该悬浮液，可同时在视频显微镜上监测该过程的非线性动态响应，见图 3.97。使用视频显微镜可监测粒子局部运动的过程，可考察玻璃化转变过程，发现在粒子水平上的"笼"结构形成的动态过程。

如图 3.98(b)～(d)所示是激光脉冲 5 s 内粒子的位移情况，此时激发已经停止。以面积充填率的函数(粒子密度 ϕ)来评价液体的运动行为。可以看到，在低粒子密度($\phi = 0.50$)时，只有少数粒子移动，而大多数粒子在激发后回到初始位置；而当 ϕ 增加到 0.60 时，移动的粒子数大幅增加，但是当ϕ进一步增大时，移动的粒子数再次下降($\phi= 0.79$)。这些结果表明"笼"的形成是一个非局部的过程，这个过程会影响到被激发的局部分子以外的粒子。图 3.99 展示了不同时间，针对每个ϕ值，局部扰动激发粒子的照片。图中具有相似位移的粒子(即用相同的颜色表示)形成簇，表明粒子在空间中的运动是协作的、不均匀的。在这个过程中，粒子通过协同运动锁住周围粒子，即笼形成，使得局部范围内的分子运动被限制，这种限制在分子密度增加的情况下变得更为严重，使得这些局部区域变得越来越刚性，进而导致玻璃化。因此，胶体观察能将宏观尺度的非晶物质行为与微观尺度的实验联系起来，可以让我们理解非晶物质及其性质，如为什么非晶物质是固态的。

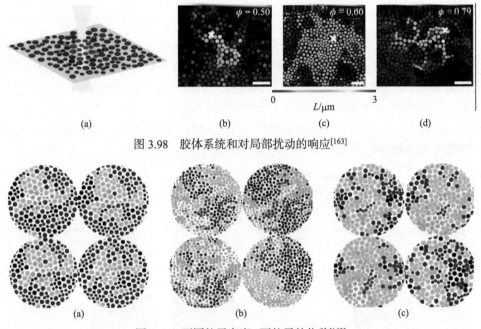

图 3.98　胶体系统和对局部扰动的响应[163]

图 3.99　不同粒子密度ϕ下粒子的位移[163]

3. 原子四维重构成像

原子四维重构成像是探索非晶物质原子结构和原子尺度晶体成核的新方法。随着球差电镜、数据采集方法和重构算法的不断进步，原子分辨电子三维重构技术(atomic resolution electron tomography，AET)使得准确表征物质原子的三维坐标成为可能，可实现纳米尺度非晶物质的三维原子结构的直接实验测定。这是一种不需要晶体学假设和先验信息的通用重构方法[164]。AET 通过球差矫正电子显微镜采集样品不同倾转角度下原子分辨的二维投影图像，利用基于傅里叶变换的循环重构算法得到原子分辨的三维结构，如图 3.100 所示。这一方法已被用来对多种材料(包括非晶物质)进行原子分辨尺度下的三维成像及确定材料的原子坐标等。

原子四维重构成像技术可以精准确定多组分合金颗粒中非晶化无序结构的原子三维坐标，实现了非晶原子坐标结构的直接测量[152,164,165]。图 3.101 是八种金属元素(Co、Ni、

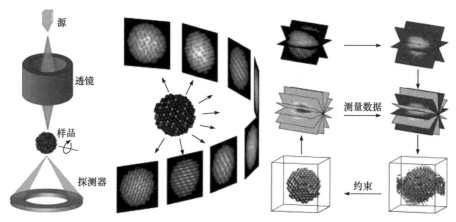

图 3.100　原子分辨电子三维重构技术原理示意图[164]

Ru、Rh、Pd、Ag、Ir 和 Pt)的多组分合金纳米颗粒使用扫描透射电子显微镜环形暗场成像的模式，采集 55 张纳米颗粒在−69.4°到+72.6°不同旋转角度下原子分辨率的二维图像。随后经过图像去噪、对齐、三维重构、原子示踪与分类等数据处理后，得到了纳米颗粒的三维原子模型，如图 3.101 所示。此方法三维重构的精度可达 21 pm，原子的识别准确率超过 97%。

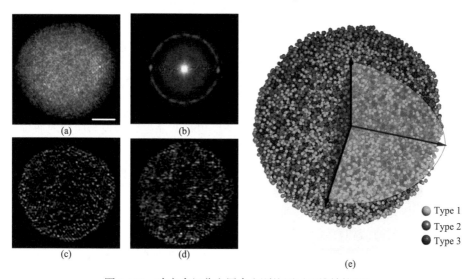

图 3.101　确定多组分金属合金颗粒原子三维结构[152]

　　该项技术有力证明了非晶物质中存在大量的短程和中程有序结构。多组分合金颗粒中原子连接形成多种多样的多面体，构成具有特定原子局域排列的短程有序结构。这些多面体再通过共享顶点、棱边及平面的形式构成四种中程有序结构，分别类似于晶体中的四种堆积结构：面心立方 fcc、密排六方 hcp、体心立方 bcc 和简单立方 sc，这些中程有序度分散在整个颗粒中(图 3.102)。这项新技术为非晶物质的团簇堆积模型提供了直接的实验测量证据。这项技术还能在实验上观测到早期晶体成核与生长，捕获了原子分辨率下原子的运动，为理解结晶过程提供了新的实验例证。原子四维成像方法有望成为研究非晶物质中的各种原子动态演变过程、玻璃转变、构效关系的有效测量技术。

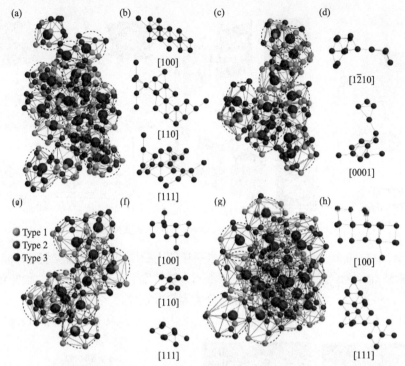

图 3.102　非晶合金中类似 fcc、hcp、bcc、sc 四种晶体类型的中程有序度[152]

3.7　小结和讨论

　　微观结构是非晶物质理论建立的基石之一，也是非晶材料研发与应用的瓶颈问题之一，如非晶形成能力、室温脆性、非晶物质形变机制、玻璃转变机制等悬而未决的根本原因是对非晶物质结构的认识和表征不足。长程无序虽然是非晶物质的主要结构特征，但在万物的秩序中，非晶物质有它的位置，非晶物质中隐藏着各种序。非晶结构研究就是在混乱、复杂无序中发现或建立秩序，其内涵是在复杂无序中发现、描述和建立秩序，实现对非晶物质的简洁和有效描述。非晶微观结构的探索、表征和模型的建立一直是研究人员关注的焦点，已经提出了各种不同的关于非晶物质结构模型或参量，试图认识表征非晶的结构特征，建立其结构与性能的关系，但是结果仍不尽如人意。

　　对于相对简单的原子非晶物质——非晶合金，在过去几十年的研究中，对其原子结构的认识也经历了从原子无序到原子密堆，再到原子团簇密堆的精彩历程，以 Bernal 的硬球无序密堆模型、原子团簇模型及相似团簇密堆、中程序模型最具代表性，将描述原子结构的参量从成千上万的单个原子简化到成百上千的相似对称性的团簇；借助计算模拟的引入，进一步将其简化到了百数量级，引领了非晶物质结构的研究。基于 Voronoi 空间分割法的原子团簇模型给出了非晶合金中每个原子局域构型的几何特征和对称性信息，并且能够对具有相似局域构型的原子进行归类。这在一定程度上简化了无序密堆结构中的研究对象，将非晶合金的结构简化为只包含上百种的团簇类型，使得人们认识到非晶合金中典型的团簇类型和对称性(如二十面体团簇和局域五次对称性)的重要性，并且对非晶合金的结构特征及构效关系的研究产生了重要影响。例如，通过分析典型原子团簇，如二十面体和类二十面体团簇的含量变化，认识到了微观结构对非晶合金的形成、形变及稳定性等所起的重要作用。但是，基于团簇含量的平均结构信息建立起来的结构性能关系不具有一一对应关系。由于团簇的种类相对较多，不同非晶合金中团簇的种类和含量也大不相同，在非晶合金的形成、形变及稳定性等行为中扮演着不同的角色，因此即使是最典型的二十面体团簇，其对非晶合金性能所起的作用也存在很大的争议。从原子团簇模型出发建立有效的结构性能关系非常困难，并不能帮助和指导非晶合金的制备和性能调控。

中程有序对非晶物质的性质有重要作用。中程序给出的直观的非晶原子构型图像是：以溶质原子为中心的相似原子团簇倾向于以面心立方或二十面体堆积方式紧密堆积在一起，非晶合金的短、中程结构表现出分形特征。原子团簇按照一定的规律连接形成中程序对理解非晶合金的原子排列本质起到关键作用。另外，团簇密堆形成的中程序与合金液体的动力学行为、动力学非均匀性、结构弛豫及玻璃转变等行为有着本征的关联性。因此，中程序被认为是非晶物质本征的结构性质，是决定非晶结构和性能关系的更根本因素。然而，团簇密堆模型并没有给出如何定量描述中程序，团簇类型的成分相关性也给非晶合金结构物性关联的统一描述带来了困惑。人们已经公认原子团簇不是构建非晶材料结构的基石。因此，如何定义包含原子中程序信息的结构参量、如何有效地表征非晶的中程序，对探索非晶微观结构的本质特征等具有重要的意义。但是，基于团簇结构的堆垛模型正面临着巨大挑战并停滞不前。要解决非晶结构的难题，需要有能够抓住其本质的新思维，突破以往的研究定式，引入新方法和新思路。局域对称性能表征非晶合金结构特征、结构非均匀性、局域化塑性形变的结构起源、过冷液体的动力学非均匀性以及与微观结构演化的关联性等。根据局域对称性还可对非晶合金复杂动力学行为、玻璃转变、变形等给出统一和简洁的数学描述和物理图像。

将拓扑思想和方法引入非晶物质的无序结构研究中，突破原有的从晶体结构借鉴的结构单元的研究思路，尝试建立具有更广泛不变性且易于表达的拓扑类型的结构参量，来统一非晶物质中复杂多变的局域原子结构，构建非晶图网络模型，可望将其结构参量简化到个位数，建立更加简洁、有效的结构性能关系。20 世纪 80 年代初，物理学家第一次把宏观的观测量——霍尔电导和数学上的拓扑不变量联系起来，给出了量子霍尔效应的拓扑诠释，为物理学掀开了崭新的一页。非晶物质的中程序和短程序都具有拓扑性质，将拓扑引入非晶物质中来描述中程序，有望进一步简化对其结构的表征。例如非晶合金中基于图论的局域连接度概念，为发展描述非晶合金拓扑序的理论方法，探索拓扑序与性能的关联性奠定了基础[69-71]。在非晶物质中尝试引入基于变换不变性的拓扑性质的结构参量，包含原子中程序的信息(即具有　定的非局域性)，用更广义的不变性来统一复杂多变的局域原子结构，降低无序体的复杂度，可能为从无序中寻找有序、认识和理解非晶结构提供了可行的方法和全新的视角。引入拓扑的意义如图 3.103 所示：把拓扑思想和方法引入非晶体系的结构研究中，通过寻找合适的具有特殊拓扑属性的参量来分类表征相应的原子集合，简化对非晶结构的描述，为非晶物质研究、制备和实际性能的调控提供有益的指导。

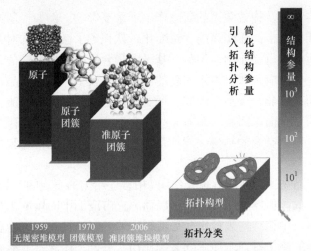

图 3.103 非晶结构模型的发展历程,从密堆到团簇模型,使人们认识到几何结构阻挫对非晶玻璃形成能力及力学性能的重要影响,但缺乏十分有效的确定性的构效关系。拓扑的引入有望简化非晶结构表征及建立定量化结构性能关系(李茂枝,管鹏飞,武振伟提供)

　　总之,通过几十年的非晶结构测定和模型化研究,人们对非晶体结构已有了基本的认识。建造的模型与实验得到的径向分布函数基本一致,可反映非晶结构的许多特点,还能反映某些结构和性能的关系。模型化为建立非晶结构理论、研究其中的一些基本问题提供了一定的基础和线索。但是,短程序与中程序的关系及短程序是如何相互连接、堆垛而充满整个三维空间等仍是非晶及其液体结构研究的关键难题。即使是最简单的非晶合金的静态结构模型也还没有完善建立。建立结构和性能关系这一传统固体物理研究模型很难在非晶物质中实现。另外,根据演生论客观世界的变化无穷无尽、是分层次的,发现每个层次都有自己的规律。非晶物质是由基本粒子构成的,巨大和复杂的集聚体的行为不能依据少数粒子的性质做简单外推就能理解,因此能否在复杂的非晶物质微观原子层次和宏观性能之间建立紧密联系还有待探讨。

　　到目前为止,非晶物质的原子排列本质仍然是一个谜,同时也是凝聚态物理和材料科学领域最基本、最有趣的问题之一。非晶结构是一个可以做出伟大工作的领域。科学领域的顶尖杂志如 *Nature*、*Science*、*Nature Mater.*、*Phys. Rev. Lett.* 等经常关注非晶结构方面的进展,经常发表相关的文章、综述和评论性文章。

　　非晶结构研究的突破需要打破思维定式,开辟崭新的模式。相信随着实验结构测试技术的不断发展,计算机模拟和实验相结合,人们对非晶结构这一复杂体系的认知将会有更大的进展和突破。这个难题也是非晶物质领域留给年轻人的最好机会之一,是非晶领域下一代人的使命。

　　读完本章后,你应该对非晶物质的微观结构的特征、问题、模型、理论、研究进展有了较全面的了解。那么,粒子是如何堆垛成无序、高能量亚稳态的非晶物质的呢?怎么制备非晶材料?它们为什么能稳定存在?那就让我们从非晶物质的微观世界走出来,一起去第 4 章探讨非晶物质的形成之谜,欣赏非晶材料制备的熵和序的调控艺术⋯⋯

参 考 文 献

[1] Kittel C. Introduction to Solid State Physics. 6th ed. New York: John Wiley & Sons, Inc., 1986.

[2] 黄昆. 固体物理学. 北京: 高等教育出版社, 1988.

[3] Binder K, Kob W. Glassy Materials and Disordered Solids. Singapore: World Scientific Publishing, 2006.

[4] Treacy M M J, Borisenko K B. The local structure of amorphous silicon. Science, 2012, 335: 950-953.

[5] Wright A C. Neutron scattering from vitreous silica. V. The structure of vitreous silica: What have we learned from 60 years of diffraction studies? J. Non-Cryst. Solids., 1994, 179: 84-115.

[6] Allen M P, Tildesley D J. Computer Simulation of Liquids. Clarendon Press, 1987.

[7] Dyre J. Colloquium: The glass transition and elastic model of glass-forming liquids. Rev. Mod. Phys. , 2006, 78: 953-972.

[8] Zachariasen W H. The atomic arrangement in glass. J. Am. Chem. Soc. , 1932, 54: 3841-3851.

[9] Bernal J D , Fowler R H. The structure of water. J. Chem. Phys. , 1933, 1: 515-518.

[10] Stockmayer W H. Theory of molecular-size distribution and gel formation in branched polymers. II. General cross linking. J. Chem. Phys. , 1944, 12: 125-131.

[11] Bernal J D. Geometry of the structure of monatomic liquids. Nature, 1960, 185: 68-70.

[12] Bernal J D. A geometric approach to the structure of liquids. Nature, 1959, 183: 141-147.

[13] Bernal J D, Mason J. Coordination of randomly packed spheres. Nature, 1960, 187: 910-911.

[14] Finney J L. Bernal's road to random packing and the structure of liquids. Philos. Mag. , 2013, 93: 31-33.

[15] Schirmacher W, Diezemann G, Ganter C. Harmonic vibrational excitations in disordered solids and the 'boson peak'. Phys. Rev. Lett. , 1998, 81: 136-139.

[16] Schirmacher W, Ruocco G, Scopigno T. Acoustic attenuation in glasses and its relation with the Boson peak. Phys. Rev. Lett. , 2007, 98: 025501.

[17] Ngai K L. Relaxation and Diffusion in Complex Systems. New York: Springer, 2011.

[18] Wang W H. Dynamic relaxations and relaxation-property relationships in metallic glasses. Prog. Mater. Sci., 2019, 106: 100561.

[19] Wondraczek L, Mauro J C, Eckert J, et al. Towards ultrastrong glasses. Adv. Mater. , 2011, 23: 4578-4586.

[20] Cheng Y Q, Ma E. Atomic-level structure and structure–property relationship in metallic glasses. Prog. Mater. Sci., 2011, 56: 379-473.

[21] Zallen R. The Physics of Amorphous Solids. A Wiley-interscience Publication, 1983.

[22] Ashby M F. Materials Selection in Mechanical Design. Butterworth-Heinemann: Elsevier, 2005.

[23] Anderson P W. Basic Notions of Condensed Matter Physics. Menlo Park: Benjamin, 1984.

[24] Dyre J C. Heirs of liquid treasures. Nature Mater. , 2004, 3: 749-750.

[25] Wang W H. The properties inheritance in metallic glasses. J. Appl. Phys., 2012, 111: 123519.

[26] Wang W H. Family traits. Nature Mater. , 2012, 11: 275-276.

[27] Wagner H, Bedorf D, Kuchemann S, et al. Local elastic properties of a metallic glass. Nature Mater., 2011, 10: 439-443.

[28] Liu Y H, Wang D, Zhang W, et al. Characterization of nanoscale mechanical heterogeneity in a metallic glass by dynamic force microscopy. Phys. Rev. Lett. , 2011, 106: 125504.

[29] Dmowski W, Iwashita T, Chuang C P, et al. Elastic heterogeneity in metallic glasses. Phys. Rev. Lett. , 2010, 105: 205502.

[30] Huang P Y, Kurasch S, Alden J S, et al. Imaging atomic rearrangements in 2-dimensional silica glass:

Watching silica's dance. Science, 2013, 342: 224-227.

[31] Demkowicz M J, Argon A S. High-Density liquidlike component facilitates plastic flow in model amorphous silicon system. Phys. Rev. Lett. , 2004, 93: 025505.

[32] Ye J C, Lu J, Liu C T, et al. Atomistic free-volume zones and inelastic deformation of metallic glasses. Nature Mater. , 2010, 9: 619-623.

[33] Huo L S, Ma J, Ke H B, et al. The deformation units in metallic glasses revealed by stress-induced localized glass transition. J Appl. Phys. , 2012, 111: 113522.

[34] Ichitsubo T, Matsubara E, Yamamoto T, et al. Microstructure of fragile metallic glasses inferred from ultrasound-accelerated crystallization in Pd-based metallic glasses. Phys. Rev. Lett. , 2005, 95: 245501.

[35] Wang Z, Wen P, Huo L S, et al. Signature of viscous flow units in apparent elastic regime of metallic glasses. Appl. Phys. Lett. , 2012, 101: 121906.

[36] Liu Y H, Wang G, Wang R J, et al. Super Plastic bulk metallic glasses at room temperature. Science, 2007, 315: 1385-1388.

[37] 汪卫华. 非晶中缺陷——流变单元研究. 中国科学: 物理学 力学 天文学, 2014, 44: 396-405.

[38] Wang W H. Correlation between relaxations and plastic deformation, and elastic model of flow in metallic glasses and glass-forming liquids. J. Appl. Phys., 2011, 110: 053521.

[39] Yu H B, Wang Z, Wang W H, et al. Tensile plasticity in metallic glasses with pronounced β relaxations. Phys. Rev. Lett. , 2012, 108: 015504.

[40] Lee M H, Lee J K, Kim K T, et al. Deformation-induced microstructural heterogeneity in monolithic Zr44Ti11Cu$_{9.8}$Ni$_{10.2}$Be$_{25}$ bulk metallic glass. Phys. Status. Solidi. RRL, 2009, 3: 46-48.

[41] Park J M, Kim D H, Eckert J. Internal state modulation-mediated plasticity enhancement in monolithic Ti-based bulk metallic glass. Intermetallics, 2012, 29: 70-74.

[42] Zhu Z W, Gu L, Xie G Q, et al. Inoue A. Relation between icosahedral short-range ordering and plastic deformation in Zr–Nb–Cu–Ni–Al bulk metallic glasses. Acta Mater. , 2011, 59: 2814-2822.

[43] Deringer V L, Bernstein N, Csányi G, et al. Origins of structural and electronic transitions in disordered silicon. Nature, 2021, 589: 59-64.

[44] Cohen M H, Grest T. Liquid–glass transition, a free-volume approach. Phys. Rev. B, 1979, 20: 1077-1098.

[45] Egami T. Atomic level stresses. Prog. Mater. Sci. , 2011, 56: 637-653.

[46] 王峥, 汪卫华. 非晶合金中的流变单元. 物理学报, 2017, 66: 176103.

[47] Liu S T, Wang W H. A quasi-phase perspective on flow units of glass transition and plastic flow in metallic glasses. J. Non-Cryst. Solids. , 2013, 376: 76-80.

[48] Wang D P, Wang W H. Structural perspectives on the elastic and mechanical properties of metallic glasses. J. Appl. Phys. , 2013, 114: 173505.

[49] Liu S T, Wang Z, Peng H L, et al. The activation energy and volume of flow units of metallic glasses. Scri. Mater. , 2012, 67: 9-12.

[50] Schall P, Weitz D A, Spaepen F. Structural rearrangements that govern flow in colloidal glasses. Science, 2007, 318: 1895-1899.

[51] Chen K, Liu A. Measurement of correlations between low-frequency vibrational modes and particle rearrangements in quasi-two-dimensional colloidal glasses. Phys. Rev. Lett. , 2011, 107: 108301.

[52] 郑兆勃, 非晶固态材料引论. 北京: 科学出版社, 1987.

[53] Leocmach M, Tanaka H. Roles of icosahedral and crystal-like order in the hard spheres glass transition. Nature Commun. , 2012, 3: 974.

[54] Kawasaki T, Tanaka H. Formation of a crystal nucleus from liquid. PNAS, 2010, 107: 4036-14041.

[55] Madsen R S K, Qiao A, Sen J S, et al. Ultrahigh-field 67Zn NMR reveals short-range disorder in zeolitic imidazolate framework glasses. Science, 2020, 367: 1473-1476.

[56] 郭贻诚, 王震西. 非晶态物理学. 北京: 科学出版社, 1984.

[57] Waseda Y. The Structure of the Non-crystalline Materials, Liquid and Amorphous Solids. New York: McGraw-Hill, 1980.

[58] Luborsky F E. Amorphous metallic alloys. Butterworth and Co. Ltd. , 1983.

[59] Sestak J, Mares J J, Hubik P. Glassy, Amorphous and Nano-Crystalline Materials. New York: Springer, 2011.

[60] 卡罗·切尔奇纳尼. 玻尔兹曼. 胡新和译. 上海: 上海科学技术出版社, 2006.

[61] Allen S M, Thomas E L. The Structure of Materials. Wiley, 1999.

[62] Vogel W. Glass Chemistry. Berlin: Springer-Verlag, 1992.

[63] Barker J A, Henderson D. What is "liquid"? Understanding the states of matter. Rev. Mod. Phys. , 1976, 48: 587-671.

[64] Gamow G. One, Two, Three, …Infinity. Dover Publications, 1988.

[65] Xi Q, Zhong J, He J, et al. A ubiquitous thermal conductivity formula for liquids, polymer glass, and amorphous solids. Chin. Phys. Lett. , 2020, 37: 104401.

[66] Li M Z. Correlation between local atomic symmetry and mechanical properties in metallic glasses. J. Mater. Sci. Tech. , 2014, 30: 551-559.

[67] Newman M E J. The structure and function of complex networks. SIAM Review, 2003, 45: 167-256.

[68] Wu Z W, Kob W, Wang W H, et al. Stretched and compressed exponentials in the relaxation dynamics of a metallic glass-forming melt. Nat. Commun., 2018, 9: 5334.

[69] Wu Z W, Li M Z, Wang W H, et al. Correlation between structural relaxation and connectivity of icosahedral clusters in CuZr metallic glass-forming liquids. Phys. Rev. B, 2013, 88: 054202.

[70] Wu Z W, Li F X, Huo C W, et al. Critical scaling of icosahedral medium-range order in CuZr metallic glass-forming liquids. Sci. Rep. , 2016, 6: 35967.

[71] 武振伟, 汪卫华. 非晶物质原子局域连接度与弛豫动力学. 物理学报, 2020, 69: 066101.

[72] Gaskell P H. A new structural model for transition metal-metalloid glasses. Nature, 1978, 276: 484-485.

[73] Wang R. Short-range structure for amorphous intertransition metal alloys. Nature (London), 1979, 278: 700-703.

[74] Miracle B D. A structural model for metallic glasses. Nature Mater., 2004, 3: 697-702.

[75] Sheng H W, Luo W K, Alamgir F M, et al. Atomic packing and short-to-medium range order in metallic glasses. Nature (London), 2006, 439: 419-425.

[76] Ma D, Stoica A D, Wang X L. Power law scaling and fractal nature of medium range order in metallic glasses. Nature Mater., 2009, 8: 30-33.

[77] Hirata A, Guan P F, Fujita T, et al. Direct observation of local atomic order in a metallic glass. Nature Mater. , 2011, 10: 28-31.

[78] Peng H L, Li M Z, Wang W H. Structural signature of plastic deformation in metallic glasses. Phys. Rev. Lett. , 2011, 106: 135503.

[79] Peng H L, Li M Z, Wang W H, et al. Effect of local structure and atomic packing on glass forming ability in Cu_xZr_{100-x} metallic glasses. Appl. Phys. Lett. , 2010, 96: 021901.

[80] Yuan Y, Kim D S, Zhou J, et al. Three-dimensional atomic packing in amorphous solids with liquid-like structure. Nat. Mater. , 2022, 21: 95-102

[81] 武振伟, 李茂枝, 徐莉梅, 等. 非晶中结构遗传性及描述. 物理学报, 2017, 66: 176405.

[82] Frank F C. Supercooling of liquids. Proc. R. Soc. A, 1952, 215: 43-46.

[83] 彭海龙. 金属玻璃结构特征及其和性能关系的研究. 北京: 中国科学院物理研究所博士学位论文, 2012.

[84] Yavari A R. The changing faces of disorder. Nature Mater. , 2007, 6: 181-182.

[85] Martin J D, Goettler S J, Fossé N, et al. Designing intermediate-range order in amorphous materials. Nature, 2002, 419: 381-384.

[86] Stillinger F, Weber T. Hidden structure in liquids. Phys. Rev. A, 1982, 25: 978-989.

[87] Treacy M M J, Borisenko K B. The local structure of amorphous silicon. Science, 2012, 335: 950-953.

[88] Xi X K, Li L L, Zhang B, et al. Correlation of atomic cluster symmetry and glass-forming ability of metallic glass. Phys Rev. Lett. , 2007, 99: 095501.

[89] Salmon P S, Martin R A, Mason P E, et al. Topological versus chemical ordering in network glasses at intermediate and extended length scales. Nature, 2005, 435: 75-78.

[90] Haines J, Levelut C, Isambert A, et al. Topologically ordered amorphous silica obtained from the collapsed siliceous zeolite, silicalite: A step forward "perfect" glasses. J. Am. Chem. Soc. , 2009, 131: 12333.

[91] Heyde M. Structure and motion of a 2D glass. Science, 2013, 342: 201-202.

[92] Hirata A, Kang LJ, Fujita T, et al. Geometric frustration of icosahedron in metallic glasses. Science, 2013, 341: 376-379.

[93] Damasceno P F, Engel M, Glotzer S C. Predictive self-assembly of polyhedra into complex structures. Science, 2012, 337: 453-457.

[94] Miracle D, Lord E A, Ranganathan S. Candidate atomic cluster configurations in metallic glass structures. Trans. Mater. JIM, 2006, 47: 1737-1742.

[95] Brow R K. Glass Structure. Shelby Chapter 5.

[96] 薛定谔. 生命是什么? 长沙: 湖南科学技术出版社, 2007.

[97] Sandor M T, Ke H B, Wang W H, et al. Anelasticity-induced increase of the Al-centered local symmetry in the metallic glass $La_{50}Ni_{15}A_{l35}$. J. Phys. C, 2013, 25: 165701.

[98] Elliott S R. Medium-range structural ordering in covalent solids. Nature, 1991, 354: 445-452.

[99] Guan P F, Fujita T, Hirata A, et al. Structural origins of the excellent glass forming ability of $Pd_{40}Ni_{40}P_{20}$. Phys. Rev. Lett. , 2012: 108, 175501.

[100] Ma D, Stoica A D, Wang X L. Power-law scaling and fractal nature of the medium range order in metallic glasses. Nature Mater., 2009, 8: 30-34.

[101] Liu X J, Xu Y, Hui X, et al. Metallic liquids and glasses: atomic order and global packing. Phys. Rev. Lett. , 2010, 105: 155501.

[102] Sornette D. Critical Phenomena in Nature Science. New York: Springer, 2003.

[103] Mandelbrot B B. The Fractal Geometry of Nature. W. H. Freeman & Company, 1982.

[104] Ananthakrishna G, Noronha S J, Fressengeas C, et al. Crossover from chaotic to self-organized critical dynamics in jerky flow of single crystals. Phys. Rev. E, 1999, 60 : 5455-5462.

[105] Flory P J. Principle of Polymer Chemistry. Ithaca: Cornell University Press, 1953.

[106] Chen D Z, Shi C Y, An Q, et al. Fractal atomic-level percolation in metallic glasses. Science, 2015, 349: 1306-1310.

[107] Sun B A, Yu H B, Wang W H. The plasticity of ductile metallic glasses: A self-organized critical state. Phys Rev. Lett. , 2010, 105: 035501.

[108] Sun B A, Wang W H. Fractal nature of multiple shear bands in severely deformed metallic glass. Appl. Phys. Lett. , 2011, 98: 201902.

[109] Langer J S. Shear-transformation-zone theory of plastic deformation near the glass transition. Phys. Rev. E, 2008, 77: 021502.

[110] Sarmah R, Ananthakrishna G, Sun B A, et al. Hidden order in serrated flow of metallic glasses. Acta Mater. , 2011, 59: 4482-4493.

[111] Ren J L, Chen C, Liu Z Y, et al. Plastic dynamics transition between chaotic and self-organized critical states in a glassy metal via a multifractal intermediate. Phys. Rev., B, 2012, 86: 134303.

[112] Xi X K, Zhao D Q, Wang W H, et al. Fracture of brittle metallic glasses: Brittleness or plasticity. Phys. Rev. Lett. , 2005, 94: 125510.

[113] Wang G, Zhao D Q, Bai H Y, et al. Nanoscale periodic morphologies on fracture surface of brittle metallic glasses. Phys. Rev. Lett. , 2007, 98: 235501.

[114] Gao M, Sun B A, Ma J, et al. Hiden order in fracture surface morphology of metallic glasses. Acta Mater., 2012, 60: 6952-6960.

[115] Shen S Q. Topological Insulators: Dirac Equation in Condensed Matters (Springer Series in Solid-State Sciences, Vol 174). NewYork: Springer, 2013.

[116] 叶飞, 苏刚. 拓扑绝缘体及其研究进展. 物理, 2010, 39: 564-569.

[117] Wang W H, Wei Q, Friedrich S. Microstructure and decomposition and crystallization in metallic glass ZrTiCuNiBe alloy. Phys. Rev. B, 1998, 57: 8211-8217.

[118] Haines J, Levelut C, Isambert A, et al. Topologically ordered amorphous silica obtained from the collapsed siliceous zeolite, silicalite-1-F: A step toward "perfect" glasses. J. Am. Chem. Soc. , 2009, 131: 12333.

[119] Salmon P S, Martin R A, Mason P E, et al. Topological versus chemical ordering in network glasses at intermediate and extended length scales. Nature, 2005, 435: 75-78.

[120] Zeng Q C. Sheng H, Ding Y, et al. Long-range topological order in metallic glass. Science, 2011, 332: 1404-1407.

[121] 冯端, 金国钧. 凝聚态物理学. 北京: 高等教育出版社, 2003.

[122] Poo M M, Wu A C. Conversation with Chen-Ning Yang: Reminiscence and reflection. National Science Revie, 2020, 7: 233-236.

[123] 北绛. 艾米·诺特: 数学界的雅典娜. 中国科学报, 2014, 2014-07-18 第 12 版 视界.

[124] 李茂枝. 非晶合金及液体的局域五次对称性. 物理学报, 2017, 66: 176107.

[125] Steinhardt P J, Nelson D R , Ronchetti M. Bond-orientational order in liquids and glasses. Phys. Rev. B, 1983, 28: 784-805.

[126] Honeycutt J D, Andersen H C. Molecular dynamics study of melting and freezing of small Lennard-Jones clusters. J. Phys. Chem. , 1987, 91: 4950-4963.

[127] Jonsson H, Andersen H C. Icosahedral ordering in the Lennard-Jones liquid and glass. Phys. Rev. Lett. , 1988, 60: 2295-2298.

[128] Reichert H, Klein O, Dosch H, et al. Observation of five-fold local symmetry in liquid lead. Nature 2000, 408: 839-841.

[129] Wochner P, Gutt C, Autenreth T, et al. X-ray cross correlation analysis uncovers hidden local symmetries in disordered matter. PNAS, 2009, 106: 11511-11514.

[130] Kelton K F, Lee G W, Gangopadhyay A K, et al. First X-ray scattering studies on electrostatically levitated metallic liquids: Demonstrated influence of local icosahedral order on the nucleation barrier. Phys. Rev. Lett. , 2003, 90: 195504.

[131] Cicco A D, Trapananti A, Faggioni S. Is there icosahedral ordering in liquid and undercooled metals? Phys. Rev. Lett. , 2003, 91: 135505.

[132] Li M Z, Wang C Z, Mendelev M I, et al. Molecular dynamics investigation of dynamical heterogeneity and local structure in the supercooled liquid and glass states of Al. Phys. Rev. B, 2008, 77: 184202.

[133] Hu Y C, Li F X, Li M Z, et al. Five-fold symmetry as indicator of dynamic arrest in metallic glass-forming liquids. Nature Commun. , 2015, 6: 8310.

[134] Lagogianni A E, Krausser J, Evenson Z, et al. Unifying interatomic potential, $g(r)$, elasticity, viscosity, and fragility of metallic glasses: Analytical model, simulations, and experiments. J. Stat. Mech. : Theor. & Exp. , 2016, 8: 084001.

[135] Xu W, Sandor M T, Yu Y, et al. Evidence of liquid–liquid transition in glass-forming $La_{50}Al_{35}Ni_{15}$ melt above liquidus temperature. Nature Commun. , 2015, 6: 7696.

[136] Tanaka H. Bond orientational order in liquids: Towards a unified description of water-like anomalies, liquid-liquid transition, glass transition, and crystallization. Eur. Phys. J. E, 2012, 35: 113.

[137] Hu Y C, Li F X, Li M Z, et al. Structural signatures evidenced in dynamic crossover phenomena in metallic glass-forming liquids. J. Appl. Phys. , 2016, 119: 205108.

[138] 胡远超. 过冷液体和金属玻璃的结构与动力学研究. 北京: 中国科学院物理研究所博士学位论文, 2018.

[139] Jiang Z H, Zhang Q Y. The structure of glass: A phase equilibrium diagram approach. Prog. Mater. Sci., 2014, 61: 144-215.

[140] Toh C T, Zhang H, Lin J, et al. Synthesis and properties of free-standing monolayer amorphous carbon. Nature, 2020, 557: 199-203.

[141] Flory P J. The configuration of real polymer chains. J. Chem. Phys. , 1949, 17: 303-310.

[142] Chakraverty B K. Consequence of microcrystallite model for some amorphous elemental semiconductors. Solid State Communications, 1971, 9: 1681-1685.

[143] Gibson J M, Treacy M M J, Sun T, et al. Substantial crystalline topology in amorphous silicon. Phys. Rev. Lett. , 2010, 105: 125504.

[144] Treacy M M J, Borisenko K B. The local structure of amorphous silicon. Science, 2012, 335: 950-953.

[145] Gleiter H. Our thoughts are ours, their ends none of our own: Are there ways to synthesize materials beyond the limitations of today? Acta Mater. , 2008, 56: 5875-5893.

[146] 司岩, 石偌. 贝尔纳与贝尔纳效应. 科学学与科学技术管理, 1987, 4: 43.

[147] Ziman J M. Models of Disorder. Cambridge: Cambridge University Press, 1979: 96.

[148] Frank F C, Kasper J S. Complex alloy structures regarded as sphere packings. I. Definitions and basic principles. Acta Cryst. , 1958, 11: 184-190.

[149] Bernal J D. The bakerian lecture 1962—The structure of liquids. Proc. Roy. Soc. Lond. A, 1962, 280: 299-322.

[150] Li Y, Guo Q, Kalb J A, et al. Matching glass-forming ability with the density of the amorphous phase. Science, 2008, 322: 1816-1819.

[151] Miracle D B, Sanders W S, Senkov O N. The influence of efficient atomic packing on the constitution of metallic glasses. Philos. Mag. , 2003, 83: 2409-2428.

[152] Yang Y, Zhou J H, Zhu F, et al. Determining the three-dimensional atomic structure of an amorphous solid. Nature, 592, 2021: 60-64.

[153] 阎守胜. 固体物理基础. 3 版. 北京: 北京大学出版社, 2011.

[154] He S, Maynard J D. Detailed measurements of inelastic scattering in Anderson localization. Phys. Rev. Lett. , 1986, 57: 3171-3173.

[155] Zeng Q C, Sheng H, Ding Y, et al. Long-range topological order in metallic glass. Science, 2011, 332: 1404.

[156] Wei S, Yang F, Bednarcik J, et al. Liquid–liquid transition in a strong bulk metallic glass-forming liquid. Nature Communications, 2013, 4: 2083.

[157] Wang W H, Wen P, Zhao D Q, et al. Nucleation and growth in metallic glass under high pressure

investigated using in situ X-ray diffraction. Appl. Phys. Lett. , 2003, 83: 5202-5204.

[158] Wang X L, Almer J, Liu C T, et al. In situ synchrotron study of phase transformation behaviors in bulk metallic glass by simultaneous diffraction and small angle scattering. Phys. Rev. Lett., 2003, 91: 265501.

[159] Chen H S, Wang X L. China's first pulsed neutron source. Nat. Mater. , 2016, 15: 689-691.

[160] Schenk T, Holland-Moritz D, Simonet V, et al. Icosahedral short-range order in deeply undercooled metallic melts. Phys. Rev. Lett. , 2002, 89: 075507.

[161] Yuan C C, Yang F, Kargl F, et al. Atomic dynamics in Zr-(Co, Ni)-Al metallic glass-forming liquids. Phys. Rev. B, 2015, 91: 214203.

[162] 张会军, 章琪, 王峰, 等. 利用胶体系统研究玻璃态. 物理, 2019, 48: 69-81.

[163] Li B, Lou K, Kob W, et al. Anatomy of cage formation in a two-dimensional glass-forming liquid. Nature, 2020, 587: 225-229.

[164] Miao J, Ercius P, Billinge S J L. Atomic electron tomography: 3D structures without crystals. Science, 2016, 353: aaf2157.

[165] Zhou J, Yang Y S, Yang Y, et al. Observing crystal nucleation in four dimensions using atomic electron tomography. Nature, 2019, 570: 500-503.

第4章　非晶物质的形成：熵和序的调控艺术

非晶物质的合成类似沙雕

4.1　引　言

你是不是曾为海边沙滩上漂亮的沙堡、各种精美沙雕而惊叹不已？你是不是为琥珀能在风风雨雨的大自然中保存千万年前的小昆虫而震惊？你是否对琳琅满目、造型各异的玻璃艺术品叹为观止？但是你是否想过这些非晶物质是如何形成的呢？为什么这些松散的沙子可以堆成各种形态各异的沙雕？这些沙雕、琥珀为什么能稳定存在？当巨量的原子、分子、颗粒汇集凝聚在一起时，它们之间的强电磁相互作用使得其凝聚态行为变得极其复杂，同时会显示出各种奇特、完全不同于单个原子或分子或颗粒的性质。它们可能变成液体，变成固体，或者变成极不稳定的化学品(如炸药)，或者变成亚稳的非晶物质，甚至会凝聚成智慧、奇妙的生物，凝聚成你和我。世界上的一切物质和生命全是非常普通的原子积聚所形成的。因此，电子、原子、分子如何凝聚是一门有趣而深刻的科学，凝聚态物理就是从物理的角度研究电子、原子、分子究竟如何凝聚成物质的。在了解了什么是非晶物质和其结构特征之后，很自然的问题就是非晶物质是如何形成的？原子、分子或颗粒是如何聚集成非晶物质或非晶体系，并能稳定存在的？

在常规凝固条件下，液体会凝固成有序的晶体，如水随温度降低会结成冰。在物理上，这样的凝固结果使得每个原子获得的相空间最大，但是这是以足够长的凝固时间为代价的[1]。图 4.1 显示了非晶物质形成的过程。对于一个液态系统，当温度降低时，液态的黏性会迅速增大；对于颗粒系统(如沙子)，随系数 ϕ 的增大，其堆积密度会迅速增大；当黏性 η 或堆积密度 ϕ 增大到某个临界值 T_g 或 ϕ_g 时，体系中大规模粒子的运动会突然停止，形成类似固体的，远离平衡态的常规物质的第四态——非晶物质[2]。大部分非晶物质是通过液态凝固而成的。液体可以通过两种方式凝固：一是通过晶化相变凝固成晶体；二是通过非平衡凝固形成非晶固态或者玻璃态。所以，非晶物质的形成实际上就是控制物质的晶体相的形核和长大，使得物质随温度、压力和密度的变化不向晶态转变而形成亚稳的、非平衡的非晶态。在原理上，如果凝固速率足够快，则液体中的粒子来不及有序排列成有序晶体就可以形成非晶态固体。但是，是不是所有物质和材料都能制

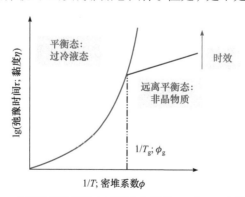

图 4.1　当液态黏性增大时，或者堆积密度增大到某个临界值 T_g 或 ϕ_g，液体中大规模粒子的运动停止，形成类似固体的、远离平衡态的常规物质的第四态——非晶物质[2]

成非晶态一直是有争议的问题。随着大量的各种各样的非晶材料,包括几乎所有成键形式的非晶固体制备成功,现在人们已经认识到形成非晶几乎是凝聚态物质的普遍的固有性质。其中新型非晶物质即金属非晶合金的获得,提供了非晶态是物质普遍存在的形态的最直接证明。金属因为具有很容易结晶、简单的密堆结构,曾被认为是不可能制成非晶态的[3]。从物质凝聚形成角度看,非晶物质是远离非平衡态下时空上物质的再组织过程,是常规物质的存在状态之一。它是不同于气态、晶体固态和液态的常规物质的第四态:结构长程无序的固体物质状态。

从材料角度看,非晶材料的探索和合成思路及途径也完全不同于传统材料。传统探索新材料的方法主要是通过改变和调制化学成分,或者调制结构及物相,或者调制结构缺陷来获得新材料和优化性能;而非晶材料则是通过调制材料的"序"或者"熵"来获得新材料。例如,非晶合金就是典型通过快速凝固(每秒 100 万摄氏度的冷却速率)或者多组元不同元素的混合,引入或保持"结构无序"而获得的高性能合金材料;高熵合金是近年来采用多组元混合引入"化学无序"获得的新型材料。通过调制材料的构型"序"或者"熵"的方法将会发现更多的新材料。

粒子间的键合、相互作用对固态物质的形成(包括非晶物质的形成)至关重要。原子间相互作用是理解非晶物质成核、长大过程和形成的主要途径。所以,本章将以经典形核理论、热力学、键合理论为基础,讨论原子和分子凝聚成非晶物质的方法、技术、形成规律、物理机制和本质,并讨论熵和序调控的物理机制。

在非晶材料发展史上,制备工艺、技术和方法的发明(如平板玻璃制备的浮法技术、纯净透明玻璃制备技术、平面镜制备工艺、橡胶合成技术、塑料合成技术、光纤制备技术、非晶合金制备技术等)对社会、科学和文明进步会带来意想不到的巨大促进作用。因此,本章还将详细介绍制备非晶物质的技术、方法、工艺和原理。你将看到,非晶材料的制备,例如玻璃的制备,从元素、原材料选择,形核和长大的控制,到形成非晶态,表现出性能,不仅是工艺,同时也是一门科学,一门艺术。一项看似简单的技术和工艺发明,甚至能完全改变社会,改变我们的生活方式。

如今是信息时代、数字时代。将来谁能获得最多、最全的数据,谁能具有最高、最快、最好的数据分析能力,谁能最有效地利用与开发数据,谁将成为新科技革命的策源地。非晶材料如何和大数据、人工智能结合,按需设计材料是非晶材料领域乃至整个材料领域的理想。本章也介绍材料基因工程范式和方法在非晶材料探索方面的应用进展。

在各种成键物质中,金属键物质最难形成非晶态,因此金属合金也是最晚被制成非晶态的。现代快冷技术的发明,使得金属合金被成功制备成非晶态。非晶合金能非晶化提供了非晶态是物质普遍特性最有力的证明。所以,本章还特别介绍了非晶物质家族新成员非晶合金的形成机制、规律和判据、制备方法等方面的最新进展。合金冶炼是最古老的职业之一,非晶合金的合成、快速凝固冶金技术促进冶金这个古老的行业现代化,将金属材料的研究、探索和应用提升到新的高度,使得金属材料能更好地为人类服务。

本章主要涉及以下基本科学问题[3-5]:结构长程无序、亚稳非晶态物质形成的物理机制是什么?不同物质体系的非晶形成能力为什么存在巨大差别(比如金属合金体系,非晶形成能力的差别(指冷却速率的差别)是 10 个量级以上)?是哪些物理或化学因素决定了一个体系的非晶形成能力？制备非晶材料的技术、方法及原理是什么？处于热力学、动力学亚稳态的非晶物质为什么能稳定存在？如何破解非晶合金形成难题是什么？本章主要围绕这些至今仍没有确切答案的问题展开，首先介绍非晶物质的形成基本原理。

4.2　非晶物质形成原理和规律

作为第四态常规物质的非晶态，其独特的本征特性决定其具有不同于其他物质的形成规律和制备原理。下面主要从物理、熵调控、热力学和动力学、键合及结构等诸方面，以相对简单的原子非晶合金物质为模型体系来讨论非晶物质的形成原理和规律，以及最新进展和问题。

4.2.1　非晶物质形成的基本原理

目前的一个共识是，形成非晶态固体是物质的本征特性，并不是某些特殊物质才可以形成非晶态。结构长程无序、短程有序、热力学上亚稳的非晶态物质是物质存在的本征状态之一。

大量孤立粒子系统，在温度降低，或者压力增加，或者密度增高的情况下，会相互积聚，直到达到实际粒子间距，这时候粒子间相互作用力起作用了，在粒子间作用力的作用下，凝聚成固体。图 4.2 给出一个粒子集合体系随温度(T)降低，熵(ΔS)和体积(ΔV)都下降，凝聚成固态的可能路径。可以看出，从气体到液态只有一种凝固路径，粒子系统从气态凝聚成液态，粒子间开始有相互作用，相互作用使粒子高密度凝聚在一起，但是液体中粒子的位置是随时变化的(体积确定，但是形状由容器决定)。随着温度的进一步降低，或者压力进一步增大，液体会进一步凝聚成固体，固态可以一直保持在温度 $T = 0\,\mathrm{K}$。但是，从液态到固态有两种可能路径。第一个路径是粒子系统在进一步凝聚过程中有充分的时间或条件，粒子可以有序地排列，有序地生长，最后在某个固定的温度 T_{m}

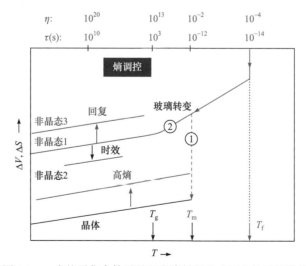

图 4.2　一个粒子集合体系随温度降低凝聚成固态的可能路径

下形成粒子排列具有长程有序结构的晶态固体。这种凝固是一种不连续的相变,伴随有潜热的放出,有固定的凝固温度点 T_m。这是我们常见的凝固路径,比如水结成冰,钢水凝固成钢等。这种凝固现象在日常生活中司空见惯,以至于人们认为这是液体凝聚成固体的唯一路径。实际上,很多液体的自然的凝固路径是图 4.2 中的路径 2,即液体通过一种完全不同于相变的玻璃转变凝固成粒子排列长程无序的非晶态。液态到非晶态转变也发生在特定的玻璃转变温度 T_g 附近的一个很窄的温区内(温区为 2~5 K)。

液体凝固过程中选择哪条路径决定于液体本身的性质和凝固条件。实际上,很多液体的凝固都是自然地选择第二条路径,形成非晶态,这是自然界很多物质都是非晶态的原因之一。对容易结晶的液体,如果在凝固过程中对液体加入一些限制条件,比如提高冷却速率、增加压力,或者混入不同粒子,使得系统的黏滞性大大提高,这些都使得液体中大量粒子在凝聚时没有充足的时间进行有序排列,从而凝固成长程无序的非晶态。如图 4.3 所示,熔体正常凝固,熔体的粒子发生结晶,粒子排列有序,形成晶体。如果冷却速率(或者压力)足够高,使得熔体中的粒子来不及重排结晶,液态结构被冻结下来,形成的固体就是非晶态。所以,形成晶体和非晶体都是物质的基本属性,区别在于其微观结构不同。非晶物质的形成,实质上是物质在凝聚过程中有序和无序,能量和熵竞争的结果。一种液体形成非晶物质的难易程度能够反映该液体的本征特性,涉及凝固的热力学、动力学及粒子间的相互作用。所以,非晶形成原理和一个体系的非晶形成能力可以从序、熵调控、热力学(自由能)、动力学、化学键合和结构等诸多方面来认识。

非晶物质的形成还有另一种原理和途径,其原理如图 4.4 所示,是从低能态的晶体出发,激发晶体相,提高晶体相的构型熵和自由能,提高晶体相中的缺陷浓度,使其晶格失稳、崩溃,从而把晶体相转变成非晶相。具体实现方法可以是,通过辐照、机械研磨、压力、固相反应等增加晶态相物质的缺陷,不断破坏其晶格,使得晶体相中的缺陷浓度不断增加,当其浓度达到某个临界值的时候,晶态相转变成非晶物质。球磨方法,氢致非晶化,多层膜固相反应非晶化,高压致非晶化等制备非晶物质和材料的方法

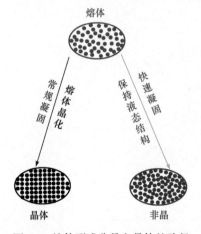

图 4.3　熔体形成非晶和晶体的路径

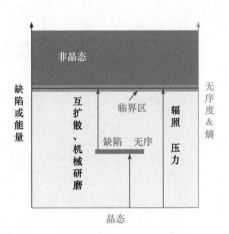

图 4.4　从晶体相激发实现非晶化的原理示意图

采用的就是这种原理。这也说明非晶态和晶态物质之间可以互相转换：非晶态到晶态的转换是晶化，从晶态到非晶态的转换是非晶化。一些物质的这种可逆的非晶-晶态转换，可以用来实现信息数字存储[6,7]。

非晶材料探索的原理和思路完全不同于晶态材料。图 4.5 示意研发非晶材料的线路图和原理，主要包括熵/序调制、成分调制及维度调制三个主要途径。成分设计和调制是通过选择合适的元素及其成分组合，得到形成能力强、性能独特的非晶材料；熵调控是通过调控一个系统的熵来得到非晶材料；此外，通过改变维度和尺度也可以获得非晶态，例如纯金属到纳米尺度有可能非晶化。

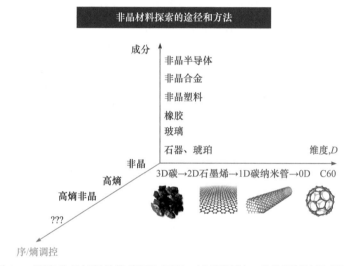

图 4.5　研发非晶材料的线路图和原理：熵/序调制、成分调制及维度调制

归纳起来，形成非晶物质的定性的基本原理是：通过各种方法抑制非晶母体液态的结晶，实现液态到非晶态的玻璃转变；或者提高晶态相的构型熵(提高晶体的无序度)和自由能，将体系的熵积累到足够的高度，实现非晶化；或者通过改变系统的维度和尺度来实现非晶化。非晶态的形成是建立在形成非晶态固体是物质的本征特性，非晶态是常规物质存在的本征状态之一的物理基础上的。因此，从物态形成原理看，非晶物质是不同于其他三种常规物态的常规物质。

非晶物质形成的规律和物理本质涉及玻璃转变和非晶物质的本质，至今仍是凝聚态物理和材料科学的挑战问题。下面主要讨论已经发现的非晶物质的形成的规律，并对其物理本质进行讨论。

4.2.2　熵调控

熵和物质的非晶化有深刻的联系。非晶物理中最深刻的理论之一是 Adam-Gibbs 理论，该理论认为构型熵 S_c 和表征非晶物质黏滞性的动力学参数，黏滞系数 η 或者平均动力学弛豫时间 τ 密切关联[8]：$\eta = \eta_0 \exp(A/TS_c)$，或 $\tau = \tau_0 \exp(A/TS_c)$，这里 $\eta = G\tau$，G 是切变模量。该理论表明，当构型熵达到某个临界值时，动力学参数 η 发生突变，$\eta \to \infty$，液态中粒子的平动停止，即发生玻璃转变，液态转变成非晶态物质。该理论把熵和非晶物质的形成及玻璃转变联系在一起，说明可以用构型熵来描述非晶的形成、玻璃转变和动力学行为，构型熵的变化对于非晶物质的形成能起到关键作用。Adam-Gibbs 理论被大量实验和理论模拟证实。

从图 4.2 中可以看到，对于相同成分的非晶态物质，可以处于不同的能量和熵的状态。相比晶态，非晶态的熵从一种非晶态(如图中非晶态 2)到另一种非晶态(如图中非晶态 3)，可以有大范围的变化，其性能也有相应的变化。因此，可以通过调控制备工艺或者之后的回复或退火处理来实现非晶物质大范围熵的调控，即可以通过熵来调控非晶物质的形成和能量状态。

传统探索新材料的方法主要是通过改变和调制化学成分，调制结构及物相，调制结构缺陷来获得新材料。如图 4.6 所示，非晶材料可以通讨调制材料的"序"或"熵"来获得，其探索方式不同于传统探索材料的方法。例如，非晶合金材料的一个设计原则就是采用多组元、尺寸差相差大、不同元素混合的方法来提高体系的混乱程度，即提高体系的熵，从而获得高性能、非晶形成能力强的块体非晶合金。再比如，通过快速凝固尽可能把更多的构型熵"凝固"于物质中，以提高非晶形成能力，获得非晶相。无序高熵合金也是近年来采用多组元混合，引入"化学无序"获得的新型材料。非晶、高熵材料都是通过提高体系的无序度或者熵来合成的高性能无序材料[9]。

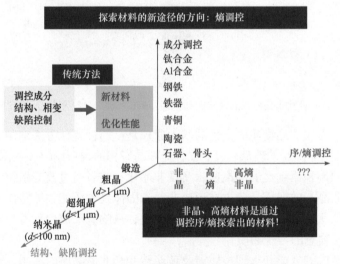

图 4.6　熵调控研发新材料的线路图。探索材料的不同路径：成分，结构，序/熵

图 4.7(a)是非晶形成过程中和晶体相比的熵增 ΔS_f 和振动熵的变化。理论分析表明，在玻璃转变附近构型熵(configurational entropy)的改变很大而振动熵(vibrational entropy)的改变很小[10]。实验测定的振动熵在非晶形成的玻璃转变过程中几乎没有变化，这说明非晶相比晶体熵的增加主要是构型熵[10]，构型熵在总熵中所占比例增大，所以构型熵在玻璃转变全部熵变中占主导地位。因此，多组元排列组合的复杂构型熵比单组元金属的熵高得多，使得构型熵的作用在晶体-非晶相竞争中更明显。因此，在多组元合金中液固两相熵值差减小，凝固过程中的某一瞬时，熔体中的原子排布状态与液态中的原子排布状态更为接近，就有利于非晶态的形成，即多组元高熵合金体系的非晶形成能力更强。

图 4.8 是熵值较小和熵值较大的合金体系液固两相原子排布状态,直观说明了非晶形成过程中熵的作用[11]。

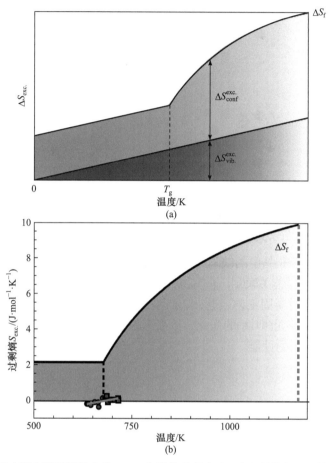

图 4.7　(a) 理论转变温度附近熵的变化；(b) 非晶物质形成过程中和晶体相比的熵增ΔS_f和振动熵的变化。红点是振动熵的实验数据[10]

中国科学院物理研究所非晶团队提出了高熵非晶物质概念,并通过熵/序调控并制备出了块体 $Sr_{20}Ca_{20}Yb_{20}(Li_{0.55}Mg_{0.45})_{20}Zn_{20}$ 等高熵非晶合金,它具有极低的玻璃转变温度,并能在室温下表现出类似于高分子的热塑性变形行为。Takeuchi 等也制备出了同时含有金属和非金属元素的高熵非晶 $Pd_{20}Pt_{20}Cu_{20}Ni_{20}P_{20}$。此后人们又开发出多种具有良好性能的高熵非晶体系[11],包括高熵玻璃、高熵陶瓷等。有趣的是,我国的矿藏宝库白云鄂博是天然高熵稀土矿,其开采出的矿石含 70 多种元素,多种元素伴生、共生在一起,如 Fe/Nb/稀土伴生矿石等,可谓是天然的高熵材料库。

熵调控,即引入"结构无序"或改变和调制"化学序"都可获得性能独特的新材料,通过这种调制材料的构型"序"或者"熵"的方法将会发现更多类似非晶、高熵合金这样的新材料。提高一个物质体系的熵,可能导致非晶态的形成。熵调控不但能发现新的材料,还可以调控、改进非晶材料的性能。在非晶物质体系中,可以定义局域结构熵

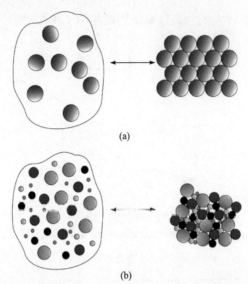

(a)

(b)

图4.8 熵值较小(a)和熵值较大(b)的合金体系液固两相原子排布状态[11]

S_2，高S_2的区域对应于非晶中的缺陷——流变单元。局域结构熵还和扩散系数、动力学关联，并和形变、力学性能关联[12]，非晶物质中的流变单元、熵、力学性能有一致的演化规律[13]。实验发现，通过凝固工艺、退火、回复、高低温循环、强变形等方法都可以有效调制非晶材料中流变单元(即熵)的变化，改变宏观物理和力学性能[14]。因此，通过调制熵也可以调控非晶材料的性能。

4.2.3 非晶形成能力

非晶形成能力(glass-forming ability，GFA)是非晶物质特有的性质和概念。顾名思义，非晶形成能力是指一个物质体系转变成非晶态的难易程度。实验证明，每种物质转变成非晶态的难易程度有很大的区别。有的物质很容易转变成非晶态，有的物质要形成非晶极其困难。我们知道制备钢铁等各类合金没有尺寸限制，而合金由于受其非晶形成能力限制，和钢铁等合金相比合成非晶合金的尺寸很微小。如图4.9所示，目前金属合金形成非晶态的最大尺寸只能在厘米量级。

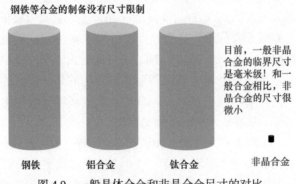

钢铁等合金的制备没有尺寸限制

目前，一般非晶合金的临界尺寸是毫米级！和一般合金相比，非晶合金的尺寸很微小

钢铁   铝合金   钛合金   非晶合金

图4.9 一般晶体合金和非晶合金尺寸的对比

非晶形成能力实际上反映了一种物质热力学、动力学及结构的很多本征的性质，是物质的重要特性之一。大量的实验表明，几乎所有的液体都可以冷结成非晶态，各种各样的物质都可以转变成非晶态，这也是非晶态可以归类为常规物质第四态的重要原因之一：它是各种物质普遍存在的状态之一。Turnbull 早在 1969 年就指出：如果冷却得足够快，几乎所有的物质都能够转变成非晶态[15]。但是，不同物质和液体形成非晶的难易程度或者 GFA 截然不同。例如，对于一些氧化物(如 SiO_2)，其熔体在小于 10^{-3} K/s 的冷却速率下就可以形成非晶(玻璃)态，而很多金属和合金体系在 10^{10} K/s 的冷却速率条件下都难以形成非晶态。形成非晶能力的差别超过 13 个量级，如此之大的差别(蚂蚁的大小和太阳系的大小差别大约是 13 个量级)，以至于很难用一个物理参数来表征不同体系的非晶形成能力[16]。一般认为在相同冷却条件下，形成的非晶尺寸越大，其形成能力越强。Johnson 建议用临界冷却速率 R_c 来表征金属合金的非晶形成能力[17]：

$$R_c = dT/dt(K/s) = 10/D^2(cm) \tag{4.1}$$

这里，D 是临界尺寸。需要说明的是，这只是一个经验表征 GFA 的有用方法。

研究发现，即使对于合金体系，其形成能力的差别也大于 12 个量级：目前尺寸最大的块体非晶合金 $Pd_{40}Ni_{10}Cu_{30}P_{20}$，ZrTiBe 体系的临界尺寸是 72 mm[18,19]，绝大多数单质金属形成非晶需要的临界冷却速率要大于 10^9 K/s，而且形成的非晶态稳定性极差，以致在室温下不能稳定存在。一般把临界尺寸大于 1 mm 的非晶合金称为块体非晶合金[20-22]。非晶形成能力差别如此之大的原因在于液体体系的非晶形成能力与其热力学、动力学、化学键合和结构密切相关。非晶形成能力强的体系确实表现出不同的结构、物理、化学特征。

迄今，非晶形成能力问题仍是非晶材料领域特别是非晶合金材料的痛点，目前所发现的非晶合金体系的 GFA 非常有限，能合成的尺寸都在厘米尺度以下，严重制约了非晶合金的广泛应用。合金系统的非晶形成能力差是当前非晶合金材料领域最大的"卡脖子"问题和短板，如图 4.10 所示，寻找 GFA 强的合金体系仍是非晶合金领域的重要方向。非晶合金的发展历史证明，非晶合金的每次研究高峰都是由制备技术的发展导致的非晶形成能力突破而引起的。非晶形成能力的物理机制也是近一个世纪以来一直没有突破的材

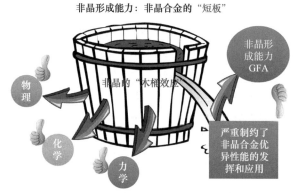

图 4.10　合金系统的非晶形成能力差是非晶合金材料发展的短板

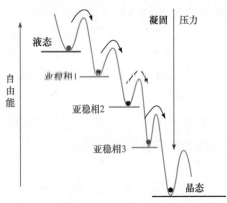

料科学的关键问题,对 GFA 的全面认识必然建立在对玻璃转变机制、形核机制、非晶晶化机制等问题深刻认识的基础之上的。

4.2.4 非晶物质形成的热力学

热力学条件是一种物质体系能否形成非晶态的必要条件。一种物质能否避免晶化,形成非晶态与其热力学条件有关。处在高能态的液态物质,随着温度降低或压力升高,热力学上会趋向低能量的稳定平衡态。如图 4.11 所示,在液态和晶态之间存在很多的热力学亚稳态,包括亚稳的非晶相。随着温度的降低或压力的升高,物质会调历各种亚稳相,有形成这些亚稳相的可能。但是每种亚稳相及非晶相和稳定的晶态相之间存在竞争,体系的凝固过程可以看成是非晶态、其他亚稳态与结晶相之间的竞争过程。哪种相能最终稳定形成取决于其热力学、动力学等条件的平衡。

图 4.11 从高能液态到晶态过程中经历很多亚稳态、非晶态的示意图

相互作用是有序的起因,热运动是无序的源泉。在热力学平衡态,自由能 G 为 $G = U - TS$,式中熵 S 用以度量物质体系热力学和动力学方面不能做功的能量总数,当系统的熵增加时,其做功能力下降,即将熵作为一种能量退化的指标,表征一个系统中的失序现象,或者它标志一个系统的能量转化为有用功的能力。熵值越大,这种能力越低。$S = k_B \ln D$,这里,k_B 是玻尔兹曼常数,D 是物质的原子无序性的定量度量,一部分是热运动的无序,另一部分是来自不同原子或分子随机混合。在温度处于绝对零度时,任何物质的熵都等于零。对于一个物质体系,其粒子间的相互作用会导致总能量内能 U 降低,粒子倾向于有序化,即形成位置序,而温度 T 和熵升高使得体系无序化。因此,从热力学的观点来看,非晶相的获得是体系内能 U 和熵 S 竞争的结果,熵和内能的竞争导致晶态相或者非晶相的形成:如果 U 足够大,即粒子间关联很强,若关联范围$\to\infty$,系统有长程序,即得到晶态相;如果 U 较小,关联作用只限于近邻粒子,则系统只有短程序,形成长程无序的非晶相。但是需要说明的是,熵、有序和无序都是难以精确定义的概念,也是难以准确度量的物理量。

图 4.12 给出一个物质体系自由能 G 随温度的变化[22]。在高温区($T > T_m$),平衡的液态相(L)自由能 G 最低,在这个温区液相最稳定。当 $T < T_a$ 时,过冷的液相或者非晶相(图中虚线)的自由能高于晶态相α和β,这时过冷液相是亚稳相。在加压或者快速凝固等条件下,某些亚稳相(比如非晶相)可能被暴露和截获。根据热力学原理,在凝固过程中过冷液体(具有接近非晶相的自由能)和结晶相之间的吉布斯自由能差决定了体系是否能够形成非晶态。液-固吉布斯自由能差$\Delta G_{l-s}(T)$可由下面的公式确定:

$$\Delta G_{l-s}(T) = \Delta H_f - \Delta S_f - \int_T^{T_0} \Delta C_P^{l-s}(T) dT + \int_T^{T_0} \frac{\Delta C_P^{l-s}(T)}{T} dT \tag{4.2}$$

其中,ΔH_f 和 ΔS_f 分别为熔化焓变和熔化熵变;T_0 是液体和晶体处于平衡状态时的温度。

从式(4.2)和图 4.12 可以看出，$\Delta G_{l-s}(T)$ 值小意味着小的熔化焓变或者是大的熔化熵变，即内能和熵的竞争中熵占优势，这样会降低熔化驱动力。即小的液体-晶体自由能差在热力学上有利于非晶相的形成，意味着该体系具有大的非晶形成能力。由于式(4.2)中过冷液体的比热很难测量，Thompson 提出了简化的公式[23]：

$$\Delta G_{l-s} = \Delta S_f \Delta T \frac{2T}{T_m + T} \tag{4.3}$$

式中，$\Delta T = T_m - T$ 是液态的过冷度。从上式可以看出，结晶驱动力和过冷度密切相关，若过冷度大则结晶的驱动力也大。

图 4.13 是两元体系非晶相和其他晶态相在不同成分区域的自由能对比图，图中 α、β、γ 分别代表两个同素异形晶态固溶体相和中间晶态化合物。可以看出对于两元体系，在等原子成分比附近，熵在和内能的竞争中处于优势，非晶相的自由能最低、最稳定，在此成分区非晶相的形成能力最强，所以根据一个体系的自由能相图，可以推测非晶态和晶态等各项的热力学竞争势态。

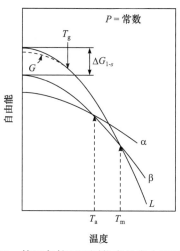

图 4.12　等压条件下不同物态的自由能随温度变化图[22]

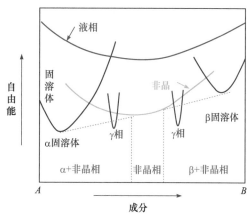

图 4.13　两元体系非晶相和其他晶态相在不同成分区域的自由能对比图。α、β、γ 分别代表两个同素异形晶态固溶体相和中间晶态化合物

但是，如何估算一个体系的热力学自由能相图是个难题，目前只能对简单体系的自由能图进行粗略估算。根据热力学原理和方法，人们发展了一些简单体系如金属合金体系自由能图的计算方法。最常用的有 Miedema 方法[24]和相图计算方法(Calphad 方法)[25]，这两种方法都能够粗略计算比较简单体系(如两组元、3-4 组元体系)的自由能图，包括固溶体、金属间化合物、可能的亚稳相和非晶相的自由能随组分、温度变化的曲线。图 4.14 是二元合金体系的自由能相图[26]，可以看到，各相之间竞争受到自由能高低的控制，具有较低自由能的相在竞争中具有热力学的优势。根据此自由能图，可以估判非晶态形成的成分区域、非晶形成能力、非晶形成驱动力的大小，可以看出图中非晶相在等成分附近，相比晶态相具有较低的自由能，因而在相竞争过程中有优势，这也是很多二元体系的非晶形成成分范围都在等成分附近的原因。

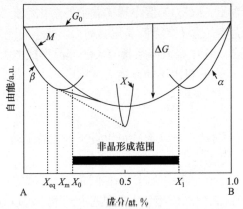

图 4.14　A、B 二元合金体系的自由能图。G_0 为 A 和 B 两组元机械混合的自由能，M 为非晶态自由能，α 和 β 为固溶体自由能，X 为金属间化合物自由能，ΔG 为驱动力[26]

从相图来看，一种合金体系是否存在深共晶点和该体系的非晶形成能力密切相关[27]。如图 4.15(a)所示，Au-Si 合金系具有很低的共晶点，在其共晶点附近合金的熔点温度 T_m 从 1000 ℃降到 400 ℃以下，合金的 T_g/T_m 值大大提高，因为体系从液态过渡到非晶态的温差 T_g-T_m 大大减小，即熔体形核、结晶的温区大大减小，在同样条件下，允许熔体形核、长大的时间大大缩短，这使得其非晶形成能力大大提高。但是，相图一般是在平衡态条件下获得的，而非晶形成过程是远离平衡态的过程。为此，Greer 提出亚稳相图和亚稳深共晶点的概念[27]。亚稳相图可帮助认识和理解在急冷的非平衡条件下非晶物质的形成规律。如图 4.15(b)所示，非平衡条件使得 Ni-Zr 合金系很多复杂的晶态金属间化合物的结晶长大受到抑制(因为结晶、长大需要足够的时间)，这样等效于相图两端的固液线可以进一步延伸，形成甚至低于室温的亚稳的超深共晶点，合金的 T_m 大大降低，T_g/T_m 值大大提高，非晶形成能力因此大大提高。典型的例子是 Cu-Zr、Cu-Hf、Ni-Nb、Ag-Al、Ta-Ni 等二元合金系可以得到块体非晶合金(即能形成直径为 1～3 mm 的非晶态合金棒)[28-32]。如图 4.16 所示，Cu-Zr 二元体系具有反常高的 GFA，如果分析其相图可发现其平衡相图具有很多复杂金属间化合物中间相，在急冷非平衡热力学过程中，这些相之间互相竞争，加上这些金属间化合物结构复杂，它们的形成受到抑制，所以在非平衡条件下，这些结构复杂的晶态化合物来不及形核、长大，即这些晶态相在远离平衡的条件下可以被抑制，这样得到非平衡相图，如图 4.16 所示出现的深亚稳共晶点(图中红线所示)。即合金系的凝固点在非平衡条件下可以降到很低的温度，甚至可能接近室温。这是该体系具有类似多元体系的大非晶形成能力的热力学原因。具有优异非晶形成能力的简单 CuZr 非晶体系已经成为一个较理想的模型体系，很多关于非晶基本问题的实验和模拟研究都采用该体系。需要说明的是热力学条件只是非晶形成的必要条件。例如，很多体系具有很大的热力学驱动力和很深的共晶点，但是非晶形成能力却不高。

液体在转变成非晶态过程中的另一个重要热力学特征是在玻璃转变时出现一个比热"台阶"[33-36]。图 4.17 是典型的物质从液态转变成非晶态的比热变化曲线，液态和非晶态之间有明显的比热台阶 ΔC_p。这说明非晶形成与二级热力学相变在热力学特征上很类似。但是，种种实验结果已经证明玻璃转变不是一个传统意义上的二级热力学相变。

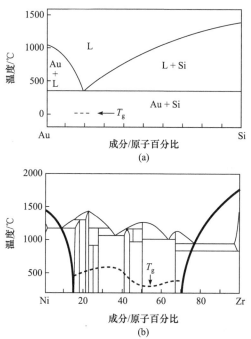

图 4.15　(a) 典型非晶形成体系 Au-Si 的平衡相图；(b) 典型非晶形成体系 Ni-Zr 的平衡相图。在急冷等非平衡条件下，很多金属间化合物相的形核和长大受到抑制，如图中粗线所示的亚稳相图，该体系具有共晶点接近室温的深共晶点，使得体系具有较强的形成能力[27]

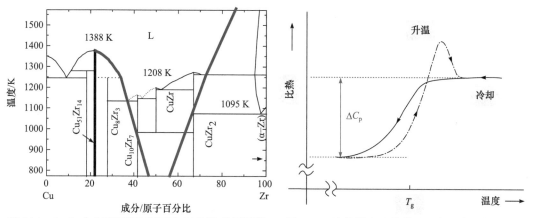

图 4.16　Cu-Zr 合金系平衡和深亚稳(红色线)的相图[28]　　　图 4.17　液体转变成非晶过程中比热的突变和比热台阶ΔC_p

　　总之，非晶物质形成需要热力学的驱动力，但是热力学驱动力不是非晶形成的充分必要条件。从二元体系自由相图可以看出，金属间化合物一般都具有比非晶态还低的自由能，具有更大的稳定性和形成热力学驱动力。一个有意思的问题是，为什么急冷能在广泛的合金体系中得到亚稳的非晶态，而不是这些更稳定的金属间化合物呢？就是因为亚稳的非晶物质的形成具有动力学上的优势。从相的形核和长大动力学方面来说，如果一个新相和它的母相在成分、熵等方面很相似，它的形成就具有动力学上的优势。热力学只是非晶形成的必要条件，动力学对非晶物质的形成也至关重要。下面就来讨论非晶物质形成的动力学因素。

4.2.5 非晶物质形成的动力学

非晶物质的形成是液态凝固过程中液态结构保持和晶化竞争的过程。一种液体要形成非晶态，就必须避免在凝固过程中晶体相的形核与长大(即避免图 4.2 中的路径 1)。对于共价键、分子键物质，避免晶体的形核与长大是很容易的事情。但是在金属合金熔体中，避免形核和结晶是非常困难的。几十年前很多科学家甚至认为实现金属熔体的过冷都不可能，就更不要说把金属熔体冻结成非晶态了。哈佛大学的 Turnbull 的一个关键实验使大家看到合成非晶合金的希望。1951 年，Turnbull 通过水银实验发现液态金属可以过冷到远离平衡熔点温度而不产生形核与长大[37]。这个实验设计得很巧妙。他把水银分成很多微米级的小颗粒，然后过冷这些水银颗粒。由于水银被分成小颗粒后，其中总有一些颗粒不含杂质或者异质晶核，颗粒小也更容易提高冷却速率，所以这些不含异质晶核的小水银颗粒具有高得多的过冷度，可以在当时的实验条件下实现较大的过冷[37]。异质晶核在过冷态很容易触发过冷液体的快速大量形核，金属很难过冷的主要原因是这些异质晶核造成非均匀形核的影响。这个关键性实验打破了当时人们对金属熔体不能过冷的观念，同时也为形核研究提供了新的方法。Turnbull 的过冷实验还表明，简单熔体在结构上不同于简单晶体。这项工作导致 Charles Frank 提出金属液态的短程序是二十面体，结晶时需要结构上的重构，这为非晶和液态结构是由多面体堆积的理论奠定了基础。根据这个实验结果，Turnbull 还预言在一定的条件下，冷却过程致使液体黏度剧烈升高，液态金属完全有可能冷却到非晶态。

实际上，一方面，由于固体自由能小于液体自由能，所以晶体的析出有驱动力，是自发倾向；但另一方面，如果形成晶体，则界面能增加，固相的析出需要克服界面能引起的阻力。这将阻碍晶体形核，当晶体形核在凝固过程中被完全避免时，液态金属的长程无序就被冻结下来，形成非晶物质。物质能否形成非晶态与结晶动力学条件密切相关。为了理解非晶形成动力学，需要考察过冷液体中晶态形核和长大的规律。

Volmer 和 Weber 最早提出形核理论，认为液-固转变是从形成纳米级的核开始的[38]。其实大到太阳这样的恒星、地球这样的行星都是始于小如尘埃的核。这一理论后来被 Becker 和 Doring 改进和发展成为形核动力学理论[39]。德国哥廷根大学的 Tammann 最早从形核的角度对非晶物质的形成进行研究[40]，他认为非晶物质的形成是过冷液体晶核形成速率最大时的温度和晶体长大速率最大时的温度不一致造成的。因此，只要冷却速率足够快，就可以抑制晶体相的形核和长大，把过冷液体固化成非晶态。非晶物质形成的动力学理论是 Turnbull 和 Uhlmann 等发展完善起来的。Turnbull 和 Fisher 把形核动力学理论引入凝聚态物理，运用到金属过冷液体的结晶中。他们认为液体的冷却速率、晶核密度、生长速率等是决定物质非晶形成能力的主要因素，并提出了均匀形核和非均匀形核的概念，创立了凝固的形核理论[41-44]。Uhlmann 发展了可定量判断物质熔体非晶形成能力的方法、估计非晶临界冷却速率的方法，以及影响非晶形成能力的主要因素等，并得到广泛的实验验证和承认[45,46]。下面是非晶固体形成动力学理论的概述。

根据物理学家列夫·朗道的"相变"观点，当物质的状态发生改变时，内在的"序"会发生变化。相变就是序的突变。液体随着温度的降低会发生结晶，形成晶体。从微观角度上来说结晶就是原子或者分子从无序状态向规则排列的转变。结晶是一门重要的学科，在材料学、生物学及环境科学的各个领域都起着关键作用。形核作为一门科学来研究已有数百年的历史了。教科书中把结晶过程描述为："结晶是溶质从溶液中析出的过程，可分为成核和生长两个阶段"。液体中结晶形成的基本图像是：先在液体中形成纳米级的晶核，如图 4.18 所示。形核过程是在一个均匀液体中，当预成核簇尺寸增长到临界值时，就会瞬间形成一个"种子"——晶核，成核过程完成后会迅速长大成晶体。模拟和理论分析认为，在液态金属中，由于结构和成分起伏，原子会不断积聚形成一些类似固态中的纳米级小团簇。在一定温度下，不同尺寸团簇出现的概率是不一样的。每个温度下都存在一个半径(r)最大的相起伏形成的团簇，即 r_{max}。温度越高，尺寸 r_{max} 越小；温度越低，尺寸 r_{max} 越大[31-42]。另外，形成晶核会使固-液界面能增加，所以对于均匀形核，形成球形团簇(表面积最小)，总自由能可表示为

$$\Delta G^* = -4\pi r^3 \Delta G_{l-s} / 3 + 4\pi r^2 \gamma \tag{4.4}$$

式中，γ 为单位表面能。

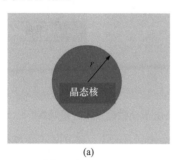
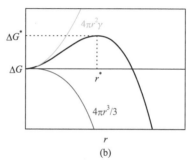

图 4.18 (a) 晶核示意图；(b) 球形晶核形成过程中自由能(ΔG)变化和晶核半径 r 的关系

当晶核的尺寸 r 大于临界半径 $r^*(r > r^*)$ 时，团簇是稳定的晶核，而小于临界半径时团簇会随时分解(见图 4.18(b))。其临界半径 r^* 和临界形核势垒 ΔG^* 可分别表示为

$$r^* = 2\gamma / \Delta G_v \tag{4.5}$$

$$\Delta G^* = 16\pi \gamma^3 / (3\Delta G_{l-s}^2) \tag{4.6}$$

但是，形核发生在原子尺度，具有随机性。由于形核过程太过微观和短暂，从实验的角度直接观察这个过程很困难，只能停留在理论、仿真和模拟的层面，形核过程的认识和表征仍是材料学的挑战。

超高分辨率的电子显微镜与快速灵敏的成像传感器结合起来，形成了单分子原子分辨率实时电子显微镜技术(SMART-EM)，其分辨率达到了 0.1 nm，不仅能对单个原子进行观察，还能以每秒 25 帧的速度把形核和结晶反应过程拍成视频。SMART-EM 技术因此实现了结晶成核过程的原位直接观测[47]。如图 4.19 所示，实验中将一个锥形的碳纳米管的一端封起来，这样就形成了一个"网兜"状的纳米容器，体积为几十 nm³，正好可以把为数不多的 NaCl 分子装进去，用 SMART-EM 来观察它们在 298 K 下的结晶过程[47]。一个碳纳米管网兜中含有 100 个 NaCl 分子，而且在形成晶核之前会多次产生半有序状态的簇：几个 NaCl 单元由于分子运动形成瞬态的半有序簇，大部分分解，有的随后再重组为更大的半有序簇，直到晶核的生成，如图 4.20 所示。这种先进电镜技术在原子级上拍摄到晶体从无到有的瞬间，让人们首次领略了成核的瞬间过程，验证了成核经典图像。

结果表明，结晶成核是原子或者分子从无序状态向规则排列的转变，如图 4.21 所示。分子大小及其结构动力学都在成核过程中起作用。

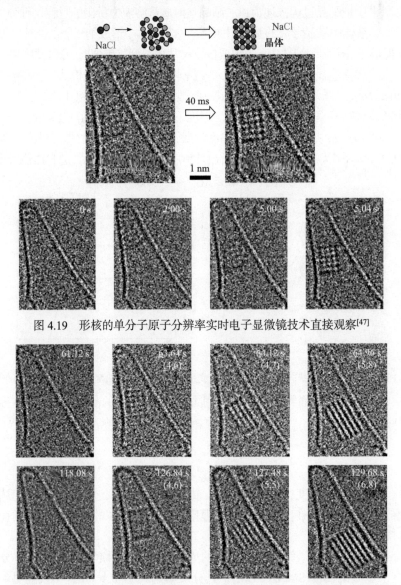

图 4.19　形核的单分子原子分辨率实时电子显微镜技术直接观察[47]

图 4.20　NaCl 分子运动形成瞬态的半有序簇，随后再重组为更大的半有序簇，直到晶核的生成[47]

由于液态金属中不可避免地含有一些杂质，这些杂质作为晶体形核的"触媒"，可以使表面张力减小，降低形核功。这类有杂质触发的形核称为非均匀形核。利用先进的具有原子空间和毫秒时间分辨率像差校正的透射电子显微镜，现在已经可以直接观察非均匀成核过程[48]。图 4.22 是电镜直接观察金纳米晶体在石墨烯表面的非均匀成核过程，即在真空中独立石墨烯的二维(2D)表面，随金吸附原子的浓度增加，原子聚集形成金纳米晶体的过程。实验观察到原子形核的早期阶段是通过无序和结晶状态之间的动态结构波动进行的，不是通过单一的不可逆转变，而是原子团簇在无序和结晶状态之间可逆地

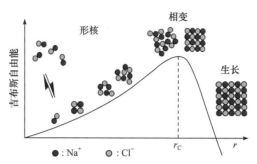

图 4.21 结晶形核过程是原子从无序到有序的过程示意图[47]

多次变换，证实了原子结晶成核过程动态性质[48]。小团簇的表面发生波动，原子晶核的自由能势垒可以被动态扰动，结构波动起源于原子簇中两种状态的尺寸相关的热力学稳定性，如图 4.23 所示。

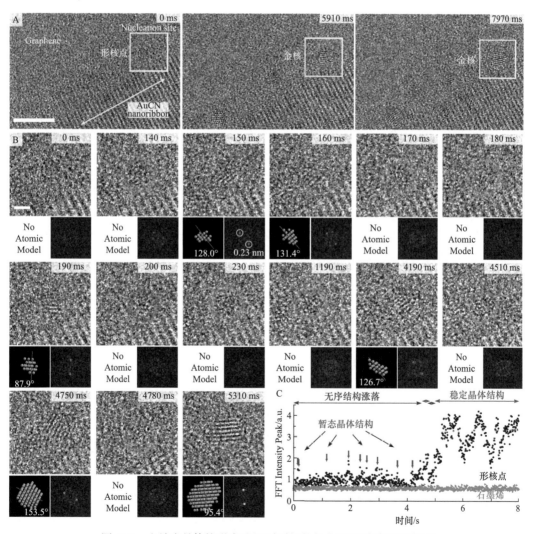

图 4.22 金纳米晶体核形成过程(随时间的长大)的原位直接观察[48]

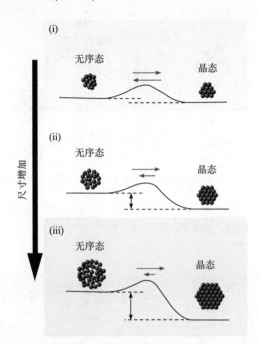

图 4.23　原子晶核的自由能势垒取决于原子簇中两种状态尺寸相关的热力学稳定性[48]

对于球冠状的晶核,当其接触角为 θ 时,其非均匀形核势垒表示为

$$\Delta G_N^* = \Delta G^* f(\theta) \tag{4.7}$$

其中 $f(\theta) = \dfrac{1}{4}(2+\cos\theta)(1-\cos\theta)^2$。当 $\theta \leqslant 180°$ 时,$f(\theta) < 1$,非均匀形核势垒小于均匀形核势垒,有利于形核。

对于均匀形核,假如一个达到临界尺寸的团簇,通过碰撞再接收一个原子后即可克服形核功而长大,其形核率可表示为

$$I = n^* \mathrm{d}n / \mathrm{d}t \tag{4.8}$$

其中,$\mathrm{d}n/\mathrm{d}t$ 为单位时间内附着在晶核上的原子数。对于扩散控制的长大过程:

$$\mathrm{d}n / \mathrm{d}t = D_0 / a^2 * \exp\left(-\frac{\Delta G_D}{kT}\right) \tag{4.9}$$

式中,ΔG_D 为扩散激活能,D_0 为扩散系数,a 为原子间距。则形核率为

$$I = \frac{D_0 N_v}{a^2} \exp\left(-\frac{\Delta G^*}{k_B T}\right) \exp\left(-\frac{\Delta G_D}{kT}\right) \tag{4.10}$$

式中,N_v 为阿伏伽德罗常量。形核势垒随过冷度增加(对应于 $\Delta G_{l-s}(T)$ 增大)而减小,有利于形核,但扩散却随过冷度增加而变慢,不利于形核。因此,总的形核率在某一过冷度下总会存在一个极大值。

对于非均匀形核,其形核率与均匀形核相似,可以对上面的公式稍作修正,但除了受过冷度和温度的影响外,非均匀形核还会受固态杂质的结构、数量、形貌及其他一些物理因素的影响,如振动和搅动等因素。

稳定的晶核出现后，马上就进入长大阶段。从宏观上看，晶核长大是固体表面向液体中进行的；从微观上看，是原子从液体中扩散到界面，并按照一定的晶格点阵排列起来，即在晶核上外延长大。因此，晶核长大的条件是：一是液相要不断向晶核界面提供原子，这需要一定的温度(提供能量)保证；二是晶核表面能够不断接纳这些原子，这与晶核表面结构有关。如果过冷液体在结晶前后的组成、密度都不发生变化，那么晶体生长速率 u 可以用下面的公式表达：

$$u = \frac{fD_g}{a}\left[1 - \exp\left(\frac{\Delta G_{l-s}}{RT}\right)\right] \qquad (4.11)$$

式中，f 为固-液界面上的原子迁移的位置分数，D_g 为穿越界面的平均扩散系数，a 为原子间距，T 为界面温度。$\Delta G_{l-s} = \Delta H_f \Delta T / T_m$ 或者 $\Delta G_{l-s} = \Delta S_C \Delta T$，$\Delta S_C$ 为晶化熵，ΔT 是过冷度。当 $\Delta G_\sqrt{}/RT \ll 1$ 时，晶体生长速率可表示为

$$u = \frac{fD_g}{a}\frac{\Delta S_C}{R}\frac{\Delta T}{T} \qquad (4.12)$$

对于一般金属或合金，$f \sim 1$，$\Delta S_C \sim R$，因此，

$$u = \frac{D_g}{a}\frac{\Delta T}{T} \qquad (4.13)$$

从上式可看出，过冷度对晶体形核和生长速率的影响。过冷是一个非平衡过程，通过过冷来控制晶体形核，可以截获具有不同性能的亚稳材料(包括非晶相)，所以过冷是获得非晶态材料的重要方法。

Turnbull 指出熔体冷却下来能否形成非晶的问题，就是冷却后形成的晶体固体不能被实验探测到所需要的临界冷却速率问题。Uhlmann 定义了非晶固体中可以允许析出的晶体体积分数(即现有实验手段可以探测出的晶体体积分数的极限)，并将这个体积分数与形核和长大的理论公式联系起来。他提出了理解非晶形成、估算非晶形成临界冷却速率的时间-温度-转变(time-temperature-transition)图，又称为 3T 图。3T 图如今成为理解非晶形成重要、直观的手段[49]。

图 4.24 是典型非晶物质形成过程中的时间-温度-转变图。图中显示，在等温条件下液态结晶存在孕育时间。结晶的开始线，即 3T 曲线形状如一个鼻尖，在鼻尖处成核孕育时间最短，最容易发生形核与长大。如果在此温度范围内冷却速率足够大，就可以抑制晶体相形核与长大，形成非晶相。按照 Uhlmann 的定义，当体系中晶体的体积分数 $<10^{-6}$ 时，该体系为非晶态。在 3T 曲线前端即鼻尖对应析出 10^{-6} 体积分数的晶体所需时间是最少的，即和 3T 曲线鼻尖相切的直线对应一个体系形成非晶物质的临界冷却速率(图 4.25)。为避免析出 10^{-6} 分数的晶体所需的临界冷却速率可近似为

$$(dT/dt)_c \approx \Delta T / \tau_n \qquad (4.14)$$

其中，$\Delta T = T_m - T_g$，τ_n 是凝固时间。

根据非晶态形成的动力学原理及 3T 曲线，如图 4.25 所示，可以看出，对于给定的熔体，当温度降至熔点 T_m 以下时，它可以通过两种途径凝固：当冷却速度 R 小于临界冷却速率 R_c 时，$R < R_c$(如 R_1)结晶发生；而当 $R > R_c$(如 R_2)时，形核和长大过程没有充分时

间进行，熔体进入过冷状态，随着温度的进一步降低，液体黏度将会很快升高到 10^{12} Pa·s，或者弛豫时间达到 10^2 s。此时，粒子在有限的时间内很难改变位置形成新的构型和结构，从而导致体系偏离平衡态，最终进入了冻结的液态——非晶态。

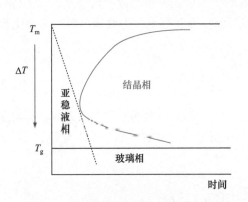

图 4.24　非晶物质形成的 3T 曲线示意图

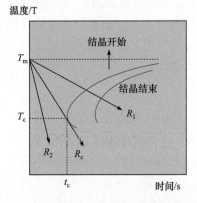

图 4.25　过冷液体连续冷却转变曲线。靠左边的 3T 红线是结晶开始，靠右的 3T 红线是结晶结束[11]

　　从 3T 图还可以看出(图 4.26)，熔体在低于熔点的过冷液相区的控制晶体相形成机制不尽相同。在 3T 曲线的鼻尖到 T_m 的浅过冷液相区，晶化是形核控制的机制；在 3T 曲线的鼻尖到 T_g 的深过冷液相区，晶化是长大控制的机制。这是因为过冷液体晶核形成和长大速率极大值是随温度变化的，晶核形成速率极大值要比长大速率极大值低很多(图 4.26)，所以在浅过冷液相区成核速率很低，长大速率很大，这时只要成核就会很快长大结晶；而在深过冷液相区，即使有大量晶核存在，因为长大速率很慢，可以通过抑制长大来阻止形成非晶相。

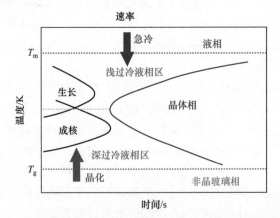

图 4.26　熔体到非晶物质转变过程中形核和长大机制的变化

　　Turnbull 根据经典形核理论和 3T 图提出了著名的非晶形成能力的判据，即用约化温度 T_r 进行衡量一种液体的非晶形成能力[41]：

$$T_r = T_g/T_m \tag{4.15}$$

图 4.27 给出约化温度与形核率的关系，对于 $T_r > 2/3$ 的液体，如果其中不存在非均

匀形核，该液体具有较强的形成非晶能力，对于 $T_r = 0.5$，必须在较高的冷却速率下才能形成非晶相。图 4.28 是非晶形成能力强的块体非晶合金的临界冷却速率与传统非晶合金条带及纯金属的 3T 曲线比较图。从 3T 图可以明显看出这三类金属合金体系形成能力的巨大差别。有些非晶体系，如 Vitalloy 系，甚至可以在冷速小于 1 K/s 的条件下形成公斤[①]级的大块非晶合金。这类大块非晶合金具有重要的工程应用价值，已经被应用于众多领域[50]。3T 图可以形象地表征体系的 GFA。

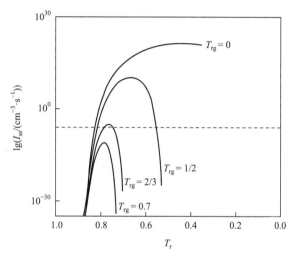

图 4.27　Turnbull 非晶形成理论中约化温度(T_r)和形核率 I_{ss} 对数的关系示意图[41]

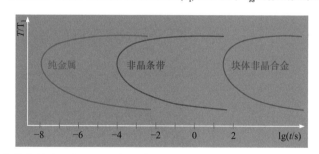

图 4.28　块体非晶合金的临界冷却速率与传统非晶条带及纯金属的 3T 曲线比较[50]

　　根据形核理论，人们通常利用液态急冷、气相沉积等过冷技术来制取非晶材料，如非晶合金，其冷却速度在 $10^3 \sim 10^7$ K/s 的范围。利用激光淬火可以使温度冷却速度达 10^{12} K/s。因为足够快的冷却速度能有效抑制晶体的形核与长大，使很多液态金属的无序结构保留下来。Turnbull 认为，任何熔体只要冷却速度足够快，达到的温度足够低，都可成为非晶态[43]。计算表明，当温度冷却速度>10^{12} K/s 时，任何熔体都可被"冻结"成为非晶态[51]。在这种情况下，固/液界面可偏离稳定平衡或亚稳平衡状态，直到发生无扩散、无溶质分离的凝固。但是，在现实中，单质金属及很多合金体系难以甚至不能形成非晶。这说明经典形核模型可能太简单，对复杂合金系并不完全适用。

　　W. L. Johnson 及 H. S. Chen 等都认为形核和长大研究是认识非晶形成、探索高非晶形成能体系的关键，形核问题是非晶材料形成研究的最重要问题。从 Johnson 研究组的工作看,形核研究始终贯穿在他们的工作中。这可能是他们总能不断探索出新的、重要非晶合金体系的原因之一。Johnson 组还发现很多关于复杂多元非晶合金体系形核、长大规律和现象。作为一个例子,如图 3.29(a)所示,他们发现多组元 PdNiCuP 非晶合金系在 3T 鼻尖温度(T_s)至 T_l 温区(T_s-T_l 温区)与 3T 鼻尖温度至 T_g 温区(T_g-T_s 温区)的晶化规律是不一样的[52]。在 T_s-T_l 温区,1% 体积分数晶化所需时间和 95% 体积分数晶化所需时间几乎相等,这表明在此温区,一旦形核,长大很快;而在 T_g-T_s 温区,1% 体积分数晶化所需时间与 95% 体积分数晶化所需时间相差很大,即该温区长大速率非常缓慢。实验证明在 T_s-T_l 温区晶化是形核控制的,而在 T_g-T_s 温区晶化是长大控制的。这个发现为探索非晶体系提供了非常有用的信息。只要能在高温区有效控制和防止形核,就能提高非晶形成能力。在低温区,因为长大很缓慢,即使有预先存在的晶核也不影响非晶形成能力,也就是只要快速冷却到 T_s 以下,就可以抑制晶态相的形成。

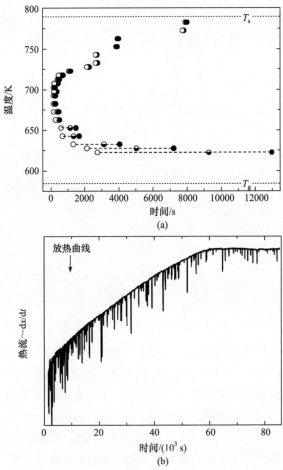

图 4.29 (a) Pd 非晶合金 3T 图,○是非晶 1% 体积分数晶化所需时间,●是非晶 95%体积分数晶化所需时间[38];(b) Pd 非晶合金 100～350 μm 颗粒的晶化,不同颗粒由于其中含杂质等非均匀核不一样,晶化时间大不一样[52]

他们还采用与 Turnbull 类似的方法，把 Pd 基非晶合金碾成微米级粉末，然后把这些粉末颗粒分散到 B_2O_3 助溶剂中，再用高温 DSC 研究其晶化。因为不同颗粒中含晶核的数量不同，每个颗粒的晶化温度也大不相同：有的颗粒在远低于 T_g 点就晶化，有的颗粒在 T_m 点都不发生晶化。采用这样的巧妙方法，他们观察到非晶合金中接近单个的形核事件，证实非均匀形核对晶化的影响(图 4.29(b)[52])。

从平衡态液体到玻璃转变温度附近的深过冷液体的动力学行为，即黏度变化规律对非晶形成及形成能力的认识和调控也非常重要。一个非晶形成体系的黏度 η 在 T_g 附近随温度的变化可以用 Vogel-Fulcher-Tammann(VFT)关系描述：

$$\eta = \eta_0 \exp\left(\frac{DT_0}{T - T_0}\right) \tag{4.16}$$

其中，T_0 是 Vogel-Fulcher 温度；D 是表征液体性质的脆性参数。图 4.30 为 $Zr_{46.75}Ti_{8.25}Cu_{7.5}Ni_{10}Be_{27.5}$(Vit4)大块非晶合金过冷液体的黏滞系数随温度变化曲线[53]，可以看到该熔体的黏滞系数的变化范围达 15 个数量级，并且可以很好地符合 VFT 公式。脆性参数 D 和 GFA 有一定的关系。Vit4 是 GFA 最强的合金体系之一，其脆性参数更接近于强玻璃液体(如 SiO_2 玻璃)，强液体的 GFA 一般较强。过冷液区的动力学行为在非晶物质形成过程中起到重要作用。

归纳起来，非晶物质的形成是和晶态竞争的结果，所以形核和晶核长大及液体的动力学行为的控制是实现玻璃转变和非晶物质形成的关键。

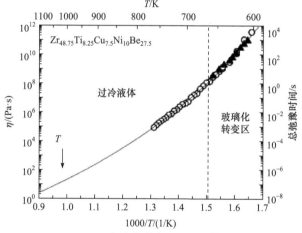

图 4.30　$Zr_{46.75}Ti_{8.25}Cu_{7.5}Ni_{10}Be_{27.5}$ 大块非晶合金过冷液体的黏滞系数与温度的关系[53]

4.2.6　非晶物质形成的键合条件

化学键是决定凝聚态物质结构和性质的最主要因素之一，它表示原子间相互作用力的强弱。粒子间相互作用产生序，因此，键合对非晶形成很重要。物质的化学键有离子键、共价键、金属键、分子键和氢键。我们知道非晶形成动力学过程需要克服势垒，非晶物质中原子的流动也需要克服势垒。物质从液态(粒子流变势垒小)到非晶固态(粒子流变势垒大)的转变主要是其流变势垒大小的变化，而流变的势垒或者激活能主要是由物质的化学键合特性决定的[54,55]，所以，早期有很多学者提出用表示化学键特性的参数来表征物质的非晶形成能力。一般来说,共价键、离子键物质的非晶形成能力要比金属键物质强得多,如 SiO_2 玻璃、Si、Ge、C 的 GFA 都很强。因为共价键易形成网络结构,这样的结构在熔点附近具有高黏度。因为原子要流动需要断开键,高黏度使得结晶势垒随温度变化很小,原子扩散困难,从而有利于非晶态形成。所以,硅化物很多是以非晶玻璃态存在的,其玻璃态的结晶反而很困难。共价键还容易形成长链结构,如高分子聚合物长链结构,长链结构也容易因为折叠、弯曲造成长程无序,所以高分子 GFA 也很强。金属键相对较弱,其原子流动的势垒相对较小,所以金属合金很容易结晶,很难形成金属非晶态。

一个体系的熔点对其非晶形成能力(T_g/T_m)影响很大,而熔点主要决定于物质的键合。键合的强弱和德拜温度密切相关,实验发现,能表征键合强弱的德拜温度和非晶玻璃转变温度密切相关[56]。离子的化合价、电负性是和键合种类及强度密切相关。电负性是决定物质的混合焓大小的重要因素,一个体系电负性的变化会影响非晶形成能力,比如在硫系非晶半导体中,原子电负性减小,其非晶形成能力下降,电负性小于 1.8 的原子组成的氧化物很难形成非晶[57]。

键合决定物质的熔点、流变的激活能、熔态的黏滞系数,这些都是影响非晶形成能力的关键因素。同时,粒子的键合对非晶短程序的特征、形变和性能也有重要作用。键合可以用弹性模量来表征,本书后面章节将介绍弹性模量在研究、理解非晶物质本质、形成和其他基本问题中的重要作用。

4.2.7   非晶物质形成的结构因素

非晶物质的形成与体系结构特征密切相关。离子的半径、组成原子的大小和尺寸差、氧化物是否具有空旷的网络结构、分子链的长短等都对非晶形成能力有很大的影响。以非晶合金为例,合金的形成能力与体系的结构、元素组成及复杂性有关[50,58]。从结构的角度考虑,组元之间原子尺寸差别大于 10% 就可以显著增强合金的过冷液体的稳定性和非晶形成倾向。Egami 推算出当组元原子尺寸差别大于 12% 时最有利于组成原子的紧密随机堆垛结构,能有效提高非晶形成能力[59]。硬球模型试验、计算机模拟也都证明,采用不同半径的硬球与具有单一半径的均匀硬球的情况相比,在相同压力条件下,不同半径的硬球堆积体积更小,对应的自由能更低。计算机模拟还发现,如果在无序堆积的硬球中加入半径较小的硬球,可以得到更紧密的堆积结构。紧密的堆积结构能影响原子的流动性,增加液体的黏滞系数,从而提高体系的非晶形成能力。

微米大小的胶体粒子为研究非晶形成提供了一个直观的实验观测平台,因为通过光学显微镜可以直接观察胶体粒子积聚、形核和长大。研究发现,当胶体粒子尺寸大小均匀时,就容易形成晶体;当尺寸大小不均匀时,就很容易形成非晶态。因此,多组元、不同半径的原子组成的结构在动力学上表现为阻碍晶体的长大,并促使非晶态形成和稳定[60]。

组成原子尺寸对非晶形成能力的影响可从根据经典的自由体积模型得到验证:表征流动性的黏滞系数 η 表达为[61]:$1/\eta = A\exp(-K/V_f)$,式中 A 和 K 为常数,V_f 是自由体积。液体的自由体积和自扩散系数间的关系可近似用 Stokes-Einstein 关系表示:$D = (KT/3\pi r_0)/\eta$,式中 r_0 为分子直径,所以从该表达式可以容易看出,具有不同尺寸原子的更紧密无序堆积结构将导致自由体积减小,固液界面能提高,增大过冷液体的黏度,导致原子长程扩散比较困难，致使体系更容易形成非晶态。形成能力强的多组元块体非晶合金中各元素之间一般都有较大的原子尺寸差。例如在典型的 LaAlNi 三元块体非晶合金中，La、Al 和 Ni 之间原子尺寸差别都大于 12%。

剑桥大学的 Greer 提出了所谓的非晶合金形成的混乱原则[62]，也就是合金组元越多，原子长程扩散的难度越大，随机紧密堆积的可能性越高，即多组元可以提高非晶形成能力。因为多组元会造成较大的混合熵和构型熵，所以组元越多，混合熵越高，从而提高了非晶的形成能力。实验研究结果表明，合金的拓扑结构被认为是影响非晶形成的主要因素之一。目前已知的绝大多数块体非晶合金体系一般都具有如下结构特点：由三种或者更多具有大的原子尺寸差的元素组成，合理的原子尺寸分布和高的堆积密度。

非晶相和结晶相之间局域原子结构差异对非晶形成能力影响很大。通过成分选择，使得非晶相和结晶相之间局域原子排列方式不同，这样在非晶晶化过程长程原子重排会有更多的阻碍，体系的非晶形成能力会因此增强，热稳定性提高。在合金中，不同类型的合金的局域原子排列方式并不相同。在没有非金属组元的块体非晶合金中，比如非晶 La-Al-TM 合金，高分辨透射电镜、XRD 和中子散射已经显示其主要是由二十面体团簇组成，因为在晶化过程中二十面体准晶相将有限析出。这是因为在过冷液体中二十面体准晶相形核所需的激活能比其他晶态结晶相形核更低[63,64]。因此，在 La-Al-TM 合金冷却过程中，优先析出的二十面体准晶相和最终晶化相不同，使得晶化过程长程原子重排受到阻碍，过冷液体将优先形成非晶相，从而提高了体系的 GFA。这是一个说明非晶合金这种结构上的差异性对非晶形成能力、稳定性产生了十分重要影响的例子。

Senkov 等系统研究了典型非晶合金中各组元的原子尺寸、成分及其与非晶形成能力的关系[65]，结果表明非晶形成能力强的块体非晶合金的原子尺寸分布曲线明显不同于传统的一般非晶合金。如图 4.31(a)和(b)所示，一般非晶合金曲线呈现峰形，溶剂原子具有中等大小的尺寸，而溶质原子则具有较小及较大的尺寸，当溶质原子与溶剂原子的尺寸差增大时，溶质原子百分比浓度将下降；GFA 强的块体非晶合金曲线呈现山谷形，溶剂原子尺寸最大，具有最小尺寸的溶质原子百分比浓度较高，而中等尺寸的溶质原子百分比浓度最低；同时间隙溶质原子和置换溶质原子之间相互吸引会产生短程有序原子团簇，可以稳定非晶态结构。这意味着非晶形成能力弱和强的合金系的结构也有差别。非晶形成能力弱的非晶合金在局域原子排列方式和成分上与其对应的晶态化合物非常接近[63]，因此，需要很高的冷却速率才能在这种体系中抑制结晶相的形核与长大。

需要说明的是，非晶体系组元数目及原子尺寸差对非晶形成能力的影响比较复杂，不能一概而论。组元数目增加，原子半径不同并不总能改善合金的非晶形成能力，也不一定能提高非晶相的热稳定性。结构对非晶形成能力影响的物理机制还不清楚。一般来说，形成能力强的非晶合金的结构具有三个特征：①具有无序的高密堆结构；②具有和晶态不一样的局域结构；③从大范围看，具有均匀形核的结构特征。

从以上关于物质形成非晶及形成能力的介绍我们知道，非晶态的形成受很多因素控制，物质形成非晶的能力、规律和本质仍然是世纪难题。虽然经过近一个世纪的研究，但人们对非晶形成的物理机制的认识一直不清晰。因此，近百年来非晶材料的探索一直停留在传统试错的方法与思路上，几十年以来非晶合金的 GFA 一直是其规模应用的瓶颈问题。

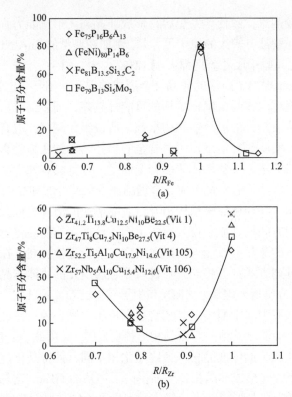

图 4.31   非晶合金的原子尺寸分布和形成能力的关系曲线：(a) 传统的 Fe 基非晶合金；(b) 块体 Zr 基非晶合金[65]

4.3   非晶材料的主要制备方法和工艺

在材料发展史上，典型非晶材料——玻璃的制备工艺曾是国家级的技术机密。例如中世纪意大利威尼斯的玻璃平面镜的制备工艺，现代的浮法都曾是国家机密。这是因为玻璃材料在经济发展中有举足轻重的地位。其他非晶材料(如非晶合金)制备技术的进步和发展，对合金材料领域的作用也是至关重要的，Duwez 等发明的快冷方法制备非晶合金被认为是冶金领域中最重要的发明之一[66]。塑料和橡胶制备技术的发明对现代工业、社会和日常生活的巨大作用也是有目共睹的。非晶材料制备工艺技术的发展和非晶材料的广泛使用、对人类社会、科学、文明进步的巨大作用在第 3 章中有详细介绍。本节中，我们着重介绍非晶材料的主要制备工艺、发展过程及其前景。

4.3.1   非晶材料的主要制备工艺

非晶材料的种类很多，不同的非晶材料的制备工艺不同，因此，制备技术工艺和方法种类很多，最常见的是熔体急冷和气相淀积技术 (如蒸发、离子溅射、辉光放电等)。如硅化物玻璃、非晶合金、橡胶等非晶材料的制备大多采用这类熔体快冷技术和工艺。

建筑常用的硅化物玻璃材料的制备工艺是熔融法[67]。图 4.32 是常用的窗户玻璃制备工艺示意图。其工艺是：将主要原料石英砂(SiO_2)、纯碱(Na_2CO_3)、方解石(CaO)、石灰石(CaCO$_3$)、硼化合物(B$_2$O$_3$)、碳酸钡(BaCO$_3$)和辅助原料橙色剂，以及着色剂、乳浊等混合料加入熔炉中，进行高温熔化，熔制在玻璃熔窑中进行。熔制温度随成分不同而异，通常为 1300～1600℃。原材料在高温下发生一系列物理化学反应，逐步熔融完全，澄清，形成均匀的无气泡、无结石的玻璃液。玻璃形成熔体随温度的升高，黏度显著减小，其中夹杂的大量空气和原料分解产生的气体从熔融液中逸出，使熔体变得清澄。在高温排除气泡的同时，玻璃液的化学组成也趋向均匀，必要时还要施加机械外力搅动均匀。澄清和均化完成后，降温使玻璃液均匀一致地达到适合成型要求的黏度。大批量生产时在池窑中连续熔制，原材料在窑的一端加入，供成型的玻璃液在另一端排出。小量生产时在坩埚窑中间歇熔制。将熔化好的、澄清和均化的玻璃液倒入模具成型为固定几何形状的制品。在玻璃可塑范围内(过冷液态)对玻璃料进行剪切、黏结、吹扩、压延等成型操作。常用的玻璃成型方法有吹制法、压制法、拉引法、浇注法、压延法等[67]。

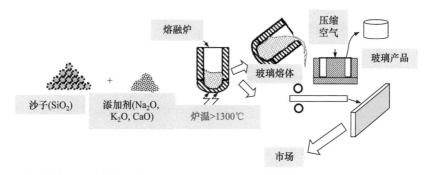

图 4.32　常用的窗户玻璃制备工艺示意图(From Axinte O, of Gh. Asachi Technical University of Iasi, Romania)

可以看出非晶材料的制备技术和工艺似乎不复杂，这是玻璃材料几千年前就被制备出来的原因。其所需要的原材料、工艺和技术要求相对简单，但是制备高品质的非晶材料需要的工艺技术也很高。下面归纳了非晶材料制备历史上几个关键工艺、技术和阶段。

(1) 三千多年前，玻璃被很偶然地发明，被评为材料史上 10 个"最伟大材料事件"之一。玻璃取材于沙子，分布广，价格低廉，制备工艺简单。古代制陶和制玻璃工艺其实差别不大，都是利用砂和土。因此玻璃被称为"上帝的礼物"。

(2) 公元前 1 世纪左右，叙利亚人发明了革命性的玻璃吹制工艺和成型技术，使得玻璃材料可以做成表面类似液体光亮的器件、器皿，促进了玻璃的广泛使用。最初玻璃制品使用的是类似金属铸造的技术：把玻璃熔体浇注到模具中。但是铸造的玻璃制品很粗糙，而且玻璃很难进行后续打磨加工。吹制工艺是玻璃材料史上最重要的技术发明之一。它可以将玻璃熔体随心所欲地吹成各种形态的器皿，还可以把玻璃制成薄、透明、光滑的容器和各种复杂形状，包括酒杯、花瓶、各种复杂的玻璃瓶和器皿、电灯泡、试管等。

(3) 泡碱助溶剂技术的发明，使得制备玻璃的原材的熔炼温度大幅下降，这样使得玻璃熔体在相对较低的温度下可以充分均匀熔化(古代熔融玻璃原材料是用木材燃烧，温度有限)，不仅大大降低了玻璃材料制备成本，也大大提升了玻璃材料的质量，包括纯度、种类、透明度、强度等。

(4) 16 世纪，威尼斯人发明了玻璃镀膜技术，即将锡箔贴在玻璃面上，再倒上水银，液态的水银能够很好地溶解锡，形成黏稠的银白色液体——"锡汞剂"。这种锡汞剂能够在玻璃上形成高度反光面的镀层，即平面镜。玻璃镜是当时高技术产品。

(5) 17 世纪英国人 Ravenscrofe 发现在玻璃中加入 PbO(也是一种助熔剂)能大大降低玻璃熔体的黏度和熔化温度，从而发明了高质量的铅玻璃。铅玻璃更易于成型，更通透和清澈，更容易刻磨。铅玻璃成为优质的光学玻璃，为日后望远镜、显微镜、三棱镜的发明提供了优质的玻璃材料。

(6) 平板玻璃的制备技术是玻璃材料历史上的重要技术发明。这使得平板玻璃大规模量产，在建筑、温室、日常生活中广泛应用，使得寒冷的北欧适合于居住和文明化，对欧洲的历史、社会和文明的发展起到了至关重要的作用。

(7) 19 世纪中后期，奥托·肖特把科学引入玻璃领域，采用成分调制等方法，发明了一系列特种玻璃材料，玻璃工业成了拥有更广阔应用前景的工业新领域，赋予这个千年的古老传统材料以长盛不衰的活力。

(8) 20 世纪非晶塑料和橡胶的发明和量产，改变了交通运输及生活的方方面面。

(9) 19 世纪 60 年代非晶合金急冷技术的发明，导致非晶合金诞生。

(10) 20 世纪 70 年代光纤的发明和量产，迎来了信息时代。

(11) 高强度、高韧性、超薄大猩猩玻璃工艺的发明。大猩猩玻璃的制备源于两个关键工艺：一是康宁首创的"熔融拉制"工艺将其拉制成很薄的平整而无瑕疵的玻璃片；二是将玻璃浸入高温的熔融状钾盐中，发生离子交换，在玻璃中置换加入大体积的钾离子，在玻璃内部形成压缩应力，使玻璃更耐敲击和刮擦、高强度、高韧性、超薄。此外，通过对平板玻璃的表面处理，在其表层形成内应力层的工艺，也可以大大提高玻璃的强度，使得玻璃在建筑、各种屏膜、手机等领域的应用更加广泛。

(12) 大块非晶合金技术、熵调控技术的发明，导致大量非晶合金体系的发现，非晶合金在节能、信息领域广泛应用。

(13) 平板玻璃的浮法制备技术是玻璃材料历史上的重要技术发明，因为这项工艺极大地促进了玻璃材料的广泛应用。1959 年英国皮尔金顿兄弟发明的浮法玻璃生产工艺，是当时最先进的平板玻璃生产工艺，被誉为玻璃史上的一次革命。基本原理是让玻璃高温熔液浮漂在金属液面上抛光、平整成型为光洁的平板玻璃。中国在 20 世纪 60~70 年代，组织全国科研工作者联合攻关，发展出洛阳浮法平板玻璃生产工艺，并称为世界三大浮法玻璃工艺之一。

图 4.33 是浮法玻璃生产、成型工艺技术过程。浮法玻璃生产成型过程是在通入保护气体的锡槽中完成的。熔融的玻璃液从池窑中连续流入并漂浮在相对密度大的锡液表面上，在重力和表面张力的作用下，玻璃液在锡液面上铺开、摊平，形成上下表面平整的平板，经过硬化、冷却后，被引上过渡辊台；再经机械拉引、挡边和接边机的控制，形成所需要的平板玻璃带，然后通过辊台的辊子转动被拉引出锡槽，进入退火窑，经退火、切裁，就得到浮法玻璃产品。为避免锡液氧化，锡槽内空间充满氮氢保护气体。浮法与其他成型方法相比所具备的优点是：适合于高效率制造优质平板玻璃，如厚度均匀、上下表面平整、互相平行；生产线的规模不受成型方法的限制，能耗低，成品利用率高；易

于实现全线机械化、自动化，生产率高，可连续作业周期长达几年，有利于稳定地生产。

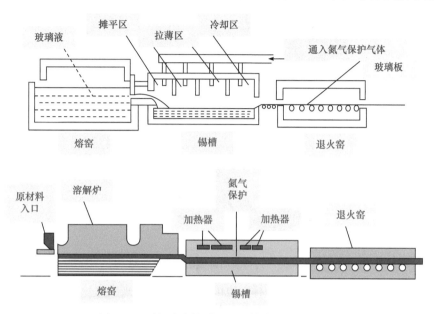

图 4.33　平板玻璃的浮法工艺技术流程示意图

平板玻璃还有另外两个重要生产方法：压延法和溢流法。压延法如图 4.34 所示，玻璃液在一对压延辊压制下，形成表面带有花纹的平板玻璃，主要用于光伏玻璃。溢流法是将玻璃液从倒三角形的溢流槽内溢出，下拉成型，如图 4.35 所示。这种方法可以生产柔性带状玻璃材料。

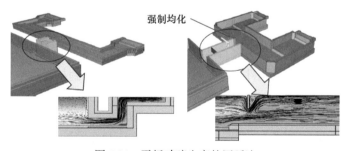

图 4.34　平板玻璃生产的压延法

(14) 溶胶-凝胶法是制备非晶材料的湿化学方法中的一种方法。溶胶-凝胶法是用含高化学活性组分的化合物作前驱体，在液相下将这些原料均匀混合，并进行水解、缩合化学反应，在溶液中形成稳定的透明溶胶体系，溶胶经过陈化，胶粒间缓慢聚合，形成网络结构的凝胶，凝胶网络间充满了失去流动性的溶剂，形成凝胶。凝胶经过干燥、烧结固化制备出非晶材料。溶胶-凝胶法低温合成氧化物玻璃有许多优点[68]。

(15) 高分子可以通过聚合反应形成非晶态高分子材料。高分子是链状结构，链状结构包括链节的化学结构，链节与链节连接的化学异构，共聚物的链节序列，分子量及分子量分布，以及分子链的分支和交联结构。在合适的情况下，这些结构相同的链节，正如许多相同的小

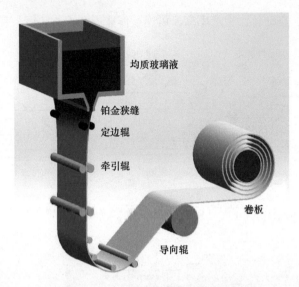

图 4.35 肖特采用溢流法生产柔性玻璃

分子可以整齐地排列起来成为晶体一样，也可以局部折叠起来成为片状结晶态，称为片晶。片晶又可以堆砌成球状，称为球晶。在高分子的分子与分子之间，相同的链节也可以排列成片晶，片晶再堆砌成球晶或其他晶态；如果这种堆砌是混乱的，就是非晶态高分子结构。

(16) 非晶态半导体材料制备工艺。非晶态半导体主要有两大类：硫系非晶态半导体和四面体键非晶态半导体。采用硅烷辉光放电分解方法，可在非晶硅中实现掺杂效应，控制非晶硅电导和制造 pn 结。含硫族元素的非晶半导体，如 S、Se、Te 等，其制备方法通常是熔体冷却或气相沉积。硫系玻璃的性质与制备方法关系不大。四面体键非晶态半导体(如非晶 Si、Ge、GaAs 等)只能用薄膜淀积的办法(如蒸发、溅射、辉光放电或化学气相淀积等)，只要衬底温度足够低，淀积的薄膜就是非晶态。四面体键非晶态半导体材料的性质与制备的方法和工艺条件密切相关，非晶硅的导电性质和光电导性质也与制备工艺密切相关。不同工艺条件下，氢含量不同，直接影响到材料的性质。

合金是最难形成非晶态的物质，需要超高冷却速率。所以，非晶合金的制备工艺发明最晚，相对条件和技术要求更高，工艺指标控制也更加困难，大规模生产的技术问题至今也难以克服。4.4 节专门介绍非晶合金的制备方法和经验形成判据。

非晶材料制备和加工技术的变革带来的影响都是革命性的，改变了社会和我们的生活。

4.3.2 点石成金的微量掺杂工艺

微量掺杂在古今中外材料制备工艺中广泛使用，也是材料研制神秘性的来源之一。早在青铜时代(公元前 3000~前 1000 年)，青铜 Cu-Sn 的性质就用微量铅的掺杂来调控。中国古代有越王勾践剑，英格兰有石中剑和断钢剑，日本有天丛云剑，伊斯兰国度有大马士革钢刀剑。其中大马士革钢刀剑曾让 12 世纪东征穆斯林的英国十字军望而生畏。在冷兵器时代，铸铁术直接影响战争成败。到 18 世纪大马士革钢原产地印度被英国人侵占，锻造技术在 18 世纪中叶神秘失传。技术失传很可能是因为锻造大马士革钢的原材料成分发生了变化，矿石中的一种或数种微量成分消失了，再也造不出之前的大马士革钢了。

这个故事充分说明了微量元素掺杂的重要性。近代，冶金及各类材料制备工艺技术中广泛采用微量掺杂工艺，例如在半导体材料中微量掺杂起关键作用。微量元素能够在宏观体系中发挥关键作用，类似社会群体中的领袖一样，其机制还是个未解之谜。

微量掺杂制备工艺在非晶材料制备过程中也发挥着重要的作用。例如，光纤就是通过降低玻璃材料中铁、铜、锰等杂质，制造出"纯净玻璃"，这样信号传送的损耗就会被降至最低，就能够利用纯净玻璃制作光学纤维，实现高效传输信息；加入少量 PbO，能制备纯净光学玻璃；微量掺杂也能大大提高合金的非晶形成能力；微量盐卤可使豆蛋白快速凝固成豆腐。在非晶材料中掺杂工艺主要起到如下作用。

(1) 改进非晶材料的形成能力。如在非晶合金中，小于 1 at.%的掺杂可以显著改变体系的 GFA。如图 4.36 所示，Al 和 Gd 的微量掺杂对 $Cu_{50}Zr_{50}$ 体系 GFA 的影响很显著，从照片可以看到 4%的 Al 的掺杂使得 $Cu_{50}Zr_{50}$ 的临界尺寸从 2 mm 增加到$(Cu_{50}Zr_{50})_{96}Al_4$ 的 5 mm，1%的 Gd 掺杂使得体系再增加到$(Cu_{50}Zr_{50})_{92}Al_7Gd_1$ 的 12 mm；Al 和 Gd 的含量对 GFA 的影响巨大[69]。此外，掺杂量要合适，存在最佳掺杂量[69]。这种掺杂增强 GFA 的效应在合金体系很普遍，如图 4.37 是 Co 对 Ce-基非晶合金 GFA 的明显影响。

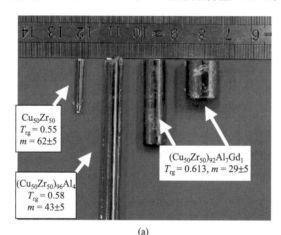

(a)

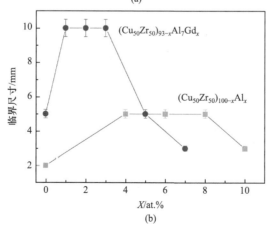

(b)

图 4.36　微量掺杂对 $Cu_{50}Zr_{50}$ 体系 GFA 的影响。(a) Al 和 Gd 的微量掺杂使得非晶 $Cu_{50}Zr_{50}$ 临界尺寸从 2 mm 增加到$(Cu_{50}Zr_{50})_{96}Al_4$ 的 5 mm，再到$(Cu_{50}Zr_{50})_{92}Al_7Gd_1$ 的 12 mm；(b) Al 和 Gd 的含量对 GFA 的影响[69]

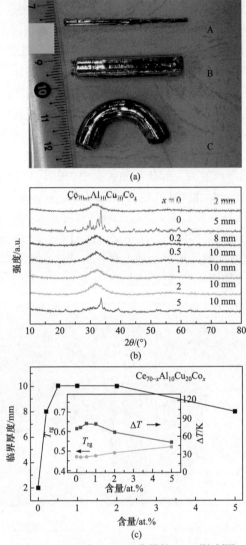

图 4.37   Co 对 CeAlCu 非晶的 GFA 影响[70]

(2) 掺杂可以显著改变体系的性能和稳定性。如图 4.38 所示，微量掺杂对 $Cu_{50}Zr_{50}$ 体系稳定性、玻璃转变、熔体的性质有明显的影响[69]。Al 的微量掺杂能显著增强 CuZr 非晶的塑性(图 4.39)[70]。图 4.40 反映了微量 Co 掺杂对 Ce 基非晶模量的明显影响[71]，0.2%Co 的掺杂能造成约 8%体弹模量的变化。

(3) 微量稀土掺杂有纯化熔体、吸氧等作用，即稀土造渣效应。Zr 基非晶合金的 GFA 对 Zr 的纯度(氧含量不大于 200 ppm)及熔炼真空度要求较高(由于 10^{-5} Torr[①])。这限制了 Zr 基非晶合金的量产。中国科学院物理研究所受炼钢造渣启发，发明了稀土造渣方法，实现了在较低真空和较低纯度条件下制备 Zr 基非晶合金[72]，已被广泛应用于工业制备非晶合金。如图 4.41 所示，微量掺杂稀土 Y，可以用低纯度的 Zr 作为原材料来制备 Zr 基

_____

① 1 Torr = 1 mmHg = $1.33322×10^2$ Pa。

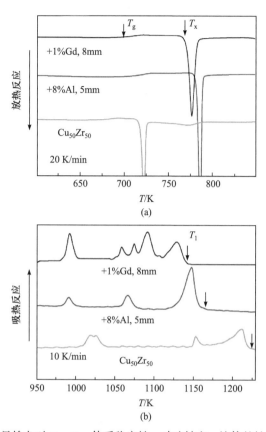

图 4.38　微量掺杂对 $Cu_{50}Zr_{50}$ 体系稳定性、玻璃转变、熔体的性质的影响[69]

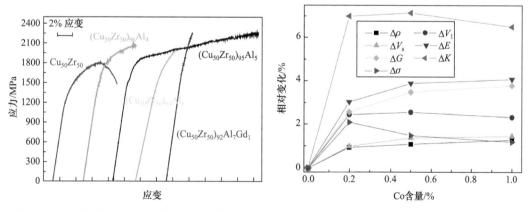

图 4.39　Al 微量掺杂对力学性能的显著影响[70]　　图 4.40　微量 Co 成分对模量和密度的影响[71]

非晶合金。Y 和氧的混合热相比 Zr 更大，即 Y 具有更大的和氧的亲和性，所以在熔融过程中优先和氧反应，形成钇的氧化物，而氧化钇的微结构和 Laves 相(非晶形成的"毒药")差别很大，不会诱发体系中 Laves 相的大量形成，而氧化锆的微结构和 Laves 相类似，容易诱发晶化。形成的氧化钇会漂浮在熔体表面(造渣)，不影响非晶的形成。此外，Y 的掺杂可以降低熔体的熔点温度，也有利于非晶的形成[72]。

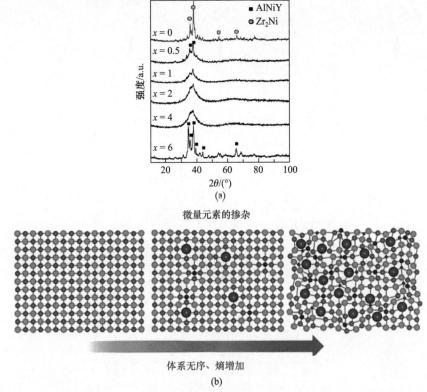

图 4.41   (a) Y 的掺杂有造渣作用，提高体系的 GFA[72]；(b) 微量掺杂提高非晶形成能力的示意图

在非晶物质中，合适的微量掺杂具有神奇的增强 GFA、优化性能、助熔效果，可谓点石成金的功效，因此，在非晶材料制备中微量掺杂工艺被广泛使用。如图 4.41(b)所示微量掺杂主要是通过提高体系的无序度和熵来提高非晶形成能力的。虽然微量掺杂的物理机制还不甚清楚，但探索非晶材料需要关注和应用这种方法，掺杂方法还会不断给非晶材料领域带来神奇的功效。

4.3.3   神奇的助熔剂工艺

助熔剂一般指能降低要熔融的物质的软化或熔化温度的物质。在非晶玻璃材料发展历史上，助熔剂工艺起到了关键作用。但是其作用往往被忽视，所以我们把助熔剂专门作为一节来介绍。

制备非晶材料的原材料熔融温度越高，非晶熔体越难均匀，对炉体设备、加热方式、成型设备要求越高，因此成本也越高。青铜最早是中东人炼出来的。中东的铜匠们在远古时代炼铜时会加入赭石(一种主要成分为三氧化二铁的石头)，作为助熔剂，降低熔炼温度，提取纯铜。

从 Turnbull 的非晶形成判据我们知道，对于同一个体系，降低其体系的熔点有利于提高其非晶形成能力，因此助熔剂和深共晶点的作用有异曲同工之妙。一个体系处在深共晶点，也意味着这些组元互为助熔剂，因为它们的组合把整个体系的熔点大大降低了。因此，在制备玻璃材料过程中找到合适的助熔剂，来大大降低制备玻璃的原材的熔炼温度，是获得高质量玻璃材料的关键和途径。在古代玻璃制备之初，玻璃通常有色彩、半透明，且其原料(二氧化硅)的来源是破碎的石英石而非沙子。聪明的古人想出了绝妙的办法，能将破碎石英石的熔化温度降低到青铜时代的熔炉所能达到的最低温度，这是利用沙漠植物的灰烬，即利用助溶剂的开始。这些灰烬中含有大量的盐(如碳酸钠或碳酸氢盐)，沙漠植物中还含有石灰(即氧化钙)，能使玻璃熔融温度大大降低，且得到的玻璃更加牢固。助溶剂自始至终一直伴随着玻璃材料发展的历史。

下面介绍几种在非晶材料史上起重要作用的助熔剂。

第一个介绍的是泡碱助熔剂技术的发明。早期的玻璃不透明，有颜色，不纯净。这是因为早期的用木生火的炉腔温度低，炼制玻璃的原材料熔融需要的温度高。因此，很多杂质和原材料未能充分熔化、混合，玻璃液体含有很多杂质、不均匀。因此，冷却凝固得到的玻璃材料往往是不透明或者是半透明的，因为玻璃液的纯度不够。古罗马时代泡碱助熔剂技术的发明，使得制备玻璃的原材料的熔炼温度大幅下降，这样玻璃熔液能充分熔化、更加均匀、纯净，杂质少。这样就得到了透明的玻璃，而且大大降低了玻璃材料制备成本，促使玻璃材料走进寻常百姓家。

第二个是氧化铅助熔剂。17 世纪发现在玻璃原材料中加入 PbO 大大降低了玻璃的黏度和熔化温度。氧化铅助溶剂导致纯净、透明的玻璃的制备，而且铅玻璃较软，更通透和清澈、更易于成型和刻磨。因此，铅玻璃成为优质的光学玻璃，为望远镜、显微镜、三棱镜的发明提供了优质的玻璃。

第三个是 B_2O_3 助熔剂。通过 B_2O_3 助熔剂包裹 PdNiP 合金，在熔化过程中，液态 B_2O_3 助熔剂把合金和炉子的器壁隔离开来，避免了非均匀形核。同时 B_2O_3 助熔剂有吸附 Pd-，Fe-合金熔体中杂质的作用，可纯化合金。该助熔剂方法在 19 世纪 80 年代成功制备出块体非晶合金，助熔剂技术导致第一个大块非晶合金体系的发现，对大块非晶合金的发展起到促进作用。B_2O_3 助熔剂还应用到形核研究中。

第四个是稀土助溶剂。在合金体系中加入少量稀土，如 Y 和 Gd，它们能与环境和合金中氧、Si、C 等结合成渣，这些渣能浮在金属熔体表面，容易与金属熔体分离，从而去除；同时稀土的掺杂也能降低合金熔体的熔点，这使得合金能得以均匀熔炼或精炼，从而大大提高体系的 GFA，降低对原材料纯度、真空度的要求，大大降低非晶合金制备的成本。稀土掺杂在大块非晶合金工业化生产中广泛使用。

但需要说明的是，对于某一类玻璃形成体系，要找到合适的助熔剂很难。一旦发现合适的助熔剂，就可以大大改进非晶体系的制备工艺。因此，在非晶材料制备研究中应该注意开发合适的助熔剂，发现一种好的助熔剂可能在某种非晶材料领域带来革命性进步。

4.4 非晶合金的制备方法和经验形成判据

4.4.1 主要制备方法

非晶合金的制备原理就是：把物质体系在高能态的结构无序或高熵态保持到室温条

件。根据此原理，如果合金熔体在冷却过程中冷却速率足够大，熔体中的原子就会随着温度的降低失去动能(kinetic energy)，运动会越来越慢，冷却最终使得熔体中绝大部分原子的运动被"冻结"下来，因此其结构和液态类似，体积不发生突变(正常结晶时体积发生突变)，形成非晶态合金，如图 4.42 所示。所以，早期非晶合金的制备技术的关键是如何实现高速冷却，并且已发展出许多非晶合金的凝固制备方法。

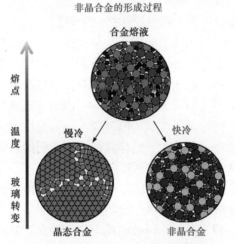

图 4.42　非晶合金的形成原理示意图

　　图 4.43 是用熔体快速凝固方法制备非晶合金的发展情况图。最早制备非晶合金采用的是稀释气态凝聚的方法。这类方法是先用不同的工艺将固体的原子或离子以气态形式离解出来，然后使它们快速沉积到冷却底板上，从而形成非晶态薄膜。根据离解和沉积方式的不同，可分为溅射法、真空蒸发沉积、离子溅射、辉光放电、电解和化学沉积等。图 4.44 是沉积法示意图，早期曾采用这种方法尝试制备非晶合金薄膜。现在仍用这个原理制备各种非晶合金膜和非晶纳米颗粒[73]。

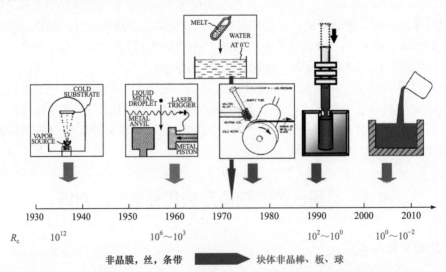

图 4.43　熔体凝固制备非晶合金方法发展图示(北京航空航天大学李然教授提供)

20 世纪 60 年代初发展出熔体急冷快淬法，包括液滴喷射技术、急冷铜块高速旋转技术、双辊快淬技术、平面流动铸造技术、熔融金属拉拔技术和大过冷技术(包括多级雾化技术)等。这些快冷技术的共同原理是把合金熔体快速喷射到铜块上，利用铜块迅速降温，实现快速凝固。图 4.45 是 Duweze 发明的快淬方法示意图，让熔滴落到两块铜块之间，两铜块快速砸这个熔滴，使之快速冷却成非晶合金片。这个方法现在看起来非常简陋，可是快淬技术导致了三大重要的发明：一是导致非晶合金的发明，大量非晶合金体系被发现，形成非晶软磁新行业；二是得到制备超饱和固溶体的新方法，获得一系列超饱和固溶体；三是导致准晶的发现，颠覆了传统晶体学，获得诺贝尔化学奖。很多重要的发明的初始都是很简陋的，快速凝固技术的发明也是这样，曾经被人嘲讽和不屑。这让人想起航海家哥伦布竖鸡蛋的故事：哥伦布横渡大西洋，发现美洲新大陆，开创了人类认识世界的新纪元。但在当时，不以为然的嫉妒者很多。在一次宴会上，一些达官贵人挑衅哥伦布说："你发现了新大陆，可我看不出这有什么值得大惊小怪的。任何一个人绕着地球转，都会发现这么一大块土地的。"哥伦布略一沉思，取来了一个鸡蛋，对在座的人说："先生们，你们当中谁可以使这个鸡蛋竖立起来吗？"人们呆住了，没有一个人能竖起来。哥伦布把鸡蛋接过来，轻轻地敲破了一点底部的壳，于是，鸡蛋就竖立在餐桌上了。接着，他平静地说："先生们，这再简单不过的了，任何人都可以做，但是在有人做过了以后。"

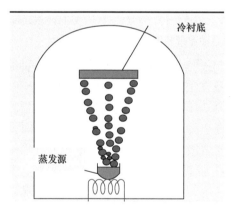

图 4.44　沉积法示意图

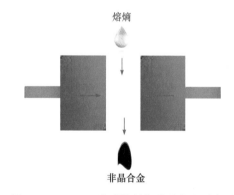

图 4.45　Duweze 发明的早期快淬方法示意图

1973 年，Pond、Maddin 和陈鹤寿等发展了平面流铸技术，利用双辊急冷轧制法和单辊离心急冷法制备出非晶合金薄带。这一技术使得非晶合金材料能够以较低成本进行规模化生产，从而促进了铁基非晶合金这一具有优异软磁性能的材料的产业化快速发展。图 4.46 是工业化生产非晶条带生产熔炉和制备条带设备。高温熔液浇在快速旋转的铜轮上(每秒 50 m 左右)，形成非晶带材。图 4.47 是目前工业化制备非晶合金条带采用的工艺流程图。用这种方法全世界现在每年制备出几十万吨非晶合金。

但是，这些方法能制备出的非晶合金粉、丝和条带三维尺寸太小，限制了非晶合金材料的应用范围，同时也影响了对其许多性能的系统、精确的研究[74]。20 世纪 70 年代

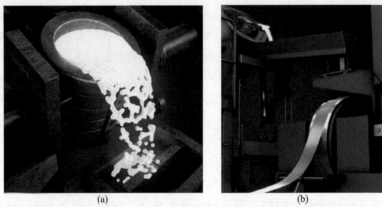

图 4.46   工业化生产非晶条带生产熔炉(a)和制备条带设备(b)

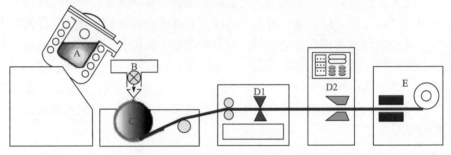

图 4.47   工业化制备非晶合金条带方法和流程示意图：A 是熔体炉包，B 是浇铸口，C 是高速旋转 Cu 辊，D 是收集装置，E 是自动卷带装置

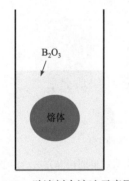

图 4.48   助溶剂水淬法示意图

初发展出助溶剂水淬法[75]。如图 4.48 所示，这是一种简单特殊的非晶合金制备方法。对某些特殊成分(如 PdNiP 合金)，在石英管中用 B_2O_3 熔液包覆在合金的四周，这样可以避免在加热时由于真空度的不足而造成氧化，加热时即使石英管破裂，黏稠的熔液也可以将合金熔体与大气隔绝，避免氧化。熔态 B_2O_3 能把熔态合金和晶态器壁隔开，避免了异质形核质点、非均匀形核对非晶形成能力的影响。另外，熔态 B_2O_3 温度低可以吸附合金中的杂质，起到净化的作用[75]。合金经过反复熔炼净化后，淬于水中，得到非晶合金。此方法操作简单，制备出第一个大块非晶合金。但这种方法有一定的局限性，不同的合金系需要的助溶剂不一样，很多合金系找不到合适的助溶剂。对于那些与石英管壁有强烈反应的合金熔体不宜采用此方法，而且这种方法冷却速率低。

19 世纪 80~90 年代，人们发展出一系列制备原理与急冷法完全不同的非晶合金制备新方法，包括多层膜界面互扩散反应非晶法、机械合金化法、离子混合法、反熔化法、氢致非晶化法、压致非晶化方法等[3]。其基本原理是通过具有很强混溶趋势组元之间的非对称互扩散，抑制组元在混合反应过程中形成金属间化合物，提高体系的能量，来获得非晶态合金材料。分别介绍如下：

1) 多层膜界面固相反应方法(solid state interfacial reaction method)

1983 年 Schwarz 和 Johnson 在晶态 La 和 Au 交叠沉积层(厚度在几十纳米)组成的多层膜中通过低温(50～80℃)真空退火，获得了 La-Au 非晶相[76]。图 4.49 是 Au 和 La 膜之间固相反应非晶化的实验结果，可以看到刚制备出的 Au-La 多层膜是晶态 Au 和 La 的混合物，固相反应后，获得 Au$_{50}$La$_{50}$(at.%)非晶相。这是首次采用非凝固方法获得非晶态合金。这项工作触发人们对非晶物质形成机制进行拓展思考，在当时掀起了采用固态反应非平衡相变方法制备非晶合金、研究非晶合金形成机制的热潮。1980～1990 年代初，非晶研究的主流是非平衡固相反应及机制[77]。

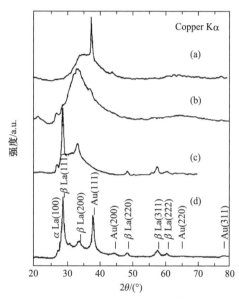

图 4.49　Au-La 多层膜固相反应 X 射线图[76]。原始 Au-La 多层膜是晶态 Au 和 La 的混合相，固相反应后，(a) 是富 Au 多层膜反应结果：非晶+晶态 Au 相；(b) 是 Au$_{50}$La$_{50}$(at.%)多层膜反应结果，得到完全非晶相；(c) 是富 La 多层膜反应结果：非晶+晶态 La 相

多层膜固相反应非晶化是在较低温度激发下，通过多层膜中高密度界面上的元素非对称互扩散而导致的远离平衡相变而形成非晶物质的技术。如图 4.50 所示，多层膜系统的高密度界面使该系统具有较高的体自由能，这种较高的能态在较低的温度激发(低温退火)下，通过缓慢固相反应向一系列较低能态过渡，可暴露和截获一些常态下难以获得的物质的亚稳态，形成各种不同的亚稳相(包括非晶态)。在一定的成分范围内(等成分点附近)，可实现材料整体的非晶转变。多层膜固相反应方法也为研究固相反应非平衡过程的动力学和热力学提供了模型体系。Johnson 的开创性工作，引发了人们对更多的二元系金属/金属或金属/非金属进行了大量的研究工作[78-80]，先后在几十种过渡族的金属/金属、金属/硅双层或多层膜中实现了固相反应非晶化，并总结得出以下两个发生固相反应非晶化的热力学和动力学的条件[81]：①多层膜两组元之间有较大的负混合热，负混合热为多层膜界面上的固相非晶化反应提供驱动力；②两组元之间的互扩散是非对称型的，即一种组元在另一种组元中为快扩散，这种快扩散是非晶化反应动力学条件。由于多层膜固

相反应过程相对于急冷方法要缓慢得多(一般在几个小时以上),因此在相变中暴露的亚稳相很容易截获,为获得包括非晶在内的亚温材料开辟了新途径。多层膜固相反应非晶化现象的发现,激发了人们探索、发展出其他类似的非晶合金合成方法;同时,也为互扩散系数的测量,高质量多层膜的制备,集成电路中界面扩散的控制等方面提供了知识支撑。

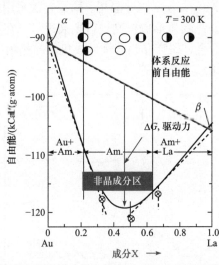

图 4.50 Au、La 二元多层膜体系自由能图。粗红线为 Au 和 La 两组元机械混合的自由能,粗黑抛物线为 Au-La 非晶态自由能,α、β 为固溶体自由能,ΔG 为固相反应驱动力[76]

2) 机械合金化法(球磨方法,mechanical alloying,MA)

美国橡树岭国家实验室的 C. C. Koch 首先将广泛用于粉末冶金领域的机械合金化方法用于制备非晶合金[82]。他发现将两种或多种元素粉末通过长时间机械球磨,可使之产生充分混合和合金化反应,获得非晶物质。图 4.51 为机械合金化法装置及制备非晶原理的示意图。这个方法是将金属或合金粉末和金属硬球一起装入高能球磨机,在高能球磨机中通过粉末颗粒与磨球之间长时间激烈地冲击、碰撞,使粉末颗粒反复产生冷焊、断裂,导致粉末颗粒中原子界面扩散,从而获得合金化非晶粉末的一种粉末制备技术。机械合金化制粉技术是美国国际镍公司的本杰明(Benjamin)等于 1969 年发明的一种新的制粉技术,首先被用于制备弥散强化高温合金。1983 年 Koch 等采用机械合金化法首先制备出 $Ni_{40}Nb_{60}$ 非晶合金,直到 1985 年 Schwarz 等用热力学方法预测了 Ni-Ti 二元系机械合金化非晶合金的形成区域,并采用固态反应理论解释了机械合金化形成非晶态机制之后,机械合金化制备非晶粉末的方法才开始引起重视。Gaffet 等又报道了 Si 在球磨时发生部分非晶化,这是纯元素通过机械球磨产生非晶化的第一个例子。由于采用机械合金化制备非晶的方法避开了对熔体冷却速度和形核条件较为苛刻的要求,因而具有很多优点,例如可以得到更加均匀的单相非晶体,可以合成快速凝固技术无法制备出的非晶合金等。此外,该方法在技术上简便,具有普及性,很快引起人们的极大兴趣。机械合金化制备非晶材料的方法在短短的近二十年中得到了很大的发展。现在,该方法已成为制备非晶合金粉末的重要手段,已经商业化。人们用 MA 方法对几乎所有的二元过渡族金属/金属或金属/类金属的机械合金化过程进行了研究,并扩展到多元体系[83-85]。此外,

MA 法还可以用来制备纳米晶、金属间化合物、过饱和固溶体、高温合金、准晶等常规条件难以获得的新相[83]。

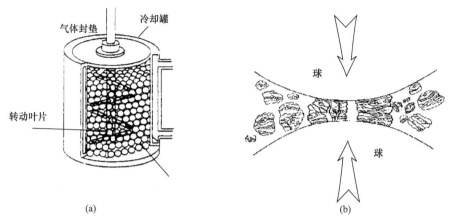

图 4.51　机械合金化法装置图(a)及制备非晶原理示意图(b)[83]

用机械合金化法制备非晶合金的机制非常复杂，反应过程中多种因素都对反应过程有影响。关于其非晶形成机制有两种不同的观点：一种是熔化—快速冷凝机制，即认为由球与球及器壁的反复、快速地无规则碰撞，引起材料局部瞬间熔化，并快速凝固形成非晶的；另一种观点认为其反应机制类似于多层膜固相反应非晶化过程，球磨促使组元之间通过原子扩散逐渐实现合金化、非晶化；在球磨过程中粉末颗粒在球磨罐中受到高能球的碰撞、挤压，颗粒发生严重的塑性变形、断裂和冷焊，粉末被不断细化，新鲜未反应的表面不断地暴露出来，晶体逐渐被细化形成层状结构，粉末通过新鲜表面而结合在一起。这显著增加了原子反应的接触面积，缩短了原子的扩散距离，增大了扩散系数。多数非晶合金体系的形成过程是受扩散控制的，因为球磨使混合粉末中产生高密度的晶体缺陷和大量扩散偶，在自由能的驱动下，由晶体的自由表面、晶界和晶格上的原子扩散，非晶相逐渐形核长大，直至耗尽组元粉末，形成非晶合金。然而，与多层膜固相反应非晶化所不同，许多具有正混合热的二元体系、单质元素也实现了球磨非晶化。

机械合金化方法不需要普通冶金的高温熔化和凝固过程，在室温下实现合金化，得到均匀、精细结构的非晶材料，且产量较高，已成为生产常规手段难以制备的非晶合金粉末的重要方法。

球磨方法可以和很多条件配合，制备出很多新型非晶合金。如图 4.52 所示是机械合金化法配合强磁场、高压电击制备非晶粉末的示意图。这种方法可以加快合成各种非晶合金粉末，甚至可以制备纳米晶、实现各种化学反应(图 4.53)，并且适合工业化生产非晶合金[83]。

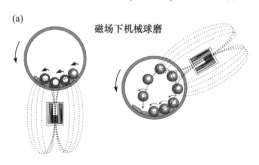

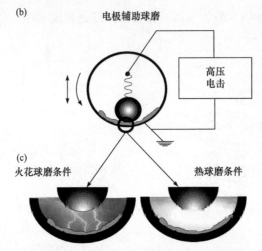

图 4.52　机械合金化法配合强磁场(a)、高压电击(b)、(c)制备非晶粉末的示意图[83]

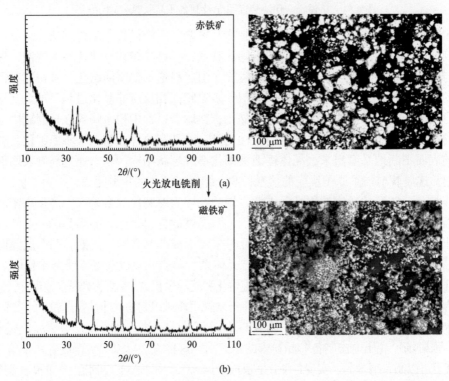

图 4.53　机械合金化法没有高压电击 20 h 球磨和配合高压电击 30 min 球磨的对比，在磁场下，加电击可以得到更细化的纳米颗粒[83]

3) 自发非晶化方法(反熔化)

自发非晶化方法是先用球磨、多层膜固相反应合成超饱和固溶体，超饱和固溶体再通过低温退火或者加热能自发转变为非晶固体的方法[86]。因为这种非晶化是从晶体自发转变成非晶态(类液态)，所以又称反熔化方法。但是，自发非晶化只发生于一些特殊的饱和 bcc 固溶体，如 Ti-Cr、Nb-Cr、Fe-W 饱和 bcc 固溶体。在一般情况下，超饱和固溶体不会转变为非晶结构，而是分解为次饱和 bcc 相结构和非晶相。在 Ti-Cr、Nb-C、Fe-W[86,87]合金中发现其超饱和固溶体能完全转变成非晶相。图 4.54 是 Fe-W 合金系中的反熔化非晶化现象[87]。Fe-W 饱和固溶体合金在以 40℃/s 的升温速率升到 720℃时，固溶体突然转变成非晶相(XRD 曲线变成弥散峰)。在 1200℃退火非晶相又晶化。

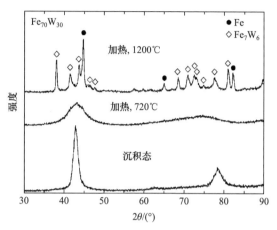

图 4.54　Fe-W 合金系中的反熔化非晶化[87]

自发非晶化的机制可以从这些体系特殊的自由能图(图 4.55)来解释。对于某些超饱和固溶体，如 bcc 的 Fe-W 固溶体，在某些成分区，其自由能实际上比非晶相还高，因此具有反熔化的热力学驱动力，退火可以使之转变成非晶相。

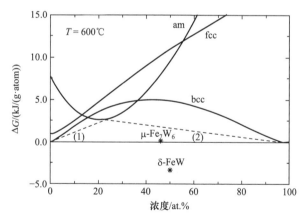

图 4.55　Fe-W 的 bcc 固溶体和非晶态的自由能图[87]

4) 离子束混合和电子辐照法

采用一定能量的离子轰击或电子辐照薄膜材料，可以产生远离平衡态的相变或非晶化[88]。这种方法的原理是高能粒子的能量传递，高能粒子轰击样品时会将很大的能量迅速传递给样品中的原子或分子，从而破坏原来的晶格，导致非晶化。此外，还发展了类似的强激光辐射和高温爆聚等新非晶物质制备技术。

5) 氢化法(HIA)

L12 型和 C15 型等金属间化合物在室温附近吸氢导致非晶化[89]。这种方法只对少数材料适用。过渡族金属元素多有吸收原子半径较小的氢原子的特性，且氢在其晶格内具有很高的扩散率，在一定的条件下，吸入足量的氢能够使金属晶格遭到破坏，形成无序的非晶结构。实验通常将金属粉末置于一定压力的氢气环境中，当吸氢达到一定程度后，即金属粉末转化成非晶化，而除掉氢气源后，氢气又释放出来，而原有的粉末仍保持非晶状态。

6) 压致非晶化方法

人们通常考虑物质的状态一般是与组成 X 和温度 T 有关，如果把压力也作为变量，物质种类就会大大增加，新的物质可能会被发现。近年来随着高压技术的进步，有关高压合成非晶材料的研究十分活跃[90]。早在 1965 年，Mcdonald 及其合作者研究了 GaSb 在压力下的相变问题[91]，他发现 GaSb I 在高压下可形成金属相 GaSb II，冷却到液氮温度后，卸去压力，然后再升至室温，GaSb II 相转变成了非晶相，这种现象就是压致非晶化。由于半导体材料多是共价键笼状结构，压力对笼状结构有很大的作用，因此在压力下，如 Zn-Sb、Cd-Sb、Ga-Sb、Al-Ge 等很多合金及元素 Sb、Ge、Si、Bi 等常常形成一些亚稳相，甚至非晶相。王文魁等通过对大量合金系的研究，提出用高压暴露亚稳相，即利用压力对合金相变过程中界面原子重排过程的影响，抑制相分解的进行，使得非晶相更容易形成，并采用高压方法在多种体系得到非晶相[92]。采用高压和淬火方法结合可以获得常规方法难以合成的非晶相，例如在约 10 GPa 高压下快速淬火熔态 Ge，使得液态 Ge 的结构和金属性(液态 Ge 表现为金属性，晶态 Ge 是半导体)都被"冻结"住，从而获得单质、有金属性的金属态非晶 Ge[93]。图 4.56 是 Ge 的高压形成过程中原位观测结果：2 μm Ge 样品在 7.9 GPa 下，从 Ge 熔体快淬下来的，其选区电镜照片的衍射像证明 Ge 已经非晶化，Ge 非晶基底上仍有些晶态 Ge，可观察到晶态 Ge 和非晶 Ge 的清晰界面，进一步证实了 Ge 的非晶化[93]。

7) 大块非晶合金铜模铸造法

日本东北大学的井上(Inoue)在 20 世纪 80 年代末，很偶然地发明了铜模喷铸法，并制备出块体非晶合金[94]。以前人们是把探索非晶合金的焦点放在提高冷却速率上，而忽视了合金熔体自身动力学行为和非晶形成能力的关系。Inoue 发现，如果合金体系比较复杂，其熔体就比较黏滞，即动力学行为慢，这样就可能不需要很高的冷却速率就能被冻结熔态的结构，用常规的凝固方法就能得到块体的非晶合金。这个方法是非晶合金探索思路和途径颠覆性的创新，使得非晶合金从带、丝、粉进入到新一代的块体非晶合金时代，极大地扩展了非晶合金的应用范围。同时，提醒人们要更关注非晶合金的成分设计。大块非晶合金铜模铸造法完全改变了非晶合金领域的面貌。加州理工学院的 Johnson 通过成分调制，研制出形成能力超强的 ZrTiCuNiBe 体系[95]。

大块非晶合金铜模铸造方法是根据一些经验和判据，先设计某个成分，然后将母合金熔化均匀后(图 4.57)，将熔体喷铸到水冷铜模中，形成具有一定形状和尺寸的大块非晶合金。图 4.58 是非晶合金从原材料到凝固成非晶，再到成型的过程。可以看出，块体非晶的制备工艺和技术更加简单，因为合金的形成能力已经通过成分设计极大地提高了。中国科学院物理研究所在铜模喷铸法基础上发展了更简便的电弧熔炼，然后是铜模吸铸方法。图 4.59 是中国科学院物理研究所研制的，并在国内很多非晶合金研究组广泛

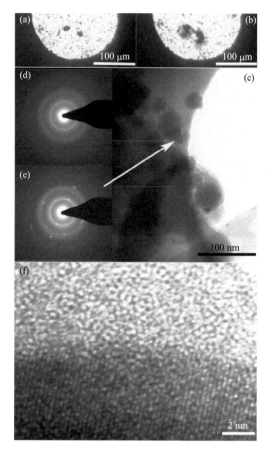

图 4.56　(a) 金刚石压砧中的晶态 Ge(未加压，尺寸~2 μm)；(b) 熔化加压凝固后的 Ge，因熔化，非晶化面积摊开；(c) 从 2 μm Ge 样品(在 7.9 GPa 下从 Ge 熔体快淬下来的样品)中 300 nm 大小区域的选区电镜照片，内有一些球状物，成分分析表面球状物是 Ge；(d) 对(c)中区域衍射，除了球状物，都是非晶态，证明 Ge 已经非晶化；(e) 球状物中部分晶态 Ge 的衍射斑点；(f) 观察到球状物中部分晶态 Ge 和非晶 Ge 的清晰界面[93]

使用的熔体 Cu 模吸铸设备，铜模吸铸原理示意及 Cu 模和样品照片也附在图中。图 4.60 是 Johnson 采用的感应熔炼，自然冷却制备非晶合金的设备。Inoue 组还发展了浇铸法，即将熔体直接倾倒到 Cu 模具中。该方法可提高非晶合金的形成能力，制备更大块、更致密的非晶合金材料。

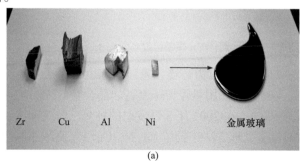

(a)

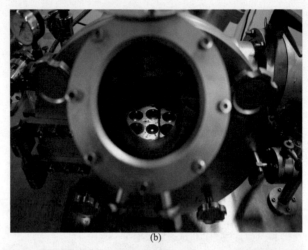

(b)

图 4.57　将不同金属组元混合(a)，在电弧炉中熔化均匀，浇注到铜模凝固成块体非晶合金(b)

图 4.58　非晶合金从原材料到凝固成非晶到成型的过程(来自液态金属公司)

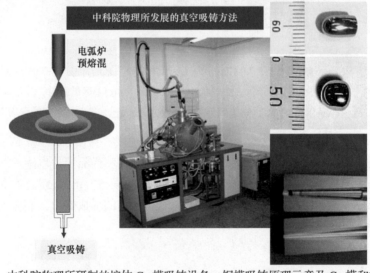

图 4.59　中科院物理所研制的熔体 Cu 模吸铸设备、铜模吸铸原理示意及 Cu 模和样品照片

此外，极端条件如高压、微重力环境、悬浮熔炼也可以帮助制备块体非晶合金，研究非晶形成规律。图 4.61(a)是利用悬浮熔炼制备非晶合金的方法，悬浮熔炼可以避免非均匀形核，提高合金的 GFA。在 2002 年 3 月发射的神舟三号飞船上，中国科学院物理研究所采用 B_2O_3 助熔剂包裹处理方法进行了 $Pd_{40}Ni_{10}Cu_{30}P_{20}$ 块体非晶合金的制备实验。空间与地面形成样品比对分析表明空间凝固的非晶样品表面光滑明亮，外形为规整的球形，

图 4.60　感应熔炼，自然冷却形成非晶合金的方法

(a)

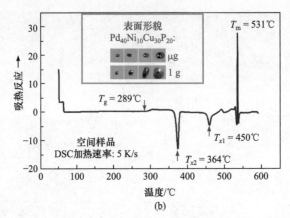

图 4.61   (a) 用悬浮熔炼制备非晶合金球的方法(来自 A. Meyer 教授); (b) 神舟三号飞船上的 Pd 基非晶
球和地面的对比(秦志成教授提供)

而地面的样品表面明显缺乏光泽, 形状不圆整(图 4.61(b))。空间微重力条件下获得了比
地面更大的过冷度, 以约 0.85 K/s 的冷却速率形成了直径为 3 mm 的 $Pd_{40}Ni_{10}Cu_{30}P_{20}$ 非晶
合金球。空间制备的 Pd 基非晶具有和地面不同的晶化过程, 并形成新的亚稳相。

以成分设计为理念和思路的大块非晶制备系列方法的发明, 导致大量新的强非晶形
成能力的合金体系的发现, 大大促进这个领域的发展。图 4.62 是非晶合金领域年发表文
章数量和新制备技术的关系图, 可以看出, 非晶合金制备技术的发明会大大促进该领域
的发展和热度。同时, 成分设计及合金复杂性的思路也启发了另一类新型金属材料——
高熵合金材料的发明和研究。

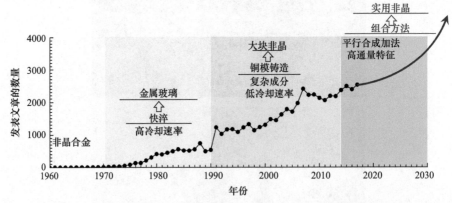

图 4.62   非晶合金年发表文章的数量和新制备技术的关系图。非晶合金制备技术的发明, 会大大促进该
领域文章发表量

实际上, 每次非晶材料制备方法的突破都是非晶研究的重大进展, 图 4.63 是非晶合
金制备技术和非晶合金发展的关系图。非晶合金的历次研究高潮都是由非晶合金制备新
技术带来的。因此, 从非晶合金领域的发展来看, 非晶制备方法和设备创制对该领域的
发展起着主导作用, 制备方法和设备创制的领先就是在非晶材料领域的领先。非晶合金
目前的制备方法和工艺还很不完善, 还有很大的改进和发展的空间。发展新的制备方法

始终是非晶物质科学研究的一个重要方向，也是非晶领域可能的新的突破点。

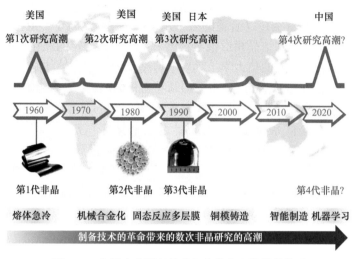

图 4.63　非晶合金制备技术和非晶合金发展的关系

4.4.2　经验形成判据

材料科学家们一直梦想能实现非晶合金的设计，希望能找到可以预测、指导探索具有高非晶形成能力的合金成分的判据。发现一个有效的非晶形成能力的判据，可以使探索新成分事半功倍。合金的非晶形成能力(GFA)可以简化为直接用临界冷却速率或块体最大尺寸来表征。低的临界冷却速率和大的尺寸，意味着该合金有强的非晶形成能力。由于临界冷却速率难以测定，而尺寸对比又不够准确，因此人们常用便于测量的参数作为判据来评价合金的非晶形成能力。

非晶合金发明以来，人们为寻求有效的非晶形成能力判据进行了不懈的努力，在对非晶合金结构、形成热力学和动力学大量研究、数据评价的基础上，提出了许多用于研制非晶合金的经验判据。这些常用的判据有[15,94,96]：

$$T_{rg} = T_g/T_l \tag{4.17}$$

$$\Delta T_x = T_x - T_g \tag{4.18}$$

$$\gamma = T_x/(T_g + T_l) \tag{4.19}$$

等等。T_{rg}，ΔT_x，γ 值大，体系的非晶形成能力一般较大。这些表征合金非晶形成能力的参数都利用了非晶合金的特征温度参数，如玻璃转变温度 T_g、晶化开始温度 T_x、和液相线温度 T_l 之间的关系来间接表征。虽然这些参数都是唯象参数，但可以较好地与合金体系的非晶形成能力相关联，可帮助评估一个体系的 GFA。

目前在高形成能力的非晶合金设计中，经常考虑的几条经验规律或者判据是[15,97]：①合金组元数多于 3 种，多组元体系较容易制备成非晶态，单元素特别是单质金属极难制备成非晶态，目前的制备技术只能将 Si、B、C、Se、Ta、W 等极少数单质元素制成稳定的非晶态；②组成元素之间原子尺寸差大于 12%，这使得体系能形成最大密堆结构，从而具有最大的液态黏滞系数；③主要组元之间具有较大的负的混合热，这使得体系有较大的非晶化驱动力；④元素之间互扩散是非对称的，这样元素之间很难形成金属间化合物；⑤合金的成分要在其相图的共晶点附近，这样熔点低，容易快速凝固成非晶固态；⑥尽量减少氧的影响(高真空)；⑦合适的微量元素掺杂使合金难于形成稳定的晶核，在凝固过程中可以较容易地抑制结晶相形核与长大，不能形成稳定的晶化相，从而提高非晶形成能力；⑧溶体晶核形成的热力学、动力学势垒要大，这样熔体结晶长大需要原子作较大的重新分配和迁移，在凝固过程中易抑制晶态相的形成，体系易形成非晶。

虽然在非晶合金的发展过程中这些判据起到一定的指导作用，但是作用非常有限，新的大块非晶合金体系的探索过程仍然是一个耗时、费力、较盲目的过程。到目前为止，已有的大块非晶合金成分和体系只是非晶合金世界中很少的部分，大量新的体系和成分仍然有待发现。此外，这些经验准则都不是普适的，其物理机制也不明确。非晶合金材料探索难题的解决需要建立在对非晶合金形成机制深刻理解的基础上，需要新的方法的发明，新的非晶理论和有效判据的指导，以及更多富有热情的年轻人的加入和努力。

4.4.3   弹性模量判据

非晶合金的弹性模量判据是在非晶弹性模量模型[98]基础上建立起来的[54,99]。因为基于弹性模型，模量判据的物理机制比较明确，可以预测一个未知非晶成分体系的某些性能，如弹性性能、某些力学性能、形成能力等[54,99]。弹性模量模型是把非晶物质的形成、形变、弛豫统一地用流变的物理图像加以描述，其物理思想是：非晶物质中粒子流变的势垒和弹性模量成正比(粒子间相互作用能的一阶导数是相互作用力，其二阶导数是弹性模量)。该模型揭示了弹性模量是控制非晶物质形成、性能和稳定性的关键物理参数。大量实验工作表明，表征非晶合金的其他物理量，如描述固液转变的玻璃转变温度，描述力学性能的强度、硬度、韧性，描述液体性质的流动激活能，描述非晶形成能力的参量等，与实验上能精确、方便测定的非晶弹性模量有直接关系，这和模量模型的思想和预测一致。在此基础上，中国科学院物理研究所非晶团队提出能预测合金 GFA，调控非晶合金性能的模量判据。模量判据包括[54,99]：①泊松比和合金的非晶形成能力关联的准则；②非晶合金塑性判据，即泊松比大的非晶合金韧性或者塑性大；③强度判据，即模量高的非晶具有高强度和硬度；④稳定性判据，即体弹性模量高的非晶合金具有高稳定性。

中国科学院物理研究所非晶团队系统研究了非晶合金的弹性性能，得到大量非晶合金及其他非晶材料的弹性常数数据，如杨氏模量 E、切变模量 G、体弹模量 K、泊松比 ν 及德拜温度 θ_D[54,99-100]。通过对这些数据的分析发现非晶合金材料弹性常数 E、G、K 和 ν 和其组元之间的弹性模量遵循如下混合准则[54,99]：

$$M^{-1} = \sum f_i M_i^{-1} \tag{4.20}$$

其中，M 代表非晶合金的弹性常数，f_i 表示第 i 个组成元素的原子百分比，M_i 表示该组成元素的弹性常数(各种元素的弹性模量可以从相关手册中查到)。同样，非晶合金的德拜温度 θ_D 也可以由类似的公式推导出来[54,99]：

$$\theta_D^{-2} = \sum f_i \theta_{Di}^{-2} \tag{4.21}$$

这里，θ_{Di} 表示材料中第 i 个组成元素的德拜温度。图 4.64 给出了各种典型非晶合金弹性模量的实验值和模量混合准则计算值的对比，其中 K/G 对应于泊松比 ν。纵坐标表示各个非晶合金的弹性常数 E、G 和 K 的计算值和实验值的比值，而横坐标代表各个非晶合金弹性模量的实验值。从图中可以看出，各种非晶合金弹性模量的测量值和计算值符合得比较好，精确性对于大部分体系优于 5%。这说明模量混合法则可以用来估算非晶合金的弹性模量，非晶合金的弹性常数近似等于各个组成元素的弹性常数的加权平均。这和非晶合金的密堆结构有关。这个发现的意义在于，只要知道了各个组元的弹性模量，就可以预先估算出其任意配比成分的未知非晶合金的弹性模量，在合金成分中占最大比例的元素的合金的弹性常数贡献最大，所以如果在非晶合金弹性常数的实验值未知的情况下，不必先做出非晶合金，可以采用混合法则来估算非晶合金材料的关键变量即弹性模量，误差一般在 10% 左右。而弹性模量又和非晶合金的性能、GFA 及特征有关联，这样就可以预测未知非晶合金成分的 GFA 和性能。

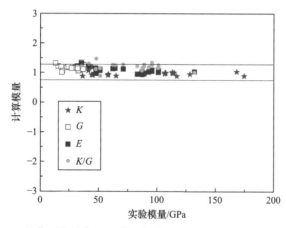

图 4.64　一些典型非晶合金的弹性常数的计算值和实验值之间的关系[54]

能在一种新非晶合金得到之前就估算出其弹性模量值的意义在于可以利用模量判据设计性能可控的非晶合金材料[54,99]。系统研究表明，非晶合金的弹性常数与其力学性能和玻璃转变之间有密切关联。如块体非晶合金的杨氏模量 E 和拉伸断裂强度 σ_f 及维氏硬度 H_V 大致成正比关系，即 $E/\sigma_f \approx 50$ 和 $H_V = E/20$。非晶合金的玻璃转变温度 T_g 和它的弹性常数也有密不可分的关系，体弹模量 K 和 T_g 之间的关系可以表示为[101]：$T_g = \dfrac{6.14 \times 10^{-3} \langle \Omega \rangle \langle K \rangle}{k_B}$，其中，$\langle \Omega \rangle$ 为平均局域体积，κ_B 为玻尔兹曼常数。杨氏模量 E 和 T_g 之间的经验关系为 $T_g \propto 2.5E$[99]。非晶合金的泊松比和非晶的断裂韧性或塑性有关联关系，泊松比大的非晶合金塑性和断裂韧性都大[99]。另外，非晶合金的泊松比 ν，或者 K/G，可以用来衡量非晶形成液体的脆性系数 m，它们的关系是[54,99]：$m = 29\left(\dfrac{K}{G} - 0.41\right)$，这个关系式表明非晶形成液体的黏度也由其弹性常数来决定。

图 4.65 给出非晶合金中弹性模量和非晶形成能力及性能各种关联图。根据这些关联和模量判据，可以根据成分先预测模量，然后从弹性模量的角度出发，通过调制成分来调制模量，从而实现性能和形成的调控与预测[54,99]。不需要测量材料的各种参数就可以分析和预判一个新体系的非晶形成能力和各种性能，这对探索一个新的非晶合金体系至关重要。弹性判据在合金的非晶形成能力和性能与元素的弹性常数之间建立了联系，可以通过选择具有适合模量的元素来指导发展全新的非晶体系，也就是说可以通过选择组成元素来调整非晶的形成能力和控制性能[54]。这是模量判据不同于其他判据的特色。

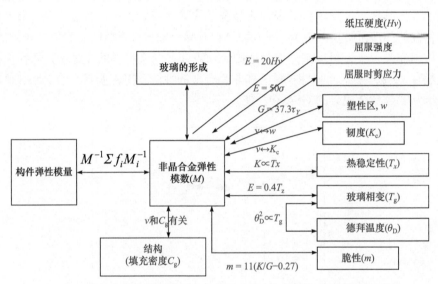

图 4.65　非晶合金中弹性模量和非晶形成能力与性能各种关联的图示[54]

图 4.66 给出模量判据的原理和使用图示。模量判据应用的步骤是：①通过选择合适的组元模量控制非晶的模量；②根据模量预测非晶形成能力；③根据模量控制非晶合金性能。

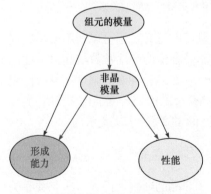

图 4.66　模量判据的原理和使用图示[54]

弹性判据不需要基于非晶的热力学参数(在非晶物质被制备出之前未知)，而是基于其组元的已知模量、密度等参数，因而具备一定的预测性。实际上，根据上述的模量判据，已经研制出多种有特定功能和潜在应用价值的稀土基等非晶合金[102]，如具有硬磁性的 Pr、Nd 和 Sm 基非晶，大磁熵和高制冷效率的 Gd、Er、Ho 基非晶，有重费米子行为和低温超塑性的 Ce、La、CaLi 基非晶，具有蓄冷效应的 Tm 基非晶合金，有多重自旋玻璃效应的 Pr 基非晶，以及有生物相容性的 Ca、Zn、Sr 基非晶合金材料等[99,103,104]，一批既有大压缩塑性又有超高强度、高断裂韧性的非晶合金也在模量判据的指导下被研制出来[105-107]。需要指出的是，模量判据也是经验判据，虽然它有一定的预测性，但并没有解决非晶合金设计难题，只是起到一定的指导和预判作用。模量判据的物理机制也需要进行深入研究。

最后，我们在表 4.1 列出在各种经验判据帮助下发现的主要非晶合金体系，以及这些体系的形成能力、特殊性能等信息一览。

表 4.1　有代表性的、具有强非晶形成能力的合金体系及其特性、形成能力(GFA)一览表

体系	代表成分 /(at.%)	GFA (临界尺寸/mm)	特性	研制年份	代表性参考文献
Pd-Cu-Si	$Pd_{77.5}Cu_6Si_{16.5}$	$1\sim2$		1974	H. S. Chen, Acta Metall. 22 (1974) 1505
Pt-Ni-P		$1\sim2$	耐蚀，泊松比大	1975	H.S. Chen, et al. J. Non-Cryst. Solids. 18 (1975) 157
Au-Si-Ge		1	T_g 低	1975	H.S. Chen, et al. J. Non-Cryst. Solids. 18 (1975) 157
Pd-Ni-P	$Pd_{40}Ni_{40}P_{20}$	5	GFA 强，耐蚀	1982	A.L. Drehman, et al. Appl. Phys. Lett. 41 (1982) 716
Mg-Ln-Cu (Ln=镧系金属)	$Mg_{65}Cu_{25}Y_{10}$	$3\sim6$	密度低，极脆	1988	A. Inoue, et al. Mater. Trans. JIM 30 (1989) 965
La-Al-TM (TM=过渡金属)	$La_{60}Al_{20}Ni_{20}$	$3\sim5$	T_g 低	1989	A. Inoue, et al. Mater. Trans. JIM 33 (1992) 937
Zr-Ni-Al-TM	$Zr_{65}Ni_{10}Al_{10}Cu_{15}$	$3\sim10$	GFA 强，优异力学性能	1990	A. Inoue, Mater. Trans. JIM 36 (1995) 866
Zr-Ti-Cu-Ni-Be	$Zr_{41}Ti_{14}Cu_{12.5}Ni_{10}Be_{22.5}$	$5\sim60$	GFA 强，优异力学性能	1992	A. Peker, et al. Appl. Phys. Lett. 63 (1993) 2342
CuZrTi(TM)	$Cu_{60}Zr_{20}Hf_{10}Ti_{10}$	3	GFA 强	1995	X.H. Lin, et al. J. App. Phys., 78 (1995) 6514
Nd(Pr)-Al-Fe-Co	$Nd_{60}Al_{10}Fe_{20}Co_{10}$ $Nd_{60}Al_{10}Fe_{20}Co_{10}$	$3\sim5$	硬磁	1994	Y. He, et al. Philos. Mag. Lett. 70 (1994)371
Fe-(Nb, Mo)-(Al, Ga)-(P, C, B, Si, Ge)	$Fe_{40}Ni_{40}P_{14}B_6$ $Fe_{61}Co_7Zr_{10}Mo_5W_2B_{15}$	$1\sim4$	软磁，高强度，极脆	1995	A. Inoue, Acta Mater. 48, (2000) 279
非晶钢	$(Fe_{67.1-a-b-c}Cr_aCo_bMo_cMn_{11.2}C_{15.8}B_{5.9})_{98.5}Y_{1.5}$	5	高强、脆性	2004	Z.P. Lu, et al. Phys. Rev. Lett. 92, 245503(2004)
Pd-Cu(Fe)-Ni-P	$Pd_{40}Cu_{30}Ni_{10}P_{20}$	$70\sim80$	最强 GFA	1996	A. Inoue, et al. Mater. Sci. Eng. A 226-228, (1997)401
Co-Fe-(Zr, Hf, Nb)-B	$Co_{43}Fe_{20}Ta_{5.5}B_{31.5}$	$1\sim4$	超高强度	1996	A. Inoue, Acta Mater. 48, (2000) 279
Ti Ni-Cu-Sn	$Ti_{50}Cu_{42.5}Ni_{7.5}$	$1\sim5$	高强度	1998	A. Inoue, Acta Mater. 48, (2000) 279
Ni-(Nb,Cr,Zr, Mo)-(P, B)	$Ni_{59}Zr_{16}Ti_{13}Si_3Sn_2Nb_7$	$1\sim4$	高强度，软磁	1999	A. Inoue, Acta Mater. 48, (2000) 279
Pr(Nd)-(Cu,Ni)-Al	$Pr_{60}Cu_{20}Ni_{10}Al_{10}$	5	T_g=373 K	2003	Z. F. Zhao, et al. Appl. Phys. Lett. 82 (2003)4699

体系	代表成分 /(at.%)	GFA (临界尺寸/mm)	特性	研制年份	代表性参考文献
CaMgCu	$Ca_{50}Mg_{20}Cu_{30}$	3～5	溶解性	2006	V. Keppens, et al. Philos. Mag. 2007, 87: 503.
CeAlCu	$Ce_{60}Al_{20}Cu_{20}$	3～5	金属塑料	2005	B. Zhang, Phys. Rev. Lett. 2005, 94: 205502.
GdYAlCo	$Gd_{40}Y_{16}Al_{24}Co_{20}$	3～5	大磁熵	2005	S. Li, et al. J. Non-Cryst. Solids., 351, 2568 (2005)
TmAlCo	$Tm_{55}Al_{25}Co_{20}$	2～5	蓄冷特性	2008	J. T. Huo, et al. J. Non-Cryst. Solids. 359, 1 (2013)
Cu-Zr	$Cu_{50}Zr_{50}$，$Cu_{64.5}Zr_{35.5}$	1～2	二元	2004	Johnson 组，Inoue 组，汪卫华组，李毅组
TaNiCo	$Ta_{42}Ni_{36}Co_{22}$	1～2	高强度，耐蚀	2011	Meng D, et al. J. Non-Cryst. Solids. 2011, 357: 1787.
SrMgZnCu	$Sr_{50}Mg_{20}Zn_{20}Cu_{10}$	3	T_g 接近室温，溶解性	2009	Zhao K, et al. Scripta Mater. 2009, 61: 1091.
ZnMgCaY	$Zn_{40}Mg_{11}Ca_{31}Y_{18}$	3	耐蚀	2010	Jiao W, et al. J. Non-Cryst. Solids. 2010, 356: 1867.

4.4.4 非晶合金形成难题及研究进展

非晶合金的形成机制，是否存在精确的非晶形成能力的判据，制备新技术和工艺的发展，是否存在稳定的单质非晶金属，是否存在形成能力更强的、临界尺寸超过 10 cm 的非晶合金体系等，是非晶领域面临的挑战和难题。非晶合金材料探索至今还处在"试错"的初级阶段。目前的非晶合金的判据在精确性和预测性等方面远不能满足要求，对这些判据的科学性和有效性存在长期的争议。非晶合金的形成过程对制备工艺非常敏感[108]，这可能是因为从液体到非晶态的形成过程是复杂的非平衡临界现象[109,110]，是远离平衡态的非平衡过程，对各种内因和外因条件很敏感，很难进行预测，甚至可能不存在能精确预测非晶形成能力的判据。非晶合金材料的探索多年来一直是非晶合金领域的前沿课题，本节对非晶合金制备方面的主要问题及进展做介绍和讨论。

1. 所有的物质都能够被"冷冻"成非晶态吗

Turnbull 首先在金属熔体中实现了大的过冷。在此基础上他和 G. Tammann 在 1933 年就预言[15]：只要冷却速率足够快，任何液体都可以被"冻结"成非晶态(It is therefore probable that, at the right cooling rate, all or at least most substances, even if in small amount, can be transformed into the glass state)。但是，所有的物质确实都能够被"冷冻"成非晶态吗？这个问题的最好答案是证明纯的单质元素能否制成非晶态。正如 Turnbull 所说[15]："非晶态普遍存在的最有力证据是证明纯的单质元素可制成非晶态。"如果所有的物质都能够被"冷冻"成非晶态，则证明非晶物质是不同于其他三类常规物质的第四类常规物质态的重要证据，同时还表明非晶态是物质的基态之一。因此，多年来研制纯单质非晶一直是材料领域的最具挑战性的目标之一。

2. 能合成单质非晶金属吗

　　纯单质金属能否形成非晶态这个问题一直伴随着非晶合金发展的全过程。实验发现，纯单质金属的液态的黏滞系数低，容易结晶，即使能形成非晶态也不稳定。实际上单质金属元素的非晶形成能力和稳定性极差。几十年来不同领域的科学家为此进行了不懈的尝试[93,111-117]。曾经有不少关于获得单质非晶金属的报道，并在当时引起轰动，但是这些结果都很快被证明其中有这样和那样的问题。比如 1991 年曾报道用声化学的方法(sonochemical systhesis)获得非晶铁[113]；1996 年曾报道用控制晶化的方法获得非晶 Ni[114,115]；之后，又有用高压方法获得非晶 Zr[116] 和非晶 Ti[117] 的报道，这些结果后来都被证明是实验幻象[112]。单质的非晶碳、非晶 Si 和 Ge 可以被制成单质非晶态，但是都不是采用液态冷却的方法，不能算作玻璃态。最近，Angell 及其合作者，另辟蹊径，采用高压淬火方法，在 10 GPa 高压下快速淬火熔态 Ge，使得液态 Ge 的结构和液态的金属性都被"冻结"住，从而获得单质金属态非晶 Ge[93]，即具有金属性的单质非晶 Ge。但是，卸压到常规状态之后，金属态非晶 Ge 很快转变成低密度的非晶属非晶 Ge。总之，获得稳定的单质非晶金属仍是本领域的重要目标和梦想。

　　早期关于单质非晶的研究也很多[118-121]。例如，通过气相沉积把 Bi、Ga 和 Pb 沉积到极低的低温衬底上(4.2 K)，可以得到非晶金属 Bi 和 Pb，但是非晶 Bi 和 Pb 几乎没有动力学稳定性，在 15 K 就发生完全晶化[118]。沉积得到的非晶 Fe，在 3.3 K 就晶化，极不稳定。通过微量掺杂，非晶 Fe 的晶化温度可以提高到室温。通过一些特殊方法，如电动流体力学雾化、辐射冷却、无容器凝固等，可以得到直径为 2～100 nm 的单质非晶金属 Co、Fe、Ge、Mo、Nb、Ni、Ta、Ti、V、W、Zr、Ir 等颗粒[122-126]，这些单质金属需要的冷却速率高达 10^{14} K/s，即使这么高的冷却速率，一些 fcc 结构的金属如 Ag、Al、Au、Cu、Ir、Pd、Rh 还是难以形成非晶态[125]。MD 模拟结果也表明 30 nm 的 Cu 液滴在 10^{12}～10^{13} K/s 冷却速率下，在非晶 Cu-Zr 衬底上快速冷却，通过消除非均匀形核的影响，抑制形核，可以实现非晶化(图 4.67)，其稳定性可高达>600 K[127]。

　　通过在电子显微镜中对纳米单质金属钽、钒及钨用 4 ns 电脉冲放电加热，然后以高达 10^{14}K/s 的快速冷却，实现了单质元素 W、Ta、V 的非晶制备[125]。图 4.68 是在电镜中原位合成非晶 Ta 的过程。图 4.69 是直径为 60 nm，长为 90 nm 的非晶 Ta 纳米柱。从电镜照片中可以清晰地看到 Ta 非晶和晶态相的界面，包括模拟非晶 Ta 的结构因子 $S(q)$ 和实验的对比都证实了非晶 Ta 的合成。合成的非晶 Ta 有较高的热稳定性[125]。利用电子显微镜的原子分辨技术，不仅可以直接看到晶体原子在急速升温-熔化-冷却后，从期性排列转变到混乱排列的非晶态，而且还可以看到通过加热处理，从非晶态转变到晶态的逆过程，即 Ta 非晶化、晶化、再非晶化的多次循环过程，如图 4.70 所示，这进一步证实形成的非晶 Ta 没有氧化是单质金属玻璃。最近报道用化学方法可以合成纳米级的非晶 Ir，图 4.71 是化学方法合成的非晶纳米 Ir 片的电镜照片[126]。

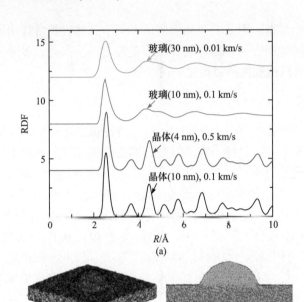

图 4.67　纳米级 Cu 颗粒在非晶 Cu-Zr 衬底上快速冷却成稳定的非晶态(a) 是 Cu 颗粒在不同状态下的径向分布函数(RDF))[127]

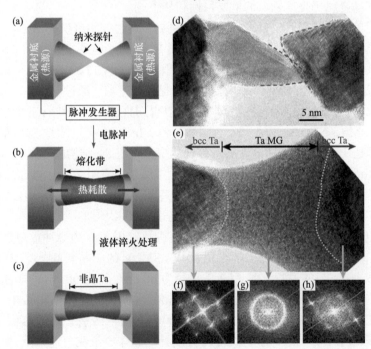

图 4.68　电镜中用电脉冲加热纳米接触的单质金属钽、钒钨等，然后以冷却速率~10^{12} K/s 急冷，原位合成非晶 Ta 的过程[125]

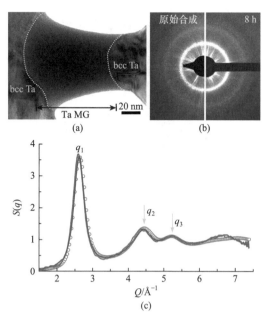

图 4.69 (a) 直径为 60 nm，长 90 nm 的非晶 Ta 纳米柱，从电镜照片中可以清晰地看到 Ta 非晶和晶态相的界面；(b) 原始合成的非晶 Ta 及弛豫 8 h 的非晶 Ta 的衍射像；(c) 原始合成的非晶 Ta(粉红线)，弛豫 8 h 的非晶(绿线)及模拟的非晶 Ta 的结构因子 $S(q)$[125]

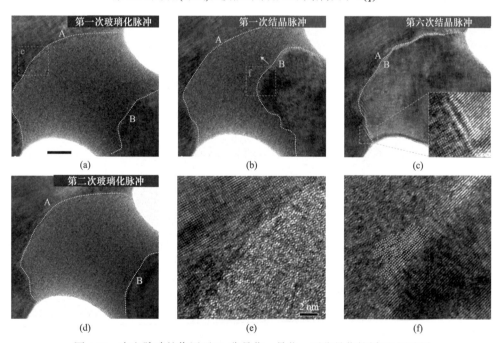

图 4.70 在电脉冲的作用下 Ta 非晶化、晶化、再非晶化的循环过程[125]

总之，目前还只能在特殊条件下合成纳米级的单质非晶金属。需要说明的是到纳米级金属表面原子的作用突显，使得整个体系能量升高。单质非晶的形成可能主要是尺寸效应或维度的作用。

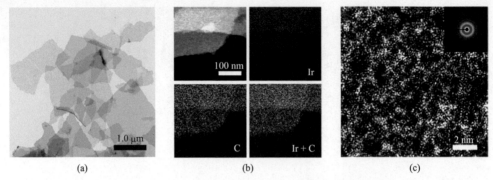

(a)   (b)   (c)

图 4.71　用化学方法合成的非晶纳米 Ir 片的电镜照片[126]

　　利用沉积镀膜的方法可以实现从超快冷到超稳定非晶材料的制备，通过传统的离子快速沉积的方法得到了厚度为微米量级单质金属 Ta 薄膜[128]。该薄膜的非晶结构特征与通过液体快淬技术得到的非晶几乎相同，并且表现出典型非晶的负电阻温度系数和晶化特征，且制备得到的单质非晶 Ta 性质稳定。这是因为如果沉积的速度足够慢，沉积的 Ta 原子可以组合成各种能量地形图上的构型，如图 4.72 所示，并能找到最稳定的 Ta 原子堆积的构型，获得非晶 Ta。该发现可能改变原来只有提高急冷速率才能制备低形成能力非晶相(特别是单质非晶)的观念，为制备单质的非晶合金、开发新非晶合金体系提供了一种简单有效的原子方法和思路[128]。

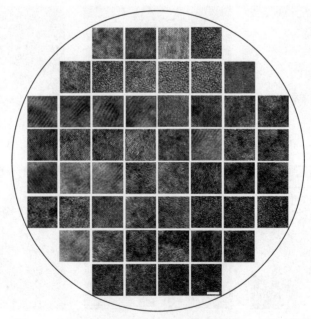

图 4.72　沉积的 Ta 原子组合成各种能量地形图上的构型[128]

3. 是否存在非晶形成能力超强的合金体系(giant metallic glass，GMG)

　　是否存在非晶形成能力超强的非晶合金体系也是本领域关心和探索的重要问题。非晶合金目前应用的最主要的瓶颈是其形成能力还非常有限。氧化物玻璃之所以可以广泛、大量应用的原因是在于其超强的非晶形成能力。强非晶形成能力意味着制备工艺可以大大简化，可以提高材料的均匀性和稳定性，量产成本低。已知的金属及合金的非晶形成能力和各类其他价键物质相比是最差的。研究发现，非晶合金形成能力对成分非常敏感[108]，如 ZrTiCuNiBe 合金系的 GFA 最大的直径接近 70 mm，最小只有约几毫米，完全取决于成分、制备环境甚至微量成分的影响[50]。合适的微量元素(甚至<1 at.%)掺杂可以大大改进某些合金系的形成能力，大于 200 ppm 的氧含量可以完全破坏 Zr 基合金的非晶形成能力，所以微合金化方法是非常有效和常用的探索非晶合金新体系、提高合金体系 GFA 的常用方法[108]。PdNiCuNi 合金的 GFA 也很强，但对成分很敏感，制备工艺相对复杂。Al基非晶合金在航空和汽车领域广泛应用，Al 元素对很多非晶体系的形成是必不可少的组元；Fe 也是很廉价、广泛使用的金属。但是奇怪的是目前发现的 Al 基合金非晶形成能力都很差，几乎形成不了块体；现有的 Fe 基非晶合金形成能力也很差。Fe-，Mg-，Ti-和Al-基这类块体非晶体系的发现无疑将大大促进非晶合金材料领域的发展和应用，甚至改变非晶合金领域的面貌。

今后能否找到形成能力和氧化物玻璃一样的(临界冷却速率<10^{-2} K/s)非晶合金体系尚无定论，非晶合金制备方法和工艺的进步和突破是关键，从非晶合金发展史看，非晶合金领域的革命都是新的制备技术带来的。Duwez 因发明熔体快淬(melt-spun)技术而开创了非晶合金新领域；井上明久和 W. L. Johnson 因发明块体非晶合金(BMG)的制备技术而闻名；W. L. Johnson(多层膜固相反应非晶化方法)[76]，C. C. Koch(球磨机械非晶化方法)[82]等都是因为发明非晶化技术而建立他们在学术界声誉的。发明全新的非晶合金制备技术和方法将促使非晶材料和物理跨越式发展。新的非晶制备理念和方法应该能使非晶合金制备工艺更简便，进一步改善非晶的形成能力，发现全新的合金体系，降低制备非晶的成本。

4. 合金熔体的性质和非晶形成能力关系

表征合金熔体的参数熔体的脆度(fragility，m)和非晶形成能力 GFA 有密切关系[129,130]。Angell 定义了脆度，用 m 的概念来描述非晶形成液体黏度随温度和时间的变化：

$$m = \frac{\partial \log(\eta)}{\partial (T_g / T)}\bigg|_{T=T_g} \tag{4.22}$$

脆度概念反映了液体黏度随温度变化偏离 Arrhenius 关系的大小。

提出脆度概念可能是 Angell 对非晶研究的最重要贡献。他给作者的深刻印象是 2005年在法国里尔的复杂体系弛豫国际会议上。这是 4 年一度的非晶物理盛会，由倪嘉林(Ngai)组织。当时 Angell 正在玻色峰分会上做报告，介绍关于玻色峰的结果。有位欧洲年轻人站起来，打断他的报告，咄咄逼人地对 Angell 报告的结果和结论，甚至对他以前很多成果和观点，大肆批评攻击了几分钟，语言激烈，甚至带有蔑视和侮辱性。他只是在讲台上默默听着，没有任何反驳，等年轻人说完了，他继续做报告。会后作者很不服地问他，为什么不反驳？他平静地说："如果他说的是对的，我不应该反驳；如果他批评的是错的，我不需要反驳。"

　　图 4.73 是不同玻璃形成液体的黏度 η 与温度倒数 T_g/T 的关系图[131]。这里，定义玻璃转变温度 T_g 对应的黏滞系数为 $\eta = 10^{13}$ Pa·s。可以看出，除了 SiO_2 和 GeO_2 液体符合热激活过程的 Arrhenius 关系 $\eta = \eta_0 \exp(E/RT)$ 外，对类似于 o-Terphenyl 这样的大多数体系，η 与 T 的关系远偏离于 Arrhenius。脆度概念能表征这种对 Arrhenius 的偏离：m 值越小则液体越强(strong)，表现在 Angell 图中是越接近 Arrhenius 关系；m 值越大则液体越弱(fragile)，表现在 Angell 图中就是偏离 Arrhenius 关系越远。非晶合金的 m 值一般为 25～70。一般认为 $m < 35$ 的为强非晶合金，包括一般的 Zr-，Cu-，Mg-基非晶合金；$m > 35$ 的为弱非晶合金，主要包括 Pd 和 La 基非晶合金。实际上，脆度值 m 反映了液体流动激活能的大小，表明了液态和非晶物质研究中的流动及流动激活能的重要性[54,132]。在后面的章节将详细讨论非晶物质中流变问题和流变的弹性模型。

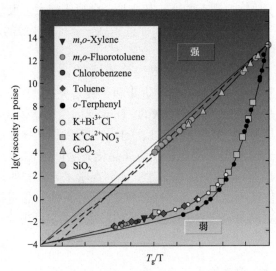

图 4.73   不同玻璃形成液体的黏度 η 与 T_g/T 的关系图[131]

　　一般地，强体系的 GFA 强，如硅化物玻璃、Zr、稀土等强液体的 GFA 很强。弱液体的非晶形成能力一般较弱。脆度值 m 对预判一个体系的非晶形成能力，认识非晶形成机制都有作用。

5. 金属塑料

　　金属和塑料是两类广泛使用的结构材料·金属一般具有比较高的熔点和优良的力学性能，比如机械强度高和韧性好等，但金属合金在很高的温度下才可以铸造成型；塑料由于其 T_g 点低，有稳定的过冷液相区，在室温附近表现出优异的热塑性成型和复印能力，在日常生活中应用广泛。兼具塑料和金属合金的优异性能的非晶合金具有很大的应用潜力。2005 年，中国科学院物理研究所非晶团队合成出了 Ce，LaCe，CaLi，Yb 和 Sr 基等系列块体非晶合金，这些非晶合金具有非常低的玻璃化转变温度，在室温具有和铝镁合金一样的强度等力学性能，但是在较低的温度，如开水中，它们像塑料一样展现出拉伸、压缩、弯曲、压印等各种加工变形行为。正是因为兼有一般金属的性质和像塑料一样的优异加工性能，这种材料被称为"金属塑料"[103]。图 4.74 是 Ce 基金属塑料的 DSC 曲线，

其 $T_g < 100℃$，过冷液区在开水温度范围内[103,133]。图 4.75 是不同非晶合金、金属塑料和塑料强度、成型温度(T_g)对比图。如图 4.76 所示，金属塑料和塑料类似，在较低温度下(如开水中)，就软化，从而可以超塑性成型[103,133]。

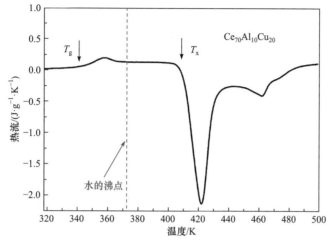

图 4.74 Ce 基金属塑料的 DSC 曲线，其 $T_g < 100℃$，过冷液区在开水温度范围内[103]

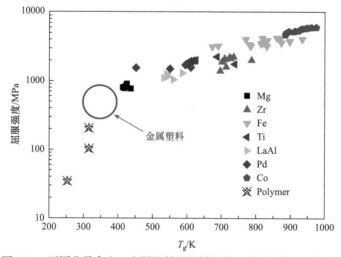

图 4.75 不同非晶合金、金属塑料和塑料强度、成型温度(T_g)对比图

　　金属塑料不仅为认识非晶的形成规律、本质特性及过冷液体的结构等许多重要物理问题提供了模型材料，在应用上，金属塑料具有导电性，是一种导电的微纳米加工和压印的材料，如加工出微机电系统(MEMS)用的零部件，用具有磁性的金属塑料可以非常容易地加工出形状怪异和复杂的微电子与通信领域用的电磁转换和变换、高频开关等价格低廉的重要器件；在生物技术领域，金属塑料能够用来制造蛋白质芯片的基板，以安置蛋白质微阵列，以往制作这样的基板需要复杂的精密加工工艺；在能源领域，用金属塑料制成的流板具有高耐腐蚀性、长寿命和低成本的优势。此外，金属塑料的概念，可能引发人们探索更多的金属塑料，将聚合物塑料和金属这两类最广泛使用的材料更有机地结合起来，研制出更多类似于有机导体(也是把聚合物和金属的特点集成在一起)的新材料[134]。

图 4.76　在较低温度(如开水中)超塑性成型的金属塑料零件[103,133]

6. 高熵非晶合金

高熵合金指的是主组元数目大于等于 5，且各组元的原子百分比不超过 35%的一类合金体系。根据玻尔兹曼对于系统混乱度与熵关系的假设，n 种等原子比的元素混合形成固溶体时，其构型熵可用下式进行估算[135-137]：

$$\Delta S_{conf} = -k \ln w = -R \ln \frac{1}{n} = R \ln n \qquad (4.23)$$

其中，k 为玻尔兹曼常数，w 为混合方式的数量，R 为气体常数。对于含有两种元素的固溶体，其构型熵为 0.69R；而对含有 5 种元素的固溶体，其构型熵达到 1.61R，是二元固溶体构型熵的两倍多。图 4.77 是三元合金的混合熵 ΔS_{mix}(J·mol^{-1}·K^{-1})的等熵线。在角上是常规合金，其中中心红色区是高熵区[138]。

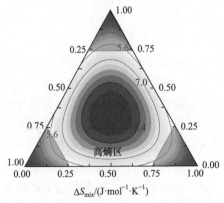

图 4.77　三元合金的混合熵 ΔS_{mix} 的等熵线，在角上是常规合金，中心红色区是高熵区[138]

这种由组元数目引起的高熵效应会促使固溶体具有单一的 fcc 或者 bcc 晶格结构。另外，高熵合金的性能具有"鸡尾酒效应"，就是说高熵合金的整体性能近似为各组元性能的混合叠加，而这一特性有利于找到具有特定性能的模型体系。合金的设计原则自古以来一直是一个主元素，如 Cu 合金、Fe 合金、Ti 合金等。其他元素的加入主要是增强某种性能。根据这个原则，n 种金属元素只能得到 n 种合金，但是，如果用等原子比设计一种合金，对于 n 种元素，得到的合金种类数 N 增加到 $N = 2^n - n - 1$。当 $n < 3$ 时，如图 4.78 所示，合金的种类变化不大，但是 N 和 n 是指数关系。如果 $n=20$，可能得到的合金种类数 $N \sim 10^6$！这将极大丰富合金材料的种类和探索新金属材料的空间。这种设计原则也很快扩展到其他领域。

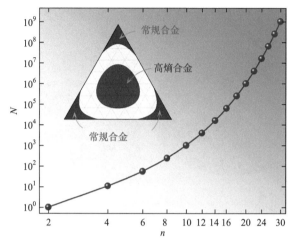

图 4.78　等原子比合金种类数 N 随主元素数目 n 的变化[138]

　　根据 Greer 提出的非晶合金形成的混乱原则[62]，即合金组元越多，原子长程扩散的难度越大，随机紧密堆积的可能性越高，也就是多组元会造成较大的混合熵和构型熵。组元越多，混合熵越高，原子扩散更减缓，增加了结晶形核的时间，从而提高了非晶的形成能力。高熵合金实际上是块体非晶合金促生的一类化学无序的金属新材料。当初，高熵合金的发明人之一 B. Cantor 是想证明 Greer 提出的非晶合金形成的混乱原则并不一定有效而设计了很多组元等比例混合的合金。他用等原子成分比，多于 5 种不同元素配成合金，但是这样的混合并不能形成非晶态合金，想以此证明混乱原则在非晶合金成分设计时并不好使。高熵的发明是亚稳材料领域的又一个"偶然"。

　　高熵合金的设计理念为探索非晶合金提供了新的思路。以前非晶合金的设计思路都是：选取单一元素作为主要元素，然后添加少量其他元素，并且元素选取时要尽量满足"组元数目大于等于三"、"组元间混合熵为负"和"组元半径差大于 12%"这三个条件。这一合金设计思路对块体非晶合金开发具有重要意义，但同时也限制了更多块体非晶合金体系的开发。高熵非晶合金的发展打破了这一合金设计思路的束缚。图 4.79 是高熵非晶的概念图[11]。高熵非晶合金由多种元素组成(5 种以上)，成分相当，这种体系的混合熵和构型熵都较高。根据高熵非晶合金的设计理念，中国科学院物理研究所非晶团队首先明确提出了高熵非晶概念，并通过在 $Sr_{60}Mg_{18}Zn_{22}$ 块体非晶合金中添加 Ca、Cu、Li 等元素来增加体系的混合熵，同时通过添加 Yb 来提高体系的抗氧化性，制备出了一系列多主组元的块体高熵非晶合金，其名义成分为 $Sr_{20}Ca_{20}Yb_{20}Mg_{20}Zn_{20}$、$Sr_{20}Ca_{20}Yb_{20}(Li_{0.55}Mg_{0.45})_{20}Zn_{20}$ 和 $Sr_{20}Ca_{20}Yb_{20}Mg_{20}Zn_{10}Cu_{10}$。图 4.80 是块体 SrCaYbMgZn 高熵非晶合金的照片[104]。图 4.81 是上述三种成分块体高熵非晶合金的 XRD 图谱。该合金具有极低的玻璃转变温度，并能在室温下表现出类似于高分子的热塑性变形行为[104,139]。接着，Takeuchi 等制备出了含有金属和非金属元素的高熵非晶 $Pd_{20}Pt_{20}Cu_{20}Ni_{20}P_{20}$[140]。随后，不同成分的高熵非晶合金体系被制备出来[141-145]。例如，具有良好生物相容性的高熵非晶 $Ca_{20}Mg_{20}Zn_{20}Sr_{20}Yb_{20}$，提高了移植生物体内的降解性；高熵非晶 $Fe_{25}Co_{25}Ni_{25}(P_xC_{0.8-x}B_{0.2})_{25}$ 具有良好的软磁性能，矫顽力仅为 1.2 A/m；高熵非晶 GeNbTaTiZr 具有良好的热稳定性，在 750℃经 1h 退火后仍能保持非晶态结构。表 4.2 列出主要几种高熵非晶合金的成分和研制时间。

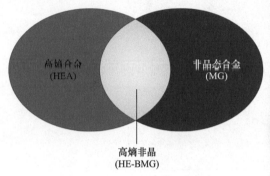

图 4.79   高熵非晶的概念图[11]

图 4.80   块体 SrCaYbMgZn 高熵非晶合金的照片[104]

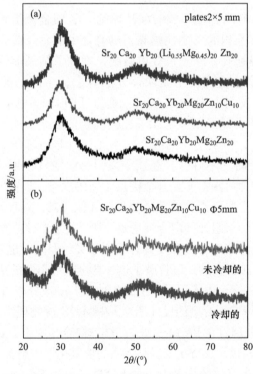

图 4.81   块体高熵非晶合金铸态样品的 XRD 图谱。(a) 板状 $Sr_{20}Ca_{20}Yb_{20}(Li_{0.55}Mg_{0.45})_{20}Zn_{20}$，$Sr_{20}Ca_{20}Yb_{20}Mg_{20}Zn_{10}Cu_{10}$ 和 $Sr_{20}Ca_{20}Yb_{20}Mg_{20}Zn_{20}$ 高熵非晶合金样品；(b) 直径为 5 mm 棒状 $Sr_{20}Ca_{20}Yb_{20}Mg_{20}Zn_{10}Cu_{10}$ 高熵非晶合金[104]

表 4.2　主要几种高熵非晶合金

高熵非晶	临界尺寸	制备时间
$Sr_{20}Ca_{20}Yb_{20}(Li_{0.55}Mg_{0.45})_{20}Zn_{20}$	3 mm	2011
$Pd_{20}Pt_{20}Cu_{20}Ni_{20}P_{20}$	10 mm	2011
$Sr_{20}Ca_{20}Yb_{20}Mg_{20}Zn_{20}$	5 mm	2011
$Sr_{20}Ca_{20}Yb_{20}Mg_{20}(Zn_{0.5}Cu_{0.5})_{20}$	5 mm	2011
$Ti_{20}Zr_{20}Cu_{20}Ni_{20}Be_{20}$	3 mm	2013
$Ti_{16.7}Zr_{16.7}Hf_{16.7}Cu_{16.7}Ni_{16.7}Be_{16.7}$	15~20 mm	2014
$Gd_{20}Tb_{20}Dy_{20}Al_{20}M_{20}(M=Fe,Co,Ni)$	1 mm	2015
$Ti_{20}Zr_{20}Hf_{20}Be_{20}Cu_{20}$	12 mm	2015
$Fe_{25}Co_{25}Ni_{25}(B_{0.7}Si_{0.3})_{25}$	1.5 mm	2015
$Ti_{20}Zr_{20}Hf_{20}Be_{20}(Cu_{7.5}Ni_{12.5})$	30 mm	2015
$Ge_{20}Nb_{20}Ta_{20}Ti_{20}Zr_{20}$	thin film	2016
$B_{20}Nb_{20}Ta_{20}Ti_{20}Zr_{20}$	thin film	2016
$Fe_{25}Co_{25}Ni_{25}(P,C,B)_{25}$	1 mm	2017

7. 非晶合金纤维

　　当块体材料被制备成微纳米尺度的纤维后，其力学和功能特性会有大幅提高，甚至会有一些在块体材料中观察不到的新功能特性。微纳米尺度非晶合金纤维也表现出不同于非晶合金块体的性能。使用自由载荷牵引非晶合金棒在其过冷液相区进行超塑性变形的方法，可制备出直径从 70 nm 到 200 μm 的非晶合金纤维。该方法制备的非晶合金纤维表面光滑、尺寸均匀且可控[146-148]。微纳米尺度非晶合金纤维的制备示意图如图 4.82 所示[146]：当非晶合金棒被迅速加热到其过冷液相区的时，其黏度迅速下降不能承受其悬挂的砝码，从而发生超塑性变形而形成非晶合金纤维。

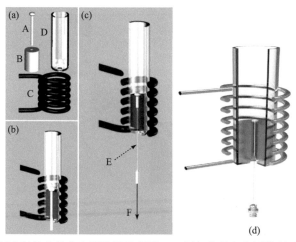

图 4.82　自由载荷牵引法制备非晶合金纤维的示意图：(a) 制备非晶合金纤维所需要的零部件(图中的 A、B、C 和 D 分别是直径为 1 mm 的非晶合金棒、中间有一直径为 2.5 mm 孔的小钢柱、感应加热线圈和石英玻璃管)；(b) 制备非晶合金纤维所需要零部件的组装；(c) 非晶合金纤维的形成(E：非晶合金纤维，F：牵引力)；(d)是(c)图的放大[146]

　　图 4.83(a)是微纳米尺度非晶合金纤维的 SEM 照片。可以看出非晶合金纤维远比不锈钢纤维光滑均匀，可以和工业硅玻璃纤维相媲美。图 4.83(b)是很长一段 $Pd_{40}Cu_{30}Ni_{10}P_{20}$ 非晶合金纤维，直径保持均匀一致，而且其表面的光滑度达到原子尺度。图 4.83(c)和(d)中的纳米尺度非晶合金纤维的表面质量仍然很完美，其表面无孔洞、污染物和氧化层。自由载荷牵引法所制备的非晶合金纤维最小尺寸可达 70 nm。纳米尺度非晶合金纤维的长度可到 mm 量级，长度远大于以前的制备方法[146]，所以微纳米尺度非晶合金纤维可能成为制备微纳米器件的备选材料。

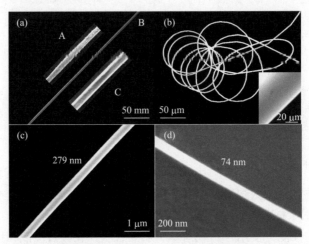

图 4.83　$Pd_{40}Cu_{30}Ni_{10}P_{20}$ 非晶合金纤维的 SEM 照片：(a) 不锈钢纤维(A)、非晶合金纤维(B)和硅玻璃纤维(C)的形貌比较；(b) 均匀且很长的 $Pd_{40}Cu_{30}Ni_{10}P_{20}$ 非晶合金[146]

　　图 4.84 是 $Zr_{35}Ti_{30}Be_{27.5}Cu_{7.5}$ 非晶合金纤维的直径与自由载荷重力之间的关系图。当自由载荷越小时，非晶合金棒开始超塑性变形时所对应的黏度值越小，所制备出的非晶

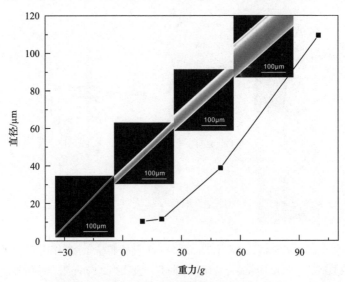

图 4.84　$Zr_{35}Ti_{30}Be_{27.5}Cu_{7.5}$ 非晶合金纤维的直径与自由载荷重力之间的关系。插图所示为用不同重量的自由载荷所制备的不同直径的非晶合金纤维[146]

合金纤维的直径越小，即非晶合金纤维的直径可以通过选择不同重量的自由载荷来控制，较小的自由载荷可以得到更细的非晶合金纤维。

不同成分非晶合金的纤维形成能力是不同的，与非晶合金的热学和流变学性质相关[146]。非晶合金在晶化温度处的黏度越小，其超塑性成型能力越强[149]。非晶合金纤维形成能力可用参数 f 来衡量[146]：

$$f \propto m \frac{\Delta T}{T_x} \tag{4.24}$$

这里，m、ΔT、T_x 分别是非晶合金的脆度系数、过冷度和晶化温度。非晶合金的 f 参数越大，最小牵引力越小，所以 f 值越大非晶合金的纤维形成能力越强。如 $Pd_{40}Cu_{30}Ni_{10}P_{20}$ 非晶合金的 f 参数(=8.6)最大，其 F_{min}(≈0.01mN)最小；$Zr_{65}Cu_{15}Ni_{10}Al_{10}$ 非晶合金的 f 参数(=4.9)最小，其 F_{min}(≈0.5mN)最大。所以参数 f 是评估非晶合金纤维形成能力的有效准则，也是评估非晶合金超塑性成型能力的标准。用自由载荷牵引法制备单一非晶相的纤维，必须选择 f 参数大于 5 的非晶合金。

通过控制流体失稳和晶化失稳，采用简单、可拓展到工业界的制备光纤的热拉工艺，在聚合物纤维中可制备了长度无限长，纵横比高于 10^{10}，形态均匀且有序，形貌结构复杂多样，特征尺寸达到 40 nm 左右的微纳非晶合金纤维(图 4.85)。其工艺和原理和上面提到的类似：将块体非晶合金包覆在聚合物中制备出一个预制棒，然后预制棒被加热到过冷区间，利用非晶合金在过冷液区间的超塑性流动，在外加载荷的作用下塑性拉拔成细小的纤维丝(图 4.85(a))。该工艺要求聚合物必须和非晶合金有类似的玻璃化转变温度和黏度。由于该聚合物的存在，在热加工过程中非晶合金表面的流体失稳被抑制。通过控制热拉温度和速度，非晶合金在过冷区间的晶化失稳也可以同时被控制。通过多次热拉，聚合物中的非晶合金的特征尺寸可达到 40 nm(图 4.85(b))。通过热拉一片长度为 5 cm 的大块非晶合金，最终可以生产 3200 km 的纳米非晶合金纤维，形态均匀规则且有序(图 4.85(c))[150]。

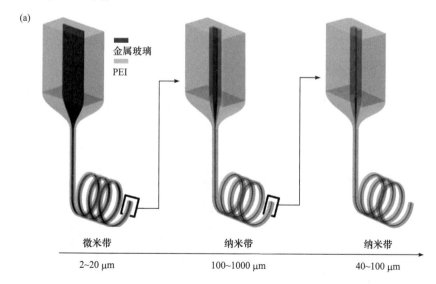

(a)

金属玻璃
PEI

微米带　　　　　纳米带　　　　　纳米带
2~20 μm　　　100~1000 μm　　40~100 μm

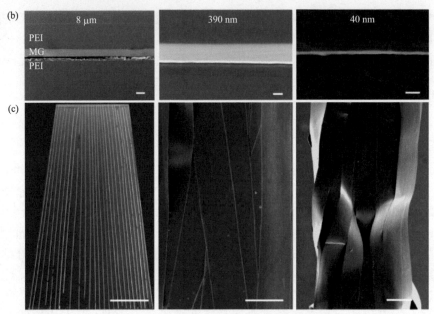

图 4.85　制备方法和非晶合金纳米纤维形态[150]

　　实验发现非晶合金纤维和尺寸相关的晶化动力学和分裂现象。流体动力学模拟揭示非晶合金纤维的特征尺寸最小可达到 30 nm 左右,实验结果发现,非晶合金纤维在 40 nm 左右发生断裂而不再连续,如图 4.86 所示。透射电镜原位加热技术发现纳米金属纤维的晶化温度随着特征尺寸的增大而升高,晶化时间随着特征尺寸的减小而显著降低。当特征尺寸减小到约 45 nm 时,其晶化时间只有 32 s。低于非晶合金的热加工时间,非晶合金发生晶化从而失去了热塑性而最终发生纤维分裂不再连续。

　　由于可以精准地控制流体失稳和晶化失稳,非晶合金的特征尺寸可以得到很好调控,进而制备出形态极其复杂的各种微纳非晶合金(图 4.87)。例如,纳米非晶合金和纳米聚合物交替的超材料结构,暴露于纤维表面的非晶合金的纳米电极,呈圆柱状的纳米金属玻璃光纤,开缝的纳米非晶合金磁性共振器,以及集光纤、非晶合金纳米圆柱丝、金属玻璃纳米薄膜为一体的复合纤维[150]。由于传统晶态金属表现出严重的流体不稳定性,所有这些器件用传统的晶态金属都没法制备。

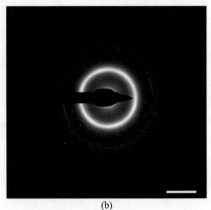

(a)　　　　　　　　　　　　　　　(b)

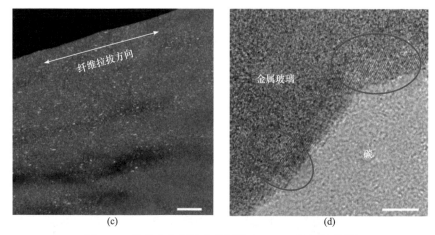

图 4.86　非晶合金纤维在特征尺寸 40 nm 左右断裂[150]

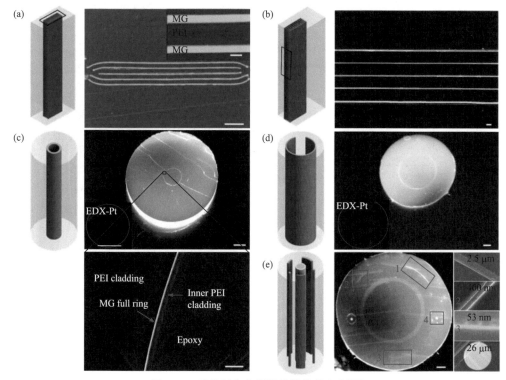

图 4.87　结构复杂多样的微纳非晶合金[150]

用这些微纳非晶合金纤维所制成的光电子纤维器件展现出优异的光电性能，甚至超出以硅晶片为载体的平面光电子器件。所制备的非晶合金基的大脑神经探针展现出神经元电刺激、电信号记录和局部药理学操纵的多模态功能，可实现纤维类探针对大脑神经元电刺激的功能。该类探针在大脑深部区域可以长期有效使用达三月之久。利用非晶合金线可制备高性能非晶合金基光电器件和智能织物，如图 4.88 所示。导电材料是电子器件和光电子器件的重要组成部分。长期以来，纤维电子器件中的导体表现出电导率低或者表面积小的特征，这严重限制了器件的使用性能[151]。非晶合金一方面表现出优异的电导率，另一方面可以在纤维中形成极大的表面。纤维基的金属玻璃-半导体节(metal-semiconductor junction)器件表现出优异的光电性能,显著高于许多平面状的硅晶片基的纳米器件。结合其小尺寸、高横纵比和柔性的特征,该纤维在智能穿戴、机器人和健康医疗等领域有着潜在的应用[152]。

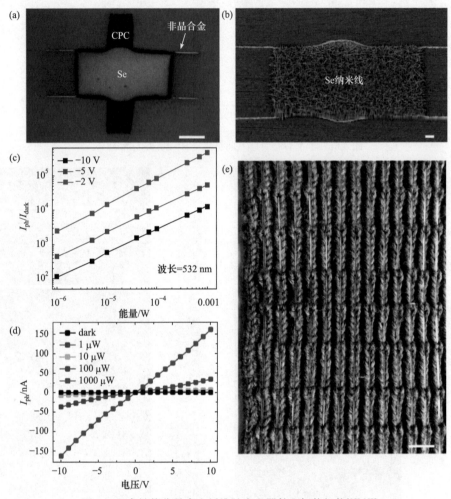

图 4.88   高性能非晶合金纤维基光电器件和智能织物[150,152]

4.5   非晶材料研制进展和展望

探索新型非晶材料,改进原有非晶材料的性能和工艺技术一直是非晶材料领域的研究方向。对非晶材料的研究也不断取得新的进展。本节先介绍一种在对弛豫机制深入理解的基础上创制的新型非晶材料——超稳定非晶玻璃材料,然后介绍纳米非晶,讨论生物是如何制造非晶材料的;再对非晶材料研制的新模式即材料基因工程理念、非晶材料制造进行介绍和探讨;最后用一个非晶材料与工艺研究的故事来结束本章。

4.5.1　超稳定非晶物质

从图 4.89 所示的非晶体系能量地形图可知，快速凝固得到的非晶态可以具有不同的能量状态。其稳定性决定于能量和能垒，能量越高、能垒越低的状态越不稳定。对于某个非晶形成体系，存在一个最稳定的理想非晶态和一些接近理想非晶态的超稳定态。这些稳定的非晶能态处在能垒图上较低的能谷位置。能谷越深，非晶晶化需要克服的势垒越大，晶化的驱动能越小，非晶也越稳定。Ediger 等发明慢速气相沉积的办法，利用慢速气相沉积的超薄沉积层原子/分子弛豫时间快的特点，使得沉积层的原子/分子能快速弛豫到最稳定的能态，从而获得了超稳定的非晶玻璃[153-156]。

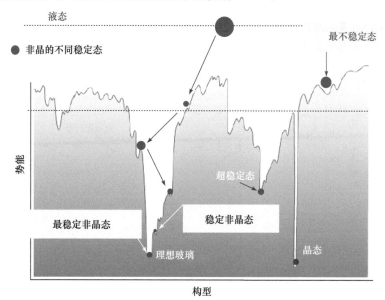

图 4.89　能量势垒图上不同的亚稳非晶态

图 4.90 是用气相沉积的方法制备具有超高动力学、热力学稳定性的高分子非晶材料

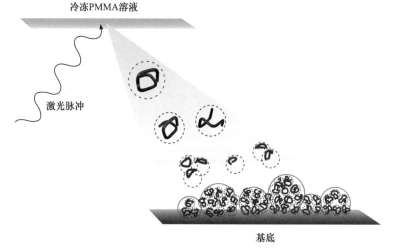

图 4.90　用气相沉积法制备超稳定玻璃的示意图[156]

的原理图[153-156]。这种方法利用沉积的粒子活跃的动力学行为(其扩散系数是同成分块体非晶的百万倍)来实现结构弛豫，使得这些粒子能够及时选择最稳定的位置，形成的非晶膜能在短时间弛豫达到稳定的能量态，再沉积上一层膜可以固定上一层达到稳定态的膜。这种方法使得体系处在能垒图上更低的能谷位置(更高的能垒)，而获得超高稳定性非晶材料。超稳定的非晶态具有比其他方法制备的同成分非晶在密度上高约 2%，弹性模量高约 20%。热稳定性，即玻璃转变温度 T_g 可以提高十几摄氏度到几十摄氏度[153]。图 4.91 是超稳定高分子非晶材料 TNB 和通常方法制备的非晶材料 TNB 玻璃转变过程对比图，可以看出超稳定非晶态的 T_g 明显提高。图 4.92 是超稳定高分子非晶材料和通常方法制备的非晶材料、低温退火处理的非晶态 T_f 对比。T_f 对应非晶的能态，T_f 越低，表示体系的能态越低，可以看出超稳定非晶材料的 T_f 最低，该非晶体系要通过低温退火处理达到同样的 T_f 值需要的退火时间在 1 年以上[153]。

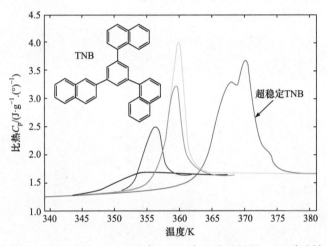

图 4.91　超稳定高分子非晶材料 TNB 和通常方法制备的非晶材料 TNB 玻璃转变过程对比[153]

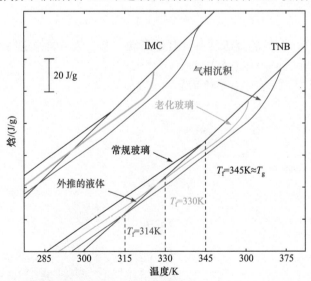

图 4.92　超稳定高分子非晶材料和通常方法制备的非晶材料、低温退火处理的非晶态 T_f 对比。T_f 对应非晶的能态，T_f 越低，表示体系的能态越低[153]

制备超稳定非晶玻璃的经验准则包括[153-156]：衬底温度一般在 $0.85T_g$，较高的衬底温度的目的是提高沉积层的弛豫时间，使之尽快弛豫到最低能态；很低的沉积速率；体系需要较高的脆度系数；体系的粒子排列紧密程度达到最佳，密度达到最大，以致形成的非晶态的重排过程非常困难，从而实现超稳定。但是超稳定非晶态的稳定结构原因还不确定，可能和这些体系原子扩散和迁移极其缓慢、需要的激活能大密切相关。

在稳定性较差的非晶合金中也实现了超稳定非晶态[157-159]。采用低速率离子束溅射沉积，可以克服以往超稳定非晶只能在高温衬底上制备的限制，在无须对衬底加热的条件下，制备出具有更高稳定性的超稳定非晶合金。图 4.93 是常规非晶合金和气相沉积制备的超稳定非晶合金对比[158]。通过降低沉积速率，薄膜的 T_g 逐渐增加，当沉积速率低于 1 nm/min 以后，T_g 增加到比常规非晶高约 60 K。在相同的退火条件下，常规非晶合金很快发生晶化，而超稳定非晶合金依然能够保持完全非晶态，表现出具有更高的抗晶化稳定性(图 4.94(a) 和 (b))，而且最终完全晶化后析出的晶体相也不同于常规非晶合金(图 4.94(c))，说明其非晶态的本征结构也不同。通过高压方法也能够获得块体超稳定非晶合金，如图 4.95 所示，这些结果意味着超稳定非晶态甚至理想非晶态可能在很多物质中获得。

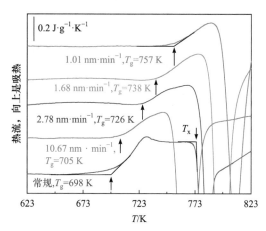

图 4.93　常规非晶合金和气相沉积制备的超稳定非晶合金对比[158]

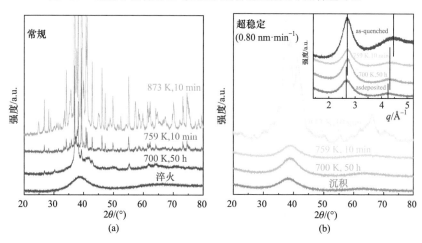

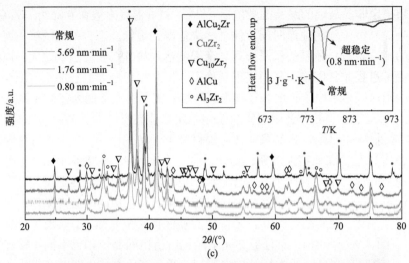

图 4.94　常规非晶合金和超稳定非晶合金在退火处理后的 XRD 结构表征[158]

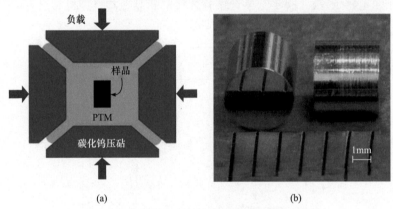

图 4.95　高压方法获得的块体超稳非晶合金[159]

　　超稳定性对非晶材料的应用及基础研究都具有重要意义。稳定的高分子非晶材料可以大大延缓其老化过程，增加材料使用寿命。超稳定非晶态还有其他应用价值。比如，药物很多难溶于水，在生物利用度上需要提高这些水难溶性药物的吸收性。药物非晶化可大大改善药物的水溶性，这样可以大大减少用药量，很多注射药物可以改成口服，大大减少药物副作用。非晶药物易于吸收小分子(如溶剂、水等)，除了会大大影响药物的溶解性能外，还会影响活性药物成分的生物利用率。但是非晶药物由于是亚稳态，保质期会比晶态药物短很多。如果能制备出超稳定的非晶药物，就可以解决保质期难题，这对制药领域将是一场革命。超稳定非晶态也是研究很多非晶物理和材料领域基本问题的模型材料。因为超稳定非晶接近非晶的基态，其弛豫行为、结构特征、独特的性能及与结构的关系的研究对理解非晶物质的本质有意义。

4.5.2　纳米非晶

　　德国 Gleiter 教授曾在 20 世纪 80 年代提出纳米材料的概念，并掀起纳米材料研究的热潮。他提出纳米材料概念不久就提出了纳米非晶玻璃(nanoglass)的概念。图 4.96 所示为纳米非晶的 2D 和 3D 示意图[160]。纳米非晶玻璃是由纳米非晶颗粒和其间的界面组成的。图 4.97 是纳米非晶合金制备过程示意图：用气态蒸发制成的尺寸为 6～8 nm 的 $Cu_{64}Zr_{36}$ 非晶颗粒，在 50 K、5 GPa 下冷压成纳米玻璃，这些纳米非晶颗粒有明显的界面[161]。纳米非晶还可以通过对稳定性高的非晶合金进行强变形处理，导致其中产生高密度剪切带，当剪切带密度高到某个阈值，就形成了纳米非晶。

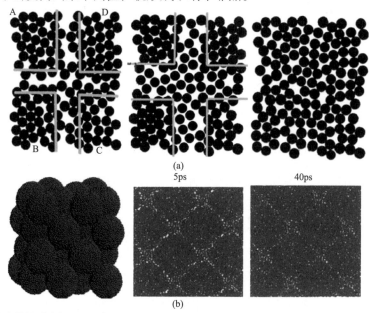

图 4.96　(a) 纳米非晶玻璃的 2D 示意图，纳米非晶玻璃由纳米非晶颗粒和其间的界面组成；(b) 纳米非晶玻璃的 3D 示意图[160]

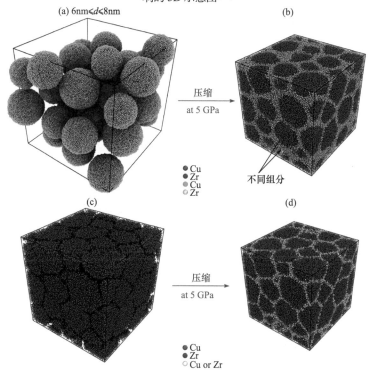

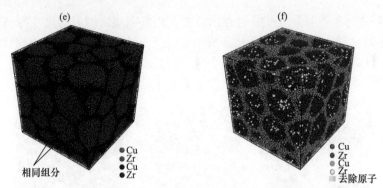

图 4.97　纳米玻璃制备过程示意图；气态蒸发制成的纳米 $Cu_{64}Zr_{36}$ 非晶颗粒在低温高压下冷压成纳米玻璃[161]。(a) 玻璃颗粒；(b) 颗粒衍生的纳米玻璃；(c) 块体衍生的多边形玻璃颗粒；(d) 块体衍生的；(e) 均匀纳米玻璃；(f) 软晶界纳米玻璃

纳米非晶面临的问题是其结构特征不明显，其非晶物质和界面之间难以区别，也很难和非晶均匀性区分，其界面部分类似非晶的软区，非晶颗粒类似非晶的硬区。此外，纳米非晶的制备比较困难，只有很有限的体系能得到纳米非晶玻璃，且难以得到块体，因此难以研究其力学和其他性能。因此，几十年来，纳米非晶的研究和发展很慢。

4.5.3　超硬非晶碳

常规非晶态碳大多都以 sp^2 杂化为主，因此具有与石墨相近的性质，如柔软、导电等。日常生活中常见的活性炭、木炭等就是非晶碳。全 sp^3 杂化的毫米级非晶碳块体材料具有金刚石特性，如超高硬度。在非晶超硬碳的探索中，高温高压处理 C_{60} 是一个很好的策略。温度压力范围的扩展，会使非晶碳 sp^3 杂化相的比例增加(图 4.98)，力学性能也会随之提高，硬度不断刷新纪录。采用大压机达到 $20\sim37$ GPa 合成条件，合成的块体非晶碳，sp 碳含量最高可达 97.1%，光学带隙可高达 2.7 eV；维氏硬度值达 102 GPa(9.8 N 载荷)，可与金刚石媲美，有望直接加工成红外光、X 射线等窗口；热导率达 26 W/mK，是非晶材料中发现的硬度、热导率最高的材料，见图 4.98[162,163]。图 4.99 是合成的块体非晶碳的照片。如图 4.100 所示，超硬非晶碳硬度接近金刚石，可在金刚石上划痕[163]。块体非晶碳材

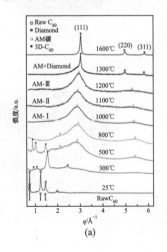

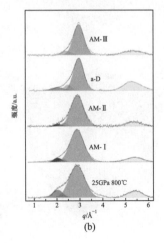

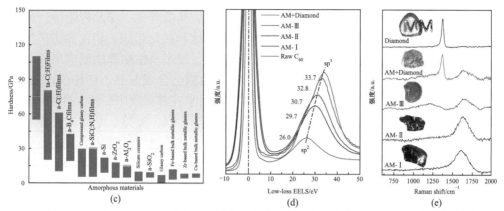

图 4.98　块体非晶碳合成过程，sp 碳含量随压力和温度不断提高，最高可达 97.1%，是非晶材料中发现的硬度、热导率最高的材料[162,163]

料还具有半导体性质，其光学带隙可以随着 sp³ 含量的增加，可进行大范围的调控(1.8～2.7 eV)，在太阳能电池、光伏半导体、光电探测领域均有潜在应用价值。

图 4.99　合成的透明块体非晶碳样品照片[163]

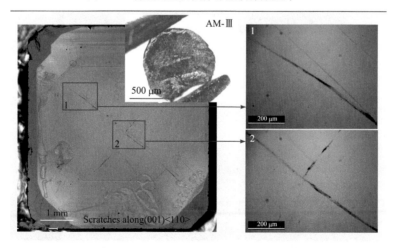

图 4.100　超硬非晶碳硬度接近金刚石，可在金刚石上划痕[163]

4.5.4　非晶物质的生物合成

不仅人类会合成非晶物质，很多动植物也是制备非晶物质的高手。很多动植物会根据需要，生长、制备各种非晶物质，如非晶矿物、非晶外壳、非晶树脂等。生物体的很多组织、骨骼等都是使用非晶体矿物材料来支撑和强化组织。相比晶态矿物，非晶矿物材料具有各向同性、容易成型的特点。例如，很多动植物都能制造出非晶硅化物蛋白石(opal)来作为自身的结构材料[164]，有的动物会合成非晶态矿物(如非晶碳酸钙、非晶硅化物、非晶磷酸钙等)来增强其器官的力学支撑强度[165,166]。图 4.101 是各种动物骨骼中的非晶碳酸钙，能起到增强骨骼的作用[167]。蟹类、龙虾类及很多贝类的外壳材料主要是非晶磷酸钙，这些都是生物制备的特殊非晶材料[167]。这类非晶矿物材料有适应生物生存的特殊性质，如非晶碳酸钙非常不稳定，容易溶于水等溶剂。这类动物制造、使用非晶磷酸钙主要是利用其可溶性特点，来满足这类动物周期性地生长和蜕壳。它们巧妙地利用了这类非晶材料的非稳定特性。非晶碳酸钙生物矿化作用过程中还起到其他很重要的作用，如它可以作为其他晶态矿化物(如碳酸磷灰石)形成的前驱体[167]。

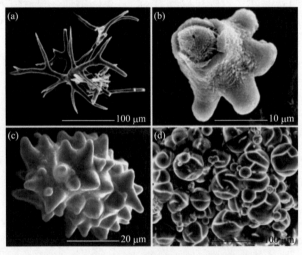

图 4.101　各种动物骨骼中的非晶碳酸钙[167]

　　植物也制造非晶物质。例如，松香和琥珀就是松树的产物，见图 4.102。橡胶也是橡胶树的产物。向自然学习如何制备、利用非晶物质会给非晶研究和材料合成很多启发，也是非晶材料探索的一个方向。

图 4.102　松香是典型非晶物质，是松树产出的非晶物质

4.5.5　非晶材料基因工程研发模式

非晶材料的探索主要依赖于传统的试错法和一些经验判据。这些传统的方法思路是：根据已有的材料制备经验和规则，由单个研究组甚至个人采用试错法(trial and error)或"炒菜式"的方法来探索新的非晶体系。因此，发现非晶新材料的实验研究长期受限于材料研发的高耗、低效及对材料物理洞察的局限性。

以非晶合金材料为例，由于非晶合金是典型的多组元复杂合金体系，全世界几百个研究组，60 年来，已发现的非晶合金体系仅占可能的非晶合金体系中很小的一部分。图 4.103 给出目前已经获得的非合金体系和有待探索的非晶体系的比较。目前已经获得的块体非晶合金成分大约有 1000 种[168]，其中高形成能力的体系就十几种，其中临界尺寸超过 10 mm 的体系仅有以贵金属 Pd 基和含 Be 元素的 Zr 基合金为代表的数种体系，其他非晶体系的临界形成尺寸绝大多数低于 5 mm。大量潜在的高性能、高形成能力的非晶合金成分仍有待探索。但是按照目前的探索方法、思路和速度，需要近千年才能把大部分合金成分都探索一遍。为了获得高非晶形成能力的合金成分，需要采用更有效的新材料开发策略，提高探索效率。材料高通量制备技术可望在高非晶形成能力合金新体系的探索中发挥重要作用[169-172]。

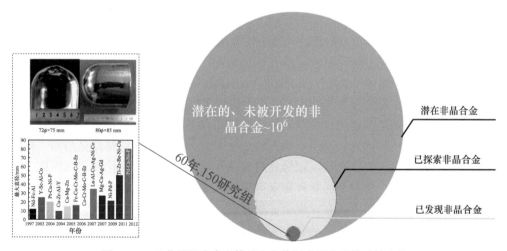

图 4.103　已获得的非合金体系和有待探索的非晶体系的比较

材料基因工程的理念于 2010 年提出，目的是变革材料研发的模式和思维方式[169-172]。如图 4.104 所示，材料基因工程的基本理念是：探索材料或物质实现材料基因及基因参量

与材料物性的统一关联。通过高通量计算，充分发挥信息化技术优势，实现海量大数据的集成、高效存储及异构数据的逻辑融合与关联，促进协同创新和成果交流共享。加强物理建模和有效算法并与建立材料设计数据库、革新数据集群并和智能挖掘相结合，实现材料行为模型化、数值化和可调控化。建立高通量集成设计计算体系和高通量实验方法，代替长时耗费的经验试错法研究模式，大幅度减少材料研发从概念到市场的时间。高通量材料计算以多学科交叉、多尺度、多算法及多软件集成自动流程高度综合计算系统为特点，体现材料设计、计算材料及数据库和实验相融合统一，在快速发现新材料、洞察材料物理、揭示材料中新现象等涉及材料核心问题方面，显示了强大的作用和巨大的潜力。

图 4.104　材料基因工程：多学科交叉，充分利用信息技术

　　机器学习是一门计算机科学的子学科，是计算机科学和统计学的交叉，其核心是人工智能和数据科学。机器学习的目的是赋予计算机自动学习的能力[173]。依托于机器学习的材料设计已经在许多不同的领域取得重要的成果[174,175]。其中 A. J. Norquist 教授等的工作发现那些曾经被忽略的"失败"实验数据中可能隐藏着重要的信息[174]。对于这种类型的数据分析，机器学习的强大之处在于分析大量的多维度的数据的能力。

　　非晶新材料的研发需要和材料发展的趋势相结合，变革研发模式，充分利用现代材料研发的手段、方法和理念。材料基因组理念可以大大拓宽非晶材料筛选范围，通过集中筛选目标，减少筛选尝试次数，预知材料各项性能，缩短性质优化和测试周期，加速非晶材料研究的创新，实现非晶材料探索可设计、快速、低耗。材料基因工程"撒网"式方法比传统"钓鱼"式方法在发现新非晶材料、探索新体系上有更大的优势。研究团队联合攻关，将理论与实验紧密结合，实现材料创新的全程数字化，多学科协同创新将是今后非晶材料的发现、开发、制造和服役的新模式。

　　机器学习这一新的研究范式为解决非晶材料领域的关键瓶颈问题特别是高形成能力体系的探索提供了新的途径和契机。机器学习在非晶体系中主要有三方面的应用：①从结构间的相似性角度出发，利用机器学习分析非晶材料的结构特征；②利用机器学习分析模拟或实验得到的结构、动力学、力学性能等数据，建立起结构与性能之间的关联；
③利用机器学习分析现有的实验数据得到模型，并根据模型帮助建立能够根据合金的成
分预测其非晶形成能力的模型，指导新材料的设计与开发[176,177]。

　　实际上，已经有机器学习分析在非晶材料探索方面有效的例子。中国科学院物理研
究所等使用机器学习的方法，对二元合金的非晶形成能力进行了系统分析，建立了合金
成分与性能之间的关联，并对可能的新材料进行了预测[176]。他们采用了支持向量机
(support vector machine)方法，通过构建多维空间，并在这个多维空间内对数据进行分割，
建立输入参量与输出参量之间的关联。通过不断选择新的参数对模型进行重复训练，探
讨合金的不同性质对其非晶形成能力的影响。研究发现，参量ΔT_{liq}(表征合金过冷能力的
参量)与合金的 GFA 有最显著的关联(图 4.105)，使用参量ΔT_{liq}与T_{fic}(表征合金热稳定性)作
为输入参数，可以得到具有最佳预测效率的模型。通过对最佳模型的分析，发现已知的具
有良好非晶形成能力的二元合金，其分布与模型的预测值具有很好的一致性(图 4.106)。使
用这个模型，可以对未知的合金成分进行预测，指导设计实验，缩短非晶合金材料的
研发周期。该工作证明机器学习的方法在非晶材料设计与研发领域具有重要的应用前
景[176]。将机器学习应用在非晶材料领域面临最大的挑战就是数据库的建立。要把能够收
集到的原始数据转化为可以进行机器学习的数据库，需要很大的工作量。采用更全面、
完善的数据库，运用更深入的人工智能算法，机器学习方法才能够发挥其优势，从已有
的数据中发掘出重要的信息，对实验、新材料的设计研发进行针对性的指导，为非晶等
领域科研人员提供更精准的信息，进一步加速材料的研发过程[176]。

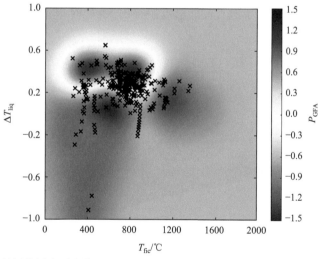

图 4.105　红蓝颜色的网格图表示参数ΔT_{liq}和T_{fic}的不同组合下得到的预测值P_{GFA}的大小"目标组"数
据的预测结果在图中以符号"×"标记[176]

　　高通量实验是探索非晶材料更实际的方法。耶鲁大学 Schroers 等采用高通量材料实
验的理念，设计了巧妙的高通量制备和表征方法，探索 Mg 基非晶合金最大形成能力成
分点，证明了高通量材料实验在探索非晶材料中的重要作用[178]。非晶合金的形成能力对
成分非常敏感，每个合金体系的最佳非晶形成成分点的偏差小于 1 at.%。用传统的方法

图 4.106　最优模型预测的最佳玻璃形成能力的体系的成分的云图。图中字号大小代表非晶形成能力的大小[176]

要在一个多组元体系确定这样的最佳成分点需要大量的实验，消耗大量的时间。Schroers 等设计的高通量材料实验，是在一个有 3000 个直径为 500 μm 小孔的基底上同时沉积 3000 个 Mg-Cu-Y 成分点。这 3000 个小孔上膜的成分点在 42%～82%Mg、10%～46%Cu 和 3%～32%Y 均匀变化。为了同时、快速检测每个成分的非晶化状态，小孔中装有发泡剂(图 4.107)。升温到 MgCuY 的过冷液区温度，发泡剂气化，如果小孔上的膜是非晶态，膜这时会是过冷液态，可以超塑性成型，被吹成小球。根据吹成的小球的大小，可以快速判定其形成能力。图 4.108 所示的是实验结果照片，可以看出不同成分区的小泡的直径明显不一样，根据不同的小泡直径能够准确给出 MgCuY 非晶形成成分范围和最佳非

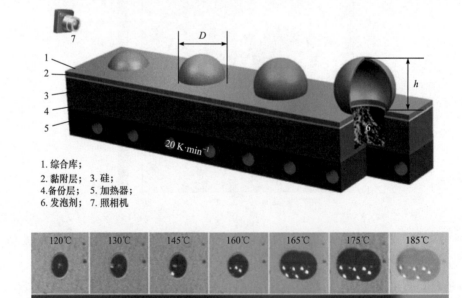

图 4.107　基底上小孔及其上 MgCuY 膜。在过冷液区温度下发泡剂吹出不同直径小泡的示意图[178]

晶形成成分点[178]。这样，一次实验就可以准确确定出一个体系的非晶形成成分范围和最佳非晶形成成分点，比传统的方法要节约时间 3000 倍。

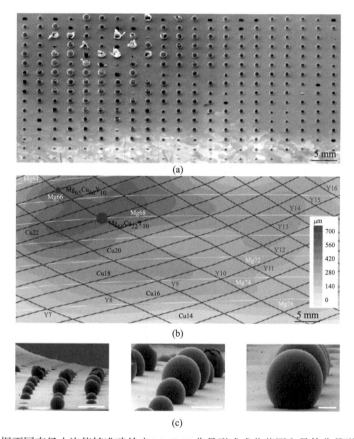

图 4.108　根据不同直径小泡能够准确给出 MgCuY 非晶形成成分范围和最佳非晶形成成分点[178]

中国科学院物理研究所采用独特的高通量组合方法，设计并研制出一种新型 Ir 块体高温非晶合金材料，该非晶材料在力学、热稳定性及抗氧化等方面表现出前所未有的优异的综合性能[179]。高温非晶合金的设计根据经验判据选择了铱、镍、钽、硼，如图 4.109 所示。Ir-Ni-Ta-B 四种元素相互之间混合热都是负值和相对较大的原子尺寸差异，保证了 Ir-Ni-Ta-(B)体系较高的非晶形成能力。

如图 4.110 所示，采用多靶磁控溅射来制备组合薄膜。衬底是 100 mm 直径的单晶硅片，其表面非常平整，金属元素也容易附着。靶材分别为单质的高纯 Ir、Ni、Ta 靶。理想的组合薄膜成分范围是通过调节靶材与衬底的特殊夹角和每一个独立靶材的功率来实现的。在硅片上成功制备出了 Ir-Ni-Ta 三元体系的 90%以上的成分区域。100 mm 直径大小的硅衬底上的组合薄膜覆盖绝大部分三元相图的范围。组合薄膜的成分测量是通过带有扫描功能的能谱仪(EDX)测得。

根据 Nagel 和 Tauc 电子结构理论[180]，当费米面接触到准布里渊区边界时，非晶结构稳定性会大大增强。用数学表达式即 $q_p = 2K_F$，这里 K_F 是费米波矢，$2K_F$ 是费米面直径，q_p 是结构因子 $S(q)$ 的第一个峰对应的波矢位置。此时能带出现在布里渊区的边界，这限

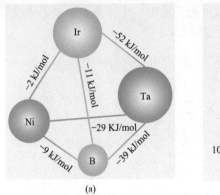
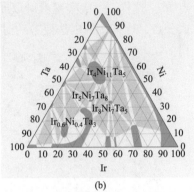

图 4.109　Ir-Ni-Ta-(B)高温非晶合金元素选择：(a) Ir-Ni-Ta-B 四种元素相互之间混合热和相对原子尺寸差异(图中圆的大小反映原子尺寸)；(b) Ir-Ni-Ta 合金的三元相图[179]

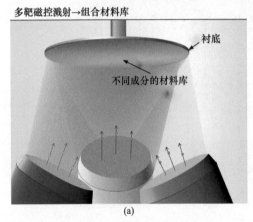
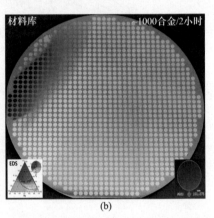

图 4.110　(a) 高通量磁控溅射共沉积制备 Ir-Ni-Ta 三元合金组合薄膜示意图，上部为衬底单晶硅贴放位置；(b) 溅射完毕后单晶硅片的表面样式，在这 100 mm 直径的硅片上，各元素有约 50%的成分跨度，等距地分布在其间[179]

制了能级跃迁并抑制了能态密度，导致电子传导率的严重下降(图 4.111(a))。研究表明，在多个过渡金属体系，GFA 与电阻之间存在相关的关系，如图 4.111(b)和(c)所示[179-182]。因此，可将 GFA 与电阻的关联作为预测表征 GFA 的参量，并采用薄膜方阻面扫的方法快速测量组合薄膜的各成分电阻率。将组合薄膜放置在可编程的位移台上，通过控制位移台的移动，可以实现逐点扫描，反映薄膜上电阻分布的情况。

　　组合薄膜的相结构由 XRD 和电阻测量逐点扫描测量，一张膜的扫描时间约为 12 h。图 4.112(a)是 Ir-Ni-Ta 结构相随成分分布。因为磁控溅射有非常高的冷却速率，所以接近 50%的 Ir-Ni-Ta 合金可以形成非晶态。非晶态的区域分布是 10%～50% 的 Ir、0%～70% 的 Ni 和 30%～85% 的 Ta 构成的一片连续区域。图 4.112(b)组合薄膜电阻大小随成分变化的分布。其中黄色和红色区域为电阻较高的区域，对应的成分拥有更高的 GFA，电阻面扫所圈定的高 GFA 区和 XRD 划定的非晶区交叉进一步缩小高 GFA 的成分范围，预测了一组具有高 GFA 和高 T_g 的非晶合金，再利用铜模吸铸方法制备了一系列毫米级

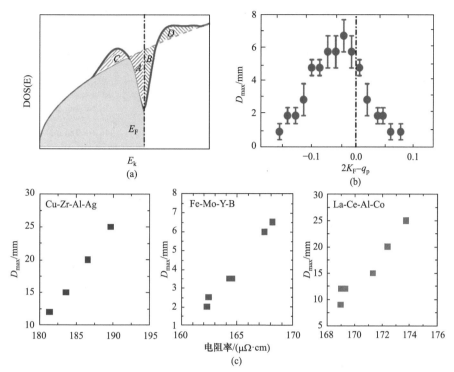

图 4.111　(a) 电子能态密度的示意图，从近自由电子模型出发费米面接近布里渊区时，能态密度最低；(b) Cu-Zr-Al 三元体系的临界尺寸 D_{max} 和 $2K_F-q_p$ 的关系，当 $2K_F-q_p$ 趋近于 0 时，D_{max} 最大，非晶形成能力越好；(c) Cu-Zr-Al-Ag、Fe-Mo-Y-B 和 La-Ce-Al-Co 三种非晶合金的临界尺寸 D_{max} 和电阻率的关系。电阻越高，D_{max} 越高，非晶形成能力越好[179-182]

的块体非晶合金(图 4.112(c))。为了有较高的 T_g，着重考虑富 Ir 和 Ta 的非晶区域(图 4.112(b) 中实线圆圈部分)，在这个区域的合金成分拥有更高的熔点 T_m 和模量 E，根据模量判据有更高的 T_g[179]。该高通量实验方法不需要对组合样品进行任何预处理或后续处理，测试周期短，1~2 h 即可在成千上万种合金中确定最佳的非晶形成成分范围。所用的测量和表征手段价格低廉、方便，不会损伤组合样品，在同一成分点可对多个物理参量进行测量[179]。

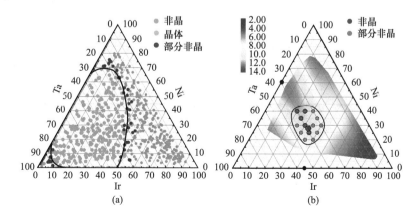

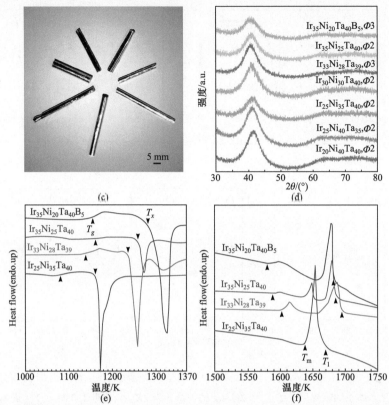

图 4.112   Ir-Ni-Ta 高通量表征过程。(a) X 射线衍射扫描 Ir-Ni-Ta 三元合金磁控溅射组合薄膜,因为其高达 10⁹ K/s 的冷却速率,大部分成分是非晶态结构;(b) 电阻快速扫描 Ir-Ni-Ta 三元合金组合薄膜,颜色深度表示电阻的数值大小,黄色区域代表更高的电阻,对应更高的 GFA,在黄色区域选择部分成分用铜模吸铸法进行验证(粉色点),结果显示在 10²~10³ K/s 的冷却速率下仍然可以形成非晶态;(c) 铸态 Ir-Ni-Ta-(B)高温非晶合金照片;(d) 块体非晶的 X 射线衍射谱;(e) DSC 测试表明铸态非晶棒材具有异常高的 T_g 和晶化温度;(f) Ir-Ni-Ta-(B)高温非晶合金的熔化行为,可得到熔点 T_m 和液态温度 T_l[179]

DSC 测量 $Ir_{35}Ni_{25}Ta_{40}$ 非晶合金的 T_g 高达 1162 K,比目前工程应用最为广泛的锆基非晶合金高出 400℃,被称为高温非晶合金。$Ir_{35}Ni_{20}Ta_{40}B_5$ 的过冷液相区 ΔT 可以达到 136 K,超越了目前已知的所有块体非晶合金(图 4.112(e)和(f))。非晶合金的服役温度需要在其玻璃转变温度之下。目前,绝大部分非晶合金的服役温度在 300℃左右,这导致其应用在很多领域受限。因此,高温 Ir-Ni-Ta-(B)非晶合金在高温热稳定性等方面表现出前所未有的优势。

在常温下,Ir-Ni-Ta-(B)非晶合金的强度约为 5.1 GPa,是普通钢材的 10 倍以上,即使在超过 700℃的高温条件下,Ir-Ni-Ta-(B)非晶合金仍能保持 3.7 GPa 的强度,远超传统的高温合金和高熵合金的强度,见图 4.113 所示。除了高温强度,如图 4.114 所示,Ir-Ni-Ta-(B)高温非晶合金在 T_g 以上具有超塑性,可通过超塑性成型工艺加工成各种形状的高精密零部件。此外,Ir-Ni-Ta-(B)非晶合金还具备耐腐蚀和抗氧化的特点,可在王水中浸泡数月而不被腐蚀,在高温环境中也难以被氧化,说明用这些新型非晶合金制成的零部件,不仅能在高温条件下服役,而且能在恶劣环境中使用。高温非晶合金 Ir-Ni-Ta-(B)的综合性能打破了非晶合金只能在常规环境中使用的限制[179]。

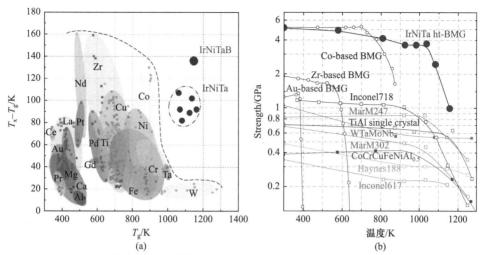

图 4.113 Ir-Ni-Ta-B 高温非晶合金和其他合金材料在玻璃转变温度、热稳定性及力学性能方面的对比。在 1000 K 高温条件下，Ir-Ni-Ta-B 非晶合金和其他高温合金相比仍然保持优异的力学性能[179]

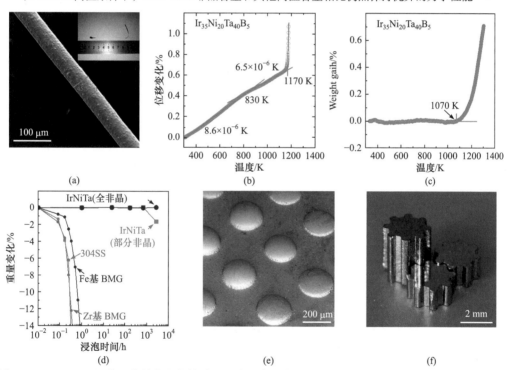

图 4.114 Ir-Ni-Ta-(B)高温非晶合金的性质。(a) 非晶合金棒可通过热塑性成型加工成直径约 45 μm 的细丝；(b) 热膨胀实验表明 $Ir_{35}Ni_{20}Ta_{40}B_5$ 非晶合金有较低的热膨胀系数；(c) 热重分析表明 $Ir_{35}Ni_{20}Ta_{40}B_5$ 非晶合金有非常好的抗氧化特性，在 1070 K 以内，暴露在空气中质量几乎没有发生变化；(d) 王水静态腐蚀实验表明 304 不锈钢、Zr 基非晶、Fe 基非晶 1 h 左右就完全被侵蚀掉，IrNiTa 非晶合金直到 112 天质量仍然无损失，部分非晶态的 IrNiTa 合金在王水浸泡 28 天后质量开始损失；(e) 热塑性成型后的图案；(f) 铜模吸铸的非晶齿轮[179]

　　高通量实验方法颠覆了非晶合金领域 60 年来"炒菜式"的材料研发模式,为解决非晶合金新材料探索效率低的难题开辟了新的途径,为高性能非晶合金材料的设计提供了新的思路。相信在不久的将来,更多性能更优异的非晶合金材料将不断涌现出来。

　　目前国内正在建设的先进的科学大装置和平台将在包括非晶材料在内的高通量研发中将发挥重要的作用,为非晶材料的探索提供了强有力的先进手段。下面介绍两个这样的装置和平台。

　　(1) 超重力实验装置。超重力离心机通过高速旋转在实验舱内产生超重力场。超重力场与高温、高压等极端环境叠加,成为研究物态变化规律,发现物质运动新规律和新现象的重要极端条件。超重力环境产生的应力场对物质运动过程具有三大效应,即缩尺效应:超重力环境下,多相介质的应力和颗粒间接触作用增强,可以在小尺度介质中产生大型介质自重应力,模型相比研究原型缩尺 $1/n$;缩时效应:多相介质内满足达西定律的流体运移时间缩短为原型的 $1/n^2$;能量强化效应:缩尺模型中爆炸、冲击等作用产生的效应与 n^3 倍能量在原型中产生的效应相当(n 是超重离心机产生的加速度 G 和地球重力加速度 g 比的系数:$G = ng$)。以上三大效应构成了大时空尺度物质运动过程超重力缩尺模拟的理论基础[181]。浙江大学将建立超重力离心机大装置(图 4.115)。依托这个离心机超重大装置可为研究非晶物质的母体——液体或熔体的基本理论模型提供一个平台,促进熔体动力学和热力学等诸多基本性能的理解。利用超重装置的缩时效应,还可研究非晶中长时间尺度(年的量级)的极缓慢的动力学过程,包括非晶材料的时效、衰老、局域弛豫、流变规律等。此外,利用超重力离心机大装置发展高通量表征技术,在超重力离心机中搭载反应器长度为 400 mm、温度为 1000℃的高通量试样制备熔铸炉,通过 1500 g 离心力实现不同元素沿超重力方向的梯度分布,利用超重条件密度差引起的浮力对流实现材料成分梯度,制备出块体大成分梯度的材料,通过控制可实现单次试验获得千个系列材料成分的目标。结合试样性能与微结构研究平台提供的微结构和性能分析结果,建立超重力-温度-成分-性能之间的相图关系,实现非晶材料的快速筛选。

图 4.115　浙江大学超重力实验室设计图

(2) 材料基因工程平台。怀柔材料基因工程平台是由北京市和中国科学院物理研究所共同建设的大型、国家级进行材料基因工程研究的研究平台。如图 4.116 所示，(a)是中国科学院物理研究所怀柔材料基因工程平台，(b)是平台的结构。该平台旨在推进新材料研发由传统低效的"经验指导实验"，转向新型高效的高通量"计算-实验-大数据"三位一体模式，缩短新材料研发周期，加速新材料的研发和应用。平台依托北京高能同步辐射光源、综合极端条件实验装置等国家重大科技基础设施集群。平台总投资约 5.5 亿元，总建筑规模为 40000 m², 包括材料计算与数据处理子平台、高通量材料制备与快速检测子平台、高通量技术支撑与研发子平台。主要技术指标包括材料计算与数据处理子平台实现双精度浮点运算能力≥200 万亿次，CPU 核数≥8000 个，计算并发任务数≥1000；数据存储能力≥2 PB，存储材料性质信息≥10000 条，支持并发用户数≥10000 个。高通量材料制备与快速检测子平台能够实现不同材料组分的高通量制备，组合薄膜>1000 种成分/

(a)

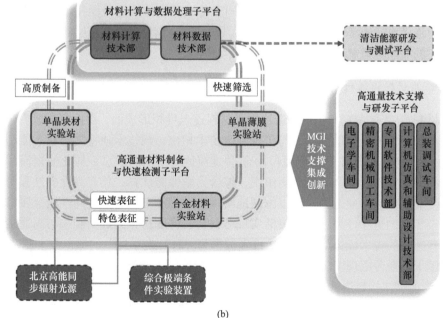

(b)

图 4.116　(a) 中国科学院物理研究所怀柔材料基因工程平台；(b) 平台的结构及和其他大装置的关系

单批次制备,合金块材≥100 种成分/单批次制备;实现对组合薄膜的扫描式或阵列式高通量快速检测,空间分辨率<50 mm;实现不同组分、不同功能单晶块体批量生长与合成能力≥500 个单晶样品/单批次。怀柔材料基因组平台也将在非晶合金新材料的高通量探索、非晶形成能力研究、非晶数据库的建立等方面发挥重要作用。

4.5.6　非晶材料的制造和智造

制造能力是人类区别于动物的一个重要标志。制造业也标志着一个国家的水平。现代科学正在发生巨大转变,其中的一部分就是从研究"这是什么"到"什么是可能的"。在 20 世纪,科学家找到了构成物质世界的基本模块:组成所有物质的是分子、原子和基本粒子;组成生命的是细胞、蛋白质和基因;构成人类信息和人工智能基础的是比特、算法和网络。将来,科学的一个趋势将是反过来探索利用这些基本模块能够制造什么,怎么制造。非晶物质和材料的制造将是一个重要的探索非晶材料的新方向。

非晶材料领域未来的突破,取决于在非晶形成能力这个关键瓶颈上的突破,取决于具有颠覆性非晶制备新技术的发展,取决于新的、高非晶形成能力体系的发现。要攻克非晶形成能力这座堡垒,除了成分设计之外,另一种策略是发展制造非晶材料的新技术,这可能是突破 GFA 瓶颈的新途径和思路。智能制造是将数字化制造与人工智能有机结合在一起的先进制造技术,是新一轮制造业革命的基础。与依据试错法及经验判据开发非晶材料的理念不同,智能制造技术(如 3D 打印、冷喷涂增材制造)将复杂的三维加工转变为简单的二维加工,有望解决传统成型加工技术、非晶制备技术无法完成的大块非晶制备及其构件的成型制造难题。先进的非晶制造技术包括 3D 打印技术、声制造技术、光制造技术、基于半固态成型、基于超塑性的连接成型,以及原子制造等这些从下而上(bottom-up)的制造技术。这些制造技术不同于传统的熔体快速凝固技术,可能避开了非晶形成的临界冷却速率的限制,制备出超大尺寸非晶材料(理论上无尺寸限制)。下面介绍这些潜在的非晶材料制造技术。

1. 非晶材料的增材制造

增材制造(又称 3D 打印)的制造原理是材料逐点堆积形成面,逐面累积成为体,兼顾精确成型和高性能成型的需求。与传统制造技术相比,该技术独特之处在于能利用高能束(如激光、电弧、等离子体等)原位冶金/快速凝固实现材料成型一体化的短流程制造,得到的材料与零件具有非平衡凝固组织,综合力学性能优异,具有高度柔性和对构件结构设计变化的快速响应能力,可以方便地实现各种难加工、高活性高性能金属材料的制备和复杂零件的近净成型,能够灵活实现多材料、梯度材料的成型制造与高通量制备。由于这些独特的技术优势,增材制造技术被誉为一种"变革性"的绿色数字制造技术。

德国卡尔斯鲁厄理工学院研究人员采用"液体玻璃"(玻璃粉末与液态光敏聚合物混合体)作为前驱体材料进行 3D 打印,并辅助高温烧结后处理,制造出了具有极高分辨率、透明、耐高温的玻璃制品[184],开启了利用这项革命性的技术来制造非晶材料的新途径。德国 Dresden 材料研究所 Eckert 研究组通过选择性激光熔融(selective laser melting, SLM)非晶合金粉末制备出块体三维支架结构的非晶合金[185],发现 3D 打印成型的构件基本上保持非晶结构，证实了该技术用于制备大尺寸非晶合金及成型复杂非晶零件的可行性。
图 4.117 是 3D 打印非晶合金的示意图。该方法是先在衬底板上铺上一层非晶合金粉，然
后用高能激光束通过逐点扫描的方式把粉末焊合在一起(图 4.117(b))。一层焊好后，再铺
上一层粉，再用激光焊合，直至得到设计的产品。这种方法在原理上没有尺寸限制，能
得到任意尺寸的块状非晶合金，可望解决非晶合金形成能力难题，还有望设计具有个性
的非晶合金产品[185]。图 4.118 是用 $Fe_{74}Mo_4P_{10}C_{7.5}B_{2.5}Si_2$ 非晶合金粉末通过 SLM 技术 3D
打印制作的一个三维非晶支架结构。采用高能束 3D 打印技术能制造出结构完整的多种非
晶合金零件，成型的非晶合金具有无裂纹、低孔隙率(<1%)和高非晶含量(>95%)的特征，
部分高非晶含量样品甚至表现出一定的压塑塑性和与铸态非晶相比拟的断裂韧性。

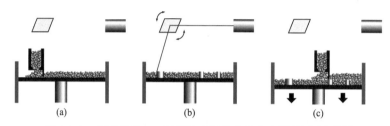

图 4.117　激光熔融 3D 打印技术制备非晶合金器件示意图[185]

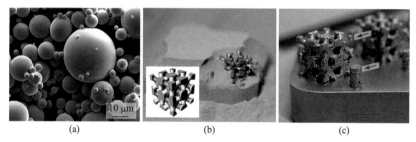

图 4.118　激光熔融 3D 打印技术制备非晶合金器件所用的粉末及(a)打印的三维非晶支架结构(b)、(c)[185]

　　由于激光 3D 打印技术会带来缺陷(如微空洞、微裂纹)和在热影响区发生的晶化，华
中科技大学柳林等发展了一种基于超声速热喷涂技术的半固态 3D 打印技术(thermal
spray 3D printing，TS3DP)[186]。该技术利用非晶粉末仅发生表面熔化及超声速沉积作用，
克服了激光 3D 打印引起的超高温度梯度及热影响区等问题，在大气环境下制备出超大尺
寸(100 mm × 100 mm × 5 mm)、高致密性(99.7%)及近乎 100% 非晶相的 Fe 基非晶合金。
采用这种新技术制造非晶合金尺寸突破了该体系的非晶形成能力限制，克服了激光 3D 打
印技术难以避免的微裂纹、晶化等问题，且兼具高强度(2 GPa)与高断裂韧性。美国密苏
里科技大学的 Tsai 等开发了一种基于商用非晶带材为原料的激光带材打印技术，成功制
备出价格相对低廉价、复杂几何构型的二维非晶合金构件[187]。耶鲁大学和麻省理工的联
合研究团队基于非晶合金特有的热塑性特征，开发出熔丝制造技术(fused filament
fabrication，FFB)，实现了大尺寸 Zr 基块体非晶合金的增材制造[188]。图 4.119 是 3D 打
印制备的大尺寸 Fe 基非晶合金照片[189]。为了消除应力，阻止打印时裂纹的产生和长大，
可采取第一次扫描将粉体颗粒熔化，第二次扫描用较低功率的激光退火，这样可制备出
无裂纹 $Al_{85}Ni_5Y_6Co_2Fe_2$ 非晶合金齿轮，如图 4.120 所示[190]。

图 4.119　3D 打印制备的大尺寸 Fe 基非晶合金[189]

图 4.120　3D 打印的无裂纹 $Al_{85}Ni_5Y_6Co_2Fe_2$ 非晶合金齿轮[190]

　　非晶合金的智能制造是近年来引入的可突破合金非晶形成能力的新理念,这种bottom-up的技术避开了复杂、耗时的非晶体系的成分探索,为解决材料非晶形成难题,实现制备加工成型一体化提供了新的途径,是未来非晶材料发展的崭新方向。图 4.121 是国内外开发的各种非晶合金智能制造技术制造出的非晶材料及零件。但是,这些制造技术还有亟待解决的技术难点,包括如何保持非晶本身的热塑性的同时,实现层与层之间的键层次的结合,这需要温度、压力和时间精准配合。此外,不同非晶材料在不同智能制造条件(如高能束、微熔池、超声速等)下的形成机制与演变规律尚不清楚,复杂非晶构件的控形控性原理与技术有待深入研究。

　　2. 非晶材料的声制造

　　超声焊接制造方法是利用非晶材料表面快原子动力学,有类液层的特性,在远低于玻璃转变点的温度,采用超声在合适的高驱动频率下,使得非晶表面快速键合在一起,实现大块非晶材料的制造,如图 4.122 所示[191]。实验采用超声冲头以 20000 Hz 的频率,在 30~50 MPa 的应力下对带材非晶碎屑进行循环加载,带材在高频应力作用下黏合成块体状态,制备出的块体非晶的密度、硬度等性能与传统铸态相比无明显差异。这个方法

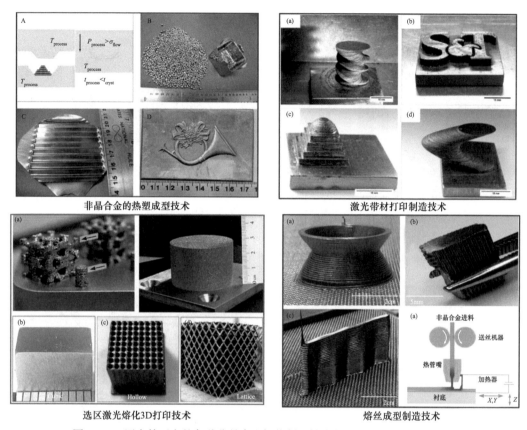

非晶合金的热塑成型技术　　　　　激光带材打印制造技术

选区激光熔化3D打印技术　　　　熔丝成型制造技术

图 4.121　国内外开发的各种非晶合金智能制造技术制造出的非晶材料及零件

的优点是可突破合金玻璃形成能力的约束，改变原来只从成分设计寻求大块非晶的思路，可以把同种或者不同的非晶碎屑以不同的比例混合均匀，超声制造成块体，形成两相、三相甚至多相的非晶块体材料，如图 4.123 所示。声制造方法为非晶材料的制备与性能调控提供了新方法，有望成为实现该类材料智能设计与按需制备的创新性技术[191]。

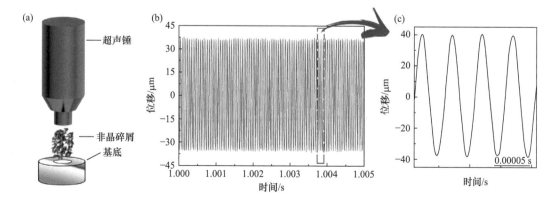

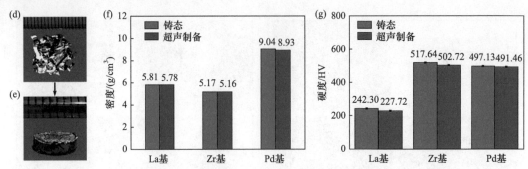

图 4.122　非晶合金的超声制造。(a) 超声振动制造大块非晶合金示意图；(b)和(c) 在持续振动过程中冲头位移随时间变化；(d) 非晶带状原料照片；(e) 制成的大块锆基非晶的照片。(f)和(g) 不同体系非晶合金铸态和超声制备大块样品的密度及硬度比较[191]

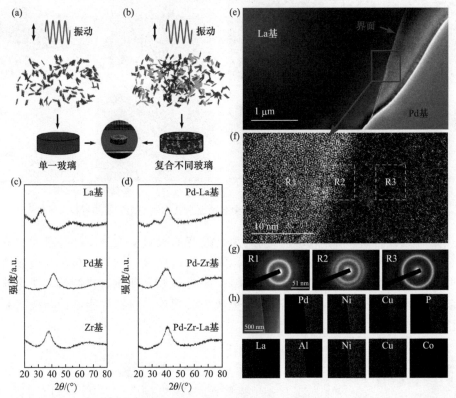

图 4.123　多相非晶合金复合材料的制备。(a)和(b) 带状原料利用超声振动合成单相和多相非晶合金的示意图；(c)和(d) 单相和多相块体非晶合金的 X 射线衍射图；(e) La 基和 Pd 基双相块体非晶合金的 SEM 图像；(f) 双相非晶合金的 HRTEM 图像；(g) 选定区域 R1、R2 和 R3 的衍射图案；(h) 用 EDS 分析双相非晶合金的元素分布[191]

3. 非晶材料的水加工制造

从应用角度上来说，大多数非晶材料对制备、加工环境非常敏感，如非晶合金需要高纯度原材料和高真空制备条件，这增加了材料成本。目前，非晶合金零件的制造主要基于铜模铸造成型和热塑性成型，但这些方法均难以实现大尺寸非晶合金和三维复杂零件的成型制造。水刀加工技术为非晶材料的加工成型提供了新方法。水刀加工技术集加工和冷却于一体，避免激光等热加工过程中的晶化，可以进行高强度非晶合金的精密、复杂成型和加工。如图 4.124 所示是松山湖材料实验室非晶团队用水刀加工的各种精密的非晶合金零件和图案。

图 4.124　用水刀加工的非晶合金复杂零件和图案

4. 非晶材料的光制造

光制造技术包括激光介入/辅助快速成型技术、大尺寸复杂结构非晶构件激光快速成型和大尺寸复杂梯度非晶构件激光复合成型技术，可望实现大尺寸复杂结构非晶构件激光快速成型，实现大尺寸复杂梯度非晶构件的激光合成，利用飞秒激光使得异质非晶合金啮合层快速成型组合，实现具有多性能复合的大尺寸复杂梯度非晶构件的激光成型。还可以利用激光进行非晶合金的加工，图 4.125 是用激光在非晶合金板上加工的精细图案。

5. 非晶材料热塑制造成型一体化技术

非晶材料在过冷液区具有超塑性，可以成型及连接。热塑性成型技术可实现不同

图 4.125　用激光在非晶合金板上加工的精细图案

非晶合金在过冷液相区的超塑性连接，实现大尺寸非晶合金的制备和成型一体化。发展热塑制造成型一体化技术可能克服非晶合金形成能力瓶颈问题。

6. 非晶材料的原子制造

原子制造即"原子尺度 3D 打印"，从单个原子出发，在原子级精度上直接制造具有特定功能的纳米结构，然后将这些纳米结构组装成更大的器件，实现从原子到器件的精准制造。实现途径包括：利用程序控制的扫描探针技术进行原子操纵，实现原子级精准构筑低维功能结构及原型器件；把电场、光场和磁场等引入到现有的分子束外延和原子层沉积技术中，实现原子尺度精确可控制备低维材料及其原型器件。如何实现大面积可控制备及稳定性仍然是相关领域的挑战性科学问题，国际上目前尚无成熟的解决方案，都在探索阶段。原子制造可用于非晶的纳米器件的制造和加工，低维非晶材料的制备，以及低维超稳定非晶材料的制备。

4.5.7　尾声——关于非晶材料制备工艺的一个故事

非晶材料的制备和工艺既是技术也是一门艺术，能为人类社会带来意想不到的重要改变。高锟关于玻璃光纤理论和应用方面的研究故事可以充分说明非晶材料工艺上的重要突破导致的重大应用、技术革命和社会变革，是一个说明非晶材料工艺研究的重要性的好例子。

1963 年，高锟(图 4.126(a))对玻璃纤维进行理论和实用方面的研究。他设想利用玻璃纤维可以传送激光脉冲，代替金属电缆输出电脉冲来实现新的通信方法。1966年他发表了题为"光频率介质纤维表面波导"的论文，开创性地提出利用极高纯度的纤维玻璃作为媒介，传送光波，在通信上应用的基本原理，并描述了长程及高信息量光通信所需绝缘性玻璃纤维的结构和材料特性。这篇文章发表之日被视之为光纤通信诞生日。他提出只要解决好玻璃纯度和成分等问题，有效降低玻璃材料中铁、铜、锰等杂质，制造出"纯净玻璃"，信号传送的损耗就会减至最低，就能够利用纯净玻璃制作光学纤维，实现高效传输信息，即廉价的玻璃可成为最可用的透光材料。可是当他发布他们的新设想，提出用光纤传输代替电的时候，大多数人觉得这是痴人说梦。

实际上，玻璃纤维本来是一种结构材料，很早就开始使用，但主要用于抗拉、抗压，或作为编织材料使用。高锟提出的所谓光导纤维，是把塑料或者玻璃拉伸到足够长后，形成的一种像头发丝一样又细又软的透明纤维(图 4.126(b))。当光线进入纤维后，透明的细丝光纤就像一根内壁是镜面的管道，能够把光线牢牢地"锁"在其内，按照纤维所指定的方向来传输。这样就把玻璃纤维开发为一种具有传导信息的功能材料。不过，当时光纤传输信号面临巨大的障碍，由于当时的玻璃纤维纯度不高，所以会吸收很大一部分光。当时的光纤信号每传导 1 m，就要损耗约 20%的光，这样一来，光线在里面的传输距离不会超过 10 m。因此，当时很多科学家断定，光导纤维根本就不具备进行长距离通信的能力。高锟的理论在很长的时间里受到了其他科学家"公开的嘲笑"。高锟所提出的"高纯纤维"，在当时更像是一种"幻想"。

面对嘲笑，当时还很年轻的高锟和他的同事坚持认为光线在纤维内不断减弱，并不是玻璃本身的问题，而是因为玻璃内部存在杂质。如果玻璃能够达到足够的纯度，光线就能几乎不受损失地远距离传递，那么光纤通信的障碍就能被清除。高锟坚持对自己的想法进行科学实验，在此后两年多的时间里，他埋首实验室做研究，希望通过实验验证自己的观点。多年以后，高锟回忆道："我当时有预感，这的确是一个非常有意义的项目。但我也知道，我需要花时间让别人相信我。"1970 年，他终于造出了足够纯净的玻璃纤维(图 4.126)，玻璃纤维的纯度达到 ppm 量级！他的理论终于得以验证，玻璃纤维被广泛应用于通信网络等领域，导致了信息革命。他的例子再次证明，把事情做到了极致，奇迹才会出现。

又过了 4 年，光导纤维开始大量生产，到了 1981 年，第一个光纤传输系统终于问世。这时，距离高锟发表论文已经过去了 15 年。高锟的发明不仅有效解决了信息长距离传输的问题，而且还极大地提高了效率并降低了成本。例如，同样一对线路，光纤的信息传输容量是金属线路的成千上万倍；制作光纤的原料是沙石中含有的石英，而金属线路则需要贵重得多的铜等金属。此外，光纤还具有重量轻、损耗低、保真度高、抗干扰能力强、工作性能可靠等诸多优点。

(a)　　　　　　　　　　　　　　　　　(b)

(c)

图 4.126 高锟(a)和他发明的光纤照片(b)、(c)

这时候，没有人再嘲笑这个"痴人说梦"的方案，光纤已成为光学通信技术的核心。在这一技术的支持下，光纤网络和海底电缆都一一成为现实。利用多股光纤制作而成的光缆已经铺遍全球。据估计，如果将围绕全球的玻璃纤维展开，其长度将达到几十亿千米，足以环绕地球几万圈，而且其长度还在以每小时数千千米的速度增长。光纤成为互联网、全球通信网络等的基石，掀起了一场光纤通信的世界革命。光纤还在很多其他领域得到应用：在医学上，光纤胃镜等内窥镜可以让医生看见患者体内的情况；在工业上，光纤系统在各类生产制造和机械加工等方面大显身手。高锟也从一名普通的工程师变成了人们口中的"光纤之父"，他终于赢得了学界应有的尊敬，并因此获得诺贝尔物理学奖。

光纤通信改变了通信方式和人类生活。光纤的发明和广泛应用，再一次证明科学的见识、洞察力、坚持对技术突破的重要意义。高锟研制玻璃光纤的故事是一个力排众议、提出创见、坚持长期艰苦的实验、反复探索论证，最终创造出了一根玻璃丝而改变整个世界的非晶材料奇迹。

4.6 小结和讨论

非晶物质的形成是一个物质体系熵和能量，有序和无序竞争达到某种平衡的结果，是通过熵调控获得的一类没有长程原子结构序、有中短程序、高能态、高熵的物质体系。其合成的基本原理是，保持液态的无序、高熵构型，降低液态的动力学；或者对一个体系采用复杂化、增熵、提高能量，使之形成非晶态。在这样简单的原理指导下不断有新的、性能奇特的非晶物质被合成出来。从形成机制和原理上看，非晶物质是独立于气态、液态和晶体固态的第四种常规物质。

非晶物质多样化，非常普遍。因此，非晶材料的合成技术和工艺也多种多样。非晶物质是上帝的礼物，因此非晶材料的合成工艺就是上帝的秘密。从非晶材料的发展历史看，制备工艺的创新和变革能有力地推动非晶物质科学的发展，甚至影响和推动社会的发展。非晶材料制备技术和工艺的研究、发明成就了一代又一代的非晶大师！非晶物质家族的新成员——非晶合金的制备及成型技术和工艺，促进了金属冶金这个古老的技术和金属材料现代化，将其提升到新的高度，更好地为人类服务。

物质和材料制备、冶炼是最古老、最具人间烟火的专业之一，与我们的生活息息相关。家就是有炉火的地方[192]。中国古代有嵇康锻铁，图 4.127 就是嵇康锻铁图：洛阳城外，竹林绿成一湖，山泉闪若白玉。素净瓦舍边，嵇康在树下锻铁，炉火熊旺。他动作有力，神情专注，右握小锤，左握铁钳，不断翻动火红的铁块，不断锻打，衬托出清静与刚韧。嵇康锻铁，不为功名利禄所动，扬锤不辍，把一腔激情在火炉里煅烧，锻造出一种孤傲不羁的荒诞(无序)。嵇康宁愿在洛阳城外做一个默默无闻而自由自在的打铁匠，也不愿与世俗同流合污。他如痴如醉地追求着心中崇高的人生境界：摆脱约束，释放人性，回归自然，享受悠闲。熊旺的炉火和刚劲的锤击，正是材料研究境界的绝妙阐释。非晶材料领域正是一个制备技术和工艺都至关重要的领域，非晶材料的制备和冶炼，需要科学知识积淀、技术创新、信念和意志、坚持和艰辛、工艺变革甚至艺术的灵感。非晶材料的制备和工艺同样可以燃烧激情，成就梦想。

不像其他自然科学，我国在材料制备方面有悠久的历史和积淀。陶瓷、青铜、铸铁、火药等材料都是中国古人辉煌的原创贡献。充分利用历史的积淀，结合现代材料制备和研究的最新技术和知识，材料领域是中国最有可能最先取得突破的科学领域。期待中国人能早日发现、合成独特的可改变世界和社会的非晶新材料！

图 4.127　古画：嵇康锻铁图

　　非晶材料多是不起眼的普通材料，如玻璃。可是自然界中最精致的、高端的东西往往都来自最普通的物质，如陶瓷来自泥土，玻璃来自沙子，芯片用的 Si 片来自沙子。这些最普通的物质其实都是上帝的礼物，只是我们不容易很快意识到。正如真正珍贵的东西都是免费的，如空气、阳光和爱。这启示我们重要的非晶体系和材料应该在普通物质体系中探索，如有用的非晶合金应该在 Fe、Al、Cu 这些合金系中探索。从最普通的沙子中可熔炼出来用于高科技的非晶材料，来自最普通物质的非晶物质中隐藏着至美和有序，这充分体现了非晶科学家和技术人员化普通为神奇的智慧和功绩。

　　通过本章，我们知道非晶物质是来自液态，液态是非晶物质之母，非晶领域有句行话：非晶物质的神秘都隐藏在其液体中(the mystery of glasses is thus hidden in the liquid)[193]。寻根求源，非晶物质和液态究竟有什么样的关系？液态是怎么转化成非晶态物质的？液态和非晶态这两类常规物质之间的转化规律是什么？第 5 章让我们一起来了解形成非晶物质的母态——过冷液态的性质和特点，以及过冷液态和第四态非晶物质之间是如何转化的，一起了解非晶物理领域最深奥的科学问题——玻璃转变，以及它的本质、重要性和普适的意义。

参 考 文 献

[1] 冯端, 金国钧. 凝聚态物理学. 北京: 高等教育出版社, 2003.

[2] Ruta B, Pineda E, Evenson Z. Relaxation processes and physical aging in metallic glasses. J. Phys. : Condens. Matter, 2017, 29: 503002.

[3] 汪卫华. 非晶态物质的本质和特性. 物理学进展, 2013, 33: 177-351.

[4] Anderson P W. Basic Notions of Condensed Matter Physics. Menlo Park: Benjamin, 1984.

[5] Seitz F. Modern Theory of Solids. New York: McGraw-Hill, 1940.

[6] Rao F, Zhang W, Ma E. Catching structural transitions in liquids. Science, 2019, 364: 1032-1033.

[7] Kohara S, Kato K, Kimura S, et al. Structural basis for the fast phase change of $Ge_2Sb_2Te_5$: Ring statistics analogy between the crystal and amorphous states. Appl. Phys. Lett. , 2006, 89: 201910.

[8] Adam G, Gibbs J H. On the temperature dependence of cooperative relaxation properties in glass‐forming liquids. J. Chem. Phys. , 1965, 43: 139-146.

[9] Gao M C, Yeh J W, Liaw P K, et al. High Entropy Alloys. New York: Springer, 2016.

[10] Smith H L, Li C W, Hoff A, et al. Separating the configurational and vibrational entropy contributions in metallic glasses. Nature Phys. , 2017, 13: 900-905.

[11] 李蕊轩, 张勇. 熵在非晶材料合成中的作用. 物理学报, 2017, 66: 177101.

[12] Yang X, Liu R, Yang M, et al. Structures of local rearrangements in soft colloidal glasses. Phys. Rev. Lett. , 2016, 116: 238003.

[13] Wang Z, Sun B A , Bai H Y, et al. Evolution of hidden localized flow during glass-to-liquid transition in metallic glass. Nature Communications, 2014, 5: 5823.

[14] Wang W H. Dynamic relaxations and relaxation-property relationships in metallic glasses. Prog. Mater. Sci. , 2019, 106: 100561.

[15] Turnbull D. Under what conditions can a glass be formed. Contem. Phys. , 1969, 10: 473-488.

[16] Schroers J. Bulk metallic glasses. Phys. Today, 2013, 66: 32-35.

[17] Lin X H, Johnson W L. Formation of Ti–Zr–Cu–Ni bulk metallic glasses. J. Appl. Phys. , 1995, 78: 6514-6519.

[18] Inoue A, Takeuchi A. Recent development and application products of bulk glassy alloys. Acta Mater. , 2011, 59: 2243-2267.

[19] Lin, S F, Liu, D M, Zhu, Z W, et al. New Ti-based bulk metallic glasses with exceptional glass forming ability. J. Non-Cryst. Solids., 2018, 502, 71-75.

[20] Wang W H, Dong C, Shek C H. Bulk metallic glasses. Mater. Sci. Eng. R, 2004, 44: 45-89.

[21] Greer A L. Metallic glasses. Science, 1995, 267: 1947-1949.

[22] Chen H S. Miller C E. A rapid quenching technique for the preparation of thin uniform amorphous solids. Rev. Sci. Instru. , 1970, 41: 1237-1238.

[23] Thompson C V, Spaepen F. On the approximation of the free energy change on crystallization. Acta Metall. , 1979, 27: 855-864.

[24] de Boer F R, Boom R, Mattenns W C M, et al. Cohesion in Metals. Amsterdam: North-Holland, 1989.

[25] Saunders N, Miodownik A P. Calphad (Calculation of Phase Diagram) a Comprehensive Guide. Univ. of Cambridge: Elsevier Science, 1998.

[26] Wang W H, Bai H Y, Zhang M, et al. Interdiffusion phenomena in multilayers investigated by in situ low angle X-ray diffraction method. Phys. Rev. B, 1999, 59: 10811-10822.

[27] Highmore R J, Greer A L. Eutectics and the formation of amorphous alloys. Nature, 1989, 339: 363-365.

[28] Tang M B, Zhao D Q, Pan M X, et al. Binary Cu-Zr bulk metallic glass. Chin. Phys. Lett. , 2004, 21: 901-903.

[29] Wang W H, Lewandowski J J, Greer A L. Understanding the glass-forming ability of $Cu_{50}Zr_{50}$ alloys in terms of a metastable eutectic. J. Mater. Res. , 2005, 20: 2307-2313.

[30] Xu D, Lohwongwatana B, Johnson W L. Bulk metallic glass formation in binary Cu-rich alloy series Cu_{100-x} Zr_x (x=34, 36, 38.2, 40 at.%) and mechanical properties of bulk $Cu_{64}Zr_{36}$ glass. Acta Mater. , 2004, 52: 2621-2624.

[31] Xia L, Li W H, Wei B C, et al. Binary Ni-Nb bulk metallic glasses. J. Appl. Phys. , 2006, 99: 026103.

[32] Wang Y M, Wang Q, Zhao J J, et al. Ni-Ta binary bulk metallic glasses. Scr. Mater. , 2010, 63: 178-181.

[33] Blachnik R, Hoppe A. Glass transition and specific heats in the systems P-S, P-Se, As-S and As-Se. J. Non-Crystal. Solids. , 1979, 34: 191-201

[34] Chen H S, Turnbull D. Evidence of a glass-liquid transition in a gold-germanium-silicon alloy. J. Chem. Phys. , 1968, 48: 2560-2571.

[35] Ke H B, Wen P, Zhao D Q, et al. Correlation between dynamic flow and thermodynamic glass transition in metallic glasses. Appl. Phys. Lett. , 2010, 96: 251902.

[36] Ke H B, Wen P, Wang W H. The inquiry of liquids and glass transition by heat capacity. AIP Advances, 2012, 2: 041404.

[37] Turnbull D. Kinetics of solidification of supercooled liquid mercury droplets. J. Chem. Phys. , 1952, 20: 411-424.

[38] Volmer M, Weber A. Nuclei formation in supersaturated states (transl.). J. Phys. Chem. , 1926, 119: 227-301.

[39] Becker R, Doring W. Kinetische Behandlung der Keimbildung in übersättigten Dämpfern. Ann. Phys. , 1935, 24: 719-752.

[40] Tammann G. Ueber die Metamerie der Metaphosphate. Tartu University Library , 1890.

[41] Turnbull D. The subcooling of liquid metals. J. Appl. Phys. , 1949, 20: 817-817.

[42] Fisher J C, Hollomon J H, Turnbull D. Nucleation. J. Appl. Phys. , 1948, 19: 775-784.

[43] Turnbull D, Fisher J C. Rate of nucleation in condensed systems. J. Chem. Phys. , 1949, 17: 71-73.

[44] Fisher J C, Hollomon J H, Turnbull D. Rate of nucleation of solid particles in a subcooled liquid. Science,

1949, 109: 168-170.

[45] Uhlmann D R. Glass formation. J. Non-Cryst. Solids. , 1977, 25: 42-85.

[46] Uhlmann D R, Kreidl N J. Glass — Science and Technology. Vol. 4 A- Structure, Microstructure and Properties, Kapitel 2 – 4. Boston: Academic Press, Inc. , 1990.

[47] Nakamuro T, Sakakibara M, Nada H, et al. Capturing the moment of emergence of crystal nucleus from disorder. J. Am. Chem. Soc. , 2021. 143: 1763-1767.

[48] Jeon S H, Heo T, Hwang S Y, et al. Reversible disorder-order transitions in atomic crystal nucleation. Science, 2021: 371: 498-503.

[49] Uhlmann D R. Kinetics of crystallization. J. Non-Cryst. Solids. , 1972, 7: 337-348.

[50] Johnson W L. Bulk glass-forming metallic alloys: Science and Technology. MRS Bull. , 2007, 32: 611-619.

[51] Jund P, Caprion D, Jullien R. Is there an ideal quenching rate for an ideal glass. Phys. Rev. Lett. , 1997, 79: 91-94.

[52] Schroers J, Wu Y, Busch R, et al. Transition from nucleation controlled to growth controlled crystallization in $Pd_{43}Ni_{10}Cu_{27}P_{20}$ melts. Acta Mater. , 2001, 49: 2773-2781.

[53] Busch R, Bake E, Johnson W L. Viscosity of the supercooled liquid and relaxation at the glass transition of the $Zr_{46.75}Ti_{8.25}Cu_{7.5}Ni_{10}Be_{27.5}$ bulk metallic glass forming alloy. Acta Mater., 1998, 46: 4725-4732.

[54] Wang W H. The elastic properties, elastic models and elastic perspectives of metallic glasses. Prog. Mater. Sci. , 2012, 57: 487-656.

[55] Yu H B, Samwer K, Wang W H, et al. Chemical influence on β relaxations and formation of molecule-like metallic glasses. Nature Comm. , 2013, 4: 2204.

[56] Wang W H, Wen P, Wang R J. Relation between glass transition temperature and Debye temperature in bulk metallic glasses. J. Mater. Res. , 2003, 18: 2747-2751.

[57] Zallen R. The Physics of Amorphous Solids. A Wiley-Interscience Publication, 1983.

[58] Li J H, Liu B X. Interatomic potentials of the binary transition metal systems and some applications in materials physics. Phys. Rep. , 2008, 455 : 1-134.

[59] Egami T, Waseda Y. Atomic size effect on the formability of metallic glasses. J. Non-Crystal. Solids., 1984, 64: 113-134.

[60] Sciortino F, Tartaglia P. Glassy colloidal systems. Adv. Phys. , 2005, 54: 471-524.

[61] Spaepen F. A microscopic mechanism for steady state inhomogeneous flow in metallic glasses. Acta Metall. , 1977, 23: 407-415.

[62] Greer A L. Confusion by design. Nature, 1993, 366: 303-304.

[63] Wang W H, Wei Q, Friedrich S. Microstructure and decomposition and crystallization in metallic glass ZrTiCuNiBe alloy. Phys. Rev. B, 1998, 57: 8211-8217.

[64] Wang W H, Wu E, Wang R J, et al. Phase ransiformation in a $Zr_{41}Ti_{14}Cu_{12.5}Ni_{10}Be_{22.5}$ bulk amorphous alloy upon crystallization. Phys. Rev. B, 2002, 66: 104205.

[65] Senkov O N, Miracle D B. Effect of the atomic size distribution on glass forming ability of amorphous metallic alloys. Mater Res. Bull. , 2001, 36: 2183-2198.

[66] Klement W, Willens R, Duwez P. Non-crystalline structure in solidified gold-silicon alloys. Nature, 1960, 187: 869.

[67] 王承遇, 陈敏, 陈建华. 玻璃制造工艺. 北京: 化学工业出版社, 2006.

[68] Sakka S. The sol-gel transition: Formation of glass fibers & thin films. J. Non-Crystal. Solids., 1982, 48: 31-36.

[69] Yu P, Bai H Y, Wang W H. Superior glass-forming ability of metallic alloys from microalloying. J. Mater.

Res. , 2006, 21: 1674-1679.

[70] 汤美波. 大块非晶合金的低温物性: 局域共振模、二能级隧穿以及重电子行为研究. 北京: 中国科学院物理研究所博士学位论文, 2006.

[71] Zhang B, Wang R J, Zhao D Q, et al. Superior glass-forming ability through microalloying in cerium-based alloys. Phys. Rev. B, 2006, 73: 092201.

[72] Zhang Y, Zhao D Q, Wang R J, et al. Formation ZrNiCuAl Bulk Metallic Glasses with low purity elements. Mater. Trans. JIM, 2000, 41: 1410-1414.

[73] Cao C R, Huang K Q, Shi J A, et al. Liquid-like behaviours of metallic glassy nanoparticles at room temperature. Nature Commun. , 2019, 10: 1966.

[74] Turnbull D, Bagleg B G . Treatise on Solid State Chemistry, Vol. 5. New York: Plenum Press, 1976.

[75] Kui H W, Greer A L, Turnbull D. Formation of bulk metallic glass by fluxing. Appl. Phys. Lett. , 1984, 45: 615-617.

[76] Schwarz R B, Johnson W L. Formation of an amorphous alloy by solid-state reaction of the pure polycrystalline metals. Phys. Rev. Lett. , 1983, 51: 415-418.

[77] Greer A L, Spaepen F. Synthetic Modulated Structures. New York: Academic Press, 1985.

[78] Samwer K. Amorphization in solid metallic systems. Phys. Rep. , 1988, 161: 1-41.

[79] Wang W H, Bai H Y, Zhao J H, et al. Interdiffusion phenomena in multilayers investigated by in situ low angle X-ray diffraction method. Phys. Rev. B, 1999, 59: 10811-10822.

[80] Okamoro P R, Lam N Q, Rehn L E. Physics of crystal to glass transformations. Solid State Physics (Vol. 52, ed. by Ehrenreich H, and Spaepen F). San Diego: Academic Press, 1999.

[81] Johnson W L. Thermodynamic and kinetic aspects of the crystal to glass transformation in metallic materials. Prog. Mater. Sci. , 1986, 30: 81-134.

[82] Koch C C, Cavin O B, Mckamey C G. Preparation of amorphous by mechanical alloying. Appl. Phys. Lett. , 1983, 43: 1017-1019.

[83] Calka A, Wexler D A. Mechanical milling assisted by electrical discharge. Nature, 2002, 419: 147-151

[84] Suryanarayana C. Mechanical alloying and milling. Progress in Materials Science, 2001, 46: 1-184.

[85] Dong Y D, Wang W H. Structural investigation of a mechanically alloyed Al-Fe system. Mater. Sci. Eng. A, 1991, 134: 867-871.

[86] Yan Z H, Klassen T, Bormann R. Inverse melting in the Ti-Cr system. Phys. Rev. B, 1993, 47: 8520-8527.

[87] Bai H Y, Michaelsen C, Bormann R. Inverse melting in a system with positive heat of formation. Phys. Rev. B, 1997, 56: 11361-11364.

[88] Moine P, Jaouen C. Ion beam induced amorphization in the intermetallic compounds NiTi and NiAl. J. Alloy. and Comp., 1993, 194: 373-380.

[89] Xu G B, Okamoto P R, Rehn L E. Crystalline-amorphous transition of $NiZr_2$, NiZr and Ni_3Zr by electron irradiation. J. Alloy. Compd., 1993, 194: 401-405.

[90] Ponyatovsky E G, Barkalov O I. Pressure induced amorphous phases. Mater. Sci. Reports, 1992, 8: 147-191.

[91] McWhan D B, Hull Jr G W, Mcdonald T R R, et al. Superconducting Gallium Antimonide. Science, 1965, 147: 1441-1442.

[92] Wang W K, Iwasaki H. Effect of high pressure on the crystallization of an amorphous $Fe_{83}B_{17}$ alloy. J. Mater. Sci. , 1980, 15: 2701-2704.

[93] Bhat M H, Molinero V, Soignard E, et al. Vitrification of a monatomic metallic liquid. Nature, 2007, 448: 787-790.

[94] Inoue A, Zhang T, Masumoto T. La-Al-Ni amorphous alloys with a wide supercooled liquid region. Mater

Trans. JIM, 1989, 30: 965-972.

[95] Peker A, Johnson W L. A highly processable metallic glass: $Zr_{41.2}Ti_{13.8}Cu_{12.5}Ni_{10}Be_{22.5}$. Appl. Phys. Lett., 1993, 63: 2342-2344.

[96] Lu Z P, Liu C T. A new glass forming ability criterion for bulk metallic glasses. Acta Mater., 2002, 50: 3501-3512.

[97] Inoue A. Stabilization of metallic supercooled liquid and bulk amorphous alloys. Acta Mater., 2000, 48: 279-306.

[98] Dyre J C. Colloquium: The glass transition and elastic models of glass-forming liquids. Rev. Mod. Phys., 2006, 78: 953-972.

[99] Wang W H. Correlations between elastic moduli and properties in bulk metallic glasses. J. Appl. Phys., 2006, 99: 093506.

[100] Wang W H. Elastic moduli and behaviors of metallic glasses. J Non-Cryst. Solids., 2005, 351: 1481-1485.

[101] Egami T, Poon S J, Zhang Z, et al. Glass transition in metallic glasses: a microscopic model of topological fluctuations in the bonding network. Phys. Phys. Rev. B, 2007, 76: 024203.

[102] Luo Q, Wang W H. Magnetocaloric effect in rare earth based bulk metallic glasses. J. Alloy. Comp., 2010, 495: 209-216.

[103] Zhang B, Zhao D Q, Pan M X, et al. Amorphous metallic plastics. Phys. Rev. Lett., 2005, 94: 205502.

[104] Zhao K, Xia X X, Bai H Y, et al. Room temperature homogeneous flow in a bulk metallic glass with low glass transition temperature. Appl. Phys. Lett., 2011, 98: 141913.

[105] Das J, Tang M B, Wang W H, et al. Work-hardenable' ductile bulk metallic glass. Phys. Rev. Lett., 2005, 94: 205501.

[106] Liu Y H, Wang G, Pan M X, et al. Super plastic bulk metallic glasses. Science, 2007, 315: 1385-1388.

[107] Demetriou M D, Johnson W L. A damage-tolerant glass. Nature Mater., 2011, 10: 123-128.

[108] Wang W H. Roles of minor additions in formation and properties of bulk metallic glasses. Prog. Mater. Sci., 2007, 52: 540-596.

[109] Bak P, Tang C, Wiesenfeld K. Self-organized criticality. Phys. Rev. A, 1988, 38: 364-374.

[110] Tanaka H, Kawasaki T, Watanabe K. Critical-like behaviour of glass-forming liquids. Nature Mater., 2010, 9: 324-331.

[111] Yu P, Wang W H, Bai H Y. Understanding exceptional thermodynamic and kinetic stability of amorphous sulfur obtained by rapid compression. Appl. Phys. Lett., 2009, 94: 011910.

[112] Hattori T, Saitoh H, Utsumi W. Does bulk metallic glass of elemental Zr and Ti exist ? Phys. Rev. Lett., 2006, 96: 255504.

[113] Suslick, K S, Choe, S B, Cichowlas A A. Synthesis of amorphous iron. Nature, 1991, 353: 414-416.

[114] Rojo J M, Hernando A. Observation and characterization of ferromagnetic amorphous nickel. Phys. Rev. Lett., 1996, 76: 4833-4836.

[115] Davies H A, Aucote J, Hull J B. Amorphous nickel produced by splat quenching. Nature, 1973, 246: 13-14.

[116] Zhang J, Zhao Y S. Formation of zirconium metallic glass. Nature, 2004, 430: 332-335.

[117] Wang Y, Fang Y Z, Kikegawa T, et al. Amorphouslike diffraction pattern in solid metallic titanium. Phys. Rev. Lett., 2005, 95 : 155501.

[118] Hilsch R. In Non-Crystalline Solids. New York: Wiley &Sons, 1960.

[119] Buckel W, Hilsch R. Einfluss der kondensation bei tiefen TEmperaturen auf den elektrischen widerstand und die supraleitung für verschiedene metalle. Z. Phys., 1954, 138: 109-129.

[120] Behrndt K H. Formation of amorphous films. J. Vac. Sci. Technol., 1970, 7: 385-398; Felsch W. Schichten aus amorphem eisen. Z. Phys., 1966, 195: 201-214.

[121] Markert C, Lützenkirchen-Hecht D, Wagner R, et al. In situ surface-sensitive X-ray investigations of thin quench condensed bismuth films. Euro. Phys. Lett., 2009, 86: 46007.

[122] Kim Y W, Lin H M, Kelly T F. Solidification structures in submicron spheres of iron-nickel alloys: Experimental observations. Acta Metall., 1988, 36: 2525-2536.

[123] Kim Y W, Lin H M, Kelly T F. Amorphous solidification of pure metals in sub-micron spheres. Acta Metall., 1989, 37: 247-255.

[124] Davies H A, Hull J B. The formation, structure and crystallization of non-crystalline nickel produced by splat-quenching. J. Mater. Sci., 1976, 11: 215-223.

[125] Zhong L, Wang J, Sheng H, et al. Formation of monatomic metallic glasses through ultrafast liquid quenching. Nature, 2014, 512: 177-182.

[126] Wu G, Zheng X, Cui P, et al. A general synthesis approach for amorphous noble metal nanosheets. Nature Commun., 2019, 10: 4855.

[127] An Q, Luo S N, Goddard W A, et al. Synthesis of single-component metallic glasses by thermal spray of nanodroplets on amorphous substrates. Appl. Phys. Lett., 2012, 100: 041909.

[128] Zhao R, Jiang H Y, Luo P, et al. A facile strategy to produce monatomic tantalum metallic glass. Appl. Phys. Lett., 2020, 117: 131903.

[129] Park E S, Na J H, Kim D H. Abnormal behavior of supercooled liquid region in metallic glass-forming alloys. Appl. Phys. Lett., 2007, 91: 031907.

[130] Senkov O N. Correlation between fragility and glass-forming ability of metallic alloys. Phys. Rev. B, 2007, 76: 104202.

[131] Debenedetti P G, Stillinger F H. Supercooled liquids and the glass transition. Nature, 2001, 410: 259-267.

[132] Wang J Q, Wang W H, Bai H Y. Characterization of activation energy for flow in metallic glasses. Phys. Rev. B, 2011, 83: 012201.

[133] 张博, 汪卫华. 金属塑料的研究进展. 物理学报, 2017, 66: 176411.

[134] 李建福, 王军强, 刘晓峰, 等. 玻璃态金属塑料. 中国科学: 物理学 力学 天文学, 2010, 40: 694-700.

[135] Yeh J W, Chen S K, Lin S J. Nanostructured high-entropy alloys with multiple principal elements: Novel alloy design concepts and outcomes. Adv. Eng. Mater., 2004, 6: 299-303.

[136] Cantor B, Chang I T H, Knight P. Microstructural development in equiatomic multicomponent alloys. Mater. Sci. Eng. A, 2004, 375-377: 213-218.

[137] Zhang Y, Zuo T T, Tang Z, et al. Microstructures and properties of high-entropy alloys. Prog. Mater. Sci., 2014, 61: 1-93.

[138] Ye Y F, Wang Q, Liu C T, et al. High-entropy alloy: Challenges and prospects. Mater. Today, 2016, 19: 349-362.

[139] Gao X Q, Zhao K, Ke H B, et al. High mixing entropy bulk metallic glasses. J. Non-Cryst. Solids., 2011, 357: 3557-3560.

[140] Takeuchi A, Chen N, Wada T, et al. Alloy as a bulk metallic glass in the centimeter. Intermetallics, 2011, 19: 1546-1554.

[141] Wang W H. High entropy metallic glasses. JOM, 2014, 66: 2067-2077.

[142] Ding H Y, Yao K F. High entropy $Ti_{20}Zr_{20}Cu_{20}Ni_{20}Be_{20}$ bulk metallic glass. J. Non-Cryst. Solids., 2013, 364: 9-12.

[143] Guo S, Hu Q, Ng C, et al. More than entropy in high- entropy alloys: forming solid solutions or amorphous phase. Intermetallics, 2013, 41: 96-103.

[144] Li H F, Xie X H, Zhao K, et al. In vitro and in vivo studies on biodegradable camgznsryb high-entropy bulk metallic glass. Acta Biomaterialia, 2013, 9: 8561-8573.

[145] Wang J, Zheng Z, Xu J, et al. Microstructure and magnetic properties of mechanically alloyed FeSiBAlNi(Nb) high entropy alloys. J. Mag. Mag. Mater., 2014, 355: 58-62.

[146] Yi J, Xia X X, Zhao D Q, et al. Micro and nano scale metallic glassy fibres. Adv. Eng. Mater., 2010, 12: 1117-1122.

[147] Yi J, Bai H Y, Zhao D Q, et al. Piezoresistance effect of metallic glassy fibres. Appl. Phys. Lett., 2011, 98: 241917.

[148] Yi J, Huo L S, Zhao D Q, et al. Toward an ideal electrical resistance strain gauge using a bare and single straight strand metallic glassy fiber. Sci. in Chin. G, 2012, 54: 609-613.

[149] Schroers J. The superplastic forming of bulk metallic glasses. JOM, 2005, 57: 35-39.

[150] Yan W, Richard I, Kurtuldu G, et al. Structured nanoscale metallic glass fibres with extreme aspect ratios. Nature Nanotechnology, 2020, 15: 875-882.

[151] Yan W, Page A, Nguyen-Dang T, et al. Advanced multimaterial electronic and optoelectronic fibers and textiles. Adv. Mater., 2019, 31: 1802348.

[152] Yan D, Dong C, Xiang Y, et al. Thermally drawn advanced functional fibers: New frontier of flexible electronics. Materials Today, 2020, 35: 168-194.

[153] Swallen S F, Kearns K L, Ediger M D, et al. Organic glasses with exceptional thermodynamic and kinetic stability. Science, 2007, 315: 353-356.

[154] Dawson K J, Kearns K L, Yu L, et al. Physical vapor deposition as a route to hidden amorphous states. Proc. Natl Acad. Sci. USA, 2009, 106: 15165-15170.

[155] Singh S, Ediger M D, Pablo J J. Ultrastable glasses from in silico vapour deposition. Nature Mater., 2013, 12: 139-144.

[156] Ediger M D, Yu L. Polymer glasses: From gas to nanoglobular glass. Nature Mater., 2012, 11: 267-268.

[157] Yu H B, Luo Y S, Samwer K. Ultrastable metallic glasses. Adv. Mater., 2013, 25: 5904-5908.

[158] Luo P, Cao C R, Zhu F, et al. Ultrastable metallic glasses formed on cold substrates. Nature Commun., 2018, 9: 1389.

[159] Xue R J, Zhao L Z, Shi C L, et al. Enhanced kinetic stability of a bulk metallic glass by high pressure. Appl. Phys. Lett., 2016, 109: 221904.

[160] Gleiter H. Are there ways to synthesize materials beyond the limits of today?　Metall. Mater. Trans. A, 2009, 40: 1499-1509.

[161] Adjaoud O, Albe K. Influence of microstructural features on the plastic deformation behavior of metallic nanoglasses. Acta Mater., 2019, 168: 393-400.

[162] Zhang S S, Li Z H, Chernogorova O P, et al. Discovery of carbon-based strongest and hardest amorphous material. National Sci. Rev., 2021, 9: 140.

[163] Shang Y C, Liu Z D, Dong J J, et al. Ultrahard bulk amorphous carbon from collapsed fullerene. Nature, 2021, 599: 599-604.

[164] Simpson T L, Volcani B E. In Silicon and Siliceous Strucutres in Biological Systems. New York : Springer, 1981.

[165] Werner S, Levi-Kalisman Y, Raz S, et al. Biologically formed amorphous calcium carbonate. Connect. Tissue Res., 2003, 44 : 214-218.

[166] Simkiss K. In Amorphous manerials in biology. Bull. Inst. Oceanogr. Monaco., 1994.

[167] Addada L, Raz S, Weiner S. Taking advantage of disorder : Amorphous calcium carbonate and its roles in biomineralization. Adv. Mater., 2003, 15: 959-970.

[168] Long Z L, Wei H Q, Ding Y H, et al. A new criterion for predicting the glass-forming ability of bulk metallic glasses. J. Alloy. Comp., 2009, 475: 207-219.

[169] Ceder G. Identification of cathode materials for lithium batteries guided by first-principles calculations. Nature, 1998, 392: 694-696.

[170] Fischer C C, Tibbetts K J, Ceder G. Predicting crystal structure by merging data mining with quantum mechanics. Nature Mater., 2006, 5: 641-646.

[171] Setyawan W, Curtarolo S. High-throughput electronic band structure calculations: Challenges and tools. Computational Mater. Sci., 2010, 49: 299-312.

[172] Curtarolo S, Hart G L W, Nardell M B. The high-throughput highway to computational materials design. Nature Mater., 2013, 12: 191-201.

[173] Jordan M I, Mitchell T M. Machine learning: Trends, perspectives, and prospects. Science, 2015, 349: 255-260.

[174] Raccuglia P, Elbert K C, Adler P D, et al. Machine-learning-assisted materials discovery using failed experiments. Nature, 2016, 533: 73-76.

[175] Xue D Z, Balachandran P V, Hogden J, et al. Accelerated search for materials with targeted properties by adaptive design. Nat. Commun., 2016, 7: 11241.

[176] SunY T, Bai H Y, Li M Z, et al. Machine learning approach for prediction and understanding of glass-forming ability. J. Phys. Chem. Lett., 2017, 8: 3434-3439.

[177] 吴佳琦, 孙奕韬, 汪卫华, 等. 机器学习在非晶材料中的应用. 中国科学: 物理学 力学 天文学, 2020, 50: 067002.

[178] Ding S, Liu Y H, Li Y, et al. Combinatorial development of bulk metallic glasses. Nature Mater. , 2014, 13: 494-500.

[179] Li M X, Zhao S F, Lu Z, et al. High temperature bulk metallic glasses developed by combinatorial methods. Nature, 2019, 569: 99-103.

[180] Nagel S, Tauc J. Nearly-free-electron approach to the theory of metallic glass alloys. Physical Review Letters, 1975, 35: 380-383.

[181] Yu H, Wang W H, Bai H Y. An electronic structure perspective on glass-forming ability in metallic glasses. Applied Physics Letters, 2010, 96: 081902.

[182] Wang L F, Zhang Q D, Cui X, et al. An empirical criterion for predicting the glass-forming ability of amorphous alloys based on electrical transport properties. Journal of Non-Crystalline Solids, 2015, 419: 51-57.

[183] 陈云敏. 离心超重力实验: 探索多相介质演变的革命性手段. 浙江大学学报: 工学版, 2020, 4: 631-632.

[184] Kotz F, Arnold K, Bauer W. Three-dimensional printing of transparent fused silica glass. Nature, 2017, 544: 337-341.

[185] Pauly S, Loeber L, Petters R, et al. Processing metallic glasses by selective laser melting. Mater. Today, 2013, 16: 37-41.

[186] Zhang C, Wang W, Li Y C, Liu L. 3D printing of Fe-based bulk metallic glasses and composites with large dimensions and enhanced toughness by thermal spraying. J. Mater. Chem. A, 2018, 6: 6800-6805.

[187] Shen Y Y, Li Y Q, Chen C, et al. 3D printing of large, complex metallic glass structures. Mater. Des. , 2017, 117: 213-222.

[188] Gibson M A, Mykulowycz N M, Shim J, et al. 3D printing metals like thermoplastics: Fused filament

fabrication of metallic glasses. Mater. Today, 2018, 21: 697-702.

[189] Mahbooba Z, Thorsson T, Unosson M, et al. Additive manufacturing of an iron-based bulk metallic glass larger than the critical casting thickness. Applied Materials Today, 2018, 11: 264-269.

[190] Li X P, Kang W, Huang H, et al. The role of a low-energy–density re-scan in fabricating crack-free $Al_{85}Ni_5Y_6Co_2Fe_2$ bulk metallic glass composites via selective laser melting. Mater. Design, 2014, 63: 407-411.

[191] Ma J, Yang C, Liu X D, et al. Fast surface dynamics enabled cold joining of metallic glasses. Sci. Adv., 2019, 5: 7256.

[192] Alperson-Afil N, Sharon G, Kislev M, et al. Spatial organization of hominin activities at Gesher Benot Ya'aqov, Israel. Science, 2009, 326: 1677-1680.

[193] Donth E. The glass transition: Relaxation Dynamics In Liquids And Disordered Material. Berlin: Spring-Verlag , 2001: 12.

第5章 过冷液体和玻璃转变：非晶物质研究的圣杯

非晶物质在玻璃转变附近的状态(引自密歇根大学的 Jim Erickson)

5.1　引　言

在产生众多科学大师的剑桥大学卡文迪许实验室，有个介绍卡文迪许实验室辉煌历史的博物馆，在这个博物馆的一个显著位置，陈列的是 N. F. Mott 的照片和他留下的科学问题(图 5.1)：What is glass(什么是玻璃(非晶物质))？非晶物质形成过程中有两大转变：一个是玻璃转变；另一个是液态到非晶态的电子结构的转变。Mott 因为对其中的电子结构转变的深刻认识而获得诺贝尔物理学奖，但他对玻璃转变的本质认识也无能为力，所以他把什么是玻璃，即把非晶物质的本质这个重要科学问题昭示给后人。

图 5.1　剑桥大学卡文迪许实验室博物馆陈列的 Mott 相片和他留给后人的非晶科学问题

1995 年《科学》杂志以"你能轻松看透玻璃吗？"为题，召集一批著名科学家(包括 P. W. Anderson)对科学的发展方向展开讨论，这些科学家把非晶物质本质和玻璃转变列为六大主要物理问题之一[1]。Anderson 还曾多次在《科学》杂志撰文，强调非晶物质本质和玻璃转变研究的重要性。他曾说："非晶物质本质和玻璃转变是凝聚态物理中最深、最有趣的问题，把非晶玻璃的本质问题提升到凝聚态物理的前沿。至今，非晶的本质和玻璃转变还是科学界的一大挑战。"[2-5](The deepest and most important unsolved problem in condensed matter physics is the nature of glass and the glass transition……The solution of more important and puzzling glass problem may also have a substantial intellectual spin-off.)玻璃转变、非晶本质的问题可以说是凝聚态物理研究的圣杯之一。还可以把玻璃转变问题比作一盏灯，它能照亮非晶领域，从而使我们能够了解非晶物质的奥秘，从玻璃中去窥见自然的秘密。这盏灯虽然目前还很暗淡，但随着时间的推移，无疑将越来越明亮，并终将使我们明了复杂非晶体系的奥秘。

过冷液体是熔点以下温度仍以液态的形式存在的黏稠液体，其结构、流变特征和规律、热力学和动力学特征相比常规液体已经有了很大的变化[2-5]。很多科学家都认为，要认识非晶态的本质和玻璃转变，需要对过冷液体进行深入系统的研究，因为玻璃转变是过冷液体到非晶物质的转变过程，是一种不同于传统相变的固液转变。从广义上讲，玻璃转变是无序态过冷液体的动力学行为被冻结的非平衡过程，这个过程随温度和压力在转化点附近变化极其迅速，玻璃转变现象超出了目前各种物理理论体系的认知范畴。但是你将看到玻璃转变是普遍存在的物理现象，广泛存在于很多领域，与物理、化学、生物、地质、社会、日常生活等诸多学科或领域都有着密切联系。你会发现你实际上早就经历并注意到过很多广义的玻璃转变现象。玻璃转变的普适性远超本章所涉及、介绍的具体例子。最常见的问题往往是最难的问题。认识过冷液体和玻璃转变问题是非晶物质领域的圣杯和关键。

本章主要介绍形成非晶物质的过冷液体的特性、玻璃转变及其特征，以及与这些问题研究相关的重要概念、理论模型、问题和研究进展。讨论的核心问题是：什么是过冷液态；非晶态和液体、过冷液体的关系；非晶态和液态这两大类物质之间互相转换即玻璃转变的物理机制；玻璃转变和其他领域的关联，与其他学科的关系；研究玻璃转变的理论和应用意义。研究过冷液体和玻璃转变是认识非晶物质本质的关键。

本章从玻璃转变的角度，说明非晶物质的形成不是通过传统的相变，而是通过独特的玻璃转变形成的，进一步证明非晶物质是完全不同于其他三种常规物态的常规物质第四态。

5.2　过　冷　液　体

液体是非晶物质的母相，液体可以被过冷到其熔点以下，形成过冷液体。过冷液体随温度降低或压力增加可转变成非晶物质，非晶物质的结构和很多性质遗传于过冷液体。因此，理解非晶物质本质和玻璃转变的重点是对过冷液体及其热力学、动力学及弛豫的规律的研究。有关非晶物质及玻璃转变的模型和理论都是建立在过冷液体理论的基础上的[3]。正如社会科学和历史一样，要预测未来、理解现在，必须了解过去。因此，我们首先从非晶物质的母相过冷液体谈起，介绍过冷液体的性质和特征。

5.2.1　什么是过冷液体

在一定压力下，液体在低于其凝固点仍然不凝固的现象，称为过冷现象，被过冷的液体称为过冷液体(supercooled liquid)。如图 5.2 所示，液体随温度和压力的凝固可以通过两条路径[3]，通常液体在凝固温度点(熔点，T_f)附近发生晶化，形核并长大成晶态固体物质(路径见图中蓝色线)。晶化形核及长大过程，是原子排列有序化过程，需要一定时间和能量才能完成。如果冷却速率足够快，使得液体来不及形成足够数量的晶核，或者形成的晶核来不及长大时，或者液体非常纯净，难以形成凝固晶体所需的结晶核，那么液体在冷却过程中就可避免晶化过程(图中蓝色线)形成晶体，在熔点以下仍继续保持液体状态，即液体凝聚通过图中另一条途径(图中暗红色线)进入过冷状态。这时的液体变成过冷液体。

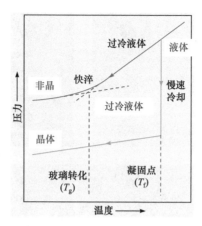

图 5.2　液体形成过冷液体、非晶、晶体的路径图[3]

图 5.3 给出液体结晶转变和过冷液体到非晶物质转变的热力学区别。液体结晶转变时焓和熵有突变，而过冷液体到非晶转变时焓和熵是连续变化的(图 5.3(a))。这两种转变的比热变化(图 5.3(b)和(c))也不同。在热力学上，过冷液体与非晶物质之间无明显的转变过程，而液体到晶体的转变是典型的一级相变。图 5.4 给出非晶物质(玻璃)、过冷液体、液体和晶体之间的关系简图。过冷液体不同于非晶和液体，是介于非晶态与液态中间的不同物质态。图 5.5 给出合金过冷液体、氧化硅过冷液体的照片，以及欧洲古代科学家在观察研究过冷液体的油画[6]。从这些照片你能够得到对过冷液体的感性认识。照片显示过冷液体有一定的形状，具有极高的黏性，很像软物质。

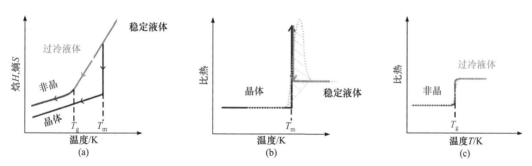

图 5.3　液体结晶转变和过冷液体到非晶物质转变的热力学上区别

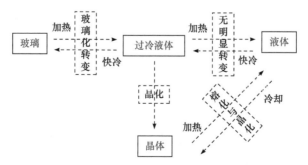

图 5.4　非晶物质(玻璃)、过冷液体、液体和晶体之间的关系示意图

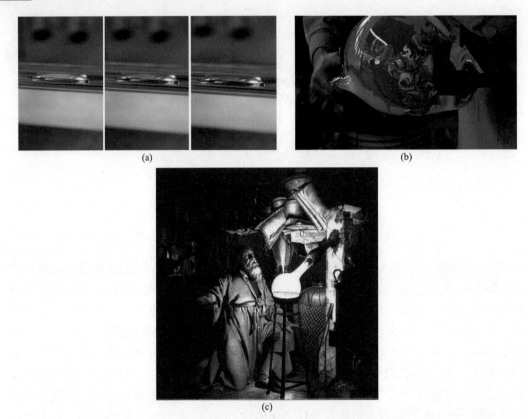

图 5.5　(a) 合金过冷液体的照片；(b) 氧化硅过冷液体照片；(c) 欧洲古代科学家在研究过冷液体的油画[6]

　　研究和模拟表明，几乎所有的液体都存在过冷态，可以说过冷是液体的普遍特征。对于一般的液体，其过冷液态不稳定，即使在微扰条件下，例如加入少许结晶核，甚至搅拌、摇晃液体，都会引起过冷液态中形核和快速长大，让液体迅速凝固成晶体，过冷液体凝固的过程非常迅速。对过冷液态金属而言，由于在凝固时瞬间放出大量的潜热，所以会发出亮光，称为辉光。相信很多人都看过过冷水的实验，如果将纯净的水小心地冷却，它可以在低于冰点时依然保持液态，而当受到扰动、引入凝结核时，它则会迅速结晶凝固。迅速凝结的过冷水可以产生让人吃惊的美丽效果和图案。

　　不同液体过冷的难度不一样，有些液体很难过冷，如金属熔体，过冷熔体也不稳定；有些液体容易实现过冷，甚至可以深过冷。例如非晶形成能力很强的液体体系，如 SiO_2 玻璃形成液体，其过冷液态很稳定。再如有些有机材料，如吡咯二酮类(DPP 8)可以形成低于自身熔点 100 K 以上的过冷液体[7]。这类物质晶体的熔点是 134℃，其晶态的光学性质和过冷液态大不一样，在紫外线的作用下，过冷液体是暗红色，而其晶态可以发出非常明亮的黄绿色荧光。这种物质的过冷液体对某些外界条件的反应非常灵敏，施加一个小小的外力(如剪切力、超声)就可以使这种过冷液体迅速结晶，无论是触笔的尖端还是超声波都可以诱发结晶过程，并在紫外线条件下产生明亮的黄色荧光，产生的结晶荧光很容易观察和检测，而且这种过冷液体的结晶是完全可逆的。图 5.6 是用触笔在有机过冷液体材料上写出亮黄色的"结晶字"及其结构原理[7]。这种材料具有制成新型传感器的应用前景。

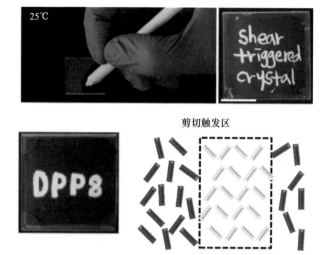

图 5.6　用触笔在一种有机过冷液体材料上写出亮黄色的 "结晶字"，触笔接触的地方会诱发快速结晶(内部的分子排列有序)，其结晶体在荧光下发黄光[7]

其实气态同样也可以过冷。在没有尘埃、没有电荷的洁净空间中，使蒸汽绝热膨胀，温度突然下降，可以不发生液化，而使原来的蒸汽过冷。过冷蒸汽也是不稳定的，如用微粒作凝结核心，就会出现雾滴。有时候有乌云，但没有雨，就是因为云缺少足够的凝结核而被过冷，这时候往乌云中释放人工凝结核，就可以实现人工降雨。核物理实验技术中广泛使用的探测器云室，就是利用过冷蒸汽的不稳定性来产生液滴，显示粒子的径迹。

表 5.1 给出非晶物质、过冷液体和液体的区别。虽然从液体到过冷液体没有明显的转变，但是如表 5.1 所列，液体和过冷液体在性能、特征上还是有很大的区别，如过冷金属液体有明确的形状，能承载变形(如拉伸变形)等。

表 5.1　非晶物质、过冷液体和液体三者之间的区别

区别	非晶物质	过冷液体	液体
外观	有一定形状	有一定的形状	无一定的形状
力学性能	低(或无)拉伸形变, 高强度	高的拉伸形变, 低强度	无拉伸形变
比热/热膨胀	同普通固体	高于非晶	与过冷液体相当
黏度	极高	高	低
流动性	无宏观流动性	流动缓慢	流动快

人类在几千年前就知道过冷现象，就能够获得不同液体的过冷态，但是对过冷液体态的原子或粒子结构、动力学及热力学过程、弛豫动力学变化规律的研究和了解很浅显。教科书上一般都有对固体和气体最基本的描述，对过冷液体涉及极少，对关于过冷液体一些零散的数据也没有系统的分析和总结。过冷液体的性质及描述，以及过冷液体到非晶态的非平衡转变——玻璃转变，还没有广泛接受的理论框架和范式。下面详细介绍过冷液体的特征和性质。

5.2.2　过冷液体的特征和性质

液体种类很多，其性质相差很大[8]，如图 5.7 所示，水是最常见的液体，油、酒精、蜂蜜也是常见的液体，这些液体在物理上的重要区别是黏性不同。例如，蜂蜜比油黏稠，油比水黏稠。一些物质看上去虽然很像固体(如沥青)，但实际上是黏性极高的液体；有些液体(如量子液体、液态 ^{4}He)黏滞度几乎为零，表现为超流特性。

图 5.7　黏滞度高的液体和黏滞度低的液体比较。(a) 欧洲核子中心进行的粒子对撞实验创造出黏滞度最低的"完美"液体——量子液体，显示出极低的黏滞度-超流体(Science News，Jan. 18, 2012)；(b) 我们最熟知的液体——水；(c) 黏稠的液体——油；(d) 极黏稠的熔融的岩浆液体。这些液体的物理差别是它们的黏滞系数大不相同

黏度(黏滞系数 η)是表征和区分液体和过冷液体的重要物理参数。黏度系数 η 的原始定义是：当液体放在两块面积为 A 的平行板之间，且两块平行板以相对速度 v 运动时，维持该运动所需的力为 $F = \eta vA/d$，其中 d 为两块板间的距离，不同的液体，维持该运动所需的力 F 不同，因为不同液体的黏滞系数 η 不同。黏度单位是 Pa·s。

要对黏度有直观的印象，可记住水在室温的黏滞系数 η 是 10^{-3} Pa·s。倒完一杯水的时间是几秒；食油的黏滞系数 η 是 10^{-1} Pa·s，糖浆的黏滞系数 η 是 1 Pa·s，要把一杯食油或糖浆从同样的杯子中倒出所需要的时间要比倒出水的时间长得多；焦油沥青在室温环境下流动速度极为缓慢，其 η 是 $\sim 10^{10}$ Pa·s。要把一杯沥青从杯子倒出来需要近几十年的时间。对于一种形成非晶玻璃的过冷液体而言，在玻璃转变温度附近其黏度的典型值为 10^{12} Pa·s。根据黏度定义估算倒完一杯如此大黏度的过冷液体需要的时间差不多是 300 年！这说明非晶形成液体表现行为跟固体已经没有什么区别了，但是根据严格的定义，它们还是液体[9]。玻璃的黏度更大，尽管非晶物质通常情况下和固体没有区别，但是它们在受迫情况下确实拥有

流动性，因此有人认为非晶固体是冻结的液态。本书后面章节将要介绍和证明非晶物质可以被视为冻结的液体，非晶物质的形成、形变、稳定性及弛豫可归结为极其缓慢的流动问题。

常规流体如水和油，是均匀各向同性的，其流动也是均匀的，即其流变的剪应力与剪切应变率之间满足线性关系。牛顿研究了一般流体的流动，得到阻力与流体密度、物体迎流截面积及运动速度的平方成正比的关系。他针对黏性流体运动时的内摩擦力提出了牛顿黏性定律。1822 年，纳维建立了一般黏性流体的基本运动方程，1845 年，斯托克斯又在更合理的基础上导出了这个方程，这组方程就是沿用至今的纳维-斯托克斯方程，它是流体动力学的理论基础。

过冷液体是具有极高黏滞系数的液体，可称为非牛顿流体。形成非晶物质的过冷液体的特性和流变规律完全不同于一般的稀释液体(如水)的流变，表现出很多反常的特性，如爬杆效应、射流胀大效应、无管虹吸、拔丝性、剪切变稀、连滴效应(其自由射流形成的小滴之间有液流小杆相连)、液流反弹等。因此，黏性极大(弛豫时间极长)的过冷液体的流变是新的科学问题，这类流体的流变还没有广泛接受的理论体系。近年来，具有稳定过冷液态的块体非晶合金的出现，为研究合金过冷液态提供了前所未有的机会。

过冷液体的很多特性和性能随温度和压力等外界条件变化很敏感，并且不稳定，很多性能都难以精确测量。过冷液体的性能特点如下。

1) 超塑性和超柔韧性

过冷液体的黏滞系数虽然远大于一般液体(其黏滞系数的范围为 $10^{12} \sim 10^2$ Pa·s)，但是还是比非晶固体($>10^{13}$ Pa·s)低得多，所以相对非晶固体，过冷液体非常容易发生形变，也就是很小的力可以造成很大的均匀形变，即过冷液体具有超塑性(super plasticity)和超柔韧性(super flexibility)。如图 5.8 所示，某些非晶合金过冷液态，如 CeAlCu 非晶合金在其过冷液态可以很容易地拉伸、弯曲和变形[10]；某些 Al 基合金过冷液体可以用餐桌刀像切面包一样进行切割。图 5.9 是玻璃工在利用硅化物玻璃在过冷液态的超塑性和超柔韧性吹制各种形状的玻璃器皿。玻璃材料正是因为其超塑性，可以采用吹制法制成各种形状复杂的器皿，并在科研和日常生活中广泛使用。这些例子都形象地说明过冷液体具有超塑性和超柔韧性。

|(a)|(b)|

图 5.8　(a) CeAlCu 非晶合金在其过冷液态(在开水温度就可以使之变成过冷液态)可容易地进行各种变形[10]；(b) Al 基合金过冷液体可以用餐桌刀像切面包一样进行切割(兰州理工大学寇生中教授提供)

(a)　　　　　　　　　　　　　　　　(b)

图 5.9　(a) 玻璃工利用硅化物玻璃在过冷液态的超塑性和超柔韧性吹制各种形状的玻璃器皿；(b) 欧洲古代玻璃作坊利用玻璃的过冷液态超塑性制备各种玻璃器皿图

　　图 5.10 比较了钢铁、塑料、金属非晶等不同材料的强度随温度的变化趋势[11]。晶态钢铁等材料虽然强度很高，但是要在上千摄氏度高温才能软化，成型温度很高。高分子塑料成型温度很低，但室温强度很低。非晶合金及金属塑料具有比钢铁还高的室温强度，但能在几百摄氏度时就进入过冷液态，黏滞系数急剧变低，从而可在较低的温区进行超塑性成型。图 5.11 是 Mg 基合金过冷液体的拉伸应力-应变曲线，以及 Ce 金属塑料在热水(在此温区，该合金处于过冷液态)中的拉伸试验。因为 Mg、Ce 基非晶合金过冷液态具有超塑性，可以达到 800%以上的拉伸塑性，说明在其过冷液态这些非晶合金很容易成型，这是晶体固体和液体都难以达到的。

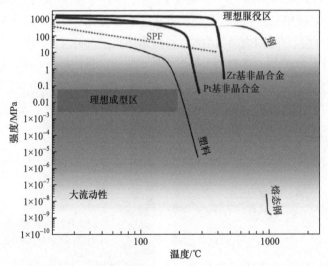

图 5.10　比较钢铁、塑料、金属非晶的强度随温度的变化。非晶合金及金属塑料在进入过冷液态温度范围后(图中绿色区域)，黏滞系数急剧变低，从而可在该温区进行超塑性成型[11]

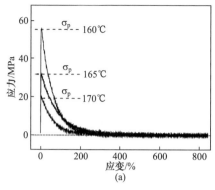

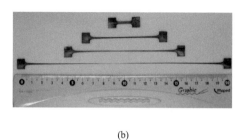

图 5.11　(a) Mg 基合金过冷液体应力-应变曲线，可以达到 800%以上的拉伸应变[12]；(b) Ce 基非晶合金
(金属塑料)在其过冷液态>1000%的超塑性成型

2) 过冷液体黏度随温度变化极其敏感

以合金过冷液体为例，过冷液体黏度 η 随温度呈指数变化，尤其是在 T_g 附近，其黏度在十几摄氏度范围内发生十几个数量级的变化。图 5.12 是 ZrTiCuNiBe 合金过冷液体 η 随温度的变化曲线[13]，可以看到该过冷液态的 η 随温度降低会迅速增大，在低温部分变化更快，当温度开始靠近 T_g 时，其黏度就会对温度极其敏感。根据过冷液体黏度随温度的趋向 T_g 点变化的快慢可以区分这些过冷液体。Angell 根据不同过冷液体黏度趋向 T_g 点的变化，将不同的过冷液体分为强(strong)和脆(fragile)两类[14]。图 5.13 是不同体系非晶形成液体的黏度与约化温度 T_g/T 之间的关系图(即 Angell 非晶形成液体分类图)[14]。从中可以看到，对于像 SiO_2 这样的非晶形成液体，其黏度随温度降低呈指数规律增大，黏度与约化温度之间很好地符合 Arrhenius 关系[14]，即

$$\eta = A\exp(E/k_BT) \tag{5.1}$$

这里，A 是常数，E 是流动激活能(对 SiO_2 这样的非晶玻璃，E 是常数)，k_B 是玻尔兹曼常量。这类液体被称为"强"液体。氧化物玻璃过冷液体是典型的强液体。

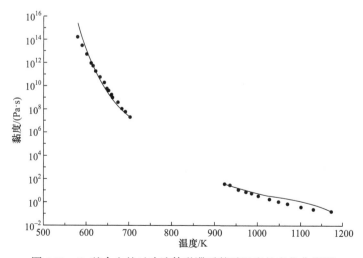

图 5.12　Zr 基合金的过冷液体黏滞系数随温度的变化曲线[13]

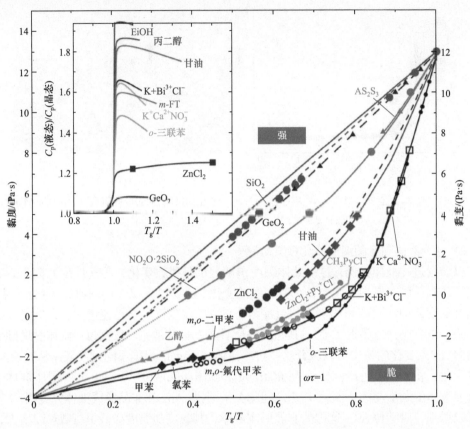

图 5.13　不同非晶形成液体的黏度与 T_g/T 的关系图，即 Angell 图[14]。非晶物质在从固态向液态转变的过程中不存在一个固定的熔点，其黏度在整个玻璃转变过程中随温度有高达 10^{16} 量级的变化($10^{12} \sim 10^{-4}$ Pa · s)。Angell 根据不同非晶黏度随温度的变化趋势进行归一化处理所得到的曲线，将不同的非晶形成液体分为强和脆两类。其中插图是玻璃转变过程中不同非晶比热变化图

其他液体在 T_g 附近则显示出更显著的黏度变化，一般符合扩展的 Arrhenius 关系：

$$\eta = A\exp[E(T)/k_BT] \tag{5.2}$$

即流动激活能 E 不是常数，而是随温度变化的量。这类液体被称为"弱"液体。一般的有机分子玻璃或金属合金过冷液体是典型的弱液体。这类液体在 T_g 附近的黏度变化也符合一个经验的所谓 VFT 关系[14-17]：

$$\eta = A\exp[B/(T-T_0)] \tag{5.3}$$

VFT 是 Vogel、Fulcher 和 Tammann 三个德国科学家名字的首字母，他们独立发现液体黏度随温度变化的行为可用这个经验公式来描述。这个公式曾被称为 VF 公式。Angell 经常访问德国哥廷根大学，那里曾经是非晶物理的中心。他在哥廷根访问的时候仔细研究了科学家 Tammann 的工作，发现 Tammann 也曾独立发现了黏度和温度的关系公式，于是他在很多场合给出 Tammann 对这个公式的独立贡献的证明，在他的坚持下这个公式后来被称为 VFT 公式。在他的建议下，哥廷根大学物理系大楼前的广场被命名为 Tammann 广场。他在研究 Tammann 工作的基础上，提出很多新的观点和思想，并把非晶物质动力

学上"三非"特征的研究提升到了新的高度，变成了热点。

几十年来，人们惊奇地发现 VFT 这个经验公式对几乎所有不同类型的过冷液体(如金属、共价键氧化物、高分子过冷液体)都适用。从该经验公式，还得到一个意想不到的推论：从公式可以容易地看出，当温度 $T \to T_0$ 时，$\eta \to \infty$，即过冷液体变成固体。这预言过冷液体向非晶态的玻璃转变是动力学必然现象。同时，还预言了存在一个本征的玻璃转变温度点(又称理想的动力学玻璃转变温度点)T_0。但是，对这个经验公式的物理意义至今仍不清楚。

过冷液体在趋向 T_g 点时，黏滞系数随温度变化的非 Arrhenius 关系是过冷液体的最重要特征之一。大量玻璃转变和弛豫的工作围绕这个问题展开，但是至今过冷液体这种行为的物理机制仍是未解之谜。从图 5.13 可以看出，过冷液体在趋向 T_g 点时，黏度变化表现快慢不一样。为了能够定量地描述液体的强弱关系，Angell 提出用"fragility(脆度)"的概念来表征过冷液体的不同，他定义脆度 m 为 T_g 点处的黏度随温度变化的斜率大小[18]：

$$m = \frac{\partial \log \eta(T)}{\partial (T_g / T)} \bigg|_{T = T_g} \tag{5.4}$$

一个体系 m 值越小，意味着该过冷液体越"strong(强)"，即过冷液体趋向 T_g 时其黏滞系数随温度变化相对较慢；m 值越大，液体越"Fragile(脆)"，即过冷液体随温度变化越快、越敏感、很"脆弱"。对于完全符合 Arrhenius 行为的非晶形成液体，其 $m \approx 16$，但实际上仅有几种玻璃(如 SiO_2 和 GeO)的 m 值小于 25。$m = 30 \sim 50$ 是脆度适中的非晶物质，如非晶金属合金；m 值大于 50 的非晶物质可称为"弱"非晶物质。例如，一种叫 Decalin 的液体是非常脆的非晶物质，其 $m = 150$。脆度的概念实际上反映了黏度变化偏离 Arrhenius 的程度。因为[$d \log \eta / d(1/T)$]对应于在温度点 T 时的表观激活能，所以过冷液体脆度 m 的物理意义是：过冷液体在 T_g 点附近流变的激活能垒的大小。

当初，液体脆度概念的提出只是为了用来区分不同的过冷液体。长期的研究发现，液体的脆度有其深刻的物理内涵，液体的脆度和非晶态很多物理性质密切关联[19-24]。这些关联将在本书下面有关章节详细介绍。实际上，类似液体脆度的概念很早就有了。因为过冷液体随温度变化规律[$d \log \eta / d(1/T)$]对玻璃工业、对制备玻璃器皿的吹制工艺非常重要[25]，欧洲古代的玻璃工匠很早就用"long"(对应于 strong)和"short"(对应于 fragile)来区分玻璃材料过冷液体的稳定性和可加工性[25]。如果一种过冷液体的[$d \log \eta / d(1/T)$]值很大，即过冷液体随温度变化很快，这种过冷液体被称为"short"，这意味着该过冷液体可进行超塑性成型的时间短；如果一种过冷液体的[$d \log \eta / d(1/T)$]值较小，即过冷液体随温度变化相对较慢，这种过冷液体被称为"long"[25]，表示可对该过冷液体进行相对长时间的超塑性成型，所以[$d \log \eta / d(1/T)$]或者 m 值是玻璃加工工艺的重要参数。很多人都研究过过冷液体在趋向 T_g 点时黏度的变化规律，提出过很多描述[$d \log \eta / d(1/T)$]行为的经验公式和方法。但是，只有 Angell 首先明确提出过冷液体的 fragility 概念和明确的定义，并用 strong 或 fragile 和确定的 m 值来精确表征过冷液体的行为，Angell 通过多年研究逐渐认识并明确提出 $m = $ [$d \log \eta / d(1/T)$]和非晶本质的关系及其重要的物理意义[18]。所以，很多文献中都把 $\log(\eta)$-T_g/T 图(即图 5.13)称为 Angell 图(Angell plot)。现在 fragility 已经成为表征非晶形成过冷液体及非晶态物质的重要概念和参数。脆度概念的提出和对其物理内涵的研究是 Angell 对非晶领域的主要贡献之一。对过冷液体脆度物理内涵的研究至今仍然是非晶物理和材料领域的热点和重点之一。

Angell 的工作让人联想起历史上德国哥廷根学派的理念，即要从生产甚至生活实际中发现、发掘和提炼科学问题，因为这样的问题才真正具有创新性。脆度概念的提出就是一个很好的印证，非晶物质科学领域有很多这样的例子。脆度概念的提出给我们另外的启示是：推陈也可以出新。很多看似简单的参量和现象，通过大师的研究和提升，就变成非常重要的概念和科学问题。就如苹果落地，在一个思想丰富的大师看来有不可思议的深刻和奇妙之处，而对于常人来说，不过是自然界无关紧要的事实而已。这让人想起弗洛伊德在其名著《梦的解析》说过的一句话：一位有思想的科学家或艺术家与一般做梦者的区别就在于对内心产生的意念的容忍能力。你之所以觉得自己没有创造力，就是因为你对自己的意念评判得太早、太苛刻。

3) 过冷液体的非指数性动力学特征

过冷液体的特征运动形式就是弛豫，过冷液体中弛豫现象无处、无时不在。弛豫的载体可以是原子、离子、分子、聚合物链、合成颗粒等。非晶形成液体是粒子多体相互作用系统，任意温度下的粒子动力学行为决定于多体的弛豫。随温度降低，多体弛豫在时间上逐步慢化，并通过玻璃转变形成非晶态，非晶物质即是过冷液体弛豫慢化的结果。过冷液体弛豫的载体(如原子、离子、分子等)弛豫时间 τ 可描述为带有特征时间的关联或弛豫方程[26]。大量实验研究发现，黏性的过冷液体在趋向 T_g 时其黏度随温度的变化呈非Arrhenius 关系，而其弛豫随时间的变化表现为非指数的行为[18,26-28]，完全不同于一般液体中布朗运动的指数动力学行为。这也是过冷液体最主要的动力学特征。非指数性是指当非晶物质及其过冷液体受到外界的扰动时，会以非指数的方式随时间趋近其平衡态。多体相互作用系统的这种非指数性弛豫现象最先是由德国哥廷根大学的 Kohlrausch 在1854 年发现的[29]。Kohlrausch 在研究非晶玻璃中高密度的碱金属离子扩散以及一种天然聚合物蚕丝的机械弛豫过程中，发现两者在时间上都不符合指数关系，而只能用扩展指数方程来描述：

$$\phi(t) = \exp[-(t/\tau)^{\beta}], \qquad 0 < \beta < 1 \tag{5.5}$$

其中，$\phi(t) = [\sigma(t) - \sigma(\infty)]/[\sigma(0) - \sigma(\infty)]$，这里 σ 是测量的物性，如对应于应变变化的瞬时应力，或者在电场作用下的极化；τ 是特征弛豫时间，它和温度的关系满足 VFT 公式或扩展的 Arrhenius 关系；β 是非指数参量，又称为形状因子(shape parameter)，用来表示弛豫时间分布的宽度。一部分观点认为这种弛豫特征是由于过冷液体动力学不均匀，微观结构不均匀造成的。β 值越小，液体越不均匀。但是过冷液体中不均匀性如何影响宏观弛豫仍存在争论[30]。如今，Kohlrausch 方程，又称 Kohlrausch-Williams-Watts (KWW)方程，尽管其物理意义仍缺少一个统一的解释，但已广泛应用于描述众多复杂相互作用体系的弛豫和扩散行为，成为非晶物理中最重要的公式之一。

非晶体系的非指数性弛豫现象的物理本质是非晶物理中另一个重要的未解之谜。弛豫现象起源于多体系统的不可逆过程，这种不可逆的物理及化学过程是使系统微扰和耗散得以进行的必要条件，是维持平衡和进一步演化的前提。一个系统的弛豫取决于一些基本物理定律，与非简谐势引发的经典混沌有关，是一个体系重要的动力学特征。研究这一过程非常重要，因为它决定了凝聚态物质的基本特征和应用，认识这种普适性对众多不同领域的发展都有用。美国海军实验室的 Ngai(倪嘉陵)长期关注非晶物质等多体相互作用体系的弛豫和扩散，并系统总结大量不同复杂非晶体系弛豫研究的结果，撰写了长达 700 多页的弛豫专著[26]。

值得一提的是，常规液体中，和扩散相关的布朗运动因为颗粒之间相距很远，是一个非关联系统，粒子之间几乎没有相互作用(相比较，过冷液体中粒子之间有强的相互作用，是强关联体系)。因而，布朗扩散是一个近似单体问题，其关联函数是最为简单的时间指数方程，$\phi(t) = \exp(-t/\tau)$。相对简单的液体中的扩散运动问题受到爱因斯坦的关注，并于 1905 年解决了这个问题，证实了原子论[26]。直到今天，虽然爱因斯坦是因为相对论的工作而闻名于世，他关于布朗运动的论文才是最常被科技界引用的工作[26]。Ngai 曾说过[31]：“令人好奇的是，如果爱因斯坦关注的是 1854 年 Kohlrausch 发现的多体相互作用系统的这种非指数性弛豫现象，而不是 1827 年布朗发现的布朗运动的实验结果，那么非晶系统的弛豫和扩散是否早已被解决了呢？ 机缘巧合，爱因斯坦没有关注这一问题，从而使得这个难题一直保留至今。”

历史上，另一位著名科学家焦耳(J. P. Joule)在制作温度计时，曾研究过非晶玻璃材料的弛豫。他曾在室温(低于 T_g)下观察非晶氧化硅玻璃弛豫的热时效对温标的影响，时间是从 1844 年 4 月至 1882 年 12 月，历时约 38.5 年[32]！ 这个长时间的实验发现氧化硅玻璃的结构弛豫对其温度计的“零点温度”有影响(图 5.14)。这个实验和沥青液滴实验都是耗时惊人的。从这些非晶物质研究故事，你可以体会到，非晶物质研究是一个特别需要坚持、需要坚忍不拔毅力的领域。

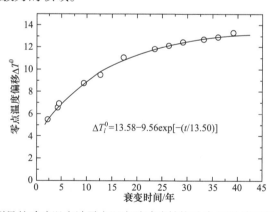

图 5.14　焦耳测量的玻璃温度计零点温度随玻璃结构弛豫(用弛豫时间表示)的变化[29]

4) 过冷液体弛豫动力学的复杂性和多样性

图 5.15 是过冷液体及其非晶态弛豫的介电损耗谱[33]。可以看出，完全不同于晶体材料，过冷液体具有复杂的弛豫图谱，表明其组成粒子运动模式的多样性。图中最靠近低频端的弛豫过程就是与玻璃转变过程对应的α弛豫，它对应大规模粒子的平移运动；在α弛豫的高频部分会出现另一个独立的弛豫过程，称为β弛豫过程或过剩尾。一般认为β弛豫对应的运动模式是局域范围内粒子的平移或扩散运动，在本质上和α弛豫没有区别，只

是在尺度上有区别。在非晶合金中有证据表明β弛豫和非晶的中程序尺度的形变单元有共同的结构起源和类似的激活能[34,35]，所以在非晶合金力学性能中β弛豫发挥了重要作用[36-40]。在更高的频率上则会出现快弛豫过程(fast process，也叫β′模式等)，对应于粒子笼子结构的松动。高频率的玻色峰是非晶物质的本征特征，对应的是无序粒子排列造成的过剩振动峰[33]。图 5.16 是不同弛豫模式的时间尺度，及其对应的局域结构和空间尺度的示意图。该图可帮助建立这些弛豫模式在空间尺度和时间尺度上的大致印象。需要说明的是，这些弛豫模式对应的结构和运动模式以及它们弛豫的关系还是有争议的问题。这些不同的弛豫过程说明过冷液体和非晶物质弛豫的复杂性和多样性。

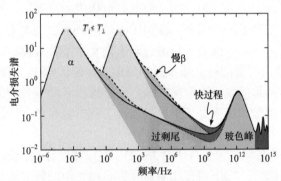

图 5.15　极宽的频率范围内，非晶形成材料中介电损耗谱的示意图，两条曲线分别代表不同的温度。不同的特征分别用不同的颜色表示：黄色代表α弛豫，灰色代表β弛豫，绿色代表过剩尾，蓝色代表玻色峰[33]

动力学模式	局域结构示意	空间尺度	时间尺度
玻色峰		<2 Å	~10^{-12} s
快β弛豫	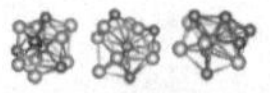	~3~5 Å	~10^{-9} s
β弛豫		~5~20 Å	~10^{-3} s
α弛豫	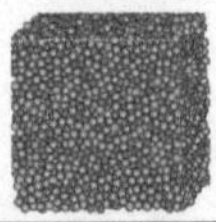	>100 Å	~10 s

图 5.16　不同弛豫模式的时间尺度，对应的局域结构及空间尺度

5) 过冷液体的退耦合效应

液体在高温时，其黏滞系数 η 和扩散系数 D 遵守 Stokes-Einstein 关系式：$\eta D = k_B T$，即黏滞系数 η 和扩散系数 D 是耦合的。这个关系式是爱因斯坦 1905 年在 Stokes 关于球体黏性摩擦系数与其尺寸之间关系基础上，运用无规行走等理论研究布朗运动得到的[26]。但是，对于过冷液体，在温度低于 $1.2T_g$ 时，黏滞系数 η 和平动的扩散系数 D 耦合解除，即 Stokes-Einstein 关系式这时不成立了，Stokes-Einstein 关系失效，即过冷液体的退耦合效应[41]。此外，在 $1.2T_g$ 温度以上，液体中只有单一的弛豫行为或单一的弛豫峰，表现为 Arrhenius 行

为，即β弛豫等其他弛豫和α弛豫简并成一个峰。当温度降低至某个临界温度 $T_c \approx 1.2T_g$ 以下时，这个单一的弛豫行为才会分离为α弛豫和β弛豫两个弛豫行为[5]，如图 5.17 所示。α弛豫表现为非 Arrhenius 行为，当温度进一步降低至 T_g 以下时会被冻结；但在 T_g 温度以下，β弛豫行为仍存在，并表现为 Arrhenius 行为。所以，有人认为β弛豫是α弛豫被冻结后残余的、仍保留类液态性质的粒子造成的[38]。这也被认为是非晶动力学非均匀性和结构非均匀性的必然结果，在玻璃转变之后非晶动力学非均匀性的时间尺度相差更大(弛豫时间分布从类似固态的尺度到液态的时间尺度)。最近的研究发现，几乎在所有的深过冷液体中，Stokes-Einstein 关系都不再适用[41]。一般认为，这可能和动力学非均匀性有关。图 5.18 给出的β弛豫和α弛豫及其随温度变化、分开行为和能垒图的联系，可以帮助理解过冷液体中β弛豫和α弛豫[42]。在高温下，液体中粒子各态遍历，能垒图是波动很小的平线；在过冷液态，能垒图有大小能谷，α弛豫对应大能谷之间跃迁，β弛豫对应小能谷之间的跃迁(如图 5.18 右所示)，到低温非晶态，α弛豫被囚禁在一个大能谷中，β弛豫还可以在此大能谷中的小能谷之间跃迁。

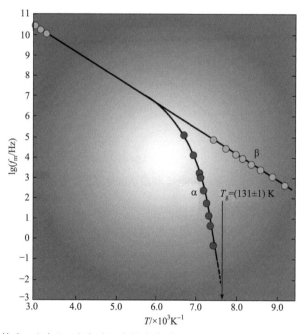

图 5.17　非晶形成液体中α弛豫和β弛豫随温度的变化关系图。在高温时只有一种弛豫机制，随着温度降低会劈裂形成α弛豫和β弛豫两种弛豫，其中非线性的α弛豫会在 T_g 处消失[5]

通过系统地比较弛豫和扩散的动力学特征，发现β弛豫和多组元非晶合金组分中最小原子的扩散有密切关系[43]。在不同非晶合金体系中，最小原子的扩散和β弛豫发生在相同的时间-温度范围内，而且二者的激活能是相等的(图 5.19)。这表明小原子的扩散行为是和β弛豫耦合在一起的，虽然整体上扩散和弛豫已经没有明显关联。这可能是β弛豫的协同作用导致了小原子扩散速度增加，使得 Stokes-Einstein 关系不再成立。但是过冷液体和非晶态中扩散和弛豫的普适关系是目前非晶物理的难题。

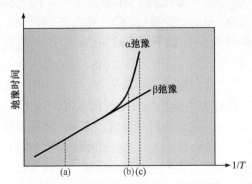
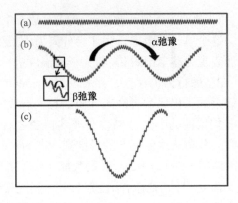

图 5.18　β弛豫和α弛豫及其随温度变化和能量地形图的对应关系，右图中(a)、(b)、(c)分别对应于左图中(a)、(b)、(c)三个不同的温度点，$T_a > T_b > T_c$[42]

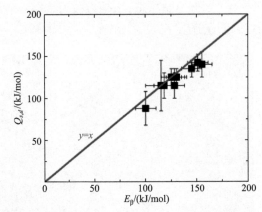

图 5.19　不同非晶合金 β 弛豫激活能 E_β 和最小组分原子扩散激活能 Q 的线性关系[43]

6) 过冷液体弛豫行为的时间关联性

麦克斯韦把电、磁和光关联在一起，并建立了统一的电磁方程，实现了物理学史上的第二次伟大的综合。麦克斯韦对弛豫研究也有重大贡献，液体的弛豫时间的概念就是由 Maxwell 在 1867 年首先提出来的[44]，他认为在足够短的时间内任何液体都是弹性而且其行为表现得如固体一样，并提出液体和固体的行为可以用以下公式关联起来：

$$\frac{d\gamma}{dt} = \frac{\sigma}{\eta} + \frac{d\sigma}{dt}/G \tag{5.6}$$

这里，σ 是剪切应力，γ 是剪切应变，G 是剪切模量。应力、应变和黏滞系数的关系：$\sigma = G\gamma = \eta\dot{\gamma}$，$\dot{\gamma} = d\gamma/dt$。当处于稳态流变即 $d\sigma/dt = 0$ 时，上式适用于液体；而当 $\eta = \infty$ 时，上式适用于固体。

假设在某时刻我们给处于平衡态的系统加上一个瞬间剪切位移 $\dot{\gamma}(t) = \gamma_0\delta(t)$，通过对式(5.6)积分，在 $t = 0$ 时，我们可得到 $\sigma = G\gamma_0$，其中，G 可以看成是瞬时模量或者高频模量，一般表示为 G_∞。对 $t > 0$，应力将慢慢呈指数衰减直至为 0，该衰减的特征时间就叫做弛豫时间 τ，即为

$$\tau = \eta / G_\infty \tag{5.7}$$

一般剪切模量 G_∞ 的典型值为 $1\sim10$ GPa，由于玻璃转变点的黏度为 10^{12} Pa·s，那么此时的弛豫时间在 $10^2\sim10^3$ s 的量级上。过冷液体的弛豫时间一般在 $10\sim10^{-3}$ s 的范围。Maxwell 弛豫时间对于我们理解过冷液体和玻璃转变非常有帮助：只要在比弛豫时间 τ 更短的时间尺度内观察液体，它的行为就如同固体一样。弛豫时间是理解非晶物质本质和玻璃转变最重要的概念之一。它是建立非晶流变的弹性模型的基础，本书后面章节将详细介绍。

Maxwell 弛豫时间不仅决定了液体内宏观应力的弛豫速度，现在很多的实验表明它也决定了液体中原子和分子产生位移或发生转动的时间尺度。这进一步确认了玻璃转变是发生在液体不能够在实验观察时间尺度范围内继续保持自身平衡状态的弛豫时间。其实，早在 1948 年 Kauzmann[45] 就提出用弛豫时间来表征玻璃转变，他认为过冷液体到非晶的玻璃转变的实质是"在此温度下，非晶物质内的一些行为发生得如此之慢，以至于热力学平衡不能够在所有的自由度上建立"。即在玻璃转变点发生的事情是：原子和分子开始停止平移运动(除了热振动)[46]。

图 5.20 从运动时间的角度上简明地说明了时间对于认识过冷液体和玻璃转变的重要意义[47]。可以看到，在温度较高时，即 $T > T_g$ 时，我们实验观察的时间会远远大于体系中原子发生振动或者扩散运动的时间，此时这两种运动对实验来说是可以分辨的；随着温度的降低，当 $T < T_g$ 时，体系中原子发生扩散的时间会远大于实验观察时间，我们就看不到原子的扩散运动，即过冷液体到非晶的转变可能是一种纯粹的时间尺度上的动力学过程。

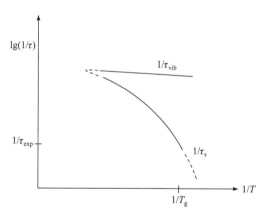

图 5.20　振动和扩散的弛豫时间随温度的变化以及与实验观测时间之间的关系[47]

7) 动力学和结构非均匀性

当温度远高于熔点时，液体在时间和空间上都是均匀的。但是对于过冷液体，其粒子的分布在时间(动力学)和空间上(结构)是不均匀的[48,49]。过冷液体两块相邻的介观区域黏度可相差万倍，并且这种不均匀性在时空中不停地变换，被称为动力学异质性(dynamical heterogeneity)，或者动力学非均匀性。图 5.21(a) 是模拟的过冷液体中粒子在二维空间相对位移值的分布，从中可以看到在某一时间间隔 Δt 内，各个区域内粒子的运动方向和距离有很大的不同，这证明了过冷液体中明显的动力学不均匀性[48]。图 5.21(b) 是均匀胶体椭球单层实验中平动快的粒子(绿色)和转动快的粒子(红色)在空间上的分布。

这些胶体的运动速度和方式都不同，证明了液体的非均匀性。过冷液体非均匀性会随温度、密度及压力变化。越靠近 T_g 点，过冷液体中粒子的运动不仅越慢而且更加不均匀，快速运动的粒子趋向于聚集在一起联动，形成协同重排区域(cooperative rearrangement region，CRR)。因为一个粒子要离开邻近粒子组成的牢笼，需要周围很多粒子协同让位腾出空隙来，温度越低，高密度的系统需要越多的粒子协同运动，即 CRR 越大，运动越难发生，因此弛豫越慢。在高温过冷液体中 CRR 通常呈链状，而在低温过冷液体中通常呈块状。

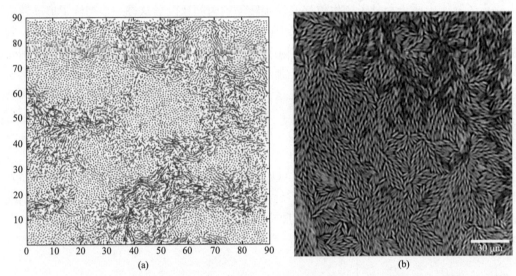

图 5.21　(a) 过冷液体中粒子在二维空间相对位移值的分布[48]；(b) 均匀胶体椭球单层实验中平动快的粒子(绿色)和转动快的粒子(红色)在空间上反关联[50]

过冷液体的动力学非均匀性和非晶的结构不均匀性、复杂弛豫模式有密切联系。随着温度的降低和发生玻璃转变，这种动力学非均匀性会"遗传"到非晶态中表现为结构的不均匀性，或者说动力学非均匀性被"冻结"成结构非均匀性，或者可以说结构非均匀性是动力学非均匀性的快照。结构非均匀性是β弛豫等快弛豫模式的结构根源。这种动态非均匀性导致了过冷液体呈现出非指数的弛豫行为，同时也意味着存在一些弛豫时间相对较快的区域(如图 5.22 中特征弛豫时间为 τ_i 的区域所示)[51]。在非晶态中，这些区域和流变单元、形变有关。动力学及结构非均匀性是近年来非晶物质研究最重要的发现之一。

8) 过冷液体反常的热力学性质

一定压强下，液体的体积或熔是随温度变化的。过冷液体的比热要高于非晶态，过冷液体和非晶态比热有明显的差值。比热是重要的物理参量，能够反映物质内在粒子运动本质。对于非晶态、过冷液体的热力学行为的认知非常有限，对过冷液体的比热的产生机制及过冷液体比热对应的原子、分子运动模式的研究还很肤浅。如何在非晶体系中引入热力学精确描述，建立描述非晶和液体比热的理论范式，是非晶态体系基本物理理论框架确立的必要条件。液体比热、熵等或许是认识非晶本质的突破口之一。

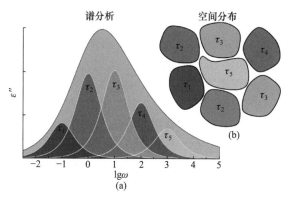

图 5.22　动态不均匀性的体系里弛豫时间在弛豫谱(a)与空间(b)分布的示意[51]

　　了解了过冷液体，下面我们来看看过冷液体是如何转变成非晶态物质的，即玻璃转变现象及机制。

5.3　玻璃转变

　　常规液体(稀释液体，如水)，均匀和各向同性，其流动很容易观察，被称为牛顿流体。牛顿、纳维、斯托克斯等研究了这类流体的运动，在 19 世纪建立了黏性流体的基本运动方程，牛顿流体的规律和动力学的理论基础已经建立。对于黏度极高的过冷液体，其流变极其缓慢，和人指甲生长的速度相当，比时针还慢很多。而人的时间尺度和过冷液体及非晶物质的流变时间尺度相比太短，因此我们看到的非晶物质或者过冷液体似乎是凝固不动的固体。实际上，这类极其黏滞的非晶物质不但在流变，而且其流变具有很多独特的现象和特征，其中最神奇和最难理解的现象就是玻璃转变或者阻塞(jamming)现象。

　　玻璃转变可分成广义的玻璃转变和狭义的玻璃转变。广义上的玻璃转变指的是复杂系统中运动演化的突变过程，即各种相互作用的运动随时间的一种突然变化行为，是某种"流"或"运动"在随时间变化过程中突然停滞的现象。它涉及宇宙、自然现象、人类日常生活以及社会生活的方方面面，是无处不在的一个基本现象。例如城市交通堵塞(车流停滞)、社会各方矛盾竞争的激化导致社会发展的突然停滞(历史潮流的停滞)、泥沙淤积(沙流停滞)、泥石流(固态化的泥石突然流动)等自然灾害现象；食物速冻保鲜、液体和非晶态之间的转变及颗粒物质的阻塞等都是广义的玻璃转变现象。狭义上的玻璃转变特指物质随温度、压力的玻璃转变，是液体冷凝过程中没有晶化发生，而是转变成结构无序的非晶固体物质的一个过程，非晶物质就是通过玻璃转变获得的。狭义上的玻璃转变是广义玻璃转变的一个特例，是一个理想模型。本章主要讨论狭义上的玻璃转变，即过冷液体和非晶态之间的玻璃转变，也介绍一些广义的玻璃转变现象，以便读者领会玻璃转变研究的意义。

5.3.1　玻璃转变现象

　　气态、液态和晶态这三种常规物态之间是通过一级相变互相转化的。相变的基本理论框架已经建立，能很好地描述、理解和预测相变过程。而玻璃转变是液态或者气态物质和非晶态之间转变的物理过程，也是液态、气态物质凝聚过程中的普遍现象。这种形成和转变过程完全不同于传统的相变，这也是非晶物质可以被划归常规物质第四态的基本原因之一。

其实，玻璃转变这个物理现象在日常生活中经常遇见。玻璃转变是各种玻璃制造中几乎都涉及的一个不可缺少的过程，包括非晶合金的制备、高分子塑料的制备、橡胶的合成、各种硅化物玻璃的制备工艺都离不开玻璃转变过程。玻璃制造者对玻璃转变非常熟悉，他们每天都在利用玻璃转变将玻璃软化，然后制造成各类玻璃器皿或者工艺品[4]；印第安人早在 2500 年前就知道把白色的橡胶树乳汁涂在脚上，等其固化就是靴子，这是利用玻璃转变来制备橡胶靴子。

在理论上所有液体都能通过玻璃转变形成非晶物质。简单地说，玻璃转变就是液态、气态和非晶玻璃态之间的转变。图 5.23 给出粒子在非晶固态和液体中运动状态的示意图。物质在非晶态，粒子被束缚在确定的平衡位置附近，粒子只能围绕平衡位置做振动；而在液态，粒子除了做简谐振动外，还可以做远大于粒子尺度的平移运动，即粒子可以流动。统计物理指出宏观凝聚态物质的特性和性能决定于其组成单元的运动，玻璃转变就是这两种微观运动之间转变的宏观反映。通过玻璃转变，液体大范围的原子尺度的平移运动被"冻结"或"阻塞"了，所以非晶态又被称为未冻结的液态。但是液体随温度转变成非晶态过程中结构上究竟发生了什么变化仍是未解之谜。

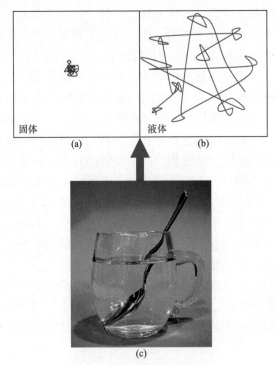

图 5.23　粒子在非晶固体(a)和液体(b)中运动示意图，与装在非晶玻璃杯(固体)中的水(液体)(c)对应

图 5.24 简单、直观地表示出非晶形成体系中的玻璃转变现象和特征，是最常用的描述玻璃转变过程、区别一级相变的示意图[5]。类似的图在有关非晶材料和物理的科学文

献中也能经常看到，图中是非晶形成液体的体积或熔随温度的变化曲线。随着温度的降低，体系中粒子的运动或动力学行为(本质是弛豫时间)会变得很慢。当液体冷却至熔点 T_m 附近时，一般情况下，晶化现象会干扰液态的凝聚，粒子会集聚成纳米尺度的颗粒，形成晶核，晶核再长大形成晶体(图中蓝线所示)，这是典型的液体到晶体的一级相变过程。这个过程在物理、化学、材料教科书中很常见，以至于我们会认为这是液态到固态

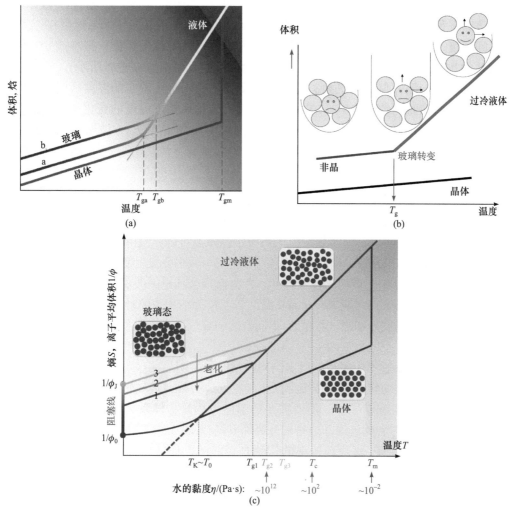

图 5.24　(a) 玻璃转变过程图：体系的体积或熔随温度的变换关系。蓝色线形成晶体；紫红色线形成非晶，非晶 a 的冷却速率比 b 要慢。其中 T_m 为熔点，一般定义 T_{ga} 或者 T_{gb} 为玻璃转变温度。T_{ga} 和 T_{gb} 分别是快冷速和慢冷速形成非晶的玻璃转变温度[5]。(b) 示意随着温度降低，粒子的运动受到周围原子的限制，最后粒子运动被冻结的过程。(c) 阻塞转变(等效玻璃转变)示意图。在降温过程中的熵(S)或粒子平均体积($V \sim 1/\phi$，ϕ 为体积分数，即粒子占总空间体积的比例)会发生变化。T_{g1}、T_{g2}、T_{g3} 为降温速率增加对应的 3 个玻璃化转变温度。T_c 为模耦合理论的玻璃化转变温度。外延液体和晶体的熵得到的交点对应 Kauzmann 温度 T_K。T_0 为结构弛豫时间发散处的温度(以水为例给出了各转变温度处的黏度数值)。不同密度的玻璃态在零温处会发生阻塞转变，形成阻塞线[54]

的唯一转变方式和路径。实际上,如果冷却过程进行得足够快,或者在足够高的压力下(这里说足够快、压力足够高,是指和现实条件相比。实际上,在广阔的宇宙中,我们现实的常规条件才是极端条件,在宇宙中,高压、温度的急剧变化是常态),以至于这些粒子的晶态的形核和长大行为来不及进行就被抑制住了,这时液体就只能维持原来的液体状态,变成过冷液态(图中浅蓝色线所示)。但是液体也不能无限过冷,否则会造成熵危机[45](原因后面会详细讨论)。到某个温度区间(见图中 T_{gb} 或者 T_{ga} 附近),液体不得不偏离其平衡态。这时,体系中粒子的大规模、大范围的平动(也称作α弛豫)在实验室的时间尺度上被冻结住,粒子在有限的时间内,像固体中粒子那样,很难改变其位置形成新的构型,此时,过冷液体转变成了非晶玻璃态(图中紫红色线所示),即发生了玻璃转变。过冷液体偏离其平衡态的玻璃转变发生在一个比较窄的温度区间,此时体系中粒子的弛豫时间约在 $10^2 \sim 10^3$ s[52],体系的体积或熵随温度的变化率会产生突然的变化,该变化的结束点对应的温度被定义为玻璃转变温度(T_g),该温度大约是熔点温度的 2/3,即[53]

$$T_g \approx 2T_m/3 \tag{5.8}$$

降温引起玻璃化转变,类似地,增加密度会引起流体卡住阻塞成无序固体。图 5.24(c)是阻塞转变(等效玻璃转变)的示意图。胶体中玻璃化转变通常通过增强胶体粒子的吸引势或增加体积分数 ϕ 来实现,即等效于原子系统中的降温。随温度降低,熵(S)或粒子平均体积($V \sim 1/\phi$,ϕ 为体积分数,即粒子占总空间体积的比例)会发生变化。T_{g1}、T_{g2}、T_{g3} 为降温速率增加对应的 3 个玻璃化转变温度。T_c 为模耦合理论的玻璃化转变温度。外延液体和晶体的熵得到的交点对应 Kauzmann 温度 T_K。T_0 为结构弛豫时间发散处的温度(以水为例给出了各转变温度处的黏度数值)。不同密度的玻璃态在零温处会发生阻塞转变,形成阻塞线[54]。

由于在玻璃转变过程中体系的微观结构并没有发生明显的、可以被目前仪器探测到的改变[52,53],因此玻璃转变不是传统定义中的相变。另外,玻璃转变温度和冷却速率有关,冷却速率越快,冻结原子运动所需的温度点越高,体系更容易实现非平衡态转变,因此,体系的 T_g 会随着冷却速率的升高而升高(见图 5.24 中 b 线段比 a 线段的冷却速率快)。但实际上,T_g 对冷却速率的依赖是较弱的,即使冷却速率发生量级上的变化,T_g 点的变化仅仅只有 3~5 K,所以 T_g 被看成是液体的一个重要温度转变点,它在某种程度上反映液体的性质。从玻璃转变现象可以看出,非晶态是亚稳态,其性质和行为仍会随着时间的变化而改变,这称为非晶态的结构弛豫行为。

玻璃转变温度的定义方式有很多种。另一种定义形式是:过冷液体的黏度达到 10^{12} Pa·s 时对应的温度。一般过冷液体剪切模量 G_∞ 的典型值为 1~10 GPa,根据 Maxwell 弛豫时间公式,此时体系的弛豫时间在 $10^2 \sim 10^3$ s 的量级上。一般可以认为玻璃转变发生在 Maxwell 弛豫时间与实验观察时间可比的时间(1~100 s)范围内,即 T_g 点也可以如下定义:

$$\left| \frac{d\ln T}{dt} \right|_{T_g} \sim \frac{1}{\tau(T_g)} \tag{5.9}$$

玻璃转变温度测量最常用的方法是热分析方法(DSC)。图 5.25 是典型玻璃转变的热变化曲线，是玻璃转变典型热分析方法得到的曲线示意图。在升温过程中，可以看到过冷液态和非晶态有个比热跳变，对应于 T_g。可以看到玻璃转变的温区 ΔT_g 约几摄氏度。另外，升温和降温过程玻璃转变热曲线不一样，升温曲线有个过冲(overshooting)过程。

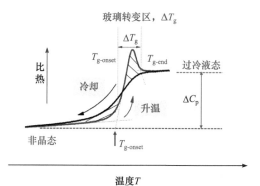

图 5.25　玻璃转变的热变化曲线，以及典型 DSC 曲线示意图

从玻璃转变现象看，非晶物质是液体在冷却时没有结晶的前提下逐渐偏离其平衡态而得到的一类固体物质。非晶的结构只具有近程有序而无长程序，与母相液体结构相似；而其力学性能具有高的强度，与其对应的晶态固体性能类似。但是，非晶物质是否是简单的冻结液体的问题，至今没有一个定论。这是由于人们对玻璃形成过程以及玻璃转变的认知还很肤浅造成的。

气相-非晶态之间也可以实现玻璃转变，形成非晶态物质。气相粒子沉积在一起也可以形成非晶固体，气相沉积是制备非晶物质的重要方法。可控的气相沉积可获得不同能态的非晶物质。因为气相沉积每次沉积的物质层厚度在原子到纳米量级，且沉积厚度和速度能实现一定的控制，这样可以控制沉积层在能量势垒图的不同位置(能量态)，如图 5.26 所示。例如，气相沉积层很薄，其中粒子的动力学运动很快，这样沉积在衬底时，这些粒子有足够的时间和能量选择能量最稳定的状态，得到超稳定的非晶物质。图 5.27 是胶体气相沉积形成非晶态的过程[54,55]，当大小两种胶体球在斜面上沉积形成二维玻璃态时，存在一个外表面层和内表面层，红色表示粒子运动快；右下角非蓝色粒子正发生一个协同重排。外表层粒子类似于过冷液体，通过单个粒子扩散实现结构弛豫。内表层粒子无法单独扩散，但有较频繁的粒子关联重排区(CRR)(见图左下角)。与体相内各向同性的 CRR 不同，内表层 CRR 呈长条状垂直于表面并向表面运动，由于 CRR 中粒子数密度稍低，它向表面运动会将粒子间隙排除，使玻璃态密度更高，结构更稳定。

虚拟温度(fictive temperature)T_f，也用来表征玻璃转变温度点，T_f 可以看成本征的玻璃转变温度点[56,57]。图 5.28 给出 T_f 定义的示意图、物理意义及其和 T_g 的不同。前面提到非晶态是远离平衡态，所以在热力学平衡态条件下定义的热力学参数(如焓、熵等)，从严格意义上讲，不能用来描述非晶态。折中的办法如图 5.28 所示，延长非晶态线，让其与对应的平衡态液相线相交，即非平衡的非晶态可用与之一一对应的平衡液相来表征。这样就克服了远离平衡态的非晶相热力学表征的困难。交点对应的温度就是虚拟温

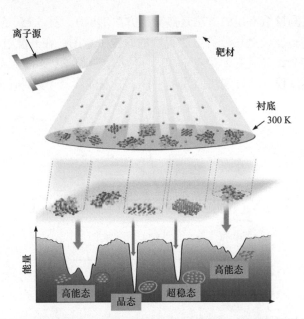

图 5.26 可控的气相沉积能实现从气相到非晶物质的转变，获得各种能态的非晶物质

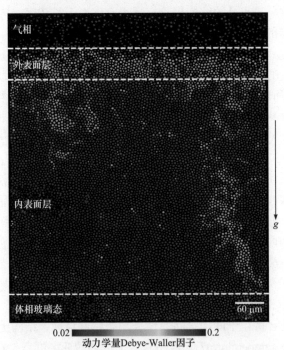

图 5.27 胶体气相沉积形成非晶(玻璃)态的过程[54]。大小两种胶体球在斜面上沉积形成二维玻璃态时，存在一个外表面层和内表面层。红色表示粒子运动快。右下角非蓝色粒子正发生一个协同重排

度 T_f(图 5.28)。T_f 对应的是非晶物质的热力学状态，即 T_f 可以简单地表征非晶物质的能量状态。从图 5.28 可看出，形成非晶的冷却速率越高，获得的非晶相势能就越高，T_f 就越大，非晶相中被冷冻住的熵和焓及"缺陷"(如自由体积或者流变单元)就越多，也可以

说 T_f 是在凝固条件下的玻璃转变温度点(液态冻结成非晶的温度点)，所以 T_f 和我们平常 DSC 测得的 T_g 不同。T_g 通常是在升温条件下测得的，是非晶相解冻成过冷液态的温度。T_f 越大的非晶物质，T_g 越小，即快速冻结的非晶物质(T_f 大)，因为其能量高，更容易解冻(T_g 小)。T_f 能更本质地表征非晶物质的玻璃转变，但是测量相对困难，所以习惯上人们常用 T_g 来表示玻璃转变温度。

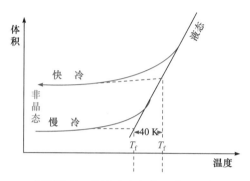

图 5.28　虚拟温度 T_f 概念和定义的示意图和物理意义[57]

从热力学统计物理角度看，过冷液体与非晶态的差异是明显的。在实验时间尺度上，过冷液体是各态历经的，可以认为是准平衡态；而非晶态在实验室时间尺度内是非各态历经的，是非平衡状态。目前，对玻璃转变概念的认识大致分两种。一种观点认为玻璃转变指的是过冷液体在冷却过程中失去准平衡的过程，对应于热分析实验中热容明显变化的温度区域。而大多数研究表明，过冷液体非平衡过程只是非晶形成实质的一个部分，是过冷液体弛豫时间同实验时间可以相比拟时液体弛豫时间的实验表现。实质上玻璃转变对应于过冷液体的弛豫动力学的变化[30]。

从 20 世纪初起，玻璃转变一直是实验和凝聚态理论关注的对象。随着研究的深入，非晶、过冷液体及玻璃转变的许多问题不但没有解决，一些问题似乎变得更加复杂和困难，例如中高温液体弛豫的分裂，低温液体的超 Arrhenius 弛豫[30]的机制等都是新出现的问题。

5.3.2　玻璃转变的唯象特征

本节进一步介绍玻璃转变的唯象特征，包括其转变时热力学和动力学特征。

一个系统有序-无序转变的物理本质是内能和熵的竞争，因此，玻璃转变过程伴随着热力学行为的变化。图 5.24 描述了定压条件下玻璃转变过程中体积和焓随温度变化示意图。在熔点 T_m 以下，过冷液体的体积和焓随着温度的降低而降低，并在玻璃转变温区发生转折。非晶固体的热力学性能随温度的变化与其晶态行为非常接近。玻璃转变的热力学行为具有以下特征。

(1) T_g 处的一级热力学变量，如体积 V、焓 ΔH(图 5.29)、自由能 ΔG(图 5.30)或熵 S 是温度(和压力)的连续函数，但二级热力学变量(如热膨胀系数 α、比热 C_p 和压缩系数 κ)是不连续的[58]。但是，玻璃转变不是二级相变，至今还没有发现实验玻璃转变处存在有序参量。

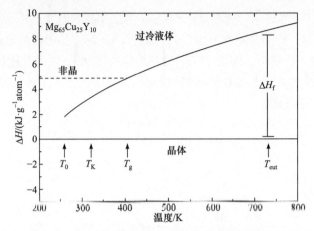

图 5.29 Mg 基非晶合金形成液体焓随温度的变化[58]

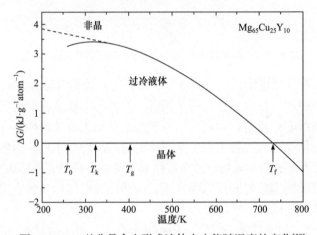

图 5.30 Mg 基非晶合金形成液体自由能随温度的变化[58]

(2) T_g 不是一个确定的温度。玻璃转变发生在一个温度区域而不是固定的温度点。T_g 一般对应于液相和玻璃相线的交叉温度点(如图 5.24 所示,这也是在非晶热分析仪 DSC 曲线上确定 T_g 的方法)。T_g 依赖于冷却速率,随着冷却速率的降低而减小(但变化范围不大),这表明玻璃转变具有明显的动力学特征。

(3) 由于液体的熵大于其晶态的熵,从图 5.31 中可以发现液体的熵会随着温度的降低而降低。目前对过冷液体的熵随着温度的降低而丢失的原因还不清楚(可能伴随有局域结构有序化)。在理论上,液体的熵会在一个非 0 K 的温度处(T_K)等于其晶体的熵,等熵温度点的存在表明液体不能无限深过冷到 0 K。因为这样的话,结构无序的液体的熵会等于甚至小于结构有序的晶态的熵。这意味着会出现负熵。这是违反热力学定律的,会出现熵危机,所以在等熵温度点 T_K 温度以上某个温度液体一定要发生玻璃化转变,如图 5.32 所示。因此,玻璃转变是过冷液体的本征特性之一,非晶态是物质的本征态之一。等熵温度点也称为 Kauzmann 温度 T_K[45, 59-61],因为它是 Kauzmann 在 1948 年提出的。T_K 是一种液体最低的玻璃转变温度点,也是液体的极限过冷温度点,一种液体的极限过冷度为 $\Delta T_m = T_m - T_K$。在温度 T_K 处发生的玻璃化转变被认为是热力学上的理想玻璃转变点。在

T_K 发生玻璃转变得到的非晶态应该是非晶物质的基态。目前实验上还没有直接观测到理想玻璃转变，因为这需要极其缓慢的冷却速率。是否存在 T_K 点，长期以来一直没有定论。能在实验上证实存在 T_K 点很重要，因为 T_K 的存在意味着有明显动力学特征的实验玻璃转变也具有潜在的热力学相变特征。

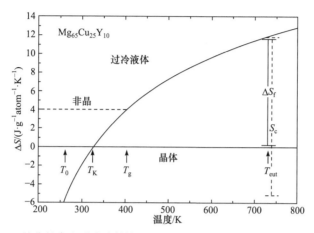

图 5.31　Mg 基非晶合金形成液体熵随温度的变化，液体的 Kauzmann 温度 T_K[58]

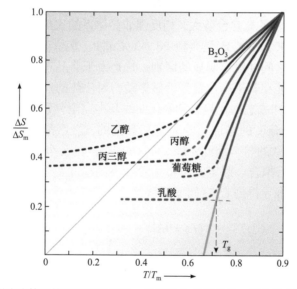

图 5.32　不同非晶形成液体的熵随温度的变化，为避免出现熵危机，都在某个温度发生玻璃转变[30]

　　玻璃转变的二级热力学变量(如热膨胀系数 α、比热 C_p 和压缩系数 κ)是不连续的，其中最典型的变化就是在玻璃转变过程中会有一个非常显著的比热台阶 ΔC_p(图 5.25 和图 5.33)。这个比热台阶 ΔC_p 是非晶物质的热力学特征，也是确认非晶态的证据之一。当年 Duwez 制备出第一个非晶合金后，由于当时的 X 射线和电镜设备还不足以提供有说服力的证据证明他们做出的合金是非晶态，所以受到多方质疑。Duwez 因此找到哈佛大学的物理学家 Turnbull，请 Turnbull 帮助进一步确认他们制备出的合金是否是非晶结构。Turnbull 把这个题目交给他的学生 Chen H S(陈鹤寿，非晶界的华人前辈)，Chen 采用热分析方法研究合金样品的比热变化，并得到图 5.33 所示的比热曲线，该图提供了第一个非晶合金是非晶玻璃态的热力学证据[62]。明显的比热台阶ΔC_p证明发生了玻璃转变，消除了人们对合金是否能形成非晶态的怀疑。因此，这张图在非晶合金领域具有重要的意义。

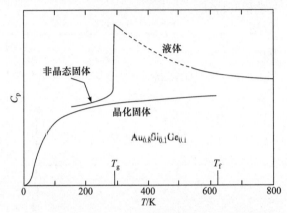

图 5.33　非晶合金 AuSiGe 玻璃转变的比热特征[62]

从图 5.34 中我们可以看到，玻璃转变时的比热台阶ΔC_p现象存在于几乎所有类型的非晶物质中[52]，只是比热台阶的大小会随着非晶种类的不同有所变化。一些比较弱的非晶体系(如 Toluene 玻璃)的比热台阶大，相反强非晶体系的比热台阶小，如 SiO 非晶的比热台阶几乎分辨不出来。图 5.35 是典型 $Pd_{40}Ni_{10}Cu_{30}P_{20}$ 非晶态和晶态合金的比热的比较图。可以发现，它们之间并没有明显的区别。这是由于非晶态的原子是处于冻结状态，和晶态中一样，都只能在其平衡位置附近做振动，对比热的贡献就基本一样。因此，在低于 T_g 点时，非晶态和晶态的比热温度变化曲线基本完全一致，在温度接近 0 K 时其比热是接近于 0，随着温度的增加，非晶态和晶态的 C_p 值都接近于 $3R$，这与经典的 Dulong-Petit 定律是一致的[63]。因此，$Pd_{40}Ni_{10}Cu_{30}P_{20}$ 非晶合金的 C_p 值的变化过程可以用 Debye 模型很好地进行拟合。假定 Debye 温度Θ不随温度变化，同时忽略自由电子对比热的贡献，我们可以推导得到 C_p 有如下关系：

$$C_p(T) \approx C_V(T) = 9R\left(\frac{T}{\Theta}\right)^3 \cdot \int_0^{\Theta/T} \frac{x^4 e^x}{(e^x - 1)^2} dx \tag{5.10}$$

其中，$Pd_{40}Ni_{10}Cu_{30}P_{20}$ 非晶合金的Θ可近似取为晶态的值(~295 K)[64]。从图中可以看到，该拟合在 T_g 以下温度能够很好地和实验数据重合。这意味着在 T_g 点以下，非晶态和晶态比热的贡献主要来源于原子的振动。然而，仔细比较可以发现在 430 K 到 T_g 这个温度区间，非晶态的比热与 Debye 模型会有较大的偏离。这是因为在 T_g 点以下非晶态中存在一种本征的、普遍存在的 Johari Goldstein 弛豫或慢β弛豫过程[65]。在温度趋近于 T_g 时，随着原子的热振动，非晶合金中代表慢β弛豫的一小部分原子会被激发开始进行平移运动[65]，也就是这部分原子的平移运动造成了 C_p 曲线偏离 Debye 模型。

在 T_g 点以上，伴随着玻璃转变的发生，C_p 会发生急剧的改变[66-68]，而且这个改变在升温和降温过程中有区别，这主要是由于在升温过程中会产生一些热的物理时效效应[68]。在冷却过程中，C_p 的值在整个液相区都是不依赖温度变化的，这个值大约为 4.7R。

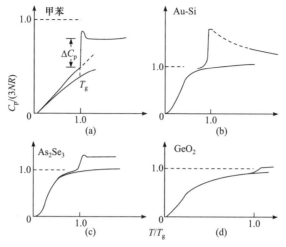

图 5.34　不同的非晶物质发生玻璃转变时的比热变化图。图中也显示了这些物质在晶态时的比热变化曲线[52]

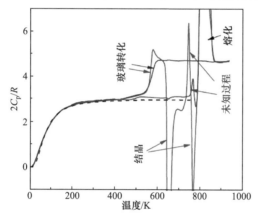

图 5.35　$Pd_{40}Ni_{10}Cu_{30}P_{20}$ 的比热 C_p 与温度 T 的关系图。其中蓝色线是晶态样品在加热过程中测量的比热 C_p 曲线，红色线为非晶态样品加热测量的 C_p 曲线，暗红色线是由 950 K 以 20 K/s 的冷却速率获得的曲线，黑色虚线为由德拜模型计算得到的 C_V 曲线(德拜温度为 295 K)[66]

由图 5.36 可以看出，在冷却过程中，金属液体穿过玻璃转变区间，C_p 的变化大约为 1.5R。从热学的角度来看，非晶合金与金属液体之间 C_p 值的差别意味着玻璃转变过程中会有除了热振动之外的运动行为发生或冻结。一般而言，T_g 会随着测量升温速率的增加而缓慢上升，同时在制备时的冷却速率也会对非晶 T_g 点有一定影响，因此相应的过冷液相区也会随之而改变。但是，从图 5.37 可以发现，不同升、降温速率下的非晶态和过冷液态的比热曲线基本重合，金属液体和其非晶态的 C_p 的变化也不随升降温速率而变化[66]。因此，由于升降温速率对过剩比热测量所带来的影响可以忽略不计。

　　实验发现金属液体与其非晶态的 C_p 变化为 1.5R，并且在非晶合金形成体系中具有普遍性[66-68]。图 5.38 中显示七种不同的非晶合金体系，如果将玻璃转变前的比热参考线选在 0 轴，不管是何种基体和组成元素多少，也不论它们的 T_g 点大小，发生玻璃转变后，它们在过冷液相区的比热围绕在参考线 12.8($\sim$3R/2)附近波动。图 5.39 所示为 45 种不同成分非晶合金(涉及 La、Au、Ce、Mg、Ca、Pr、Nd、Pd、Sm、Gd、Tb、Zr、Cu、Y、Ho、

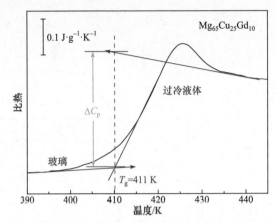

图 5.36 一种典型的 $Mg_{65}Cu_{25}Gd_{10}$ 非晶合金在玻璃转变点附近的比热曲线图。其 T_g 为 411 K，分别延长过冷液态和非晶态的比热曲线，两者在 T_g 点处的差值即为该非晶合金的过剩比热 ΔC_p [66]

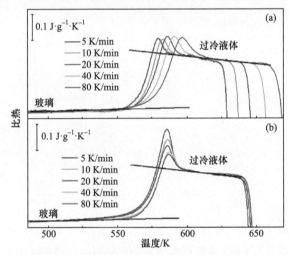

图 5.37 非晶合金 $Pd_{40}Cu_{30}Ni_{10}P_{20}$ 在不同升、降温速率下的比热曲线图[65]

Dy 基等非晶合金)的 T_g 和玻璃转变过程中过剩比热 ΔC_p 的关系图。这些非晶合金体系有着非常宽的 T_g 分布(从 351 K 到 722 K)，较好的非晶形成能力，且热稳定性较好，同时它们的过冷液相区都比较宽。它们的化学成分、性能相差很大，但是它们在玻璃转变过程中过剩比热 ΔC_p 却基本保持一个不变的数值($\approx$13 J · K^{-1} · mol^{-1})，在误差范围内(5%)基本等于 3R/2。仔细分析不同研究组的非晶合金比热测量数据 (如 Busch 组的工作[58])，都会发现非晶合金的过冷液态和非晶态的比热差基本在 15 J · K^{-1} · mol^{-1}($\sim$3R/2)附近[66]。

关于非晶和过冷液体比热差值 ΔC_p 的不变性的解释如下：非晶合金的结构简单，可以看成是硬球原子的无规密堆积形成，且原子之间是简单的金属键连接，在非晶态时原子由于其近邻原子的限制只能在其平衡位置进行热振动，但是当其进入过冷液相区后各个原子可以独立自由地运动，相比于固体非晶态，过冷液态中原子能够非常容易地进行平移扩散运动，而每个原子在空间上正好有 3 个平移自由度。根据统计物理中的能量均分定理，比热与运动的自由度直接关联，如果某种运动对应的自由度为 f，那么该种运动

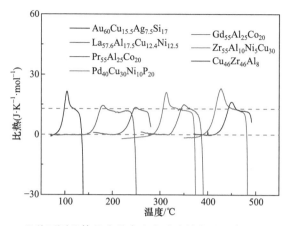

图 5.38　几种不同基体的非晶合金在玻璃转变过程中的比热变化[66]

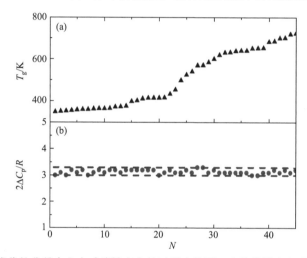

图 5.39　45 种不同成分的非晶合金在玻璃转变点的过剩比热图。这些非晶合金形成液体的具体参数可参照文献[66]

对比热的贡献即为 $R \times f/2$。非晶合金和其过冷液体的比热变化为恒定值 $3 \times R/2$，说明过冷液体相比非晶态增加了 3 个运动自由度[66]。由此可以认为玻璃转变过程中体系增加的比热贡献来自于原子的平移运动行为，即非晶合金发生玻璃转变是原子的平移扩散运动被激活或者被冻结的一种纯粹的动力学过程。玻璃转变是平移、转动运动冻结的过程的观点还被水、特殊离子玻璃等的玻璃转变的比热研究证实[66]。

　　晶体在振动相空间中是遍历破缺的，系统只有唯一的能量最低点；然而对于非晶态而言，在低温下原子也只能在它们的平衡位置附近振动，但是在相空间中，由于动力学上的遍历破缺系统会处于一个局域的能量最低点。晶体是处于平衡状态，而非晶处于非平衡状态，晶态的遍历破缺是纯粹热力学导致的，非晶态的遍历破缺是一个纯粹的动力学事件，因为非晶的一些性质会随着时间的变化而有所改变，即存在时效。从长时间的观测来说，非晶态会向邻近的局域能量最低点演变，所以非晶态和晶态会有本质上的一些区别。但是在低温时，非晶和晶体的比热存在很小的差别，基本上是一致的。

玻璃转变另外的重要特征是，随着温度的变化有非常明显的动力学特征巨变。玻璃转变过程中液体动力学性能——黏度 η 随温度变化急剧变化。虽然 η 在 T_g 处没有突变，但是令人惊讶的是从 T_m 到 T_g，过冷液体的 η 增加了大约 13 个数量级，但是其结构却没有明显变化(至少目前微结构设备还分辨不出明显的结构变化)。但是，人们观察到从 T_m 到 T_g 扩散行为的变化，这间接说明在这一过程中有结构或构型甚至液态到液态的变化[41]。

动力学不均匀性是玻璃转变的另一个重要特征[47,48]。非晶形成液体的黏度与温度关系符合扩展的 Arrhenius 关系：$\eta = \eta_0 \exp[E(T)/k_B T]$，或者 VFT 公式：$\eta = C \exp[B/(T - T_0)]$，其中 T_0 为动力学理想玻璃转变温度，此处过冷液体被认为是不可压缩的。黏度随温度变化对不同体系有很大的不同，这种多样性表明非晶形成液体动力学是多样的、复杂的和不均匀的[18]。扩展的 Arrhenius 关系与动力学时间响应公式(Kohlrausch-Williams-Watts(KWW)公式($F(t) = \exp[-(t/\tau)^\beta]$ ($\beta < 1$)))是等同的。即玻璃转变既伴随着十分明显的动力学特征变化，又伴随着热力学特征变化[18]。

玻璃转变还可能是一种临界现象。1959 年 Eyring 等提出非晶合金比热的变化和自由体积的变化的关系[69]：

$$C_{ph} = \frac{R\upsilon_0}{\upsilon_h}\left(\frac{\varepsilon_h}{RT}\right)^2 e^{-\varepsilon_h/RT} \tag{5.11}$$

其中，υ_0 为原子的平均体积，υ_h 为体系中一个空穴的体积，ε_h 为形成这样一个空穴所需要的能量。固体或者气体体系的总体积可以认为是由原子和空穴共同构成。根据 Eyring 模型，一般认为 $\upsilon_0/\upsilon_h \approx 5 \sim 6$，$\varepsilon_h/RT = -\ln x_{cri}$，其中约化自由体积 x 定义为空穴体积占体系总体积的百分比，这样在 T_g 点时 x 将有一个临界值 x_{cri}。如果将 $\Delta C_p = C_{ph} = 3R/2$ 代入计算，可以得到 $x_{cri} \approx 0.024$，这意味着，如果任何一个体系中的自由体积含量临界值达到 2.4%，将发生玻璃转变。有趣的是，该值与研究发现的非晶合金开始屈服时自由体积达到的临界浓度(0.023)非常一致[70]。这意味着非晶合金的屈服和玻璃转变都可以看作是使得系统自由体积达到同一临界值时发生的流变现象，即玻璃转变和屈服都具有临界现象的特征，两者有密切的关联性。

非晶物质的塑性流变行为和机械失稳行为也被认为是应力导致的玻璃转变现象，也就是说，温度、应力甚至观察时间、尺寸效应对于非晶的流变或者玻璃转变是等效的[71-75]。密度的增加会引起流体阻塞成无序固体：施加应力可使无序固体流动，这些不同方式造成的可流动态与阻塞态之间转变都可算是阻塞转变[71]。这些现象被 Liu 和 Nagel 提出的定性的阻塞相图统一起来[71,73,75]，即对一个阻塞系统(像玻璃、颗粒、泡沫等无序非晶体系都属于阻塞系统)，升高温度、施加应力或者降低密度三种方式都能够使体系增加自由体积，发生流动。图 5.40 所示是阻塞体系的温度、密度、应力的关系图[71]。可以看出，对于阻塞和玻璃转变，温度、力和密度是等效的，即温度、力和密度都可以导致阻塞。但是，阻塞和玻璃转变是否是本质完全一样的现象还有争议。一个 T_g 温度点接近室温的 Sr 基非晶合金系统，在室温下，发现随着不同应变速率(对应于不同的作用时间)，其流变从非均匀转变成均匀，如图 5.41 所示，同时，存在一个明显的转变时间点 γ_g，对应于 T_g[72]，这证明玻璃转变对观察时间是相对的。

本书的后面章节将详细讨论和证明非晶体系中的形成、形变、弛豫和稳定问题都可以统一归结为流动问题。

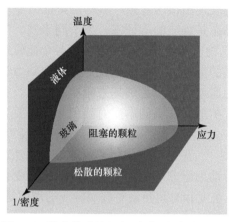

图 5.40　阻塞体系的温度–应力–密度关系图[71]

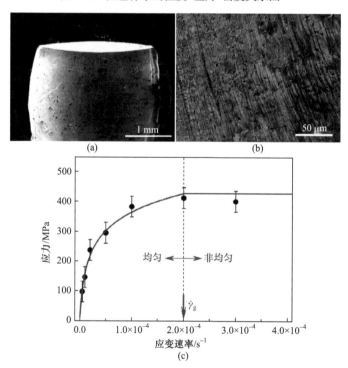

图 5.41　Sr 基非晶合金系统在室温下，由于不同应变速率(对应于不同的作用时间)，流变从非均匀转变成均匀，有一个明显的转变时间点，对应于 T_g[72]

此外，玻璃转变现象和熔化失稳现象有共性。在金属合金中，我们都知道，熔化现象可以看成是固体发生动力学失稳的一种行为，Lindemann 早在 1910 年就提出了固体的熔化失稳理论[76]：当系统中原子的热振动幅度超过原子间距的 10% 时，熔化现象就会发生，根据 Debye 模型，T_m 和 $M\Theta^2$ 成正比，M 是摩尔质量，Θ 是德拜温度。类似的现象在合金体系发生玻璃转变时也会发生，研究表明非晶合金原子热振动幅度超过原子间距的 6%~8% 时，会发生玻璃转变[66,77]，而且 T_g 和 $M\Theta^2$ 成正比[77]。因此，可以把非晶合金的玻璃转变看成是类似于熔化的一种软化过程。

综上所述，玻璃转变表现出很多复杂、多样的特征，是复杂体系中广泛、普遍存在的一种自然现象。非晶态是物质的本征态，是不同于气、液、固的第四种常规物质形态。图 5.42 总结了非晶物质和液态在整个温区内各个比较重要的特征温度[78]。这些特征温度把液体分成不同的温区，在这些温区的弛豫和动力学规律有很大的不同，因为随着温度降低，粒子的运动受到其近邻越来越多的限制。了解这些特征温度和温区对理解玻璃转变、弛豫、扩散和非晶的本质对认识非晶物质为什么是不同于其他三类的常规物质形态很重要。这个图及这些特征温度后面还会反复提及。图 5.43 归纳给出伴随玻璃转变的主要现象[79]，包括：组成粒子的动力学运动迅速慢下来，但是没有明显可观察到的结构变化；动力学非均匀性；反常的热力学变化，主要是比热的跳变；和阻塞一样，温度、力、密度和时间参量对玻璃转变的作用是等效的，等等。

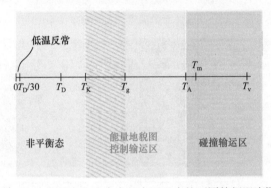

图 5.42　非晶态和液态在整个温区内的不同特征温度[78]

5.3.3　玻璃转变中的结构演化

随着微观结构分析设备和计算机模拟技术的进步，越来越多的证据表明，在玻璃转变过程中有局域的结构、非均匀性、局域对称性的变化[80-82]。实验观察到的组成粒子运动的急剧变化和动力学非均匀性及关联区的变化，也说明局域结构变化一定发生了。只是这些变化是局域、短程、无序、多样化的，很难用电镜、XRD 这类对长程结构演化有效的实验手段明显地观察到。通常认为物质发生玻璃化转变是一个"笼子形成"的过程。当温度趋向玻璃化转变温度时，组成玻璃物质的每个单粒子，其运动都越来越被来自相邻粒子所限制，如同形成了牢笼一样，从而导致物质固化。S. Granick 和 W. Kob 等以一种二维胶体悬浮液(一种可形成玻璃的液体)为研究对象来考察玻璃化转变过程中的结构变化，他们将聚甲基丙烯酸甲酯(PMMA)的胶体体系限制在两块玻璃板之间(距离限制为 3.37 μm)，同时为了使该体系成为不易结晶的玻璃形成液，控制胶体中的小颗粒与大颗粒的浓度之比为 0.55∶0.45，粒径比为 2.08 μm∶2.91 μm。通过使用持续时间 0.5 s 的脉冲激光束(重复频率为 80 MHz)，光斑大小为 2.0 μm(相当于单个胶体粒子的大小)，照射该胶体体系，在分子水平上扰动该悬浮液，以产生胶体分子的局部扰动。受影响的粒子会与相邻的粒子碰撞，形成局部运动(图 5.44(a))。同时在视频显微镜上监测该过程

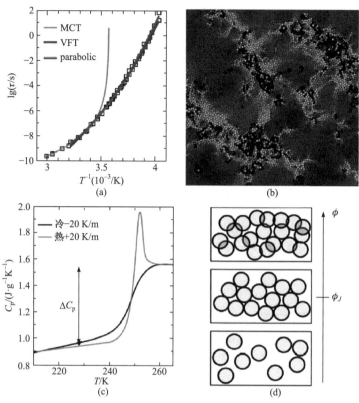

图 5.43　伴随玻璃转变的主要现象和问题[79]：(a) 粒子运动迅速慢下来，但是没有明显可观察到的结构变化；(b) 动力学非均匀性，即动力学不均匀性在二维空间的投影图；(c) 比热的跳变；(d) 温度、力、密度和时间参量对玻璃转变的作用是等效的

的非线性动态响应(图 5.44)。激光脉冲 5 s 内粒子的位移情况如图 5.44(b)～(d)所示，此时激发已经停止。他们采用面积充填率的函数(粒子密度ϕ)来评价液体的运动行为。可以看到，在低粒子密度($\phi = 0.50$)时，只有少数粒子移动，而大多数粒子在激发后回到初始位置。而当ϕ增加到 0.60 时，移动的粒子数大幅增加，但是当ϕ进一步增大时，移动的粒子数再次下降($\phi = 0.79$)。他们观察到玻璃化转变是笼结构的形成，结果表明笼的形成是一个非局部的过程，这个过程会影响到被激发的局部分子以外的粒子。他们针对每个ϕ值下局部扰动范围内的粒子位移进行进一步分析，将微扰效应量化为可移动粒子的数目N和平均位移L，发现这两个观测值随ϕ的变化具有非单调性，即观察到玻璃化转变过程中微观结构及动力学的细节变化[83]。

　　图 5.45 是粒子数最大值N_{max}、径向分量的最大位移d_i、最大回转半径R_g与ϕ的关系。可以看出N_{max}是ϕ的非单调函数，在$\phi = 0.60$附近达到峰值。当初始$\phi = 0.60$时，ϕ_{max}变得不可辨别，这表明该响应的非单调行为发生在玻璃化转变过程的起始，即笼子形成的点。同时，在$\phi = 0.60$情形下，移动的粒子大多数以径向运动的形式在移动(图 5.45(c))，这说明粒子动力学经历了一个从具有明显径向运动的黏性响应到具有复杂局部粒子重排的类固体响应的转变，即观察到玻璃化转变的起点，或者说笼结构形成有个起点[83]。

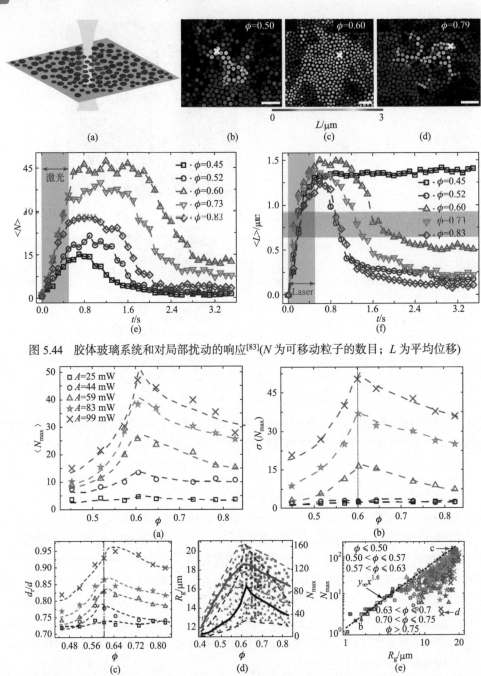

图 5.44　胶体玻璃系统和对局部扰动的响应[83](N 为可移动粒子的数目；L 为平均位移)

图 5.45　不同粒子密度 ϕ 下各参数的变化情况证明笼子结构形成有个起点[83]

　　图 5.46 展示了不同时间下局部扰动激发粒子的照片，图中具有相似位移的粒子(即用相同的颜色表示)形成簇，表明粒子在空间中的运动是协作的、不均匀的。在这个过程中，粒子通过协同运动锁住周围粒子，使得局部范围内的分子运动被限制，形成笼结构，这种限制在分子密度增加的情况下变得更为严重，使得这些局部区域变得越来越刚性，进而导致非晶化[83]。

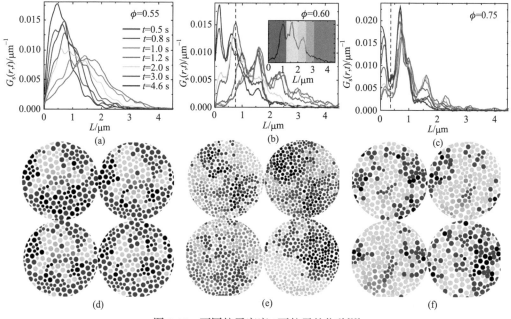

图 5.46 不同粒子密度 ϕ 下粒子的位移[83]

将宏观尺度的非晶玻璃转变与微观尺度的实验联系起来是很重要的，这个实验只是提供一个例子说明先进的手段和想法能提供玻璃转变过程中结构变化的信息，帮助理解玻璃转变和非晶物质的形成机制。

5.3.4 玻璃转变的理论模型

因为玻璃转变问题太重要，自 20 世纪 40 年代以来，不同领域的科学家对玻璃转变问题提出了至少几十种模型，美国科学院院士哈佛大学 Weitz 教授曾打趣说玻璃转变的模型比提出模型的科学家还多。但是，迄今为止没有一个模型能解释玻璃转变过程中的所有现象，已有的模型都只是在某些特定的温度区间和特定的体系中才与实验或模拟结果吻合，因此发展完善的玻璃转变理论一直是科学家的不懈追求。在这里，我们结合几个较有影响的理论模型，对玻璃转变问题的研究和进展作进一步介绍。

首先看看玻璃转变研究的基本思路，研究玻璃转变基本按照如下 3 个思路：一是动力学研究思路，从动力学的角度理解、研究玻璃转变，关注体系中粒子弛豫、运动行为、运动规律随温度、压力的变化，以及决定弛豫、运动的主要因素；二是热力学研究思路，从热力学的角度理解、研究玻璃转变，研究体系的热力学参量(比热、熵和焓等)的变化，研究其与液体中本质运动的关联性；三是微观结构研究思路，从微观结构的角度，通过模拟和模型化及胶体等模型体系来研究粒子及其团簇在玻璃转变过程中的演化和相互作用。

在研究体系方面，由于玻璃化转变本身的复杂性，加上原子、分子体系尺度太小，运动过快，所以难以研究其微观机制，除了传统的玻璃、非晶合金等体系，胶体、颗粒物质也被作为替代原子和小分子体系的模型体系来研究玻璃转变。例如胶体，它是由尺寸介于几纳米到几微米的颗粒物分散在一定溶剂中形成的混合物，其尺度既不会因过大而沉淀，也不会因尺度太小而难以观察。它是由熵效应和热运动驱动的体系，量子效应对体系影响不大。这些胶体颗粒的性质可以通过一些手段进行有效调控，如改变粒子直径、粒子间相互作用等。因此，胶体和颗粒物质是研究玻璃转变和非晶本质的模型体系。

经过几十年的不懈努力，已经发展出一些较有影响的关于玻璃转变的理论模型，这些模型在某些温度区间内和一定条件下可以较好地解释非晶物质和液体的一些行为及玻璃转变。下面具体介绍这些模型。

1. 自由体积模型

自由体积理论是最早提出的最简单、最直观、应用最广泛的玻璃转变和非晶物质流变理论。其魅力在于它在概念上透彻、清晰，物理图像清楚、合理、容易理解，在数学上处理简单[53,84]。该模型定性地预言和解释了玻璃转变，以及玻璃转变附近的黏度和热熔随温度的变化关系，而且还能描述和预言与非晶物质形成、形变、非晶强度、结构弛豫、晶化等相关的很多实验现象和结果。

自由体积模型的主要物理思想是[53]：液体、非晶物质的流动对应于其粒子结构重排，结构重排起因于液体和非晶物质中粒子运动，而运动的前提条件是非晶物质和液体中存在与粒子体积密切关联的过剩(多余)体积。作为物理中的基本规律，一旦确立现象决定于某个无维度的量，那么可乐观地认为一个该现象的简单描述必然存在。自由体积模型认定体积是确定液体 η 的决定因素，定义一个约化体积(自由体积 v_f，$v_f = V_f/V$，V_f 为过剩体积，V 为平均粒子体积)，这样黏滞系数随温度变化的经验 VFT 方程就可转换为一个只含单一变量 v_f 的公式。可以看出，自由体积模型非常直观，特别适用于简单非晶和液体体系，如金属液体和非晶合金等。

自由体积理论出现得比较早，Eyring 可能是最早在研究流变时引入体积概念的人，他在 1936 年提出自由体积的概念[85]。Turnbull 和 Cohen 发展了 Eyring 的想法，在 20 世纪五六十年代，采用自由体积参量描述玻璃转变过程中非晶物性的变化，建立了非晶物质流变的自由体积模型[86]。非晶和液体的自由体积理论认为物性变化与体系的密度变化直接相关，非晶物质中体积可以简单地分为两类：一是基本单元所占有的体积，二是基本单元可以自由运动的体积。后者称为自由体积，只占系统很小的一部分体积，而且是为系统基本单元所共有的。自由体积的大小是温度和压力的函数，随着压力的增加和温度的降低而减小。液体中的自由体积可以连续移动和随机、自由地分布，自由体积的运动不影响系统的能量。当液体冷却时，基本单元的体积和自由体积将收缩。当自由体积小到一定临界值时，体系中的基本单元将不再能够自由移动，非晶态就形成了。非晶物质不同于液体是由于非晶态中存在着过剩而且不能自由运动的自由体积(图 5.47(a))。非晶物质中的过剩自由体积是不依赖于温度的常量，决定于非晶形成的条件和历史。一定压力条件下，非晶物质形成的冷却速度越高，其自由体积越多。根据自由体积的模型，玻璃转变是自由体积微观分布的宏观表现，液态有足够多的自由体积，因而具有流动性，随着温度的降低或者压力的增大，自由体积减小，当足够多的自由体积被从体系中挤出时，体系的原子就失去了流动性，从而导致玻璃转变。M. H. Cohen 和 G. S. Grest 采用渗流模型通过模拟验证了自由体积理论[87]，证明玻璃转变是系统自由体积达到一定临界值时出现的一个现象，在玻璃转变温度以下应该存在一个非 0 K 理想相变玻璃转变温度点，实验观察到的玻璃转变是具有相变特征的理想玻璃转变在实验中的表现。

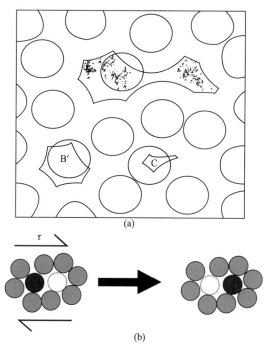

图 5.47　(a) 二维硬球体系自由体积模型示意图。图中阴影区 A 能扩展到新位置，代表自由体积[53]；
(b) Spaepen 的自由体积模型，在力的作用下原子克服势垒产生自由体积，发生流动[88]

　　Turnbull 的学生，哈佛大学的 F. Spaepen 在 Turnbull 工作的基础上，又进一步发展了自由体积理论(图 5.47(b))，推导出自由体积和扩散系数 D 及黏滞系数 η 的关系[88]，即液体的黏度随温度的变化符合方程：

$$\eta^{-1} = A\exp(-bv_{m}/v_{f}) \tag{5.12}$$

其中，v_m 为系统中基本单元的平均体积，v_f 是系统的原子平均自由体积。v_f 是温度和压力的函数。一定压力下 v_f 可以表示为：$v_f = (T - T_0)/B$。Spaepen 的主要贡献是用数学方程把流动性和自由体积定量地联系起来(即方程(5.12))，并且能够与实验结果相吻合。从方程(5.12)也可推出经验的 VFT 公式。根据黏度随温度变化的关系可以获得自由体积随温度的变化关系。Beukel 和 Sietsma 根据 Spaepen 双空位消失模型成功地解释了热分析测量中的玻璃转变和非晶弛豫现象，并能根据热分析测量定量估算自由体积随温度、压力的变化[84]。实验证明该方法能有效表征非晶物质在形变和玻璃转变过程中的很多结果[89,90]。在第 8 章，我们会对自由体积模型进行更详细的介绍和推导。

　　尽管自由体积理论在一定程度上能够解释 T_g 点附近的实验现象，但也存在一些不足。其唯一参量，即自由体积的测量很难在实验中直接进行，而且自由体积模型对非晶物质动力学弛豫的描述不够精确。有许多研究表明，单一参量不能完整描述玻璃转变和非晶特征，应该选用多参量模型。自由体积模型的最大的问题是不能解释过冷液体的不均匀性、过冷液体的动力学分裂及其微观机制。另外，尽管过剩体积对于材料科学而言简单明了，但在理论上是很难理解和确定的，因为多体相互作用体系中粒子体积是无法定义的，而且体积无法表述结构涨落过程。近来，压力研究也表明，体积(密度)不是黏度唯一的函数，温度和压力同时也影响黏度。

2. 热力学统计熵模型(Adam & Gibbs model)

玻璃转变的热力学统计模型是 Gibbs 等在 20 世纪 50 年代末为理解聚合物玻璃转变提出的[91]。该模型的基本假设是认为非晶物质和液体的黏滞系数随温度的变化关系是由系统的结构组态熵 S_c 决定的。根据热力学统计模型，Adam 和 Gibbs 提出了将过冷液体弛豫的热力学(代表参量是构型熵，S_c)和动力学(代表参数是黏滞系数，η)特征结合在一起的重要公式[91]：

$$\eta = A\exp(B/TS_c) \tag{5.13}$$

式中黏度 η 也可以是 τ 弛豫时间，B 为常数。由该模型可知，趋近 T_g 时过冷液体黏度增加是因为过冷液体组态熵的降低，实验观察到的玻璃转变就是液态熵的丢失或冻结的过程。T_0 是 T_g 的极限温度。T_0 处液体过剩组态熵是零(在 T_0 是否能真实发生热力学平衡玻璃转变是一个有争议的问题)。但是，Simon 通过热分析研究一些液体和其非晶物质的 S_c [92]，发现非晶中存在一定的过剩熵(大约为 5 eV)，并且能够保持到 0 K。Simon 指出，因为非晶物质是非热力学平衡态，0 K 时非晶的熵不为 0 并不违反热力学第三定律。过剩熵是由于非晶形成后系统的组态重排所需要的弛豫时间大于实验时间，从而保留在非晶中。他认为不存在有独特结构的理想非晶，非晶的结构和性能决定于 T_g 处过冷液体的失衡状态[92,93]。

熵反映了一个系统的无序性，能表征一个系统的无序度，是最重要的物理概念之一。Adam 和 Gibbs 的模型认为结构涨落(对应结构弛豫)对应于非晶物质的构型变化。由于结构弛豫对应的激活能随温度降低而增大，所有假设过冷液体中粒子运动不同于正常液体，不能是独立的碰撞运动，而是以多粒子协同运动的形式出现。该模型将玻璃转变过程中结构"序"的信息和动力学联系起来，把热力学和动力学联系起来，这是 Adam-Gibbs 模型的意义所在。

Adam 和 Gibbs 在此基础上还提出了一个重要概念——协同重排区域(CRR)。CRR 指的是不均匀的过冷液体中的不同结构区域，这些区域内部粒子运动具有协同性，且 CRR 尺度随温度降低而增加，对应于 S_c 随温度降低的减小，表现为结构弛豫激活能随温度降低而增大。图 5.48 给出 CRR 及其随温度变化的示意图[94]。由 CRR 概念可以说明 T_g 附近过冷液体的非简单指数弛豫的原因。假设 CRR 至少存在两种状态，那么可以预测结构弛豫时间偏离 Arrhenius 形式，决定于除温度 T 外的一个物理量——构型熵 S_c，形式为：$\tau = \exp(B/TS_c)$。如果构型熵 S_c 与相对于晶态的液体过剩熵存在线性关系，那么根据 Kauzmann 悖论，S_c 可描述为：$S_c \approx T - T_K$，其中 T_K 为 Kauzmann 温度，若低于此温度，则理论上液体是不存在的。由此，熵模型所预测的结构弛豫方程与经验的 VFT 公式在形式上能够很好地吻合。该模型有效地建立起过冷液体动力学与热力学之间的关联性。根据热力学基本公式，相对于晶体的液体过剩比热 ΔC_v 与液体过剩熵(即构型熵 S_{Conf})存在关联：$\Delta C_v = dS_c/d\ln T$。从动力学角度，液体的 τ 或 η 越偏离 Arrhenius 行为，其 S_c 随温度变化就越大，故 ΔC_p 就越大。根据 Angell 由液体动力学行为将液体分类为"强"和"弱"可知，强液体的 ΔC_p 小，而越弱液体的 ΔC_p 就越大。这一动力学和热力学关联性已在很多非晶体系的实验中获得验证。相对于自由体积模型，熵模型中熵的热扰动能够与结构弛豫对应起来，能预测的弛豫方程与经验的 VFT 公式在形式上很好地吻合，还能够有效地建立起过冷液体动力学、热力学及结构(如 CRR)之间的关联性。所以，从物理内涵上，熵模型要优于自由体积模型，是最深刻的著名的玻璃转变理论。在形式上，这两类模型是类似的，即都能将激活能与宏观的观察联系起来。

非晶物质中的协同重排区域

在耦合温度T_c　　　　　在理想玻璃转变
CRR是弦状　　　　　点T_K CRR是团状

图 5.48　过冷液体中协同重排区域、CRR 及随温度变化的示意图[94]

有研究表明 Adam 和 Gibbs 公式中的 S_c 在描述强过冷液体的黏度时需要进行修正，因为强过冷液体中存在很强的化学短程作用。这些强的化学短程作用将影响强过冷液体相对于其晶态的过剩熵 S_{ex}，也就是强过冷液体的 S_{ex} 不再近似于 S_c，而弱过冷液体 S_{ex} 则近似于 $S_c^{[95]}$。玻璃转变的热力学统计模型同自由体积模型一样不能有效解释液体弛豫分裂现象，其缺点还在于不能够提供有关 CRR 尺寸大小的信息。

3. 能量势垒理论(energy landscape theory)

在多组元的复杂体系中能量分布(或组态熵)$V\left(\sum x_i\right)$，是结构组态 x_i 的函数[96,97]。$V\left(\sum x_i\right)$ 的分布图不是单调的，而是像起起伏伏的地貌，如图 5.49 所示，在一定温度和压力下存在众多的能量极点和谷点。这些极点就像不同山脉的山峰(势垒)，这些谷点像是地形图的山谷(能量极小态)。在高能态(高温区)下，具有更多的能量极小值(即小能谷见图 5.49(b))；在低能状态下，能量极小值密度更低，但势垒更高[98]。

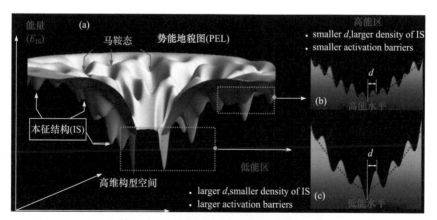

图 5.49　(a) N 个原子组成的无序体系的多维势能地貌图；(b) 在高能状态下，具有更多的能量极小值；(c) 在低能状态，能量极小值密度更低，但势垒更高[98]

图 5.50 是二维、三维能量势垒图，以及和真实地貌图的对比。能量势垒图理论认为不同条件下形成的非晶态对应某较大的山谷 (这是该模型英文名字的来源)，山谷四周的山高就是势垒。深的山谷对应的是较稳定的非晶本征态(inherent state(IS)，or inherent structure)。在某个能量 E_i 时对应的本征态数目可(称为态密度 $G(E_i)$)表示为

$$G(E_i) = \exp[S_c(E_i)N] \tag{5.14}$$

式中，$S_c(E_i)$ 是对应同一能量的构型熵。目前要计算一个非晶体系的 $G(E_i)$ 还很困难，因为

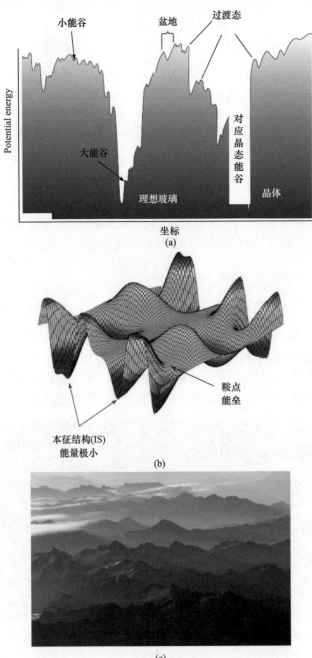

(d)

图 5.50　二维能量势垒[5](a)、三维能量势垒(b)示意图[21]；(c)和真实地形图对比；(d)红色字符代表系统的一个能量极小态(能谷)

一个复杂非晶体系能量地貌图很复杂。这些山峰对应的是非晶态流动、变化的能垒或鞍点(energy barrier，又称 saddle point)，和非晶物质中的弛豫、输运特性、稳定性、流变、形变及玻璃转变密切相关。能量势垒理论能够形象地描述非晶体系及玻璃转变的很多特征[97]。

　　根据能量势垒理论，在一定压力下，作为温度函数的能量势垒谱能够描述系统的动力学行为[5]。温度改变使得体系的密度发生变化，从而改变体系的能量状态。体系能量状态和流动势垒的变化直接对应于系统动力学的变化信息。图 5.51 是过冷液体平均基本单元能量随温度变化的关系图。高温下体系的平均能量是温度的函数，能够达到一个相对的平衡值，液体中的原子可以做自由扩散运动，符合 Stokes-Einstein 关系，体系能遍历所有能谷(能谷的能垒小)和能量状态。温度降低到一定值时(见图 5.51 左图点 2)，体系将不能遍历所有能谷(能谷势垒变大)，液体的各态遍历特性消失。即液体的原子运动和扩散受到其周围的原子的强烈限制(对应于笼结构形成)，这些液体原子不能像高温液体那样形成任意组态，而是只能形成某些能量相对较低的亚稳组态，用能垒图的观点来说就是体系只能稳定存在于若干个能谷中。随着温度进一步降低，系统将受到越来越明显的动力学效应影响，系统可能的能量极值因为受到限制而变得越来越少。也就是随着温度降低，系统可能存在能谷变得越来越少，而且越来越深越窄(即能谷的势垒越来越大)的现象。在足够低的温度下系统将只能存在于某一个能谷中。随着冷却速率的降低，系统存在的能谷越低，表明体系的能量越低。这时系统结构弛豫特征将由简单的 Arrhenius 弛豫转变为超 Arrhenius 弛豫。这和实验中的玻璃转变现象是一致的。另一个重要的计算结果是：存在一个温度，在此温度以下能谷间的势垒高度迅速增加。这个温度对应于模态耦合模型预计的交叉点温度 T_{c}(下面将介绍 T_{c} 的物理意义)。

　　能量势垒图理论可以非常清晰、形象地显示强液体和弱液体间的本质区别。如图 5.52 所示，利用能量势能理论，计算机模拟表明强液体的能量势垒图存在若干个大的能谷，而弱液体的能量势垒图是由较多不同的大能谷组成的。这意味着弱液体的微观结构和动力学非常不均匀，而强液体却相对均匀[5]。近来的实验结果和计算机模拟相吻合，即发现强液体的能量势垒图相对简单，而弱液体的能量势垒图更加复杂。

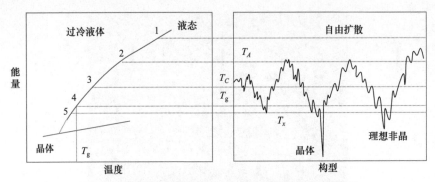

图 5.51 混合体系中平均基本单元能量随温度变化图[30]

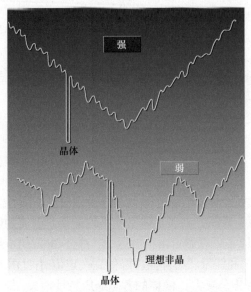

图 5.52 强液体和弱液体的能垒图比较[5]

能量势垒理论还可以提供有关原子的扩散和原子振动分裂的信息[97]。原子的扩散不仅与能谷有关,更重要的是与能谷间的势垒有关。能谷与能谷间的势垒存在标度关系。这种关系不只是一个数学必然性,而是真实体系中结构单元的相互作用结果。能谷与能谷的势垒间的关系能够解释玻璃转变领域中的一个长期争论的问题:为何非晶形成液体的动力学特征与热力学特征存在明显的关联。

能量势垒理论认为过冷液体中α弛豫和β弛豫行为与能量势垒有关,能量势垒图可以形

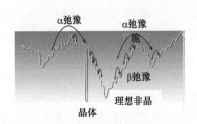

图 5.53 过冷液体中α弛豫和β弛豫行为与能量势图的关系[64]

象表示α弛豫和β弛豫之间的关系及弛豫和形变的关系[64]。如图 5.53 所示,α弛豫对应于相邻大能谷间的组态跃迁或重组,这意味着α弛豫需要克服大的势垒,涉及大范围的、不可逆的原子流变;而β弛豫对应的是邻近小能谷间的跃迁,仅涉及局域的原子流变,这类流变是可逆的。弛豫动力学行为与能量势图关系在建立非晶流变的弹性模型中起到重要作用。遗憾的是这种解释现在还不能直接用计算机模拟。

能量势垒理论在很多领域(如生物研究)中被广泛使用[97]。但是，能量势垒理论的缺陷是比较唯象，还不能定性描述非晶物质及玻璃转变的很多问题。另外，很难得到一个体系的准确的能量势垒，因此很难将能量势垒和实际具体系统联系起来。相信借助计算机不断提升的强大的计算能力，能量势垒思想在处理玻璃转变等非晶物质中基本问题上将显示出强劲的生命力。

4. 固体模型理论

很多玻璃转变理论都与液体弛豫有关，研究液体被认为是解决由液体转变成非晶态的本质问题的有效突破口。实验结果表明，尽管玻璃转变温度 T_g 依赖于测量条件，具有不确定性，但是从玻璃转变所对应的弛豫时间来看，玻璃转变对应的温区非常狭窄。因此，T_g 可以近似认为是玻璃的固有特征之一[30]。研究发现，无论是升温或冷却过程中，T_g 处的许多现象都表明玻璃转变与原子振动有关。20 世纪 60 年代出现的固体模型理论认为玻璃转变与原子的振动特征有关。

Angell[30]指出玻璃转变类似熔化对应于最近邻键的断裂或者软化过程。德拜温度处原子的振动能是最近邻键的断裂所需的临界能量，所以网状结构玻璃的 T_g 约等于 Θ_D。Angell[30]等在蛋白质的玻璃转变研究中发现 T_g 处原子振动均方差发生突变。同样的现象在简单的液体、金属合金液体和链状结构的聚合物液体中也存在。如通过对不同非晶合金 T_g 和 Θ_D 对比发现，非晶合金的 T_g 与其德拜温度 Θ_D 存在明显的关联，如图 5.54 所示[64, 77]：

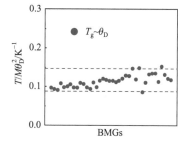

图 5.54　不同块体非晶合金(BMG)的德拜温度 Θ 和 T_g 的关系[64,77]

$$T_g = aM\Theta^2 \tag{5.15}$$

式中，a 是常数，M 是非晶体系的平均原子质量。这种关系几乎对所有非晶合金体系都普遍存在。Buchenau 和 Zorn[99]研究了玻璃转变与原子位移的均方的联系，如图 5.55 所示，他们发现当系统原子振动均方差达到一定值时，就会发生玻璃转变。这与经典的固体熔化理论——Lindemann 熔化准则类似[76]。熔化现象可以看成是固体发生动力学失稳的一种行为，早在 1910 年 Lindemann 就指出[76]：当系统中原子的热振动幅度超过原子间距的 10% 时，就会发生熔化现象。固体模型理论则认为当系统热振动幅度超过一定限度时(该限度与系统无关)，就会发生玻璃转变。

研究表明，在非晶合金中，当发生玻璃转变时，原子热振动幅度为原子间距的 6%～8%[77]。但是，T_g 并不简单地等价于德拜温度，因为非晶物质的微观结构是复杂的，而且其结构单元内和结构单元之间存在复杂的结合方式。例如，在 As_2S_3 和 As_2Se_3 中，它们有着相同的结构和相近的 T_g 温度。而 As_2S_3 的 Θ_D 为 (450 ± 50)K，As_2Se_3 的 Θ_D 为 (350 ± 50)K。这样对于 As_2Se_3，Θ_D 是低于 T_g 的。此外，非晶物质中的键不一定完全断开，可能是软化。当温度高于 T_g 时，非晶物质将进入过冷液相区，这意味着原子的均方根位移与 $T/M\Theta^2$ 成正比。因此，可以把玻璃转变看成是类似于熔化的一种软化过程。非晶合金的玻璃转变可以理解为具有金属键固体的 Lindemann 熔化[64,77]，或者非晶固体的失稳。对于网状结构的玻璃，$T_g \sim \Theta_D$ 关系也很容易由固体模型理论来解释。固体模型理论从不同的角度帮助理解非晶的固态特征和结构复杂性。但是，固体模型理论是唯象理论，不能解释弛豫等伴随玻璃转变的很多现象。

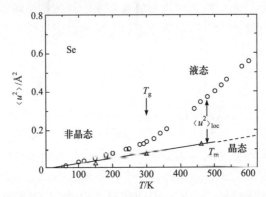

图 5.55　Se 的均方差 $<u^2>$ 在晶态、非晶态和液态随温度的变化，在玻璃转变点附近 $<u^2>$ 发生突变[99]

5. 模态耦合理论

到 20 世纪 70 年代，随着自由体理论、热力学统计理论和能量势理论等模型的建立，玻璃转变问题的一个完整的理论框架好像已经建立起来。很多乐观的人认为，接下来的工作只是对这些理论和模型更加细致性的修补和验证了。然而，很快就有新的实验发现对这些模型和理论提出了挑战。最先反映出玻璃转变理论远未完善的是发现过冷液体弛豫分裂现象。过冷液体弛豫分裂现象如图 5.17 所示：随着温度的降低，过冷液体由单一的弛豫模式在温度 T_c 处(液体的交叉温度)分裂成α弛豫和β弛豫。α弛豫称为慢弛豫，表现为非 Arrhenius 弛豫行为并且消失于 T_g 点；而β弛豫是 Arrhenius 弛豫行为，这种快弛豫模式没有被冻结，在非晶态中还存在。温度 T_c 附近通常称为交叉区。弛豫分裂是在聚合物液体中首先发现的，现已发现过冷液体的弛豫分裂是弱液体，即大部分非晶形成液体的一个普遍特征在非晶合金中也观察到。传统的玻璃转变理论完全无法解释弛豫分裂现象[5,30]。

20 世纪 80 年代，Götze 等[100]提出了模态耦合理论(mode coupling theory，MCT)。该理论能够准确地描述 T_g 点以上高温液体的弛豫，并且能够预言 T_c 点的存在。作为简单液体的密度-扰动动力学理论，模态耦合理论最先是被用来描述液态中粒子相互作用的笼效应(cage effect)[4]。笼效应是液体区别于黏稠气体的基本特征。当温度降低促使液体密度增加时，每个基本单元(体系中原子或粒子)逐渐受限于由其周围基本单元组成的瞬时笼内。这些笼是一个自洽结构，组成笼的基本单元和受限的基本单元是完全等价的。笼上的基本单元又被其周围基本单元组成的笼包裹着(这等效于在人口稠密的城市中，每个人的行为都要受到周围其他人的限制，同时每个人也对周围人产生限制)。自洽笼意味着系统的基本单元存在两种运动：一是笼内基本单元的振动；二是基本单元跃离笼的运动(类似扩散运动)。模态耦合理论起源于全同亚系统在一个相空间中的动力学相点分布。动力学相点分布中的动力学变量 $A(t)$ 能够描述自洽结构笼系统中的这两种运动。通常 $A(t)$ 表示成归一化密度-密度关联函数：$A(t) = \varphi_k(t) \equiv \left\langle \rho_k^{cc}(0)\rho_k(t) \right\rangle / \left\langle |\rho_k|^2 \right\rangle$，其中 $\left\langle |\rho_k|^2 \right\rangle = S(k)$，

$S(k)$为对应于散射矢量 k 的结构因子。$A(t)$的通常求解公式为

$$dA(t)/dt = if_0A(t) - \int \gamma(t')A(t-t')dt' + R(t) \tag{5.16}$$

其中，f_0 是常数。根据扰动-耗散理论可以将 γ 同 R 联系起来：$\gamma(\omega) = \left\langle A^2(0) \right\rangle \int\limits_0^\infty dt e^{-i\omega t}$

$R^2(t) \propto R^2(\omega)$。如果能进一步知道 γ 与 A 的关系，就可以求解 A。Gotze 假设 $\gamma[A] = c_1A + c_2A^2$，从而实现了对 A 的求解[100]。将 γ 表示为 A 的形式称为模态耦合。模态耦合意味着 γ 是受 A 自身非线性控制。

　　理想模态耦合理论的重要性在于它预言了 T_c 温度以下过冷液体的弛豫。理论得到的中间散射函数 F 与实验观测的密度扰动衰减过程完全一致，即 MCT 成功预测了动力学的两步松弛模式及中间散射函数上出现平台区的现象[100]。根据理想模态耦合理论，F 的衰变符合下列过程(图 5.56)：先根据 $F = f + At^{-a}$ 趋近一个平台；接着根据 $F = f - Bt^{-b}$ 偏离平台；最后长时间的弛豫符合 KWW 方程。其中 A、B、a 和 b 是常数。模态耦合理论还能预言和解释很多玻璃转变及弛豫的特征，并与实验观察符合。因此，理想模态耦合理论的出现之初被认为是描述玻璃转变最有用的理论。

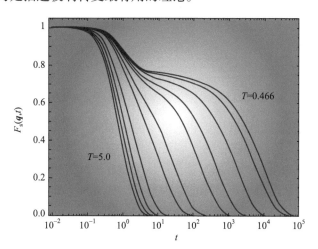

图 5.56　中间散射函数 $F_s(q,t)$ 与实验观测的密度扰动随时间 t 的衰减过程。q 是波矢[5]

　　MCT 还预测体系弛豫时间随温度的变化规律满足 MCT 公式：$\tau = \tau_0(T - T_c)^{-\gamma}$，其中，$\tau_0$ 和 γ 为常数，T_c 为模态耦合玻璃化转变温度。显然，体系的弛豫时间在 $T = T_c$ 处发散，T_c 总是大于 T_g。即模态耦合理论预言液体的结构在 $T_c > T_g$ 处将被限定或者冻结，这与实验观察不一致，实验和模拟结果都未观察到 τ 在 T_c 处发散。因此，该理论给出的是数学上的奇点温度 T_c，虽然在物理上 T_c 有比较清晰的定义，即在该温度点以下笼效应生效，但是 T_c 并不是一般的实验得到的玻璃转变温度 T_g，因为 T_c 点高于 T_g，T_c 点以下液体仍是过冷液态，仍是各态历经状态，即在该温度点液体还没有被冻结成非晶固体。这种纯的动力学转变与实验结果不符，这是 MCT 的主要问题和缺陷。图 5.57 非常清楚地给出液体能量势垒图、MCT 图，以及液体中粒子平均势能随温度变化图在不同特征温度的对应关系[101]。

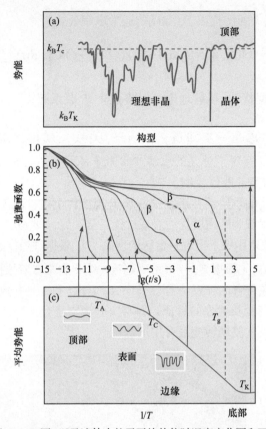

图 5.57　液体能量势垒图、MCT 图，以及液体中粒子平均势能随温度变化图和不同特征温度的对应关系[102]

现在的模态耦合理论已经被修正和拓展，例如加入"跳跃"或激活运动来补充弛豫机制。拓展的模态耦合理论能够表述 T_c 以下液体各态历经的事实，避免了 T_c 温度点处奇异的出现。T_c 温度点奇异的另一种解释是：认为过冷液体可以转变为一种合适的短程结构。这种结构的过冷液体是各态历经的，但是该结构有别于非晶态结构。因此，可以认为在小于 T_c 温度点时液体的微观结构将发生变化，但是各态历经没有破坏。这与计算机模拟发现简单的 Lennard-Jones 深过冷液体的短程结构是二十面体是一致的。这种结构尽管不存在空间平移性，但在能量上很稳定，是适宜结构密排方式的。为避免温度点奇异，在 T_c 温度点以下就会出现两个长度标度，两者都大于液体基本单元的尺度。一个是临界相关尺寸，它决定无阻挠下的密度起伏；另一个是具有各态历经的短程结构尺寸。通过引入多个参量使得改进的 MCT 与实验结果符合得很好，但是问题的解决变得复杂化[102]。另外，模态耦合理论不能处理大于系统中笼尺寸的特征长度，而 T_g 点附近液体中相关尺寸大于系统中笼尺寸。MCT 在更高的维度下也不成立，也无法解释吸引相互作用对体系的非微扰作用[101-104]，因此这种改进的 MCT 也有缺陷，目前 MCT 仍在发展过程中。

6. 随机一级相变理论

由于过冷液体和玻璃转变问题极端的复杂性和深刻性，现有的各种物理模型(如经典的 Adam-Gibbs 熵模型、自由体积模型、模态耦合理论等)都遭受着广泛的质疑。随着近年来更多的实验事实的发现，早期理论的局限性越来越明显，人们普遍期待一个更完善的模型来概括既有实验现象。以 P. G. Wolynes 为代表的一批物理学家在 20 世纪初发展起来的随机一级转变理论(random first-order transition theroy，RFOT)，成为近期非晶物理理论研究进展的一个亮点[27,78, 105-109]。

RFOT 发端于 20 世纪 80 年代中期，借鉴了许多自旋玻璃领域的概念，它认为本质上过冷液体的自由能可以写成粒子数密度的泛函[108,109]。在此之前，密度泛函方法已经在熔化和结晶过程的研究中有了系统的应用。在晶体中，由于粒子排列的周期性，粒子数密度相应也是周期性的、均匀的。而在液体和非晶体中，粒子数密度则是非周期性和非均匀的，但函数形式在本质上并无差别。根据经典的热力学理论，决定一个系统是否发生相变的根本物理量是自由能，因此，只要能够明晰一个体系的自由能随温度或者密度的变化关系，便可以一目了然地判断这个系统的宏观转变行为[108,109]。

在计算过冷液体的自由能过程中，RFOT 预设体系的非周期性密度具有一种已知的数学形式(因液体的无序排列，随机预设一种形式的粒子数分布具有合理性)，在这个数学形式中有个和单粒子振动距离相关的未知变量叫做粒子局域化系数 α。自由能泛函是温度与 α 两个参量的函数。通过细致的计算，Wolynes 等发现，随着温度降低，体系的自由能曲线逐渐形成一个对于 α 的亚稳点 α_0，如图 5.58 所示。即随着温度降低，如果过冷液体不结晶，体系一定会发生一个转变，使得系统粒子转化到 α_0 所对应的局域化状态，这种状态即是一种固体状态，被称为非周期性固体。从自由能相对于 α 的关系来看，这种转变是一种一级相变。但是对于整个体系来讲，不同区域的非周期性密度的形式不同，因而不同区域必定转变成不同的局域化状态，即这种转变对于不同的区域具有一定的随机性，因此这种转变被称为随机一级转变[78]。

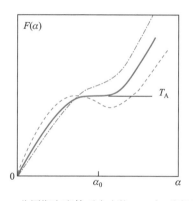

图 5.58　非周期密度体系自由能 $F(\alpha)$ 在不同温度下的曲线图，在温度低于 T_A 时，曲线开始出现亚稳点[78]

随机一级转变发生的温度点被称为 T_A 点。Wolynes 等还通过计算发现 T_A 点与模态耦合理论的黏度发散点 T_c 本质上是同一个温度点。但是，RFOT 认为，在 T_A 点以下体系还是会继续发生重排，其驱动力的来源是熵的激发作用。如图 5.59 所示，在 T_A 点以下，体系每个局域的非周期性结构独立地成为协同重排区，在其不同的能态之间转换[78, 104-109]。

根据协同重排区的概念，再借用熵模型的概念和方法，由 RFOT 就可以推导出体系弛豫的激活能、激活能分布等物理量，相应地就可以解释过冷液体在玻璃转变中黏度的 VFT 关系、动力学非均匀性、熵危机、比热跃迁、动力学非均匀性，甚至包括 β 弛豫、物理时效、玻色峰等困惑非晶领域已久的实验现象。这个理论的应用范围现在已经扩展到对于非晶强度等力学性能的研究中(图 5.60)[110]，可以预测非晶材料的强度，解释非晶的塑性机制。RFOT 理论是非晶物理领域一个非常值得关注的研究亮点。但是，RFOT 理论的缺点是过于抽象，预测的精度有限。

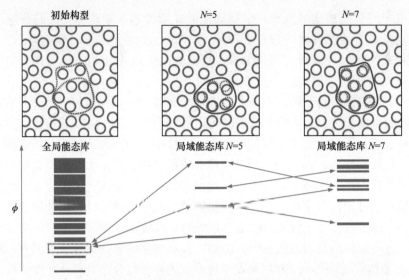

图 5.59　协同重排区的示意图，及不同协同重排区对应的一系列能态[78]

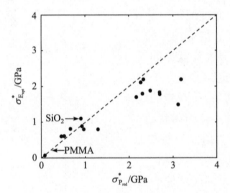

图 5.60　RFOT 预言的非晶材料强度与实验值的对比[110]

7. 逾渗模型

数学家 J. M. Hammersley[111]在 1957 年首先用逾渗(percolation)一词来描述统计几何模型。逾渗理论为描述空间随机过程提供了明确、清晰、直观的模型，在数学形式上具有玩游戏般的魅力。逾渗理论和模型是物理上处理强无序和随机几何结构系统的重要方法之一[53]。非晶体系是逾渗论富有成果的应用领域之一，也为逾渗理论提供了一个具有丰富无规结构的自然对象。玻璃转变、屈服、断裂及安德森电子结构转变是逾渗论应用到非晶态中的突出例子。

逾渗理论处理的是无序系统相互联结程度变化所引起的效应,其最突出的特征是存在突发的相变，即随联结程度、某种密度、浓度、占据数增加，当这些量达到一个阈值时，突然出现长程联结性。这种联结性的突变即逾渗转变。这是可描述很多不同现象的一个自然模型[53]。图 5.61 给出逾渗过程的例子，该例子能清楚说明逾渗阈值的概念。图 5.61(a)是通信网络的示意图，上端代表两个电台的联络。该网络被人无规地剪断某些联结,问题是必须剪断多大百分数的连线才能中断两个电台的联络？逾渗理论的核心就是回答这个问题：存在一个尖锐的转变，如图 5.61(b)所示，存在一个阈值点 P_c，在该转变点长程联结性突然消失，或者联络突然中断，即系统性质在该点发生突变。P 的变化行为很像凝聚态物理中的"序参量"：当其趋向相变点时，序参量很快但连续地趋向零，$P < P_c$，$P = 0$。逾渗模型(percolation model)是关于临界现象极好的例子。下面来看逾渗模型在解释玻璃转变上的应用。

可以把液体↔非晶态转变定性地描述成运动能力或流变单元(自由体积，或者类液区)体积分数的临界变化，即非晶态简化成由类液区和类固区组成，这样就可以引入逾渗概念。令 p 为类液区的体积百分数，p_c 是逾渗阈值，$p(T)$ 是类液区的体积百分数随温度的关系。当 $p < p_c$ 时，发生玻璃转变。Cohen 和 Grest 首先采用逾渗模型研究玻璃转变，引入与类液区有关的公有熵的概念：当体系自由体积为零的时候，扩散可以忽略，公有熵为零。图 5.62 是得到的公有熵和 p 的关系，可以看出，当 $p = p_c$ 时，扩散发生突变，变得很小，体系中发生逾渗，转变成非晶态。逾渗现象也能解释电子的定域↔退定域转变(安德森转变[53]。但是，逾渗理论模型不能给出玻璃转变的结构图像，也不能解释弛豫退耦等现象。

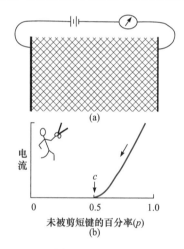

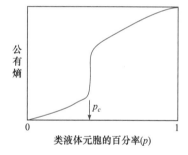

图 5.61　逾渗例子：被无规剪断的网络[53]　　　图 5.62　玻璃转变逾渗描述得到的类液区变化图[53]

8. 动力学助长模型(kinetical Facilitation model)

动力学助长理论认为玻璃转变主要是动力学现象，是一类动力学一级相变，与物质本身的结构和热力学无关。深过冷液体通过局域的激子事件产生运动，其时间尺度比整体的平均弛豫时间尺度快。激子之间通过短程、类似弦的运动，或者称为激荡(surging)的过程实现耦合。激子事件之间的间隔对应的动态长度尺度为 ξ_{fac}。通过激荡，激子间以对数的形式耦合，使得弛豫的激活能 E_{fac} 遵循[112]

$$E_{\mathrm{fac}} \sim \log \xi_{\mathrm{fac}} \tag{5.17}$$

根据玻尔兹曼统计，得到激子的浓度 c 为[113]

$$c \sim \exp(-E_{\mathrm{fac}}/k_{\mathrm{B}}T) \tag{5.18}$$

$c \propto 1/T$，因此，激子之间的平均时间间隔为：$\xi_{\mathrm{fac}} \approx c-1/d$。因为激活能和温度的倒数呈线性关系，得到弛豫时间 τ_α 为

$$\tau_\alpha \sim \exp(E_{fac}/k_B T) \sim \exp(1/T^2) \tag{5.19}$$

或者(Elmatad-Garrahan-Chandler 形式)

$$\log \tau_\alpha = \left(\frac{J}{T_{on}}\right)^2 \left(\frac{T_{on}}{T} - 1\right)^2 \tag{5.20}$$

式中，T_{on} 是慢动力学的起始温度，J 是标度激活能的参数。很多非晶体系的玻璃转变满足这个形式[114,115]，但是这个模型在非晶材料领域使用很少。

9. 非均匀性和流变单元模型

研究表明，微观粒子排列没有长程序的非晶物质在动力学和结构上是不均匀的，可

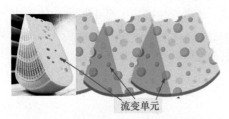

图 5.63　分布在非晶中的类液点流变单元类似于瑞士奶酪中的均匀分布的孔洞

能存在类似于晶体中的"缺陷"，即流变单元。在远低于 T_g 的非晶物质中也存在不稳定的类液态的纳米级区域(类液区)，这些均匀分布在非晶中的类液点类似于瑞士奶酪中的均匀分布的孔洞(图 5.63)。这些纳米尺度的流变单元起源于非晶中结构非均匀性，是其中排列相对松散的纳米尺度区域，相比弹性非晶基底具有较高的能量、较低的模量和强度、较低的黏滞系数和较高的原子流动性等。这些区域可以看成类液相[35, 116-120]。通过实验方法可以确定流变单元的激活能、尺寸大小的分布等。流变单元的激活能和弹性模量成正比(弹性模型的主要思想)。

根据实验和模拟结果，可以把流变单元产生的区域看成是不同于弹性基底(类固相)的类液相[116-120]。非晶合金可模型化为弹性的理想非晶和流变单元的组合：

$$非晶合金=理想非晶+流变单元 \tag{5.21}$$

即弹性基底可以看成是准固态相，流变单元可以看成是准液态项。固态相可储存弹性能，液态流变单元相可耗散弹性能。从热力学上看，流变单元的激发、演化等过程可以看成是类液的流变单元相在基底上的形核和长大过程，如图 5.64 所示[120]。在应力或者温度作用下，这些区域能进一步扩展和相互作用，发生逾渗，连成一片，导致玻璃转变。非晶态-过冷液态转变是非晶物质微观结构向流变单元演化的结果及宏观表现。

流变单元模型可以预测、解释形变和玻璃转变的很多现象，比如流变单元能够预测和解释屈服、玻璃转变都是临界现象，并和实验观察符合(图 5.64(b))[120]。该模型还可以描述流变单元的激发、演化、逾渗过程[120]。同时，流变单元概念可以帮助理解很多非晶中长期存在的问题，如非晶物质中模量软化问题，结构弛豫，塑性形变，非晶合金模量结构起源等。流变单元模型还有助于探索具有塑性的非晶材料。

虽然已经有了具有原子分辨能力的现代化结构表征手段，但是至今还没有令人信服的形变单元的实验证据。非晶物质中是否存在"缺陷"、结构非均匀性和流变单元，如何定义这样的"缺陷"还有争议。但是，无论最终发现存在还是不存在流变单元，都将是非晶领域的重要进展。从晶体缺陷研究历史和重要性可以推知，流变单元的研究无疑是今后非晶物理和材料领域的重要研究方向。非晶中流变单元研究的核心科学问题主要涉

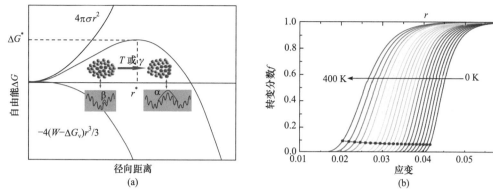

图 5.64 (a) 流变单元的激发过程可以看成非晶中类液相的形核过程；(b) 流变单元模型预测的玻璃转变和形变过程，与实验观测一致[120]

及：非晶中流变单元和非晶结构特征及其与液态结构及动力学特性的相关性；形变单元及其扩展和相互作用与宏观力学性能的相关性；非晶流变单元的特征(包括形状、平均尺寸、激活能、分布等)；研究流变单元激活过程，结构起源，和结构非均匀性的关系，分布特征；流变单元和玻璃转变的相关性，包括流变单元随温度的演化和扩展规律；流变单元和非晶中主要 α 弛豫和 β 弛豫的关系等。关于流变单元模型，本书后面章节将详细介绍。

10. 两参量模型

Tanaka 认为描述常规液体使用的序参量密度和基于键对取向的序参量一起可以描述玻璃转变[121]。键对取向的序参量会促使体系形成一些局域稳定结构，比如硬球体系中的二十面体结构，并且这些结构的对称性与长程晶体序不兼容，因此有助于阻碍晶化而促进玻璃转变。这两种序之间会产生阻挫(frustration)，因为密度序倾向于使体系密堆，而键对取向序倾向于使体系产生一些局域稳定的结构。产生的阻挫大小就决定了一个体系的非晶形成能力和脆度。通过在单质自旋液体(spin liquid)中控制五次对称性即阻挫的程度，可实现对晶化和玻璃转变的控制，如图 5.65(a)所示。当阻挫较小时，体系会发生晶化；当阻挫增加到一定程度时，体系呈现出液体的特性并最终形成非晶。与阻挫限制区域模型(frustration limited domain model)不同，两参量模型(two order parameter model)认为阻挫原子主要是对晶化产生阻力，而具有类晶体序的区域才对应着慢动力学，如图 5.65(b)所示。阻挫原子由于特殊的对称性无法在空间长大，因此很难扩展，无法对应于快速增大的动力学关联长度，比如二十面体无法填满三维空间。而类晶体序原子可以随着温度的降低增加关联长度，又由于这些区域需要协同运动才能发生重排，因而使得动力学运动较慢。所以，结构关联长度的增长速度与动力学关联长度等同，这样就建立了动力学与结构的直接关联。两参量模型将玻璃转变过程中动力学和几何空间结构耦合起来。另外，两参量模型同时讨论了晶化和玻璃转变两个过程，并且建立了这两个过程的内在联系。但是，两参量模型并不适用于所有的非晶体系，只有在具有特殊的相互作用比如氢键和共价键、金属键及非晶形成能力的一般体系中适用。

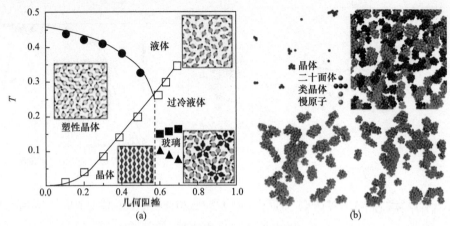

图 5.65   (a) 单质自旋液体模型的相图。横轴代表几何阻挫。(b) 过冷液体中具有特殊结构和慢动力学的原子在空间的分布。可以发现类晶体序区域与慢动力学有较好的对应而非二十面体原子[121]

除了以上关于玻璃转变的主要模型和理论，还有很多关于玻璃转变的理论模型，如由 P. Grassberger、I. Procaccia、J. C. Phillips 等发展的 Trap 模型[122]等。所有这些理论模型对于我们理解玻璃转变的本质都具有了一定的帮助，都有其合理性，也各有优缺点，都能在某些温度区间内较好地解释非晶、液体及玻璃转变中的一些行为和现象，然而它们都只能够对玻璃转变中的部分行为进行解释。如自由体积理论一般适用于 T_g 点以下及 T_g 点附近，熵理论一般适用于 T_m 点以下到 T_g 点附近，而模耦合理论则适用于温度在 T_A 点或者 T_m 点等高温区域，流变单元模型过于唯象等。所以，这些理论和模型都无法获得广泛的认可与应用。另外，是否存在统一的关于玻璃转变的理论框架也一直有争议。

因为非晶物质玻璃转变问题很重要，所以提出的模型很多，最终哪些模型和理论能得到广泛认可呢？物理学家马克斯·普朗克在其《科学自传》的话或许能给人安慰和启发。普朗克说：一个新的科学真理的胜利，与其说是通过使其反对者信服和觉悟，不如说是因为其反对者终于死去，而熟悉这一真理的新一代人成长起来了(A new scientific truth does not triumph by convincing its opponents and making them see the light, but rather because its opponents eventually die and a new generation grows up that is familiar with it)。

总之，关于过冷液体、非晶本质及玻璃转变还有很多问题缺乏深入的认识。比如，α/β 弛豫分裂的物理机制及结构原因；非晶形成液体存在脆性分布的物理原因；slow-down 的物理机制；玻璃转变的驱动力；如何表征、描述玻璃转变现象；是否存在结构非均匀性；熵危机在其他玻璃转变类型(如自旋玻璃)中并不存在的原因；玻色峰的本质；弛豫时间是扩展指数形式的物理原因及与微观不均匀动力学的关系；等等。玻璃转变问题从本质讲是一个典型的强关联体系，涉及液体流变单元间强关联相互作用，并且相互作用的耦合强度随温度有明显变化。如何认识由此强关联相互作用导致的液体和固体之间的转变，是目前理论凝聚态物理的一个空白。所以，2005 年 7 月出版的《科学》周刊上[123]，玻璃转变和非晶的本质被列入 125 个主要科学问题之一(图 5.66)。相信有无限求知欲的人类终将能够解决玻璃转变、非晶本质问题。这些问题的解决，一方面将推动基础物理理论发展、新概念、新研究思路的产生，同时也必将为制备出更多优质非晶材料，理解很多自然灾害的起因，研制食物和药品，甚至解决一些社会问题(如交通堵塞)提供理论基础和技术支持。

图 5.66　《科学》杂志上将玻璃转变和非晶的本质列入 125 个主要科学问题之一

5.4　自旋玻璃转变

5.4.1　自旋玻璃

从字面上看，自旋玻璃是自旋组成的"玻璃"，即取向无序的自旋系统。自旋玻璃是和铁磁性、反铁磁性并列的一种基本磁性形态[124]。自旋玻璃(spin glass)是一种典型的无序系统，是一种磁无序态。"自旋玻璃"的名称是由英国科学家 B. R. Coles 提出的，含有两层意思：其一，"玻璃"表示自旋方向的无规分布；其二，自旋冻结过程与熔融态玻璃转变固化类似，没有严格的凝固温度。自旋冻结温度定义为磁化率的尖峰温度，这不是热力学意义上的相变温度。自旋玻璃理论是试图解释这些磁性合金奇异自旋行为的理论。

自旋玻璃的研究对象是一些含大量局域磁矩的金属或合金(可以是晶态或者非晶态合金)，如少量磁性离子(如铁或锰)散布在非磁性金属(如铜、金等)的基体中，但是它的磁学性质却非常复杂。最早发现有自旋玻璃冻结现象的稀磁合金是 AuFe 和 CuMn，它的磁杂质约在 1% 以上。迄今为止，自旋玻璃现象已经在 500 多种材料中发现。在这类磁系统中，磁矩之间存在着铁磁相互作用与反铁磁相互作用的竞争。随着温度的降低，整个磁矩系统的自旋取向状态经历一个较为复杂的过程，在某特定温度 T_f 以下，其磁矩被混乱地冻结起来，宏观磁矩等于零，系统的这一状态称为自旋玻璃态。当自旋玻璃进入冻结状态后，各个磁矩的方向呈无规则分布，但它与冻结温度以上的顺磁状态有本质的区别，顺磁态磁矩的取向随时都在改变，而自旋玻璃却冻结在各自的方向上，相当于顺磁态的一个快照。从时间坐标上看，每个磁矩冻结在固定的方向而失去转动的自由度；从空间上看，各个磁矩的冻结方向是无序的。自旋玻璃的磁特性有两个重要特征(图 5.67):一是低场磁化率在冻结温度时出现一尖峰,峰值的尖锐度随磁场的降低而愈加显著;二是在冻结温度以下,自旋玻璃不具有自发磁化,其磁化过程是不可逆的,且存在剩磁影响及时间效应。这是磁矩之间交换相互作用的结果,也是某种对称的破缺。自旋玻璃状态不同于长程序的铁磁或反铁磁态,然而它却表现出类似长程序磁状态所具有的合作行为。它是在铁磁和反铁磁之外,另外一种有合作行为的磁系统。自旋冻结状态除了对称破缺以外,还存在着遍历破缺,自旋冻结状态不是热力学平衡态,而是一种亚稳态,和非晶物质类似。

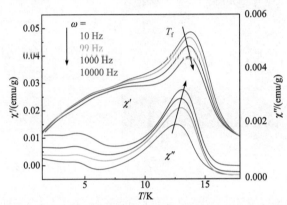

图 5.67　$Pr_{60}Al_{10}Ni_{10}Cu_{16}Fe_4$ 非晶合金交流磁化率的实部 χ' 和虚部 χ'' 在不同频率下(10 Hz~10 kHz)随温度的变化(磁场 10 Oe)

　　自旋玻璃系统的磁矩分布和相互作用存在差异,可分成以下几个主要类型[125]:①RKKY型自旋玻璃,如 AuFe 和 CuMn 合金,研究较多的系统主要是贵金属与 3d 磁性原子组成的合金;②半导体型自旋玻璃,如在 Ⅱ-Ⅵ族化合物的基础上掺有一定量的 3d 过渡族元素磁性杂质;③非晶合金自旋玻璃。

　　在稀磁合金中存在典型的 RKKY 相互作用,金属中杂质磁矩之间 RKKY 相互作用是通过极化的传导电子作为媒介而形成的,因此传导电子是磁系统存在 RKKY 相互作用的必要条件。当温度较高时,热运动破坏了相互作用,各杂质磁矩仍然转动自由,基本上处于顺磁状态,随着温度降低,相互作用逐渐压过热运动,磁矩转动开始不自由,最后趋于各自的择优方向上,即冻结起来。因每个磁矩与周围其他磁矩的相互作用有铁磁的也有反铁磁的,它的冻结方向取决于周围所有磁矩对它作用的合力,又因为各个磁矩周围的环境不可能一样,所以它们的冻结方向无序。

　　2021 年 10 月 5 日,瑞典皇家科学院将诺贝尔物理学奖的一半颁给了乔治·帕里西(Giorgio Parisi)(图 5.68),表彰他"发现了从原子到行星尺度的物理系统中无序和波动的相互作用"。他的主要贡献就是最早给出了自旋玻璃模型中的严格解。作为一个典型的无序体系,自旋玻璃相对结构无序的非晶物质而言更为简单(图 5.69),此时无序的不再是原子的结构位置,而是原子的自旋。在 20 世纪 70 年代,Anderson 和 Edwards 提出了"复本法",并结合平均场理论探讨了自旋玻璃中的复杂数学。其后,Sherrington 和 Kirkpatrick 构造了无穷维下自旋玻璃的模型,并利用 Anderson 等的理论方法严格求解。然而,计算结果表示系统的熵在绝对零度下是负值,违反了热力学第三定律。1978 年,Parisi 在规范场理论的研究中也借用了"复本法"，关注到自旋玻璃的负熵悖论。他很快意识到"复本法"的核心在于创建系统在平行时空下的复制样本，并利用复制样本之间的对称性将其分类；而平均场理论仅凭单个序参量进行分类，以简单粗暴的方式去"破缺复本对称性"，从而导致了负熵问题。因此，Parisi 天才地引入了逐级分类方法，他先将复本分为若干大类，然后将大类分为若干子类，再将子类分为更小的子类，以此类推。每一级分类都对应一个序参量，而无穷多个序参量组合成一个神奇的数学函数，并解决了自旋玻璃中的负熵问题。总之，针对自旋玻璃系统，Parisi 以超高智慧发展了一套有效的数学方法，并给出了一个精确的理论解。Parisi 在自旋玻璃研究中所发展出来的理论很快就被扩展到其他的无序体系，诸如结构玻璃、阻塞系统、恒星运动。他对自旋玻璃本质的发现如此深入，以至于这个理论不仅影响了物理学界，同时影响了数学、生物学、神经科学，甚至机器学习，在计算机科学研究领域 Parisi 的方法也有着重要的应用。这是由于自旋玻璃是自然界中许多复杂体系的代表，自旋玻璃的规律和特性对于认识其他复杂体系有触类旁通之效[124,125]。

图 5.68　乔治·帕里西(Giorgio Parisi)

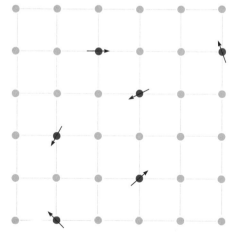

图 5.69　磁阻挫和自旋玻璃：自旋玻璃是一种合金，比如铜原子随机混合进入少量的铁原子。铁原子的自旋就像是一个小磁针，受到附近其他铁原子的影响。由于受到磁阻挫的影响，很难判断自旋朝向哪个方向，呈现出无序的玻璃特征。Parisi 利用自旋玻璃的研究发展了一种无序和随机现象理论，并可成功应用于其他复杂系统(图片摘自诺贝尔奖官网)

需要指出的是，自旋玻璃是凝聚态物理中一个缺少长程序，但表现出遍历破缺的典型系统，自旋玻璃的概念涉及很多种现象和材料，比如在凝聚态物理中有电偶极和四极玻璃。

5.4.2 失措和自旋玻璃转变

1. 失措

自旋玻璃系统有两个基本特点：无序和阻挫行为[125]。阻挫是指不能同时调和的自旋间相互作用的冲突，是由铁磁和反铁磁作用之间的相互竞争引起的。以简单系统为例，

图 5.70 自旋阻挫示意图[125]

两个磁矩之间的交换相互作用，无论是间接的还是直接的，有两种情况：一种情况 $J > 0$，两磁矩方向一致时能量降低；另一种情况 $J < 0$，两磁矩方向相反时能量降低。但是，当三个或者三个以上的磁矩放在一起时，情况就复杂多了。假如由三个自旋磁矩组成一个三角形，如果三个键上的自旋方向相同，能量上所有的键都协调地满足，仅有一个两重简并态，这时该三角形是非挫的。但是对于图 5.70 所示的组态，全部键的能量无法同时协调地满足，无论怎样，始终有一个自旋发生阻挫，基态是六重简并的。一般说来，阻挫增加了最低能态的能量和简并度，对于自旋玻璃系统，阻挫是一个必要因素，自旋玻璃没有能量最低的稳定态，在低温下它可能存在于无数个亚稳的组态之中，相邻的两个组态在系统总能量上只有微小的差别，或没有差别。

自旋磁矩空间位置无序和相邻两自旋交换作用的正负键分布无序，除了造成铁磁作用和反铁磁作用的竞争而引起阻挫现象外，还把系统的组态空间分隔成若干区域，在区域之间有很高的能量势垒，当系统从高温降下时，系统随机地落入某一个区域中，而一旦掉入这个区域，就很难越过这个能量势垒进入另一个区域。在自旋玻璃中，阻挫和无序相结合会产生一个多重简并的、亚稳的、冻结的基态。对于稀磁合金中的自旋玻璃，当温度低于冻结温度时，混合的铁磁和反铁磁交换作用的竞争是导致状态冻结的本质原因。

2. 自旋玻璃转变

形成自旋玻璃的转变就是自旋玻璃转变。它和玻璃转变类似，不是传统意义上的相变。形成自旋玻璃的最本质的因素是存在磁矩中的铁磁相互作用和反铁磁相互作用之间的竞争。在晶体材料中，尽管原子分布保持一定的结构和有序，但其中磁性原子的空间分布是无序的，合金是否为晶态与能否形成自旋玻璃没有直接的联系，只要合金中有传导电子作媒介，就会产生 RKKY 相互作用，或者铁磁相和反铁磁相共存，就有可能表现出自旋玻璃的特征。图 5.71 是典型自旋玻璃转变图和转变点 T_f[126]。

自旋玻璃态是一个非平衡系统，自旋会在不同组态间演变，从实验的时间尺度看无法达到平衡态。大量的理论模型都是建立在具有无限长弛豫时间的理想自旋玻璃的基础上，然而实际中的自旋玻璃系统的弛豫时间远小于理想的无限长时间，因此导致实验和理论的偏差。实验中发现非晶合金中磁化弛豫速度远小于传统的自旋玻璃系统，这使其更接近理想的自旋玻璃态，成为研究自旋玻璃态非平衡动力学的模型。适当的非晶合金

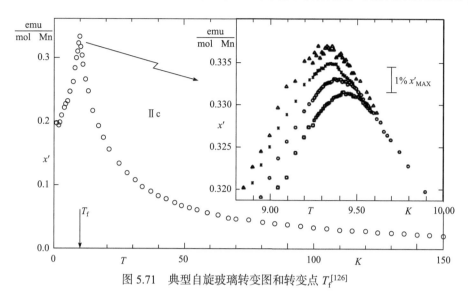

图 5.71　典型自旋玻璃转变图和转变点 T_f[126]

自旋玻璃系统，对研究自旋玻璃的许多基本问题是十分有利的。非晶与纳米晶的自发复合结构有多种层次的磁状态共存，甚至多种自旋玻璃态共存的现象，例如再入型自旋玻璃、团簇玻璃、表面自旋玻璃等自旋玻璃。块体非晶合金基复合材料提供了一种研究自旋玻璃及其相互作用的模型材料[126, 127]。

5.5　玻璃转变的电子结构特征

能带理论在凝聚态物理中具有统治地位。能带理论强调电子能态的延展性，用布洛赫波描述电子行为，这是由晶体结构平移对称性决定的。Anderson 和 Mott 等根据实验事实向能带论提出了挑战，他们提出了非晶物质中电子的"定域"特性，强调无序体系能态的定域性，解决了玻璃转变过程中电子结构转变问题，并因此获得 1977 年诺贝尔物理学奖。

安德森首先在无序体系电子态研究中做出了开创性工作。他 1958 年在一篇题为"某些无规格子中扩散的消失"[128]的开创性论文中，讨论了无序晶格中的电子运动，提出强无序导致的电子定域化的概念[129]。他首先把无规势场和电子波函数定域化联系起来。在紧束缚近似的基础上，他考虑了三维无序系统，证明当势场无序足够大时，薛定谔方程的解在空间是局域化的，并给出了发生局域化的定量判据，还具体描述了定域态电子和扩展态电子的行为，为非晶材料的电子理论奠定了重要的理论基础，解决了玻璃转变过程中电子结构的变化规律：即无序导致的金属↔绝缘体转变。电子波函数经历了从扩展态到定域特性的转变被称为安德森转变。所以，非晶物质形成的本质是扩展态到定域的转变，涉及粒子从局限于原子尺度的空间域变化到每个粒子可以达到宏观扩展的空间态。如果粒子是电子，在转变过程中，电子波函数发生从扩展态到定域态的转变，即安德森转变。如果涉及的粒子是原子或者分子，就是玻璃转变。安德森的工作使人们认识到无序体系电子行为不能纳入原有的理论框架，是本质上的新行为，这也是可以把非晶物质列为常规物质第四态的重要原因。这促使人们用新的眼光审视无序和非晶物质，使得非晶物理逐渐成为凝聚态物理中关注的主题之一。

在具有理想的结构周期性的物质中，电子的本征态是扩展的，是具有确定的波矢的布洛赫波。设有一周期势如图 5.72(a)所示，每个原子由一个方势阱表示，并只有一个价电子占据在原子势阱处水平短线表示的束缚能级上。在晶体中，该原子能级展宽成带宽为 B 的能带。设无序有两种引入方式：一是相对平衡位置无规偏移；二是原子位置不变，每个格点势阱深度发生无规变化，如图 5.72(b)所示。安德森采用后一种无序，并设不同格点能量分布概率为常数，在$-1/2W$ 和 $1/2W$ 之间为 W^{-1}，其他区域为零。通过求解波函数方程得到，当 W/B 足够大时，全部电子态都是定域的[129]。$W > B$ 是无序引起定域的安德森判据[130]。

一个巧妙的声波模拟为安德森定域出现提供了直观的说明[131]。实验用一根绷紧的细钢丝上固定 50 个小铅块，每个间隔 15 cm，来模拟周期势。在钢丝的 ·端用横波扫频，在另一端接受响应。这个简单的装置可得到类似于能带的结构：本征频率构成导通的带，带间有能隙。两个许可态各测量点的响应给出的振幅位置的变化，为明显的扩展态，定性地和布洛赫波一致。无序地挪动铅块位置可明显看出无序导致的局域。从声学模拟中可得出结论：当系统引入足够的无序后，带隙消失，波函数发生定域化[131]。

安德森证明，当无序足够强时，价电子能带所有态都是局域的。在局域化理论的基础上，莫特进一步指出[132]，对于一般程度的无序，带尾的态仍是定域的，如图 5.73 中阴影部分所示。局域态能量对应于价带顶或导带底的尾巴，每个能级的主要部分是扩展态。存在两个能量$-E_c$ 和 E_c 把局域态和扩展态分开，对应于逾渗模型的阈值。当费米面处于扩展态时，材料电导不为零，表现为金属性；当费米面位于局域态时，材料绝缘。莫特称为迁移率边(mobility edge)。由于无序程度的改变，把费米能级移过迁移率边就会发生局域态到扩展态转变(安德森转变)或金属到绝缘体转变。

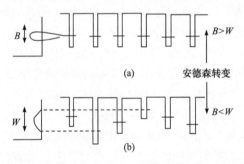

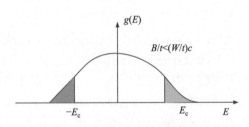

图 5.72   安德森转变的单电子紧束缚图像。当无序   图 5.73   态密度示意图中的迁移率边[132]

的宽度 W 超过带宽 B 时，无序引起定域[130]

图 5.74 显示的是无序如何在能带带边产生定域效应及随无序程度增加定域态的变化[132]。当无序增加时，带尾边长，两迁移率边向中心移动，直到在中点相遇并连接起来，所有态都变成定域态，即安德森定域的情形。Thouless 和 Zallen 用逾渗模型对局域态到扩展态的转变提供了解释，即所谓的"大洪水"模型[129]。在二维情形下把粒子想象成在高度为 E 的水面上运动，无规势场 $V(r)$ 相当于高低不同的小岛。当能量 E 很小时，水面很低，仅有一些孤立、局域的小湖，粒子是定域或局域的。随着水面升高，一些小湖会联结起来。当能量足够高，达到一个临界水面时(对应于迁移率边对应的能量 E_c)，孤立

的湖扩展成汪洋，只有一些孤立的小岛在无限扩展的汪洋中，这时粒子可以在任何方向无限扩展，就发生了安德森转变。

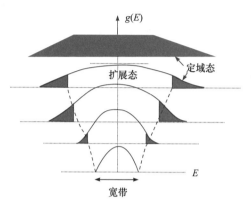

图 5.74　安德森模型中定域态随无序参数 δ 增加而增加[124]

N.F. Mott、M.H. Cohen、H. Fritzsche 和 S.R. Ovshinsky 提出了非晶态半导体的能带模型来解释掺杂半导体的金属-绝缘体转变。这个模型认为非晶态半导体中的势场因为结构长程无序是无规变化的。在没有达到安德森局域化的临界值前，电子态是部分局域化的。非晶态半导体能带中的电子态可分为两类：扩展态和局域态，存在迁移率边、最小金属化电导率。通过改变半导体的杂质浓度，改变无序度，可实现费米能级在扩展态和定域态之间的调制，这一过程可改变电导，从而使材料出现金属-绝缘体转变。这个模型为非晶态半导体电子理论的研究奠定了基础，对说明非晶态半导体的电学和光学性质发挥了重要作用。

5.6　非晶物质本质的讨论

5.6.1　非晶物质的本质

人的生活离不开非晶玻璃材料。每天起床，我们对着镜子刷牙、漱口和洗脸离不开玻璃镜子。走在街上，触目的都是玻璃：商店的橱窗，餐厅、精品店、时装店的大门；办公楼、旅馆、购物中心和商业大厦的四壁与天花板更是镶满镜子和非晶玻璃材料。工作场所也充斥着这些非晶材料，如喝水的玻璃杯，玻璃仪器和工具，眼镜，各类屏幕等。非晶物质和材料与人们的生活融合无间、息息相关。非晶材料(如玻璃)，就像大自然的山石草木一样理所当然，从未有人怀疑过它的存在价值。但是，虽然很多非晶材料(如玻璃)是透明固体，并且非晶材料已被人类广泛使用了几千年，但要看透非晶物质本质，看透玻璃，回答什么是非晶或玻璃这个问题还很困难。玻璃是最透明，又是最难"看透"(理解)的固体物质，非晶坡璃是最美也是最难理解的材料之一。非晶或玻璃的本质是什么是先辈留给我们的难题。

目前的知识告诉我们，非晶物质的结构单元是分子或原子，其母相是液体，具有液体的长程无序结构特征，但是在实验观测时间范围内看它是固体，具有固体的刚性特征。从原子尺度上看，非晶很像液体，但组成无定形态固体的粒子混杂挤塞在一起，从而使宏观组织结构表现出几乎完全停滞、静止的状态。初期的研究使得人们相信非晶物质是冻结的液体(比如，Tammann 认为非晶是过冷的液体)，是弛豫极其缓慢的液体($\eta > 10^{13}$ Pa·s)。一个著名的关于非晶玻璃是液体的说法：欧洲中世纪大教堂里的古老的窗户玻璃底部厚而顶上薄。这个现象被认为是教堂的玻璃中的分子发生缓慢流动造成的，这就是传说的玻璃实际上是液体的证据。很多非晶物理学家(如 Nagel、Ediger 等)都对玻璃是液体提出了质疑[133]。他们认为非晶物质实际上既不是过冷液体，也不是如晶体一样具有固定结构的固体。他们认为非晶结构不像晶体那样有序，因为它没有凝固(晶化)，但要比液体有序。非晶在接近玻璃转变温度时，其内部的原子或分子移动越快，离玻璃转变点越远，分子移动越慢，看起来更接近固态。他们认为非晶态是一种介于液态和固态之间的状态，即非晶是独立于液态和固态的常规物质第四态。

　　非晶类似液体不足以解释为什么窗户玻璃底端厚，因为玻璃中的原子运动太慢，在低于玻璃转变温度点，非晶态中分子的运动已减慢到近乎停止，即使几百年的原子运动也不会引起明显的变化。Ediger 曾估算表明：在室温条件下，教堂中的玻璃(中的分子)要重排和流动，并显露熔化迹象，要花费的时间比宇宙存在的时间还要长[133]。他因此得出结论，古老的欧洲玻璃的一端更厚的原因，可能和古代玻璃工匠制作平板玻璃的技术有关，而不是传说中的缓慢流动。当时工艺得到的这些玻璃板可能还很不平整，并且安装窗户的工人们由于某种原因愿意把厚的一侧放到下面，这使它们看起来发生了从上到下的流动。教堂的窗户玻璃底端厚并不意味着玻璃真的是液体。但是最近的实验表明，在室温下，一些非晶物质确实存在可观察的极慢弛豫[36, 134-136]。如图 5.75 所示是在大猩猩玻璃中观察到的室温弛豫现象[136]。在非晶合金中也观察到类似的室温弛豫现象。

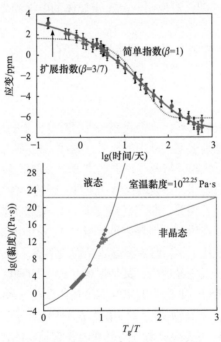

图 5.75　在大猩猩玻璃中观察到的室温弛豫现象。(a) 室温下玻璃发生了应变，即弛豫；(b) 说明室温弛豫不是宏观流变造成的[136]

　　非晶物质具有"矛盾"和多样的属性。它是亚稳的材料，但某些非晶物质又具有无与伦比的稳定性，科学家甚至在考虑用天然非晶材料来长时间(以万年计)封存核废料；非晶是结构无序材料，但是随着微观结构探测仪器的进步和发展，发现非晶物质中存在微观尺度结构有序性；想到非晶玻璃，人们自然地会将非晶和脆性联系起来，但是研究证明某些非晶合金是目前发现的韧性最强的材料；尽管一些非晶物质看起来更像固体，但它们在受迫情况下确实拥有流动性；非晶既有固体的特性，又有液体的性质，但它既不是固体也不是液体。人们到现在只能部分理解非晶态的这些"矛盾"和多样的属性，但非晶态的本质确实不同于其他三种常规物态。

　　人们曾经认为只有少数特殊的液体可以形成非晶和玻璃，现在已经普遍认识到非晶态是凝聚态物质的一种共性，形成非晶态是凝聚态物质的普遍性质 (the amorphous state is a universal property of condensed matter)[9]。玻璃转变也是液体普适的性质，各类液体只要具备合适的冷却速率，都会通过玻璃转变被冻结成非晶态。Kauzmann 发现液体的无限过冷将导致熵危机，违反了热力学第三定律[45]。如图 5.76 所示，液体随温度降低，要么结晶，要么过冷，但是液体不能无限过冷，否则其熵会其同成分的晶体一样，甚至趋向于 0，这违反了热力学第三定律。所以，按照物理的观点，为了避免熵危机，液体在过冷过程中必须发生玻璃转变，产生一种新的状态——非晶态(或玻璃态)。在物理上可以认为非晶态是液体避免熵危机、遵循热力学定律的必然产物和常规物质的第四态。

　　经过几十年的研究，现在逐渐普遍接受非晶物质是完全不同于气态、液态和晶体固态的四种常规物质形态之一。所以，本书也强调把非晶物质划归为新的常规物质四种状态之一。图 5.77 给出常规状态下气体、液态、非晶态和固态的示意相图。非晶物质作为第四种常规物质形态，在结构、性质、性能、相变、动力学和热力学等方面都有其特殊的规律。但是，相比晶态固体，关于非晶态的本质、特征，与其他物态的关系，及其物理和材料学科的研究还处在发展的初期，有大量的工作可做。

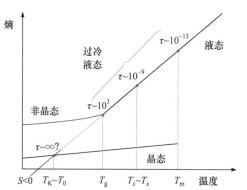

图 5.76　液体不能无限过冷，否则体系的熵会和其同成分的晶体一样，甚至更低，甚至趋向于 0，这违反了热力学第三定律[93]

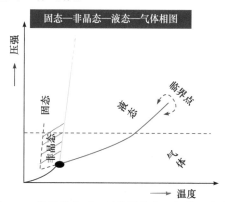

图 5.77　常规状态下四种物质状态：气体、液态、非晶态和固态的示意相图

5.6.2　存在理想非晶态吗

　　非晶物理和材料领域一个非常基本和热点的问题是：是否存在理想非晶态(又称理想

玻璃态)？是否存在热力学上的理想玻璃转变温度 T_K(Kauzmann 转变温度)或者动力学上的理想玻璃转变温度 T_0？理想非晶物质如果存在，其主要特征和性能是什么？如何在实验中合成出理想非晶态物质？理想非晶及理想玻璃转变是否存在的问题关系到对非晶本质、玻璃转变、非晶态固体形变机制等非晶物理和材料中最重要的科学问题的认识，关系到非晶物理理论框架的建立，也引发了科学家更多的思考，引领和促进了非晶态物理学的发展。

前面提到理想玻璃转变温度 T_K，在该温度处非晶物质的熵将等于其晶体的熵，T_K 是该体系最低的玻璃转变温度点，液体过冷的极限温度。在温度 T_K 处发生的玻璃化转变是热力学上的理想玻璃转变点，得到的非晶态是过冷液体的基态。这时得到的非晶物质可谓理想非晶态。

关于玻璃转变的本质通常有两大类观点：第一类观点的核心思想是玻璃转变过程就是过冷液体的动力学随温度降低而变得缓慢的连续动力学过程；第二类观点的核心则是认为非晶物质中存在着理想玻璃转变，玻璃转变只是理想玻璃转变受动力学因素调制，即 T_g 被动力学效应调制后从 T_K 上移。存在理想玻璃转变观点认为存在一个潜在的热力学转变(理想玻璃转变)，它与 T_g 密切相关，虽然动力学的介入会影响到在特殊的实验环境中 T_g 的位置，但 T_g 不会与相应的基本转变点的值 T_K 相差很远。实际试验也证明非晶玻璃的剩余熵较小，只比晶体的大一些。

理论上预计，对于同一成分的理想非晶态，其密度最高；结构是完全均匀的(不同于一般非晶态的本征结构不均匀)，没有潜在的流变单元；其强度接近理想强度，弹性极限很大，弹性模量高，具有理想的脆性；理想非晶没有声子软化行为，玻色峰不明显；T_g 和强度线性关系对理想非晶失效(因为其 $T_g \rightarrow T_K$，达到最低，但是强度达到最高)。理想非晶的形成能力应该是趋向无穷大，这样它才能以趋向无穷小的冷却速率形成非晶，理想非晶应该超稳定等。总之，理想态非晶物质应该具有很多极限性能和特性。

获得理想非晶物质是目前非晶态物理和材料领域的目标之一。因为能在实验上证实存在 T_K 点或者得到理想非晶态对澄清非晶态的物理本质很重要，同时可能得到性能奇特的新材料，Ediger 组采用慢速沉积高分子非晶膜的方法制备得到接近理想非晶态的、超稳定的非晶膜，如果利用低温退火弛豫的方法需要几万年才能得到[60, 137]，这些超稳定非晶膜表现出优异的物理性能及热力学和动力学稳定性。另外，通过对形成能力很强的非晶长时间退火也可能使非晶趋向理想非晶态，但是退火的时间至少需要几百年[133]。通过沉积纳米级薄膜，可以得到超稳定的非晶态，接近理想非晶的能量态，这是因为纳米非晶膜的表面原子扩散比体扩散快 10^6 倍[60]，可以使得非晶在较短时间内弛豫到稳定的低能态，这类接近理想非晶态的玻璃转变温度大约为 $0.85T_g$[60,138]。但是，Simon 通过热分析一些非晶形成液体和其非晶的过剩熵 S_c[92]发现非晶在 0 K 仍能保持存在一定的 S_c，并且指出，因为非晶是非热力学平衡态，0 K 时非晶物质的熵不为 0 并不违反热力学第三定律。这否定了理想非晶态的存在。确实，至今仍然没有非常确切的实验证据证明已经得到了理想非晶态物质。是否存在或能否得到理想非晶态长期以来一直有争论。是否存在 T_K 点，T_K 是否有物理意义，也一直是争论的焦点。

5.7　广义玻璃转变

物理上玻璃转变是个广义的概念，是指复杂系统中某种运动形式或某种"流"、随时间、力、温度等因素在演化过程中失去惯性、突然停滞的现象，是复杂系统中"运动"的一种演化和转化形式，如图 5.78 所示。它涉及自然现象、地质运动、物质合成、人类日常生活及社会生活的方方面面，是无处不在的一个重要物理现象。尽管到目前为止人们还不能真正地理解玻璃转变本质，但是人们很早就在利用和应用玻璃转变来为生活或生产服务，很多领域包括日常生活、生产实践中都广泛利用玻璃转变的原理。广义玻璃转变虽然不是本书的重点，但是本节将介绍一些广义玻璃转变和应用玻璃转变原理的例子，这些例子或许可以帮助理解玻璃转变，生动地说明玻璃转变研究的重要意义和作用。

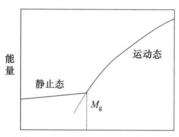

图 5.78　广义玻璃转变示意图。复杂系统中某种"流"或"运动"在随时间变化过程中突然停滞的现象，即各种相互作用的运动随时间等因素的一种突然变化行为。这就是广义玻璃转变现象，广泛存在于自然界中

食品工业、制药等领域广泛利用玻璃转变原理。利用玻璃转变可以实现食物的长期保鲜、保存。食品中尤其是干制品和冷冻食品中玻璃转变原理的应用非常广泛。在脱水、冷冻加工过程中，食品中的水溶性成分容易形成"非晶玻璃态"，即形成非晶玻璃态食品。在食品中，玻璃化转变温度是一个能决定食品体系的质量、安全性和稳定性十分重要的物理参数。根据食品材料含水量的多少，其玻璃化转变温度有两种含义：一是对于低水分食品(水的质量分数小于 20%)，其玻璃化转变温度一般大于 0℃，取决于溶质的类型和水的含量；二是对于高等或中等水分食品(水的质量分数大于 20%)，是指最大冻结浓缩溶液发生玻璃化转变时的温度。食品中的各种成分(食品中主要的固体成分为蛋白质、碳水化合物和脂肪)对食品的玻璃化转变温度也有影响。碳水化合物对非晶态干燥食品的影响很大，常见的糖(如葡萄糖、果糖)的玻璃化转变温度很低，因此在高糖食品中糖显著地降低了玻璃化转变温度，蛋白质和脂肪对玻璃化转变温度的影响并不显著。食品科学研究发现，在非晶态下，受扩散控制的食品品质变化会变得非常缓慢，甚至不会发生，因此可以最大限度地保存食品原有的色、香、味、形及营养成分，低温下玻璃化保存是食品的最佳保存方法之一[139-141]。

速冻食品也是利用玻璃转变的原理。速冻食品可以保鲜是生活在北极的因纽特人(也

称爱斯基摩人)最先发现的。之前，人们曾非常困惑，重新融化后的食物并不美味。速冻食品的发明者克拉伦斯·博得赛亚在格陵兰岛旅游时发现爱斯基摩人把鱼挂在室外，在零下40℃的寒冷天气下，鱼在几分钟内就冷冻了，这样可以保存更长的时间，而且融化后味道也依然鲜美。博得赛亚发现，应该尽可能快速冷冻食物，于是他在1924年发明了第一台速冷冻食品设备。对于生物体，蛋白质结晶就意味着死亡和腐烂，而速冻可以避免食物内蛋白质结晶和食物内细胞死亡，从而实现保鲜，速冻食品工艺与制备非晶合金很相似。速冻食品(如速冻水饺，通常是在30 min内冷却到-18℃)采取的就是快速冷冻过程。它快速地把食物温度降低到远低于水的凝固点，由于降温速度很快，细胞中的水在零度的时候并没有结冰，而是变成过冷水。等到温度远低于零度的时候，大量的水同时结冰，这样形成的冰没有"冰晶"，而是非晶结构。非晶结构对细胞的破坏比较小，细胞破裂率低，从而可以保持食物被冻前的状态。再比如我们常吃的汤包的制作，就是利用玻璃转变原理把"汤水"快速凝固成非晶态胶体，俗称"肉皮冻"，然后再包到包子里，加热后，肉皮冻就变成了汤包里的汤。生产巧克力需要精确了解巧克力在什么温度下是流动的和在什么温度下硬结(玻璃转变)。图5.79是利用玻璃转变原理速冻保鲜的草莓，便可以看到速冻能完美地保存容易腐烂的草莓的新鲜感和味道。冷冻还可以用来保存鲜花。

图 5.79　用玻璃转变原理速冻保鲜的草莓

日本把玻璃转变原理引入制茶。日本茶(图5.80)之所以能保持鲜艳的绿色，是因为它是利用玻璃转变的原理制备而成，该方法不是用传统的高温炒茶，而是用速冻法将茶叶脱水，保持茶叶的新鲜和色泽。

糖类是生命体内一种不可缺少的能源类物质，它广泛存在于大自然中，在食品及医药卫生保健领域具有广泛的应用。糖类是生物体维持生命活动所需能量的主要来源，是合成其他化合物的基本原料，同时也是生物体的主要结构成分。含糖溶液在干燥过程中，当浓度足够大，且糖的结晶不会发生时，糖-水混合物就会玻璃化，形成非晶态糖。蔗糖溶液在熬制过程中，随着浓度的升高，其含水量逐渐降低，当含水量为2%左右时，停

图 5.80　利用玻璃转变的原理制备的绿茶可以保持茶叶的新鲜色泽

止加温并冷却，这时蔗糖分子不易形成结晶，而是形成非晶玻璃态。烹饪中拔丝菜的制作就是糖的玻璃化过程，糖在熔融态容易被拉伸，形成非晶糖后呈透明状并具有较大的脆性。

　　玻璃转变原理也被用于干燥、保存食物，如面条、牛奶、药物等。许多干燥食品全部或部分是非晶态，如硬糖、意大利通心粉、方便面、饼干、早餐谷类食物、脱脂乳粉等。例如，谷类食品中的淀粉是形成非晶态的重要成分，脱脂乳粉是由非晶态乳糖和其他小分子物质(如盐)组成的。对液态或半固体食品，通过在溶质发生结晶作用之前采用烘焙、高压膨化、气流干燥、喷雾干燥、冷冻干燥、冷冻浓缩等过程脱除水分，实现玻璃转变，获得非晶态。

　　研究人员正在尝试用玻璃转变原理和方法来长期保存生物体、器官、血液、药品等。很多口服药物在结晶态不易被我们身体吸收，吸收效率低，因而需要大剂量服用或者注射，如果药物被制成非晶态，非晶态在动物身体内的溶解率会成倍提高，这样会大大减少用药量，提高用药的效率，减少药的副作用，甚至有口服药能替代注射药的效果。利用常规的血液采集和保存手段，血液一般最多只能保存 5 周，血液短暂的保存期限使得血库的库存量与用血量之间一直存在着矛盾。医学上正在尝试用玻璃转变实现血液的非晶固化，血液由液态变为粉末状，体积大大缩小，5 mL 的血液经冷冻干燥后体积缩小为 0.5 mL。粉末状的血液对保存条件要求极低，放在密封的瓶子内，4℃或常温保存均可，这相当于把牛奶变成奶粉来保存。需要使用血液的时候，通过复水将红细胞还原。这样可以长期保存血液，以备不时之需。

　　进行试管婴儿时产生的"备选胚胎"绝大多数被冷冻起来。像玻璃一样透明清澈的冷冻胚胎，就是采用玻璃转变方法实现的"非晶化"冷冻。这种方法降温速度快，对胚胎影响小。保存剩余胚胎的作用在于，万一患者首次怀孕失败，可以将冷冻胚胎解冻后再次进行胚胎移植，避免其反复接受促排卵治疗，也节省了医疗费用，还可使用保存下来的胚胎再次生育。据统计大约有 1/4 试管婴儿用的是解冻胚胎。在零下 196℃的情况下，胚胎的代谢几乎处于静止状态。玻璃化冻存的胚胎和卵子理论上能保存十年。传统的慢速冷冻胚胎的复苏率只有 70%，而玻璃化冷冻复苏概率达到了 90% 以上。胚胎解冻后就能移植进母体发育。利用玻璃转变的例子还有很多，生活和生产中玻璃转变现象很普遍。中国科学院物理研究所每年的开放日向公众展示的金鱼冷冻后复活，鲜花速冻保鲜，给参观者留下深刻的印象，这其实利用的就是玻璃转变原理。因此，玻璃转变问题的认识和研究，对于推动从材料科学到生命科学都具有深远的意义。

　　非晶物质可以把千百万年前某个时空场景凝固下来，并以其无与伦比的稳定性保存至今，即非晶化能实现千百万年前时空的凝固。非晶玻璃为认识地质演化和古生物研究提供了独特的途径。图 5.81 是一组琥珀照片，琥珀是典型的非晶物质，琥珀中有远古时代的昆虫和植物枝叶。图 5.82 是一只苍蝇被保存在 4000 万年前的波罗的海琥珀中。树脂通过玻璃转变形成非晶物质，在形成过程中正巧包裹住昆虫、植物，把远古时代的动植物封存于其中，琥珀本身非常稳定。树脂是非晶糖，对蛋白质等生命物质有良好保存作用，可以把千万年前的生物及其当时的动态完好地保存下来。这样就把千万年前的某个时空场景凝固住，并以其无与伦比的稳定性保存至今。非晶琥珀是大自然的时光飞梭，把远古带到我们眼前，真实地呈现了昔日的生命世界，为当今了解古生物、远古时代的气候环境等提供了重要的证据和信息。

图 5.81　非晶态琥珀封存的远古动植物。玻璃转变形成的非晶树脂保存这些远古动植物

图 5.82　保存在波罗的海琥珀中的 4000 万年前的苍蝇。它在玻璃转变形成的非晶树脂保护下变成化石，千万年来几乎没有发生变化

　　研究表明，单糖、双糖、多羟基化合物以及结构蛋白质、酶都表现出非晶物质的特征和行为，只是玻璃化转变温度不同而已。这里想强调的是非晶糖在保存蛋白质过程中起了重要作用。玻璃糖生物保护作用的机制是：糖在蛋白质分子附近形成非晶态，在非晶态下，糖兼有固体和流体的行为，黏度极高，不容易形成结晶，且分子扩散系数很低，因而糖形成黏性的保护剂包围在蛋白质分子的周围，形成一种非晶结构的碳水化合物玻璃体，使大分子物质的链段运动受阻，阻止蛋白质的伸展和沉淀，维持蛋白质分子三维结构的稳定，从而起到保护作用，即糖在蛋白质物质冷冻干燥过程中能起到保护作用，即非晶化保护作用[142-144]。这是琥珀能长期保存远古时代的动植物的主要原因。

　　玻璃化是用于核废料的处理和封存的重要方法[145,146]。图 5.83 是玻璃化封存核废料的示意图，图 5.84 是玻璃化的核废料。核废料有万年的放射性危险，如何安全处理核废料是世界难题。通过玻璃化过程将危险的核废料固定于坚固的硅化物玻璃柱中为彻底解决核废料难题带来希望。因为硅化物玻璃能有十万年以上长时间尺度稳定，能确保防止核废料泄漏。一些国家已经将玻璃化技术应用到核废料安全封存中。

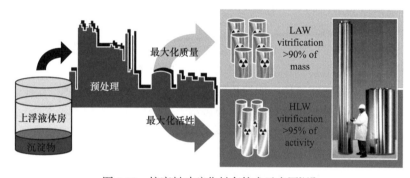

图 5.83　核废料玻璃化封存技术示意图[145]

图 5.84　玻璃化的核废料[145]

广义玻璃化转变过程是演化、凝聚的重要途径，涉及自然界的很多现象，给有生命的、无生命的物质带来许多奇妙的现象和结果。例如，生活在海洋和沙漠里的缓步动物门动物，它们可以在非常恶劣(高压、干燥、低温)的环境下生存，并因此被认为是生命力最强的动物，它们其实就是借助了非晶态的保护作用。当低温和干燥来临时，缓步动物就会进入潜生状态——即使自己进入非晶态而保护自身组织不受伤害，而当外界条件改善后，它们又可以重新恢复活力。

蛋白质(或酶)是具有活性的生物大分子，在干燥和储存过程中都可能存在一定程度的变性。生物材料在冻干时，要经历水变成冰的冻结过程，结冰伴随着物理和化学变化，将使冻结的生物材料受到影响。在冷冻贮藏中，由于冰晶与蛋白质的水和水的相互作用，产生脱水现象，使蛋白质的水合构造遭到破坏，从而使蛋白质的高级结构发生改变，生理功能受到影响。在干燥过程中也会引起蛋白质变性。在冷冻过程中缺少保护剂的情况下，蛋白质将失去活性，脱水过程本身也能使蛋白质损伤，从而使复水后的蛋白质失去活性。冷冻干燥技术是将含水细胞、生物器官在低温下冻结，然后在真空条件下通过对冻干物料加热使冰升华，再除去物料中部分吸附水，通过玻璃转变得到非晶态干制品。这是目前保持蛋白质活性的一个有效的、普遍应用的方法。

非晶化原理(玻璃转变原理)还被广泛用于干燥、保存植物和生物器官。在这些过程中，非晶态糖广泛用于抑制蛋白质的退化。很多生物也会利用糖非晶化原理来保护自己。通过玻璃转变原理，多细胞植物的存活时间超出了我们的想象。一种叫扁形虫的昆虫，在严重干旱缺水的条件下，能够将其体内的淀粉转变成糖，从而形成非晶态糖，体内非晶态糖可保护组织和器官。植物种子可以自然保存很多年，这是因为很多植物种子能充分利用糖的非晶化作用来延长种子的生命。β-D-呋喃果糖基-α-D-吡喃葡萄苷是成熟种子中主要的糖分。这类糖能在干燥的组织中形成非晶态，从而大大减缓种子中物质的化学反应和作用，这些化学反应将导致种子退化，缩短种子的寿命。糖非晶化的种子被种植后，可以从土壤中吸收水分，实现糖非晶态到液态的转变，即水化作用，能够帮助种子发芽、生长。

苔藓覆盖的海岸是南极冰原上的一种奇特特征，是生态环境的重要部分。这是这些在短暂夏季焕发活力的顽强植物历经数千年时间积累而成的。科学家从1530多年以前永冻土中收集到苔藓样本切片，将这些苔藓样本放置在一个17℃的保温箱中，经过三周时间之后，这些1530多年以前的苔藓被复活，长出了新枝(图5.85)。图5.86是英国南极勘测队科学家收集到的1500年前的南极苔藓样本，这些1500年前的苔藓也可以复活。南极苔藓能复活的原因是它采用寒冷环境实现玻璃转变，保存了其细胞的活性。

俄罗斯研究人员曾发现，在零下20℃的低温环境下被冷冻的现代轮虫能在10年后复活。他们在实验室里复活并繁殖出了在更新世(260万年前至1.17万年前)晚期被冻结在古代西伯利亚永久冻土中的蛭形轮虫(图5.87(a))。解冻后，这些古老的轮虫开始通过孤雌生殖方式进行无性繁殖，创造出基因与本体完全相同的克隆体。俄罗斯微生物科学家还曾成功复活了远古冰冻线虫。他们在北极挖出了300多个冻土样本，发现有两个不同类型的史前线虫，这些线虫在西伯利亚冻土层中冰冻了4.1万年时间(图5.87(b))。这些线虫可以说是世界上最年老的生物，研究人员把它们放入培养皿中，几周后这些线虫奇迹般苏醒了，并开始移动寻找食物。实际上，这些远古线虫为了在极端环境下生存，通过玻璃化转变进入休眠状态，因此可在冰层中生存数万年。

图 5.85　复活的 1530 多年前南极冰原苔藓。(a) 采集永冻土中苔藓样本；(b) 永冻土中收集到枯萎的苔藓样本；(c) 被复活的苔藓(引自 Brad Fiero，Pima Community College，Tucson，Arizona)

图 5.86　1500 年前的南极苔藓样本，同样可以复活

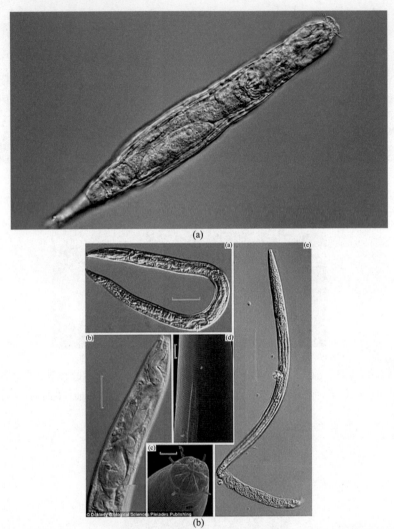

图 5.87　(a) 蛭形轮虫以其忍受极端环境的能力闻名，冰冻 2 万多年后被复活(英国广播公司网站)；
　　　　(b) 成功复活的远古冰冻线虫，这些线虫在西伯利亚冻土层中冰冻了 4.1 万年时间

　　水熊虫是名副其实的地球生存最强者(图 5.88)。2019 年，以色列首个月球探测器 "创世纪号"(beresheet)撞上了月球表面，探测器上携带有脱水的水熊虫样本。工程师在层状薄镍片上加了一层薄薄的合成环氧树脂，这种树脂常用于保存古代昆虫化石。科学家在树脂中加入一些脱水的水熊虫的样本，另外还有数千只脱水的水熊虫被直接洒在这些薄镍片的表面。以色列科学家在月球上留下了 "创世纪号" 携带的水熊虫，希望水熊虫能以休眠状态留在月球表面，等待将来人类 "唤醒"。这些水熊虫通过脱水实现玻璃转变，将其细胞变成非晶状态，蛋白质被完好保存。进入休眠状态后，水熊虫所有新陈代谢过程均会停止，在没有水的情况下它们能存活很长的时间。实验表明水熊虫能在脱水多年后恢复生命，有希望复活。

　　图 5.89 是北极的一种树蛙，这种树蛙在北极冬天来临时，会通过脱水提高自身血液中血糖的浓度，即增加体液的黏滞系数(如树蛙血液相图示意图所示)，这样当低温来临时，

图 5.88　扫描电镜下的水熊虫(图片来源：wikipedia)

树蛙能通过玻璃转变使自己进入非晶玻璃态，以保护自身蛋白质、组织和器官不受伤害。在整个冬天，树蛙血液凝固，心脏停止跳动，呼吸也停止。令人惊奇的是，等到第二年春天气温回升时，树蛙会吸收雨水，使血液实现从非晶玻璃态到正常液态的转变，从而恢复生命活力！自然界中类似的动物和植物利用玻璃转变进入休眠状态，避开极端环境的例子还很多。

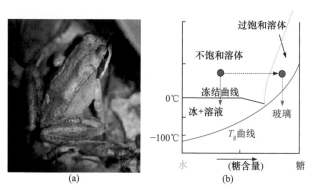

图 5.89　(a) 北极的一种树蛙，在北极冬季会通过玻璃化在严酷环境中保护生命。(b) 树蛙血液相图示意图

　　更神奇的是非洲肺鱼的故事。在非洲撒哈拉沙漠深处一个叫杜兹的偏远农村，白天的平均气温高达 42℃，一年中除了秋季会有短暂的雨水外，绝大部分时间都是酷热干旱。然而，就在这样恶劣的环境中却生长着一种奇异的鱼——非洲杜兹肺鱼。这种肺鱼能在缺水、缺食物的情况下，利用玻璃转变，通过长时间的休眠和不懈的自我解救，等来雨季，赢得新生。每年的旱季，杜兹河流的水都会枯竭，当地的农民在劳作口渴时，便会深挖出河床里的淤泥，找出深藏在其中的肺鱼，肺鱼体内的肺囊里储存了不少干净的水。他们将挖出来的肺鱼对准自己的嘴巴，然后用力猛地一挤，肺鱼体内的水便会流出来，可以解渴。有一条叫"黑玛"的杜兹肺鱼，见图 5.90，遭遇了更不幸的事情：一个农民搭建泥房子，用

河床里的淤泥做泥坯子。黑玛正好在这堆淤泥中，被打进泥坯里。泥坯晒干后被那个农民垒在墙里，黑玛被完全埋进墙壁里。墙中的黑玛已完全脱离了水，没有任何食物，但它依靠囊中仅有的一些水，迅速通过玻璃转变进入彻底的休眠状态中。在黑暗中等待半年后，黑玛等来了短暂的雨季，雨水将包裹黑玛的泥坯打湿，一些水汽向泥坯内部渗入，并将黑玛从深度休眠中唤醒，它开始拼命地整天整夜地吸这些微量的湿气，将进入泥坯里的水汽和养分一点点地吸入肺囊中。当漫长的旱季又来临，无水汽和养分可吸之时，黑玛又开始新一轮的休眠。黑玛如同一块"活化石"被镶嵌在坚如磐石的泥坯中，一动也不能动，唯有静静等待。这样年复一年，直到第四年，一场难得一见的狂风暴雨使得房屋泥坯开始纷纷松动、滑落，直至最后完全垮塌。此时，黑玛终于破土而出了。肺鱼黑玛依靠玻璃转变，坚持和忍耐，战胜了死亡，赢得重生，造就了撒哈拉沙漠里的生命奇迹。

图 5.90 泥土中的非洲肺鱼

    玻璃转变的另一个神奇应用是自愈合水泥。当今世界上半数建筑是钢筋水泥混凝土建筑。随着时间拉长，混凝土会出现小裂缝，水会渗透进去，水一旦冻结便会膨胀，造成裂缝加大，同时腐蚀混凝土中的钢筋。腐蚀的铁锈会扩大混凝土裂纹，最终造成整个混凝土建筑失效。这种侵蚀是石造建筑的宿命，也是山的宿命。因此，混凝土建筑每50年需要养护一次。科学家利用玻璃转变原理和一种细菌，发明了一种自愈合混凝土。自愈合混凝土中含有一种耐碱的细菌巴氏芽孢杆菌(B pasteurri)。这种菌能分泌方解石，方解石是水泥的主要成分之一。这种细菌生命力很强，可以通过玻璃转变在岩石中蛰伏数十年。在混凝土中加入这样的细菌，并混合杆菌喜欢吃的某种淀粉，这些细菌像非洲肺鱼一样在混凝土中处于蛰伏状态，当混凝上出现裂缝，雨水进入的时候，这些细菌会吸水通过玻璃转变恢复生命。它们通过吃混凝土中的淀粉大量繁殖，分泌方解石，方解石是水泥主要成分，从而可以把裂缝填满，实现自愈合[147]。

    利用玻璃转变技术，科学家发明了冷冻电镜。利用冷冻电镜，研究者可以将正在活动的生物分子冷冻起来，将从前无法看到的生命过程视像化，这对理解生命的化学原理及研发药物都至关重要。人类对复杂事物的理解往往建立在对其图像的了解之上，在冷冻电镜技术问世之前，可用的技术很难帮助研究者获得生命体内分子的图像。以前电子显微成像技术只适用于对无生命的物质进行拍照，因为强大的电子束流会破坏生物体中的生命物质及其结构。非晶态的冰和水的密度相同，没有膨胀效应，也可以和其他的物质共存，因而不会对与其共存的物质造成排斥和挤压，并破坏共存物的结构。这种非晶态冰的形成需要每秒几十万摄氏度的快速冷却。如何快冷形成非晶态冰，在很长时间内都没有很好的办法。在非晶态冰能够被成功制备出来之前，人们都是采用负染色技术来固定生物结构并对其观察的。蛋白质在这个方法制备过程中可能已经分解或者破坏掉了，但干燥后的盐保持了生物大分子在干燥前的外部轮廓。当用电镜观察时，人们看到的生物大分子的图像其实是蛋白降解后留下的空洞。瑞士生物物理学家雅克·迪波什(Jacques Dobochet)在 20 世纪 80 年代解决了电子显微镜技术中水的问题，他成功地将水非晶化。他们采用接近液氮温度的液态乙烷把支撑膜上的小水滴冷冻为非晶态冰，确立了冷冻的基本方法；之后又发现可以利用水的表面张力，在微孔上形成一层跨孔的很薄的水膜，然后用液态乙烷可以将水膜快速冷冻成非晶冰。如果水膜中包含生物大分子的颗粒，那么这些大分子颗粒就被固定在这层薄非晶冰里了。这层水膜的厚度可以很容易做到几十纳米厚，非晶冰在电镜下是透明的，从而有利于电子束的穿过和成像。因此，实现了将溶液状态的生物大分子速冻在非晶冰中，并在液氮温度下的电子显微镜中观察，非晶冰保护了生物分子在电子显微镜成像过程中的自然形态，从而提供了冷冻电镜制样与观察的基本技术手段(图 5.91)。这一成果也标志着冷冻电镜(cryo-electron microscopy 或 electron cryo-microscopy)技术的诞生。2013 年，研究者终于获得了理想的原子级别成像，之后，又获得了各种重要蛋白的三维结构图像，生物化学因此项技术得到井喷式的发展[148,149]。雅克·迪波什、德裔生物物理学家 Joachim Frank 和苏格兰分子生物学家 Richard Henderson

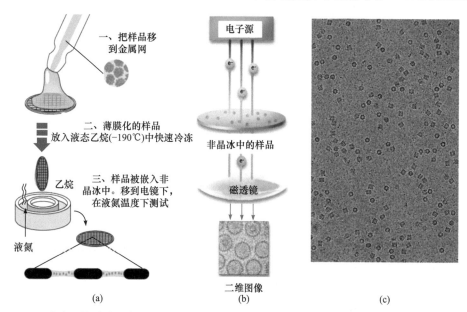

图 5.91 (a) 冷冻电镜玻璃化制样原理；(b) 电镜测试示意图；(c) 镶嵌在非晶冰中的样品(图片来自：https:// cn.chem-station.com/chemnews/2017/10/2017 年诺贝尔化学奖：冷冻电镜的开发)

因利用非晶化水的技术，研发冷冻电镜，简化了生物细胞的成像过程，提高了成像质量，而荣获 2017 年诺贝尔化学奖。诺奖官方称：这项技术使得生物化学进入了新时代。

非晶物质研究还为解开恐龙灭绝之谜提供了帮助。恐龙曾统治地球长达数千万年，但在 6500 万年前突然灭绝。英国科学家对印度德干火山岩(即玄武岩)中玻璃相进行了分析(图 5.92)，这些玻璃相是在当时火山爆发形成德干山脉时产生的。玻璃相类似于琥珀，"凝固"住当时的大气成分，这使得英国研究小组能够对最初火山爆发时的气体成分进行分析。分析估算发现，当时火山喷发中喷涌到大气中的硫和氯气导致了大范围的物种包括恐龙灭绝，从一个侧面证明火山爆发是恐龙灭绝的原因[150]。

图 5.92　印度德干火山岩中的玻璃相为恐龙灭绝之谜提供证据[150]

非晶玻璃研究帮助科学家发现月球上存在水。科学家研究了宇航员从月球带回的土壤样品，发现月壤中有大量微米级玻璃小球。中国嫦娥五号采回的月壤颗粒放大数十倍后，可以发现含有褐色、黄色等颜色的"玻璃"，以及橄榄石、斜长石、辉石等成分。这些玻璃球是几千万年前月球火山爆发或者外来天体高速撞击或者高能粒子照射时形成的。其中，来自火山岩区的月壤玻璃质成分多达 50% 以上。由于成分不同，玻璃质的颜色有无色、白色、黄色、褐色、绿色、黑色等。高温火山熔岩混入当时月球表面上的土壤被迅速冷却成玻璃小球(图 5.93)，这些玻璃小球至少已经存在 15 亿年了。它们类似于地球上琥珀，这使得当时土壤中的成分和物质得以保存至今。通过对月球火山玻璃球分析研究发现，这些玻璃球中含有水分子，这有力地证明了月球上曾大量存在水[151]。月球玻璃的形成和保存至今称得上"历经磨难、饱经沧桑"，是超稳定非晶体系，是很好的模型体系。月球玻璃的科研价值非常重要，对于研究月球物质成分分布、岩浆作用、冲击作用及历史等具有重要意义。

图 5.93　在月球土壤中发现的微米级含水的玻璃小球为月球存在水提供了证据[151]

　　堵车现象也是一种广义的玻璃转变现象[152]。图 5.94 是德国高速公路上车流和车速的关系图。当车流达到某个阈值时，出现堵车(jamming 现象)。地质学家为了预测山体崩塌和泥石流的发生，需要探讨岩石和泥土的流变和失稳规律等。用 Jamming 和玻璃转变的原理可认识地震成因，用非晶颗粒物质的物理原理可解释地震前兆信息的传播、分布[153]。化妆品生产、石油产品和高分子材料等都需要研究和了解流变和玻璃转变的知识。形形色色的新兴工业和研究领域需要大量熟悉流变和玻璃转变学的人才。从这些例子不难看出研究玻璃转变的实际应用和科学意义。

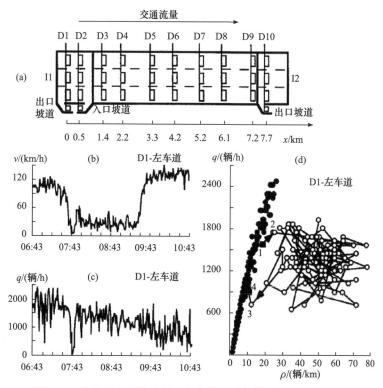

图 5.94　车流和车速关系图，当车流达到阈值时，出现堵车[152]

简单原则的叠加可构造复杂，复杂会导致突变和很多新的奇异现象，这也是一种广义的玻璃转变现象。复杂化导致很多新的现象，而组成的个体并不自知。包括某些个体简单行为，复杂到一定程度，会突然形成智能，称为群智效应。即智能甚至也有临界现象，存在一个智能阈值。足够多和复杂的原子、分子聚集在一起，能形成有活性的细胞；足够多的细胞集聚在一起会形成复杂、智能的生命。再比如蚂蚁行为，单个蚂蚁的行为非常简单，它们通过触角和释放化学物质进行交流，其本身并不具备智能行为(图 5.95)。但是，随着蚂蚁数量增加到一定的数量，它们的集群就可以做出一些简单的智能行为。当蚂蚁群的数量超过某个阈值时，它们整体上就会呈现出高度复杂的智能行为，如空中"搭桥"[154]，见图 5.96。蚂蚁群的集群智能现象也出现在其他的生物群落，如神经网络。单个神经元的行为很简单，但是由数百亿个神经元组成的人脑却呈现出高度的智能化行为，见图 5.97。

(a)　　　　　　　　　　　　　　(b)

图 5.95　(a) 单个蚂蚁的行为简单，(b) 它们通过触角和释放化学物质进行交流[154]

(a)　　　　　　　　　　　　　　(b)

图 5.96　集聚的蚂蚁呈现出高度复杂的智能行为：(a) 蚂蚁搭梯；(b) 空中"搭桥"[154]

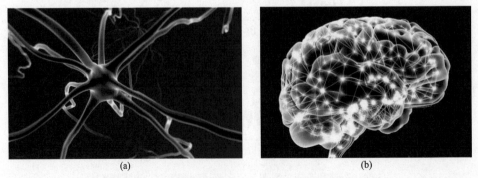

(a)　　　　　　　　　　　　　　(b)

图 5.97　行为简单的单个神经元(a)和由数百亿个神经元组成的高度智能化的大脑(b)[154]

　　很多海洋中的生物也一样有智群效应。例如，数量巨大的沙丁鱼群非常聪明地组成了一只"海豚"图案，如图 5.98 所示，可以迷惑鲨鱼等海洋掠食者，从而避免被攻击。但是，单个沙丁鱼显然并不清楚自己组成了一只"海豚"图案，它们也无法理解鱼群的整体智能行为。通过对蚂蚁群、鱼群等的观察会发现，其群体"智能"似乎也是一个由"量变"引起"质变"的临界现象，类似于广义的玻璃转变。

(a)　　　　　　　　　　　　　(b)

图 5.98　沙丁鱼群能自发地组成一只"海豚"来迷惑海洋掠食者

　　类似地，群鸟飞翔时，如果一只鹰径直奔袭鸟群，鸟群顿时会警觉起来，但这群鸟并没有因为危险出现而乱了阵脚、四散逃离，相反，它们会在飞翔中聚集，在若干某种特定形态之间转换变化。如图 5.99 所示，鸟群的形态中会包括一个黑色条带。这种黑色条带会像波浪一样在整个鸟群中左右动态传播，就像一种流动的波一般[155]。这些鸟在飞

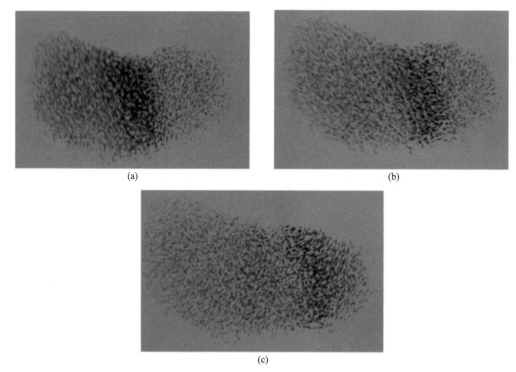

(a)　　　　　　　　　　　　　(b)

(c)

图 5.99　欧椋鸟群形成的黑色条带，这个条带以波的形势从左端传播到右端[155]

行时遵循三个原则：规避身边的鸟儿，防止碰撞，同远端的鸟儿保持吸引。模拟也显示，在有外界对飞翔的鸟群施加扰动时，鸟群便会形成黑色流动的条带。黑色是鸟在转向时与观察者形成不同角度而叠加所致。虽然每只鸟只遵循如此简单的三个原则，但整个鸟群却呈现出各种复杂的行为，这也是一种广义的玻璃转变行为。鸟群一起进退，从而大大提升了个体的存活率。

像蚂蚁、神经元、沙丁鱼等生物会产生集群智能行为一样，人类也会产生集群智能行为。研究表明，人类社会的信息量的技术进步因子 T 可以写为[156]：$T = -\ln P$，其中 P 代表概率，$-\ln P$ 表示信息量(information content)，单位为比特(bit)。而信息量的平均值就是香农熵(Shannon entropy)：$S = \int T \cdot P = -\int P \cdot \ln P$。这个公式表明人类社会的技术进步就是人类集群智能的增加。根据方程：$T - \ln P$，集群智能的提升实际上就是信息量增加的结果。因此，智能的定义为：信息量巨量增加超过某个阈值的结果。单个的蚂蚁、神经元、沙丁鱼并不具有智能行为，数量超过某个阈值的集群产生高度智能的群体行为的原因是：群体数量的增加导致搜集的信息量(比特)增加，而随着群体数量超过某个阈值，收集的信息量也跟着超过阈值，从而在整体上表现为高度智能化的行为，类似于广义的玻璃转变行为。

从以上例子我们可以管窥一斑玻璃转变现象的普遍、神奇，研究的难度和意义。研究非晶体系微观原子协同运动机制有助于理解宏观生物体系的大规模运动。

5.8 小结和讨论

过冷液态是非晶物质的前驱或母体，两者之间有很多共性和遗传性。过冷液态甚至被认为是广义的非晶态物质，过冷液态和非晶态的一个主要区别是在动力学时间尺度。要认识非晶物质的本质，必须对过冷液体有深刻的认识。

玻璃转变是物质不同形态之间转换的一种方式，是物质演化、凝聚的主要途径，是非晶物质形成的物理过程，也是非晶物质区别于其他三种常规物质的标志和物理原因。广义上的玻璃转变涉及复杂系统中运动演化的突变过程，是各种相互作用的运动随时间的一种突然变化行为，是指某种"流"或"运动"在随时间变化过程中突然停滞的现象。广义玻璃化转变过程涉及宇宙演化、自然现象、生命现象、人类日常生活及社会活动的方方面面，是无处不在的一个基本物理现象。玻璃转变给有生命的、无生命的物质及各类运动形式带来许多奇妙的现象、新形态、新物态和结果。

玻璃转变完全不同于传统的相变，在其转变过程发生了复杂的结构、非平衡的热力学、多样性的动力学的变化，相变理论框架就不再适用于玻璃转变。

从远古时代到科技发达的今天，人们已经使用、研究非晶物质超过四五千年时间了，但是玻璃转变作为一个重要的科学和技术问题被长期忽视。直到近几十年，科学家才意识到玻璃转变是一个深刻的科学问题，并从不同角度研究玻璃转变，提出很多理论和模型。虽然非晶本质和玻璃转变的研究的每次进展都带来新的问题，但至今非晶本质及玻璃转变的物理机制和理论这一基本问题仍然是个挑战。研究玻璃转变问题的感受是：仰之弥高，钻之弥坚，瞻之在前，忽焉在后。主要原因在于非晶形成体是强相互作用的复杂多体系统。任意温度下的粒子动力学行为决定于多体的弛豫。随温度降低，玻璃转变是多体弛豫在时间上逐步慢化的结果，也是多体弛豫问题的一个更为充分的展示，但是几乎所有重要的玻璃转变理论都回避了液体和非晶物质中的多体弛豫。这些理论尽管能说明一些玻璃转变的实验现象，但是大多数有关多体弛豫的性质和特征却没能涉及或无法解释。这些理论通常只能对有选择的实验结果进行描述，而不能与其他早已确立且具有普遍性的实验事实吻合。倪嘉陵先生曾指出：“大量的理论造成了一个巨大的假象——玻璃转变早已解决，进而阻碍了玻璃转变研究的进一步深入。Karl Popper 对这一现况有深刻认识，并指出了这一危险，‘It is easy to obtain confirmations, or verifications, for nearly every theory—if we look for confirmations。这一警告对于玻璃转变问题特别重要’”。需要指出的是，虽然玻璃转变问题远没有解决，但非晶本质及玻璃转变问题使得非晶物质科学研究更加深刻和有品位，也一直是非晶物质研究的强大动力之一。非晶物质科学领域需要更多类似玻璃转变这样深刻、有影响的科学问题。

非晶物质科学研究还处在山重水复疑无路的阶段。正如爱因斯坦说过的那样，科学绝不是、也永远不会是一本写完了的书。寻找上帝创造这个非晶世界时所赋予的规律、规则、质朴的道理及其背后的 logos，是非晶人的使命。玻璃转变、非晶本质问题必将继续倒逼非晶物质科学的不断进步，仍然是值得天下英才为之尽折腰的科学挑战，也必将造就一批优秀的科学家，引领很多新非晶物质和材料的发现，加深我们对自然包括对生命的理解。

通过玻璃转变形成的常规物质第四态——非晶物质有哪些特性呢？第 6 章让我们一起去了解非晶物质的主要特性，并进一步从特性方面证明非晶物质是不同寻常的常规物质状态。

参 考 文 献

[1] Anderson P W. Through a glass lightly. Science, 1995, 267: 1609-1618.
[2] Langer J. The mysterious glass transition. Phys. Today, 2007, 60: 8-9.
[3] Torquato S. Glass Transition: Hard knock for thermodynamics. Nature, 2000, 405: 521.
[4] Donth E. The Glass Transition: Relaxation Dynamics in Liquids and Disordered Material. Berlin: Spring-Verlag, 2001.
[5] Debenedetti P G, Stillinger F H. Supercooled liquids and the glass transition. Nature, 2001, 410: 259-267.
[6] Aromatico A. Alchemy: The Great Secret. Harry N. Abrams, 2000.
[7] Chung K, Kwon M S, Leung B M, et al. Shear-triggered crystallization and light emission of a thermally stable organic supercooled liquid. ACS Cent. Sci., 2015, 1: 94-102.
[8] Frenkel J. Kinetic Theory of Liquids. New York: Dover, 1955.
[9] Dyre J. The glass transition and elastic models of glass-forming liquids. Rev. Mod. Phys., 2006, 78: 953-972.
[10] Zhang B, Zhao D Q, Pan M X, et al. Amorphous metallic plastics. Phys Rev. Lett., 2005, 94: 205502.
[11] Schroers J. Processing of bulk metallic glasses. Adv. Mater., 2010, 22: 1566-1597.
[12] Gun B, Laws K J, Ferry M. Elevated temperature flow behaviour of a Mg-based bulk metallic glass. Mater. Sci. Eng. A, 2007, 471: 130-134.
[13] Suzuki H, Kanazawa I. Viscosities of the Zr-based bulk metallic glass-forming liquids. Intermetallics, 2010, 18: 1809-1813.
[14] Martinez L M, Angell C A. A thermodynamic connection to the fragility of glass-forming liquids. Nature,

2001, 410: 663-667.

[15] Vogel H. The law of the relationship between viscosity of liquids and the temperature. Z. Phys., 1921, 22: 645-646.

[16] Tammann G, Hesse W Z. Die abhängigkeit der viscosität von der temperatur bie unterkühlten flüssigkeiten. Anorg. Allg. Chem. , 1926, 156: 245-257.

[17] Fulcher G S. Analysis of recent measurements of the viscosity of glasses. J. Am. Ceram. Soc., 1925, 8: 339-355.

[18] Angell C A. Relaxation in liquids, polymers and plastic crystal-strong/fragile patterns and related problems. J. Non-Crystalline Solids, 1991, 131-133: 13-31.

[19] Novikov V N, Sokolov A P. Poisson's ratio and fragility of glass-forming liquids. Nature, 2004, 432: 961-963.

[20] Scorpigno T, Ruocco G, Sette F, et al. Is the fragility of a liquid embedded in the properties of its glass? Science, 2003, 302: 849-852.

[21] Sastry S. The relationship between fragility, configurational entropy and the potential energy landscape of glass-forming liquids. Nature, 2001, 409: 164-167.

[22] Sokolov A P, Calemczuk R, Salce B. Low-temperature anomalies in strong and fragile glass formers. Phys. Rev. Lett., 1997, 78: 2405-2048.

[23] Jiang M, Dai L H. Intrinsic correlation between fragility and bulk modulus in metallic glasses. Phys. Rev. B, 2007, 76: 054204.

[24] Roland C M, Ngai K L. The anomalous Debye-Waller factor and the fragility of glasses. J. Chem. Phys., 1996, 104: 2967-2970.

[25] Johari G P. On Poisson's ratio of glass and liquid vitrification characteristics. Philos. Mag., 2006, 86: 1567-1579.

[26] Ngai K L. Relaxation and Diffusion in Complex Systems. New York: Springer, 2011.

[27] Stevenson J D, Schmalian J, Wolynes P G. The shapes of cooperatively rearranging regions in glass-forming liquids. Nature Phys., 2006, 2: 268-274.

[28] Widmer-Cooper A, Perry H. Irreversible reorganization in a supercooled liquid originates from localized soft modes. Nature Phys., 2008, 4: 711-715.

[29] Kohlrausch R P. Theorie des elektrischen rückstandes in der leidener flasche II. Ann. Phys. Chem., 1854, 91: 179-214.

[30] Angell C A, Nagi K L, McKenna G B, et al. Relaxation in glassforming liquids and amorphous solids. J. Appl. Phys., 2000, 88: 3113-3157.

[31] 倪嘉陵. 多体相互作用体系中的弛豫与扩散: 一个尚未解决的问题. 物理, 2012, 41: 285-296.

[32] Joule J P. Mem. Manchr Literary Philos. Soc. 3rd ser., 1867, 3: 292.

[33] Lunkenheimer P, Schneider U, Brand R, et al. Glassy dynamics. Contem. Phys., 2000, 41: 15-36.

[34] Yu H B, Wang W H, Bai H Y, et al. Relating activation of shear transformation zones to β-relaxations in metallic glasses. Phys. Rev. B, 2010, 81: 220201.

[35] Wang W H. Correlation between relaxations and plastic deformation, and elastic model of flow in metallic glasses and glass-forming liquids. J. Apply. Phys., 2011, 110: 053521.

[36] Lu Z, Jiao W, Wang W H, et al. Flow unit perspective on room temperature homogeneous plastic deformation in metallic glasses. Phys. Rev. Lett., 2014, 113: 045501.

[37] Yu H B, Wang W H, Bai H Y, et al. The β relaxation in metallic glasses. National Science Review, 2014, 1: 429-461.

[38] 汪卫华. 非晶中 "缺陷" ——流变单元研究. 中国科学: 物理学 力学 天文学, 2014, 44: 396-405.

[39] Adachi N, Todaka Y, Yokoyama Y, et al. Improving the mechanical properties of Zr-based bulk metallic glass by controlling the activation energy for -relaxation through plastic deformation. Appl. Phys. Lett., 2014, 105: 131910.

[40] Li N, Xu X, Zheng Z, et al. Enhanced formability of a Zr-based bulk metallic glass in a supercooled liquid state by vibrational loading. Acta Mater., 2014, 65: 400-411.

[41] Faupel F. Diffusion in metallic glasses and supercooled melts. Rev. Mod. Phys., 2003, 75: 237-280.

[42] Cheng Y Q, Ma E. Atomic-level structure and structure-property relationship in metallic glasses. Prog. Mater. Sci., 2011, 56: 379-473.

[43] Yu H B, Samwer K, Wu Y, Wang W H. Correlation between β relaxation and self-diffusion of atoms in metallic glasses. Phys. Rev. Lett., 2012, 109: 095508.

[44] Maxwell J C. On the dynamical theory of gases. Philos. Trans. R. Soc. London, 1867, 157: 49-88.

[45] Kauzmann W. The nature of the glassy state and the behavior of liquids at low temperatures. Chem. Rev., 1948, 43: 219-256.

[46] Jackle J. Models of the glass transition. Rep. Prog. Phys., 1986, 49: 171-231.

[47] Ediger M D, Harrowell P. Perspective: Supercooled liquids and glasses. J. Chem. Phys., 2012, 137: 080901.

[48] Berthier L. Dynamic heterogeneity in amorphous materials. Physics, 2011, 4: 42-47.

[49] Richert R. Heterogeneous dynamics in liquids: Fluctuations in space and time. J. Phys. C, 2002, 14: R703-R738.

[50] Zheng Z, Ni R, Wang F, et al. Structural signatures of dynamic heterogeneities in monolayers of colloidal ellipsoids. Nat. Commun., 2014, 5: 3829.

[51] Richert R. Confinement effects in bulk supercooled liquids. The European Physical Journal - Special Topics, 2010, 189: 223-229.

[52] Angell C A. Formation of glasses from liquids and biopolymers. Science, 1995, 267: 1924-1935.

[53] Zallen R. The Physics of Amorphous Solids. A Wiley-interscience Publication, 1983.

[54] 张会军, 章琪, 王峰, 等. 利用胶体系统研究玻璃态. 物理, 2019, 48: 69-81.

[55] Cao X, Zhang H, Han Y. Release of free-volume bubbles by cooperative-rearrangement regions during the deposition growth of a colloidal glass. Nat. Commun., 2017, 8: 362.

[56] Tool A Q, Eichlin C G. Variations caused in the heating curves of glass by heat treatment. J. Am. Ceram. Soc., 1931, 14: 276-308.

[57] Kumar G, Neibecker P, Liu Y H, et al. Critical fictive temperature for plasticity in metallic glasses. Nat. Commun., 2013, 4: 1536.

[58] Busch R, Liu W, Johnson W L. Thermodynamics and kinetics of the $Mg_{65}Cu_{25}Y_{10}$ bulk metallic glass forming liquid. J Appl. Phys., 1998, 83: 4134-4141.

[59] Okamoto P R, Lam N Q, Rehn L E. Solid State Physics, Vol. 52, pp. 1-135 ed. By Ehrenrein H & Spaepen F. San Diego: Academic Press, 1999.

[60] Singh S, Ediger M D, de Pablo J J. Ultrastable glasses from in silico vapour deposition. Nature Mater., 2013, 12: 139-144.

[61] Parisi G, Sciortino F. Structural glasses: Flying to the bottom. Nature Mater., 2013, 12: 94-95.

[62] Chen H S, Turnbull D. Evidence of a glass-liquid transition in a gold-germanium-silicon alloy. J. Chem. Phys., 1968, 48, 2560-2571.

[63] Kittel C. Introduction to Solid State Physics. 6th ed. New York: John Wiley & Sons, Inc., 1986.

[64] Wang W H. The elastic properties, elastic models and elastic perspectives of metallic glasses. Prog. Mater. Sci., 2012, 57: 487-656.

[65] Johari G P, Goldstein M. Viscous liquids and the glass transition. II. Secondary relaxations in glasses of rigid molecules. J. Chem. Phys., 1970, 53: 2372-2388.

[66] Ke H B, Wen P, Wang W H. The inquiry of liquids and glass transition by heat capacity. AIP Advanced, 2012, 2: 041404.

[67] Ke H B, Wen P, Zhao D Q, et al. Correlation between dynamic flow and thermodynamic glass transition in metallic glasses. Appl. Phys. Lett., 2010, 96: 251902.

[68] Ke H B, Wen P, Zhao D Q, et al. Specific heat in a typical metallic glass former. Chin. Phys. Lett., 2012, 29: 046402.

[69] Hirai N , Eyring H. Bulk viscosity of polymeric systems. J. Polym. Sci., 1959, 37: 51-70.

[70] Wang J G, Zhao D Q, Wang W H, et al. Correlation between onset of yielding and free volume in metallic glasses. Scr. Mater., 2010, 62: 477-480.

[71] Liu A J, Nagel S R. Jamming is not just cool any more. Nature, 1988, 396: 21-22.

[72] Gao X Q, Wang W H, Bai H Y. A diagram for glass transition and plastic deformation in model metallic glasses. J. Mater. Sci. Tech., 2014, 30: 546-550.

[73] Trappe V, Prasad V, Cipelletti, L, et al. Jamming phase diagram for attractive particles. Nature, 2001, 411: 772-775.

[74] Egami T, Iwashita T, Dmowski W. Mechanical properties of metallic glasses. Metals, 2013, 3: 77-113.

[75] Zhang Z, Xu N, Chen D T N, et al. Thermal vestige of the zero-temperature jamming transition. Nature, 2009, 459: 230-233.

[76] Lindemann F A. Ueber die berechnung molekularer eigenfrequenzen. Z. Phys., 1910, 11: 609.

[77] Wang W H, Wen P, Wang R J. Relation between glass transition temperature and Debye temperature in bulk metallic glasses. J. Mater. Res. , 2003, 18: 2747-2751.

[78] Lubchenko V, Wolynes P G. Theory of structural glasses and supercooled liquids. Annu. Rev. Phys. Chem., 2007, 58: 235-266.

[79] Biroli G , Garrahan P. Perspective: the glass transition. J. Chem. Phys., 2013, 138: 12A301.

[80] Hu Y C, Li Y W, Yang Y, et al. Configuration correlation governs slow dynamics of supercooled metallic liquids. Proceedings of the National Academy of Sciences of the United States of America (PNAS), 2018, 115: 6375-6380.

[81] Berthier L, Biroli G, Bouchaud J P, et al. Direct experimental evidence of a growing length scale accompanying the glass transition. Science, 2005, 310: 1797-1800.

[82] Hu Y C, Li F X, Li M Z, et al. Five-fold symmetry as indicator of dynamic arrest in metallic glass-forming liquids. Nat. Commun., 2015, 6: 8310.

[83] Li B, Lou K, Kob W, et al. Anatomy of cage formation in a two-dimensional glass-forming liquid. Nature, 2020, 587: 225-229.

[84] Beukel A V D, Sietsma J. On the nature of the glass transition in metallic glasses. Philos. Mag. B, 1990, 61: 539-547.

[85] Eyring H. Viscosity, plasticity, and diffusion as examples of absolute reaction rates. J. Chern. Phys., 1936, 4: 283-291.

[86] Turnbull D, Cohen M H. Molecular transport in liquids and glasses. J. Chem. Phys., 1958, 29: 1049-1169.

[87] Cohen M H, Grest G S. Liquid-glass transition, a free-volume approach. Phys. Rev. B, 1979, 20: 1077-1098.

[88] Spaepen F. A microscopic mechanism for strady state inhomogeneous flow in metallic glasses. Acta Metall., 1977, 23: 407-415.

[89] Wen P, Wang W H. Calorimetric glass transition in bulk metallic glass forming Zr-Ti-Cu-Ni-Be alloys as a

free-volume-related kinetic phenomenon. Phys. Rev. B, 2003, 67: 212201.

[90] Wen P, Wang W H. Glass transition in $Zr_{46.75}Ti_{8.25}Cu_{7.5}Ni_{10}Be_{27.5}$ metallic glass under high pressure. Phys. Rev. B, 2004, 69: 092201.

[91] Adam G, Gibbs J H. On the temperature dependence of cooperative relaxation properties in glass‐forming liquids. J. Chem. Phys., 1965, 43: 139-146.

[92] Simon F. Fünfundzwanzig jahre nernstscher wärmesatz. Ergebn. Exakt. Naturwiss., 1930, 9: 222-274.

[93] Berthier L, Biroli G. Theoretical perspective on the glass transition and amorphous materials. Rev. Mod. Phys., 2011, 83: 587-645.

[94] Stevenson J D, Schmalian J, Wolynes P G. The shapes of cooperatively rearranging regions in glass-forming liquids. Nature Phys., 2006, 2: 268-274.

[95] Tanaka H. Relation between thermodynamics and kinetics of glass-forming liquids. Phys. Rev. Lett., 2003, 90: 055701.

[96] Goldstein M. Viscous liquids and the glass transition: a potential energy barrier picture. J. Chem. Phys., 1969, 51: 3728-3739.

[97] Wales D J. Energy Landscapes. Cambridge: Cambridge University Press, 2003.

[98] Liu C, Guan P F, Fan Y. Correlating defects density in metallic glasses with the distribution of inherent structures in potential energy landscape. Acta Mater., 2018, 161: 295-301.

[99] Buchenau U, Zorn R. A Relation between fast and slow motions in glassy and liquid selenium. Europhys. Lett., 1992, 18: 523-528.

[100] Götze W, Sjögren L. Relaxation processes in supercooled liquids. Rep. Prog. Phys., 1992, 55: 241-376.

[101] Angell A. Thermodynamics: Liquid landscape. Nature, 1998, 393: 521-524.

[102] Tanaka H. Roles of local icosahedral chemical ordering in glass and quasicrystal formation in metallic glass formers. J. Chem. Phys., 1999, 111: 3163-3174.

[103] Charbonneau P, Ikeda A, Parisi G, et al. Dimensional study of the caging order parameter at the glass transition. Proc. Natl. Acad. Sci. USA, 2012, 109: 13939-13943.

[104] Berthier L, Tarjus G. Nonperturbative effect of attractive forces in viscous liquids. Phys. Rev. Lett., 2009, 103: 170601.

[105] Xia X, Wolynes P G. Fragilities of liquids predicted from the random first order transition theory of glasses. Proc. Natl. Acad. Sci. USA, 2000, 97: 2990-2994.

[106] Lubchenko V, Wolynes P G. Theory of ageing in structural glasses. J. Chem. Phys., 2004, 121: 2852-2865.

[107] Stevenson J D, Wolynes P G. Thermodynamic-kinetic correlations in supercooled liquids: A critical survey of experimental data and predictions of the random first-order transition theory of glasses. J. Phys. Chem. B, 2005, 109: 15093-15097.

[108] Stoessel J P, Wolynes P G. Linear excitations and the stability of the hard sphere glass. J. Chem. Phys., 1984, 80: 4502-4512.

[109] Singh Y, Stoessel J P, Wolynes P G. Hard-sphere glass and the density-functional theory of aperiodic crystals. Phys. Rev. Lett., 1985, 54: 1059-1062.

[110] Wisitsorasak A, Wolynes P G. On the strength of glasses. Proceedings of the National Academy of Sciences, 2012, 109: 16068-16072.

[111] Hammersley J M. Percolation processes. Proc. Cambridge Phil. Soc., 1957, 53: 642-645.

[112] Lubchenko V, Wolynes P G. Thoery of structural glasses and supercooled liquids. Annual Rev. Phys. Chem., 2007, 58: 235-266.

[113] Adichtchev S V, Benkhof S, Blochowicz T, et al. Anomaly of the Nonergodicity parameter and crossover

to white noise in the fast relaxation spectrum of s simple glass former. Phys. Rev. Lett., 2002, 88: 055703.

[114] Elmatad M, Chandler D, Garrahan J P. Corresponding states of structural glass formers II. J Phys. Chem. B, 2009, 113: 5563-5567.

[115] Hedges L O, Jack R L, Garrahan J P, et al. Dynamical order-disorder in atomistic models of strucutural glass formers. Sicence, 2009, 323: 1309-1313.

[116] Wang Z, Wang W H. Signature of viscous flow units in apparent elastic regime of metallic glasses. Appl. Phys. Lett., 2012, 101: 121906.

[117] Huo L S, Yong Y, Wang W H. The dependence of shear modulus on dynamic relaxation and evolution of local structural heterogeneity in a metallic glass. Acta Mater., 2013, 61: 4329-4338.

[118] 王峥, 汪卫华. 非晶合金中的流变单元. 物理学报, 2017, 66: 176103.

[119] Wang Z, Wang W H. Flow units as dynamic defects in metallic glassy materials. National Science Review, 2019, 6: 304-323.

[120] Liu S T, Wang W H. A quasi-phase perspective on flow units of glass transition and plastic flow in metallic glasses. J. Non-Cryst. Solids., 2013, 376: 76-80.

[121] Tanaka H. Two-order-parameter model of the liquid-glass transition. II. Structural relaxation and dynamic heterogeneity. J. Non-Cryst. Solids., 2005, 351: 3385-3395.

[122] Phillips J C. Microscopic aspects of stretched exponential relaxation (SER) in homogeneous molecular and network glasses and polymers. J. Non-Cryst. Solids., 2011, 357: 3853-3865.

[123] Kennedy D, Norman C. 125 question: what don't we know? Science, 2005, 309: 75-90.

[124] 封端, 金国钧. 凝聚态物理学. 北京: 高等教育出版社, 2003.

[125] 曹烈兆, 阎守胜, 陈兆甲. 低温物理学. 北京: 中国科技大学出版社, 1999.

[126] Binder K, Young A P. Spin glasses: Experimental facts, theoretical concepts, and open questions. Rev. Mod. Phys., 1986, 58: 801-976.

[127] Wang Y T, Bai H Y, Wang W H. Multiple spin-glass-like behaviors in a Pr-based bulk metallic glass. Phys. Rev. B, 2006, 74: 064422.

[128] Anderson P W. Absence of diffusion in certain random lattices. Phys. Rev., 1958, 109: 1492-1505.

[129] Ziman J M. Models of Disorde. Cambridge: Cambridge Univ. Press, 1979.

[130] 阎守胜. 固体物理基础. 北京: 北京大学出版社, 2001.

[131] He S, Maynard J D. Detailed measurements of inelastic scattering in Aderson localization. Phys. Rev. Lett., 1986, 57: 3171-3174.

[132] Mott N F. Electrons in disordered structures. Adv. Phys., 1967, 16: 49-144.

[133] Curtin C. Fact or Fiction? Glass is a (Supercooled) Liquid. Sci. American, 2007.

[134] Luo P, Lu Z, Li Y Z, et al. Probing the evolution of slow flow dynamics in metallic glasses. Phys. Rev. B, 2016, 93: 104204.

[135] Luo P, Wen P, Bai H Y, et al. Relaxation decoupling in metallic glasses at low temperatures. Phys. Rev. Lett., 2017, 118: 225901.

[136] Welch R C, Smith J R, Potuzak M, et al. Dynamics of glass relaxation at room temperature. Phys. Rev. Lett., 2013, 110: 265901.

[137] Swallen S F, Kearns K L, Mapes M K, et al. Organic glasses with exceptional thermodynamic and kinetic stability. Science, 2007, 315: 353-356.

[138] Zhu L, Brian C W, Swallen S F, et al. Surface self-diffusion of an organic glass. Phys. Rev. Lett., 2011, 106: 256103.

[139] 刘邻渭. 食品化学. 郑州: 郑州大学出版社, 2011.

[140] 赵学伟, 毛多斌. 玻璃化转变对食品稳定性的影响. 食品科学, 2007, 28: 539-546.

[141] Meste M L, Champion D, Roudaut G , et al. Glass transition and food technology: A critical appraisal. J. of Food Sci., 2002, 67: 2444-2458.

[142] Colaco C, Sen S, Thangavelu M, et al. Extraordinary stability of enzymes dried in trehalose: Simplified molecularbiology. Biotechnology, 1992, 10: 1007-1010.

[143] Crowe J H. Is verification involved in depression of the phase transition temperature in dry phospholipids. Biochimica Biophysica Acta, 1996, 1280: 187-196.

[144] 秦华明, 宗敏华, 梁世中. 糖在蛋白质药物冷冻干燥过程中保护作用的分子机制. 广东药学院学报, 2001, 17: 305-307.

[145] Pegg I L. Turning the nuclear wast into the glass. Phys. Today, 2015, 68: 33-39.

[146] Tollefson J. How the United States plans to trap its biggest stash of nuclear-weapons waste in glas. Nature, 2017, 550: 172-173.

[147] Miodownnik M. Stuff Matters: The Strange Stories of the Marvelous Materials that Shape Our Man-Made World. Penguin Books Ltd. , 2013.

[148] Fernandez-Leiro R, Scheres S H W. Unravelling biological macromolecules with cryo-electron microscopy. Nature, 2016, 537: 339-346.

[149] Nogales E. The development of cryo-EM into a mainstream structural biology technique. Nat. Methods, 2016, 13, 24-27.

[150] Self S, Blake S, Sharma K, et al. Sulfur and chlorine in late cretaceous deccan magmas and eruptive gas release. Science, 2008, 319: 1654-1657.

[151] Saal A E, Hauri E H, Cascio M L, et al. Volatile content of lunar volcanic glasses and the presence of water in the Moon's interior. Nature, 2008, 454: 192-195.

[152] Kerner B S, Rehborn H. Experimental properties of phase transitions in traffic flow. Phys. Rev. Lett., 1997, 79: 4030-4033.

[153] 陆坤权, 刘寄星. 以颗粒物理原理认识地震. 物理学报, 2012, 61: 119103.

[154] Tao Y. Swarm intelligence in humans: A perspective of emergent evolution. Physica A, 2018, 502: 436-446.

[155] Storms R F, Carere C, Zoratto F, et al. Complex patterns of collective escape in starling flocks under predation. Behav. Ecol. Sociobiol., 2019, 73: 1-10.

[156] Blundell S J, Blundell K M. 热物理概念——热力学与统计物理学. 2 版. 北京: 清华大学出版社, 2015: 166.

第 6 章　非晶物质的本征特性：无序和复杂的倜傥

非晶物质是有特性的材料

6.1 引 言

非晶物质非常有个性，具有明显不同于其他常规物质的特征。非晶物质被认为是四种常规物态之一的一个重要依据是它有很多不同于其他三种常规物态的、本征的物理、力学和化学等特性，这和非晶物质具有很多固有内禀特征有关。非晶态物质的形成是熵和能量的竞争与平衡的结果，非晶的特性也是其结构特征、动力学和热力学状态、远离平衡的亚稳态、母体过冷液体、玻璃转变、形成方法、工艺和过程决定的。

概括起来非晶物质的特性有：普遍性和多样性。自然界中充斥着各类非晶物质，日常生活中非晶物质几乎涉及我们生活的方方面面，包括各种各样的非晶物质，如非晶态半导体、非晶态电解质、非晶态离子导体、非晶态超导体、非晶态高分子、玻璃、非晶态合金等。常见的透明玻璃、塑料、橡胶、水泥、食品、软物质等，都属于非晶物质这个大家族。复杂性：非晶物质是由大量的原子或分子组成的多体系统，其大量粒子排列的无序性和高熵又使得这类系统呈现复杂性的结构特征，许多其他常规物态中没有的新奇现象。渐变性与可逆性：非晶物质从液态到非晶固态的过程是渐变的，其物理、化学性质的变化也是连续和渐变的，与熔体的结晶过程明显不同，结晶过程必然出现新相，在结晶温度点附近许多性质会发生突变。而非晶物质从熔融状态到固体状态是在较宽温度范围内完成的，随着温度逐渐降低，玻璃熔体黏度逐渐增大，最后形成非晶态，形成过程中没有新相形成。相反非晶物质加热变为熔体的过程也是渐变的。非晶和过冷液体之间可以通过可逆的玻璃转变互相转化。亚稳特性：非晶物质另一个重要特性是其结构、性能都和时间密切相关，即非晶物质易受到周围环境(如温度、压力、辐照等)的影响，使得体系总是自发地趋向低能量的有序排列的晶态，表现出结构弛豫和时效性(aging)，其物理、化学和力学性质及结构都会随时间不间断发生演化。此外，非晶物质的结构、物理化学性质敏感地依赖于制备条件和制备方法。因此，在使用非晶材料时需要考虑非晶材料的稳定性和时效。回复特性：亚稳特性使得非晶物质在特定的环境条件(如温度、压力)下可以趋向更高的能态(更接近母态-液态)，这种和时效相反的特性称为回复(rejuvenation)。熵调控特性：弛豫和回复使得非晶物质的性能可用序/熵来调控。遗传性：非晶物质很多是从液体快速凝固得到的，它的某些性质和结构特性与其过冷液体类似，即非晶物质可以保留、遗传液态的某些特性，具有遗传性。局域特性：非晶物质局域性质不同，对其性能和特征有很大的影响；其流变特征既不同于晶态固体，也不同于常规气体和液体，表现为局域流变性和脆性，这给非晶材料的应用带来很多问题，限制了其应用范围。响应敏感性：非晶物质一般对外界作用很敏感，类似软物质，微小的外加物理或化学作用可能引起其性质或结构等的极大变化。这种响应的敏感性在日常生活、工业领域有重要的应用，如非晶材料可以作为传感器材料。高弹性：非晶物质的弹性一般是其晶态的十至几十倍，起源于非晶物质的独特微观结构特征。弹性是非晶物质的重要特征，将在第 7 章中单独介绍。超塑性：非晶物质在一定的温度下表现出异常低的流变抗力、异常高的流变性能，有大延伸率，易成形加工，比如玻璃能吹制成复杂多样的器皿和工艺品得益于其超塑性。此外，非晶物质有独特的化学特性，如抗腐蚀和催化特性，其输运特性也不同于液态和晶体。

非晶态物质体系虽然比生命体系简单得多，但很多方面和生命物质有类似之处，其实组成生命的物质很大部分就是非晶态。非晶物质和生命体系都是复杂体系，能量和熵相对很高，是亚稳态，都会随着时间发生性能和结构衰变，通过环境的特定变化也可使得非晶物质体系暂时年轻化，对外界的影响反应敏感。不稳定、随机性、自组织、不可逆都是它们的基本要素，非晶物质也有类似的记忆效应和遗传特性，还有可塑性，并可通过训练改进某种性能的特征。对于非晶物质这些基本特性的研究和深入认识，会极大地推动对非晶物质本质的认识和了解，甚至有助于对生命物质的研究。

本章重点介绍非晶物质的亚稳特性、稳定性、衰变和回复、记忆效应、遗传性、对外界影响的敏感性、局域流变性和脆性、超塑性成型特性，以及抗腐蚀等重要特性。

6.2　非晶物质随时间变化的特性

6.2.1　亚稳特性

非晶物质相对晶体具有较高的能量和熵，是热力学上的亚稳态。图 6.1 是同成分非晶态和晶态相能量的比较图，以及亚稳示意图(右方)。相比晶态，非晶态具有较高的势能，理论上非晶物质是不稳定的，会通过结构弛豫、结晶、长大，最后衰变、晶化成稳定的晶态物质，这也被大量实验所验证。但是，如图 6.1 所示，非晶向晶态弛豫或者晶化过程需要克服能垒。实验和理论证明，一个体系非晶形成能力低，其稳定性相对也低。例如，合金的非晶形成能力低，其稳定性也差，容易衰变或晶化。这是由于合金中原子是通过共享的自由电子形成的没有取向性的、较弱的金属键结合在一起的，原子只需平移运动就能实现晶化。如最早发现的 Au-Si 非晶合金只能在室温下保持 24 h，即在室温下一天时间几乎完全晶化。非晶形成能力强的非晶合金相对稳定，如 Zr-、Pd-非晶合金至少可以在室温下保持几十年。弛豫、衰变和老化(aging)会导致非晶材料的性能退化，严重影响非晶材料的服役。

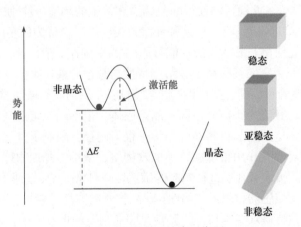

图 6.1　非晶是亚稳态示意图

非晶物质在连续加热或者加压过程中，到达晶化温度或者某个压力阈值时，其组成粒子能克服势垒进行重排，发生晶化。晶化使得非晶物质在很短的时间转换成晶体。非晶物质的稳定性和晶化即晶态相的形核、长大机制密切联系。抑制晶化是稳定非晶态的关键。非晶转变的时间-温度-转变图(又称 3T 曲线)，能很直观地说明非晶的稳定性、晶化的过程和机制。过冷液体的晶化机制随温度不尽相同。从 3T 曲线的鼻尖到熔点 T_m 的浅过冷液相区，晶化是形核控制的机制；在 3T 曲线的鼻尖到 T_g 的深过冷液相区，晶化是长大控制的机制。这是因为过冷液体晶核形成和长大速率极大值是随温度变化的，晶核形成速率极大值要比长大速率极大值低很多，所以在浅过冷液相区成核速率很低，长大速率很大，这时只要成核会很快长大结晶，是一种成核控制的晶化机制；而在深过冷液相区即使有大量晶核存在，因为长大速率很慢，可以通过抑制长大来阻止晶化。因此，根据 3T 曲线，通过过冷来控制晶体相形核和长大，可以控制非晶物质的晶化，即控制非晶物质的稳定性。

过冷度和非晶物质的稳定性密切关联，因为过冷度影响晶体相形核和生长速率。非晶物质的晶化往往发生在深过冷液相区，即 T_g 附近，所以要提高非晶的稳定性，控制晶核、控制晶核的长大很关键。非晶物质的等温结晶的体积分数 $x(t)$ 和退火时间 t 的关系符合方程[1,2]

$$x(t) = 1 - \exp\left\{-\left[k(t-\tau)\right]^n\right\} \tag{6.1}$$

其中，τ 是成核孕育时间，n 是与晶化机制有关的参数，k 是与长大速率相关的参数。通过在 T_g 以上附近温区等温退火，根据方程(6.1)可计算出 n 和 k 值，可研究晶核的长大的控制，判断晶化的机制。$n(x)$ 给出晶化体积分数为 x 时的形核与长大行为方面的信息，其值可用以下公式得到：

$$n(x) = \frac{\partial \ln\left[-\ln(1-x)\right]}{\partial \ln(t-\tau)} \tag{6.2}$$

如 $Zr_{60}Al_{15}Ni_{25}$ 非晶合金的 $n(x)$ 的取值范围为 1.4～4.8，其晶化为三维长大机制。晶核的三维长大机制，需要原子的长距离扩散。原子的长程扩散决定了晶化的时间，所以提高非晶稳定性的条件之一是抑制原子的长程扩散和晶核的长大。但是，不同的空间尺度上，多个序参量同时存在和竞争或协同作用是如何形成有序晶体相的，这个问题至今没有明确的答案。

如图 6.1 所示，非晶稳定性的另一个因素是晶化激活能。根据 Kissinger 方法(Kissinger 关于确定激活能的两篇论文被引用 10000 多次)可容易地评估非晶物质的晶化激活能[3,4]，Kissinger 方程反映温度随时间变化过程的反应速率是：

$$\ln\frac{\varphi}{T^2} = C - \frac{\Delta E}{RT} \tag{6.3}$$

其中，φ 为升温速率，C 为常数，R 是气体常数，ΔE 是激活能。从式(6.3)，根据升温速率和晶化温度的变化就能求出晶化激活能。大部分非晶合金的晶化激活能为 $1.0～3.0$ eV[5-7]。通过提高晶化激活能(如进行微量掺杂、高压等)可改进非晶物质的亚稳特性。非晶物质发生从非晶到晶体的转变还会导致微结构演化，伴随着大量的纳米晶粒的析出，分布在非晶基体之中。如果能够控制这些密度高达 10^{24} m^{-3} 的纳米晶粒的析出，可以极大地改善并提高材料的化学、物理、力学性能和稳定性。比如，纳米晶 Fe-Si-B-Nb-Cu 软磁材料

(FINEMET 合金)就是通过晶化析出得到的,它表现出优越的软磁性,同时具有很高的饱和磁化强度和小的矫顽力[8]。这类来源于非晶稳定性控制的软磁材料在变压器和电机领域有广泛的应用和巨大的市场。

为什么非晶物质是亚稳态呢? 对一个体系,其稳定性由其能量ΔE和熵ΔS共同决定:

$$\Delta E = \Delta G + T\Delta S \tag{6.4}$$

即非晶态物质的形成是熵和能量的竞争、平衡的结果。非晶物质长程无序及复杂的结构造成非晶体系有相对较大构型熵、混合熵ΔS[9]。从公式(6.4)可知,熵高,体系的能量就大,体系就不稳定。非晶物质往往是通过快速凝固、高压等非平衡方法,在体系中引入熵或者无序,并能将这些保存下来而得到相对能量较高的物质态,因此是亚稳态。

非晶的亚稳特性与其组成粒子动力学行为有关。在永恒热环境中,微观粒子会不停地舞蹈和运动。室温下$(T_r = 295 \text{ K})$,体系每个粒子热扰动能量为$k_B T_r \approx 4.1 \times 10^{-21}$ J(注: 化学键能$E_{bond} \approx 2.4 \times 10^{-19}$ J,大约是典型热能的 60 倍。这是热扰动不会破坏分子结构,如传递遗传信息的 DNA 结构的原因[10])。对每摩尔粒子,$k_B T_r \approx 2.5$ kJ/mol。非晶物质中由于粒子的无序堆积、结构非均匀性,以及一些软区粒子排列相对松散,一些粒子和周围其他粒子之间的相互作用较弱,具有较大的移动性,在热扰动的作用下会发生位置重排,向更稳定的低能态过渡。这也是非晶物质有时效、发生结构弛豫,具有亚稳特性的原因。

正如生命系统这个远离平衡态的体系一样,非晶物质的亚稳态、非平衡特征导致非晶物质具有很多奇特的本征性质,如衰变的特征,记忆效应,遗传性,响应的敏感性等。因此,非晶物质的研究是生物体系研究的重要基础。

6.2.2　老化

和非平衡的生命体一样,亚稳非晶态体系也会随时间衰变老化,相应的物理、化学性质也会发生显著变化,并有其独特的衰变、老化规律。在等温加热、加压过程中,非晶物质会向能量较低的非晶态弛豫,伴随着结构和动力学不均匀程度的降低,这种现象称为非晶物质的衰变或老化,或者称为结构弛豫(aging or structural relaxation)。老化导致非晶物质结构变得有序、能态更低,玻璃化转变温度和晶化温度提高,密度、强度、硬度等增大。图 6.2 是非晶物质从较高能态向较低能态衰变老化的示意图。在老化过程中,非晶体系能量、体积、焓和熵都降低,体系趋向能量更低的状态。

非晶物质 "aging" 这个词最早是 Struik 提出的,用以区分非晶的晶化和化学降解(chemical degradation)[11],他还指出在设计、使用和制备非晶材料过程中需要考虑老化效应。例如,对于非晶合金、塑料等非晶材料,老化研究尤其重要,因为老化会引起脆化,导致力学服役性能大大下降[12]。

非晶物质随时间演化行为和现象往往不是通常认为的连续变化的行为,而是表现为断断续续的间歇性行为。例如,非晶的衰变就是一种间歇性的动力学行为(人的衰老也是间歇性的)[13-16],这是非晶物质复杂、不均匀性的微观结构的动力学体现。非晶态的衰变

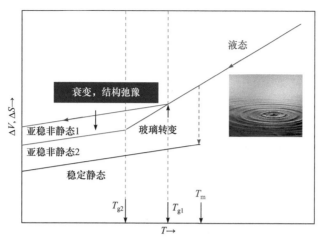

图 6.2　非晶物质从较高能态 1 向较低能态 2 衰变老化的示意图。在老化过程中，非晶体系能量、体积、焓和熵都降低，物化性质发生明显变化

对应于非晶物质极其缓慢的流变行为。这类缓慢流变或衰变研究直接关系到非晶材料的服役稳定性、重大工程安全及地质灾害机制的认识和防治。但是对于流变速率极低的黏滞液体，传统的流体理论和范式就不适应了，还没有广泛接受的非晶态衰变理论[17]。非晶衰变研究的困难在于非线性及非指数特征和很长的时间尺度[17-22]，在于复杂关联系统中运动机制和运动载体难以确定和表征。

有效温度 T_f 通常被用来描述、表征非晶的衰变老化行为[24,25]。图 6.3 比较了常规非晶态和其长时间衰变的非晶态，超稳定非晶态——相当于经过很多年衰变的有效温度 T_f，可以看到衰变时间越长的非晶态具有更低的 T_f，有效温度 T_f 能较好地描述并表征非晶的老化和弛豫行为。

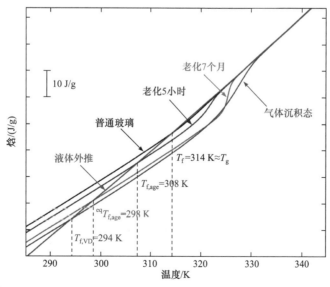

图 6.3　不同衰变时间的非晶态的有效温度对比图 T_f[25]。衰变时间越长的非晶态具有更低的 T_f

6.3 稳 定 性

在这个世界上，唯变不变。一切事物均不能长久存在，即使是崇山峻岭，在历经了亿万年之后也会销蚀成土丘、平地；星辰和星系的寿命都是亿万年；自然界的基本粒子，比如质子与电子，其寿命几乎是无限的，但是终将消亡。世上万物都有寿命，都有稳定性问题。稳定和久远在政治、经济、社会、生命、物质等诸多领域都是永恒的主题。

非晶物质的稳定性也是非晶物理和材料研究的主题。牛顿提出惯性运动定律：物体在没有受到外力作用时总是保持匀速运动状态。其实物质的状态也有"惯性"：物质都有保持其状态的本能，要改变这个状态需要外加能量，即要克服能垒。这也可以称为稳定性定律：任何一个物质状态都有一个势垒，该势垒使得该物质状态保持稳定，要使状态改变，必须施加能量来克服这个势垒。即一个物相的能态是在一个能量势阱中，一个非晶态也是处于如图 6.4 所示的势能阱中，稳定性类似运动的惯性，是非晶物质的"惯性"。生命也一样，生命体系是个非晶体系，有个保持生命力(稳定性)的势垒，该势垒随着时间降低，到一定时候，势垒降到一定程度，发生相变，生命体死亡。如图 6.5 所示，保持物质"惯性"或稳定性的势垒会随外界条件如时间、应力、温度变化。这是非晶态物质不稳定的原因。例如，流变是在应力作用下的非晶物质的变化或失稳；晶化、结构弛豫是非晶物质温度作用下的失稳；衰变老化是随时间的失稳等。失稳会导致晶化、非晶到非晶的相变、结构弛豫和老化、形变和断裂等。

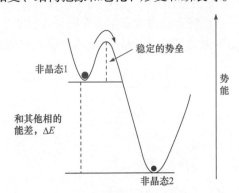

图 6.4　决定非晶物质稳定性的因素：势垒和势能

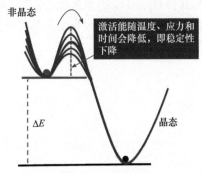

图 6.5　非晶物质的激活能随温度、应力和时间的变化，导致非晶物质失稳

决定非晶物质稳定性的因素是势垒和势能。在势能的驱动下，非晶态随时间和外界作用条件会向能量更低的物态，如图 6.4 中的非晶态 2，或者能量更低的晶态过渡，但是能垒起到稳定非晶相的作用。Arrhenius 提出的能垒是理解非晶稳定性的重要概念。处于亚稳势能阱中的非晶体系的失稳就是系统在外场的驱动下克服势垒的过程。

在理论上，非晶物质作为典型的亚稳态，如同图 6.6(a)中的不稳定沙雕，会在势能的驱动下和本征衰变的作用下趋向稳态(自然的沙堆相对沙雕是稳态)。但是，实际上，不同的非晶物质稳定性相差巨大。有些非晶物质在室温条件下几小时就晶化(如单质非晶合金在室温下几乎不能稳定存在)。令人惊讶的是，有些非晶物质能表现出超稳定性，颠覆了我们对亚稳非晶材料的固有观念，也使得非晶材料具有独特的用途。图 6.6(b)比较了远古的琥珀的动力学特征峰——玻色峰和其初始化的样品(将远古琥珀加热到其过冷液区，再冷却下来即得到接近原始态的琥珀)玻色峰，可以看出其玻色峰变化极小，这表明在条件严酷的大自然中风化几千万年，琥珀的微观结构几乎没有变化(玻色峰能反映非晶物质的局域结构特征)[26]。而在相当的时间尺度，猿猴已经进化成为现代人类！这表明这类非晶物质具有令人震惊的高稳定性。再比如，自然界中大量存在的非晶态铝矽酸盐、黑曜石都可以在地表复杂、严酷的物理、化学环境中稳定存在几亿年[27]。在利比亚沙漠地区有闪电熔岩玻璃，也可能是陨石撞击地球时高温产生的，这些玻璃在地球上存在至今至少已经 2600 万年了。中国嫦娥五号采回的月壤中玻璃质成分多达 50% 以上，这些月球表面上的玻璃小球至少已经存在 15 亿年了。这些天然非晶物质都被证明是最稳定的固态物质。

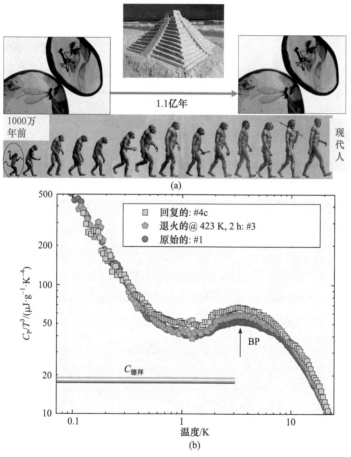

图 6.6　(a) 非晶稳定性类似沙雕的稳定性；非晶态琥珀具有超强的稳定性，自然界中的琥珀经过千万年风雨，几乎没有老化；而在相当的时间尺度，猿猴已经进化成为人类。(b) 远古时代的非晶态琥珀经过百万年的衰变，其动力学特征之一玻色峰和结构变化极小，证明其具有超稳定性[26]

非晶稳定性的研究，有助于探索超高稳定性的非晶材料。稳定的非晶物质具有重要的科学意义和应用价值。例如，稳定的非晶材料可用于核废料的封装材料，因为核废料的辐射需要上万年的时间才能衰减掉。找到合适安全的核废料封装材料是目前迫切需要解决的难题,高稳定性的非晶玻璃材料是备选材料之一[27]。再比如金、银、钻石珍贵,可以作为货币的原因之一是其稳定、容易长期保存的特性。诺贝尔获得者德热纳(P. G. de Gennes)喜欢举的一个例子是中国人 4000 多年前发明的墨汁:炭黑用水调和就可以用来写字,但是放置很久以后,原来均匀溶解于水中的炭黑就会沉降。解决的办法是加一点胶在水中,墨汁就能稳定很多年。直到 30 年前,人们因为了解了聚合物的稳定机制才认识到墨汁能维持稳定的原因是胶中的长链分子(聚透明脂酸)附着在碳粒上,阻挡了碳粒彼此接近和凝集。

在玻璃上微加工、刻蚀纳米结构去编码信息,研制出寿命超长的玻璃光盘,如图 6.7

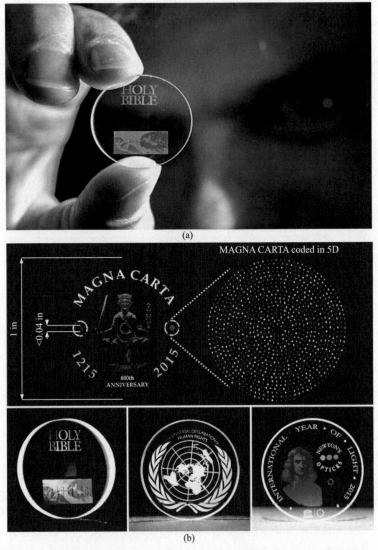

图 6.7 (a) 玻璃材质和纳米技术合成的 5D 盘片商业化。所谓 5D 是用纳米光栅实现反射光的定向、折射强度及 x、y、z 五个属性,可实现更大密度的存储,存储量是一般光碟的 3000 倍。玻璃盘片可在 190℃下保存亿年。(b) 刻有联合国宣言的玻璃盘片

所示，其存储容量高达 360 TB(见 http://www.ibtimes.co.uk/scientists-smash-data-storage-records-360tb-glass-device-that-saves-files-billions-years-1544226)。这种五维光碟使用位于碟片内的"纳米光栅"保存信息，而通过读取折射的激光可以表达 5 种数据状态：纳米光栅的方向、激光折射的强度，以及用 x、y、z 轴表示的空间位置。因此，相对于传统光碟，五维光碟的数据存储密度更大。由于玻璃是一种坚固的材料，只有很高的高温才能导致玻璃熔化或变形(五维光碟可以耐 1000℃的高温)，玻璃又有超高的物理、化学稳定性，因此这种五维光碟能确保数据在非常长的时间里不会丢失，在理论上在温度高达 190℃ 的环境中可维持长达亿年。商业化微软玻璃硬盘已经问世，其单片 75 G 像素级存储有千年质保期。华纳兄弟公司的胶片冷藏库需要恒温、恒湿，还要时常检测有无化学分解。胶片三年更新一次。图 6.8 是华纳兄弟档案高管 B. Collar 和首席技术官 V. Colf 展示同样电影在胶卷与玻璃存储的对比。高稳定性的玻璃存储片可在常规条件下保存时间达到千年，极大地降低了数据保存成本。

图 6.8　华纳兄弟档案高管展示同样电影在胶卷与玻璃存储的对比

　　某些亚稳非晶物质为什么具有如此之高的稳定性呢？非晶态是如何维持其高度无序结构的稳定的呢？非晶稳定性的物理机制和其成分、价键、结构、动力学和热力学密切相关。从动力学的角度来看，同一体系中不同区域的动力学有很大的差异[28,29]，这种动力学的不均匀性、动力学势垒将直接影响非晶体系在外场下的稳定行为。从热力学的角度看，要打断粒子间的化学键需要瞬间跨越粒子间的激活能垒，粒子之间的相互作用或者高化学键合能(如共价键)在非晶稳定性中起主要作用[10]。非晶体系的局域结构和其稳定性密切相关。如高稳定的合金体系往往具有二十面体团簇密堆结构，Zr 基非晶合金是目前发现的稳定性最好的非晶合金体系之一，其局域结构主要是由二十面体团簇密堆的结构。

　　非晶物质的稳定性还取决于抑制晶化。一个体系有稳定的过冷液态往往具有更优异的稳定性。非晶体系的稳定性还和其非晶形成能力密切相关。具有强的形成能力、很宽的过冷液相区的非晶体系往往具有高稳定性[30,31]，比如 Pd、Zr 基非晶合金形成能力和稳定性都很强。Johnson 在对非晶形核机制多年不懈研究的基础上，发展了新的提高过冷熔体稳定性、控制非晶物质晶化的新方法和新理论[32]。非晶合金超塑性成型是在浓稠的过冷液体中进行的，过冷液态越浓稠越不利于成型，需要把过冷液体升到较高的温度，使得液态的黏滞系数下降，以利于精密成型。但是温度越高，过冷熔体越容易晶化，稳定性越差，避免结晶是制造非晶合金零件时面临的主要挑战。Johnson 等发明了超快速加热提高非晶过冷液态稳定性的新方法[32]，他们将非晶合金以 1000 K/s 超快的升温速度，加热到 T_g 温度点以上 200 K 左右，使合金快速变成流动性足够大的液体状态，并快速注入一个模具中凝固。这种方法采用的电阻加热技术能均匀且快速地加热合金材料，并能在约 1 μs 内向一根非晶合金棒发射一束短暂而密集的电流脉冲，传送 1000 J 的能量。该电流脉冲可均匀地加热整个非晶合金，加热速度是常规加热方法的 1000 多倍。在半微秒内，非晶合金就达到了过冷液态的温度，然后，熔融状态下的合金被注入模具中并冷却，耗时仅几微秒[32]。从图 6.9 可以看出，当升温速度超过一个临界升温速率时，可以有效提高合金过冷熔体的稳定性，避免熔态合金的晶化，实现非晶合金精密超塑性成型。

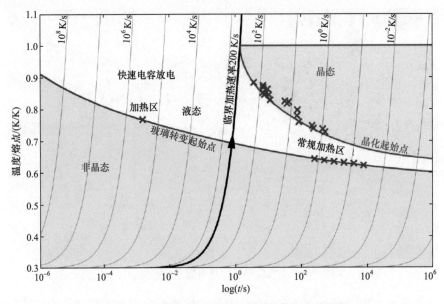

图 6.9 非晶稳定性、晶化和升温速率的关系图[32]

高压也能通过抑制晶化提高非晶物质的稳定性。高压是通过提高晶化或者老化势垒来提高非晶的稳定性的。图 6.10 是高压下合成的超稳定 $Pd_{40.16}Ni_{9.64}Cu_{30.12}P_{20.08}$ 块体非晶合金[33]。该非晶具有很高的能量状态(图 6.10(a))，和退火处理造成的弛豫态及原始制备出来的非晶态相比，在 17 GPa 压力、室温下合成的非晶合金具有较高的能量，但是高压处理后的非晶合金的 DSC 曲线整体都向高温偏移，其玻璃转变温度升高，说明高压处理过的非晶合金具有更高的动力学稳定性，需要更高的温度才能使原子发生重排运动和玻璃转变。其高稳定不是由于整个非晶体系的能量低，而是由于提高了非晶弛豫、老化和晶化势垒造成的。这说明热力学上能态很高的非晶态仍然可以具有很高的稳定性。能垒图上绝对位置的高低不是非晶物质高稳定性的必要条件。能量地貌图可用于描述非晶材料的能量状态和稳定性。能量地貌图中的能谷和能垒可决定非晶热力学和动力学稳定性[34-36]。压力和应变可以改变能垒图上的能谷和能垒[37-40]。即高压处理过的非晶态的能垒图发生了改变，如图 6.10(b)所示，高压处理明显提高了非晶态的弹性模量，根据弹性模型非晶态的能垒高度与弹性模量、T_g 成正比，说明非晶态的能垒提高，因此稳定性提高[40]。

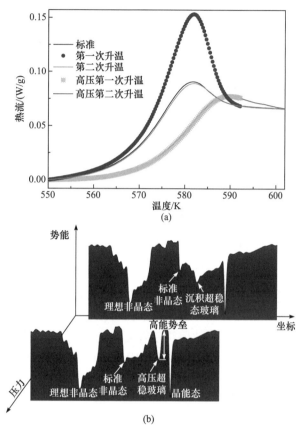

图 6.10　(a) 非晶合金 $Pd_{40.16}Ni_{9.64}Cu_{30.12}P_{20.08}$ 标准样品(黑线)，退火非晶合金的(538 K 等温退火 1 h)第一次升温(蓝线)和第二次升温(紫线)的 DSC 曲线；高压处理非晶合金的(室温 15 GPa 下保压 1 h)第一次升温(绿)和第二次升温(红线)DSC 曲线；(b) 高压对能量地貌图的演变影响和超稳定非晶的能垒示意图[33]

　　最常用和有效的提高非晶稳定性的手段是退火方法，合适的退火条件能明显地提高非晶物质的热稳定性[41]。Ediger 等采用气相沉积的方法获得具有超高动力学、热力学稳定性的高分子非晶材料[42,43]。这种方法利用纳米级非晶沉积层中粒子活跃的动力学行为(是同成分非晶中粒子的百万倍)，使得沉积粒子能在短时间弛豫找到稳定的能量最低态，形成的非晶膜比其他方法制备的同成分非晶在密度上高约 2%以上，T_g 大大提高，弹性模量高约 20% 以上。

　　实现非晶物质高稳定性的条件和方法可以总结为：①具有较高的晶化温度和玻璃转变温度；②具有强非晶形成能力和较宽的过冷液相区；③体系具有较大的形核、长大、衰变势垒；④对于合金体系团簇密堆的结构有利于提高其稳定性。

　　有些非晶物质具有化学不稳定性。如 Mg-Zn 基、Sr 基非晶合金就可以在水中迅速降解，有望成为下一代可降解生物移植材料[44,45]。Sr 基块体非晶合金化学稳定性很差，甚至能和水剧烈反应，同时放出大量气泡，几分钟内即溶解殆尽，如图 6.11 所示。但是这种不稳定性可控，可以通过改变成分来控制。这种降解速率可控的非晶材料还具有一系列独特的性质，比如具有很高的断裂强度($\sigma \sim 400\,\mathrm{MPa}$)、接近人体骨骼的杨氏模量($E \sim 18\,\mathrm{GPa}$)、良好的生物相容性等，可作为医用材料。

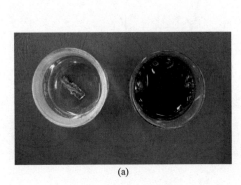
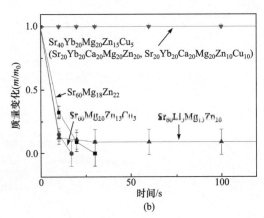

图 6.11   Sr 基块体非晶合金的水解行为：(a) 不同 Sr 基非晶合金与水反应的照片；(b) 不同 Sr 基非晶合金在水中质量变化图[45]

非晶体系在一定外场条件下(如力场下)会发生局域的和/或整体的一个类似临界现象的复杂物理过程，如非晶的断裂和疲劳，这也称为非晶体系的失稳。即非晶体系的失稳具有不同的时空尺度，非晶态从局域失稳发展成为宏观失稳过程的深入认识是提高非晶体系稳定性的关键问题[46,47]，我们会在非晶物质流变和断裂的章节进行详细讨论。

6.4 回　　复

返老还童是人类的梦想之一。对于非晶物质，返老还童不是梦，非晶物质的老化和衰变可以回复。回复是非晶物质不同凡响之处，回复是衰变和老化的逆过程，是通过在非晶体系中吸收外界能量和增加非均匀性使之远离平衡态。如图 6.12 所示，非晶物质吸收外界能量从较低能态 2 向较高能态 1 跃迁的过程就是回复。在回复过程中，非晶体系能量升高，体系变得不均匀、不稳定，并伴随性能的变化。图 6.13 从能量地形图给出对非晶态"回复"过程的解释：体系从低能态的能谷跃迁到高能态的能谷。同样，有效温度 T_f 能较好地描述表征非晶的回复行为，回复的非晶物质具有更高的 T_f。研究表明甚至可以将非晶态"回复"到接近液体的高能态[48]。

非晶物质发生的结构弛豫或衰变以及相应的性能老化问题，可以通过回复在一定程度上克服。实验和计算机模拟发现，在非晶物质中存在一些纳米尺度的类似于液体的区域，又称流变单元(flow units)。和周围区域相比，类液体区域表现出较低的原子堆积密度，较低硬度和模量，较高的能态，容易剪切变形和流动等特性。非晶中的流动单元类似晶态材料中的缺陷，其浓度、尺寸和能量的分布决定非晶物质的能量状态、力学等性能，衰变、老化等稳定性。回复实际上就是调控非晶中的流动单元的浓度、分布和数量，从而提

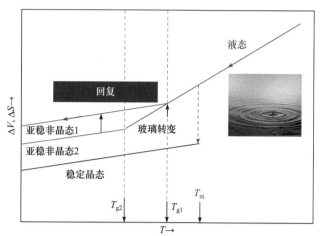

图 6.12　非晶从较低能态 2 向较高能态 1 跃迁的过程就是回复。在回复过程中，非晶体系能量升高，塑性增强，性能变化

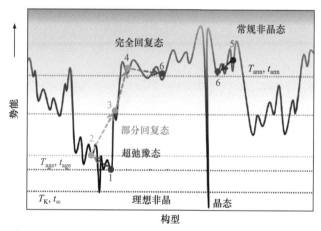

图 6.13　用能量地形图表示和示意非晶态"回复"过程[26]

高和改进非晶物质的性能。采用 DSC 可以方便地测量回复的程度，图 6.14 所示是 DSC 测量回复示意图。对比可以看到，回复的非晶物质的 DSC 曲线相比老化的和刚制备的(原始态)非晶有很大的预峰，根据预峰的面积可以估算回复后非晶的能态，即回复的程度。

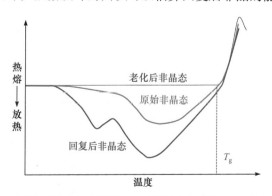

图 6.14　DSC 测量回复示意图，回复态有更大的预峰，代表高能态

　　实现非晶物质回复的方法很多，其基本原理就是通过适当的方式，给非晶物质施加一定的能量 E，该能量要小于晶化激活能 E_c，即 $E < E_c$，就可能实现回复。图 6.15 是各种可以实现回复的力学方法[48]。通过合适的工艺条件，这些方法都能够实现非晶材料的回复，提高非晶的性能。

图 6.15　各种可以实现非晶物质回复的力学方法[48]

　　例如，表面喷丸方法可以使得非晶合金得到回复，从而大大提高非晶合金的塑性[49]；一种简单室温缠绕法(图 6.16)，通过施加长时间固定的应力，可以方便、有效地调制实现非晶材料的回复，从而实现非晶合金中的室温均匀塑性变形，并提高了塑性性能。通过对比不同体系非晶合金塑性变形和流动单元激活能之间的关系，发现在相同条件下，非晶流变的激活能越低，越容易回复[50]。

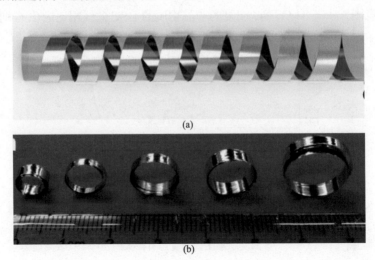

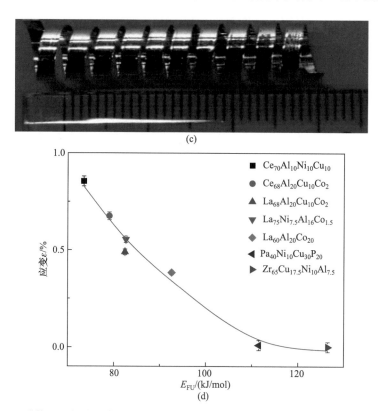

图 6.16　(a)~(c) 缠绕法回复非晶合金示意图。解开缠绕之后，非晶条带实现了均匀塑性变形。(d) 不同非晶合金体系塑性变形和 T_g 以及流动单元激活能之间的关系，在相同条件下，非晶流变的激活能越低，越容易回复[50]

　　一种简单的冷热循环处理工艺也可以有效回复非晶材料[51]。该工艺将非晶合金在液氮或者液氦中浸泡几分钟，然后快速升温至室温并保持几分钟，如此多次循环。经过数十次循环之后，非晶合金的能量升高，表现为 DSC 曲线结构弛豫放热峰明显增强(图 6.17)。冷热循环之后合金的硬度明显降低，合金的压缩塑性增加到 7% 以上，剪切带密度增加。冷热循环后 β 弛豫峰的位置向低温区移动，且强度提高。这些证据都表明，热循环处理使得非晶合金发生回复效应，使得非晶合金中的流变单元的数量显著增加，结构更加不

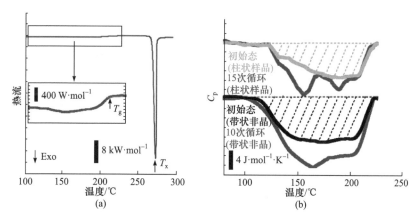

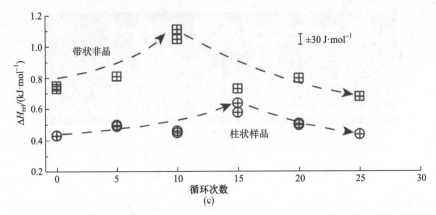

图 6.17　热循环处理前后 DSC 曲线图。通过热处理之后，非晶合金发生回复现象，且与循环次数相关[51]

均匀，使得非晶合金在受力条件下，产生更多的剪切带，从而大大提高了非晶合金的宏观塑性(图 6.18)。和离子辐照、表面喷丸、强变形等方法相比，冷热循环回复方法具有非破坏、不改变形状、不限制样品尺寸、不产生剪切带等特性，更重要的是在工业上易于实现，工艺处理成本低。

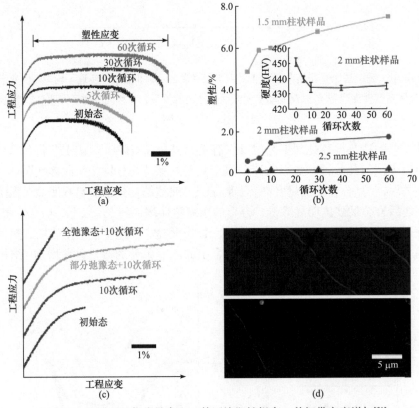

图 6.18　热循环回复非晶合金，其压缩塑性提高，剪切带密度增加[51]

高压热处理也可以实现非晶物质的回复[52]。图 6.19(a)是 $La_{60}Ni_{15}Al_{25}$ 非晶在 5.5 GPa、不同温度下热处理后非晶样品的 DSC 曲线。当退火温度逐渐升高时，在 T_g 温度以下开始出现放热宽峰，并且随着退火温度的升高放热峰逐渐变大，表明其能量状态随退火温度的升高逐渐升高，非晶回复。而通常的常规退火是使得非晶的能量状态降低，加快非晶合金的结构弛豫或者老化；退火温度越高，结构弛豫的速率越快，非晶趋向更低的能量状态如图 6.19(b)所示。高压可以使非晶能量状态随着退火温度的升高而提高，实现非晶态的回复。图 6.19(c)显示高压退火样品在室温弛豫两个月后，回复的高能态仍有大部分被保留下来[52]。

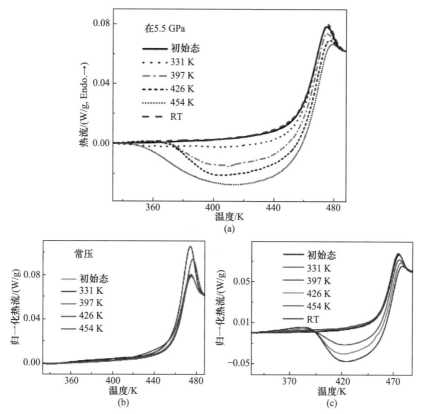

图 6.19　(a) 不同温度高压退火非晶合金 La$_{60}$Ni$_{15}$Al$_{25}$ 的 DSC 曲线，随退火温度升高，放热峰逐渐增大；(b) 在常压下相同退火温度退火 1 h 对照试验的 DSC 曲线；(c) 在室温弛豫两个月后高压退火样品的 DSC 曲线[52]

高压退火对非晶能量状态的影响 $H_{\rm rel}$，可以根据 DSC 曲线估算如下：

$$H_{\rm rel} = \int_{T_0}^{T_1} \Delta C_{\rm p} {\rm d}T \tag{6.5}$$

计算以等初始化样品的能量状态为基准，如图 6.20 插图所示。其中，T_0 是 DSC 曲线中放热过程发生前的一个温度；T_1 是过冷液相区中的一个温度；$\Delta C_{\rm p}$ 是等初始化样品和回复样品的比热差别。图 6.20 展示了不同退火条件下非晶合金 La$_{60}$Ni$_{15}$Al$_{25}$ 能量状态的变化。相较于等初始化样品，常压退火使得非晶的能量随退火温度升高而降低，非晶老化；高压下升高温度可以提高非晶的能态，使得非晶回复。

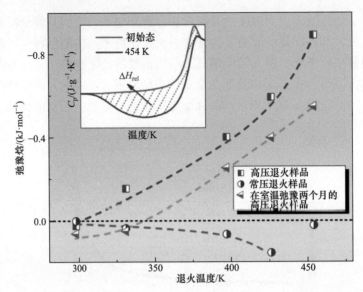

图 6.20 La$_{60}$Ni$_{15}$Al$_{25}$非晶弛豫焓与高压退火温度的关系。红色、绿色、蓝色数据点分别是高压退火样品、在室温弛豫两个月的高压退火样品和常压退火样品的数据，黑色虚线指示等初始化样品的能量状态。插图：回复样品和等初始化样品能量差别表征方法的示意图[52]

  压力和退火对非晶物质能量的调制作用如图 6.21 所示。以 La$_{60}$Ni$_{15}$Al$_{25}$ 或者 Pd$_{40}$Ni$_{10}$Cu$_{30}$P$_{20}$ 为例子，初始化样品在不同压力下在相同的温度(426 K)退火，从图中可以看到，常压下退火非晶被弛豫到更低的能量状态。随着退火压力的逐渐升高，当压力超过某一临界值时，高压退火可以使非晶回复到高能态，且其回复的效果随压力进一步升高而增强(图中红色数据点)。

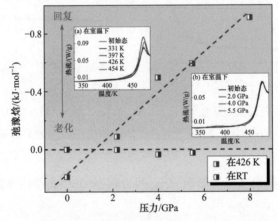

图 6.21 高压和退火对非晶 La$_{60}$Ni$_{15}$Al$_{25}$弛豫焓(能量)的调制作用图[52]

  高压下非晶合金的回复和非晶结构非均匀性有关，可以用反自由体积或者反流变单元模型给出唯象解释[52]。高压退火的非晶合金不均匀结构是由原子堆积密度高的反流变单元和原子排列相对松散的弹性基体组成的，如图 6.22 所示。高压可以改变能量地貌图，因此在常压下可以稳定存在的原子构型在高压下可能不再稳定，在高压下能谷可能变成能垒，不同压力下的能量地貌图显著不同。如图 6.22 所示，在高压力下过冷液体的性质会发生变化，从而导致过冷液相线的位置发生变化。当压力升高到一个临界值以上时，过冷液体的焓会升高；当退火温度高于 T_{in} 时，非晶会向高压平衡态弛豫，能量状态升高，即发生回复；当在低于 T_{in} 的温度进行退火时，非晶会向低能态弛豫、老化。

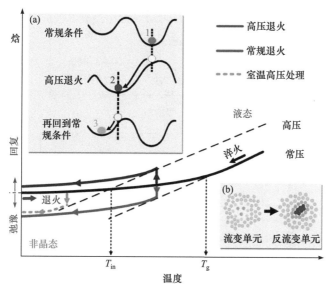

图 6.22　不同高压退火条件下非晶态能量状态的变化示意图。(a) 高压下激活能垒的变化示意图；(b) 流变单元和反流变单元的定义[52]

通过合适地改变非晶样品的几何形状，如打缺口(notch)，也能实现非晶的回复，并大大改进其塑性[53]。图 6.23(a)是缺口方法示意图：在样品中打缺口，有缺口样品的硬度等高线图表明缺口使得非晶合金应变软化，压缩实验表明非晶样品因此塑性可以大大提高(最大提高 40%)，对压缩塑性 40% 的样品进行 DSC 检测，见图 6.23(b)和(c)，非晶的热焓即能量提高一倍，非晶合金被回复[53]。

通过表面的化学处理也能实现非晶合金能量回复。例如，用碱性的条件处理 Zr 基非

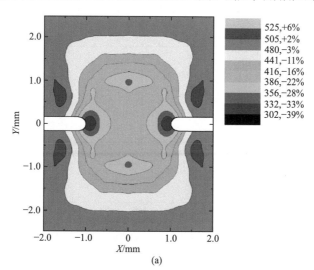

(a)

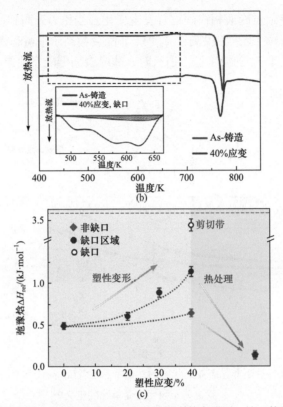

图 6.23　(a) 缺口方法示意图: 在样品中打缺口后样品硬度等高线图, 缺口使得非晶合金应变软化(最大为 40%); (b) $Zr_{64.13}Cu_{15.75}Ni_{10.12}Al_{10}$ 非晶打缺口后压缩实验(塑性 40%)后的 DSC 曲线; (c) 回复的非晶能量提高一倍[53]

晶合金, 可以实现明显的能量回复(图 6.24), 同时能改进非晶材料的塑性。这种方法可以实现仅表面 10 μm 左右的表层上的回复[54]。因为从结构上看, 非晶态的回复主要是调制非晶物质中的流变单元或者非均匀性, 因此可以发展很多方法来实现非晶态的回复。时效和回复都是改变和调制非晶的物理性能的熵调控方法, 配合使用可以实现非晶材料的结构和性能的调控。

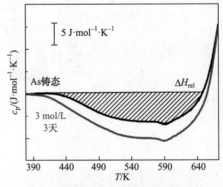

图 6.24　铸态非晶与在 3 mol/L NaOH 水溶液中浸泡 3 天后的非晶条带的 DSC 曲线对比(黑色为铸态样品, 红色为处理后的样品, ΔH_{rel} 阴影面积为大小)[54]

6.5 非均匀特性

孔子说 "不患寡而患不均"。追求社会公平一直是人类的一个美好理想。这也从一个角度说明人类社会是不公平、不均的，实现人类社会的绝对公平非常不易。有意思的是，非晶物质和人类社会一样是不均匀的(不公平的)，非晶物质的不均匀包括结构和动力学(能量)的不均匀性，不均匀性甚至是非晶物质的本征特征。在非晶领域，大家也一直在寻求均匀的非晶物质，即理想非晶物质。

我们知道，对于理想的无序体系，如理想气体和牛顿液体(如水)，其结构及动力学特征几乎是均匀的，可以简单地用一维参量来描述；而对于非晶物质，其结构除了长程无序、短程有序的特征外，结构不均匀性是其另一个本征的结构特征。在动力学上，非晶物质也是不均匀的，具有复杂的动力学模式，即不同区域组成粒子的能量和熵是不同的。图 6.25 显示的是从实验和模拟得到的典型的非晶态结构和动力学不均匀性[55-67]。非晶物质的结构在较大尺度上看是无序、各向同性、均匀的。然而，在几个纳米的尺度上，大量实验和模拟研究表明非晶结构是不均匀的。在结构上，不同纳米区域的粒子堆积密度、粒子迁移率、模量、硬度和模量有明显的差异[58-61]，如图 6.25(a)所示。Berthier 基于计算模拟给出了过冷液体中粒子在二维空间相对位移的分布，他发现在某一时间间隔 Δt 内，各原子的运动方向和距离是不同的，但方向和距离相近的原子倾向于聚集在一起运动，形成了相对运动快的区域和相对运动慢的区域(图 6.25(b))，表现为空间上的不均匀动力学分布[64]。

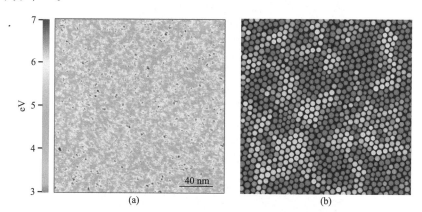

图 6.25 (a) 利用动态原子探针方法探测到的非晶表面对力场响应的局域不均匀性[60]；(b) 模拟显示非晶非均匀的动力学行为，亮的小球代表动力学弛豫时间快的粒子[64]

图 6.26 是用同步辐射 X 射线纳米 CT(计算机断层扫描成像)获得的非晶合金的三维微观结构的密度分布图，可以清晰地看出不同的非晶合金都存在纳米低密度区和高密度区、红色高密度区和蓝色低密度区的混合，以及非晶的三维密度不均匀分布[68]。图 6.27 是用高分辨电镜观测到的二维 SiO_2 玻璃 74 s 时间内的原子轨迹图[69]，从图中可以直观地看到该玻璃的 2 区和 4 区的原子在相同时间内的运动轨迹要远大于 1 区和 3 区，直观地

证明了非晶的结构和动力学的非均匀性[69]。

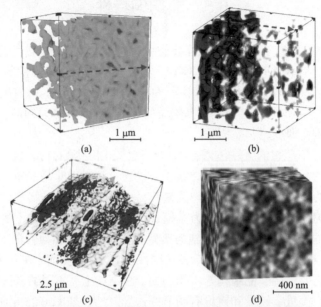

图 6.26　用同步辐射 X 射线纳米 CT 获得的非晶合金的 3D 微观结构的密度分布：(a) 非晶 $Pd_{40}Ni_{10}Cu_{30}P_{20}$ 的低密度区；(b) 非晶 $Zr_{52.5}Ti_5Cu_{17.9}Ni_{14.6}Al_{10}$ 的高密度区；(c) 非晶 $Zr_{52.5}Ti_5Cu_{17.9}Ni_{14.6}Al_{10}$ 红色高密度区和蓝色低密度区的混合；(d) 非晶 $Zr_{52.5}Ti_5Cu_{17.9}Ni_{14.6}Al_{10}$ 的三维密度分布图[68]

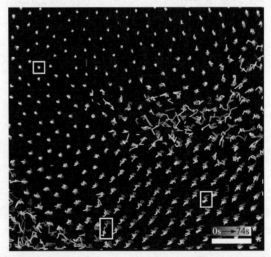

图 6.27　高分辨电镜观测到的二维 SiO_2 玻璃 74 s 时间内的原子轨迹。可以看到 2 区和 4 区的原子的轨迹要远大于 1 区和 3 区，证明了非晶的结构和动力学的非均匀性[69]

　　非晶物质的动力学非均匀性对应于结构重排的弛豫行为，也对应于粒子在平衡位置附近的热振动的复杂性。平衡态的液体的组成粒子处在较高的动能状态可以实现组态的各态遍历，随着温度降低，粒子的动能也随之降低，根据热力学统计模型，粒子运动开始以协同运动的形式出现，形成了过冷液体中的动力学不均匀性；温度越低，协同重排(运动)区域的尺度逐渐增加，并且在有限的观察时间内无法观测到各态遍历，动力学不均匀性变强。随着温度的降低，粒子间相互作用也越来越强，非均匀性使得弛豫现象随着温度的降低变得越来越复杂，演化成多种动力学模式。非晶物质中热振动响应也存在不均匀性，这表现为与软模密切相关的玻色峰存在于所有的非晶态物质中，即便是在弛豫了几千万年的玻璃态琥珀中仍然存在玻色峰[70]。这也证明非均匀性不会随着非晶的弛豫趋向完全均匀化，非均匀是非晶的本质特性。

过冷液体中动力学行为的空间分布不均匀性随着温度的降低和发生玻璃转变，被冻结(遗传)在非晶体系中。非晶结构的不均匀性表现为其局域的动力学的差异性，伴随着密度、结构、堆积及元素分布的不均匀性。非晶物质中这种结构非均匀性目前还很难表征。对于相对简单的非晶合金，其原子结构的不均匀性表现为其局域团簇的差异性。非晶合金体系中包含各种不同的类型团簇，这些多面体团簇在空间的无序连接和无规空间分布，导致非晶合金结构在纳米甚至微米尺度上的不均匀性[71]。

分子动力学模拟是目前在原子尺度上研究非晶非均匀性有效方法之一。基于分子动力学模拟和非仿射形变的分析发现，即便在非晶应力-应变曲线的弹性阶段，体系中已经存在着大量的非仿射形变区域[62,72]，且这些区域的尺度为纳米级，分布是不均匀的。非晶物质在外力作用下，其粒子的响应在纳米尺度上也是不均匀的。关于非晶物质非均匀性及其对温度场、应力场的响应，人们提出了很多模型来表征，如自由体积模型，以原子团簇协作剪切运动为基础的"剪切转变区"(shear transformation zone，STZ)模型，以及流变单元模型(这些模型本书后续章节会详细介绍)。这些流变单元的激活能的能垒分布是离散的，且其单元区域大小及空间分布也是不均匀的。

结构不均匀性、动态响应不均匀性或者说流变单元是非晶材料物性的载体。通过调节这些不均匀性可实现对其物性的优化与设计[33,50,51-52,73]。低温退火、冷却速率、高压、蠕变等力学处理及超声、循环加载、降低材料的维度等手段都可以调节非晶不均匀性，改变其流变单元的激活能、尺寸、分布、密度，从而实现性能的调节。建立不均匀性、流变单元与物性之间的关联及耦合关系，提炼出可能的统一参量，构建准确的结构和动力学不均匀性模型，并构建以不均匀性特征为基础的非晶流变的完备相关理论框架，精准调节非晶的不均匀性，进而精确调控和设计非晶的性能，是非晶研究的核心之一。需要指出的是，仍有一部分科学家对非晶的非均匀性有质疑，因为有模拟证据表明非晶的流变并不需要结构起源[74,75]。

总之，发现和实验都证实不均匀性是本征属性，是近年来非晶领域的重要进展。用非晶非均匀性能有效描述非晶材料诸多性能。非晶物质的结构和动力学不均匀性的特征与材料的流变特性、稳定性、物理化学性质有着直接和密切的关系，这种特征赋予了非晶物质以魅力，吸引人们孜孜不倦地探索。

6.6　记　忆　效　应

我们可能都有一种体验，比如练习乐器、打乒乓球，当你达到某一个水平后，假如停训一段时间，重新回到当时的水平要比当初练到那个水平轻易得多。这是因为人体的肌肉(也是一种非晶体系)具有记忆效应：同一种动作重复多次之后，肌肉就会形成条件反射。

人体肌肉获得记忆的速度十分缓慢，但一旦获得，其遗忘的速度也十分缓慢。有趣的是记忆效应也是非晶物质本征特性之一。非晶材料的记忆效应可能是 1963 年美国威斯康星麦迪逊大学的 Kovacs 教授首先发现的[76]，他发现非晶态材料如果经过先低温再高温两步退火过程，它的体积或焓不是单调"老化"，而是先升高再降低。这种反常的焓升高引起的"年轻化"现象被称为 Kovacs 记忆效应。

什么是非晶物质的记忆效应呢？简单地说就是处于非平衡态的非晶物质会向平衡态弛豫，如果在趋向平衡态过程中体系经历了一定热或者应力处理历史(类似人在做一件事情的过程中受到其他因素的干扰)，非晶物质往往表现出历史依赖行为，短时间内结构弛豫并不朝着平衡态方向进行，而是反常地先向反方向即高能态转变，发生回复，而后再向低能态弛豫，其中弛豫过程中释放的能量在回复过程中会以等量的方式获取，好像"记住"了其最初所处的高能态，表现出类似生物记忆的行为，这称为非晶物质的"记忆效应"[77-82]。记忆效应是非晶物质结构弛豫的一个重要特征和表现形式。

图 6.28 给出非晶物质记忆效应的示意图。等温退火(退火温度 T_0)使得非晶物质向平衡态弛豫，如图蓝线所示，非晶在弛豫过程中单调释放能量，蓝线是非晶向平衡的低能态过渡的路径。如果突然改变退火温度，即改变热历史，把热处理温度从 T_0 快速升到 $T_1(T_1 > T_0)$，非晶没有继续向低能态弛豫，而是暂时停止向平衡态弛豫，能量反而暂时升高(即回复)，回复过程中获得的能量和在弛豫过程中释放掉的能量与数值相等，如图中红线所示。这相当于沿原来的路径(降能)往回走一段，类似于非晶能记住原来的路径，在升温刺激下，可回忆其过去的热历史，即非晶物质的弛豫能记住其热历史，表现为记忆效应[79]。

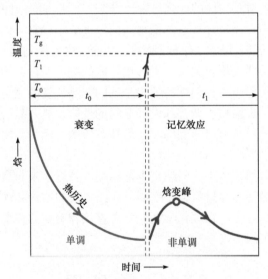

图 6.28　非晶物质记忆效应的示意图。蓝线表示非晶在等温退火弛豫过程中单调释放能量，红线表示改变热处理的温度(即改变热历史)：把热处理温度从 T_0 快速升到 T_1。这种热历史的改变没有使得非晶继续向低能态弛豫，而是导致焓暂时升高(即回复)，这相当于沿原来的路径往回走一段，相当于非晶物质记住原来的路径，表现为记忆效应[79]

　　图 6.29 是具体的非晶 $Zr_{50}Cu_{40}Al_{10}$ 合金记忆效应的例子[78]。图中的红线是该非晶合金在没有改变热历史的情况下弛豫焓和相应的玻色峰强度随退火时间 t_a 的变化，可以看到曲线单调下降，随着退火时间延长，体系向低能态弛豫，玻色峰强度逐渐降低(如图中的 A 和 I 曲线)；如果先在某个温度下预退火时间 $t_0 = 20\,min$，然后温度分别提高到 638 K、648 K、658 K 和 668 K，B～E 分别是弛豫焓和相应的玻色峰强度随退火时间 t_a 的变化，可以看到弛豫焓或者玻色峰强度随退火时间的变化不再是单调的了，体系能态及玻色峰强度先升高，然后再下降(图中 B～F 曲线)，即显示出记忆效应。玻色峰在相同的温度处理程序下同样表现出记忆效应(图中 II、III 曲线)，而且与体系能态变化呈现很好的线性关系，这表明非晶玻色峰的变化也显示记忆效应。非晶结构弛豫和玻色峰都表现记忆效应，证明这两种时间尺度相差十几个量级，能量尺度相差约三个量级的动力学行为之间的直接关联[78]。

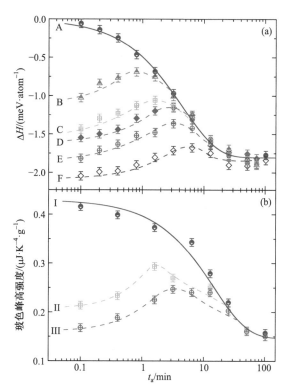

图 6.29　非晶 $Zr_{50}Cu_{40}Al_{10}$ 合金弛豫焓(a)和相应的玻色峰强度(b)随退火时间 t_a 的变化。这些变化都显示了非晶的记忆效应[78]。退火温度对 B～E 分别是 638 K、648 K、658 K、668 K，预退火时间 $t_0 = 20\,min$，对于 F，$T = 668\,K$，$t_0 = 30\,min$

　　通过适当的训练(training)，例如分步热处理，还可以有效增强非晶物质的记忆效应[79]。如图 6.30 所示，可以清楚地看到，通过改变热历史，使得焓升高，如果等到焓变 $\Delta H(t)$ 达到最大，马上要开始下降时，再升高退火温度，这样可以避免焓变 $\Delta H(t)$ 的下降(下降趋势如图中黑点所示)，而是进一步升高，即记忆效应增强；而且每次在焓变 $\Delta H(t)$ 达到最大值时,采取同样的升高退火温度,都可以进一步提高熔变,增强记忆效应,非晶的熔变能回复到超过 50%[79]。非晶物质的其他一些性质也可以通过训练来增强,如非晶物质的力学性能——韧性,可通过反复的循环应力加载或者循环温度变化,逐步改进其塑性或韧性,这也取决于非晶物质的记忆效应。

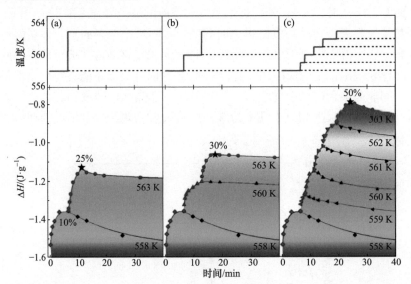

图 6.30　(a) 熔变 $\Delta H(t)$ 在 558 K 保持 6.4 min 达到最大时升温到 563 K,这样可以避免熔变 $\Delta H(t)$ 的下降(下降趋势如图中黑点所示),而是进一步升高到原来的 25%,即记忆效应增强; (b) 熔变 $\Delta H(t)$ 连续两次在其达到最大值时改变温度,进一步提高到 30%; (c) 熔变 $\Delta H(t)$ 连续多次在其达到最大值时改变温度,可以进一步提高到 50%[79]

　　非晶物质的记忆效应需要一定的条件。图 6.31(a)给出了记忆效应强度 Δh_{peak}(Δh_{peak} 由峰值熔变减去初始熔变所得) 随预退火熔变的演化关系。预退火时间 t_1 非常短时,弛豫熔随时间单调衰减,没有激发记忆效应;而当预退火时间足够长时,才可以激活记忆效应。此外,对于相同的预退火时间,比如 $t_1 = 100$ s,熔回复到最大值所需时间随预退火温度的升高而增加。这说明记忆效应不仅依赖于预退火温度,还依赖于预退火时间。非晶物质先在低温进行预退火,然后升温至高温退火,并不一定激活记忆效应,只有当预退火达到一定状态时,第二步退火才会出现记忆效应,并且记忆效应随着预退火时间的增加而增强,回复至最大值的时间也会随之增加。大激活熵和熔是触发记忆效应的关键。如图 6.31(b)所示,在预退火熔变 $\Delta h < 0.4$ kJ/mol 时,记忆效应会迅速衰减,表明当非晶物质熔进入深度弛豫阶段时,才可以探测到记忆效应[80]。

　　非晶物质记忆效应的本质是回复现象,是非晶物质复杂动力学行为的反映。唯象理论模型,如 Tool-Narayanaswamy-Moynihan(TNM)模型,认为记忆效应起源于非晶物质的不均匀性结构。对其记忆效应的调控,如记忆的增强效应和消除,可以帮助调制非晶材料的非均匀结构,改善非晶材料性能。非晶记忆效应的物理机制还有待进一步研究。

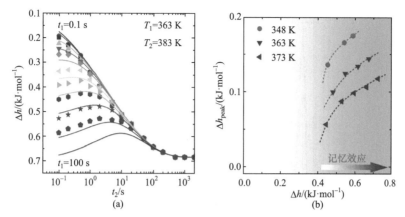

图 6.31 两步退火条件下的熵随时间的演化关系：(a) $T_1 = 363$ K，$t_1 = 0.1 \sim 100$ s；(b) 记忆效应强度与预退火熵变关系(虚线为引导线)[83]

6.7 遗 传 性

遗传性又称继承性，指一个体系所具有的包括静态属性及动态操作的性质自然地成为其子类的性质，即类与子类之间属性的传递。生物学上是指亲代生物的性状在子代得到表现，亲代生物传递后子代一套实现与其相同性状的信息。有意思的是，非晶物质也具有结构和性能的遗传性特征。

非晶物质的结构和其形成液体，与主要组元之间的相似性，被称为结构遗传性[84,85]。研究和模拟发现液态的局域团簇结构和非晶的团簇很类似，都以有短程序结构为特征，而且液态和非晶态的短程序与长程无序的特征很相似。非晶的短程序和其主元素的结构单胞也有关联，由液态快速凝固而成的非晶物质基本保留(遗传)了液态的基本结构单元[84-91]。非晶结构属性遗传来自液态或者主元素，液体和主组元的结构信息传递给非晶，即非晶物质和其形成液体之间有明显的结构遗传性。

通过对具有代表性的非晶合金结构的实验衍射特征峰进行细致的分析，发现在这些衍射特征峰背后隐含着中程序的结构信息[84-87]。研究证明，单质金属非晶隐含的中程序与相应的金属晶体中的球周期序紧密相关。比如，单原子非晶 Fe 和 Ni 在中程尺度上的原子堆积方式有着本质上的区别：在非晶 Fe 中隐含有部分体心立方结构所特有的原子排布方式(如 bcc sequence)；而在非晶 Ni 中却隐含了部分面心立方结构所特有的原子排布方式(如 fcc sequence)，如图 6.32 所示。这表明在非晶形成过程中单质非晶金属继承了部分晶体的球周期序，即非晶与金属晶体之间存在着明显的结构同源性。随着非晶合金体系中组分的增加，这些中程尺度上的隐含序的种类会随之增加，但是这些隐含拓扑序无一例外地继承了部分面心立方或体心立方晶格结构的组元的球周期序列，即这些组元的结构遗传给了非晶体系。在快速冷却液体而得到非晶物质的过程中，一些晶体结构中所特有的原子排布规律被以某种特殊的方式"遗传"到非晶物质中，这些特征性的原子排布方式一般会隐含在实验衍射数据背后，不容易被观察到，类似生物的基因。

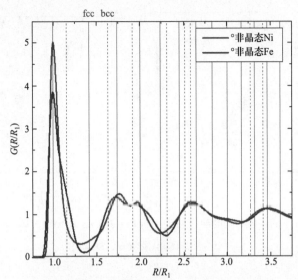

图 6.32 非晶态 Ni 和 Fe(300 K)的标度对关联函数 $G(R/R_1)$曲线[84]。fcc 和 bcc 晶格结构标准序列中的特征常数分别是图中实竖线和虚竖线。Ni、Fe 的各个标度峰的特征值与 fcc 或 bcc 标准序列里的某些特征常数具有明确的对应关系,单原子非晶和其对应晶体之间在球周期序角度上具有类似的原子堆垛模式

    如果将 fcc 或 bcc 标准序列中的特征常数看作是某种原子排列方式的基本结构"基因",那么 fcc 或 bcc 的标准结构序列可被看作为是一种标准"基因"谱。在非晶形成过程中,非晶物质继承和表达了来自于液体和主元素标准"基因"谱的某些特定的结构"基因",这些结构"基因"的排列组合决定着这个体系中所特有的原子排布方式,这种原子排布规律的一种表示方法也被称作隐含序,它可以通过对体系的实验衍射数据进行分析得到。图 6.33 就是基于以上类比假设,构建的表达非晶中的隐含序与标准"基因"谱对应关系的非晶态物质结构遗传"基因"图谱[84]。fcc 和 bcc 晶格结构所对应的标准"基因"谱分别以短红线和短蓝线来表示构成,其中每条短线代表 fcc 或 bcc 标准序列里的一个结构"基因",它们之间的相对位置由其对应的标准序列里的特征常数决定。对于某种非晶合金,其峰位特征值被当成是一种遗传自标准序列的结构"基因",用彩色柱状标记于相应位置,颜色与标准"基因"相对应。图 6.33 显示单原子非晶合金从标准"基因"谱中继承了最少种类的结"基因",随着体系中化学元素组分的增加,越来越多不同种类的结构"基因"被遗传到非晶合金的原子结构中去。例如,$Cu_{50}Zr_{50}$ 中有三种不同的隐含序,在 $Cu_{50}Zr_{50}$ 体系中掺杂少量的 Al 元素便会导致两种新的隐含序和七种新的结构"基因"在 $Cu_{46}Zr_{46}Al_8$ 体系中出现。不同的非晶物质具有种类不同的隐含序,而且在组成这些隐含序的结构"基因"中,某些结构"基因"的出现频次很高,如图 6.33 所示,$\sqrt{1}$ 和 $\sqrt{4}$,$\sqrt{4}$ 的出现对应着体系具有一定的局域平移对称性;$\sqrt{3}$ 也相当普遍,对应一些近等边三角形共边连接式的局域原子构型。另外,还发现某些结构"基因"好像从来不会被遗传到非晶合金中去,如对应 fcc 标准谱中的 $\sqrt{2}$ 和 $\sqrt{11}$,以及 bcc 标准谱中的 $\sqrt{4/3}$ 和 $\sqrt{11/3}$ [84,85]。

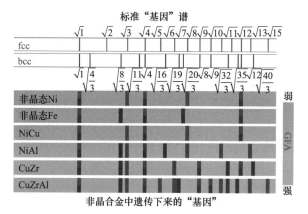

图 6.33　非晶合金结构"基因"遗传图谱。图中红线和蓝线分别代表标准谱中 fcc 和 bcc 晶格结构中原子间距离的特征值。非晶的隐含拓扑序是通过从标准晶体结构谱里遗传一个或者多个特征值序列而形成的。随着化学成分的增多，更多的隐含拓扑序在非晶形成过程中经过继承而形成。继承越多的隐含序意味着该合金体系的非晶形成能力越强。从图中可清晰地看出表面一个体系的非晶形成能力与体系中隐含序的种类多少的关系[84]

　　遗传的不同球周期序列的隐含拓扑序之间还会发生拓扑纠缠，并影响非晶的形成能力和性能。单质非晶只含单一隐含序，对于多组元非晶，更多的结构"基因"被遗传到体系中，它含有种类繁多的隐含序。如果非晶物质中存在两种或两种以上种类各不相同的隐含序，那么这些不同的隐含序所对应的原子结构就会出现排列组合方式上的拓扑纠缠和杂化，体系中的隐含序种类越多，其中的拓扑纠缠就可能越强烈[84,85]，而非晶中隐含序拓扑纠缠的强烈与否，与该体系的非晶形成能力之间存在明显的对应关系(图 6.33)，体系中含有不同种类的隐含序在一定程度上反映了非晶合金中原子排布结构上的几何阻挫。这种隐含序背后复杂的拓扑纠缠所导致的中程原子堆垛方式上的高度几何阻挫，提高了过冷液体阻抗晶化的能力，最终导致体系具有良好的非晶形成能力[84]。

　　非晶物质中的序的遗传性及隐含序的拓扑纠缠，对于理解非晶形成能力有重要的作用。例如，CuZr 和 NiAl 合金在液体结构上并不存在某些平均性质上的明显差异，这使得从传统非晶形成理论很难理解二者非晶形成能力的差异。CuZr 和 NiAl 合金非晶形成能力、晶化的很大差异就可以用其中的序的遗传性、遗传序的拓扑纠缠这个简单的物理图像来解释：在非晶形成过程中，CuZr 体系比 NiAl 合金遗传了更多的隐含序，这些隐含序的拓扑纠缠所导致的原子中程结构上的几何阻挫，最终导致 CuZr 合金的非晶形成能力要优于 NiAl 合金[85]。微量掺杂是提高非晶形成能力非常有效的实验手段，例如在 CuZr 中掺入少量的 Al 元素可以非常显著地提升体系的非晶形成能力。遗传的隐含序之间的拓扑纠缠的物理图像也能很好地解释微量掺杂的作用[84]：微量掺入元素以后，更多的隐含序被遗传到体系中，造成复杂的拓扑纠缠及高度几何阻挫，从而有效地提升了体系的非晶形成能力。

　　从实验上总结出的非晶形成的某些经验规则，如具有好的非晶形成能力的体系中至少含有三种原子尺寸不同的化学元素，也可以用遗传序间的拓扑纠缠的物理图像很好地解释。混乱原理其实就是不同遗传序之间拓扑纠缠的外在表现，其中拓扑纠缠是它们的原子结构起源。化学组分的增加会导致系统引入更多的隐含序,从而更容易产生几何阻挫而抑制系统的晶化。系统中各个化学组分之间原子尺寸大小差异较大时也会相对容易地使体系引入更多的隐含序,从而增强系统的非晶形成能力。总之,非晶物质遗传性为深入分析和认识非晶材料衍射数据所隐含的微观结构信息提供了方法。非晶结构遗传的观点为衡量合金非晶形成能力强弱,为探索非晶形成能力强的体系提供了新的理论思路,也为认识非晶物质的晶化、本质提供了一个微观结构演化的物理图像。

非晶合金的电子结构也具有遗传性。纯稀土金属与稀土基非晶合金在高压下的变化具有很多相似之处,例如镧基(如 Ce 基等)非晶合金在高压下发生非晶到非晶的多形转变[92-94]。这是因为 Ce 等主要组元具有 4f 电子。Ce 等元素在高压下会发生多形转变,常压时,4f 电子完全以局域化的 $4f^1$ 电子态存在,随着压力的增加,$4f^1$ 态电子逐渐非局域化,向巡游态的 $4f^0$ 电子态转变,同时伴随着体积的塌缩,从而引起了结构的变化。如 Ce fcc 结构的 α 相高压下转变成 fcc 结构的 γ 相,这种电子结构的转变会遗传到形成的非晶合金中,产生 Ce 非晶合金中的多形转变。稀土金属原子 4f 电子态变化的遗传本质决定了非晶中的非晶多形态转变。这种结构遗传性为设计具有特殊功能和性质的新型材料提供了新途径。

非晶物质的性能也具有遗传性。非晶形成液体或者其主组元的某些物理性质可以传递给非晶态。图 6.34 是非晶体系液体脆度系数 m(表征黏滞系数 η 随温度 T 的变化的参数)和非晶物质的泊松比之间有关联,可以看到液体的某种性质和其非晶体之间有关联关系,强液体形成的非晶泊松比小,脆弱的液体形成的非晶泊松比大[96]。即非晶液体的性质决定了形成非晶的性质[95-97],这意味着非晶的性质可能和其液体性质有关,即非晶的性能是从其液态遗传而来[98-100]。

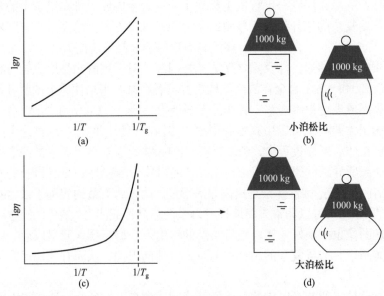

图 6.34   非晶形成液体的脆度系数 m 和非晶物质的泊松比之间有关联。强液体(a)形成的非晶泊松比小(b);脆弱的液体(c)形成的非晶泊松比大(d)[96]

　　大量非晶合金的弹性模量数据的统计和分析表明，大多数非晶合金体系的模量 M 和其主组元的模量类似[98-100]。图 6.35 统计分析对比了多种不同非晶合金切变模量 (G_{MG})、杨氏模量(E_{MG})与其主组元模量 G_{sol} 和 E_{sol} 的关系，对比发现 G_{MG}/G_{sol} 和 E_{MG}/E_{sol} 都接近 1。图 6.36 是不同非晶合金泊松比与其主组元泊松比的对比图，可以看出非晶合金泊松比与其主组元的泊松相当。这些结果都表明这些非晶物质的弹性模量主要由其主组元决定，尽管其主组元在非晶合金中的含量一般都小于 70%，这就是说非晶的弹性模量具有遗传性[98-100]。

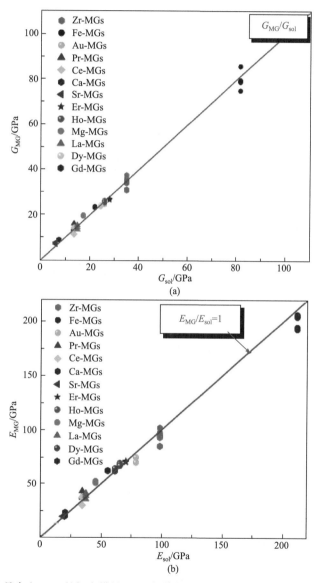

图 6.35　(a) 各种非晶合金(MG)的切变模量(G_{MG})与其主组元切变模量(G_{sol})关系；(b) 各种非晶合金的杨氏模量(E_{MG})与其主组元杨氏模量(E_{sol})关系。图中红线表示 G_{MG}/G_{sol} 和 E_{MG}/E_{sol} 都接近 1，表明这些非晶合金的模量主要由其主组元决定[91]

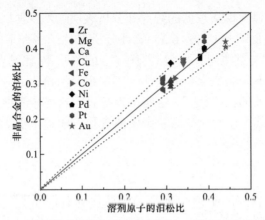

图 6.36   不同非晶合金泊松比与其主组元泊松比的对比[91]

非晶物质的模量遗传性与其结构特点密切联系。模量遗传性说明非晶物质中存在不同的强弱键，流变单元很可能起始于弱键连接处[99]。模拟和实验也证实非晶合金是由对应力敏感的中程序(团簇黏接在一起的超大团簇)和对应力不敏感的短程序及溶剂原子组成。模量遗传说明非晶合金是团簇和超大团簇加上溶剂原子连接而成。图 6.37 是根据非晶模量遗传性特征提出的非晶合金简化的模型图[99,100]。非晶合金可看成是溶剂原子(最小的球)、以溶质原子为中心的团簇，以及由这些团簇组成的超团簇密堆而成。大球中的黑球是超团簇中的溶剂原子。这样的结构可以模型化为一系列弹簧的串联。用刚度系数大的弹簧 E_2 代表溶质和溶剂组元的强健结合，小弹簧 E_1 代表一系列溶剂原子之间较弱的键合。在外力作用下，主要是对小弹簧承载力，弹簧组合的模量取决于小弹簧(见示意图 6.38)，即主组元模量决定非晶合金的模量。非晶合金的模量遗传也证实了非晶合金具有不均匀结构的特点[96]。

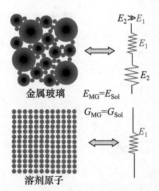

图 6.37   非晶合金(MG)及其主组元的结构图。非晶物质可模型化为一系列弹簧。图中用刚度系数大的弹簧 E_2 代表溶质和溶剂组元的强键结合，小弹簧 E_1 代表一系列溶剂原子(solvent)之间较弱的键合。非晶合金可看成是溶剂原子(最小的球)、以溶质原子为中心的团簇，以及由这些团簇组成的超团簇密堆而成。大球中的黑点是超团簇中的溶剂原子[99]

由于非晶物质的模量和其本身的很多性质关联，所以模量遗传性表明非晶合金其他物性可能也有遗传性。从图 6.36 可以看出，具有大泊松比、大塑性的 Zr-、Cu-、Au-、

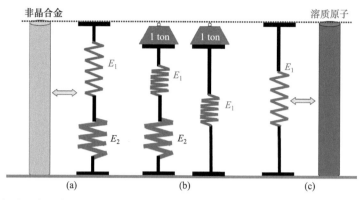

图 6.38　示意说明非晶合金中的弹性形变。在加力时主要是小弹簧(主组元溶质原子)承载形变[99]

Pt-和 Pd-基非晶合金的主组元的泊松比也很大；而大泊松比的非晶体系具有大的断裂韧性，即泊松比和断裂韧性、塑性关联。因此，可以说非晶合金的塑性主要是其主组元决定的，即非晶的塑形和断裂韧性具有遗传性[99]。此外，Gd、Er、Ho、Tm 和 Dy 等重稀土具有大的磁热效应，所以 Gd、Ho、Dy、Tm 和 Er 基非晶合金也具有很大的磁热效应[99]。Ce、Yb 合金有 Kondo 效应，相应的非晶合金也有 Kondo 效应[99]等，即非晶物质的很多功能特性也具有遗传性。

　　遗传性和非晶物质中的键合密切相关。非晶合金的玻璃转变温度 T_g 和其 G 及 E 或者 Debye 温度 θ_D 有关联。图 6.39 是多种非晶合金包括 Zr、Cu、Pd、Fe、Co、Mo、W、Mg、Sr、Al、Ca、Nd、Gd、Ho、Dy、Tm、La、Tb、Ce、Er、Au 和 Pt 基非晶合金在内的 T_g 与其主组元 E 和 G 的关系图，可以看到 T_g 和非晶主组元的 E 或 G 有关联关系[99]。这说明一种非晶合金的 T_g 也是主要由其主组元的模量决定的，即一个非晶体系的 T_g 主要决定于其溶剂原子之间的键合的强弱，这就是说 T_g 也具有遗传性。

　　非晶态物质结构和性能遗传性对认识和研究非晶的结构、结构非均匀性、形成能力和玻璃转变，以及结构和性能的关系提供了不同的思路，为探索新型非晶材料、调控非晶材料的性能提供了新方法。

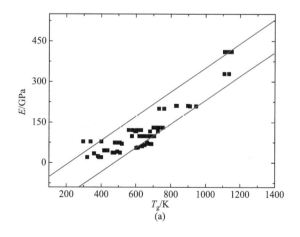

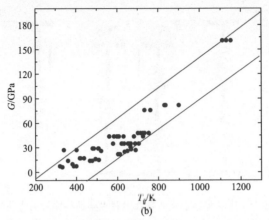

图 6.39 各种非晶合金玻璃转变温度 T_g 和(a)杨氏模量 E 及(b)切变模量 G 的关系图[99]

6.8 响应的敏感性

非晶物质的另一个重要特征是对外界影响的敏感性,即非晶物质对外界的作用(如温度、力、磁场、杂质、时间等)特别敏感。例如,生活中一滴卤水就能够使一锅豆腐浆凝结成豆腐;只要有一个硫原子加入天然橡胶的 200 个碳原子中,就可以使天然橡胶液汁转变成弹性非晶固体。这两个例子都显示出非晶物质的一大特性:一点小的外加的物理或化学反应可以引起非晶物质力学性质或结构等的极大变化。这种响应的敏感性在日常生活、工业领域有重要的应用。

这里仅以非晶合金为例来说明非晶物质响应的敏感性及潜在的应用。非晶合金同样具有优良的应变敏感性,非晶合金材料相比一般金属合金具有高达>2%的弹性极限范围,是一般合金材料的几十倍。与此同时,非晶合金又能将金属优良的导电性较好地保留下来。因此,非晶合金纤维和薄膜是优良的应变敏感材料[101-104]。非晶合金纤维的杨氏模量约为商业化应变敏感材料的一半,弹性极限约为商业化应变敏感材料的4~7倍。这能大大提高电阻式应变传感器的量程。图 6.40 是非晶合金纤维制备的电阻式应变传感器的示意图。作为电阻式应变片的应变敏感材料,非晶纤维不必缠绕成栅格状,从而避免了剪滞对应变敏感系数的影响;同时非晶合金纤维应变传感器的量程是商业化箔式应变片的4~8.5 倍,而其尺寸只有最小商业化箔式应变片的 1/16;而且非晶合金纤维应变传感器电阻相对变化率与应变关系曲线的线性度很高,应变敏感系数很高,强热稳定性,高刚度,方便安装,使得非晶合金纤维应变传感器与商业化应变片相比趋近于完美电阻式应变传感器[101]。

利用非晶薄膜材料的敏感特性,可以开发柔性高性能应变传感器——非晶皮肤,电子皮肤的基本单元是柔性应变传感器[102]。皮肤是人体最大的器官,承担着保护人体内部组织和感受外界刺激的功能。与人体皮肤类似,电子皮肤可以保护智能机器人内部的精密结构不受损伤,更重要的是,它能赋予机器人"知觉",让其能感受到外界环境的刺激和变化,及时做出响应。电子皮肤在仿生假肢、健康监测等领域也有巨大应用前景。许多新材料被开发用作电子皮肤的应变敏感材料,包括碳纳米管、石墨烯、金属和半导体纳

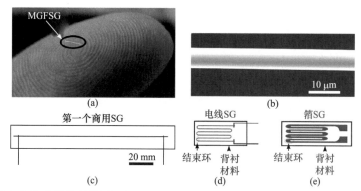

图 6.40 电阻式应变传感器的形貌图[101]：(a) $Pd_{40}Cu_{30}Ni_{10}P_{20}$ 非晶合金纤维(MGFSG)应变传感器的光学照片；(b) $Pd_{40}Cu_{30}Ni_{10}P_{20}$ 非晶合金纤维应变传感器表面形貌的 SEM 照片；(c) 第一个商业化单根康铜线为应变传感元件的金属丝应变片；(d) 金属丝排列成栅格状的金属丝应变片的示意图；(e) 箔式应变片示意图

米线、金属纳米颗粒、有机高分子材料等。但是这些材料都有着自己的短板，限制了电子皮肤的实际应用。例如，石墨烯往往含有很多缺陷和杂质，并且由于温度的限制无法直接生长在柔性沉底上；金属纳米颗粒多是由贵金属组成，并且由于隧穿效应在监测应变时电阻会变得很大；金属和半导体纳米线价格昂贵且难以大规模集成；有机高分子材料力学性能与人体皮肤最为接近，但是其导电性太差，需要较大电压驱动，对于可穿戴设备而言能耗高且不安全。

非晶合金皮肤可通过把非晶合金薄膜直接生长在柔性塑料衬底上得到。非晶合金皮肤柔性好，很容易弯曲超过 180°。通过选择不同大小的衬底，非晶合金皮肤的面积可以实现从几平方毫米到 150 cm² 连续变化。通过对薄膜厚度进行调控，非晶合金皮肤在视觉上可以变"透明"。压阻效应测试结果表明(图 6.41)，非晶合金皮肤保留了金属材料高电导率、电阻与应变之间有完美的线性关系、稳定性好、弹性范围大(室温下的理论弹性极限为4.2%)。图 6.41(d)显示非晶合金皮肤可以用来灵敏地监测手指弯曲程度，表明其在仿生学等领域有应用前景。电子皮肤的核心功能是将应变转化为电信号，可通过非晶的压阻效应，即非晶材料电阻随应变的改变来实现，因为非晶材料有响应快、信号转换方便等特点。

非晶合金原子和电子结构的无序性导致了电阻对温度的变化不敏感。在近室温区，非晶合金皮肤呈现出极低的电阻温度系数(9.04×10^{-6} K^{-1})，比传统金属低 2~3 个数量级，与石墨烯和碳纳米管相比，也有很大优势。低的电阻温度系数有利于消除热漂移，使电子皮肤工作的温度范围更大，同时也有利于和温度传感器集成，开发多功能电子皮肤。非晶合金皮肤还具有一定的抗菌性，可用作医疗设备。非晶合金的高强度、耐摩擦、耐腐蚀性等特点可以为机器人内部结构提供足够保护。此外，非晶合金皮肤能耗低(10^{-7} W)、成本低廉、工艺简单，满足电子皮肤实际应用的必要条件。

图 6.42 是利用皱褶非晶合金膜制成的弹性和柔性的非晶合金电极[103]。柔性非晶合金电极可以在 20% 的应变范围内保持电阻值很小的变化，很高的电导率以及高韧性和抗腐蚀特性、可反复拉伸。图 6.43 显示的是柔性非晶合金电极在未伸展状态和 20%伸展状态的工作情况，表明柔性非晶合金电极可在很大的形变状态、高腐蚀环境下工作[103,104]。

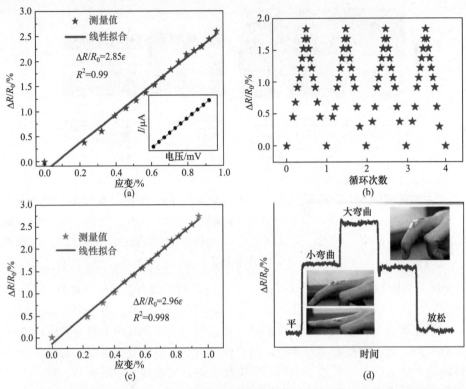

图 6.41 非晶合金皮肤压阻效应测试。(a) 非晶合金皮肤电阻随应变的变化；(b) 循环测试结果；(c) 1000 次弯折后的结果；(d) 非晶合金皮肤用来监测手指弯曲程度的示意图[102]

图 6.42 弹性(a)和柔性(b)非晶合金电极[103]

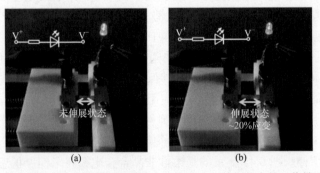

图 6.43 柔性非晶合金电极在未伸展状态和 20%伸展状态的工作情况[103]

非晶合金传感器已经广泛应用，目前有几百种非晶合金传感器。详细可参看相关非晶合金传感器书籍。

6.9　局域流变和脆性

对于常规液体，在外界应力作用下，其每一部分、每个组成粒子几乎都参与变形，在宏观上表现为均匀的黏滞性流动，称为均匀变形；在高温、低应力条件下，材料的每一部分也都参与变形，在宏观上表现为均匀的黏滞性流动或均匀变形。完美的单晶材料，由于其每个粒子的位置、能量和其他粒子的键合、周围的微观环境一样，单晶在外力作用下，每个组成粒子、每一部分也都参与变形，宏观上表现为均匀流变。由于非晶物质每个组成粒子的位置、能量、周围微观环境和其他粒子的键合都不一样，所以在外力作用下每个粒子所受的力也不一样，变形行为也完全不一样。非晶物质在常温、外力的作用下的形变或流变仅仅局限在很小的一部分粒子或一部分材料中。如果外加力不足够大，非晶材料的流变发生在几个纳米的剪切形变区或者纳米级的流变单元内，如图 6.44 所示。在常温和足够大的外力作用下，流变通常沿着切应力最大的方向发生，流变局域发生在区域尺度一般为十到几十纳米尺度的平面内[105]。这些区域被称为剪切带(图 6.45)，剪切带内部的应变量可高达 $10^3\%$~$10^4\%$[105]，而在剪切带之外，几乎没

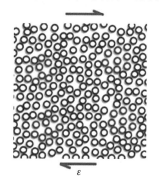

图 6.44　在较小外力作用下非晶物质中的流变局域仅发生在纳米级的剪切形变区或者流变单元(图中红色区域)中(ε是应变)

有任何塑性流变发生。这种变形方式被称为局域非均匀变形。非晶物质的变形局域化是结构非均匀性、应变软化的结果。目前对于剪切带应变软化产生的机制，主要观点可分为两类：一类认为应变软化是变形时的局域绝热升温的结果，另一类认为应变软化是变形体积扩张造成的[106-109]。局域流变是非晶物质的本质特征，室温变形在空间上的高度局域化，是由非晶物质无序结构造成的。

非晶物质变形空间上的高度局域化，通常以形成剪切带的方式进行。在非均匀变形过程中会产生大量剪切带，在没有约束的条件下，材料将沿某个主带迅速扩展直至断裂，导致大多非晶物质在宏观上基本表现出脆性应变和断裂。图 6.46 中应力-应变曲线是块体非晶合金在室温下的单轴拉伸曲线和其他材料的对比。拉伸加载时非晶材料呈现出宏观脆性断裂特征，即使在较为稳定的压缩条件下，其塑性应变也很小。大多数块体非晶合金的压缩塑性一般小于 2%。由于剪切局域化和应变软化，很多非晶材料在宏观上表现出明显的脆性特征，如图 6.46 所示。脆性被认为是非晶材料本质上的特征和缺陷。

孔子在《论语》中说：君子不器(英文可翻译成：To be plastic！)。意思是一个人要根据环境来改变，不能墨守成规。局域流变导致非晶材料的脆性——不能随应力发生较大的形变，从而影响、限制其应用。如果使得非晶物质变形过程中产生大量剪切带，而且宏观应变能被分配到足够多的剪切带中，每条剪切带都能贡献形变，单个剪切带就不会由

图 6.45　在外力作用下发生塑性变形的非晶合金中的剪切带[105]

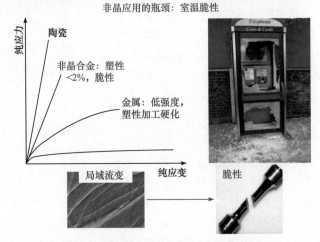

图 6.46　局域流变导致的非晶物质的脆性

于承载过多应变而引起脆断[106]，即通过形成高密度的剪切带有可能大幅度提高非晶材料的塑性变形能力。在非晶合金等材料领域，已经发展了很多有效控制剪切带的形成和扩展、增加剪切带数量和密度的有效方法[106]。例如，通过内生或外加的方式制备以非晶为基体的复合材料，改变加载条件，调制成分，调控非均匀性，控制尺寸等方法，并相继发现了很多具有一定塑性的非晶体系[106]。

6.10　超　塑　性

到目前为止，还没有普遍接受的超塑性定义。超塑性一般是指物质、材料在一定的内部条件和外部条件下，呈现出异常低的流变抗力、异常高的流变性能的现象。超塑性的特点有：大延伸率，无缩颈，小应力，易成形。实际上，几乎所有的材料在某些特定的显微组织、温度及变形速率条件下都可以呈现出超塑性，只是对某些材料而言，发生超塑性的条件很苛刻，如被限制在一个很窄或者很高的温度，或者很低的应变速率范围内，在通常情况下难以满足而已。一种材料在应用之前必须要加工成所需要的形状。超塑性成型对一种材料的加工使用很有利。陶瓷材料就是先利用混入水的泥土的超塑性成型为各种复杂的形状(如各类形态复杂的陶罐)，然后再烧制成固体的器件。

一般的晶态金属材料(如钢铁、钛合金)具有很高的强度，但是其软化温度、超塑性要到熔点温度附近。这意味着一般金属成型需要高温铸造，即将金属合金熔化，然后再浇铸到模具中，超塑性凝固成型为所需要的形状。塑料具有较低的软化成型(超塑性)温度，但是塑料的室温强度很低。非晶物质一个重要特性是在较低的温度下具有超塑性，这使得很多非晶材料具有易加工成型的特点。很多非晶物质具有明显的玻璃转变和玻璃转变温度点 T_g，当温度高于 T_g 时，非晶物质就变成过冷液态，在过冷液态，非晶体系具有类似液体的异常低的流变抗力、异常高的流变性，即超塑性。这种超塑性赋予非晶材料无与伦比的成型能力。生活中有很多常见的例子，如玻璃的吹塑成型技术就是典型超塑性特性的应用。非晶玻璃材料史上一项里程碑式的进展是古罗马时代发明的玻璃超塑性成型技术，即玻璃吹塑成型的技术[110]。通过这项技术玻璃被制造成形状精美、高雅、复杂的酒杯等器具和工艺品，从而导致玻璃材料在欧洲大规模应用和研究。玻璃材料的超塑性成型也使得玻璃的加工成为一门艺术[110]。

块体非晶合金和其他非晶玻璃一样具有较稳定的过冷液相区和较低的 T_g，其过冷液态可以在几十摄氏度甚至 100 多摄氏度的温区较长时间存在。具有稳定的过冷液态也是非晶合金相比一般金属材料的另一项特殊的性质。非晶合金因此具有出色的超塑性变形能力，铸造成型能力很强，可以在远低于熔点的温度实现超塑性成型。由于非晶合金在凝固的过程中体积变化要比晶态合金的小得多，在超塑性变形过程中体积没有突变，所以不易形成缩孔、缩松、气孔等铸造缺陷。另外，由于非晶的玻璃特性，成型后铸件表面可达纳米级的极低的粗糙度，光滑度达到原子级别，不需二次加工就可以形成精密器件。非晶合金的超塑性成型颠覆了传统金属材料成型的技术，为合金铸造提供了全新的思路。金属塑料[111,112]甚至具有和有机塑料类似的低温超塑性。在较低的温度下，如在开水中，非晶金属塑料就可以进行软化和超塑性成型、弯曲、拉伸、压缩和复印等精密加工，如图 6.47 所示，因此加工制造成本低廉。金属塑料的超塑性成型温度高低可通过掺杂不同的金属或其他组元来调节[111]。金属、塑性之所以在现代工业与生活的各个领域获得如此广泛应用，归根结底在于塑性加工之功、之妙。金属塑料是同时具有塑料和金属优点的材料，在很多领域都具有潜在的重要应用和研究价值。

(a)

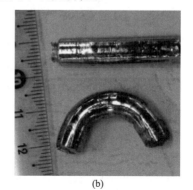
(b)

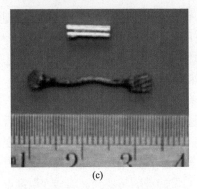

(c)　　　　　　　　　　　(d)

图 6.47　(a) 金属塑料在开水中成型的示意照片；(b) 手指粗的金属棒可在开水中轻松弯曲；(c) 在开
水中拉伸；(d) 在类似开水中这种简单条件下精确复写硬币的示意照片[111]

　　非晶合金超塑性成型的特性，使得非晶合金也能像传统玻璃材料一样在其过冷液相区被一次加工成复杂形状的结构器件，还可以如图 6.48 所示，吹塑成型[113]，吹塑成型的非晶合金的表面的光滑度达到原子级别。这种超塑性成型技术，节约了原材料，大大提高了效率，降低了成本，缩短了工艺流程。例如，做磁性铁芯的非晶合金就可直接铸造成型，而硅钢就必须进行轧制才能制成薄带。

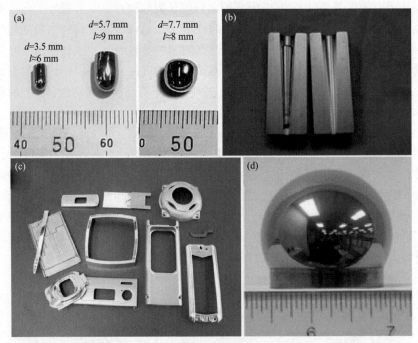

图 6.48　非晶合金的超塑性成型：(a) 用 B_2O_3 溶剂包裹熔炼并水淬的$[(Fe_{0.5}Co_{0.5})_{0.75}B_{0.2}Si_{0.05}]_{96}Nb_4$ 非晶；(b) 水冷铜模吸铸法制备的 Zr-Cu-Ni-Al 非晶合金；(c) Liquidmetal 公司的商业化产品；(d) 吹塑成型的、光滑度达到原子级别的 Zr 基非晶合金球[113]

　　非晶合金原子级别的表面光滑度有特殊应用。比如可用非晶合金制备反射镜面，用于光学和空间航天器。常作为电极材料的晶态 Al 难以达到纳米级别的表面光滑度，而磁控溅射非晶合金薄膜表面的最大起伏程度不超过 2 nm。如此光滑的表面能使电场在作为电极的非晶合金薄膜上分布非常均匀，因而光滑的非晶合金薄膜是性能优异的电极。另外，普通金属抛光表面的粗糙度为 25 nm 和 500 nm，当纳米器件的尺度与金属表面的起伏程度相差不多的时候，表面粗糙度的控制极具挑战性，也很重要。粗糙的表面对纳米器件的性能和可靠性都有严重的影响。热塑性成型技术能使非晶合金的表面的光滑度达到原子级别，这使得非晶合金特别适合做一些微尺寸和精密度高的零件，如微齿轮、光栅、光亮的外壳等，如图 6.49 所示。

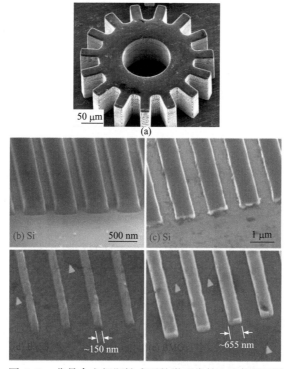

图 6.49　非晶合金超塑性成型的微型齿轮和光栅[113-114]

非晶合金的超塑性成型还可以在微纳米尺度实现[113,114]。高密度纳米级计算及芯片的制造中，性价比高且便于操作的工艺是简单的冲压或浇注，如制造 CD 和 DVD 的制造工艺。然而要实现纳米级制造，"主模"的精度就必须达到纳米级。硅基铸模拥有比较好的精度，但是其强度低，韧性差，不耐用；金属强度更高，但是内部结构中的晶粒度太大，却达不到纳米级精度。用非晶合金超塑性成型可以实现新型纳米器件、模具的制造，这项颠覆性微纳成型技术将给从计算机内存到医学生物传感器等广阔范围的纳米器件的制造带来革命性变化[113,114]。利用非晶合金超塑性区精密成型的特点，可将大块非晶合金材料做成纳米铸模，然后对不同材料进行冲压，成品拥有纳米级精度(成型过程如图 6.50 所示)。采用热模压印的图案，最高精度达到了约 13 nm(图 6.51)。这些非晶合金模具比硅或钢铁强度更精密、更加耐用，复原性更好。非晶合金本身也是理想的高精度成型材料。但是非晶合金要实现纳米级成型和应用，也要面对一个在所有成型工艺中都要碰到的问题：如何使得材料既达到最高的精度，然后又能将材料和铸模完整地分离。液体金属表面展现出来的高表面张力和毛细作用在纳米尺度都会影响成型效果。通过改变非晶合金的组成成分，可能解决上述问题，使得铸模填充以及铸模与成品分离过程中，成品达到最佳的精度[113]。总之，超塑性赋予非晶物质其他材料难以企及的塑性加工之妙。

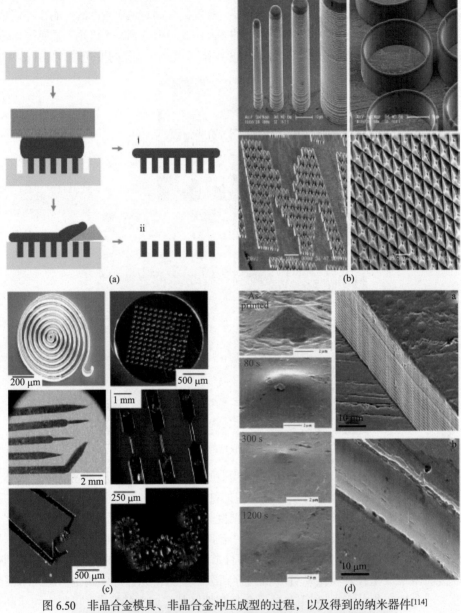

图 6.50　非晶合金模具、非晶合金冲压成型的过程，以及得到的纳米器件[114]

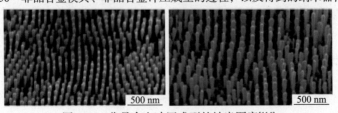

图 6.51　非晶合金冲压成型的纳米图案[114]

6.11　光 学 性 质

玻璃是最典型的非晶物质之一，而玻璃的最重要的特性就是透光性。决定物质和光作用的是物质的电子结构，物质的光学性质本质上是其中光-电子相互作用的宏观反映。物质中电子可以吸收光子从而增加自己的能量。光一旦被吸收，这个物质就表现为不透明了。如果其电子由于量子力学限制无法吸收可见光，光线就直接穿透过去，物质因而呈现透明状。玻璃是绝缘体，其能带禁带宽度 E_g 很宽，光子能量远小于禁带宽度，即 $h\nu < E_g$，其中 h 是普朗克常量，ν 是光的频率。光不能被吸收，而是透射穿过玻璃，所以是透明的。玻璃常用作透光材料，其光学性质是指玻璃的折射、反射、吸收和透射等。玻璃是一种高度透明的物质，可以通过调整成分、着色、光照、热处理、光化学反应以及镀膜等物理和化学方法，获得一系列重要光学性能，以满足各种光学材料对特定的光性能的要求。

这里我们重点介绍可见光范围内(包括近紫外和近红外)玻璃的折射率、色散、反射、吸收和透射。当光照射到玻璃时，会产生反射、吸收和透射三种性质。光线透过玻璃的性质，称为"透射"，以透光率表示。光线被玻璃阻挡，按一定角度反射出来，称为"反射"，以反射率表示。光线通过玻璃后，一部分光能量损失，称为"吸收"，以吸收率表示。光线在通过任何介质时，其透光率(T)、反射率(R)和吸收率(A)之间根据能量守恒定律存在如下关系：$T + R + A = 100\%$，即玻璃的反射率+吸收率+透光率=100%。普通采光玻璃的透光率平均来说略高于 80%。

光的反射、透过和吸收这三种基本性质都与折射率有关。玻璃的折射率 n 是电磁波在玻璃中传播速度的降低：$n = C/V$，其中 C 是光在真空中的传播速度，V 是光在玻璃中的传播速度，一般玻璃的折射率为 1.5～1.75。可见光通过玻璃时，会引起玻璃中各种带电的粒子(如离子、离子集团和电子)的极化变形(图 6.52)，表现为离子或原子核外电子云的变形，并且随着光波电场的交变，电子云也反复来回变形。因此，光在通过玻璃过程中损失了一部分能量，并引起光速降低即折射。玻璃的折射率与入射光的波长、玻璃的密度、温度、热历史以及玻璃的组成有密切的关系。玻璃的折射率决定于玻璃中离子的极化率和其密度。极化率或密度越大，光通过被吸收的能量越大，折射率也越大。

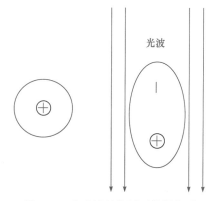

图 6.52　在光波的作用下非晶物质
中离子被极化，电子云变形

折射率随入射波长的不同而不同的现象叫色散。色散使得棱镜可以把白光分成七色光谱。

非晶半导体的实际应用多与其光学性质有关。非晶半导体的光学特性主要包括光吸收、光电导和发光三个方面。非晶半导体的光吸收系数比晶态半导体大得多，当光照后可成为一个很好的光导体，所以它具有优异的光电特性，并具有重要的应用价值。当光照射半导体时，电子在吸收了光子后将由价带跃迁到导带，而在价带上留下一个空穴，形成电子-空穴对，称为本征吸收。由于价带与导带之间存在着禁带，要发生光吸收必须满足能量守恒定律，也就是被吸收光子的能量要大于禁带宽度 E_g，即 $h\nu \geq E_g$，才能产生电子-空穴对。非晶半导体也有类似的本征吸收。由于非晶半导体没有长程的周期性，跃迁中不再受动量守恒的限制，也就没有跃迁方向之分。非晶硅的吸收系数在长波区远远大于晶态硅，对太阳光的吸收能力比晶态硅约大一个数量级。非晶硅价廉，制备工艺简单，可制成大面积，广泛用于太阳能电池。非晶半导体 (尤其是电致发光)由于其光学带隙在 2 eV 以上，可发出可见光(如蓝白光)，可制作成大面积发光器件。

结构色(structural colour)，又称物理色(physical colour)，是一种由光的波长引发的光泽，是由材料细微结构，使光波发生折射、漫反射、衍射或干涉而产生的各种颜色，是亚显微结构所导致的一种光学效果。生物体表面或表层的嵴、纹、小面和颗粒能使光发生反射或散射作用，从而产生特殊的颜色效应。例如，鸟类的羽色、昆虫的翅色主要是由表面结构对光的干涉现象所引起的。结构色具有不褪色、环保和虹彩效应等优点，在显示、装饰、防伪等领域具有广阔的应用前景。对自然界中生物的结构色形成机制及其应用进行研究，可以促进仿生结构色加工和微纳米光学技术的发展。

非晶合金等非晶材料的表面可以采用激光加工、超塑性成型等方法形成结构色[115]。图 6.53 是非晶合金表面通过模具在其过冷液区压铸形成的结构，可以看出经过热塑性成型之后，非晶合金表面形成规则的、极其光滑的光栅。图 6.54 是非晶合金光栅在日光灯下放置的照片，以及和硅模具的对比，非晶光栅甚至比硅模具的色彩更加鲜艳亮丽，直观上反映出其更加优良的衍射效率。优良的衍射效率主要得益于非晶优良的表面质量及其接近原子级别的均匀程度。图 6.55 展示了非晶合金和硅片在可见光范围内的反射光谱，并以我们常见的玻璃作参比，可以看出非晶合金在可见光范围内比硅、玻璃有更好的反射率，这是非晶合金光栅比硅模具有更好的衍射效率的原因。

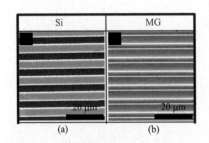
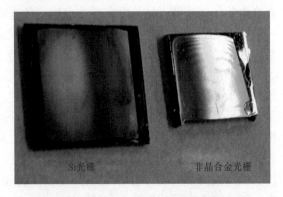

图 6.53 硅模具(a)和非晶合金(b)光栅的 SEM 图像[115]

图 6.54 非晶合金光栅和硅模具的照片[115]

有些非晶合金老化后表面颜色会发生变化。图 6.56 是非晶 $Ce_{69}Al_{10}Cu_{20}Co_1$(a)和$(Ce_{0.69}Al_{0.10}Cu_{0.20}Co_{0.01})_{95}Y_5$(b)在室温环境下老化导致的颜色变化及颜色随老化的变化相图。图 6.57 是非晶条带在室温环境下表面颜色随成分 x = 0, 1, 3, 5, 15, 20(at.%)的变化。非晶合金表面颜色绚丽多彩还可以通过老化、成分、微量掺杂、光激发来调控[116]。

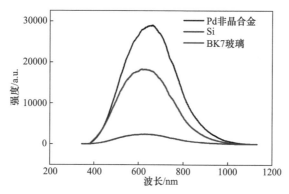

图 6.55　$Pd_{40}Cu_{30}P_{20}Ni_{10}$ 非晶合金(BMG)、硅片和玻璃的反射光谱比较[115]

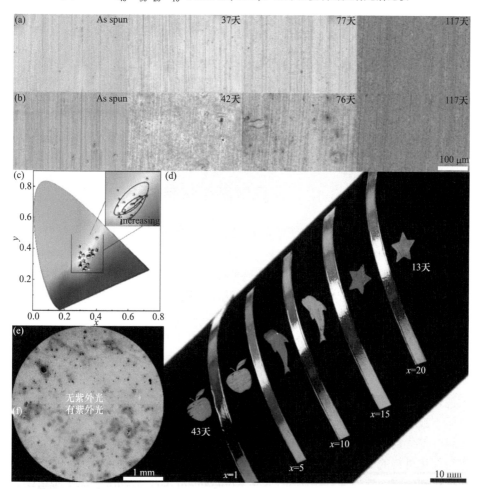

图 6.56　非晶 $Ce_{69}Al_{10}Cu_{20}Co_1$(a)和$(Ce_{0.69}Al_{0.10}Cu_{0.20}Co_{0.01})_{95}Y_5$(b)在室温环境下老化导致的颜色变化；(c) Ce 基非晶颜色随老化的变化相图；(d) 经过 400 天老化后$(Ce_{0.69}Al_{0.10}Cu_{0.20}Co_{0.01})_{100-x}Y_x$($x$ = 1, 5, 10, 15, 20(at.%))非晶条带的颜色；(e) 不用 442nm 波长(f)和用 442 nm 波长紫光激发后颜色的对比[116]

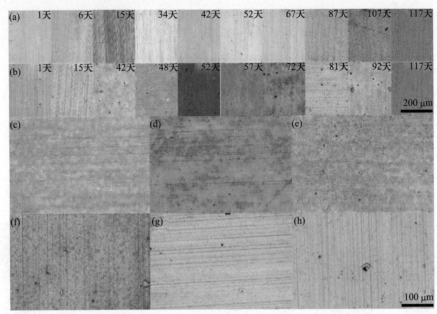

图 6.57　非晶(a) $Ce_{69}Al_{10}Cu_{20}Co_1$ 和(b) $(Ce_{0.69}Al_{0.10}Cu_{0.20}Co_{0.01})_{95}Y_5$ 条带在室温环境下 1~117 天老化导致的表面颜色演化；(c)~(h) $(Ce_{0.69}Al_{0.10}Cu_{0.20}Co_{0.01})_{100-x}Y_x$ MG 非晶条带(在室温环境经过 330 天老化后)表面颜色随成分 $x = 0, 1, 3, 5, 15, 20(at.\%)$ 的变化[116]

6.12　非晶物质化学特性

非晶物质有两个突出的化学特性：抗腐蚀特性和催化特性。

非晶物质优良的抗腐蚀特性是由其化学成分、结构特征、表面织构及侵蚀介质确定的。硅化物玻璃有很强的抗腐蚀特性。玻璃器皿因为具有很强的抗各种化学物质腐蚀的能力，加上其表面光滑，玻璃易洁净，因此广泛用于化学、生物实验、医学和化学工业等领域，极大地促进了化学、医学和生物学的发展。

金属合金一般抗腐蚀能力较差，但是非晶合金由于其独特的无序密堆结构特征，抗腐蚀能力提高千万倍，远优于晶态合金、不锈钢的抗腐蚀性能。非晶合金没有晶界，腐蚀只能从合金表面一个一个原子侵蚀，对有些非晶合金还能迅速形成致密、均匀、稳定的高纯度钝化膜[117]。例如，Ir-Ni-Ta 高温非晶合金体系具有强耐蚀的特点，可在王水中浸泡数月而不被腐蚀[118]。

优异的催化剂应具备高催化活性、高稳定性、低成本及可大规模生产等性质。非晶合金作为催化材料的研究始于 1980 年，Simth 等在第七届国际催化会议上发表了非晶合金用作催化剂的第一篇论文；1986 年，van Wonterghem 等在 *Nature* 杂志上报道使用化学还原法制备了超细非晶合金[119]。此后，非晶合金催化剂的研究引起了催化学者的极大兴趣，发现很多非晶材料具有独特的催化性质，推动了非晶催化剂在催化领域的发展。

非晶合金催化材料及其变体是新型高效催化剂。与常规催化剂相比，其主要优势是具有更高的催化活性位密度。非晶态合金表面高度不饱和、表面能较高，具有高浓度的高度配位不饱和位，很强的活化能力和较高的活性中心密度。此外，它的各元素分布均匀，具有耐腐蚀等优点。相比晶体催化剂来说，非晶催化剂可以在更大范围内对成分进行调节，不受合金相限制，可获得一般方法不能获得的新组分和结构。非晶催化剂的制备通常都在较为温和的反应条件下进行，这也能够降低生产成本，促进其工业化发展。

例如，$Pd_{40}Ni_{10}Cu_{30}P_{20}$ 非晶条带作为电化学分解水的催化材料，具有可以和商用 10wt% Pt/C 催化剂相比拟的起始催化活性，但拥有更加优异的长期稳定性。该非晶催化剂即使在循环了 10000 次之后，仍然具有较低的过电压；其催化活性具有和商用 Pt/C 催化剂快速衰减截然不同的先增加后缓慢衰减的趋势，即便使用超过 4×10^4 s 后，其效率仍然可以保持在 100% 左右，呈现出独特的自稳定性。非晶物质表面具有丰富的与局域化学元素分布相关的高活性位点(自由能 ΔG_H 趋近 0)，而在催化反应过程中发生的选择性去合金化，使得反应初期(如 Ni、P 元素的减少)材料表面高活性位点的比例增加，进而呈现出催化活性上升的趋势；非晶合金表面本征的不均匀性造就的丰富高活性位点类型，与晶态材料较单一的活性位点类型相比，具有减缓性能衰减的优势[120]。

$Ir_{25}Ni_{33}Ta_{42}$ 非晶合金薄膜兼具较低的过电势和塔菲尔斜率，其催化活性并非来源于复杂的表面结构或高的贵金属负载量，而是本征性能。如图 6.58 所示，在 1000 次循环伏

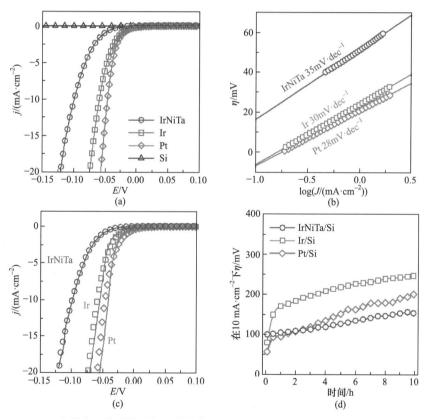

图 6.58 $Ir_{25}Ni_{33}Ta_{42}$ 非晶合金薄膜的析氢反应催化活性和稳定性[121]。(a) IrNiTa/Si、Ir/Si、Pt/Si 和 Si 电极的极化曲线；(b) $Ir_{25}Ni_{33}Ta_{42}$/Si、Ir/Si 和 Pt/Si 电极的 Tafel 图；(c) IrNiTa/Si、Ir/Si 和 Pt/Si 电极在 1000 次循环伏安扫描前(符号)和扫描后(线)的极化曲线；(d) 在 10 mA·cm⁻² 几何电流密度下各电极的计时电势曲线

安扫描后，$Ir_{25}Ni_{33}Ta_{42}$ 非晶合金薄膜的催化活性并未发生变化；在 $10\,mA\cdot cm^{-2}$ 的恒定几何电流密度下检测过电势的变化，经过 $10\,h$ 的测试，其过电势的增加仅为 $50\,mV$。与之相比，Pt 和 Ir 薄膜在 $10\,h$ 测试后过电势的增加则分别高达 $250\,mV$ 和 $200\,mV$。这说明 $Ir_{25}Ni_{33}Ta_{42}$ 非晶合金薄膜具有比 Pt 和 Ir 更高的催化稳定性[121]。$Ir_{25}Ni_{33}Ta_{42}$ 非晶合金在单位时间单个活性位点上生成的氢气分子的数目要远高于过渡金属硫化物和磷化物，并且可以和其他含贵金属的催化剂相媲美(图 6.59)。$Ir_{25}Ni_{33}Ta_{42}$ 非晶合金的优异催化性能主要归因于其合金体系和非晶态结构[121]。

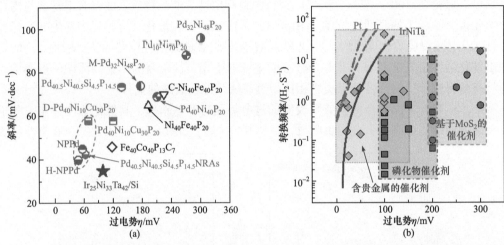

图 6.59　$Ir_{25}Ni_{33}Ta_{42}$ 非晶合金薄膜与其他材料的析氢反应催化性能比较[121]。(a) 现有非晶合金相关催化剂在 $0.5\,M\,H_2SO_4$ 中析氢反应的活性比较；(b) IrNiTa 金属玻璃薄膜的转换频率与其他析氢反应催化剂作比较

非晶合金催化剂经过近 40 年的发展，其制备技术已基本成熟，在很多领域得到广泛研究和应用。如何进一步提高非晶催化剂的热稳定性和化学稳定性、防止晶化和活性组分流失，是关系到非晶催化材料能否在催化领域大放异彩的关键。非晶合金作为催化材料，在石油化工、废水处理等很多领域有大量应用，是非晶合金第二大重要应用领域。非晶催化剂的催化机制和非晶催化剂在催化过程中的演变规律可能为催化剂的设计提供新的指导方向。

以上介绍的是非晶物质的各种特性。此外，非晶物质的输运特性、扩散行为、生物材料特性，和其晶态相比都有不同。对此感兴趣的读者可参阅相关文献。

6.13　极端条件下非晶物质的特性

综合极端条件可以大大拓展物质科学的研究空间(图 6.60)，为发现新物态、探索新现象、开辟新领域，创造了前所未有的机遇。例如，在百万大气压下平均每种物质发生 5 次相变，可使物质数量扩大 5 倍。发展极端物理条件是物理和材料研究的趋势，借助综合极端条件取得创新突破已成为科学研究的一种重要范式。由中国科学院物理研究所主建的综合极端条件实验装置，地处北京怀柔综合性国家科学中心。图 6.61 是北京怀柔综合极端条件实验装置基地鸟瞰图，该大装置包括极端条件物性表征系统、高温高压大体积材料研究系统、极端条件量子态调控系统和超快条件物质研究系统。这些装置能够在实验室中创造、达到或接近目前技术极限的极低温、超高压、强磁场、超快光场等物理条件：能实现 1 mK 的极低温、300 GPa 的超高压、26 T 的超导磁体强磁场和 100 as(阿秒)的超快光场等单项极端条件；达到 10000 T/K 的磁场/温度值、2800 T·GPa/K 的磁场·压力/温度值、60000 GPa·K 的压力·温度值及 4.2 K 下 200 fs(飞秒)的超快光场脉宽等综合极端条件。图 6.62 是北京怀柔综合极端条件实验装置的各种极端条件及能达到的指标示意图。这些装置可提供多种综合极端条件，开展材料制备、物性表征、量子调控和超快动力学研究。

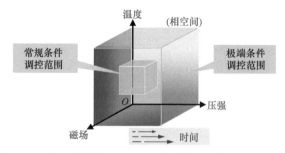

图 6.60　综合极端条件可以大大拓展物质科学的研究空间

图 6.61　北京怀柔综合极端条件实验装置基地鸟瞰图

利用综合极端条件装置，能拓展非晶物质科学研究空间，开展极端条件下各类非晶材料合成、新现象的发现、物性表征，促进非晶物质科学新物态、新现象、新规律的发现，在新型非晶材料的发现、非晶到非晶的相变等前沿领域开展高水平研究。在极端条件下，非晶物质会表现和暴露出独特的性质[122-125]。如图 6.63 所示，$Ce_{75}Al_{25}$ 非晶合金在

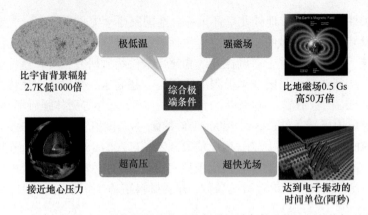

图 6.62 北京怀柔综合极端条件实验装置的各种极端条件及能达到的指标示意图

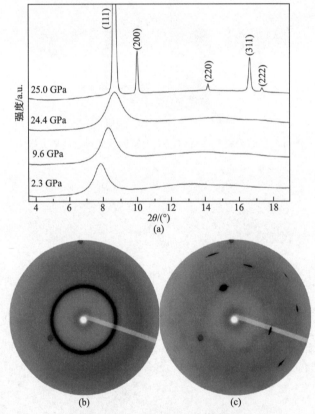

图 6.63 $Ce_{75}Al_{25}$ 非晶合金在 25 GPa 压力下 XRD 曲线(a)和衍射图(b)、(c),表明非晶在压力下转变成晶态面心单晶[122]

25 GPa 压力下会突然转变成晶态面心单晶 (如图中 XRD 曲线和衍射照片所示)。这是高压极端条件导致的该非晶物质中隐藏的长程序的回复。图 6.64 是低温下测量的非晶 $Ce_xLa_{65-x}Al_{10}Cu_{20}Co_5$ ($x = 0$, 10, 20, 65 at.%)的比热。在很低的温度下才能暴露和测量到电子比热,发现 Ce 基非晶合金的电子比热系数 γ(等效于电子的有效质量)很大,这样就发现了 Ce 非晶合金中的重电子行为[125]。在低温下还能发现非晶合金的超导行为,以及振动的玻色峰行为。在高压下，非晶物质还会发生非晶到非晶的相变[123]；高压下能合成出硬度类似金刚石的非晶碳等[126]。随着极端物理条件的提升，相信非晶物质更多独特的性能会暴露出来，同时，极端条件也可能合成出性能特征独特的非晶物质。高时间分辨的超快电镜，阿秒激光大装置将有助于实验观察玻璃转变过程中原子、电子的动力学行为，破解玻璃转变之谜。

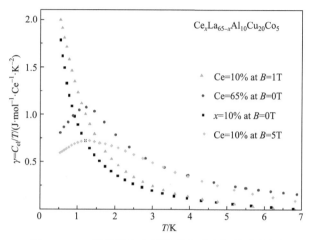

图 6.64　Ce 基非晶合金低温下电子比热的反常[125]

6.14 小　结

独特的微观长程无序结构、远离平衡状态、独特的形成原理和合成方法，导致非晶物质具有不同寻常的物理化学性质，如普遍性、多样性、遗传性、亚稳特性、时效特性、记忆特性、响应的敏感性、脆性、超塑性、局域流变特性、大弹性、抗腐蚀和催化等特性。这些特性完全不同于气态、液态和晶体固态常规物质。非晶物质的多样性和普遍性，独特的物理化学和力学性质再次证明非晶物质不同于其他三类常规物质，应该被划为第四态常规物质。

科学上有个奥卡姆剃刀(Occam's Razor)法则，它是由 14 世纪英格兰的逻辑学家奥卡姆的威廉(William of Occam，1285—1349)提出。这个原理为"如无必要，勿增实体"，即"简单有效原理"。即如果某一参数或理论既真又足以解释自然事物的特性，则不应当接受比这更多的参数或理论。科学上总希望用最少的参数去描述更多的东西。非晶物质如此多样性，有如此复杂、独特的性质，能否找到少量关键参数来有效描述呢？第 7 章，让我们一起去探索如何找到某些关键、容易测量、物理意义清楚的参量，来描述和理解非晶物质。你可能想不到，这个物理参量竟然是我们在初中物理课本上早就学过的弹性模量。你将发现弹性性质是认识非晶物质的一把关键钥匙。

参 考 文 献

[1] Johnson W A, Mehl R F. Reaction kinetics in process of nucleation and growth. Trans. Amer. Inst. Min .

Met. Eng., 1939, 135: 416-458.

[2] Avrami M J. Kinetics of phase change. II Transformation‐time relations for random distribution of nuclei. Chem. Phys., 1940, 8: 212-224.

[3] Kissinger H E. Reaction kinetics in differential thermal analysis. Analytical Chem., 1957, 29: 1702-1706.

[4] Kissinger H E. Variation of peak temperature with heating rate in differential thermal analysis. J. Res. Natl. Bur. Stand., 1956, 57: 217-221.

[5] 郭贻诚, 王震西. 非晶态物理学. 北京: 科学出版社, 1984.

[6] 郑兆勃. 非晶固态材料引论. 北京: 科学出版社, 1987.

[7] Turnbull D, Cohen M H. Concerning reconstructive transformation and formation of glass. J. Chem. Phys., 1958, 29: 1049-1054.

[8] Yoshizawa Y, Oguma S, Yamauchi K. New Fe-based soft magnetic alloys composed of ultrafine grain structure. J. Appl. Phys., 1988, 64: 6044-6046.

[9] Wang W H. High entropy metallic glasses. JOM, 2014, 66: 2067-2077.

[10] Freeman W H. Biological Physics: Energy, Information, Life. New York and Basingstoke, 2004.

[11] Struik L C E. Physical Aging in Amorphous Polymers and Other Materials. Amsterdam: Elsvier, 1978.

[12] Greer A L, Sun Y H. Stored energy in metallic glasses due to strains within the elastic limit. Philos. Mag., 2016, 96: 1643-1663.

[13] Duri A, Cipelletti L. Length scale dependence of dynamical heterogeneity in a colloidal fractal gel. Europhys. Lett., 2006, 76: 972-978.

[14] Bissig H, Romer S, Cipelletti L, et al. Intermittent dynamics and hyper-aging in dense colloidal gels. Phys. Chem. Comm., 2003, 6: 21-23.

[15] Evenson Z, Ruta B, Hechler S, et al. X-ray photon correlation spectroscopy reveals intermittent aging dynamics in a metallic glass. Phys. Rev. Lett., 2015, 115: 175701.

[16] Giordano V M, Ruta B. Unveiling the structural arrangements responsible for the atomic dynamics in metallic glasses during physical aging. Nat. Commun., 2016, 7: 10344.

[17] Hodge I M. Physical aging in polymer glasses. Science, 1995, 267: 1945-1947.

[18] Giordano V M, Ruta B. Unveiling the structural arrangements responsible for the atomic dynamic in metallic glasses during physical aging. Nat. Commun., 2016, 6: 10344.

[19] Chandler D, Garrahan J P. Dynamics on the way to forming glass: Bubbles in space-time. Annu. Rev. Phys. Chem., 2010, 61: 191-217.

[20] Berthier L, Biroli G. Theoretical perspective on the glass transition and amorphous materials. Rev. Mod. Phys., 2011, 83: 587-645.

[21] Welch R C, Smith J R, Potuzak M, et al. Dynamics of glass relaxation at room temperature. Phys. Rev. Lett., 2013, 110: 265901.

[22] Lunkenheimer P, Wehn R, Schneider U, et al. Glassy aging dynamics. Phys. Rev. Lett., 2005, 95: 055702.

[23] Bi D, Zhang J, Chakraborty B, et al. Jamming by shear. Nature, 2011, 480: 355-358.

[24] Langer J, Manning M. Steady-state, effective-temperature dynamics in a glassy material. Phys. Rev. E, 2007, 76: 056107.

[25] Kearns K L, Swallen S F, Ediger M D, et al. Influence of substrate temperature on the stability of glasses prepared by vapor deposition. J Chem. Phys., 2007, 127: 154702.

[26] Perez-Castaneda T, Jimenez-Rioboo R, Ramos M A. Two-level systems and Bosonpeakremainstablein100-million-year-old amber glass. Phys. Rev. Lett., 2014, 112: 165901.

[27] Heide K, Heide G. Vitreous state in nature—origin and properties. Chemie der Erde, 2011, 71: 305-335.

[28] Weeks E R, Crocker J C, Levitt A C, et al. Three-dimensional direct imaging of structural relaxation near

the colloidal glass transition. Science, 2000, 287: 627-631.

[29] Donati C, Douglas J F, Kob W, et al. Stringlike cooperative motion in a supercooled liquid. Phys. Rev. Lett., 1998, 80: 2338-2341.

[30] Wang W H, Dong C, Shek C H. Bulk metallic glasses. Mater. Sci. Eng. R, 2004, 44: 45-89.

[31] Johnson W L. Bulk glass-forming metallic alloys: Science and technology. MRS Bull., 1999, 24: 42-56.

[32] Johnson W L, Kaltenboeck G, Demetriou M D, et al. Beating Crystallization in glass-forming metals by millisecond heating and processing. Science, 2011, 332: 828-833.

[33] Xue R J, Zhao L Z, Shi C L, et al. Enhanced kinetic stability of a bulk metallic glass by high pressure. Appl. Phys. Lett., 2016, 109: 221904.

[34] Debenedetti P G, Stillinger F H. Supercooled liquids and the glass transition. Nature, 2001, 410: 259-267.

[35] Stillinger F H. A topographic view of supercooled liquids and glass formation. Science, 1995, 267: 1935-1939.

[36] Angell C A. Formation of glasses from liquids and biopolymers. Science, 1995, 267: 1924-1935.

[37] Malandro D L, Lacks D J. Molecular-level mechanical instabilities and enhanced self-diffusion in flowing liquids. Phys. Rev. Lett., 1998, 81: 5576-5579.

[38] Lacks D J. Energy landscapes and the non-newtonian viscosity of liquids and glasses. Phys. Rev. Lett., 2001, 87: 225502.

[39] Lacks D J, Osborne M J. Energy landscape picture of overaging and rejuvenation in a sheared glass. Phys. Rev. Lett., 2004, 93: 255501.

[40] Wang W H. The elastic properties, elastic models and elastic perspectives of metallic glasses. Prog. Mater. Sci., 2012, 57: 487-656.

[41] Hodge I M. Enthalpy relaxation and recovery in amorphous materials. J. Non-Cryst. Solids., 1994, 169: 211-266.

[42] Swallen S F, Kearns K L, Mapes M K, et al. Organic glasses with exceptional thermodynamic and kinetic stability. Science, 2007, 315: 353-356.

[43] Guo Y, Morozov A, Schneider D C, et al. Ultrastable nanostructured polymer glasses. Nature Mater., 2012, 11: 337-343.

[44] Witte F, Fischer J, Nellesen J, et al. In vitro and in vivo corrosion measurements of magnesium alloys. Biomaterial, 2006, 27: 1013-1108.

[45] Zhao K, Li J F, Zhao D Q, et al. Degradable Sr-based bulk metallic glasses. Scripta Mater., 2009, 61: 1091-1094.

[46] Widmer-Cooper A, Perry H, Harrowell P, et al. Irreversible reorganization in a supercooled liquid originates from localized soft modes. Nature Phys., 2008, 4: 711-715.

[47] Schall P, Weitz D A, Spaepen F. Structural rearrangements that govern flow in colloidal glasses. Science, 2007, 318: 1895-1899.

[48] Sun Y H, Concustell A, Greer A L. Thermomechanical processing of metallic glasses: Extending the range of the glassy state. Nature Review Materials, 2016, 1: 16039.

[49] Zhang Y, Wang W H, Greer A L. Making metallic glasses plastic by control of residual stress. Nature Mater., 2006, 5: 857-860.

[50] Lu Z, Jiao W, Wang W H, et al. Flow unit perspective on room temperature homogeneous plastic deformation in metallic glasses. Phys. Rev. Lett., 2014, 113: 045501.

[51] Ketov S V, Sun Y H, Nachum S, et al. Rejuvenation of metallic glasses by non-affine thermal strain. Nature, 2015, 524: 200-203.

[52] Wang C, Yang Z Z, Ma T, et al. High stored energy of metallic glasses induced by high pressure. Appl.

Phys. Lett., 2017, 110: 111901.

[53] Pan J, Wang Y X, Guo Q, et al. Extreme rejuvenation and softening in a bulk metallic glass. Nature Commun., 2018, 9: 560.

[54] Liu M, Jiang H Y, Liu X Z, et al. Energy state and properties controlling of metallic glasses by surface rejuvenation. Intermetallics, 2019, 112: 106549.

[55] Berthier L, Biroli G, Bouchaud J P, et al. Dynamical Heterogeneity in Glasses, Colloids and Granular . Oxford: Oxford University Press, 2011: 150.

[56] Ediger M D. Spatially heterogeneous dynamics in supercooled liquids. Annu. Rev. Phys. Chem., 2000, 51: 99-128.

[57] Ediger M D, Harrowell P. Perspective: Supercooled liquids and glasses. J. Chem. Phys., 2012, 137: 080901.

[58] Wagner H, Bedorf D, Küchemann S, et al. Local elastic properties of a metallic glass. Nat. Mater., 2011, 10: 439-442.

[59] Wang Z, Wen P, Huo L S, et al. Signature of viscous flow units in apparent elastic regime of metallic glasses. Appl. Phys. Lett., 2012, 101: 121906.

[60] Liu Y H, Wang D, Nakajima K, et al. Characterization of nanoscale mechanical heterogeneity in a metallic glass by dynamic force microscopy. Phys. Rev. Lett., 2011, 106: 125504.

[61] Ichitsubo T, Matsubara E, Yamamoto T, et al. Microstructure of fragile metallic glasses inferred from ultrasound-accelerated crystallization in Pd-based metallic glasses. Phys. Rev. Lett., 2005, 95: 245501.

[62] Peng H L, Li M Z, Wang W H. Structural signature of plastic deformation in metallic glasses. Phys. Rev. Lett., 2011, 106: 135503.

[63] Wang Z, Sun B A, Bai H Y, et al. Evolution of hidden localized flow during glass-to-liquid transition in metallic glass. Nature Communications, 2014, 5: 5823.

[64] Kawasaki H, Araki T, Tanaka H. Correlation between dynamic heterogeneity and medium-range order in two-dimensional glass-forming liquids. Phys. Rev. Lett., 2007, 99: 215701.

[65] 汪卫华. 非晶态物质的本质和特征. 物理学进展, 2013, 33: 177-351.

[66] 管鹏飞, 王兵, 吴义成, 等. 不均匀性: 非晶合金的灵魂. 物理学报, 2017, 66: 176112.

[67] Berthier L. Theoretical perspective on the glass transition and amorphous materials. Rev. Mod. Phys., 2011, 83: 587-645.

[68] Huang B, Ge T P, Liu G L, et al. Density fluctuations with fractal order in metallic glasses detected by synchrotron X-ray nano-computed tomography. Acta Mater., 2018, 155: 69-79.

[69] Huang P Y, Kurasch S, Alden J, et al. Imaging atomic rearrangements in two-dimensional silica glass: Watching silica's dance. Science, 2013, 341: 224-227.

[70] Zhao J, Simon S L, McKenna G B. Using 20-million-year-old amber to test the super-Arrhenius behavior of glass-forming systems. Nat. Commun., 2013, 4: 1783.

[71] Cheng Y Q, Ma E. Atomic-level structure and structure-property relationship in metallic glasses. Prog. Mater. Sci., 2011, 56: 379-473.

[72] Falk M L, Langer J S. Dynamics of viscoplastic deformation in amorphous solids. Phys. Rev. E, 1998, 57: 7192-7205.

[73] Yu H B, Shen X, Wang Z, et al. Tensile plasticity in metallic glasses with pronounced beta relaxations. Phys. Rev. Lett., 2012, 108: 015504.

[74] Chattoraj J, Caroli C, Lemaître A. Robustness of avalanche dynamics in sheared amorphous solids as probed by transverse diffusion. Phys. Rev. E, 2011, 84, 011501.

[75] Gelin S, Tanaka H, Lemaître A. Anomalous phonon scattering and elastic correlations in amorphous solids. Nature Mater., 2016, 15: 1177-1181.

[76] Kovacs A J. Transition vitreuse dans les polymères amorphes: Etude phénoménologique. Fortschritte der Hochpolymeren-Forschung, 1963, 3: 394-507.

[77] McKenna G B. Glassy states: Concentration glasses and temperature glasses compared. J. Non-Cryst. Solids., 2007, 353: 3820-3828.

[78] Luo P, Li Y Z, Bai H Y, et al. Memory effect manifested by boson peak in metallic glass. Phys. Rev. Lett., 2016, 116: 175901.

[79] Li M X, Luo P, Sun Y T, et al. Significantly enhanced memory effect in metallic glass by multi-step training. Phys. Rev. B, 2017, 96: 174204.

[80] 金肖, 王利民. 非晶材料玻璃转变过程中记忆效应的热力学. 物理学报, 2017, 66: 176406.

[81] van den Beukel A, van der Zwaag S, Mulder A L. A semi-quantitative description of the kinetics of structural relaxation in amorphous $Fe_{40}Ni_{40}B_{20}$. Acta Metall., 1984, 32: 1895-1902.

[82] Aji D P B, Wen P, Johari G P. Memory effect in enthalpy relaxation of two metal–alloy glasses. J. Non-Cryst. Solids., 2007, 353: 3796-3811.

[83] Song L J, Xu W, Huo J T, et al. Activation entropy as a key factor controlling the memory effect in glasses. Phys. Rev. Lett., 2020, 125: 135501.

[84] Wu Z W, Li M Z, Wang W H, et al. Hidden topological order and its correlation with glass-forming ability in metallic glasses. Nature Communications, 2015, 6: 6035.

[85] 武振伟, 李茂枝, 徐莉梅, 等. 非晶中结构遗传性及描述. 物理学报, 2017, 66: 176405.

[86] Liu X J, Xu Y, Hui X, et al. Metallic liquids and glasses: atomic order and global packing. Phys. Rev. Lett., 2010, 105: 155501.

[87] Zeng Q, Sheng H, Ding Y, et al. Long-range topological order in metallic glass. Science, 2011, 332: 1404-1406.

[88] Hirata A, Kang L J, Fujita T, et al. Geometric frustration of icosahedron in metallic glasses. Science, 2013, 341: 376-379.

[89] Torquato S, Jiao Y. Dense packings of the Platonic and Archimedean solids. Nature, 2009, 406: 879.

[90] Wang R. Short-range structure for amorphous intertransition metal alloys. Nature, 1979, 278: 700-704.

[91] Wang W H, Wu E, Wang R J, et al. Phase transformation in a $Zr_{41}Ti_{14}Cu_{12.5}Ni_{10}Be_{22.5}$ bulk amorphous alloy upon crystallization. Phys. Rev. B, 2002, 66: 104205.

[92] Sheng H W, Liu H Z, Cheng Y Q, et al. Polyamorphism in metallic glass. Nature Mater., 2007, 6: 192-197.

[93] Zeng Q S, Ding Y, Mao W L, et al. Origin of Pressure-induced polyamorphism in metallic glass. Phys. Rev. Lett., 2010, 104: 105702.

[94] Li G, Wang Y Y, Liaw P K, et al. Electronic structure inheritance and pressure-induced polyamorphism in Lanthanide-based metallic glasses. Phys. Rev. Lett., 2012, 109: 125501.

[95] Novikov V N, Sokolov A P. Poisson's ratio and the fragility of glass-forming liquids. Nature, 2004, 432: 961-963.

[96] Dyre J C. Heir of liquid treasure. Nature Mater., 2004, 3: 749-750.

[97] Wang W H. The correlation between the elastic constants and properties in bulk metallic glasses. J Appl. Phys., 2006, 99: 093506.

[98] Ma D, Stoica A D, Wang X L, et al. Elastic moduli inheritance and the weakest link in bulk metallic glasses. Phys Rev Lett., 2012, 108: 085501.

[99] Wang W H. The properties inheritance in metallic glasses. J. Appl. Phys., 2012, 111: 123519.

[100] Wang W H. Metallic glasses: Family traits. Nature Mater., 2012, 11: 275-276.

[101] Yi J, Huo L S, Zhao D Q, et al. Toward an ideal electrical resistance strain gauge using a bare and single straight strand metallic glassy fiber. Sci. in Chin. G, 2012, 54: 609-613.

[102] Xian H J, Cao C R, Shi J A, et al. Flexible strain sensors with high performance based on metallic glass thin film. Appl. Phys. Lett., 2017, 111: 121906.

[103] Xian H J, Li L C, Wen P, et al. Development of stretchable metallic glass electrodes. Nanoscale, 2021, 13: 1800-1806.

[104] Xian H J, Liu M, Wang X C, et al. Flexible and stretchable metallic glass micro-/nano-structures of tunable properties. Nanotechnology, 2019, 30: 085705.

[105] Zhang Y, Greer A L. Thickness of shear bands in metallic glasses. Appl. Phys. Lett., 2006, 89: 071907.

[106] Schuh C A, Hufnagel T C, Ramamurty U. Mechanical behavior of amorphous alloys. Acta Mater., 2007, 55: 4067-4109.

[107] Spaepen F. A microscopic mechanism for steady state inhomogeneous flow in metallic glasses. Acta Metall., 1977, 25: 407-415.

[108] Argon A. Plastic deformation in metallic glasses. Acta Metall., 1979, 27: 47-58.

[109] Lewandowski J J, Greer A L. Temperature rise at shear bands in metallic glasses. Nat. Mater., 2006, 5: 15-18.

[110] Macfarlane A, Martin G. The Glass Bathyscaphe. Andrew Nurnberg: Profile Books Ltd., 2002.

[111] Zhang B, Zhao D Q, Pan M X, et al. Amorphous metallic plastic. Phys. Rev. Lett., 2005, 94: 205502.

[112] 李建福, 王军强, 刘晓峰, 等. 玻璃态金属塑料. 中国科学 G, 2010, 40: 694-700.

[113] Schroers J. Processing of bulk metallic glass. Adv. Mater., 2010, 22: 1566-1597.

[114] Kumar G, Tang H X, Schroers J. Nanomoulding with amorphous metals. Nature, 2009, 457: 868-872.

[115] Ma J, Yi Y, Zhao D Q, et al. Large size metallic glass gratings by embossing. J. Applied Physics, 2012, 112: 064505.

[116] Wang P F, Jiang H Y, Shi J A, et al. Regulated Colour-Changing Metals. J. Alloy Comp., 2022, 901: 163674.

[117] Pang S J, Zhang T, Asami K, et al. Synthesis of Fe-Cr-Mo-C-B-P bulk metallic glasses with high corrosion resistance. Acta Mater., 2002, 50: 489-497.

[118] Li M X, Zhao S F, Lu Z, et al. High temperature bulk metallic glasses developed by combinatorial methods. Nature, 2019, 569: 99-103.

[119] van Wonterghem J, Morup S, Koch C J W, et al. Formation of ultrafine amorphous alloy particles by reduction in aqueous solution. Nature, 1986, 322: 622-623.

[120] Hu Y C, Wang Y Z, Su R, et al. A highly efficient and self-stabilizing metallic glass catalyst for electrochemical hydrogen generation. Adv. Mater., 2016, 28: 10293-10297.

[121] Wang Z J, Li M X, Yu J H, et al. Low-Iridium-content IrNiTa metallic glass films as intrinsically active catalysts for hydrogen evolution reaction. Adv. Mater., 2020, 32: 1906384.

[122] Zeng Q C, Sheng H, Ding Y, et al. Long-range topological order in metallic glass. Science, 2011, 332: 1404-1407.

[123] Wei S, Yang F, Bednarcik J, et al. Liquid-liquid transition in a strong bulk metallic glass-forming liquid. Nature Communications, 2013, 4: 2083.

[124] Wang X L, Almer J, Liu C T, et al. In situ synchrotron study of phase transformation behaviors in bulk metallic glass by simultaneous diffraction and small angle scattering. Phys. Rev. Lett., 2003, 91: 265501.

[125] Tang M B, Bai H Y, Wang W H, et al. Heavy-fermion behavior in cerium based metallic glasses. Phys. Rev. B, 2007, 75: 172201.

[126] Shang Y C, Liu Z D, Dong J J, et al. Ultrahard bulk amorphous carbon from collapsed fullerene. Nature, 2021, 599: 599-604.